建筑设计统一技术措施

中国建筑科学研究院有限公司建筑设计院 ◎ 编著

中国建筑工业出版社

图书在版编目（CIP）数据

建筑设计统一技术措施 / 中国建筑科学研究院有限公司建筑设计院编著. -- 北京 ：中国建筑工业出版社，2025. 6.（2025.7重印）-- ISBN 978-7-112-30997-9

Ⅰ. TU2

中国国家版本馆 CIP 数据核字第 2025WY3070 号

责任编辑：辛海丽
文字编辑：王　磊
责任校对：赵　力

建筑设计统一技术措施

中国建筑科学研究院有限公司建筑设计院　编著

*

中国建筑工业出版社出版、发行（北京海淀三里河路 9 号）
各地新华书店、建筑书店经销
国排高科（北京）人工智能科技有限公司制版
建工社（河北）印刷有限公司印刷

*

开本：787 毫米 × 1092 毫米　1/16　印张：28½　字数：704 千字
2025 年 4 月第一版　　2025 年 7 月第二次印刷
定价：**98.00** 元

ISBN 978-7-112-30997-9
（44587）

《建筑设计统一技术措施》编审名单

总 负 责 人：

赖裕强　崔　彦

各章节负责人：

建筑墙体章节、建筑通用功能空间章节中地下车库部分
负责人：曾　宇　王冠瓔

规划总平面章节、典型建筑空间章节中会展建筑部分
负责人：洪　菲　雍　涛

建筑通用功能空间章节、典型建筑空间章节中旅馆建筑、宿舍建筑、住宅建筑部分
负责人：王　祎　卢　建

建筑楼地面章节、典型建筑空间章节中博物馆建筑部分
负责人：王　双　姚　强

建筑屋面章节、典型建筑空间章节中医疗建筑部分
负责人：吕　勇　李茗茜

建筑门窗、透明玻璃幕墙、采光顶章节，典型建筑空间章节中实验室建筑部分
负责人：朱宁涛　郭　荣

建筑其他部位及部件章节、典型建筑空间章节中商业综合体建筑部分
负责人：赵　耀　侯　毓

典型建筑空间章节中办公建筑、中小学建筑部分
负责人：薛　明　王　军（总建工作室）

规划总平面章节中工程设计资料及景观绿化部分
负责人：郁　枫

主要编制人：（排名不分先后）

孟士婕　洪　源　孟圆悦　章艳华　吕亦佳　张　宁　黄　欣　刘春光
白　骏　尚治环　王　犀　蔚俊青　秦朝君　丁　玲　巴　蓉　于　银
陈振江　范皓洁　高　悦　王在书　李　男　吴小波　崔剑锋　赵一沣
路莹莹　白峻宇　苗亚星　傅佳玥　柏晓雪　谢圣祺　许凯南　李延都
哈　歆　张春普　李　雷　凌　健　侯舍辉　张　达　刘　艺　李　琳
韩晓婉　徐　心　盛　起

其他编制人：（排名不分先后）

师晓洁　张娜娜　刘　森　李丽晖　解潇伊　韩　旭　郭尔玉　罗　倩
郑　荣　任丹丹　刘　野　杜晶晶　赵艳萍　于　博　周　围　谢林轩
王雨桐　彭　葳　罗　铠　陈飞宇　杨春翔　郭雅琴　陈　伟　邹　杨
刘春雷　夏梓赫　汪满江　杨　蓓　张　雪　钱一帆　曹瑞芃　李婧辰
刘福伟　宋青龙　朱静林　褚学琳　丁丽娜

主要审核人：（排名不分先后）

马立东　薛　明　王　军　曾　宇　洪　菲　王　祎　姚　强　吕　勇
朱宁涛　赵　耀　郁　枫　王　双　胡荣国　周　进　杜燕红　刘　燕
王　军（总建工作室）　王冠璎　雍　涛　卢　建　丁　玲　巴　蓉
吕永兰　高　悦　李茗茜　郭　荣　侯　毓　张春普

前　言

《建筑设计统一技术措施》是中国建筑科学研究院有限公司建筑设计院（以下简称我院）编制的用以指导建筑专业建筑工程设计的技术手册。本技术措施的编制目的，是在执行建筑工程建设技术标准、规范的基础上，帮助建筑专业设计人员提高设计质量和设计效率。

高质量发展是“十四五”规划乃至更长时期我国经济社会发展、住房和城乡建设的主题，本技术措施的编制和施行对推动我院的高质量发展将发挥重要的作用。本技术措施将促进设计人员更准确地执行国家标准规范，保证建筑设计的工程安全性、经济合理性、技术先进性，促进设计的规范化、标准化，并通过更高水平协同设计方法的推进，引导设计人员系统化的思维方式，提高设计质量和设计效率，推动技术创新，提升我院建筑设计的整体水平，增强市场竞争力；促进绿色健康、节能低碳设计理念的有效落实，为推动建筑行业的可持续发展作出贡献。

本技术措施结合现行国家和行业的技术标准规范及图集、相关政策法规，针对建筑工程从规划总平面、各功能空间、各部位到主要部件的设计，将我院标志性重点工程项目的设计经验和科研课题的研究成果进行全面、系统、深入地归纳总结和提炼，对标准规范中难以理解和容易忽略的问题进行分析解读和提示，对设计中的典型技术问题进行剖析并提出解决思路，对常用建筑材料的特性进行梳理总结，以利于设计人员在工程设计中的参考、应用。

本技术措施的编制内容包括规划总平面、典型建筑空间、建筑通用功能空间、建筑墙体、建筑楼地面、建筑屋面、建筑门窗、透明玻璃幕墙及采光顶、建筑其他部位及部件八部分，其中规划总平面、典型建筑空间及建筑通用功能空间三章主要是从室外空间的规划布局和室内空间的功能设计进行统一规定，建筑墙体到建筑其他部位及部件五章是从建筑实体的各部位和主要部件的技术特性、材料选择、构造要求进行统一规定。

本技术措施系统全面，包含了建筑方案到施工图设计各阶段的内容，对设计人员总体技术和全过程设计的控制能力均有指导作用。各章节内容都融入安全防护、环境健康、无障碍和适老、防水防潮、保温隔热、防火救援、防灾避难、节能环保、绿色低碳、装配式模块化设计等各方面内容，注重建筑的可持续发展，注重设计理念与技术实现的衔接，关注整体品质和部品部件的性能、材料、构造的关系，并积极融入新技术、新方法、新材料以及协同设计的方法，为高品质、高效率的建筑设计提供了实际操作层面的全面系统指引。

本技术措施各章节引用的现行国家行业标准规范以及政策文件均为 2024 年 9 月 30 日前实施的版本。

本技术措施由我院技术委员会组织各业务部门建筑专业技术骨干共同编写完成。鉴于内容广、工作量大、时间紧、编制水平有限，措施内容一定还存在很多问题，敬请使用者批评指正，我们后期会持续改进完善、修订更新。同时诚挚感谢北京市建筑设计研究院股份有限公司奚悦、中国建筑设计研究院有限公司单立欣以及中国中元国际工程有限公司齐放三位专家对本技术措施的悉心指导。

目　录

第1章　总　则

1.0.1　为贯彻新发展理念，推动高质量发展，提高建筑工程设计质量，提升设计工作效率，编制本技术措施。

1.0.2　本技术措施适用于新建、扩建和改建的民用建筑工程设计。

1.0.3　本技术措施编制以现行国家和行业建筑工程设计技术标准、规范为依据，技术措施中的相关要求是最低标准和最基本的要求。设计过程中还应结合建筑工程所在地的地理气候状况、经济条件、常用材料等实际情况，依据地方标准和政策规定要求，以及与建设单位约定采用的学/协会等团体标准要求进行设计。

第 2 章 规划总平面

2.1 工程设计资料

2.1.1 工程设计资料清单

1. 城市风貌

城市风貌，主要指在建筑设计中，对建筑的风格、建筑的高度与体量、建筑立面与造型以及色彩等要素的控制性要求。因此在设计中需要重点整理有针对性的相关资料。

2. 用地环境条件

用地环境条件，主要指对项目用地设计成果的形态、总图布局、使用材料、技术措施、防灾减灾等方面有重要影响的环境特征，例如人文自然资源、气候特征、水文地质特征以及植被特征。相关内容会对设计本身的舒适性、安全性和经济性产生较大影响。

3. 外部市政条件

外部市政条件，主要是指用地周边的市政设施分布情况、交通枢纽或站点的布局以及场地内外高差等条件，对建筑的外轮廓、建筑高度、建设规模、功能布局等方面的限制要求，需要在开展工作前仔细梳理。

4. 工程设计资料

工程设计资料，是指包括上位规划、建筑用地范围及相关图纸以及规划设计条件。这些资料是保证工程设计顺利、高效推进的重要依据。

5. 其他

除以上内容外，还有一部分项目的特殊需求，例如造价、工艺要求、运营需求等，起到辅助作用的设计资料，如表 2.1.1-1 所示。

工程设计资料清单　　表 2.1.1-1

类型	编号	名称	释义	获取途径
城市风貌	1	建筑风格	建筑设计应注重设计与当地和城市的历史文化、地域特色相结合，融合时代特征，合理设计	项目所在地城市或建筑风貌设计导则
	2	建筑高度与体量	建筑高度与体量应考虑城市空间结构和周围环境，合理确定建筑高度和体量，避免对周围环境造成压迫感。通过合理的高度和体量，营造舒适、契合的城市空间环境	来自上位规划设计条件、周边建筑体量和城市形态，可通过现场调研或现场环境照片判定
	3	建筑立面与造型	建筑立面与造型应简洁大方，注重材料的选择和细节的处理，体现建筑的功能性和艺术性	根据任务书及项目所在地城市或建筑风貌导则

续表

类型	编号	名称	释义	获取途径
城市风貌	4	色彩控制	建筑色彩控制方面分为建筑主体色彩、建筑屋顶色彩、建筑构件色彩的相关控制要求。一般会以当地建筑风格及环境色为主要控制要素，同时结合材料特性等对城市或片区的建筑色彩进行相关约束，形成色系的控制要求，达到和谐统一的城市环境色调	当地城市风貌设计导则等
用地环境条件	5	资源特征	包括人文和自然两类，可以在前期策划过程提供理论支持	地方志、书籍及当地城市总体规划
	6	气候特征	通过对气候特征的分析，提出更符合当地需求的城市空间样式、建筑形式和绿色低碳技术，同时决定总图布局	国家级、地方级气象局官网，以及中国气象网
	7	水文特征	防灾减灾，控制成本做决策	政府或相关部门发布的报告和数据，叙述研究和技术文献，当地城市总体规划
	8	地质特征	防灾减灾，控制成本做决策	地勘报告、总体规划等
	9	植被特征	当地特色植被	现场调研、实景照片、文献记载
外部市政条件	10	交通条件	机场、火车站、地铁站、公交站等决定场地内外的外部交通设施条件，小到功能、大到指标影响很大	通过卫星地图、城市市政规划资料，业主提供的基础资料等
	11	市政设施	加油站、排洪沟、市政管线等市政设施的相关退线等决定着总图布局条件	业主提供或规划设计条件中明确
	12	场地竖向	内外场地竖向资料，决定场地与城市道路接驳条件以及内部总图布局、建筑设计等，并能够明确地形限制条件，如高坎、沟谷等选址条件	来自项目初始资料，1：1000 测绘图
规划设计条件	13	设计资料	必须提供用地规划设计条件、建设用地红线、总体规划、控制性详细规划、修建性详细规划、交通规划、市政设施规划等资料或要求，用地范围钉桩图、挂牌文件、多规合一复函	业主提供
	14	用地资料	1：2000～1：500 用地及周边测绘图或电子版图纸	业主提供
	15	建筑限高	建筑限高，直接影响建筑密度、绿地率、总开发量、周边城市环境等指标	来源于规划设计条件，由业主提供
	16	容积率	决定地上建筑规模，会极大影响整个项目的城市形象	控规或规划设计条件，由业主提供
	17	绿地率	一般以当地《城市规划设计导则》或《城市规划设计标准》等资料为准	当地《城市规划设计导则》或《城市规划设计标准》等资料
	18	建筑密度	建筑投影面积与用地面积比值	当地《城市规划设计导则》或《城市规划设计标准》等资料
	19	规划控制线	包括用地红线、城市绿线、城市蓝线、城市紫线、城市黄线、城市黑线、城市橙线、建筑控制线	总体规划及控制性详细规划等官方资料
	20	停车标准或规定	除住宅区停车位以户为单位，其他均以单位面积为计算单位。具体内容包括机动车和非机动车停车位数量，电动车和电动自行车的停车配置要求等	当地城市规划设计导则或标准，并参照地方规定
其他	21	项目需求	项目建议书、造价要求、工艺要求、运营需求等	业主提供

注：城市风貌是一个城市在历史积淀过程中形成的个性特征，反映城市的空间特点和景观面貌，彰显城市的风采和神态，体现市民的文明程度和精神状态，同时也显示了城市的综合实力。

2.1.2 城市规划与城市设计的限制与要求

1. 城市规划的要求

在建筑工程设计阶段，城市规划对设计的影响，除规划设计条件外，规划控制线和国土空间规划控制线与建设项目用地红线有冲突时，会影响场地的使用率，在设计过程中，要统筹考虑，实现设计工作的准确性和可实现性。具体内容详见表 2.1.2-1。

规划控制线 表 2.1.2-1

类型	编号	名称	释义	控制线内限制
主要规划控制线	1	道路红线	城市道路用地边界线	包含人行步道、非机动车道、机动车道
	2	用地红线	经规划及相关部门批准的法定用地界线	建设项目相关建（构）筑物不得超出用地红线范围，包括地面主体建筑、围墙及大门、景观小品、景观构筑物、地下室轮廓、地下管线、构筑物、基坑地面边界线、消防扑救场地、用地内道路等。如确有困难，须与规划部门密切沟通，确定条件
	3	城市绿线	城市绿地范围控制边界	禁止建设
	4	城市蓝线	城市各级地表水体保护和控制的地域界线，包括江河湖库渠和湿地等城市地表水体保护和控制的地域界线	禁止建设
	5	城市紫线	国家历史文化名城内的历史文化街区和省、自治区、直辖市人民政府公布的历史文化街区的保护范围界线，以及历史文化街区外经县级以上人民政府公布保护的历史建筑的保护范围界线	大力保护、有限建设
	6	城市黄线	对城市发展全局有影响的、城市规划中确定的、必须控制的城市基础设施用地控制界线	必须严格执行城市规划中确定的相关建设内容及指标要求，不得改动
	7	城市黑线	城市电力的用地规划控制线	建筑物不得突入电力规划黑线范围内
	8	城市橙线	为了降低城市中重大危险设施的风险水平，对其周边区域的土地利用和建设活动进行引导或限制的安全保护范围界线	需与规划部门沟通协调确定设计范围、内容、指标等设计条件
	9	建筑控制线	根据以上各控制线要求，对建筑基底和地上建筑主体位置进行限制的界线	建筑基底和地上建筑主体不得突出该控制线
国土空间规划控制线	10	生态保护红线	旨在保护重要生态功能区的控制界线	禁止建设
	11	永久基本农田	确保国家粮食安全和农产品稳定供给的关键区域的控制界线	禁止建设
	12	城市开发边界	控制城镇无序扩张、促进城市集约发展的空间边界	禁止建设

2. 城市设计的要求

在建筑工程设计过程中，需要关注城市设计层面对场地内建（构）筑物形态、样式和动线组织有较大影响的设计要点，详见表 2.1.2-2。

建筑单体设计要点清单　　表 2.1.2-2

类型	编号	名称	释义	意义及获取途径
建筑单体设计	1	建筑退线	对建筑物彼此之间及与城市公共空间边界的控制手段，具体落位可参考建筑控制线	该内容主要可以控制城市界面空间关系，任务书、上位规划设计条件、国家或当地对各类控制线的退线要求
	2	贴线率	建筑物外轮廓边界落在建筑控制线上所占比例	用以满足特殊场景、特殊空间的空间界面需求，一般会在任务书、城市规划导则、风貌控制导则等文件或资料中查询
	3	建筑功能细化	标识建筑主体主要功能的空间结构、动线组织、空间轮廓等细化内容	能够系统化表达每个建筑的主要功能与城市公共空间的关系。主要由任务书、策划书、科研报告等资料获取
	4	沿街建筑底层	与城市公共空间有密切联系、交互活动丰富的建筑空间，一般为首层至同功能楼层建筑	展示建筑定位、业态策划、环境氛围等信息
	5	地下空间	即地表以下的空间包括下沉广场、地下回廊及建筑地下室空间及功能	地上地下一体化、提高土地使用效率
	6	建筑出入口	建筑出入口的形象设计也包括一定范围的与其相连通的城市公共空间	表达建筑与城市空间关系，营建独特空间

注：由于建筑退线、贴线率、建筑功能细化、地下空间及建筑出入口在城市设计中有不同的要求，对单体建筑或地块内建筑群的空间具有较大影响，需要统筹考虑，实现设计对城市空间的设想。

2.1.3　问题与案例

1. 周边市政条件资料不足

某住宅项目建于城市临空经济区内，业主与规划部门前期沟通获得的规划条件中，建筑高度可达 80m，容积率可达 2.5。由于项目进度较快，在经过多轮方案设计后，业主才提供新资料，基地距离机场直线 6km。存在航空管制致使建筑高度进一步限制的风险，遂与当地机场空管管理部门进行沟通，最终项目高度由 80m 降至 50m（图 2.1.3-1）。由于建筑高度的变化，场地内总建设量远远低于原容积率水平，致使项目暂停实施，浪费了大量的人力、财力。

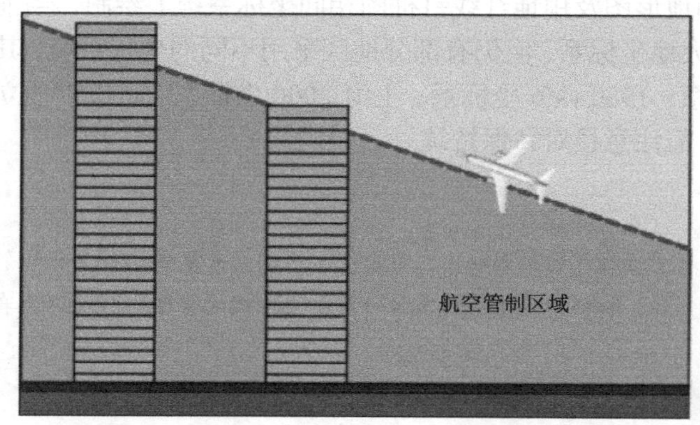

居住区原设计建筑高度60～80m，待业主、规划局与空管局沟通后，该项目用地属于机场管控区域，建筑高度需要空管局最终核实。

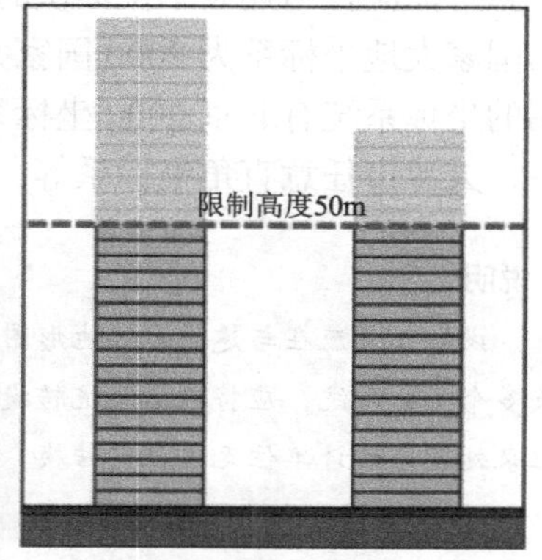

调整后建筑高度为50m，容积率指标严重损失，导致项目被迫暂停。

图 2.1.3-1　机场航空管制对项目用地开发影响

2. 缺少准确用地红线及产权证明

某城市公园改造提升项目前期方案设计过程中，业主提供的资料中包括用地范围、可行性研究报告、投资估算等资料，历经策划、概念设计、方案设计过程，直到初步设计阶段，完善设计资料的过程中，发现业主缺少现有园区经规划部门确认的用地红线、原始建筑图纸、地勘报告、地下管线综合设计相关图纸等；同时，园区现有房屋产权权属不明、更有部分产权纠纷存在。该情况导致设计指标反复调整、业主补充测绘及结构检测鉴定工作，浪费了大量的时间和资金，同时对设计方造成了大量的重复工作，严重影响设计进度和设计质量。

2.2 建筑布局

2.2.1 内容、原则及坐标系统

1. 建筑布局的内容

建筑布局是根据建设项目的使用功能要求，结合场地的自然条件和建设条件，合理地确定场地内建筑物、构筑物和其他工程设施相互间的空间关系，确定彼此的平面位置。建筑布局是场地设计的核心要素，是场地总体布局的关键环节，直接影响到场地其他内容的布置。

2. 建筑布局的原则

（1）建筑布局应使建筑基地内的人流、车流与物流合理分流，防止干扰，并应有利于消防、停车、人员集散及无障碍设施的设置。

（2）建筑布局应根据地域气候特征，防止和抵御寒冷、暑热、疾风、暴雨、积雪和沙尘等灾害侵袭，并应利用自然气流组织好通风，防止不良小气候的产生。

（3）根据噪声源的位置、方向和强度，应在建筑功能分区、道路布置、建筑朝向、距离以及地形、绿化和建筑物的屏障作用等方面采取综合措施，防止或降低环境噪声。

（4）建筑物与各种污染源的卫生距离，应符合国家现行有关卫生标准的规定。

（5）建筑布局应按国家及地方的相关规定对文物古迹和古树名木进行保护，避免损毁破坏。

3. 坐标系统

总平面应在与建设单位提供的地形图及用地红线钉桩图相同坐标系统上绘制，当前最新的国家大地坐标系为2000国家大地坐标系，但仍有部分地区采用不同的坐标系统，其他常用的坐标系统有北京2000坐标系、1980西安坐标系、上海2000坐标系、重庆市独立坐标系、天津市任意直角坐标系等，需注意核对，保持统一。

■ **说明**

设计工作应在与建设单位地形图及用地红线钉桩图相同坐标系统上绘制，若基础资料中有两个或多个坐标系统，应将坐标系统转换一致，转换坐标系统的工作一般由当地规划管理部门或测绘单位来处理，设计单位无法自行转换。

2.2.2 建筑间距

1. 建筑间距应符合现行国家标准《建筑设计防火规范》GB 50016的规定及当地城市规

划要求。

2. 建筑间距应符合通风、卫生、防视线干扰、防噪声、防灾及环保等有关规定。

3. 建筑间距应符合相关建筑用房天然采光的规定，有日照要求的建筑和场地应符合国家相关日照标准的规定。

4. 居住建筑日照间距应符合《城市居住区规划设计标准》GB 50180—2018 表 4.0.9 的规定。

5. 有日照要求的公共建筑及场地应符合各类建筑设计规范的规定：

（1）托儿所、幼儿园的主要活动室、寝室及具有相同功能的区域，应布置在当地最好朝向，冬至日底层满窗日照不应小于 3h。室外活动场地应有 1/2 以上的面积在标准建筑日照阴影线之外。

（2）中小学建筑中普通教室冬至日满窗日照不应小于 2h，至少有一间科学教室或生物实验室的室内能在冬季获得直射阳光。

（3）医院病房楼半数以上的病房，日照标准不应低于冬至日日照时数 2h。

（4）老年人照料设施中的居室应具有天然采光和自然通风条件，日照标准不应低于冬至日日照时数 2h。当居室日照标准低于冬至日日照时数 2h 时，老年人居住空间日照标准应按下列规定之一确定：

① 同一照料单元内的单元起居厅日照标准不应低于冬至日日照时数 2h。

② 同一生活单元内至少 1 个居住空间日照标准不应低于冬至日日照时数 2h。

6. 对于体形比较复杂的建筑和高层建筑，宜进行日照分析，并应将建筑基地及周围建筑基地已建、在建和拟建建筑的影响考虑在内。对于城市更新项目，“不得降低”日照标准分为两种情况：周边既有建筑物改造前满足日照标准的，应保证其改造后仍符合相关日照标准的要求；周边既有建筑物改造前未满足日照标准的，改造后不可再降低其原有的日照水平。

■ **说明**

①建筑之间的防火间距应包含室外疏散楼梯、外挂楼梯、出挑阳台、开敞式外廊、飘窗等。设计中往往认定的防火间距是建筑物主体的外墙，忽视了外墙上的突出物，不符合《建筑设计防火规范》GB 50016—2014（2018 年版）附录 B 中相关规定。附录 B 中第 B.0.1 条建筑物之间的防火间距应按相邻建筑外墙的最近水平距离计算，当外墙有凸出的可燃或难燃构件时，应从其凸出部分外缘算起。

②建筑之间的防火间距计算时应查看是否有老旧建筑或临时建筑未拆除，导致防火间距不足。需拆除的老旧建筑或临时建筑应保证项目竣工消防验收时已拆除，否则应考虑其防火间距。

③裙房屋面采光天窗与主体建筑防火间距应满足规定要求。根据《建筑设计防火规范》GB 50016—2014（2018 年版）第 6.3.7 条，建筑屋顶上的开口与邻近建筑或设施之间，应采取防止火灾蔓延的措施。一般距离不宜小于 6m，或采取设置防火采光顶、邻近开口一侧的建筑外墙采用防火墙等措施。

④燃气调压站（含调压柜）与其他建（构）筑物的水平净距应根据其设置形式确定，需满足《城镇燃气设计规范》GB 50028—2006（2020 年版）中第 6.6.3 条相关规定。

◈ **案例解析：**

某项目两栋高层建筑主体之间间距为 13.20m（图 2.2.2-1），间距大于 13m，符合防火间距要求，而其出挑的阳台之间的间距为 11.52m，不满足高层之间间距大于 13m 的要求。故计算防火间距时应注意满足《建筑设计防火规范》GB 50016—2014（2018 年版）附录 B 中第 B.0.1 条建筑物之间的防火间距应按相邻建筑外墙的最近水平距离计算，当外墙有凸出的可燃或难燃构件时，应从其凸出部分外缘算起。

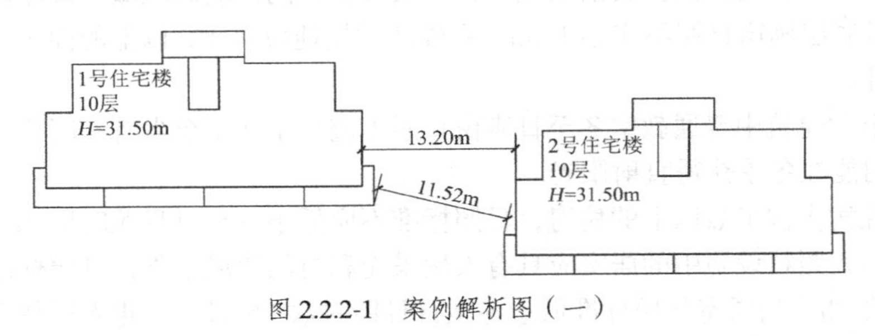

图 2.2.2-1 案例解析图（一）

2.2.3 建筑高度

建筑高度在概念上分为主要与城市规划控制相关及与消防救援等方面相关两个类别（表 2.2.3-1）。

建筑高度分类 表 2.2.3-1

	类型	内容	备注
规划建筑高度	机场、广播电视、电信、微波通信、气象台、卫星地面站、军事要塞等设施的技术作业控制区内及机场航线控制范围内的建筑	按建筑物室外设计地坪至建（构）筑物最高点计算	建筑高度控制尚应符合所在地城市规划行政主管部门和有关专业部门的规定
	历史建筑、历史文化名城名镇名村、历史文化街区、文物保护单位、风景名胜区、自然保护区的保护规划区内的建筑	按建筑物室外设计地坪至建（构）筑物最高点计算	
	非上述几种类型的建筑高度	平屋顶建筑高度应按室外设计地坪至建筑物女儿墙顶点的高度计算，无女儿墙的建筑应按至其屋面檐口顶点的高度计算。 坡屋顶建筑应分别计算檐口及屋脊高度，檐口高度应按室外设计地坪至屋面檐口或坡屋面最低点的高度计算，屋脊高度应按室外设计地坪至屋脊的高度计算	当同一座建筑有多种屋面形式，或多个室外设计地坪时，建筑高度应分别计算后取其中最大值。 屋顶设备用房及其他局部突出屋面用房的总面积不超过屋面面积的 1/4 时，不应计入建筑高度
消防建筑高度	《建筑设计防火规范》GB 50016—2014（2018 年版）中的建筑高度	建筑屋面为坡屋面时，建筑高度应为建筑室外设计地面至其檐口与屋脊的平均高度。 建筑屋面为平屋面（包括有女儿墙的平屋面）时，建筑高度应为建筑室外设计地面至其屋面面层的高度。	同一座建筑有多种形式的屋面时，建筑高度应按上述方法分别计算后，取其中最大值

续表

	类型	内容	备注
消防建筑高度	《建筑设计防火规范》GB 50016—2014（2018 年版）中的建筑高度	对于台阶式地坪，当位于不同高程地坪上的同一建筑之间有防火墙分隔，各自有符合规范规定的安全出口，且可沿建筑的两个长边设置贯通式或尽头式消防车道时，可分别计算各自的建筑高度。否则，应按其中建筑高度最大者确定该建筑的建筑高度。 对于住宅建筑，设置在底部且室内高度不大于 2.2m 的自行车库、储藏室、敞开空间，室内外高差或建筑的地下或半地下室的顶板面高出室外设计地面的高度不大于 1.5m 的部分，可不计入建筑高度	局部突出屋顶的瞭望塔、冷却塔、水箱间、微波天线间或设施、电梯机房、排风和排烟机房以及楼梯出口小间等辅助用房占屋面面积不大于 1/4 者，可不计入建筑高度

案例解析：

1. 某项目 7 层坡屋面住宅建筑高度标注为 20.80m（图 2.2.3-1），为规划建筑高度，计算方式为建筑室外设计地面至屋面檐口的高度。而其消防建筑高度计算方式为：建筑室内设计地面至其檐口与屋脊的平均高度，消防建筑高度为 22.676m，大于 21m。故应设置自动灭火系统，而只看图面规划建筑高度的话，认为建筑高度小于 21m，而未设置。建筑高度大于 21m 的住宅建筑，建筑或场所应设置室内消火栓系统。坡屋面建筑高度计算规划与消防不一致，易导致错误。

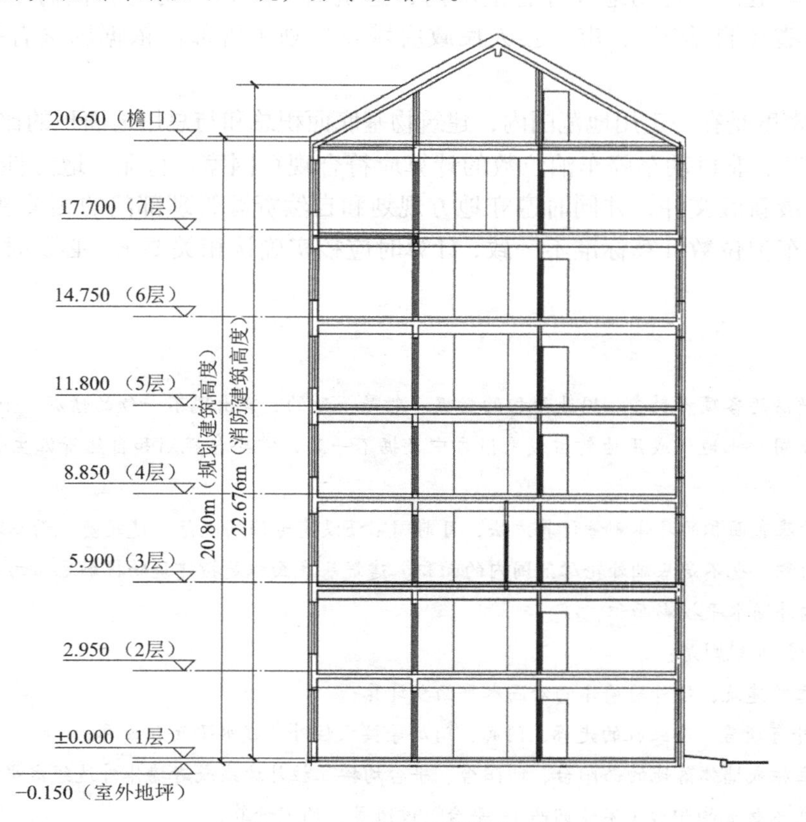

图 2.2.3-1　案例解析图（二）

2. 各地方规定中对建筑高度计算标准有不同要求时，需注意满足其要求。如《北京地区建设工程规划设计通则》(市规发〔2003〕514号)中对建筑高度有规定：在规划市区范围内如建筑物散水高出相邻道路高程0.5m以上(含0.5m)的，建筑高度从道路路面计起；需注意市政道路有较大高差的项目中按照要求标注建筑高度。

2.3 经济技术指标

2.3.1 指标内容

1. 用地面积为建设工程项目用地使用权属范围边界线的围合面积。

2. 建筑面积为建筑物(包括墙体)所形成的楼地面面积。建筑面积包括附属于建筑物的室外阳台、雨篷、檐廊、室外走廊、室外楼梯等的面积。

3. 绿地率是在一定用地范围内，各类绿地总面积占该用地总面积的比率(%)。用地范围内绿地面积的计算应符合现行国家、行业、地方性法规、规范和标准等的最新版文件，并同时遵守地方规划和自然资源管理部门的相关规定和要求，由于各地绿地面积计算标准不一致，计算时应核实确认相关要求，必要时咨询当地主管部门。

4. 容积率是在一定用地及计容范围内，建筑面积总和与用地面积的比值。容积率计算规则由省(自治区)、市、县人民政府城乡规划主管部门依据国家有关标准规范确定。

5. 建筑密度是在一定用地范围内，建筑物基底面积总和与总用地面积的比率(%)。

6. 机动车、非机动车停车泊位数的计算应符合现行国家、行业、地方性法规、规范和标准等的最新版文件，并同时遵守地方规划和自然资源管理部门的相关规定和要求，由于各地停车泊位数计算标准不一致，计算时应核实确认相关要求，必要时咨询当地主管部门。

■ 说明

①在提供的各项资料中，用地面积的数据一般是一致的；若出现不一致的情况，如规划条件、土地出入合同、土地证或用地钉桩成果报告中数据不一致，需要与规划和自然资源主管部门核实确定。

②关于基底面积的具体测量计算方法，目前国家还没有专门的规范。建筑基底面积既不等同于底层建筑面积，也不是基础外轮廓范围内的面积。建筑基底面积是指建筑物接触地面的自然层建筑外墙或结构外围水平投影面积。

一般的计算规则是：

a. 独立的建筑，按外墙墙体的外围水平面积计算；

b. 室外有顶盖、有立柱的走廊、门廊、门厅等按立柱外边线水平面积计算；

c. 有立柱或墙体落地的凸阳台、凹阳台、平台均按立柱外边线或者墙体外边线水平面积计算；

d. 悬挑不落地的阳台(不论凹凸)、平台、过道等，均不计算；

e. 若项目所在地当地有对基底面积计算规则的规定，应按照当地要求执行。

2.3.2　各项指标表

1. 规划用地指标表（表 2.3.2-1）

内容需标明总用地面积、建设用地面积、代征道路用地面积、代征绿化用地面积及代征其他用地面积。

规划用地指标表　　表 2.3.2-1

<table>
<tr><th colspan="5">规划用地指标表</th></tr>
<tr><td colspan="3" rowspan="2">总用地</td><td>用地面积（m^2）</td><td>备注</td></tr>
<tr><td></td><td></td></tr>
<tr><td rowspan="7">其中</td><td colspan="2">建设用地</td><td></td><td></td></tr>
<tr><td rowspan="2">其中</td><td>建设用地一</td><td></td><td></td></tr>
<tr><td>建设用地二</td><td></td><td></td></tr>
<tr><td colspan="2">代征城市公共用地</td><td></td><td></td></tr>
<tr><td rowspan="3">其中</td><td>道路用地</td><td></td><td></td></tr>
<tr><td>绿化用地</td><td></td><td></td></tr>
<tr><td>其他用地</td><td></td><td></td></tr>
</table>

注：本表依据《北京市建设工程规划设计技术文件办理指南——房屋建筑工程》（京规自发〔2022〕373 号）编制。

2. 技术经济指标表（表 2.3.2-2）

技术经济指标表是对设计方案的技术经济效果进行分析评价所采用的指标，能直接地、较为准确地表现设计方案的技术经济效果，是设计方案比选和规划审核的重要依据，依法依规地计算技术经济指标是完善设计方案的必要条件。

内容需要标明总用地面积、总建筑面积（列出地上部分和地下部分建筑面积）、建筑基底总面积、道路广场总面积、绿地总面积、容积率、建筑密度、绿地率、机动车停车泊位数、非机动车停放数量等；居住类项目还需标明规划居住户数、规划居住人口。

民用建筑主要技术经济指标表　　表 2.3.2-2

序号	名称	单位	数量	备注
1	总用地面积	m^2		
2	总建筑面积	m^2		地上、地下部分应分列，不同功能性质部分应分列
3	建筑基底总面积	m^2		
4	道路广场总面积	m^2		含停车场面积
5	绿地总面积	m^2		可加注公共绿地面积
6	容积率	%		序号 2/序号 1
7	建筑密度	%		序号 3/序号 1
8	绿地率	%		序号 5/序号 1

续表

序号	名称	单位	数量	备注
9	机动车停车泊位数	个		室内外应分列，地上、地下应分列，大巴、货车车位应分列（计算车位指标时可折算为小车数量） 充电车位数量、无障碍车位数量应列出
10	非机动车停放数量	辆		室内外应分列，地上、地下应分列 电动自行车数量应列出

注：1. 当工程项目（如城市居住区）有相应的规划设计规范时，技术经济指标的内容应按其执行；
2. 计算容积率时，通常不包括 ±0.00 以下地下建筑面积；各地对容积率计算有不同规定，需以地方规定为准，如地上及地下部分特殊空间、功能的容积率计算；
3. 本表依据《建筑工程设计文件编制深度规定（2016 年版）》编制。

3. 单体建筑明细表（表 2.3.2-3、表 2.3.2-4）

内容包括建筑物编号、性质、建筑面积、高度、层数等。

居住项目——单体建筑明细表　　表 2.3.2-3

楼号		总建筑面积（m^2）	地上建筑面积（m^2）	地下建筑面积（m^2）	层数		建筑高度（m）		性质	户数	备注
					地上	地下	地上	地下			
住宅	1号										
	2号										
	3号										
配套	1号										
	2号										
	3号										
地下车库											
合计											

注：本表依据《北京市建设工程规划设计技术文件办理指南——房屋建筑工程》（京规自发〔2022〕373 号）编制。

非居住项目——单体建筑明细表　　表 2.3.2-4

楼号	总建筑面积（m^2）	地上建筑面积（m^2）	地下建筑面积（m^2）	层数		建筑高度（m）		性质	备注
				地上	地下	地上	地下		
1号									
2号									
3号									
地下车库									
合计									

注：本表依据《北京市建设工程规划设计技术文件办理指南——房屋建筑工程》（京规自发〔2022〕373 号）编制。

4. 配套公共服务设施明细表

内容包括项目名称、建筑面积、用地面积及具体设置位置。表 2.3.2-5 列出部分常用设施指标，其他设施指标需要时列出，如托老所、社区服务中心、热力站、锅炉房、邮政所、小学、初中等。此明细表在需要时列出。

居住公共服务设施配置指标表　　表 2.3.2-5

类别	序号	层级	项目名称	千人指标		最小规模/一般规模		服务规模（万人/处、万 m²/处）	方案（m²/处）				位置
				建筑面积（m²）	用地面积（m²）	建筑面积（m²/处）	用地面积（m²/处）		建筑面积（m²）			用地面积（m²）	
									地上	地下	总面积		
社区综合管理服务	1	A	物业服务用房	30～40		150		10 万～20 万m²					
	2	A	室外运动场地		250～300		200	0.1 万～0.5 万人					
	3	B	社区管理服务用房	50		350		1000～3000 户					
	4	C	室内体育设施	100		700～1000		0.7 万～1 万人					
	5	C	社区文化设施	100		700～1000		0.7 万～1 万人					
	6	C	机构养老设施	240～400	160～480	100 床 3000～5000		1.25 万人					
						300 床 9000～15000		3.75 万人					
	7	C	残疾人托养所	30～50	20～60			3 万人					
	小计												
交通	1	A	出租汽车站		20		50	0.5 万人					
	2	A	存自行车处										
	3	A	居民汽车场库										
	小计												
市政公用	1	A	燃气调压柜（箱）				4～6						
	2	A	配电室（箱）			180		5 万 m²					
							8	2 万～3 万 m²					
	3	A	生活垃圾收集点				5	100 户					

续表

类别	序号	层级	项目名称	千人指标		最小规模/一般规模		服务规模（万人/处、万 m^2/处）	方案（m^2/处）				位置
				建筑面积（m^2）	用地面积（m^2）	建筑面积（m^2/处）	用地面积（m^2/处）		建筑面积（m^2）			用地面积（m^2）	
									地上	地下	总面积		
市政公用	4	A	下凹式绿地										
	5	A	透水铺装										
	6	A	雨水调蓄设施				$500m^3$	1 万 m^2 硬化面积					
	7	C	固定通信汇聚机房			400		2 万户					
	8	C	移动通信汇聚机房			200		2 万户					
	9	C	有线电视基站			400		2 万～3 万户					
	10	C	开闭所				300	50 万 m^2					
	小计												
教育	1	B	幼儿园	235～258	350～375	6 班 1850	6 班 3000	0.72 万人					
						9 班 2700	9 班 3900	1.08 万人					
						12 班 3400	12 班 5100	1.44 万人					
	小计（不含补充类型）												
医疗卫生	1	B	社区卫生服务站	24		120		0.7 万～2 万人					
	小计												
商业服务	1	A	小型商服（便利店）	10～20									
	2	A	再生资源回收点				$6m^2$	每个建设项目设 1 处					
	小计												
总计													

注：本表依据《北京市建设工程规划设计技术文件办理指南——房屋建筑工程》（2022）编制。

5. 相关构筑物明细表（表 2.3.2-6）

内容包括场地内构筑物名称、位置、尺寸等内容。此明细表在需要时列出。

相关构筑物明细表　　表 2.3.2-6

构筑物一览表					
名称	位置	长 × 宽 × 高			备注
		长（m）	宽（m）	高（m）	
1 号雨水调节池					
1 号化粪池					

续表

构筑物一览表					
名称	位置	长×宽×高			备注
		长（m）	宽（m）	高（m）	
1 号大门					
1 号围墙					

注：本表依据《北京市建设工程规划设计技术文件办理指南——房屋建筑工程》（2022）编制。

2.4　竖向

2.4.1　竖向设计内容及原则

1. 内容

竖向设计是在总平面设计的基础上，对场地的地形、建（构）筑物、交通线路等做出的标高设计；竖向设计后的场地需要满足使用功能要求，充分利用自然地形、注重地质水文条件的影响、确保安全、节约投资，有效地组织场地雨水的排出，满足场地内外的高程衔接要求，符合各项规范、规程的要求。竖向设计的内容及其方法如表 2.4.1-1 所示。

竖向设计的内容及其方法　　表 2.4.1-1

内容	方法
确定竖向设计的形式和平土方式	通过场地基础资料的分析确定场地竖向设计的形式（平坡式、阶梯式）及平土方式（连续式、重点式）
确定场地平土标高，计算土石方工程量	场地平土标高确定需要在合理改造地形、满足场地内外交通运输要求及排雨水条件下，尽量减少土石方工程量
确定建（构）筑物室内外地坪标高	依据确定的场地内各个控制标高（如场地出入口、雨污水管线排出口标高等），结合建（构）筑物使用功能要求，确定建筑物室内外地坪、道路等构筑物的标高及坡度
确定场地合理的排雨水方式和排水措施	使地面雨水能以短捷路径迅速排出，保证场地不受洪水威胁
合理布置竖向设计必要的工程设施（如挡土墙、护坡等）和排水构筑物（如排洪沟、排水沟等），并委托有关专业设计	对场地整体竖向设计影响的局部工程设施和排水构筑物的控制性设计，并向相关专业提出要求

2. 原则

用地竖向设计应同总平面布置同时进行，场地设计标高应与周围相关标高相协调，竖向设计方案应进行综合比较。同时应符合低影响开发的要求，道路、交通运输的技术要求，各项工程建设场地及工程管线敷设的高程要求，建筑布置及景观塑造的要求，城市排水防涝、防洪以及安全保护、水土保持的要求，历史文化保护的要求，周边地区的竖向衔接要求。

具体竖向设计时应符合下列规定：

（1）满足地面排水的规划要求；地面自然排水坡度不宜小于 0.3%；小于 0.3%时应采用多坡向或特殊措施排水。

（2）除用于雨水调蓄的下凹式绿地和滞水区等之外，建设用地的规划高程宜比周边道路的最低路段的地面高程或地面雨水收集点高出 0.2m 以上，小于 0.2m 时应有排水安全保障措施或雨水滞蓄利用方案。

（3）场地设计标高不应低于城市的设计防洪、防涝水位标高；沿江、河、湖、海岸或受洪水、潮水泛滥威胁的地区，除设有可靠防洪堤、坝的城市、街区外，场地设计标高不应低于设计洪水位 0.50m，否则应采取相应的防洪措施；有内涝威胁的用地应采取可靠的防、排内涝水措施，否则其场地设计标高不应低于内涝水位 0.50m。

（4）当场地标高低于市政道路标高时，应有防止客水进入场地的措施。

（5）当基地外围有较大汇水汇入或穿越基地时，宜设置边沟或排（截）洪沟，有组织地进行地面排水。

（6）场地设计标高应高于多年最高地下水位。

（7）面积较大或地形较复杂的基地，建筑布局应合理利用地形，减少土石方工程量，并使基地内填挖方量接近平衡。

（8）下沉庭院周边和车库坡道出入口处，应设置截水沟。

（9）建筑物底层出入口处应采取措施防止室外地面雨水回流。

2.4.2 基础资料的用途

竖向设计是在场地总平面设计的基础上进行的，设计过程中，需收集整理场地及周边的基础资料，资料中会反映很多设计所需的内容，从各种资料中获取信息是竖向设计重要的设计过程，表 2.4.2-1 为基础资料对应的用途。

基础资料对应的用途　　表 2.4.2-1

内容	用途
用地及周边地形图，市政道路标高资料	对用地及周边市政路的现状情况了解，整体的标高情况，场地地形、地貌，现状的排水设施等
用地及周边的工程地质资料	对用地地质资料的了解，如土层类别的性质，地基土层允许承载力，冻土层深度，冲沟、滑坡、岩溶、崩塌等物理地质现象
用地及周边的水文地质资料	对用地水文地质的了解，如地下水的类型和特性，土层的含水性、地下水位、水质等
总平面布置、道路布置图	对用地内建（构）筑物设计方案的了解，建筑与道路的平面位置关系，设计与现状比较的关系等
用地及周边排水与防洪资料	对用地及周边排水措施的了解，如周边市政雨污水管道的资料，雨水流向场地的径流面积等；受洪水威胁的场地，对洪水频率的洪水水位，淹没范围、历年平均水位、场地所在地面的防洪标准和原有防洪设施等资料
周边有利的取土和弃土位置	对用地周边取土和弃土场地的了解，土方填挖不平衡时，可充分利用

2.4.3 场地竖向设计形式及平土方式

1. 竖向设计形式

根据建设用地的性质、功能，结合自然地形，规划地面形式可分为平坡式（图 2.4.3-1）、台阶式（图 2.4.3-2）和混合式。用地自然坡度小于 5%时，宜规划为平坡式；用地自然坡度大于 8%时，宜规划为台阶式；用地自然坡度为 5%～8%时，宜规划为混合式。台地连接处应设挡墙或护坡；基地邻近挡墙或护坡的地段，宜设置排水沟，且坡向排水沟的地面坡度不应小于 1%。

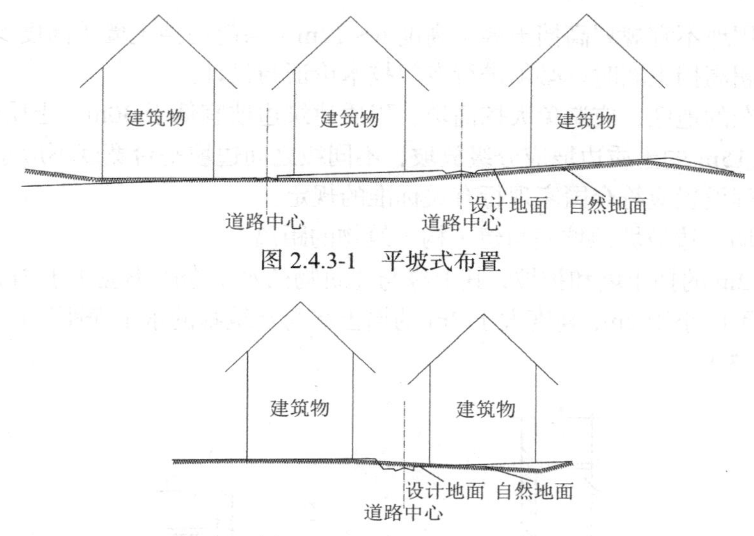

图 2.4.3-1　平坡式布置

图 2.4.3-2　台阶式布置

台阶式的竖向设计如下：

（1）台阶的划分

台地划分应与建设用地规划布局和总平面布置相协调，应满足使用性质相同的用地或功能联系密切的建（构）筑物布置在同一台地或相邻台地的布局要求。

台地的长边宜平行于等高线布置；台地连接处应避免设在不良地质地段，台地的整体空间形态结构应符合场地景观要求。

台阶数量应适当。在不过多增加工程量和投资的条件下，台阶数量不宜过多，以创造良好的功能空间及交通条件。

（2）台阶宽度及高度

台阶宽度是根据总平面布置的要求确定的，当总平面布置需要的台阶宽度大于竖向设计允许的宽度时，可对上述影响台阶宽度的因素进行分析。通常采用的办法是减小总平面布置需要的台阶宽度，使其小于或等于竖向设计允许的台阶宽度。

台阶的高度应按功能和生产要求、地形、工程地质和水文地质条件，结合台阶的运输联系和基础埋深等因素确定。

（3）台阶之间的连接

台阶的连接方式应根据场地条件、工程地质条件、台阶的高度、场地景观、荷载大小和卫生要求等因素进行综合技术经济比较，通常采取自然放坡、边坡防护及加固、挡土墙三种连接方式。

（4）挡土墙、边坡设置原则

台阶式用地的台地之间宜采用护坡或挡土墙连接。相邻台地间高差大于 0.7m 时，宜在挡土墙墙顶或坡比值大于 0.5 的护坡顶设置安全防护设施。

相邻台地间的高差宜为 1.5～3.0m，台地间宜采取护坡连接，土质护坡的坡比值不应大于 0.67，砌筑型护坡的坡比值宜为 0.67～1.0；相邻台地间的高差大于或等于 3.0m 时，宜采取挡土墙结合放坡方式处理，挡土墙高度不宜高于 6m；人口密度大、工程地质条件差、降雨量多的地区，不宜采用土质护坡。

在建（构）筑物密集、用地紧张区域及有装卸作业要求的台地应采用挡土墙防护。

城乡建设用地不宜规划高挡土墙（高度 6～12m）与超高挡土墙（高度 > 12m）。建设场地内需设置超高挡土墙时，必须进行专门技术论证与设计。

在地形复杂的地区，应避免大挖高填；岩质建筑边坡宜低于 30m，土质建筑边坡宜低于 15m。超过 15m 的土质边坡应分级放坡，不同级之间边坡平台宽度不应小于 2m。建筑边坡的防护工程设置应符合国家现行有关标准的规定。

（5）挡土墙、边坡坡顶坡底与建（构）筑物的距离

高度大于 2m 的挡土墙和护坡，其上缘与建筑物的水平净距不应小于 3m，下缘与建筑物的水平净距不应小于 2m；高度大于 3m 的挡土墙与建筑物的水平净距还应满足日照标准要求（图 2.4.3-3）。

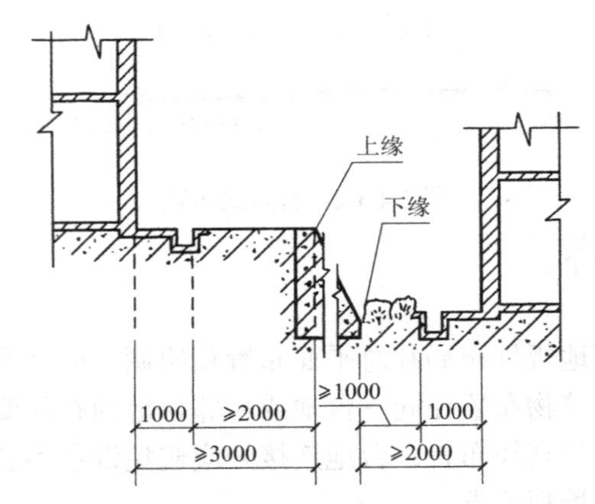

图 2.4.3-3　挡土墙、边坡坡顶坡底与建（构）筑物的距离

2. 竖向设计表示方法（表 2.4.3-1）

竖向设计表示方法　　表 2.4.3-1

方法	内容	适用
标高坡度结合法	根据竖向规划设计原则，在设计范围内直接定出各种建（构）筑物的场地（或室外地面）标高、道路交叉点、变坡点的标高、明沟沟底标高以及地形控制点的标高，将其标注在竖向规划图上，并以箭头表示各地面排水坡向	常用于平原及微丘地形
设计等高线法	用设计等高线和标高表示建设用地改造后的地形。可以体现设计后的地形起伏和场地坡向情况，也容易算出规划设计范围内任一点的原地形及规划地面标高	常用于山区、深丘地形
纵横断面法	按道路纵横断面设计原理，将用地根据需要的精度绘出方格网，在方格网的每一交点上注明原地面高程及规划设计地面高程。沿方格网长轴方向者称为纵断面，沿短轴方向者称为横断面	常用于道路和带状用地

3. 场地平土方式分类及选择（表 2.4.3-2）

场地平土方式是指场地如何进行平整，确定场地内填方、挖方及保留原自然地面的区域。

场地平土方式分类　　表 2.4.3-2

方式	定义	适用场景
连续式	是对整个场地连续地进行平整而不保留原自然地形，以形成整体的平整平面	场地中心地带或有重要建（构）筑物的地段；地形平坦的场地
重点式	是对与建（构）筑物有关的地段局部进行平整，而场地的其余部分适当地保留原有地形	场地边缘或如绿地、活动场地等不重要的地段；山区坡地场地，地形及地质条件复杂场地

4. 场地平土标高的确定

（1）平土标高是场地平整的依据，也是竖向设计的基础，确定平土标高之后，进行场地平整，然后确定建（构）筑物、道路等的主要设计标高。

影响场地平土标高的主要因素有：标高需要保证场地不受洪水淹没，与相邻场地的标高相适应，场地内外交通线路连接顺畅，高于地下水位标高，尽量减少土石方工程量和基础工程量，考虑建筑室内外高差的要求，考虑基槽余土和土壤松散系数的影响。

（2）确定场地平土标高的方法主要有：方格网法、断面法、经验估算法、最小二乘法。

2.4.4　建（构）筑物的竖向设计

建（构）筑物的竖向设计是在场地平整的基础上进行的，其主要内容是确定建（构）筑物的室内外地坪标高及处理好相互间的关系。主要步骤为：确定场地控制性标高，即场地设计标高，进而确定道路设计标高，依据道路设计标高及各项资料确定建筑物周边室外地坪标高，最终确定建筑物室内标高。

1. 确定场地设计标高（表 2.4.4-1）

依据竖向设计的各项基础资料确定场地设计标高，作为控制性标高，后续建（构）筑物竖向设计在此控制性标高基础上进行。

确定场地设计标高　　表 2.4.4-1

场地不会被水淹，标高有利于雨水的顺利排出	场地设计标高应高于设计洪水位及内涝水位 0.5m 以上，否则应采取相应的防洪措施及防、排内涝水措施
地下水位及地质条件影响	场地设计标高应高于多年平均地下水位
场地内、外道路连接的可能性	场地设计标高宜比周边城市市政道路的最低路段标高高 0.2m 以上；当市政道路标高高于基地标高时，应有防止客水进入基地的措施
场地重力流排水设施	为了有利于组织建设用地重力流往周边道路下的雨水管渠排出地面雨水，建设用地的高程最好多区段高于周边道路的设计高程
减少土石填、挖方量和基础工程量	合理减少土石方量，反推设计标高确定；合理减少场地内边坡、挡土墙等工程量

2. 确定道路设计标高

依据总平面布置中场地内主要道路的设计，从确定主要道路中线交点、折点、起伏变化点的标高开始，计算出道路分段长度与坡度，使道路成为一个高低不同各点相连的立体网架。

3. 根据道路标高确定与道路相邻的场地标高及建筑物室外地坪标高

道路周边的广场、室外活动场地、停车场、绿地等场地依据设计道路标高、现状地形标高、场地内交通线路需求及场地内排水要求综合确定。

竖向设计过程中，局部的场地标高与道路标高处理依据现状地形、场地及道路的竖向要求等因素，可以相互反馈、交叉调整，并结合不同方案土石方计算数据，进行分析比较，确定合理的结果。

4. 根据场地标高确定场地内建筑室内标高（图 2.4.4-1）

建筑室内地坪标高为室外地坪标高加室内外高差，室外地坪标高一般指散水坡脚处标高。一般情况下应按照建筑室内标高 > 室外地坪标高 > 场地标高（道路标高），室外地坪标高一般高于邻近道路路面标高 0.25～0.30m。

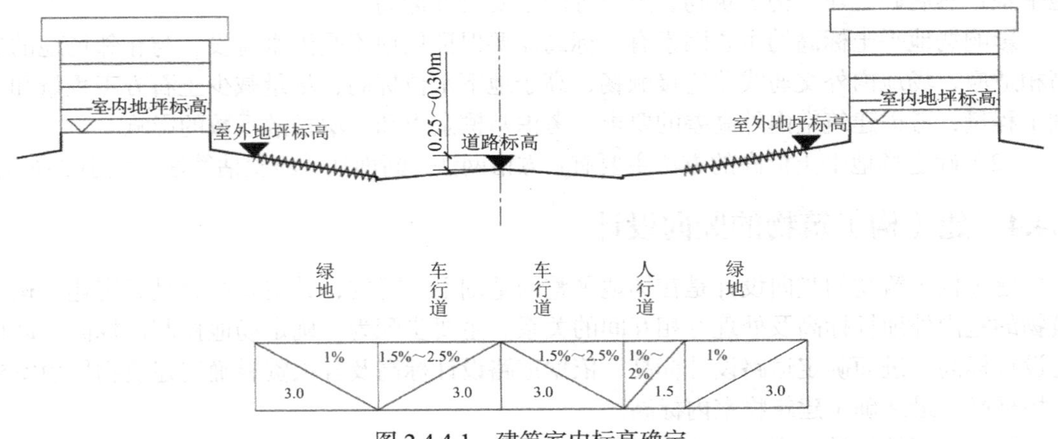

图 2.4.4-1　建筑室内标高确定

■ **说明**

①场地出入口竖向标高设计宜高于场地外市政道路 0.2m 以上，若无法达到，应至少保证一个出入口位置高于场地外市政道路 0.2m，无法达到的位置应采取加密雨水口，设置排水沟等排雨水措施。

②地下室汽车坡道出入口位置竖向标高宜高于外部衔接道路标高，无法达到的位置应采取加密雨水口，设置排水沟等排雨水措施。汽车坡道出入口不应设置在场地标高最低处，避免积水无法及时排出。

③建筑出入口处应采取防止室外雨水侵入室内的措施。特别是建筑出入口室内外高差较小或平坡出入时，需加强措施，采取加密雨水口、设置排水沟等排雨水措施。

2.4.5　场地土石方计算

1. 土方计算方法（表 2.4.5-1）

场地平土标高确定之后，便可以进行土方计算。目前，土方计算的方法较多，但大多都是用平均值或近似值简化计算各种不规则的几何体，其计算精度也能满足土方工程要求。设计工作中常用的计算方法有：横断面法、方格网法、整体计算法和局部分块法等。

土方计算方法　　表 2.4.5-1

名称	定义	特点
横断面法	根据竖向布置图及场地变化的特征，在垂直于自然地形等高线或垂直于多数建筑物的长轴上划分若干个断面，并分别计算每个断面的填、挖方面积，然后按相邻两断面的平均面积和相邻两断面之间的距离，计算两相邻断面之间的填、挖方量	计算简捷，但其计算精度不及方格网计算法。适用于场地地形起伏变化较大，自然地面复杂的地段；若在平坦地区采用，其横断面间距可取大些
方格网法	将基地划分成若干个方格，根据自然地面与设计地面的高差，计算挖方和填方的体积，分别汇总即为土方量	计算原理易懂，精度高，但若场地地形起伏变化较大，自然地面复杂的地段，需要方格划分足够小，否则易产生误差；适用于地势较平坦的地区

2. 土方平衡的原则

（1）土方工程量包含内容主要有：场地平整土方，室内地坪填土，地下建（构）筑物挖方，房屋及构筑物基础挖方，道路、管线地沟、排水沟等挖方，土方损益等。

（2）场内土方工程量除考虑尽量减少外，还应使填挖方接近平衡。在填方工程量或挖方工程量超过 10 万 m^3 时，填挖方之差不应超过 5%；在填方工程量或挖方工程量在 10万m^3 以下时，填挖方之差不应超过 10%。

（3）场地内不能做到土方平衡时，填土量大的要确定取土土源，挖土量大的应寻找余土的弃土地点。取、弃土应不占农田好地，不损坏农田水利建设和不影响环境，多余的土方应尽可能用作覆土造田。

（4）采用方格网法时，方格尺寸方案阶段可采用 20m × 20m 或 40m × 40m，初步设计及施工图设计阶段宜采用 10m × 10m。

土石方工程平衡表中的项目可随工程内容需要增减，如表 2.4.5-2 所示。

土石方工程平衡表　　表 2.4.5-2

序号	项目	土石方量（m^3）		说明
		填方	挖方	
1	场地平整			
2	室内地坪填土和地下建（构）筑物挖方、房屋及构筑物基础			
3	道路、管线地沟、排水沟			包括路堤填土、路堑和路槽挖土
4	土方损益			指土壤经过挖填后的损益数
5	合计			

注：本表依据《建筑工程设计文件编制深度规定（2016 年版）》编制。

2.5　道路

场地道路一般可根据其功能划分为主路、次路、支路、引道、人行道。住区道路可分为居住区道路、小区路、组团路、宅间小路。本章所研究道路一般指建设项目场地（或园区内）的道路，市政道路不在本技术措施范围内。

道路形成场地的结构骨架，将场地各组成部分构成一个有机联系的整体。道路布局是交通流线组织在用地上的具体落实，在场地出入口和建筑物出入口位置确定的基础上，安排好场地内的各类道路，形成清晰完整的道路系统。

2.5.1　布置原则

道路系统应有利于各类用地的功能分区和有机联系，以及建筑功能的合理布局，满足消防车通行、转弯和停靠的要求，并有利于雨水排泄，便于管线敷设。

基地道路与城市道路连接处的车行路面应设限速设施，道路应能通达建筑物的安全出口。

沿街建筑应设连通街道和内院的人行通道，人行通道可利用楼梯间，其间距不宜大于

80.0m。

当道路改变方向时，路边绿化及建筑物不应影响行车有效视距。

基地内宜设人行道路，大型、特大型交通、文化、娱乐、商业、体育、医院等建筑，居住人数大于 5000 人的居住区等车流量较大的场所应设人行道路。

居住街坊内附属道路的规划设计应满足消防、救护、搬家等车辆的通达要求，单车道路宽不应小于 4.0m，双车道路宽住宅区内不应小于 6.0m，其他基地道路宽度不应小于 7.0m，人行道路面宽度不宜小于 2.5m。

2.5.2 基地出入口

建筑基地机动车出入口位置，应符合所在地控制性详细规划，并应符合下列规定：

（1）中等城市、大城市的主干路交叉口，自道路红线交叉点起沿线 70.0m 范围内不应设置机动车出入口。

（2）距人行横道、人行天桥、人行地道（包括引道、引桥）的最近边缘线不应小于 5.0m。

（3）距地铁出入口、公共交通站台边缘不应小于 15.0m。

（4）距公园、学校及有儿童、老年人、残疾人使用建筑的出入口最近边缘不应小于 20.0m。

（5）与城市道路交接时平面交角不宜小于 75°。

（6）居住街坊内主要附属道路至少应有两个车行出入口连接城市道路，其路面宽度不应小于 4.0m。

（7）大型、特大型交通、文化、体育、娱乐、商业等人员密集的建筑基地出入口不应少于 2 个，且不宜设置在同一条城市道路上。

2.5.3 消防车道、登高操作场地

消防车道、消防救援场地的设置应符合现行国家标准《建筑防火通用规范》GB 55037、《建筑设计防火规范》GB 50016 的规定。

1. 消防车道或兼作消防车道的道路应符合下列规定：

（1）道路的净宽度和净空高度应满足消防车安全、快速通行的要求。

（2）转弯半径应满足消防车转弯的要求。

（3）路面及其下面的建筑结构、管道、管沟等，应满足承受消防车满载时压力的要求。

（4）坡度应满足消防车满载时正常通行的要求，且不应大于 10%；兼作消防救援场地的消防车道，坡度尚应满足消防车停靠和消防救援作业的要求，不宜大于 3%；坡地等特殊情况，坡度不应大于 5%。

（5）消防车道与建筑外墙的水平距离应满足消防车安全通行的要求，位于建筑消防扑救面一侧兼作消防救援场地的消防车道应满足消防救援作业的要求。

（6）长度大于 40m 的尽头式消防车道应设置满足消防车回转要求的场地或道路。

（7）消防车道与建筑消防扑救面之间不应有妨碍消防车操作的障碍物，不应有影响消防车安全作业的架空高压电线。

2. 消防车登高操作场地应符合下列规定：

（1）场地与建筑之间不应有进深大于 4m 的裙房及其他妨碍消防车操作的障碍物或影

响消防车作业的架空高压电线。

（2）场地及其下面的建筑结构、管道、管沟等应满足承受消防车满载时压力的要求。

（3）场地的坡度应满足消防车安全停靠和消防救援作业的要求。

（4）建筑物与消防车登高操作场地相对应的范围内，应设置直通室外的楼梯或直通楼梯间的入口。

■ **说明**

①消防车道与建筑消防扑救面与建筑物之间不应有妨碍消防车操作的障碍物，这里主要是指用于扑救的消防车道和消防车登高操作场地；用于通行的消防车道，一般只需要满足消防车通行要求。

②消防车道需要与消防车登高操作场地连通，与消防车登高操作场地重合时消防车道可以作为消防车登高操作场地的一部分。

③消防车登高操作场地原则上应设置在建筑基地内，当受基地条件限制需设置在基地外时，可以利用城乡道路、厂区道路等作为消防车道及消防车登高操作场地，但该道路应满足消防车通行、转弯和停靠救援的要求，消防车道与建筑之间不应设置妨碍消防车操作的树木、架空管线等障碍物，并征得相关主管部门的书面认可（如规划、城管、市政、绿化等部门）。

④利用城市道路设置的环形消防车道，尤其在临城市道路一侧设置消防登高操作场地时，应充分考虑市政道路与场地的连接，避免因路障、道牙高度等问题致使消防车无法到达救援场地。

⑤消防车道转弯半径应满足高层建筑不小于 12m，多层建筑不小于 9m。大于 4m 的消防车道，可用作图法校核路面是否满足消防车道转弯半径的要求，见图 2.5.3-1。

⑥机动车转弯半径与道路转弯半径的概念是不一致的。一般机动车转弯半径宜大于或等于道路转弯半径 250mm，当两侧为连续障碍物时宜大于或等于 500mm。

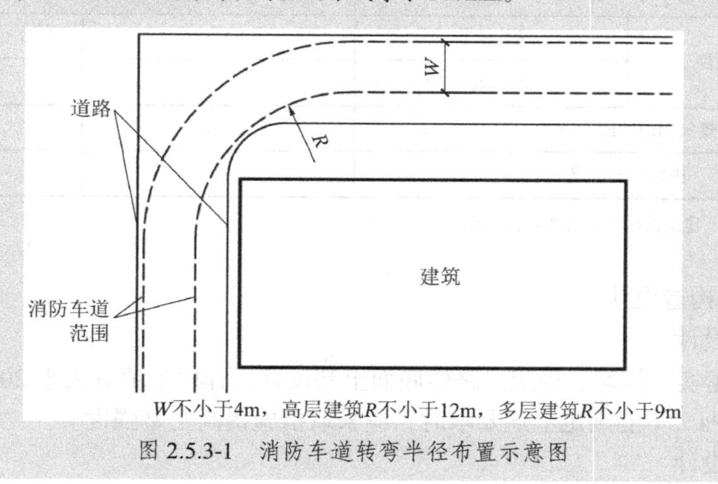

图 2.5.3-1　消防车道转弯半径布置示意图

2.5.4　场地内道路技术要求

基地道路设计应符合下列规定：

1）住宅区内单车道路宽不应小于 4.0m，双车道路宽不应小于 6.0m，其他基地道路宽不应小于 7.0m。

2）当道路边设停车位时，应加大道路宽度且不应影响车辆正常通行。

3）人行道路宽度不应小于 1.5m，人行道在各路口、入口处的设计应符合现行国家标准《无障碍设计规范》GB 50763 的相关规定。

4）道路转弯半径不应小于 3.0m，消防车道应满足消防车最小转弯半径要求。

5）尽端式道路长度大于 120.0m 时，应在尽端设置不小于 12.0m × 12.0m 的回车场地。

6）道路横坡

（1）机动车、非机动车道路横坡为 1.5%～2.5%。

（2）人行道横坡为 1.0%～2.0%。

7）居住区道路最小纵坡不应小于 0.3%，最大纵坡应符合表 2.5.4-1 的规定；机动车与非机动车混行的道路，其纵坡宜按照或分段按照非机动车道要求进行设计。

附属道路最大纵坡控制指标（%） **表 2.5.4-1**

道路类别及其控制内容	一般地区	积雪或冰冻地区
机动车道	8.0	6.0
非机动车道	3.0	2.0
步行道	8.0	4.0

注：本表摘自《城市居住区规划设计标准》GB 50180—2018。

8）居住区道路边缘至建（构）筑物的最小距离，应符合表 2.5.4-2 的规定。

居住区道路边缘至建（构）筑物最小距离（m） **表 2.5.4-2**

与建（构）筑物关系		城市道路	附属道路
建筑物面向道路	无出入口	3.0	2.0
	有出入口	5.0	2.5
建筑物山墙面向道路		2.0	1.5
围墙面向道路		1.5	1.5

注：本表摘自《建筑设计资料集 3（第三版）》。

9）道路的构造设计

（1）路基设计

路基必须密实、均匀、稳定。路槽底面土基设计回弹模量值宜大于 20MPa，特殊情况不得小于 15MPa。不能满足上述要求时，应采取措施提高土基强度。

（2）路面设计

① 路面分为面层、基层和垫层。路面结构层所选材料应满足强度、稳定性和耐久性的要求，并符合下列规定：

a. 面层应满足结构强度、高温稳定性、低温抗裂性、抗疲劳、抗水损害及耐磨、平整、抗滑、低噪声等表面特性的要求。常用面层材料有：水泥混凝土、沥青混凝土、沥青碎石混合料等。

b. 基层应满足强度、扩散荷载的能力以及水稳定性和抗冻性的要求。常用基层材料有：级配碎石、砾石、片石、块石、工业废渣等。

c. 垫层应满足强度和水稳定性的要求。常用垫层材料有：砂、砾石、炉渣、石灰土等。

② 路面面层类型一般分为刚性路面或柔性路面，路面面层选择应符合表 2.5.4-3 的规定。对于路面荷载不大的人行道、行车荷载在 2～5t 的道路、停车场，路面面层可以采用透水混凝土、胶筑透水石、透水路面砖等材料，便于雨水下渗，满足海绵城市的相关要求。

路面面层类型及适用范围　　表 2.5.4-3

面层类型	适用范围
沥青混凝土（柔性）	速度较高的道路
水泥混凝土（刚性）	多用于小区道路与多雨地区
贯入沥青碎石、上拌下贯沥青碎石、沥青表面处治和稀浆封层	支路、停车场
非砌块路面	支路、城市广场、停车场

注：本表摘自《建筑设计资料集 3（第三版）》。

③ 车行道路面结构可根据交通量及计算标准车等参数计算，采用的路面材料可根据当地材料供应情况确定。

④ 人行道路面结构要求通常低于车行道，在通常情况下，可采用标准图（面层砖应采取防滑处理），详见图 2.5.4-1。

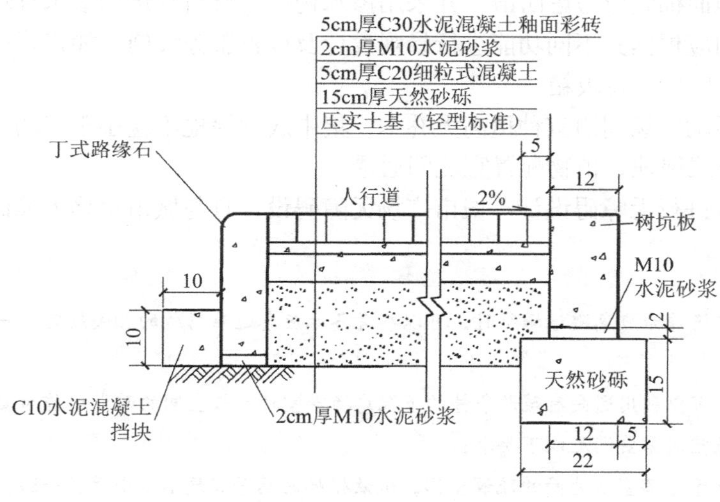

图 2.5.4-1　人行道构造图

注：本图摘自《建筑设计资料集 3（第三版）》。

2.6　广场、室外活动运动场地和停车场

2.6.1　广场

1. 广场的分类

广场分为城市广场和建筑附属广场。

城市广场按其性质、用途可分为公共活动广场、集散广场、交通广场、纪念性广场与

商业广场等。

建筑附属广场分为公众区广场、业务区广场和行政区广场。公众区广场对观众开放；业务区广场仅相关人员（可能是外部人员）进入；行政区广场供工作人员使用。总体布局应分区明确、互不干扰、联系方便。

（1）公众区广场包括使用建筑物的观众、游客、顾客等集散广场、休憩与活动场地、露天展场、公众停车场等。

（2）业务区广场指后勤货物装卸场地、堆放场地、物品制作场地等。

（3）行政区广场可包括员工入口广场、行政物资入口、行政停车场等。

2. 广场的设计原则

（1）广场设计应按城市总体规划确定的性质、功能和用地范围，结合交通特征、地形、自然环境等进行，应处理好与毗连道路及主要建筑物出入口的衔接，以及和四周建筑物协调，并应体现广场的艺术风貌。

（2）广场设计应按高峰时间人流量、车流量确定场地面积，按人车分流的原则，合理布置人流、车流的进出通道、公共交通停靠站及停车等设施。

（3）广场与道路衔接的出入口设计应满足行车视距的要求。

（4）广场排水应结合地形、广场面积、排水设施，采用单向或多向排水，且应满足城市防洪、排涝的要求。

（5）广场地面铺装应考虑防滑，并采用渗水构造，材料宜选用渗水且环保的材料。

（6）广场内应根据其不同功能进行景观设计及设置服务设施，如售货亭、电话亭、标识、公厕、休息座椅、垃圾箱。

（7）公共活动广场周边宜种植高大乔木。集中成片绿地不应小于广场总面积的25%，并宜设计成开放式绿地，植物配置宜疏朗通透。

（8）广场应进行无障碍设计。城市广场无障碍设计宜与城市道路无障碍设计连接。

■ **说明**

①当地面广场作为应急避难场所时，可以参考各地应急避难场所的相关规定，一般人均面积要求为1.5～2m^2。

②防火分区可以利用通向有疏散条件的下沉广场等室外开敞空间的疏散门作为安全出口。

该室外开敞空间需要满足以下要求：

应设置不少于1部直通地面的疏散楼梯，疏散楼梯的总净宽度不应小于任一防火分区通向室外开敞空间的设计疏散总净宽度。

除用于人员疏散外不得用于其他商业或可能导致火灾蔓延的用途。

确需设置防风雨篷时，防风雨篷不应完全封闭，四周开口部位应均匀布置，开口的面积不应小于该空间地面面积的25%，开口高度不应小于1.0m；开口设置百叶时，百叶的有效排烟面积可按百叶通风口面积的60%计算。

若有疏散条件的下沉广场等室外开敞空间仅供1个防火分区使用，则该室外开敞空间疏散楼梯满足防火规范关于室外疏散楼梯的相关要求即可，一般不做面积要求。

若用于疏散的下沉广场等室外开敞空间供2个或以上的防火分区使用，则该室外开敞空间用于疏散的净面积不应小于169m^2，开敞空间开口最近边缘之间的水平距离不应小于13m。

2.6.2　室外活动和运动场地

室外活动和运动场地主要包括儿童游戏场地、老年人活动场地、健身活动场地。

1. 儿童游戏场地规划设计原则

（1）游戏场地由自由活动区、游戏器械区、家长守候区及中心公共区组成。

（2）游戏场地规划布局依据不同年龄特征，可分为婴幼儿区（1～3 岁）、低龄儿童区（4～6 岁）和高龄儿童区（7～12 岁），不同游戏区之间应进行有效划分，并采取适当的隔离措施或设置缓冲空间防止造成冲撞及伤害，见表 2.6.2-1。

住区户外儿童游戏场地构成要素　　表 2.6.2-1

要素名称	婴幼儿区（1～3 岁）	低龄儿童区（4～6 岁）	高龄儿童区（7～12 岁）
沙坑	▲	▲	▲
草坪	—	Δ	Δ
水池	—	Δ	Δ
滑板场	—	—	Δ
小型足球场	—	—	Δ
游乐设施	Δ	Δ	Δ
家长休息设施	▲	▲	▲
冲洗设施	—	Δ	Δ
迷宫	—	Δ	Δ
大树	—	Δ	Δ
土丘	—	—	Δ
绿化隔离带	▲	▲	▲
表演场地及舞台	—	Δ	Δ

注：1. “▲”为基本要素；“Δ”为建议设置要素；“—”为不设；
2. 本表摘自《建筑设计资料集 2（第三版）》。

（3）游戏场地应设置在日照充足、夏季通风良好、冬季有效隔离寒风的位置。

（4）儿童游戏场地应保证其在视野上的通透性，并保证其声音的可传达性。

（5）游戏场地宜布置于住区人流易于到达的位置，如住区出入口、中心广场、公共活动场地附近等，但同时应避免进出场地的路线与机动车道交叉。

（6）低龄儿童游戏场地宜设置于住宅的房前屋后，适于家长就近照顾。

（7）游戏场地选址应充分考虑噪声对附近居民的影响，采取绿化、矮墙等声音屏障措施。除低龄儿童游戏场地外，游戏场地应与住宅主要房间的外窗保持一定距离。

（8）儿童游戏场地宜与老年人活动场地相邻，以满足老年人的心理需求，并方便老年人在活动同时对儿童进行监护。

（9）儿童游戏场地宜靠近宠物活动场所，满足儿童对宠物的好奇心，但必须设置有效隔离措施，以防止宠物对儿童造成伤害（婴幼儿活动场地不宜与宠物活动场地相邻）。

■ **说明**

①儿童游戏场地应考虑无障碍设计中道路的连续性、通用性和安全性。

②应考虑在场地附近设置座椅，方便家长就近照看儿童并促进交流，有条件的场地宜设置成人休息区，并留出适当空间放置儿童车及其他物品。

③游戏场地边缘宜设置自来水龙头和冲洗池，便于儿童进行与水有关的游戏及游戏后进行冲洗。

④建议小区游戏场设置专用轮滑场地和小型足球场。

⑤景观植物宜多采用落叶乔木形式，应考虑夏季遮阳及冬季日照效果，宜种植季节性植物（如可开花结果类）以便儿童了解自然变化。

⑥儿童游戏场地宜利用景观隔离的手法产生一定的围合性，同时应保证视线通透便于家长监护。

⑦建议充分利用大树、绿篱、小溪流、小丘等绿化景观，以实现游戏场地的趣味性游戏功能。

⑧有条件的住区游戏场宜设置小型水池，驳岸设计应充分考虑儿童方便接近水面，同时保证儿童不致落入水中。

⑨应注意禁止宠物进入沙坑，并在沙坑旁设置垃圾桶，以防止儿童将果皮丢入沙坑，保持沙坑清洁。

2. 老年人活动场地规划设计原则

（1）老年人活动场地应设置在日照充足且通风良好的位置，北方地区应避免冬季风侵袭，南方地区应避免夏季阳光直射。

（2）老年人活动场地分为：

① 静态活动场地，如休憩场地、棋牌场地及交往场地等，该场地具有停留性，宜布置在房前屋后等住宅附近位置。

② 动态活动场地，如健身场地、舞蹈场地等，该场地宜布置在住区中心及出入口附近。动态活动场地与静态活动场地应有适当的距离，但亦能相互观望。

③ 散步道路，宜具有循环性并应经过小区中心广场、单元门口、商业服务设施附近等小区主要公共活动空间。

（3）老年人活动场地中动态活动场地宜与儿童游戏场地相邻；静态活动场地宜与儿童活动场地有一定距离，并具可观望性；散步路线宜路过儿童游戏场地。

（4）场地布局应将男性老年人与女性老年人分别设置，但同时应考虑其交往需求。

（5）老年人活动场地应尽量避免受到机动车噪声及尾气干扰，并且进出活动场地路线严禁与机动车道交叉，亦可利用停车场的停车时间差将停车场作为临时跳舞场地。

（6）动态活动场地应与住宅窗户有一定距离，并通过绿化隔离阻挡噪声。

■ **说明**

①老年人活动场地应保证无障碍设计。尽可能采用坡道，避免使用台阶，应尽量采用软质、防滑地面，避免使用水泥等硬质、易滑的地面。

②老年人活动场地附近应考虑设置路灯，防止出现暗区。

③老年人活动场地应设置足够的休息座椅，并考虑设置轮椅停放空间及放置物品的台面（如花坛等）。

3. 健身活动场地规划设计原则

（1）健身活动场地由健身器械区、舞蹈区、乒乓球场地、羽毛球场地、健身步道、休息区等组成，各区域之间宜进行分组，并采取有效绿化隔离。

（2）健身活动场地应设置在日照充足且通风良好的位置，北方地区应避免冬季风侵袭，南方地区应避免夏季阳光直射。

（3）乒乓球、羽毛球场地等专用运动场地宜布置在组团级以上的公共绿地之中。健身器械活动场地应分散在住区里既方便居民就近使用又不扰民的区域，且宜分组设置，可灵活设于住宅旁绿地之中。

（4）健身场地选址应充分考虑噪声对附近居民的影响，场地距离住宅楼外窗应有一定距离，并采取适当的声音屏障措施，如绿化、矮墙等。

（5）健身活动场地应与儿童游戏场地保持适当距离，并设置有效隔离措施以防止成年人在运动中对儿童造成伤害。

■ **说明**

①健身活动场地周围应设置足够的休息座椅，以供健身运动的居民休息及观看人群使用，有条件的场地宜设置休息区，并留出适当空间放置衣物等随身物品。

②活动场地中及周围应考虑设置路灯，以保证活动者进行夜间健身、舞蹈等活动，并防止天黑后对活动者造成伤害。

③场地边缘宜设置自来水龙头和冲洗池，便于活动者运动后进行冲洗。

④健身器械场地宜选用平整防滑适于运动的铺装材料，专用运动场地宜采用塑胶地面，同时满足易清洗、耐磨、耐腐蚀、防冻的要求。

（6）室外运动场地布置方向（以长轴为准）基本为南北向，根据所在地不同地理纬度和主导风向可略偏南北向，但不宜超过以下规定，见表 2.6.2-2。

运动场长轴允许偏角　　表 2.6.2-2

所在地北纬度数	16°～25°	26°～35°	36°～45°	46°～55°
北偏东	0°	0°	5°	10°
北偏西	15°	15°	10°	5°

注：本表摘自《体育建筑设计规范》JGJ 31—2003。

（7）运动场地界线外围，宜满足缓冲距离、上空净高要求、通行宽度及安全防护等要求。室外运动场占地尺寸，见表 2.6.2-3。

室外活动及室外运动场地尺寸　　表 2.6.2-3

类别	场地尺寸（m）	缓冲带宽度（m）		最小净高（m）	备注
		端线外	边线外		
球类					
足球	120 × 90 90 × 45	≥ 2.00	≥ 2.00	—	

续表

类别	场地尺寸（m）	缓冲带宽度（m）		最小净高（m）	备注
		端线外	边线外		
篮球	28 × 15	2.00	2.00	7.00	
排球	18 × 9	≥ 4.00	≥ 3.00	12.50	网高：男 2.43m；女 2.24m
手球	40 × 20	2.00	2.00	7.00	
网球	单打 23.77 × 8.23 双打 23.77 × 10.97	≥ 6.40	≥ 3.66	12.00	网高 1.07m
羽毛球	单打 13.40 × 5.18 双打 13.40 × 6.10	≥ 2.00	≥ 2.00	9.00	网高 1.55m
乒乓球	12 × 6	4.63	2.238	4.76	
曲棍球	91.40 × 55.00	≥ 2.00	≥ 2.00	—	
门球	25 × 20 20 × 15	—	—	—	
高尔夫球	—	—	—	—	18 洞，占地面积约 60hm^2
田径					
200m 跑道	93.14 × 50.64 88.10 × 50.40	—		—	6 条跑道，半径 18m
300m 跑道	137.14 × 66.02 136.04 × 63.04	—		—	8 条跑道，半径 23.25m 6 条跑道，半径 24.20m
400m 跑道	176.91 × 92.52	—		—	国际田联 400m 标准跑道 8 条跑道，半径 36.50m
其他					
滑冰场	60 × 30	—		—	花样滑冰场，如需作冰球场最小尺寸为 56m × 26m，四角圆弧半径为 7～8m
游泳池（标准池）	50 × 25	—		—	水深大于 1.3～2.0m，泳道宽 2.5m
花样滑轮场	50 × 25	—		—	

注：本表依据《全国民用建筑工程设计技术措施 规划·建筑·景观（2009 年版）》以及《建筑设计资料集 6（第三版）》整理汇编而成。

2.6.3 停车场

1. 机动车停车场

（1）分类

① 按规模分：特大型停车场（＞ 1000 辆）、大型停车场（301～1000 辆）、中型停车场

（51～300 辆）、小型停车场（≤50 辆）。

② 按属性分：公共停车场、场地配建停车场、专用停车场。

③ 按停车位置分：路外停车场、路内停车场。

④ 按布局方式分：集中式停车、分散式停车。

⑤ 按空间性质分：室外停车场、室内停车场，其中室内停车场又包括地下停车库和地上停车楼。

■ **说明**

机动车库出入口和车道数量应符合表 2.6.3-1 的规定，且当车道数量大于等于 5 且停车当量大于 3000 辆时，机动车出入口数量应经过交通模拟计算确定。

机动车库出入口和车道数量　　表 2.6.3-1

规模	特大型	大型		中型		小型	
停车当量	> 1000	501～1000	301～500	101～300	51～100	25～50	< 25
机动车出入口数量	≥3	≥2		≥2	≥1	≥1	
非居住建筑出入口车道数量	≥5	≥4	≥3	≥2		≥2	≥1
居住建筑出入口车道数量	≥3	≥2	≥2	≥2		≥2	≥1

注：本表摘自《车库建筑设计规范》JGJ 100—2015。

（2）停车场出入口

① 停车场出入口不应直接与城市快速路相连接，且不宜直接与城市主干路相连接。

② 停车场出入口与城市人行过街天桥、地道、桥梁或隧道等引道口的距离应大于 50m；距离道路交叉口应大于 80m。

③ 当需要在停车场出入口办理车辆出入手续时，出入口处应设置候车道，且不应占用城市道路。机动车候车道宽度不应小于 4m、长度不应小于 10m，非机动车应留有等候空间。候车道转弯半径见图 2.6.3-1，候车道见图 2.6.3-2。

④ 停车场出入口应该具有良好的通视条件，距离城市道路的规划红线不应小于 7.5m，并在距出入口边线内 2m 处作视点的 120°范围内至边线外 7.5m 以上不应有遮挡视线障碍物（图 2.6.3-3）。与城市道路连接的出入口地面坡度不宜大于 5%。

⑤ 停车场出入口处的机动车道路转弯半径不宜小于 6m，且应满足基地通行车辆最小转弯半径的要求。

⑥ 相邻停车场出入口之间的最小距离不应小于 15m，且不应小于两出入口道路转弯半径之和。

⑦ 机动车库出入口应设置减速安全设施。

⑧ 停车场出入口和车道数量应符合表 2.6.3-1 的规定，当车道数量大于等于 5 且停车当量大于 3000 辆时，机动车出入口数量应经过交通模拟计算确定。

⑨ 对于停车当量小于 25 辆的小型车库，出入口可设一个单车道，并应采取进出车辆的避让措施。

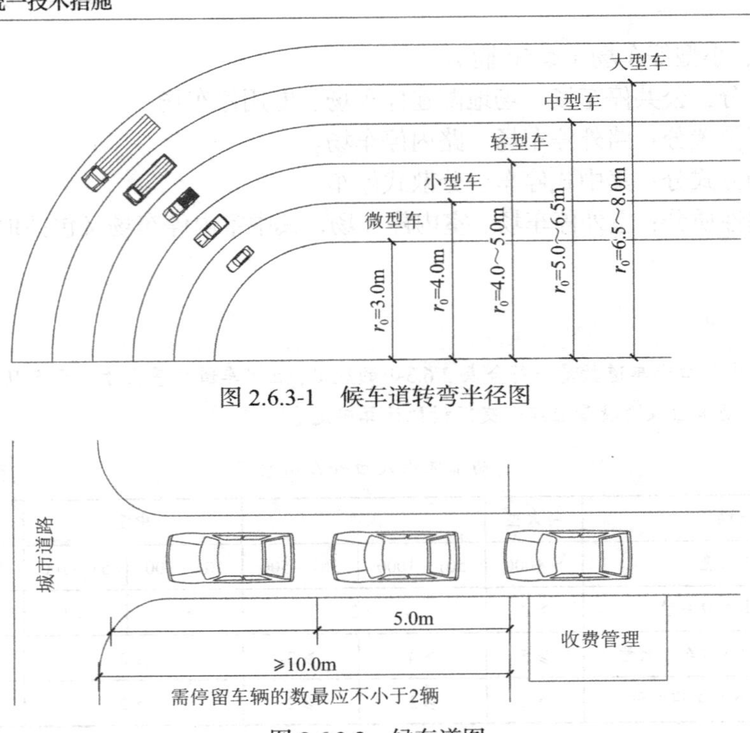

图 2.6.3-1　候车道转弯半径图

图 2.6.3-2　候车道图

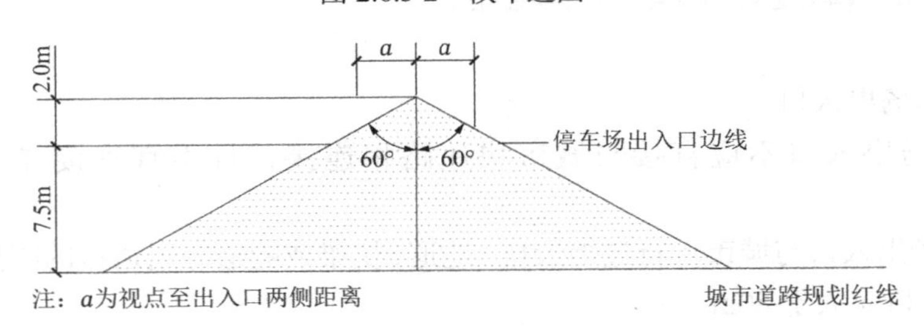

图 2.6.3-3　车库出入口通视要求图

注：以上三图摘自《建筑设计资料集 1（第三版）》。

（3）机动车库应根据停放车辆的设计车型外廓尺寸进行设计。机动车库应以小型车为计算当量进行停车当量的换算，各类车辆的机动车设计车型的外廓尺寸和换算系数可按表 2.6.3-2 取值。

当量小汽车换算系数　　**表 2.6.3-2**

车辆类型	各类型车辆外廓尺寸（m）			车辆换算系数
	总长	总宽	总高	
微型汽车	3.5	1.6	1.8	0.7
小型汽车	4.8	1.8	2.0	1.0
轻型汽车	7.0	2.1	2.6	1.2
中型汽车	9.0	2.5	3.2	2.0
大型汽车（客）	12.0	2.5	3.2	3.0

注：本表摘自《车库建筑设计规范》JGJ 100—2015。

（4）停车场的停车方式（图 2.6.3-4）：

① 平行式

平行于通道，适宜停放不同类型、不同车身长度的车辆；但前后两车要求净距大，单位停车面积大。

② 垂直式

垂直于通道，车辆出入便利，但占用停车道较宽，车辆出入需要通道宽度也大。

③ 斜列式

与通道斜交成一定角度停车排列形式，其斜度通常为 30°、45°、60°，适用于场地的宽度形状受到限制的情况。

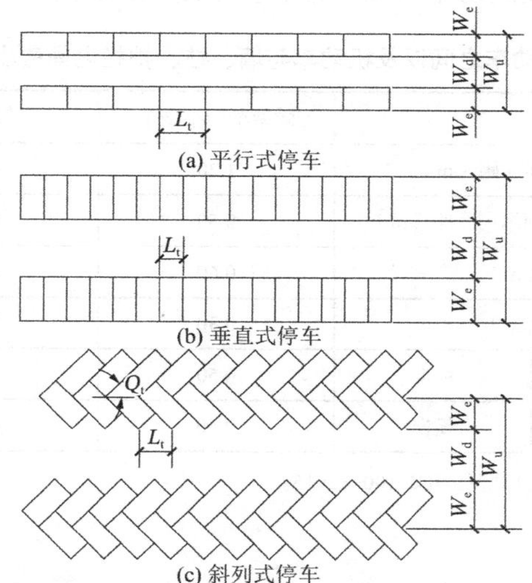

W_u—停车带宽度；W_e—垂直于通车道停车位尺寸；W_d—通车道宽度；
L_t—平行于通车道的停车位尺寸；Q_t—汽车倾斜角度

图 2.6.3-4　停车方式示意图

注：本图摘自《建筑设计资料集 1（第三版）》。

■ **说明**

机动车最小停车位、通（停）车道宽度可通过计算或作图法求得，且库内通车道宽度应大于或等于 3.0m。小型车的最小停车位、通（停）车道宽度宜符合表 2.6.3-3 的规定。

小型车的最小停车位、通（停）车道宽度　　表 2.6.3-3

停车方式			垂直通车进方向的最小停车位宽度（m）		平行通车进方向的最小停车位宽度 L_t（m）	通（停）车道最小宽度 W_d（m）
			W_{e1}	W_{e2}		
平行式		后退停车	2.4	2.1	6.0	3.8
斜列式	30°	前进（后退）停车	4.8	3.6	4.8	3.8
	45°	前进（后退）停车	5.5	4.6	3.4	3.8
	60°	前进停车	5.8	5.0	2.8	4.5
		后退停车	5.8	5.0	2.8	4.2

续表

停车方式		垂直通车进方向的最小停车位宽度（m）		平行通车进方向的最小停车位宽度 L_t（m）	通（停）车道最小宽度 W_d（m）
		W_{e1}	W_{e2}		
垂直式	前进停车	5.3	5.1	2.4	9.0
	后退停车	5.3	5.1	2.4	5.5

注：本表摘自《车库建筑设计规范》JGJ 100—2015。

（5）机动车之间以及机动车与墙、柱、护栏之间的最小净距应符合表 2.6.3-4 的规定。

机动车之间以及机动车与墙、柱、护栏之间最小净距　　表 2.6.3-4

机动车类型		微型车、小型车	轻型车	中型车、大型车
平行式停车时机动车间纵向净距（m）		1.20	1.20	2.40
垂直式、斜列式停车时机动车间纵向净距（m）		0.50	0.70	0.80
机动车间横向净距（m）		0.60	0.80	1.00
机动车与柱间净距（m）		0.30	0.30	0.40
机动车与墙、护栏及其他构筑物间净距（m）	纵向	0.50	0.50	0.50
	横向	0.60	0.80	1.00

注：本表摘自《车库建筑设计规范》JGJ 100—2015。

■ **说明**

机动车停车位的宽度横向方向每边各自计入了“机动车间横向净距”的一半（如小型停车位 2.4m 宽，小型机动车宽为 1.8m，两侧各计入 0.3m 宽度），另一半宽度由相邻车位承担；如果机动车贴墙、护栏及其他构筑物或者相邻结构柱影响到停车开门，则需要增加一半的机动车“机动车间横向净距”，以满足停车开门要求。布置机动车停车位不要紧贴墙体，这是停车场和车库设计中容易出现的问题。

（6）电动汽车充电基础设施设置原则

① 电动汽车充电基础设施的布置不应妨碍车辆和行人的正常通行。

② 电动汽车充电基础设施应结合停车位合理布局，便于车辆充电。

③ 电动汽车充电基础设施与电动汽车停车位、建(构)筑物的最小间距应满足安装、电气安全、操作及检修的要求；参照北京市地方标准《电动汽车充电基础设施规划设计标准》DB11/T 1455—2017 的附录图示，电动车停车位距离充电桩距离不宜小于 0.4m，壁挂充电桩（快充）厚度宜按 0.6m 考虑。各地如有电动汽车充电基础设施的相关规范和标准，以相应规范和标准为准。

④ 采用壁挂式安装的充电设备中心线距地面宜为 1.5m。

⑤ 电动汽车充电基础设施采用落地式安装方式时应符合下列要求：

a. 户外停车位安装的充电设备基础应高出充电场地地坪 0.2m 及以上，底座基础宜大于充电设施长宽外廓尺寸 0.2m。

b. 宜考虑立体停车场楼面的承重要求。

⑥ 充电基础设施的标识应符合现行国家标准《图形标志 电动汽车充换电设施标志》GB/T 31525 的规定。

⑦ 充电车位的防火间距：

a. 充电车位与其他建筑物之间的防火间距不应小于 6m。

b. 地上充电机动车库与其他多层民用建筑物之间的防火间距不应小于 6m，与其他高层民用建筑物之间的防火间距不应小于 9m。

⑧ 充电设备及相关电力设备需要满足相应的国家和行业标准。

（7）其他注意事项

① 停车场车位宜分组布置，每组停车数量不宜超过 50 辆，组与组之间距离不小于 6m。

② 应对地面停车场进行合理绿化。停车场绿化可提高小区绿化率，夏天可有效降低停车场和车内温度，提升停车舒适度。一般使用乔木绿化。

③ 机动车出入口应预留收费岗亭设置空间，以便于后期运营管理。设置收费岗亭也便于停车场面向公众开放。

④ 需设置残疾人停车位的停车场，应有明显指示标志，其位置应靠近建筑物出入口处，残疾人停车位与相邻车位之间留有轮椅通道，其宽度不小于 1.2m（图 2.6.3-5）。

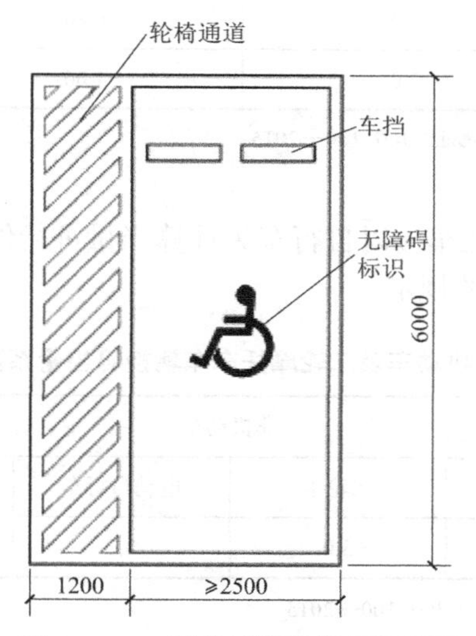

图 2.6.3-5　标准无障碍停车位平面

注：本图摘自《无障碍设施》21BJ12-1。

⑤ 室外机械式立体停车，可节省用地，提高停车容量。可参考国标图集《机械式汽车库建筑构造》08J927-2。

2. 非机动车停车场及摩托车停车场

（1）非机动车库停车当量数量不大于 500 辆时，可设置一个直通室外的带坡道的车辆出入口；大于 500 辆时，应设两个或以上出入口，且每增加 500 辆宜增设一个出入口。

（2）非机动车库出入口

① 非机动车库出入口宜与机动车库出入口分开设置，且出地面处的最小距离不应小于 7.5m。

② 当中型和小型非机动车库受条件限制，其出入口坡道需与机动车出入口设置在一起时，应设置安全分隔设施，且应在地面出入口外 7.5m 范围内设置不遮挡视线的安全隔离栏杆。

③ 自行车和电动自行车车库出入口净宽不应小于 1.80m，机动轮椅车和三轮车车库单向出入口净宽不应小于车宽加 0.60m。

④ 大型和中型非机动车停车库宜在出入口附近设管理用房及相应的服务设施，且不应影响非机动车的通行。

■ **说明**

非机动车设计车型的外廓尺寸可按表 2.6.3-5 的规定取值。

非机动车设计车型外廓尺寸　　表 2.6.3-5

车型	车辆几何尺寸（m）		
	长度	宽度	高度
自行车	1.90	0.60	1.20
三轮车	2.50	1.20	1.20
电动自行车	2.00	0.80	1.20
机动轮椅车	2.00	1.00	1.20

注：本表摘自《车库建筑设计规范》JGJ 100—2015。

（3）非机动车及二轮摩托车应以自行车为计算当量进行停车当量的换算，且车辆换算的当量系数应符合表 2.6.3-6 的规定。

非机动车及二轮摩托车车辆换算当量系数　　**表 2.6.3-6**

车型	非机动车				二轮摩托车
	自行车	三轮车	电动自行车	机动轮椅车	
换算当量系数	1.0	3.0	1.2	1.5	1.5

注：本表摘自《车库建筑设计规范》JGJ 100—2015。

（4）自行车的停车方式可采取垂直式和斜列式。自行车停车位的宽度、通道宽度应符合表 2.6.3-7 的规定，其他类型非机动车应按本表相应调整。

自行车停车位的宽度与通道宽度　　**表 2.6.3-7**

停车方式		停车位宽度（m）		车辆横向间距（m）	通道宽度（m）	
		单排停车	双排停车		一侧停车	两侧停车
垂直式		2.00	3.20	0.60	1.50	2.60
斜列式	60°	1.70	3.00	0.50	1.50	2.60
	45°	1.40	2.40	0.50	1.20	2.00

续表

停车方式		停车位宽度（m）		车辆横向间距（m）	通道宽度（m）	
		单排停车	双排停车		一侧停车	两侧停车
斜列式	30°	1.00	1.80	0.50	1.20	2.00

注：本表摘自《车库建筑设计规范》JGJ 100—2015。

■ **说明**

随着电动自行车的普及，场地设计中要考虑电动自行车停车场的设计：

防火间距：

（1）与其他建筑物之间的防火间距不应小于 6m；

（2）地上电动自行车库与其他多层民用建筑物之间的防火间距不应小于 6m；

（3）与其他高层民用建筑物之间的防火间距不应小于 9m；

（4）与厂房、仓库之间的防火间距不应小于 12m。

其他注意事项：

（1）电动自行车停放场所的设置不应占用消防车道、建筑间距和消防车登高操作场地，不应影响室外消防设施、疏散通道、救援通道的正常使用。

（2）电动自行车停放场所不应设置在高温、易积水和易燃易爆场所。电动自行车停放场所不应与火灾危险性为甲、乙类的厂房、仓库贴邻设置。

（3）地上电动自行车库不应与托儿所、幼儿园及其活动场所，老年人照料设施及其活动场所，学校教学楼及其集体宿舍，医院病房楼、门诊楼等贴邻设置。

（4）电动自行车停车场内的充电设施应设有遮雨措施和安全防护措施。

2.7　管线综合

2.7.1　一般规定

1. 管线宜在地下敷设，在地上架空敷设的工程管线及工程管线在地上设置的设施，必须满足消防车辆通行及扑救的要求，不得妨碍普通车辆、行人的正常活动，并应避免对建筑物、景观的影响。

2. 管线的敷设不应影响建筑物的安全，并应防止工程管线受腐蚀、沉陷、振动、外部荷载等影响而损坏。

3. 在管线密集的地段，应根据其不同特性和要求综合布置，宜采用综合管廊布置方式。对安全、卫生、防干扰等有影响的工程管线不应共沟或靠近敷设。互有干扰的管线应设置在综合管廊的不同沟（室）内。

4. 综合管廊平面中心线宜与道路、铁路、轨道交通、公路中心线平行。

5. 综合管廊穿越城市快速路、主干路、铁路、轨道交通、公路时，宜垂直穿越；受条件限制时可斜向穿越，最小交叉角不宜小于 60°。

6. 含天然气管道舱室的综合管廊不应与其他建（构）筑物合建。天然气管道舱室与周边建（构）筑物间距应符合现行国家标准《城镇燃气设计规范》GB 50028 的有关规定。

7. 地下管线的走向宜与道路或建筑主体相平行或垂直。管线应从建筑物向道路方向由浅至深敷设。干管宜布置在主要用户或支管较多的一侧，管线布置应短捷、转弯少，减少与道路、铁路、河道、沟渠及其他管线的交叉，困难条件下其交角不应小于45°。各种管线的埋设顺序一般按照管线的埋设深度，其从上往下顺序一般为：通信电缆、热力管道、电力电缆、燃气管、给水管、雨水管和污水管。

8. 地下管线综合布置时，应符合下列规定：

（1）压力管应让自流管。

（2）管径小的应让管径大的。

（3）易弯曲的应让不易弯曲的。

（4）临时性的应让永久性的。

（5）工程量小的应让工程量大的。

（6）新建的应让现有的。

（7）施工、检修方便的或次数少的应让施工、检修不方便的或次数多的。

9. 与道路平行的工程管线不宜设于车行道下；当确有需要时，可将埋深较大、翻修较少的工程管线布置在车行道下。

10. 抗震设防烈度7度及以上地震区、多年冻土区、严寒地区、湿陷性黄土地区及膨胀土地区的室外工程管线，应符合国家现行有关标准的规定。

11. 各种工程管线不应在平行方向重叠直埋敷设。

12. 当基地进行分期建设时，应对工程管线做整体规划。前期的工程管线敷设不得影响后期的工程建设。

13. 与基地无关的可燃易爆的市政工程管线不得穿越基地。当基地内已有此类管线时，基地内建筑和人员密集场所应与此类管线保持安全距离。

14. 当室外消防水池设有消防车取水口（井）时，应设置消防车到达取水口（井）的消防车道和消防车回车场地。

2.7.2 地下管线间距要求

管线之间的水平、垂直净距及埋深，管线与建（构）筑物、绿化树种之间的水平净距应符合国家现行有关标准的规定。当受规划、现状制约，难以满足要求时，可根据实际情况采取安全措施后减少其最小水平净距。

1. 各种管线与建（构）筑物之间的最小水平净距（表2.7.2-1）

各种管线与建（构）筑物之间的最小水平净距（m） 表2.7.2-1

管线名称		建筑物基础	地上杆柱（中心）	铁路（中心）	城市道路侧石边缘	公路边缘	围墙或篱笆
给水管		3.0	1.0	5.0	1.0	1.0	1.5
排水管		3.0	1.5	5.0	1.5	1.0	1.5
煤气管	低压	2.0	1.0	3.75	1.5	1.0	1.5
	中压	3.0	1.0	5.0	1.5	1.0	1.5
	高压	4.0	1.0	3.75	2.0	1.0	1.5

续表

管线名称	建筑物基础	地上杆柱（中心）	铁路（中心）	城市道路侧石边缘	公路边缘	围墙或篱笆
热力管	—	1.0	3.75	1.5	1.0	1.5
电力电缆	0.6	0.5	3.75	1.5	1.0	0.5
电信电缆	0.6	0.5	3.75	1.5	1.0	0.5
电信管道	1.5	1.0	3.75	1.5	1.0	0.5

注：1. 表中给水管与城市道路侧石边缘的水平间距 1.0m 适用于管径小于或等于 200mm，当管径大于 200mm 时应大于或等于 1.5m；
2. 表中给水管与围墙或篱笆的水平间距 1.5m 适用于管径小于或等于 200mm，当管径大于 200mm 时应大于或等于 2.5m；
3. 排水管与建筑物基础的水平间距，当埋深浅于建筑物基础时应大于或等于 2.5m；
4. 表中热力管与建筑物基础的最小水平间距，对于管沟敷设的热力管道为 0.5m，对于直埋闭式热力管道管径小于或等于 250mm 时为 2.5m，管径大于或等于 300mm 时为 3.0m，对于直埋开式热力管道为 5.0m；
5. 本表依据《城镇燃气设计规范》GB 50028—2006（2020年版）、《室外给水设计标准》GB 50013—2018、《室外排水设计标准》GB 50014—2021、《城市工程管线综合规划规范》GB 50289—2016 编制。

2. 各种地下管线之间的最小水平净距（表 2.7.2-2）

各种地下管线之间的最小水平净距（m）　　表 2.7.2-2

管线名称		给水管	排水管	煤气管			热力管	电力电缆	电信电缆	电信管道
				低压	中压	高压				
排水管		1.5	1.5							
煤气管	低压	1.0	1.0							
	中压	1.5	1.5							
	高压	2.0	2.0							
热力管		1.5	1.5	1.5	1.5	2.0				
电力电缆		1.0	1.0	1.0	1.0	1.0	2.0			
电信电缆		1.0	1.0	1.0	1.0	2.0	1.0	0.5		
电信管道		1.0	1.0	1.0	1.0	2.0	1.0	1.2	0.2	

注：1. 表中给水管与排水管之间的净距适用于管径小于或等于 200mm，当管径大于 200mm 时应大于或等于 3.0m；
2. 大于或等于 10kV 的电力电缆与其他任何电力电缆之间应大于或等于 0.25m，如加套管，净距可减至 0.1m；小于 10kV 电力电缆之间应大于或等于 0.1m；
3. 低压煤气管的压力为小于或等于 0.005MPa；中压为 0.005～0.3MPa；高压为 0.3～0.8MPa；
4. 本表依据《城镇燃气设计规范》GB 50028—2006（2020年版）、《室外给水设计标准》GB 50013—2018、《室外排水设计标准》GB 50014—2021、《城市工程管线综合规划规范》GB 50289—2016 编制。

3. 各种地下管线之间的最小垂直净距（表 2.7.2-3）

各种地下管线之间的最小垂直净距（m）　　表 2.7.2-3

管线名称	给水管	排水管	煤气管	热力管	电力电缆	电信电缆	电信管道
给水管	0.15						
排水管	0.40	0.15					

续表

管线名称	给水管	排水管	煤气管	热力管	电力电缆	电信电缆	电信管道
煤气管	0.10	0.15	0.10				
热力管	0.15	0.15	0.10				
电力电缆	0.20	0.50	0.20	0.50	0.50		
电信电缆	0.20	0.50	0.20	0.15	0.20	0.10	0.10
电信管道	0.10	0.15	0.10	0.15	0.15	0.15	0.10
明沟沟底	0.50	0.50	0.50	0.50	0.50	0.50	0.50
涵洞基底	0.15	0.15	0.15	0.15	0.50	0.20	0.25
铁路轨底	1.0	1.2	1.0	1.2	1.0	1.0	1.0

注：本表依据《城镇燃气设计规范》GB 50028—2006（2020 年版）、《室外给水设计标准》GB 50013—2018、《室外排水设计标准》GB 50014—2021、《城市工程管线综合规划规范》GB 50289—2016 编制。

2.8 景观绿化

2.8.1 典型建筑项目的景观绿化要点

景观绿化的要点，随着建筑项目的类型而变化。部分典型建筑景观绿化要点参见表 2.8.1-1。

不同类型项目的景观设计要点　　表 2.8.1-1

项目类型	关注要点	说明
会展建筑	（1）景观设计宜在做完交通规划和分区管理规划后启动。 （2）会展项目绿化率一般较低，主要绿化范围在场地边缘，主入口以及部分户外展示区的交界处。 （3）有消防、搬运、户外展示功能的重载路面不宜计入透水铺装面积	本条适用于会展区的户外环境
旅馆建筑	（1）酒店景观包括外围隔离带，标识区、户外花园、建筑群入口、大堂入口、中庭、内庭院、屋顶花园、天井庭院、露台、户外泳池、户外 SPA 等多个区域。 （2）酒店景观是酒店项目的重要组成部分，造景要求较高。 （3）在地库顶板、中庭、屋顶花园以及室内的绿化空间应注意土壤的埋深条件。 （4）乔木种植区域宜预留充裕的苗木调换条件	本条适用于有附属户外环境的酒店建筑或建筑群
商业建筑	（1）商业景观的重点区域包括建筑主立面展示区、标识区、入口区、户外庭院、屋顶花园等。 （2）商业景观需要保持较好的视线通透性，竖向和空间分割不宜复杂，铺装设计在商业景观中较为重要。 （3）满足绿地率是商业景观设计的难点，主要绿化区域宜设置在场地边缘	本条适用于独立商业建筑的附属户外环境
办公建筑	（1）办公景观包括标识区、入口区、户外休闲区、后勤功能区等。其中，标识区和入口区是重点区域。 （2）户外休闲区宜设置座椅等休闲设施，条件好时可考虑设置单独的户外抽烟区。 （3）交通动线宜做好人车分流，功能分区需考虑动静分开	本条适用于独立的办公建筑与建筑群的户外环境

续表

项目类型	关注要点	说明
学校建筑	（1）校园景观包括礼仪形象区、教学区、生活区、后勤区等，造景重要性依次降低。 （2）教学区和生活区宜多设置户外休憩设施、满足户外学习、交流和休闲的需求。 （3）宜重视绿化与场地的复合性，充分挖掘林下空间的使用潜力，用好剩余空间	
医院建筑	（1）医疗景观包括门诊景观区、住院康养区、办公教学区、后勤区等。 （2）门诊景观区要求视线通透，导引性强。 （3）住院康养区是很多患者户外康复活动的区域，应避免使用对人体刺激或有危害的植物品种	
居住建筑	（1）居住景观的重点设计区域包括主入口、中心绿地、单元入口和户外功能场地等。 （2）居住景观一般以归家路线串联景观要素，以提供更好的出入体验，绿化空间宜连续。 （3）均好性是居住景观的设计原则之一，总图规划宜关注铺装区域和绿化区域的均衡，居住建筑与景观和户外功能场地的距离。 （4）下凹绿地和雨水花园，植物品种受限，后期养护难度大，稳定性稍弱，宜避开主要造景区域。 （5）中心绿地面积不宜小于 1000m²。 （6）一般来说，人行铺装、构筑物和人工水体面积不超过绿地面积的 20%时，可按绿地计算	

2.8.2　总平面设计与景观绿化的协同

1. 总平面设计对景观绿化的影响

总平面设计是景观绿化设计的前置条件，总平面设计的内容和景观绿化设计可达到的深度呈正相关。详情参见表 2.8.2-1。

景观设计的前置条件和成果用途　　表 2.8.2-1

总图设计提供的内容	景观设计深度	景观设计成果的部分用途
（1）主体建筑的大体位置。 （2）建筑投影的大体范围。 （3）建筑地上部分体块的空间关系。 （4）场地可利用的出入口范围	概念草案	（1）熟悉项目情况。 （2）探索建设条件。 （3）推敲总图布局。 （4）研究项目选址
（1）场地设计条件。 （2）建设用地四至与范围基本明确。 （3）建筑布局、形态基本确定。 （4）建筑出入口基本确定。 （5）场地出入口基本确定。 （6）现状地形图	概念方案	（1）研究场地的景观设计潜力。 （2）沟通景观的风格、定位和功能需求。 （3）研究规划条件对景观设计的影响。 （4）匡算建设成本。 （5）为项目建议书编制提供依据
（1）建筑布局与日照条件基本稳定。 （2）地下室范围和覆土深度基本确定。 （3）场地四角标高和场地竖向基本确定。 （4）地上构筑物，类型、大小和出入口基本确定。 （5）地上停车位等规划指标基本确定。 （6）场地道路和消防登高面规划基本确定。 （7）绿地率计算要求基本明确。 （8）海绵、绿建等专项要求基本明确	方案设计	（1）确定景观设计风格。 （2）细化场地功能设计。 （3）为报规总平面图微调提供依据。 （4）满足工程设计估算要求。 （5）为可行性研究报告编制提供依据

续表

总图设计提供的内容	景观设计深度	景观设计成果的部分用途
(1)总平面图稳定且完成报规。 (2)景观设计方案得到最终确认。 (3)场地初勘报告	初步设计	(1)为初步设计评审提供条件。 (2)为初步设计概算编制提供条件。 (3)为工程材料采购提供条件。 (4)为苗木初选提供条件
(1)初步设计评审完成。 (2)初步设计方案完成修改且得到确认。 (3)结合景观方案设计所做的地勘报告	施工图设计	(1)明确硬质工程的工程做法。 (2)结合工程做法，调整方案的合理性。 (3)为苗木采购提供条件。 (4)为工程预算提供条件

由于景观绿化有着很强的"非标性"和"外部性"，相关人员应及时与景观设计专业沟通，结合设计深度，预留合理的设计周期。

2. 景观绿化对总平面设计的影响

景观绿化会反向影响总平面设计工作，常见影响如下：

(1)造景目标的实现。

(2)绿化种植要求的贯彻。

(3)场地竖向与覆土深度。

(4)户外管线，特别是重力流管线布置。

(5)地面构筑物的位置。

(6)海绵城市建设专项的实现。

(7)绿色建筑评价专项的实现。

(8)生物多样性设计的实现。

在遇到上述内容时，宜征询景观设计专业的意见。

2.8.3 景观绿化的基础知识

1. 工程设计的植物分类

工程设计一般将植物主要分为乔木、灌木和地被三种类型。其分类标准主要是植物的高度和形态特征，具体方式详见表 2.8.3-1。

植物分类、形态特征及应用方法 **表 2.8.3-1**

植物分类	分类标准	形态特征	主要应用方法
乔木	成年高度 ≥ 6m	(1)身形高大。 (2)大部分有主干，少部分为丛生类型。 (3)树干和树冠有明显区别	(1)可以群植、对植或孤植，也可以组成树阵或行道树。 (2)是植物群落的骨架。 (3)可形成林下空间。 (4)单株观赏价值高，很多部位都具有观赏价值
灌木	6m > 成年高度 > 0.3m	(1)比较矮小，很多品种不超过3.5m。 (2)主干不明显或较短，很多品种为丛生类型没有主干	(1)大部分群植，较少孤植。 (2)一般作为乔木和地被间的填充物，保证群落构图的完整性。 (3)有较好的视线遮蔽和空间围合作用

续表

植物分类	分类标准	形态特征	主要应用方法
地被	成年高度≤0.3m	以草本和宿根植物为主	（1）宜成片设置，可起到整合植物群落完整性的作用。 （2）是花境设计的主要材料

注：1. 乔木和灌木的分类尺度没有明确的标准，有的资料为 5m。实际工程中大部分乔灌木的形态很容易区分。
2. 成年高度植物在指项目所在地自然条件下所能达到的尺寸。同一品种的植物因年龄、地域或形态特征的不同，可能会表现出乔木的特征，也可能会表现出灌木的特征。
3. 乔木按其高度还可以分成小乔（6～10m），中乔（11～20m），大乔（21～30m）和伟乔（31m 以上）。城市环境中高于 25m（约 8～9 层楼）的乔木很少。在大部分地区高 15m（约 5～6 层楼）的乔木已经属于较高的树种。新种乔木高度建议按 8m 左右考虑。
4. 为保证存活率乔木胸径宜小于 20cm。
5. 藤本和攀爬植物一般单列，在地面蔓延时可归为地被。

2. 植物的存活与生长条件

在建筑设计时，应关注光照、根系覆土深度、水分的吸收和蒸腾等条件，以满足植物的存活和生长需求。也可以根据植物的习性，微调小气候环境，以满足设计要求。详情可咨询景观专业。

建筑设计中，水分是最容易被忽视的生长条件。在建筑屋面、通风腔体、排风口等空气对流强烈的地方，很容易形成干旱的环境。过于潮湿或积水的环境，也容易引起植物死亡。

案例参考

①案例 1：某项目将植物设计在密闭透明的玻璃盒子中，结果植物生长不良并最终死亡。这是因为通风条件不好，环境湿度过高，影响了植物的正常生长。

②案例 2：某项目在呼吸幕墙中设计了大量的绿色植物，并采用了超透玻璃，希望能实现绿色生态效果，最终落地困难。这是因为双层幕墙腔体空气流通快，大部分植物从根系吸取的水分跟不上树冠的蒸腾，从而出现旱死的现象。

③案例 3：某项目超量布置了雨水花园，后期出现植物大量死亡，养护成本急升。这是因为植物根系周边的土壤，需要保证一定的透气性。大部分的植物并不适应旱湿交替频繁的环境。

④案例 4：某项目在设置种植池时没有考虑排水措施，最终导致土壤含水率过高，植物根系呼吸困难，使种植池无法实现设计功能。

3. 小气候调节

植物的生存环境是由大气候分区和小气候环境共同决定的。当大气候不利时，小气候调节可以改善或破坏植物的生长条件。背风面阳的小环境可以增强局部的温度和水分，利于偏南方植物露地越冬。

4. 种植设计的原则

种植设计的原则包括科学性、生态性、艺术性和经济性等方面。通用原则包括：因地制宜、适地适树、注重地域特色和文化内涵等。

2.8.4 总平面设计中常见与景观绿化相关的技术问题

1. 混用规划总平面图与景观总平面图

规划总平面图以红线范围为图底，表达建（构）筑物的范围、间距、路网以及绿化、竖向布置等情况。景观设计总平面图的图底也包括建（构）筑物（很多时候是首层平面图），主要表达景观场地、道路、铺装样式和绿化种植点位的布置等。两者图底关系不同、关注点不同，不宜混用。

2. 植物根系空间预留不足

理想情况下，植物的根系与树冠的比例成 1∶1 的对称关系，缩小植物根系与树冠的比值会抑制植物的生长。根冠比例相差过大植物难以支撑或存活。在下沉庭院、建筑中庭、地库顶板、种植屋面绿化种植时，常常没有预留足够的种植土宽度或错误计算了植物所需的土壤深度。

3. 步行道最小宽度预留不足

园路最小宽度宜为 1.2m，可以满足两个人正常交会。若考虑轮椅交会最小宽度应为 1.5m。慢跑道最小宽度宜为 1.5m。在平坦区域，平行园路间距宜大于 25m。

4. 带状绿地最小宽度预留不足

（1）宽度 10m 以下带状绿地，沿长轴可不设连续性园路。

（2）宽度 10～30m 带状绿地，可满足步行需求，且视线较为通透。

（3）宽度 30m 以上带状绿地，视线通透性开始变弱。

（4）宽度 40m 以上带状绿地，可设置环路。

（5）具有生态廊道属性的带状绿地宽度不宜小于 30m。

■ **说明**

①上述数据来源于华北地区的经验，带状绿地的最小宽度主要取决于两个方面：一方面是人的感知有一定的相对性；另一方面是当地植物可达成的围合程度。以华北地区为参考，越靠近南方以上数据可适当缩小，越靠近北方以上数据宜适当放大。

②不同的生物有不同的生态尺度要求。30m 是在城市环境下，能满足大部分现有生物迁徙的数值。如果绿带一侧滨水，宽度可减少至 15m 左右。

5. 种植池最小宽度预留不足

考虑到道牙的两侧护边，在总图上，地被类植物种植净宽不宜小于 0.5m，灌木类种植净宽不宜小于 0.7m，乔木类种植净宽不宜小于 1.2m。

■ **说明**

乔木种植池最小净宽数据来自规范要求，灌木和地被类种植最小净宽来自工程实践。具体原则为结合种植密度，能容纳两排以上的植株。

6. 种植土（基质）所需厚度从结构顶板开始计算

典型的种植屋面做法，自下而上包括找平层、保温层（北方地区）、保护层、隔根层、防水层、蓄水层、过滤层等，然后才是种植基质（种植土）。而规范中所指的种植土厚度往往特指种植基质（种植土）所需厚度。因此，在实践中常犯的错误是，将其与种植屋面可提供的总体厚度等同，从结构顶板开始计算，造成覆土所需最小厚度的不足。

■ **说明**

①当结构顶板荷载满足，覆土深度不足时，可通过微地形或矮挡墙局部升高种植土厚度。如荷载不满足，可与结构专业协商，将乔木设置在梁柱的垂直线上。

②若因微地形造成局部土壤荷载过重，可用轻质土替换，或用聚乙烯泡沫等轻质材料替换无效的种植土，降低土壤荷载。

③覆土种植需要排水，找平层一般用来处理排水问题，计算最小覆土深度时还应考虑排水坡度的影响。

7. 混用种植屋面和地库顶板的规范要求

种植屋面一般位置较高，所处环境风大干燥，覆土浅，植物高度一般不超过 3m。覆土厚度如表 2.8.4-1 所示。比较突出的植物需要考虑设置防风设施。

种植屋面最小种植土层厚度　　**表 2.8.4-1**

植物类型	规格（m）	基质（种植土）厚度（cm）
小型乔木	$H = 2.0 \sim 2.5$	≥ 60
大灌木	$H = 1.5 \sim 2.0$	50～60
小灌木	$H = 1.0 \sim 1.5$	30～50
草本、地被植物	$H = 0.2 \sim 1.0$	10～30

注：1. 表格摘自《屋顶绿化规范》DB11/T 281—2015。
2. 植物荷载和土壤重度可参考《屋顶绿化规范》DB11/T 281—2015。
3. 种植屋面是一个生长受限的环境，因此其乔木特指可以生长成乔木的树种，与前文苗木种类提法稍有不同。

地库顶板的覆土，一般位于户外场地中，面积较大，覆土相对较厚。在满足种植土厚度时宜同时考虑场地排水、海绵措施建设指标等需求。种植土厚度需求详见表 2.8.4-2。

地库顶板最小种植土层厚度　　**表 2.8.4-2**

种植物	种植土最小厚度（cm）		
	南方地区	中部地区	北方地区
花卉草坪	30	40	50
灌木	50	60	80
小乔木、灌木（6m 以下）	60	80	100
中小乔木（6～10m）	80	100	150
中大乔木（10m 以上）	150	150	150

注：表格摘自《居住区环境景观设计导则（2006 版）》，部分大乔木覆土来自工程实践。

8. 忽视乔灌木与建筑、户外设施、室外管网的水平安全距离和垂直安全距离

新建建筑与现状乔木的距离不宜小于 5m，与南侧现状乔木的距离不宜小于 8m。新种乔灌

木与建筑、围墙和挡土墙的适宜距离，建筑环境中常见的户外设施包括灯杆、电线杆、电力杆、户外运动场地、交通标识、天桥、高压线等。各户外设施与乔灌木中心点的距离详见表 2.8.4-3。

树木与户外构筑物的水平距离 表 2.8.4-3

构筑物名称	乔木	灌木
建筑外墙（有窗）	3～5m	1.5m
建筑外墙（无窗）	2m	1.5m
平房外墙	2m	1.5m
围墙（2m 以上）	2m	1m
围墙（2m 以下）	1m	0.75m
挡土墙顶及墙脚	2m	0.5m
排水沟边缘	1～1.5m	1m
灯杆、电线杆、电力杆	2m	0.75m
变压器外缘、交通灯柱	3m	不宜
交通标识、标识牌	1.2m	不宜
天桥边缘	3.5m	不宜
消防龙头、邮筒	1.2m	不宜
测量基准点	2.0m	2.0m
户外运动场地	3.0m	3.0m
保安亭	3.0m	不宜
冷却塔	1.5 倍高度	不限
冷却池	40m	不限

注：1.本表数据部分来自《城市道路绿化设计标准》CJJ/T 75—2023；
2. 平房外墙数据摘自北京市《居住区绿地设计规范》DB11/T 214—2016；
3. 建筑外墙 2m 以下围墙数据摘自《居住区环境景观设计导则（2006 版）》；
4. 散挡墙及排水沟数据摘自《园林绿化工程项目规范》GB 55014—2021；
5. 2m 以上围墙参考建筑外墙要求。

植物树干中心点与管网外缘的安全距离详见表 2.8.4-4。

树木与户外管网的水平距离（m） 表 2.8.4-4

名称	新植乔木	现状乔木	灌木或绿篱外缘
电力电缆	1.5	3.5	0.5
通信电缆	1.5	3.5	0.5
给水管	1.5	2.0	—
排水管	1.5	3.0	—
排水盲沟	1.0	3.0	—
煤气管道（低中压）	1.2	3.0	1.0
热力管	2.0	5.0	2.0

注：表格数据摘自《建筑给水排水设计标准》GB 50015—2019。

蓄油池、液氧站等易燃设施在一定范围不能种植乔灌木。

乔灌木一般带土球种植，根系有很强的侵入力，位于乔灌木根系下方的地下设施需做好防止根系穿刺的保护。乔木种植尽可能避开地下设施水平安全距离的投影范围。

当种植区域位于高压走廊下方时应注意树枝与高压线的安全距离，避免设置易燃植物品种。

9. 忽视地形对排水、场地活动和绿化种植的影响

地形的坡度对户外排水、户外场地设置、植物的品种选择均会产生影响，详见表 2.8.4-5。在场地设置微地形时要考虑高度和范围。

坡度与种植的关系　表 2.8.4-5

名称	极限值	备注
绿地排水坡度	$A > 1.2°$（约 2%）	小于该值，积水难以排出，影响植物存活
平坦地面	$1.2° \leqslant A < 2°$（约 3.5%）	无水土流失的风险，适合任何植物
缓坡	$2° \leqslant A < 6°$（约 10.5%）	种植时应适当考虑设置水土保持措施
中坡	$6° \leqslant A < 15°$（约 26.8%）	中度水土流失区域，宜采取梯田、等高线种植等措施
陡坡	$15° \leqslant A < 25°$（约 46.6%）	水土流失严重区域，宜优先保护原生植物
急坡 Ⅰ	$25° \leqslant A < 33°$（约 65%）	可种植灌木和种针叶树，尽可能减少破坏原有植被
种植土壤安息角	$A \approx 33°$	该角度以内可以种植植物
急坡 Ⅱ	$33° \leqslant A < 45°$（约 100%）	可种植地被，尽可能保留原有植被
工程土壤安息角	$A \approx 45°$	无须其他措施，工程碾压后可维持稳定的安息角
悬崖坡地	$A > 45°$（约 2%）	需要硬质护坡、人无法站立、可种攀爬植物

注：1. 本表关于急坡、缓坡和需要采取水土保持措施的原始数据来自《水土保持综合治理　规划通则》GB/T 15772—2008；
2. 绿地排水坡度的原始数据来自《园林绿化工程项目规范》GB 55014—2021；
3. 工程土壤安息角与土壤含水率及土壤类型有关系，本处取常用的数值 1 : 1，种植土壤安息角取自行业常用经验数值；
4. 本表由多个规范整合而成，考虑到有的规范用的数据是角度，有的规范用的数据是比值。因此，在极限值中会有一部分数据经过微调。因此本表仅用于参考，不适用于工程出图。

■ 说明

①塑造高度为 1m 的微地形，两侧自然起坡，地形宽度大于 4m 比较合适。其他高度以此类推。

②新种植物需要在植物周边设置蓄水围堰。植物与微地形设计时应考虑该措施对景观的影响。为保持较好的景观效果，乔木一般不种植在微地形的脊线上。

10. 忽视对植物“根茎”的保护

现状植物与土壤的交接处为植物的根茎，是植物地上部分和地下部分的交界处。在工程设计中需要做好对该部分的保护，覆土过深或裸露过多都会造成植物的生长不良或死亡。

2.8.5　与绿地率相近名词辨析

1. 绿化率与绿化覆盖率

绿化覆盖率与绿化率是同一个概念，绿化覆盖率的提法更为规范。绿化覆盖率是绿化

垂直投影面积与项目总用地面积的比率。如果乔木树冠的垂直投影在硬质铺装上，这部分面积可计入绿化覆盖率。

绿地率与绿化覆盖率的区别：一是用法不同，绿地率一般作为规划指标，而绿化覆盖率反映绿化水平；二是计算分子不同。绿化覆盖率分子为场地内所有植物的投影面积，乔木在硬质铺装上的投影可计入绿化覆盖率的分子。绿地率分子为可计算绿地面积，在有些城市乔木在硬质铺装上的投影不计入绿地率分子，有些城市在乘以一定系数后则可以计入。

2. 绿容率

绿容率一般用来反映场地的生态水平。常见于绿色建筑评价中，是指场地内各类植被叶面积总量与场地面积的比值，是评价场地生态效益的重要指标。绿容率的计算涉及乔木、灌木和草地的面积，其中乔木的叶面积指数和投影面积是关键因素。计算公式如下：

绿容率 = 场地面积Σ(乔木叶面积指数 × 乔木投影面积 × 乔木株数)+ 灌木占地面积^{3} + 草地占地面积 × 1（其中冠层稀疏类乔木的叶面积指数取 2，密集类取 4）。

3. 绿视率

绿视率指人们眼睛所看到的物体中绿色植物所占的比例，它强调立体的视觉效果，绿视率常常在城市设计中使用，以反映城市绿化可感知程度。

2.9 其他设计要点

2.9.1 总平面绿色建筑设计要点

总平面设计应满足绿色建筑评价技术指标体系中相关规定内容。

1. 场地应避开滑坡、泥石流等地质危险地段，易发生洪涝地区应有可靠的防洪涝基础设施；场地应无危险化学品、易燃易爆危险源的威胁，应无电磁辐射、含氡土壤的危害。

2. 室外路面设置防滑措施。

3. 采取人车分流措施，且步行和自行车交通系统有充足照明。

4. 建筑、室外场地、公共绿地、城市道路相互之间应设置连贯的无障碍步行系统。

5. 场地人行出入口 500m 内应设有公共交通站点或配备联系公共交通站点的专用接驳车。

6. 场地与公共交通站点联系便捷。场地出入口到达公共交通站点或轨道交通站的步行距离满足一定要求；场地出入口步行距离 800m 范围内设有不少于 2 条线路的公共交通站点。

7. 提供便利的公共服务。住宅建筑：场地出入口到达幼儿园、小学、中学、医院、群众文化活动设施及老年人日间照料设施的步行距离应满足一定要求；场地周边 500m 范围内具有不少于 3 种商业服务设施。公共建筑：建筑内至少兼容 2 种面向社会的公共服务功能；建筑向社会公众提供开放的公共活动空间；电动汽车充电桩的车位数占总车位数的比例不低于 10%；周边 500m 范围内设有社会公共停车场（库），场地不封闭或场地内步行公共通道向社会开放。

8. 城市绿地、广场及公共运动场地等开敞空间，步行可达。场地出入口到达城市公园绿地、居住区公园、广场的步行距离不大于 300m；到达中型多功能运动场地的步行距离不大于 500m。

9. 合理设置健身场地和空间。室外健身场地面积不少于总用地面积的 0.5%；设置宽度不少于 1.25m 的专用健身慢行道，健身慢行道长度不少于用地红线周长的 1/4 且不少于 100m。

10. 建筑规划布局应满足日照标准，且不得降低周边建筑的日照标准。

11. 场地的竖向设计应有利于雨水的收集与排放，应有效组织雨水的下渗、滞蓄或再利用；对大于 $10hm^2$ 的场地应进行雨水控制利用专项设计。

12. 按要求设置生活垃圾收集点及垃圾收集站。

13. 充分利用场地空间设置绿化用地。住宅建筑：绿地率达到规划指标 105%及以上；住宅建筑所在居住街坊内人均集中绿地面积按要求设置。公共建筑：公共建筑绿地率达到规划指标 105%及以上；绿地向公众开放。

14. 下凹式绿地、雨水花园等有调蓄雨水功能的绿地和水体的面积之和占绿地面积的比例达到一定数值。

15. 硬质铺装地面中透水铺装面积的比例达到一定数值。

16. 设置室外吸烟区，室外吸烟区与所有建筑出入口、新风进气口和可开启窗扇的距离不少于 10m，且距离儿童和老人活动场地不少于 5m。

2.9.2　总平面无障碍设计要点

1. 总平面设计应满足《无障碍设计规范》GB 50763—2012 及《建筑与市政工程无障碍通用规范》GB 55019—2021 中相关规定内容。

2. 城市开敞空间、建筑场地、建筑内部及其之间无障碍流线连贯通行。

3. 无障碍通行流线未设置在地形险要地段或其他易发生危险处。无障碍通行设施的地面均坚固、平整、防滑、不积水。

4. 无障碍通道上有地面高差时，均设置轮椅坡道或缘石坡道。无障碍通道的通行净宽均不小于 1.20m。人员密集的公共场所的通行净宽均不小于 1.80m。

5. 场地内缘石坡道设计应满足相关要求，缘石坡道的坡面应平整、防滑，缘石坡道的坡口与车行道之间应无高差，缘石坡道的坡度不应大于 1：12，缘石坡道的宽度不应小于 1.2m。缘石坡道顶端处应留有过渡空间，过渡空间的宽度不应小于 900mm。缘石坡道上下坡处不应设置雨水箅子。设置阻车桩时，阻车桩的净间距不应小于 900mm。

6. 场地内盲道、轮椅坡道、无障碍出入口设计应满足相关要求。无障碍平坡出入口的地面坡度不应大于 1：20。

7. 停车场和车库中无障碍机动车停车位设置比例应满足要求，无障碍机动车停车位的地面坡度不应大于 1：50，无障碍机动车停车位一侧，应设宽度不小于 1.20m 的轮椅通道。轮椅通道与其所服务的停车位不应有高差，和人行通道有高差处应设置缘石坡道，且应与无障碍通道衔接，无障碍小汽（客）车上客和落客区的尺寸不应小于 2.40m × 7.00m，和人行通道有高差处应设置缘石坡道，且应与无障碍通道衔接。

2.9.3　总平面防灾避难设计要点

1. 建筑防灾避难场所或设施的设置应满足城乡规划的总体要求，并应遵循场地安全、交通便利和出入方便的原则。

2. 建筑设计应根据灾害种类，合理采取防灾、减灾及避难的相应措施。

3. 防灾避难设施应因地制宜、平灾结合，集约利用资源。

4. 防灾避难场所及设施应保障安全、长期备用、便于管理，并应符合无障碍的相关规定。

5. 建筑周围环境的空气、土壤、水体等不应对人体健康构成危害。存在污染的建设场地应采取有效措施进行治理，并应达到建设用地土壤环境质量要求。

6. 建筑在建设和使用过程中，应采取控制噪声、振动、眩光等污染的措施，产生的废物、废气、废水等污染物应妥善处理。

7. 建筑与危险化学品及易燃易爆品等危险源的距离，应满足有关安全规定。

8. 建筑场地应符合下列规定：

（1）有洪涝威胁的场地应采取可靠的防洪、防内涝措施。

（2）当场地标高低于市政道路标高时，应有防止客水进入场地的措施。

（3）场地设计标高应高于常年最高地下水位。

9. 市区 35～500kV 高压架空电力线路规划走廊宽度见表 2.9.3-1，或按本地区规定执行。高压走廊宽度内不得建任何建筑物。

高压架空电力线路走廊宽度 表 2.9.3-1

线路电压等级（kV）	高压走廊宽度（m）	线路电压等级（kV）	高压走廊宽度（m）
500	60～75	66,110	15～25
330	35～45	35	15～20
220	30～40		

注：本表依据《城市电力规划规范》GB/T 50293—2014 编制。

2.9.4 总平面海绵场地设计要点

1. 概念与执行标准

海绵城市是指通过城市规划、建设的管控，从“源头减排、过程控制、系统治理”着手，综合采用“渗、滞、蓄、净、用、排”等技术措施，有效控制城市雨水径流，最大限度地减少城市开发建设对原有自然水文特征和水生态环境造成的影响，使城市在适应环境变化、抵御自然灾害等方面有良好的“弹性”，实现自然积存、自然渗透、自然净化的理念和方式。海绵城市设计应执行现行国家、行业和地方等标准。

2. 总体设计

应协调场地内建筑、道路、广场、水体等布局和竖向设计，合理规划地表径流，使雨水有组织地汇入雨水控制与利用设施。

3. 目标要求

海绵城市设计应满足以下要求：

（1）建设区域的外排雨水总量不大于开发前的水平；

（2）外排雨水峰值流量不应大于市政管网的接纳能力；

（3）年径流总量控制率应满足国家或地方现行要求；

（4）年径流污染削减率应满足国家或地方现行要求；

（5）每千平方米硬化面积应配建的调蓄容积满足国家或地方现行要求；
（6）下凹式绿地的设置比例应满足国家或地方现行要求的比例；
（7）透水铺装的设置比例应满足国家或地方现行要求的比例；
（8）雨水收集回用的规模应满足国家或地方现行要求。

2.9.5　总平面设计深度

1. 各阶段图纸深度要求介绍

依据文件《建筑工程设计文件编制深度规定（2016 年版）》，《民用建筑工程总平面初步设计、施工图设计深度图样》24J804，《总图制图标准》GB/T 50103—2010，表 2.9.5-1 为各阶段总平面需要绘制的图纸。

各阶段总平面图纸要求　表 2.9.5-1

	方案	初步设计	施工图
设计说明	○	○	○
区域位置图	○	○	
总平面图	○	○	○（建筑定位）
竖向布置图		○	○
道路平面图			○（道路定位）
土方图		Δ	Δ
管线综合图		Δ	Δ
绿化布置图		Δ	Δ
详图			○

注：○为必须出图；Δ 为可按需要决定出图。

方案及初步设计阶段根据需要绘制反映设计特性的分析图：功能分析、交通分析、空间组合及景观分析、地形分析、绿化分布、日照分析、分期建设等。

各阶段设计文件深度要求可详见《建筑工程设计文件编制深度规定（2016 年版）》中相关要求，有下列情况时可增减设计图纸：当工程设计内容简单时，竖向布置图可与总平面图合并；当路网复杂时，可增绘道路平面图；土石方图和管线综合图可根据设计需要确定是否出图；当绿化或景观环境另行委托设计时，可根据需要绘制绿化及建筑小品的示意性和控制性布置图。

2. 规划报批阶段的深度要求

规划报批阶段总平面部分图纸应满足《建筑工程设计文件编制深度规定（2016 年版）》、《民用建筑工程总平面初步设计、施工图设计深度图样》24J804、《总图制图标准》GB/T 50103—2010 的各项要求，相关设计依据应为现行国家、行业、地方性法规、规范和标准等的最新版文件，并同时遵守地方规划和自然资源管理部门的相关规定和要求。规划报批阶段分为一般规划方案审批及申请建筑工程规划许可证两个阶段；一般规划方案审批阶段总平面深度应满足《建筑工程设计文件编制深度规定（2016 年版）》中方案深度的规定，申请建筑工程规划许可证阶段总平面深度应满足《建筑工程设计文件编制深度规定（2016年版）》中施工图深度的规定。

各地方规划和自然资源部门会对报批阶段总平面图做出相关深度规定和要求，一般情况下深度和要求会高于《建筑工程设计文件编制深度规定（2016年版）》中相关要求，设计总平面图需要满足各地方规定。如《北京地区建设工程规划设计通则》《北京市建设工程规划设计技术文件指南——房屋建筑工程》《济南市城乡规划管理技术规定》《上海市城市规划管理技术规定》等。

依据各地方文件规定，为满足规划和自然资源部门审查，除总平面图外，需要提供其他专项图纸，常有的图纸有：现状图、竖向设计图、园林专项图、人防专项图、交通专项图、门楼牌编号图等，需按照要求以总平面图为基础绘制提供。

规划报批阶段的总平面图会作为建设工程规划许可证批复的依据及附图，也会作为建设工程符合城乡规划要求的法律凭证，根据《中华人民共和国城乡规划法》第五十条，经依法审定的修建性详细规划、建设工程设计方案的总平面图不得随意修改；确需修改的，城乡规划主管部门应当采取听证会等形式，听取利害关系人的意见；因修改给利害关系人合法权益造成损失的，应当依法给予补偿。

2.9.6 总平面设计协同

1. 各专业协同

总平面与建筑专业的协同设计。建（构）筑物的平面位置及竖向标高需在总平面图中表示，建筑周边的场地、道路，以及人员外部场地活动空间、地下构筑物与地表场地关系等，均需在总平面图中设计协调，场地内及周边场地的安全，包括边坡、挡土墙、防洪、防涝、地质灾害、泥石流等，均需总平面与各专业协调处理。因此，建筑与总平面相互关联及影响。

总平面与结构专业的协同设计。建筑和场地的地基条件影响到建（构）筑物的基础施工条件，总平面布局和竖向对结构形式会有影响，建（构）筑物距离边坡、挡土墙的距离影响结构专业设计，地下室顶板的地形竖向标高、覆土厚度对结构配筋及结构柱基础承载力影响较大。

总平面与给水排水专业的协同设计。给水排水专业需配合将总平面有组织汇集的雨水排出；场地周边的雨水需总平面与给水排水专业配合设计，及时排出；场地内的给水排水专业的雨水管线平面及竖向位置需总平面综合其他专业排布。

总平面与其他设备专业的协同设计。给水排水、供热、燃气、电力、通信等室外管线需总平面结合建（构）筑物，各管线功能综合布置，使各管线之间互不影响、排布紧密，满足使用要求。

2. 施工协同

永久工程和临时工程能结合使用的尽量结合使用，以避免增加不必要的基建工程和拆迁工程。如设计中的宿舍、办公室与施工用房的结合。

永久工程和临时工程能结合使用时，应考虑施工生产的特殊要求。如设计道路兼作施工道路使用时，应考虑施工期间重型汽车通行的技术要求及大型设备和长大预制构件运输的需求。

场地平整时，分期建设的工程，一般分期平整，但如果后期施工会影响及中断前期工程的使用时，应一次性完成场地平整。

有大量地下工程时，应结合总平面设计就近考虑弃土区位置，避免增加土方运量。

第3章 典型建筑空间

3.1 博物馆建筑

3.1.1 博物馆建筑的空间组成及规模

1. 规范依据

博物馆建筑的功能空间设置，应遵照《博物馆建筑设计规范》JGJ 66—2015。在此规范中，明确了其扩大后的适用范围适用于博物馆、纪念馆、美术馆、科技馆、陈列馆。

2. 博物馆各功能区的内容和面积配比应注重实际

各功能区的功能内容和面积配比，应根据工艺设计要求确定。在实际工程中，应调研本馆各功能区的实际面积需求、本馆博物馆业务的工作流程等，以决定实际项目的功能内容和面积配比。尤其对陈列展览区、藏品库区、藏品技术区、业务与研究用房等与本馆业务模式密切相关的区域，其功能内容和面积配比可以结合实际情况有一定的弹性，为后续业务预留发展空间。

3. 博物馆的使用面积系数应宽松

博物馆建筑中涉及观众、藏品和展品的主要功能空间，由于人员疏散、藏展品运输、各类机房和辅助功能分区配套等原因，其使用系数通常较低。因此，在测算分区建筑面积时，应结合净使用面积需求和合理的使用面积系数慎重确定（建议对于陈列展览区、藏品库区、藏品技术区的使用面积系数采用60%～65%为宜）。

4. 适合发展的通用性设计思路

对于一些未来在藏品规模和种类方面有较大发展空间的新建博物馆，如果当前业主提出的工艺要求较为简单，设计不应被当前的需求限制，可按照规范中对应的博物馆建筑类别，采用更有弹性的通用型设计，可考虑模数化、单元式、级配式设计，利于分期逐步使用，更能适合长寿命周期的发展需要。展陈方案尚不明确而且未来展览比较灵活多元的馆舍的展陈空间可参照以上原则执行。

5. 技术与业务用房的设计不宜僵化地套用规范

业务与研究用房和本馆的整体规模、业务模式和机构设置密切相关，其功能房间需求的完善程度不一定相同。比如，有些博物馆并没有完善的博物馆技术机构，僵化地按照规范设置这些房间可能造成不适用；可以结合业务发展的需要，与业务用房兼用，并预留未来发展的可能性。有些馆舍由于自身业务模式和组织机构的特点，提出的业务与研究用房需求，可能涵盖规范中的库前区、藏品技术区，要甄别并合理组织这些用房的位置、布局、流线关系等。

3.1.2 博物馆建筑的空间尺度

1. 展厅的面积：展厅的面积应综合考虑展览需求和观众的行进疲劳。另外应注意当单个展厅大于一个防火分区面积时，其防火分隔、疏散路径都较为复杂，防火构件对空间和展陈效果也有不利影响，应妥善处理。

2. 博物馆越来越多地承担学校教育的辅助作用，因此在公共空间及陈列空间的尺度方面，需根据博物馆性质，适当增加通道等空间的面积，以适应团队参观的需要。

3. 展厅的净高：应根据展览模式，由展品和展柜的尺寸决定展厅的净高，并保证展品和展柜上方机电设施的工作效果。宜结合展厅的面积大小调整展厅的净高，保证适宜的空间效果和心理感受。

4. 展厅的柱网及跨度：无柱空间或柱跨较大的空间，布展相对灵活。当以展柜为主或以展墙为主时，柱子有可能容纳在展柜展墙体系内；但有较大的展品时，要考虑观看的视距，因此前方应有开阔空间。实际工程中应综合各种因素确定展厅的柱网及跨度。

5. 展览空间的级配：除了展览空间完全按定制需求进行设计的项目，其他情况宜考虑展览空间尺度的多样性和级配性，以适应丰富的展览形态，并满足长期发展的需要。

6. 摄影室、书画修复装裱室、修复室等技术用房，对于房间开间和高度、墙面长度和高度、自然采光和遮光等有较高要求，并且应考虑大件展品和装具、工作器具的作业需要的空间。

7. 藏品运输通道的尺度：藏品库房的房间内部尺寸、库房门尺寸、运输通道尺寸、库房区总门尺寸应满足藏品运输要求。藏品、展品日常移动路径上，其运输通道的宽度、高度、楼地面使用活荷载、门/电梯门/洞口的长宽净尺寸，都应按统一标准设计，不能产生藏品运输的瓶颈。藏品库房区域主通道净尺寸应保证大件藏品的通行需要，宽度要考虑大件藏品和运输工具装具及人员的工作尺寸，高度应考虑装具操作、吊顶悬吊设施等尺寸。通道拐弯处的设计要保证大体量藏品、运输器具的安全拐弯。

8. 藏品库房的房间面积：设置气体灭火的房间，要考虑气体灭火的容积要求。特殊长度、宽度、高度尺寸的藏品，其库房空间和通道尺寸应当根据实际尺寸和工艺要求确定。密集柜库房的面积要考虑藏品收取的操作和准备空间。

9. 藏品库房的房间高度：藏品库房层高应充分考虑藏品、柜架，以及恒温恒湿空调、新风系统、灯光设施、安防系统等的实际情况、存取的方便等。库架（柜）高度较高的密集柜库房，层高应适当增大。

10. 公共空间宜考虑大型典礼活动的空间尺度。

3.1.3 公共服务区设计要点

1. 应设置观众存包处。当存包处设置在建筑内部时，应避免贴邻重要空间。人工存取的存包处应考虑存取人较多时的排队等候空间。

2. 博物馆大多设置观众安检，有些还在各类入口都设置安检。入口空间要容纳进门、检票、安检等行为，要充分考虑相应设备的布置和入口门的关系，避免拥堵。结合门斗设置观众安检时，更要避免由于安检拥挤造成门斗的冷风穿透。

3. 公共区域可能临时作为展览空间使用时，要注意自然光的控制；需要预留艺术品的承载吊点时，可以预留在顶部结构梁或者结构墙柱等竖向结构构件上。

4. 为重要典礼活动设置的贵宾厅，其位置要考虑到达典礼空间以及最主要的展厅的便捷性，并做好相应的流线设计，尽量不和其他人员流线产生干扰。礼仪活动的配套功能流线规划设计应安全和高效。

5. 博物馆建筑大型展览的开幕式活动可考虑在公共区域或者重要展览的展厅内部，展厅以上空间应做配套设施的预留。例如为临时增加声光电设备而预留的电源等。如果需要临时主席台、临时座椅等，则应考虑其日常存放空间。

6. 观众服务空间应避免因考虑不周造成后续无序使用。特别是一些观众餐饮空间，要预先布置在观众流线合理、不产生声音和气味干扰的位置。

7. 博物馆逐渐重视城市生活的结合，公共空间增设具有感知性的体验空间成为发展趋势。布局手法，例如：嵌入建筑首层或者利用首层高差，设置在安防管理界面之外的轻餐饮、文创等商业性空间、在展厅楼层以室外平台打造的文化艺术空间，在建筑顶层设置可以远眺城市景观的餐饮、文创空间等。

3.1.4　陈列展览区设计要点

1. 陈列展览的种类可以分为：临时展览、常设展览、专题展览、国际交流展等；其中，临时展览由于常常更换展览，宜设置在底层；但因此也要注意不能因为换展或者临时空置而影响相邻空间的效果；设置在较高楼层时，要合理解决展品运输、展陈制作等功能和流线。一些重要的专题展览、国际交流展，可以考虑和公共区域的联系和结合。

2. 博物馆的展厅多采用人工光，以最大限度保护展品及营造沉浸式的观展氛围，因此需要在顶棚和吊顶设计中考虑工作照明、固定的展陈照明的合理布置，并应预留展陈灯具轨道等，以实现最大限度的适应性。展厅采用自然光可以创造丰富的展陈效果，但一定要注意自然光的控制，并设置可调节的室内遮光遮阳措施。活动的室内遮光（遮阳）帘宜设置侧向轨道以保证遮光效果。

3. 充分考虑展厅的灵活性使用，可在展厅顶部主体结构上按照一定间距模数预留吊点和吊钩，墙面宜结合实际考虑重载挂镜线。

4. 应预先和使用方沟通明确展陈设计、实施的界面。

一般在工程实施粗装修后移交展陈的情况，应注意：楼面面层做法应按照展陈要求确定，并由展陈工程实施，建筑工程可以做到填充层或找平层；如果楼面有防水、隔声等做法，应实施完成；楼面有地面疏散指示、为展陈服务的强弱电等末端时，需要先实施到位；墙面、楼面的强弱电末端宜设置到位；结合不同的吊顶形式，吊顶是否预留荷载吊点、展陈灯具轨道，以及预留的方式、间距、数量等，都要请展陈方面确认后实施。

展陈工程不应改变建筑功能布局，不可改动消防设计、防火分隔、疏散路线及宽度等涉及消防安全的内容。展陈装修材料的设计选材应满足《建筑内部装修设计防火规范》GB 50222—2017，各房间位置装修材料的燃烧性能设计要求见材料做法表。展厅内的布展设计和使用不应修改、遮挡、妨碍安全出口、疏散走道、消防设施、疏散标志等；展陈布展中，消火栓箱、灭火器、非固定家具、展柜等设置均不应阻挡或减少疏散走道的有效疏散宽度。

展厅内展台材料应采用不低于 B_1 级的装修材料；展厅内如设置电加热设备的餐饮操作区，与电加热设备贴邻的墙面、操作台均应采用 A 级装修材料；展台与卤钨灯等高温照明灯具贴邻部位的材料应采用 A 级装修材料。如果有临时搭设的展墙、吊挂等，不应进行破坏性连接。

5. 应注意考虑人性化配套功能。当展厅线性布置时，可以在一定间隔内设置过渡空间，布置卫生间、休息区，享受自然光；当展厅成组布置时，可以以组为单位设置公共前厅、布置休息区等功能。

3.1.5　藏品库区设计要点

1. 藏品库区应由库前区和库房区组成。

2. 库前区按工作流程分为库前接收区和库前管理区。库前接收区包括：满足藏品入库、出库工艺要求所需的装卸区、拆箱（包）区、保管设备间、打包间、包装材料库等功能区或功能用房。库前管理区包括：保管员工作用房、更衣室、暂存库、周转库、鉴赏室、缓冲间等功能区或功能用房。

库前区按物理环境可以分为不洁区和清洁区。不洁区指文物藏品未清洁消毒的区域，包含装卸区、拆箱（包）区、暂存库等；清洁区指文物藏品清洁消毒后的区域，包含测量、摄影、编目、鉴赏等工作区、周转库等。

3. 入馆的运输通道、装卸平台、装卸间等，为库前区的一部分。装卸平台或装卸间应满足工艺设计要求，且应有防止污物、灰尘和水进入此区域的设施，并应有安全防范及监控设施。室内装卸区宜为有物理界面的专用区域。室外装卸区至少应具备合理安排警戒线的条件，以保证装卸作业的安防要求；气候变化频繁的地域宜为有顶盖区域。有高差时敏感藏品可设置液压装卸平台。如果装卸区没有室内环境控制，应注意其周边区域作为建筑外围护界面的节能保温处理。

4. 库房区由总库门、库房内通道、藏品储存间组成。库房可包括常规库房、珍品库房、暂存库房、周转库房、实物修复展示库房、半开放式（开放式）库房等。库房区可以按藏品材质分类并依据保存条件进一步归纳藏品材质种类，归纳库房类型，有助于节约空间，并提出针对性措施。

其中，藏品都应存放在以墙和总库门为物理界面的库房区内，包括常规库房、珍品库房、暂存库房等；暂存库房、周转库房、实物修复展示库房等藏品临时进行工作的空间，以及半开放式（开放式）库房，可以根据工艺需要，设置在总库门之外，但应有相应的安保措施、温湿度控制等。

暂存库为临时存放尚未清理、消毒的可移动文物的库房。周转库是满足预备布展、与其余机构交换等活动而临时存放需周转可移动文物的库房。周转文物库房可根据需要设置，宜在库房区内部并接近库房区总门；暂存文物库房也可兼作周转文物库房。

半开放式（开放式）文物库房可以与鉴赏室结合设置，需分别设置工作人员出入口和有安检设施的观众出入口。

5. 库区周界墙宜为坚实不易破坏的墙体，可以考虑主体结构墙体、构造配筋的混凝土墙体、其他不易破坏的墙体等。总库门应首选安装在主体结构的墙体上，其洞口尺寸、上下左右需要的结构构件尺寸，要结合总库门选型决定。

6. 鉴赏室可设置在总库门附近，或者藏品技术区、业务科研区等半开放区域，当需要由藏品库提取藏品时，应保证藏品库区与鉴赏室之间有便捷、安全的联系，其之间的交通空间不应与观众及非严格受控的内部流线产生交叉；鉴赏室的室内环境和安防、消防等设计，应参考藏品库房的标准。

当需要将摄影间、鉴赏室、档案室等房间设置在藏品库区总库门以内时，应慎重研究其工作流程特点，在保证这些空间的安全性、便利性的同时，更要避免与藏品库区主体功能产生矛盾和不利影响。布展操作间、展览设施和器具的临时存储等，不应在总库门内，也不宜在库前区。

7. 藏品库房应按照藏品的材质、温湿度环境要求、楼地面活荷载要求、同类藏品的容量（容积、面积）要求等保存环境因素，划分库房保存环境分区；保存环境分区，要和空调系统、安防系统、消防自动灭火系统等协同。当库房面积较大且设置在人防区域时，可能保存环境分区、消防防火分区、人防防护单元等因素的面积指标不能一一对应，各专业及各专项设计应做出优化，妥善解决相关矛盾。

8. 安防要求较高的库房区，宜采用环形通道与其他区域隔离；当贴邻内部使用空间时，应注意如下情况：应尽量避免将地下机动车库设置在藏品库房的下层，尤其当无法对车辆进行有效安检时。当机动车库设置在藏品库房同层相近位置时，宜以走道或其他功能空间相隔离。当机动车库完全为内部使用时，分隔措施可适当考虑。尽量避免在藏品库房下层设置机电设备用房。当其下层仅设置专门为藏品库房服务的设备机房时，应设置防止无关人员进入通道的技术防范和实体防护设施。

9. 藏品货运电梯应为专用电梯，且应设置可关闭的候梯间。候梯间和电梯轿厢的面积、电梯额定载重量，应考虑大件藏品的包装、搬运器具、运送人员所占用的空间，并按照本馆实际情况选用。当需要考虑较大的轿厢面积但不需要对应的较大载重量时，可能无法同时满足电梯行业规范中关于额定载重量和轿厢最大有效面积的关系规定，应由电梯厂家做出对应设计以保证电梯安全受到有效控制。

3.1.6　藏品库区防水排水设计要点

1. 藏品库房不得采用平时充水的喷淋系统。藏品库房的防潮、防水、防结露措施应按照六面防护进行设计，包括楼地面、墙面、顶面。其中，无地下室的首层、最底层地下室，其楼面应采取防水措施；无地下室的首层藏品库房应设置主体结构楼板。当周界墙为地下室外墙且有漏水危险时，除外墙防水之外，可采用双墙空腔、应急排水等措施进行加强。当周界墙为室内墙体，其外侧的走道等空间采用水喷淋或有其他漏水风险时，应设置漏水报警、排水措施，或增加墙体防水措施。当上层为用水喷淋房间或有用水管线穿越时，顶板应进行防水处理。

2. 有用水需求的房间应远离藏品库房设置，不与藏品库房贴邻。为藏品库房服务的有水机房必须与藏品库房贴建时，需采用双墙进行分隔，并各自按照有防水要求的房间进行防水处理。

3. 藏品库房上方不得穿越有水管线；当有水管线必须出现在藏品库房上方时，需设置结构夹层进行分隔。设备管线夹层内需按照有防水要求的房间进行防水处理，且有水管线需采取防结露保护。

4. 藏品库房的走道区和上述设备管线夹层内均应设置漏水报警，并上传至楼宇监控系统。藏品库房的走道区需设置截留浅沟及集水坑。藏品库房地面需预留密闭地漏、排出管路，并配备足够的储水排水措施。

5. 以低温柜存储为主的库房，宜考虑应急排水措施。

3.1.7 博物馆建筑空间的消防设计要点

1. 博物馆建筑的消防设计，应遵照《博物馆建筑设计规范》JGJ 66—2015、《建筑设计防火规范》GB 50016—2014（2018 年版）、《建筑防火通用规范》GB 55037—2022、《建筑内部装修设计防火规范》GB 50222—2017。

2. 陈列展览区防火分区的最大允许建筑面积，应按照《博物馆建筑设计规范》JGJ 66—2015 第 7.2.3 条规定，根据博物馆的基本陈列内容、展品的火灾危险性类别确定，防火分区设置也需要兼顾展厅布展使用的灵活性。

3. 按照《博物馆建筑设计规范》JGJ 66—2015 第 7.2 条，藏品库区、展厅和藏品技术区，都属于藏品保存场所。由于文物藏品非常珍贵、娇贵，因而其保存场所的保存环境、安全防范、防火安全等是同等重要的。消防设计不应影响或者破坏保存场所的保存环境，并确保不削弱安全防范能力。藏品保存场所建筑构件的耐火极限，应按照《博物馆建筑设计规范》JGJ 66—2015 表 7.2.1 的规定确定，并应为不燃烧体。

4. 展厅容纳的观众人数，包括合理观众人数、高峰时段最大观众人数，应按照《博物馆建筑设计规范》JGJ 66—2015 第 4.2.5 条的合理限值、高峰限值确定。每个防火分区的疏散人数应按本防火分区内全部展厅容纳人数的高峰限值之和计算确定。陈列展览区的防火分区面积、疏散宽度、疏散距离，应执行《建筑设计防火规范》GB 50016—2014（2018 年版）中的相关规定。

5. 陈列展览区的单个展厅，根据展览的需要，可能出现大于一个防火分区面积的情况。当设置防火卷帘作为防火分区分隔时，其位置应不影响展陈布置。

6. 按照《博物馆建筑设计规范》JGJ 66—2015 第 7.2.2 条，藏品库区的电梯和安全疏散楼梯不应设置在库房区内，因而藏品库区在火灾时的人员疏散路径都是经过总库门再到达库房区周界之外的。当藏品库区面积较大时，由于需要划分多个防火分区，设置多个疏散出口，出口之前均要设置总库门，使得总库门数量大大多于日常藏品库区管理的需要，这既造成工程成本增加，也增加了安防设计和日常管理的难度；建议进行消防特殊设计评估，以有效减少总库门的数量。

7. 藏品库区每个防火分区的最大允许建筑面积，应按照《博物馆建筑设计规范》JGJ 66—2015 第 7.2.8 条的规定，根据藏品的火灾危险性类别确定；当把藏品库区某一区域定义为某火灾危险类别时，应切实征得使用方的同意，满足使用要求；并应在设计图纸、说明中清晰标明此区域的火灾危险类别，避免因使用者没有按照火灾危险类别进行藏品储存，而降低防火的安全性。

8. 展陈装修材料的设计选材应满足《建筑内部装修设计防火规范》GB 50222—2017 相关要求，展厅内展台材料应采用不低于 B_1 级的装修材料；展厅内如设置电加热设备的餐饮操作区，与电加热设备贴邻的墙面、操作台均应采用 A 级装修材料；展台与卤钨灯等高温照明灯具贴邻部位的材料应采用 A 级装修材料。

3.1.8　问题分析

问题：当藏品库区单独建设，或完全与其他区域隔离时，其单独使用的安全疏散楼梯和消防电梯是否可以设置在库房区内？

解答：实际工程中有过这种案例。当藏品库区为单独建设，或完全与其他区域隔离时，其单独使用的安全疏散楼梯和消防电梯设置在库房区内，但必须符合库房区内部安防管理要求，并且在楼梯和电梯出地面的区域，其对外的界面，包括围护结构、出入口等，也应满足与库房区周界同等的安防要求。

3.1.9　案例解析

1. 技术与业务用房和本馆的业务模式及机构设置密切相关，不应僵化处理，要切合本馆的需求，如表 3.1.9-1～表 3.1.9-3 所示。

《博物馆建筑设计规范》JGJ 66—2015 对技术与业务用房的规定　　表 3.1.9-1

区域分类	功能区或用房类别		主要用房组成			
			历史类、综合类博物馆	艺术类博物馆	科学与技术类博物馆	
					自然博物馆	技术博物馆、科技馆
业务区域	藏品库区	库前区	拆箱间、鉴选室、暂存库、保管员工作用房、包装材料库、保管设备库、鉴赏室、周转库	拆箱间、鉴选室、暂存库、保管员工作用房、包装材料库、保管设备库、鉴赏室、周转库	拆箱间、鉴选室、暂存库、保管员工作用房、包装材料库、保管设备库、鉴赏室、周转库	拆箱间、保管员工作用房、保管设备库
		库房区	按藏品材质分类，可包括书画、金属器具、陶瓷、玉石、织绣、木器等库	按艺术品材质分类，可包括书画、油画、雕塑、民间工艺、家具等库	按学科分哺乳、鸟、爬行、两栖、鱼、昆虫、无脊椎动物、植物、古生物类等库，按标本制作方法分浸制、干制标本库	工程技术产品库、科技展品库、模型库、音像资料库
	藏品技术区		清洁间、晾置间、干燥间、消毒（熏蒸、冷冻、低氧）室	清洁间、晾置间、干燥间、消毒（熏蒸、冷冻、低氧）室	清洁间、晾置间、冷冻消毒间	按工艺要求配置
	藏品技术区		书画装裱及修复用房、油画修复室、实物修复用房（陶瓷、金属、漆木等）、药品库、临时库	书画装裱及修复用房、油画修复室、实物修复用房（陶瓷、金属、漆木等）、药品库、临时库	动物标本制作用房、植物标本制作用房、化石修理室、模型制作室、药品库、临时库	按工艺要求配置
			鉴定实验室、修复工艺实验室、仪器室、材料库、药品库、临时库	鉴定实验室、修复工艺实验室、仪器室、材料库、药品库、临时库	生物实验室、药品库、临时库	按工艺要求配置
	业务与研究用房		摄影用房、研究室、展陈设计室、阅览室、资料室、信息中心	摄影用房、研究室、展陈设计室、阅览室、资料室、信息中心	摄影用房、研究室、展陈设计室、阅览室、资料室、信息中心	摄影用房、研究室、展陈设计室、阅览室、资料室、信息中心
			美工室、展品展具制作与维修用房、材料库	美工室、展品展具制作与维修用房、材料库	美工室、展品展具制作与维修用房、材料库	美工室、展品展具制作与维修用房、材料库

某项目功能需求包含库前区和技术与业务用房三大类房间　　表 3.1.9-2

序号	类别	功能房间			
1	文物征集用房	1 文物编目室	2 文物编目库	3 文物研究室	4 文物档案室
		5 多功能文物鉴赏室	6 文物拍摄室	7 图像编辑室	8 图像洗放室
		9 文物查询室			
2	文物出入库用房	10 文物包装器具库	11 出展文物库	12 入展文物库	13 点交工作间
3	文物技术用房	14 文物保护处理室	15 实物修复室	16 文物检测室	17 保养文物临时库房
		18 机器备件材料库房	19 文保资料室	20 书画装裱室	21 临摹间
		22 文物清洗室	23 低氧灭菌室	24 低温灭菌室	

某项目技术与业务用房需求包含 12 个房间　　表 3.1.9-3

序号	用房名称	备注
1	鉴定实验室	分设两间，对美术原材料进行物理试验
2	修复工艺实验室	分设两间，对美术原材料进行化学试验
3	藏品修复与复制	
4	仪器室	
5	摄影室	分设三间
6	研究室	
7	资料室	
8	信息中心	信息化、网络管理用房
9	展陈设计工作室	
10	展陈制作	
11	业务用房	业务管理人员
12	各种材料库	按藏品库面积的 8%

2. 当库区周界尤其是总库门设计涉及消防、人防等内容时，必须做到藏品安防、藏品管理、消防、人防等多方面融合，其解决方式会更为复杂，如图 3.1.9-1、图 3.1.9-2 所示。

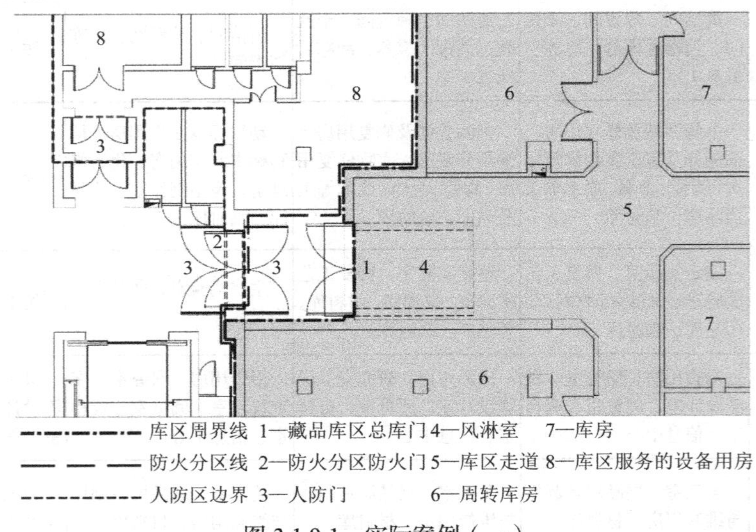

图 3.1.9-1　实际案例（一）

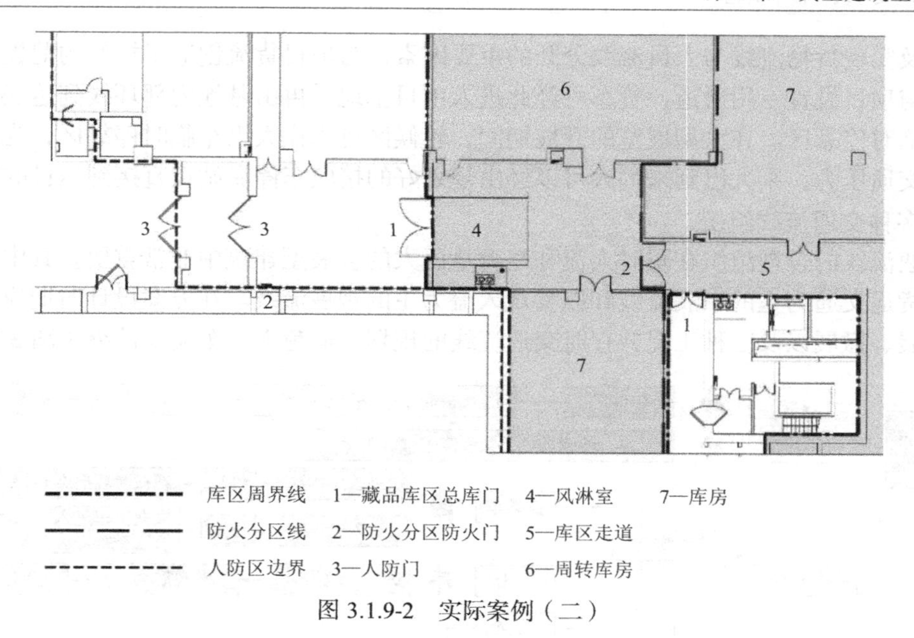

图 3.1.9-2　实际案例（二）

3.2　会展建筑

3.2.1　会展建筑主要空间组成及规模

1. 会展建筑最重要的是展览空间功能空间设置，应按照《展览建筑设计规范》JGJ 218—2010 进行设计。在此规范中，明确了适用范围适用于新建、改建和扩建的展览建筑。此外《建筑设计资料集 第 4 分册》中“4 博览建筑”章节，对于会展建筑的会议建筑及展览建筑均有单独章节进行描述。

2. 各功能区的功能内容和面积配比应根据业主的设计需求确定。在实际工程中，应与业主协作，调研本馆各功能区的实际面积需求，以决定实际项目的功能内容和面积配比。尤其对登录大厅、展馆、会议、餐饮配套等与本项目运营模式密切相关的区域，其功能内容和面积配比可以结合实际情况有一定的弹性，契合本项目业务需要并预留发展空间。

3. 展厅的配套设施包括展厅过道、洽谈室、休息室、会议室、小型餐饮、临时服务点、临时仓库用房、卫生间、饮水间、设备用房等功能房间，以及疏散楼梯、客梯、货梯、自动扶梯、水电信息接口等辅助设施。

3.2.2　总平面设计要点

1. 区域交通影响

交通的便捷性是会展类型项目在设计之初首要考虑的问题，在规划初期应做好交通评价，组织好各类交通方式到达本基地的流量测算，规划好基地出入口数量及位置，避免给城市交通带来阻塞。

2. 轮候区设置

用地规划初期，应向业主建议在项目周边设置轮候区专用地块，用于货车临时停靠和展品临时堆场的“轮候区”是会展规划的重要组成部分，其位置的设置，是会展周边交通组织以及实现货物流线与人员流线分开的重要因素，为项目货流创造了极好的前提条件，轮候区与项目设置专用通道，货车可经此进入项目基地，再由基地内部环线到达展厅周边的货车临时停靠区。在大型展览的开展期间，轮候区可用作大巴车临时停靠区，为展馆区域减轻交通压力，乘大巴到来的人可以经由规划好的接驳车停靠站点直接到达目的区域。

3. 多种交通流线组织

交通流线的合理组织在瞬时人流和车流量巨大的会展型建筑中非常重要。其中最重要的是以货运交通为主的布展流线和以参观人流为主的观展流线。在方案设计时期应针对布展、开展、撤展以及三种工况并存时交通流线的规划，避免人、车流线冲突（图 3.2.2-1）。

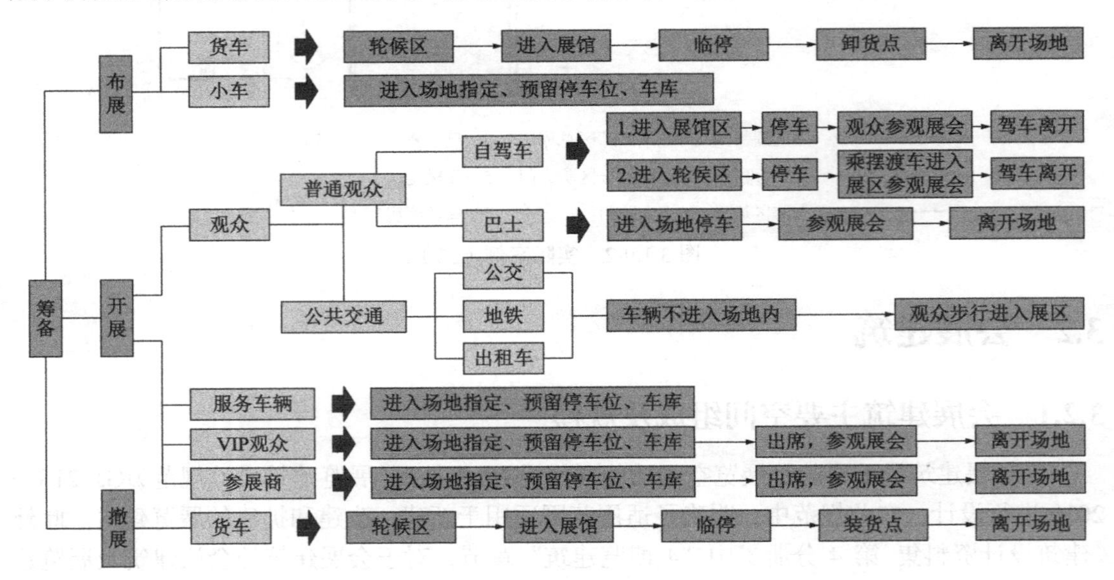

图 3.2.2-1　多种交通流线组织

4. 人员集散

因展览建筑瞬时人流较大，在登录大厅及各个展厅的前部应设置广场等集散空间，一般按照 0.2m²/人设置。展厅门前的集散空间，人数应按照当前大厅、展厅的最大使用人数计算后确定。

5. 室外展场

会展建筑室外场地不宜小于展厅占地面积的 50%（其中不包括社会停车场的用地），此外，应按项目需求设置室外展场，室外展场可用于展示超高、超重、超大型展品，并可用来举办集会、表演等公共活动，在大型展览时也可用来临时停放参展车辆。

6. 防撞设计

展览建筑布展期间货车行车较多，需要在各出入口、建筑角部、主要结构构件周边设置永久防撞柱或防撞柱基础，便于布展时安装。防止货车对建筑物的损坏。展厅内外立面，特别是首层展厅接近地面的部位，也需要考虑防撞、防损坏、易维修、易更换的材料及固定方式。

3.2.3　展厅空间设计要点

1. 展览建筑规模：可按基地以内总展览面积划分为特大型、大型、中型和小型。从建筑组合类型可分为：组团式和集中式。其中集中式又可分为鱼骨状集中式、半鱼骨状集中式、围合状集中式和半围合状集中式。集中式具有交通距离短、交通面积省、公共配套利用率高的优势，被较多采用。

2. 展厅的面积：展厅的等级可按其展览面积划分为甲等、乙等和丙等，其单个展厅面积如表 3.2.3-1 所示。

不同展厅等级按照展览面积的划分标准　　**表 3.2.3-1**

展厅等级	展厅的展览面积 S（m^2）
甲等	$S > 10000$
乙等	$5000 < S \leqslant 10000$
丙等	$S \leqslant 5000$

注：表格引自《展览建筑设计规范》JGJ 218—2010。

3. 展厅净高：展厅净高应满足展览使用要求。一般展台的高度在 3m 左右，个别特展展台的高度会达到 6m 甚至更高。考虑展厅自动灭火系统失效时，火焰上方 6～8m 高度的温度将达到 300℃，影响结构使用安全，故一般在设计时要求甲等展厅净高不宜小于 16m，乙等展厅净高不宜小于 8m，丙等展厅净高不宜小于 6m。在大型展览建筑的设计中，建议个别展厅设计净高超过 20m，以满足特殊展览活动的需要。

展厅净高的设置取决于展会类型（表 3.2.3-2），一些展览必须有足够高大的空间用以陈列诸如建筑机械、汽车等展品。例如国家会展中心（天津）的最初展览定位为重型机械展，设计室内最低的部分净高 16.5m，最高处高达 23m，可满足各种类型布展的需要。

部分展览建筑展厅室内净高数据统计　　**表 3.2.3-2**

展览建筑	展厅	室内净高（m）
国家会展中心（天津）一、二期	标准展厅	16.5～23
	多功能展厅	
杭州大会展中心	标准展厅	16
	双层展厅首层	14
	双层展厅二层	14
长春东北亚国际博览中心	标准展厅	12.2
	多功能展厅	14
	双层展厅首层	12.6
	双层展厅二层	6.5～8.3
红岛国际会议展览中心	A 区	18
	B 区一层	10
	B 区二层	12
	多功能厅 B5	9.75
	多功能厅 B10	9.47

续表

展览建筑	展厅	室内净高（m）
亦创国际会展中心	A 馆	10
	B1、B2 馆	8.6

4. 展厅通道：通常展位间主通道为 6m（一般不少于 5m），次通道不小于 3m。展位背对布置，布置方式分为横向通道式和纵向通道式两种。部分展厅要求车辆进入布展，展厅主要交通通道应与进车用的大型平开门（或推拉门）对应布置，展厅靠室外卸货通道的长边可考虑设置 2～3 个车用出入口，短边至少设置 1 个车用出入口。展厅面积超过 1 万 m^2 时，一般需设置防火隔离带，展厅运输主要通道应结合防火隔离带设置。

一般主通道旁边，以及邻近交通连廊展厅入口周边展位的经济价值最高，故在布置展厅主通道以及展位时，应注意尽量避免该区域出现集中设备等影响展位布置的障碍物，保障人员参观流畅。

5. 展厅出入口形式：为避免展厅空调或暖气大量流失，建议展厅车用出入口形式为大门套小门，大门（称作大象门）一般为 6m × 6m（宽 × 高）左右，布、撤展期间使用大门，开展期间及疏散使用小门，足够人员进出要求即可。

6. 展位模块化布置：展厅的模块式设计是指每个展厅的平面尺寸、服务配套设施、设备的组合及控制、消防疏散方式均采用相同的设计，每个展厅都自成体系，实现独立运作、可分可合，各展厅之间可通过连接体连通，根据展会的规模进行不同组合，体现了现代展览建筑灵活、均好的特点。

国际标准展位尺寸为 3m × 3m，因此决定了展厅柱网尺寸应以 3m 为模数，大型展厅平面尺寸通常以 3m 倍数为模数（图 3.2.3-1）。

展位连续布置不宜超过 10 个（30m），宜分区布置。多层展厅内的柱子宜落在单个展位内，减少对其他展位的影响。

展位下部或相邻位置应设置有综合设备接口，便于对水、电、压缩空气、信息等条件的接入。

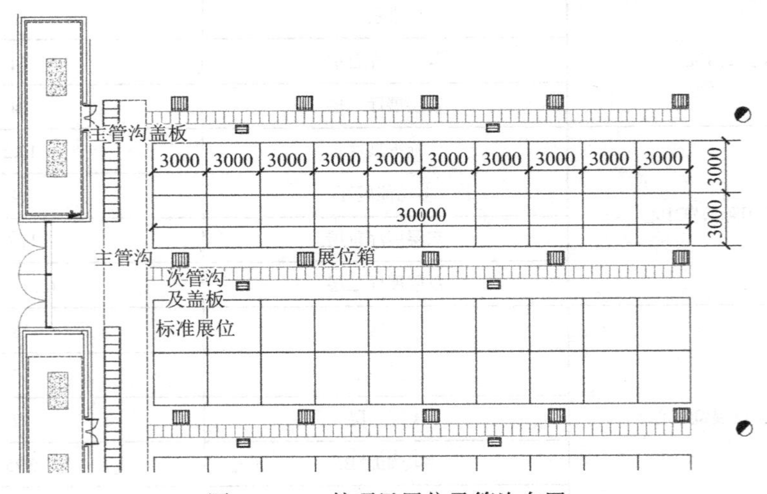

图 3.2.3-1 某项目展位及管沟布置

7. 展厅综合设备接口：展厅综合设备接口一般为沉井式、管沟式，以及垂挂式等，除本节介绍外，地面及管沟的详细做法可参见本措施第 6 章建筑楼地面第 6.6.1 节会展建筑楼地面设计。

（1）沉井式：沉井式布线系统常用于有地下室的展厅地面或者双层展厅的二层展厅。一般是在展厅地面设置综合展位箱，仅在箱体位置做结构降板处理，展位箱盖板打开后可见到设备对应插口，该做法可节省结构高度。

（2）管沟式：管沟式可分为水电共沟和水电分沟两种。管沟式布线系统常用于无地下室的地面，通常采用主管沟加次管沟的形式进行布线，管线从设备机房通过主次展沟到达末端展位来满足布展的各种需求。管沟式为单层展厅较为常用的方式。具体布置方法为：沿着展位布置方向，在展位侧边地面设置的贯穿式的下沉次管沟，与垂直次管沟方向设置的主管沟组成管沟体系，次管沟间距为 6m 或 9m，管沟上方通长铺设可移动钢盖板，按照使用情况在需要点位位置设置综合展位箱，展位箱盖打开后进行管线接驳。管沟截面应根据各专业管线排布好，满足各类管线要求，管沟净宽大约为 0.6m，净深约 1.0m。主管沟截面根据管线排布设置，建议高度可进人检修，主管沟与次管沟交接位置设置检修口，检修口上铺设可移动钢盖板。

（3）其他：此外，还有垂挂式综合布线形式，将设备管线敷设在屋顶马道旁（一般用于钢结构有桁架屋顶的情况），使用时在对应展位附近吊挂，此做法不适合有用水需求的展览，近年来在大型展厅也很少采用。在规模较小的展厅，也可以采用引线式，将电箱等设置于周边墙面或柱上，满足周边展位的需求。大空间展厅楼面需考虑地埋式消火栓，消防支管可与管沟结合设置，消火栓箱体尺寸可参照选用的综合展位箱进行设计。地埋式消火栓可以根据布置位置结合管沟或者单独设置为沉井式。

8. 展厅的内部配套：展厅内部配套设施（暖通风口、电间、消火栓等）一般集中在与主动线干扰较小的长方形展厅的两个长边及另外不连接交通连廊的一侧，由于展厅层高一般在 12m 左右，配套用房可根据不同功能分设在夹层里，通过垂直交通与展厅联系。卫生间等频繁使用的设施应分布均匀，便于参展人员使用。

9. 双层展厅：双层展厅经常用于用地紧张的展览建筑当中，相对单层展厅节能效果好。

双层展厅需要设置大型货车坡道与大型货运电梯解决货物运输的便捷性问题，货车坡道及平台上车速限制小于 20km/h。货车坡道纵向坡度不大于 8%。并应注意在高架平台及坡道两侧防护栏杆、栏板高度不应小于 1.40m，且不宜采用横线条栏杆。仅人行的区域水平向外荷载不小于 2.5kN/m，竖向荷载不小于 1.2kN/m，两者应分别计算，不同时作用，且不与其他活载叠加。行车区域需参照市政相关规范进行结构计算。

室外平台考虑到货车和消防车通行，承重荷载建议按不应小于 40t 设计，平台及坡道应注意雨水收集及排放。

二层及以上展厅地面荷载一般设置为 1～1.5t/m^2，一般首层不采用大跨结构，展厅内部会设置柱子，二层可采用大跨度的屋顶，保证展览空间的完整性。

10. 室外展场：建设在城市快速路一侧或毗邻重要景区的会展中心的室外展场宜布置在邻近快速路及景区一侧，起到空间缓冲的作用。

室外展场与首层展厅面积比一般在 15%～30%之间，具体面积大小应根据项目定位与业主沟通确定。室外展场可设置管沟或在展场周边设置外接水电箱等接口，当设置管沟时，应注意在沟底设置排水设施。

室外展场周边应预留设置临时卫生间、仓储区域的空间及预留条件。

室外展场地面荷载一般不小于 5t/m^2。

3.2.4 会议空间设计要点

1. 功能组成及布局原则

会展建筑中的会议空间是展览建筑的重要组成部分，可以为参展商和公众提供契合相应展览活动主题的交流平台，举办各类规模的会议、研讨、报告、座谈等会议活动；同时，在非展览期间，也可以独立使用，举办相应规模的会议、宴会等活动。

根据《展览建筑设计规范》JGJ 218—2010，特大型、大型、中型展览建筑应根据需要设置会议空间。会议空间可分为大型多功能厅、大中型会议空间、商务会议室、商务洽谈空间等。这些会议空间设计应满足不同使用需求，大型多功能会议厅兼备展览功能时，应同时满足展厅的相关要求；而专供会议功能的空间、商务洽谈空间等则需要更加安静的布局环境。

多功能会议厅、大型会议厅等空间，一般由公共区、多功能会议区、服务用房等组成。公共区主要包括会议前厅、序厅、茶歇餐饮等空间；会议区主要包括会议厅、多功能厅、宴会厅、报告厅、中小型会议室、新闻发布中心、贵宾用房等；服务用房包括厨房、后勤服务用房、设备用房、仓储空间等。

会展建筑内的会议空间总体布局，应充分考虑与各展厅区域联系的便利性，同时考虑会议空间独立运营时，与场地出入口之间的便捷联系。当有配套酒店建筑共建时，还应考虑与酒店联系的便利性。

会议空间应根据不同功能进行交通流线设计，合理布置参会流线、贵宾流线、服务流线和货运流线，避免交叉影响。应通过公共交通将各会议空间有机联系起来，并与后勤服务交通进行分隔。

2. 规模及尺度

（1）规模：会展建筑的会议空间规模，应结合项目定位、市场调研及相关运营分析确定。

（2）面积：会议空间可按功能划分为主会议厅、分会场、宴会厅等，厅室面积及配比需满足项目策划和运营要求。一般性建议如下：主会厅建筑面积不低于 3000m^2，容纳人数不低于 2000 人；分会场建筑面积 200～2000m^2，数量应满足主会厅与会人数参加平行会议的需求；宴会厅建筑面积不低于 1000m^2。各类规模的会议厅，应充分考虑多功能的适用性，为后续运营进行功能转换预留条件。会议前厅、序厅等公共空间面积不应小于 0.3m^2/座，一般为会议厅面积的 1/3～2/3。

（3）净高：会议厅净高应充分考虑多功能转换场景的需求。大于 5000m^2 的会议厅净高不低于 8m，以 12m 为宜；小于 5000m^2 的会议厅净高不低于 6m，以 8m 为宜。

（4）柱网：会议厅空间应为无柱设计，灵活进行多场景布局、多功能使用，应与其他大跨空间结合进行上下层设置；中小型会议厅室，柱网尺寸以 9～12m 为宜，并进行集中设置。

（5）仓储空间：多功能厅应预留充足的仓储空间，并考虑厅室与仓储空间之间运输的便利性，以便于提高功能转换的效率。

（6）夹层及隔断：充分利用会议厅高大空间层高，在其周边设置夹层，以布置辅助用房和小型会议室。对于大型会议厅，可考虑设置活动隔断及藏板间，并预留相应荷载条件，以便于灵活划分使用。

3. 会议厅设计要点

根据功能需求，对地面荷载、垫层厚度、顶棚吊点、活动隔断、音视频系统等条件进行充分预留。

在方案前期应对会议厅空间尺寸提前进行视线、声学评估。

避免产生运行噪声的设备机房邻近会议厅设置，并与公共空间之间设置声闸，以免噪声的干扰。

应严格按照规范要求，对会议厅进行消防设计，当会议厅面积、尺度超出现行规范规定时，应对其进行特殊消防设计评估。涉及多功能转换的多功能厅，应针对其各种功能分别进行消防设计，确保各使用状态下的安全性。

4. 会议厅特殊消防设计要点

（1）防火分区：应严格按照《建筑设计防火规范》GB 50016—2014（2018 年版）规定进行设计，当无法满足要求时，一般需与建设单位协同论证项目建设的必要性，并由当地建设主管部门批准；多功能会议厅防火分区应充分考虑规范对各功能防火分区面积限值的规定。

（2）疏散距离：应严格按照《建筑设计防火规范》GB 50016—2014（2018 年版）规定进行设计，当无法满足要求时，一般需由特殊消防设计顾问进行安全疏散模拟，确保安全疏散条件。

（3）人员密度：会议厅人员密度应按各使用状态座椅数的最大值进行设计，根据建筑重要性等级，一般级建筑的会议厅人均使用面积不低于 $2m^2$/座席，重要级建筑的会议厅人均使用面积不低于 $2.5m^2$/座席，具体数据根据相关布置进行确定，疏散人数按《建筑设计防火规范》GB 50016—2014（2018 年版）规定，应以最大座席数乘 1.1 倍确定。

（4）消防设施：根据项目特殊消防设计要求，对特殊消防区域的排烟设施、应急照明、自动灭火设施等相关设计进行加强措施。

3.2.5　公共服务空间设计要点

1. 公共交通空间：会展建筑瞬时人流较大，其登录大厅及连接各展厅的公共交通空间需要满足人员短时间集散的需求，此外，大型或超大型展览建筑展厅数量多，单个展厅面积大，导致人员步行交通距离较长，在展厅布局时应尽量采用双侧鱼骨集中式布局，缩短人员行走距离，超大型展览建筑可在公共交通空间设置电动水平步道增加舒适性。

2. 登录厅：登录厅应与建筑入口广场及公共交通连廊连接，宜设置在项目中部位置，尽量缩短人员到各展厅的行走距离，按经验，每 $1000m^2$ 展览面积宜设置 50～$100m^2$ 的登录厅。其内部应满足新闻发布、小型会议、便利店等功能，并应安排好安检、自动验票等设施接口，建筑外门与安检空间应预留足够的集散空间避免不良天气造成人在室外长时间聚集。

3. 商业配套：会展建筑的商业配套一般设置于登录厅以及公共交通连廊内，除便利店外，应预留银行柜台、广告制作、复印打字等综合服务功能的窗口或店铺，便于各类人群使用。

4. 餐饮配套：会展建筑的餐饮一般服务于参展、布展人群，总体建设比例应根据业主需求并进行调研后确定。餐饮设置一般建议按照实际使用方式进行划分，常见设置为中央厨房 + 集中就餐区、各展厅分布设置分散厨房 + 分散就餐区，以及临时热加工 + 简餐就餐区三种形式。

因会展中心规模较大，展厅空间行走距离也较远，具体餐饮的分布以会展空间的布局为准。

以国家会展中心（上海）为例，会展空间呈现围合状布局，餐饮空间一般设置于交通干线中部，人员从主入口进入即可优先进入餐饮区，此种布局可以提高商业的使用效率，也方便餐饮条件的预留。

以国家会展中心（天津）为例，会展空间呈现直线式布局，餐饮空间置于夹层连廊空间带状分布，采用典型分散厨房 + 分散就餐区域的方式。因交通空间较长，此种布局在局部展厅分别开展的使用情况下，也可以保障配套餐饮同步使用。

以国家会议中心（北京）为例，因展厅较小且兼展兼会，配套公共就餐区即采用临时热加工 + 简餐就餐区的布局方式。因该中心使用率较高且位于市区发达交通节点，公共送餐运输条件也较好，此种布局占用公共空间面积较小，可最大限度地减小餐饮使用面积。

在设计时期一般未开展招商，需注意餐饮店铺厨房区域预留荷载及上下水、排油烟设施，使用电厨房时注意预留足够电量。

3.2.6 其他

1. 消防设计

会展建筑涉及处理超大型空间的建筑消防问题，是会展中心工程技术设计的重中之重。消防设计应严格按照现行国家标准《建筑设计防火规范》GB 50016 和行业标准《展览建筑设计规范》JGJ 218 的规定进行相关消防设计。

当展厅面积超出规范规定限值，在使用上又有特殊要求时，以及双层展厅建筑高度超高，并有条件在二层设置消防车道及登高操作场地等特殊情况时，可采用特殊消防设计，即性能化的设计方法。但其他非特殊消防设计的区域，应保证防火分区及消防疏散通道严格按照消防规范进行设计，尽量确保人员疏散逻辑简洁、距离合理，配备设施得当，保障人员安全。

当展厅建筑面积大于 1 万 m^2 时，通常采用防火隔离带将展览空间分隔为不大于 1 万 m^2 的区域，其宽度一般取 9m，具体宽度需特殊消防模拟后确定，地面设置明显标识与其他区域进行区分。防火隔离带内部不布置可燃物，采用不燃材料装修，除必要的消防设施外不布置其他设施，仅作为人员通行使用。一般在防火隔离带区域内应设置排烟系统，隔离带两侧设置挡烟垂壁，隔离带所在防火分区发生火灾时本防火分区所有的挡烟垂壁联动降落。

为控制大空间内的火灾风险，在大型展厅、交通连廊等大空间内可燃物较多的功能空间设置为防火单元，其设计要求如下：①采用耐火极限不小于 2.0h 的防火隔墙、耐火极限不小于 1.5h 的楼板及甲级防火门进行分隔；②除建筑面积小于 50m^2 的储藏室、卫生间、轻餐饮等，小于 300m^2 的设备用房可不设置排烟设施以外，其余房间应采取将烟气直接排至室外的措施；③按规范设置自动灭火、火灾自动报警、疏散指示及应急照明等系统。

因会展建筑各空间面积较大，通常需要围绕各个主要功能空间设置环形消防车道，可将消防车道与货运车道布置结合考虑，但一般展厅周边会设置临时货车停放区域，该区域需注意避开消防车道设置。

双层展厅二层周边设置的高架平台使首层登高操作场地无法直接对二层展厅进行扑救，经过特殊消防设计论证确认，其货运车道可兼做消防车道及消防车登高操作场地使用，并采用以下一系列措施，达到“双首层”的效果：①消防车道尽量在建筑成环布置，转弯半径大于 12m，如有困难设置尽端回车场，其参数不小于 18m × 18m；②高架平台距离展厅建筑主体外墙 6m 范围内不开设联通洞口；③双层展厅之间楼板及高架平台的耐火时间为 3h，支撑盖板的柱、梁的耐火极限均应不低于 3.0h；④建筑内的穿越高架平台及楼板楼梯为封闭楼梯间或防烟楼梯间，电梯为消防电梯，电缆井、管道井应设置防火隔墙分隔，检修门为甲级防火门，其他穿越盖板排水管应为金属管且采用防火材料封堵；⑤平台增设室外消火栓及水泵接合器，采用消防水池供水。

双层展厅二层人员从室内平层疏散至高架平台，平台设置封闭楼梯，并采用耐火极限不低于 2.0h 的防火隔墙和乙级防火门将平台的连通部位完全分隔，同时应设置明显的标志。平台至地面疏散宽度不小于二层展厅疏散至平台总宽度的 50%，平台任意一点至通向地面的疏散出口最大距离以 60m 为标准控制。

会展建筑体量较大，并设置许多需要进出车辆的建筑外门，此类门门框的构造较其他建筑门宽，在方案设计时就应预留足够的疏散宽度，避免后期厂家介入后发现疏散净宽不足的情况。

2. 专业协同

展厅的辅助机房一般设置在厅内四周，无论暖通风口、电气设备，以及消火栓等消防设施，均需要均匀布置，那么将各专业所需的设备设施的空间，集中模块化设计，既能满足各专业的使用需要，又可以令空间内部整洁，同时，标准化、模块化的设计，对于材料采购、生产、安装、维护都带来极大便利。

在展厅内部设置的管沟，可将由各主要机房敷设过来的各类管线进行综合，其末端一般整合在展位箱中。在使用时，只需要打开综合展位箱盖，就可以满足该箱体周边展位的电源、信息源、压缩空气源、水源等各种功能需求。

其他公共区域也可以参考此设计原则进行设计，以国家会展中心（天津）为例，在中央登录厅中设置的结构伞柱，既是结构构件，又具有装饰作用，同时集成了排烟、照明、雨水管线等综合功能。

3. 节能节碳

会展建筑具有大规模的屋顶，对于设置太阳能光伏是很有利的条件，这样的设计可带来良好的能源利用效益、经济效益和社会效益。在设计方案阶段，应注意考虑预留屋顶荷载，并在屋面抗风揭试验中结合光伏的构造进行设计节点的验证，同时应设置方便上屋顶检修的楼梯和专用路径。专用楼梯应注意有可锁闭的门，避免非工作人员进入。

会展建筑一般会设置大面积的室外展场以及室外小汽车、大巴车停车场，这些位置下部可设置地源热泵，充分利用设计的有利条件布置可再生能源。

在展览期间，展位高度一般在 3m 以上，展厅可考虑设计部分自然采光，但同时为避免布展期间各类车辆对建筑物的碰撞，展厅立面 6m 以下尽量采用便于替换板块的实体材料作为展厅建筑室内外的围护结构。这种设计一方面为设备用房提供了可用的空间，另一方面对于减小窗墙比，提高节能效率也很有帮助。

4. 健康建筑

大型会展建筑作为综合性的重要场馆，人员密度非常大，其建筑的健康性能直接影响使用者的身心健康，而健康理念在会展建筑中应得到足够重视。杭州大会展中心项目通过健康环境营造关键技术率先实现了全国首个健康建筑的展厅。

在设计中，应整合设计实现室内空气品质提升，会展建筑展厅可通过高位侧窗和天窗实现自然通风，尤其在室外条件良好或特殊时期如疫情期间。办公等附属用房通常位于展厅周边，可直接开启窗户以保障工作人员健康。此外，机械通风作为补充，需定期维护，以确保效率和室内空气质量。

装饰装修材料是室内空气污染的主要来源，可通过提高建材环保标准控制污染。会展建筑因频繁使用一次性展具和多样材料，导致成本低、污染高，影响空气品质。为改善空气质量，应推广绿色环保展台搭建，减少一次性材料使用。

目前我国雾霾天气有所改善，但冬季仍会出现重污染天气，室外污染可通过建筑缝隙渗透。杭州大会展中心项目通过提高围护结构气密性、使用高效空气过滤装置，并配备监测系统，实时展示 $PM_{2.5}$、CO_2、TVOC 数据，确保室内空气品质和使用者健康。

高舒适度室内声环境营造对会展场所的体验至关重要，为确保会展场所的语言清晰度和公共广播系统效果，需控制混响时间和环境噪声。新闻发布厅、会议室、宴会厅应具备良好的声学性能。大型空间如展厅和宴会厅，应采用吸声材料减少混响时间，顶棚和墙面应设计为吸声材料，以提高语言清晰度和声环境质量。

控制室内背景噪声可通过提高围护结构隔声性能和降低噪声源影响实现。大型会展建筑应考虑交通噪声和航空、雨噪声的影响，展厅需考虑隔声和吸声问题。内部噪声源包括机电设备和人员活动噪声，需通过提高围护结构隔声性能和选用低噪声设备来控制。活动隔断需配备密封系统和隔墙，门的隔声，应采用厚重隔声门扇和密封条，确保门框与墙体间缝隙密闭。

会展建筑应配备人性化设施，确保各类人群使用方便，创造友好的环境。作为大型公共场所，会展建筑应满足人流需求，设计应包括便捷餐饮、便利店、自动售卖机，并提供充足的座椅。室外空间应考虑遮阳避雨，如杭州大会展中心的室外廊道设计。会展建筑还应考虑特殊人群需求，如儿童洗手盆、母婴室和第三卫生间。大型会展建筑可利用其规模优势设置健身步道，如杭州大会展中心项目室外的健身慢行道。此外，为应对疫情，会展建筑应考虑使用流线、出入口分流、免接触设计，并在卫生间等高接触区域采取预防病毒传播的措施。

5. 吊点

在展厅、入口大厅、交通廊、会议室的顶棚一般有悬挂展品或宣传品的挂钩的需要，平顶吊挂荷载应根据展览要求确定，展厅每个挂点不宜小于 $0.3kN/m^2$，其他空间的挂点一般不宜小于 $0.2kN/m^2$。

吊点间距按照不同的业主需要设置，一般间距 6m 左右，应根据业主实际需求并结合各使用空间的结构形式进行设置（图 3.2.6-1、图 3.2.6-2）。

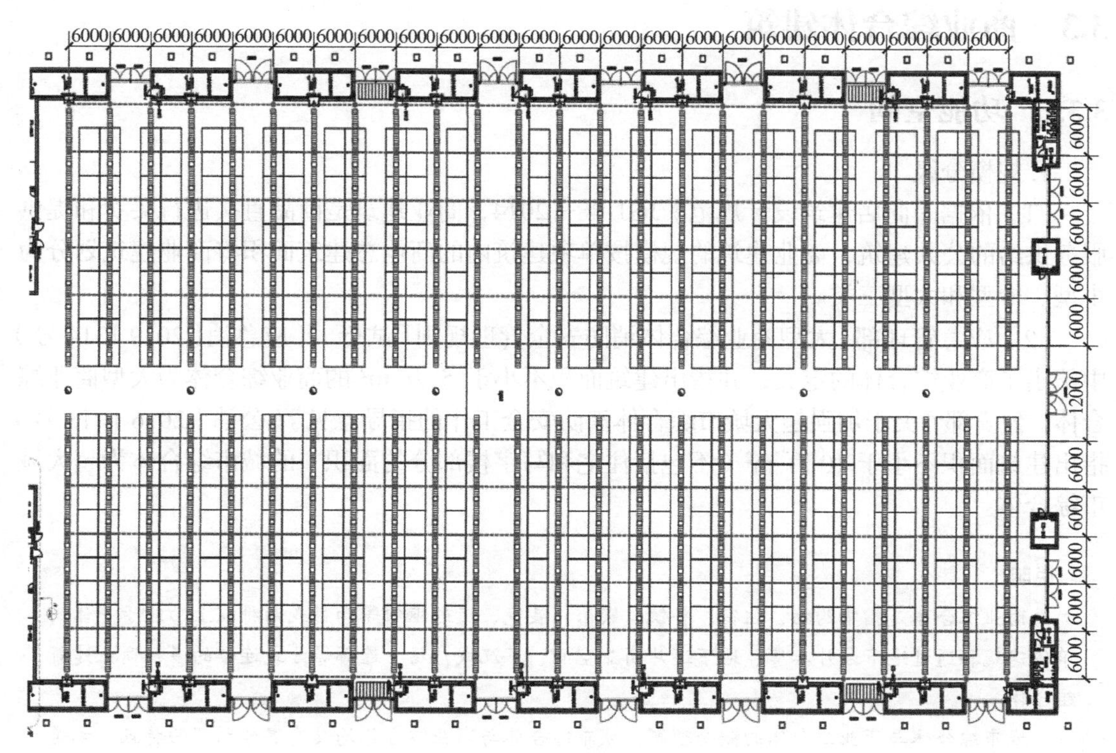

图 3.2.6-1　某项目展厅吊点布置图

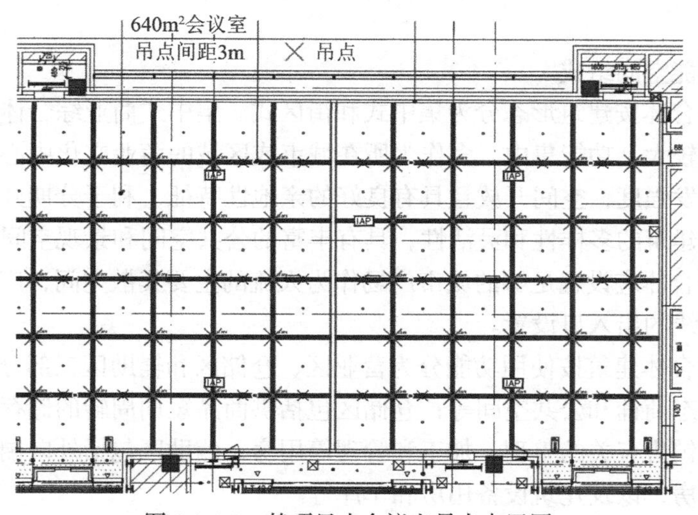

图 3.2.6-2　某项目小会议室吊点布置图

6. 屋顶检修

无论是展厅、会议厅还是登录厅，均可能为大规模的屋面，在设计时应注意预留上屋面的路径，以及检修马道、检修安全绳，以保证未来的维修维护安全。

如项目坐落于寒冷地区或者严寒地区，屋面雨水沟及雨水立管应注意预留发热电缆等电加热措施，避免冬季雪后大量荷载集中在屋面。

3.3 商业综合体建筑

3.3.1 功能空间

1. 规模分级

（1）依据《商店建筑设计规范》JGJ 48—2014，商业建筑是商品直接进行买卖和提供服务供给的公共建筑，商业建筑的规模按单项建筑内的商业总建筑面积将商业建筑划分为小型、中型和大型三类。

（2）应急管理部《大型商业综合体消防安全管理规则（试行）》（应急消〔2019〕314号）中给出了商业综合体的定义，并指出建筑面积不小于5万m^2的商业综合体为大型商业综合体。公安部《关于加强超大城市综合体消防安全工作的指导意见》（公消〔2016〕113号）指出建筑面积不小于10万m^2（不包括住宅和写字楼部分的面积）的城市综合体为超大城市综合体。

■ 说明

商业综合体是指集购物、住宿、餐饮、娱乐、展览、交通枢纽等两种或两种以上功能于一体的单体建筑和通过地下连片车库、地下连片商业空间、下沉式广场、连廊等方式连接的多栋商业建筑组合体。

城市综合体与商业综合体的概念理解：城市综合体与商业综合体均具有混合利用的特点，都是注重多功能和高效率的综合体建筑，以商业为主体的城市综合体为商业综合体。

2. 分类及功能空间组成

（1）商业综合体按建筑形态分为集中式和街区式。集中式商业综合体具有较高的开发强度，建筑规模较大，功能集中，多作为所在城市或区域的商业文化中心。街区式商业综合体呈现出低开发强度，空间开放且具有良好的亲地性特征，利于分期开发，对地形的适应性强，更强调建筑的多样性和灵活性，具有丰富的公共空间和景观空间。

（2）商业综合体应设置足够的城市广场作为人流的主要集散空间，广场宜结合城市道路路口和室内动线的出入口设置。

（3）商业综合体建筑按使用功能分为营业区、仓储区和辅助区三部分。营业区包括连续布置的各类业态商铺和公共空间等；仓储区包括供商品短期周转的储存库房、卸货区、商品出入库及与销售有关的整理、加工和管理等用房；辅助区包括外向橱窗、商品维修用房、办公业务用房，以及建筑设备用房和车库等。

（4）商铺的商业业态包括普通零售店铺、餐饮店铺和各种主力店特殊业态等。常见主力店包括百货类、化妆品类、服装类、家电类、运动品牌、美食广场、精品超市、儿童活动、冰场、多厅影院等。其他新的特殊业态包括：密室逃脱、剧本杀、写真体验、脱口秀演出、电竞体验、保龄球馆、射箭馆、室内雪场、室内电动卡丁车场、室内植物园、室内水族馆等。

■ **说明**

美食广场是多摊点在周边分布，中心集中布置座椅区，采取统一收银和结算方式的餐饮主力店。

儿童活动场所指用于 12 周岁及以下儿童游艺、非学制教育和培训等活动的场所，如儿童游乐厅、儿童乐园、儿童早教中心、举办儿童特长培训或类似用途的场所。

（5）公共空间主要由顾客出入口、公共通道、中庭开洞和连桥、垂直交通（客梯、开敞楼梯和扶梯等）、客用卫生间等组成。

（6）商业综合体建筑的功能空间设计，应根据具体商业业态满足《商店建筑设计规范》JGJ 48—2014、《饮食建筑设计标准》JGJ 64—2017、《电影院建筑设计规范》JGJ 58—2008、《剧场建筑设计规范》JGJ 57—2016 等各类专项设计标准的要求。

■ **说明**

《商店建筑设计规范》JGJ 48—2014 适用于新建、扩建和改建的从事零售业的有店铺的商店建筑设计，不适用于建筑面积小于 100m² 的单建或附属商店（店铺）的建筑设计。

《饮食建筑设计标准》JGJ 64—2017 适用于新建、扩建和改建的有就餐空间的饮食建筑设计，包括单建和附建在旅馆、商业、办公等公共建筑中的饮食建筑。不适用于中央厨房、集体用餐配送单位、医院和疗养院的营养厨房设计。

《电影院建筑设计规范》JGJ 58—2008 适用于放映 35mm 的变形宽银幕、遮幅宽银幕及普通银幕三种画幅制式电影和数字影片的新建、改建、扩建电影院建筑设计。

《剧场建筑设计规范》JGJ 57—2016 适用于新建、扩建和改建的剧场建筑设计。剧场建筑为设有观众厅、舞台、技术用房和演员、观众用房等的观演建筑。

3.3.2　空间尺度

1. 外廓尺寸

商业综合体从功能需求和动线特性考虑，其沿街连续性面宽不宜过小，且宜尽量保持商业街道空间及视觉的连续性不被打断。但商业动线过长、形体过大也会带来不良的顾客体验，因此建筑总长度不宜大于 250m。

商业综合体宜结合公共建筑的安全疏散距离控制进深不宜过大，单动线的商业建筑进深宜控制在 60～70m，环形动线的商业建筑进深不宜大于 100m。

2. 层高与净高

商业综合体建筑的层高应根据商业空间和特殊业态的净高需求，以及装修、设备管线、结构梁板等占用空间等因素综合确定，并通过合理设置机房位置和路由，利用 BIM 和管线综合进行优化，最大限度减少结构、设备占用的空间高度。一般商业综合体建筑层高和净高可参考表 3.3.2-1 选用，设置集中空调系统的营业厅净高不应小于 3.0m。

商业综合体建筑层高和净高参考选用表　　**表 3.3.2-1**

商业楼层	层高（m）	净高（m）
首层	5.6～6.0	3.8～4.2

续表

商业楼层	层高（m）	净高（m）
二层及以上	5.4～5.6	3.6～3.8
地下一层（考虑覆土）	5.6～6.0	3.4～3.8
地下二层	5.4～5.6	3.3～3.5

3. 柱网参数

商业综合体空间的柱网应结合建筑平面形式、空间效果、结构经济性、地下停车效率、店铺开间尺度及建筑模数等条件综合确定，常用柱网为 9m × 11m、9m × 9m、8.4m × 8.4m等。

4. 其他尺度控制

（1）大型商业综合体连接主入口的公共通道宽 8～12m，2～3 层通高；次入口宽 6～10m，单层或两层通高。

（2）因人流量巨大，与地铁站接驳的供顾客行走的地下通道净宽不宜小于 8m；接驳换乘站时，净宽宜增加至 12m；净高不宜小于 3.6m。

（3）商业综合体建筑内连续排列的商铺之间的公共通道最小净宽度应符合表 3.3.2-2 的要求。商业营业厅内最小通道净宽不应小于 2.2m。

连续排列的商铺之间的公共通道最小净宽度　　表 3.3.2-2

<table>
<tr><th rowspan="2">通道类型</th><th colspan="2">最小净宽度（m）</th></tr>
<tr><th>通道两侧设置店铺</th><th>通道一侧设置店铺</th></tr>
<tr><td>主要通道</td><td>4.0，且不小于通道长度的 1/10</td><td>3.0，且不小于通道长度的 1/15</td></tr>
<tr><td>次要通道</td><td>3.0</td><td>2.0</td></tr>
<tr><td>内部作业通道</td><td>1.8</td><td>—</td></tr>
</table>

注：主要通道长度按其两端安全出口间距离计算。

（4）公共空间尺度见表 3.3.2-3。主要节点空间处总宽度宜控制在 3～4 个柱跨内，走道宽度不小于 4m。公共空间尺度是影响商业使用率的重要因素，公共空间面积占商业建筑面积的比率宜按 1/5 控制。

商业综合体公共空间尺度参考选用表　　表 3.3.2-3

<table>
<tr><td rowspan="6">公共空间尺度</td><td>无开洞</td><td colspan="2">总宽度</td><td>约 1 个柱跨</td></tr>
<tr><td rowspan="5">有开洞</td><td colspan="2">总宽度</td><td>约 1.5 个柱跨</td></tr>
<tr><td colspan="2">两侧走道宽度</td><td>3.3～3.6m</td></tr>
<tr><td rowspan="2">开洞尺寸</td><td>长</td><td>3～4 个柱跨</td></tr>
<tr><td>宽</td><td>小于 1 个柱跨</td></tr>
<tr><td colspan="2">连桥宽度</td><td>4m</td></tr>
</table>

3.3.3　建筑出入口设计要点

1. 顾客出入口设置位置和数量应方便引入外部客流。

2. 首层主要顾客出入口应设置在城市主干道一侧或主要道路交叉口，对外部环境应具有一定的视觉冲击力，出入口外部应设置一定的缓冲空间。其他城市次干道考虑顾客出入口的均衡布置和满足疏散要求，出入口应具有明显的标识性和引导性。

3. 主要出入口外门净宽不宜小于 2m，门高宜 3m，宜设置自动平移门方便顾客进出；出入口设置门斗时，门斗进深宜不小于 4m，无障碍出入口门斗的两道门之间的距离除去门扇摆动的空间后的净间距不应小于 1.5m。出入口的开启方式、净宽和净高除应满足消防、无障碍等国家和地方规范的要求外，还应综合考虑高大展陈设施和物业作业蜘蛛车等进出的需求，必要时可选择具有可拆卸门轴的外门。

■ **说明**

常见展陈小型汽车的外廓尺寸，总宽约 1.8m，总高约 2m，供其通过的门净宽不应小于 2m；常用蜘蛛车收藏工况尺寸，宽度 1.2～1.9m，高度 2～2.5m，但长度 6～9m。需进出多道门时，应保证其可直线进出，无须转弯。

4. 设置出入口、连廊、通道等，与地铁、公交、出租车等公共交通站点，以及天桥、地下通道等市政设施尽可能做到无缝接驳。

5. 地上停车楼、地下停车库与各层商业楼层连通的位置均设置顾客出入口，宜结合客梯设置自动扶梯或开敞楼梯等，方便顾客由车库进入商场。

6. 与酒店、办公、公寓等其他功能连通的位置均设置顾客出入口与商场连通。

7. 后勤服务人员出入口宜独立设置，布置在低等级道路一侧且相对隐蔽的位置。

3.3.4　公共空间和商业动线设计要点

1. 商业公共空间的动线应流线明确、引导性强。

2. 在用地尺寸合适的情况下，优先采用单动线串联建筑出入口和中庭、边庭等节点空间的形式。常见的单动线形式有一字形、L 形、U 形等。

3. 当建筑轮廓进深尺寸较大时，可以采用双动线充分利用较深处的空间。双动线应主次分明，加强标识性和特征化设计。常见的双动线形式为 T 形。

4. 当建筑总进深和总面宽均较大时，通常采用环形动线形成回路。环形动线应通过尺度、装饰、色彩等差异设计增加空间方位的辨识度。

5. 动线不可采用“尽端式”“鱼骨式”等形式，避免让顾客走重复的道路，避免人流死角，产生明显的冷区。

6. 公共空间的动线设计和柱网设计宜有利于增加顾客视线内的商铺数量，使商铺价值最大化。

7. 公共空间的垂直交通，每组客梯的服务范围可按 60～70m 控制，地上商业自动扶梯的服务半径宜控制在 60m 以内。

8. 自动扶梯、自动人行道的出入口应预留充分畅通的区域容纳人员，防止拥堵。畅通区宽度从扶手带端部算起不应小于 2.5m。

9. 自动扶梯的扶手带中心线与平行墙面或楼板开口边缘完成面之间的水平投影距离不宜小于 500mm，无法实现时，应在产生的锐角口前部 1m 处范围内设置防夹、防剪的保护措施或采取其他防止建筑障碍物伤害人员的措施，如设置警示标识等。

3.3.5 商铺布置设计要点

1. 商铺业态设置宜按类型集中布置，主力店与精品店业态设置应有所联系，使顾客购物有一定的延续性和目的性。

2. 扩大与特色中庭节点空间或特色主力店的商铺接触面，有利于提升周围店铺的曝光度和知名度，同时也为周边商铺创造出优质景观的观赏视线，提升商铺的商业价值。

3. 餐饮业态宜设置于具有良好景观面的区域，也可用于消化较大进深的区域，或设于动线端部带动客流。

3.3.6 卫生间设计要点

1. 商业综合体的卫生间主要由顾客用公共卫生间、顾客用租户卫生间和员工卫生间等组成。

2. 公共卫生间宜按每万平方米可租售商业面积配置，应适当增加女厕的蹲（坐）厕位数量和建筑面积，男女厕位比例可按 1：2 设置。

3. 公共卫生间应根据残疾人、母婴、儿童等特殊人群的需求，设置无障碍卫生间、母婴室和儿童卫生间等，或设置多功能卫生间，确保特殊人群的使用体验和安全。

4. 公共卫生间外宜设置休息区，宜考虑相对独立空间、手机充电等便利服务。

5. 超市出入口附近宜设置顾客公共卫生间。

6. 租户卫生间是指在影院、美食广场、大型餐饮、冰场等租户租赁范围内设置的独立的顾客卫生间。卫生间的洁具数量可按租户需求配置。

7. 员工卫生间宜按每层 1～3 组设置，宜优先设置在餐饮业态集中区域，且应增加男厕设置，卸货区就近考虑司机卫生间，同时方便送货人员使用。

8. 员工卫生间应设置在隐蔽位置，员工进出流线应与顾客流线完全分开。

3.3.7 下沉广场设计要点

1. 商业综合体建筑设置下沉广场宜综合消防、交通、动线组织、商业推广等多种功能，位置宜优先选择主要出入口、地铁通道、市政通道等的结合部，发挥消防和交通疏解作用，或在此基础上增加推广活动。

2. 具有推广活动的下沉广场，宜规划景观、小品、水景等提升环境品质，并结合景观设置顾客坐席区，可设置自动扶梯连接地面层。

3. 地铁通道结合部的下沉广场可考虑布置延时店铺等商业空间。

4. 下沉广场不宜过小，满足消防和交通功能的下沉广场面积不宜小于 250m^2。设置顶盖的下沉广场宜留出足够的露天区域，当顶盖上部区域均匀设置防止烟气积聚的排烟开口，且保证总有效开口面积不小于下沉广场地面面积的 25%时，可按照室外空间考虑。

5. 下沉广场的位置尽可能不打断建筑首层长边消防车道的布置，尽可能减少对消防电梯、疏散楼梯首层出室外安全出口的影响。

3.3.8　防火设计要点

1. 防火分隔

商业综合体中的商业部分应采用耐火极限不低于 2.0h 的防火隔墙和不低于 1.5h 的不燃楼板与建筑的其他部分隔开，商业的安全出口应与建筑的其他部分隔开。

2. 防火单元和防火分区划分

（1）商业综合体首先应将建筑划分为面积可控的防火区域，之后才能依据防火规范划分建筑防火分区。

（2）地下商业建筑面积大于 2 万 m^2 时，应采用无门窗洞口的防火墙和耐火极限不低于 2.0h 的楼板分隔为多个建筑面积不大于 2 万 m^2、相对独立的区域。相邻区域局部连通时，应采用下沉广场、防火隔间、避难走道、防烟楼梯间等中的一种或几种方式进行分隔和联系，并应符合《建筑设计防火规范》GB 50016—2014（2018 年版）第 5.3.5 条、第 6.4.3 条、第 6.4.12 条、第 6.4.13 条、第 6.4.14 条的规定。

（3）中庭作为防火单元上下贯通时，应注意连通区域的面积可控，不宜大于 2 万 m^2，并应做好防火分隔措施，且应确保中庭内不设置可燃物。

（4）高层民用建筑中，餐饮场所、影院和商店营业厅的防火分区限值不同，应分别划分防火分区，商业营业厅有条件时宜按餐饮业态划分防火分区，增加店铺业态布局和转换的灵活度。

（5）商业建筑内面积超过商业营业厅防火分区面积 5%～10%的附属库房区，宜咨询当地主管部门意见，落实其防火分区面积是否按《建筑设计防火规范》GB 50016—2014（2018 年版）第 3.3.2 条的规定执行。

3. 商业业态平面布置

（1）建筑内各类商业业态的平面布置应满足防火规范中有关设置楼层、厅室面积、防火分隔等的相关要求，见表 3.3.8-1，表中也给出了部分新兴特殊业态的防火设计相关特点的分析。

一、二级耐火等级商业业态平面布置防火设计要点　　表 3.3.8-1

业态	平面布置要求或防火设计特点分析
零售场所	不应设置在地下三层及以下楼层，且埋深不应大于 10m
餐饮场所	不应设置在地下三层及以下楼层，且埋深不应大于 10m
多厅影院	观众厅宜布置在首层、二层、三层，布置在四层及以上时一个厅室的疏散门不应少于 2 个，每个观众厅面积不宜大于 400m^2
	设置在地下，宜设置在地下一层，不应设置在地下三层及以下
	至少应设置一个独立的安全出口和疏散楼梯。为影院设置的专用疏散楼梯不能与其他场所共用，更不能被其他场所借用疏散距离和宽度。该专用疏散楼梯应通达影院的每个防火分区，或每个防火分区各自设置专用疏散楼梯

续表

业态	平面布置要求或防火设计特点分析
多厅影院	应采用耐火极限不低于 2h 的防火隔墙和甲级防火门与其他区域分隔。建筑面积大于 $400m^2$ 的单个观众厅应采用耐火极限不低于 2h 的防火隔墙和甲级防火门与其余空间分隔形成独立的防火单元
儿童活动场所	应布置在建筑的首层、二层或三层
	设置在高层建筑内应有独立安全出口和疏散楼梯
	应采用耐火极限不低于 2h 的防火隔墙和 1h 的不燃性楼板与其他场所或部位分隔，墙上的门窗应采用乙级防火门窗，不得采用防火卷帘分隔
歌舞娱乐放映游艺场所	应布置在地下一层及以上且埋深不大于 10m 的楼层
	布置在地下一层或地上四层及以上楼层时，每个房间的建筑面积不应大于 $200m^2$，且设置自动喷水灭火系统时面积不能增加
	应采用耐火极限不低于 2h 的防火隔墙和不低于 1h 的不燃性楼板将每个房间划分为独立的防火分隔单元，单元之间的分隔构件上不应设置任何门窗洞口，房间疏散门应采用乙级防火门
	与建筑其他场所之间应采用乙级防火门、耐火极限不低于 2h 的防火隔墙和不低于 1h 的不燃性楼板分隔
冰场、雪场	出发、到达区人数较多，戏雪区有可燃物，外部救援较为困难，为文体类公共娱乐场所，不属于歌舞娱乐放映游艺场所
	冰面、雪面面积不计入防火分区面积
保龄球、射箭、室内卡丁车场	赛道面积较大，人员密度不大，可燃物不多，为文体类公共娱乐场所，不属于歌舞娱乐放映游艺场所
	射击靶道、保龄球球道面积不计入防火分区面积
电竞馆	空间较大，人员密度高，功能多样，照度较低，参照网吧设计，属于歌舞娱乐放映游艺场所
密室逃脱	空间密闭，房间有锁，场地昏暗，易燃物较多，疏散通道像迷宫。关注地方消防文件中的业态防火设计类别判定
	不应布置在地下二层及以下楼层
剧本杀	空间密闭，人数不多，房间较少。关注地方消防文件中的业态防火设计类别判定
	不应布置在地下二层及以下楼层
真人 CS 娱乐体验	场地空间复杂，可燃物较多，疏散通道像迷宫。关注地方消防文件中的业态防火设计类别判定
写真体验馆	多房间、小开间，可燃物较多，用电量较大。关注地方消防文件中的业态防火设计类别判定
美容美发美甲	按摩房、汗蒸房、足浴、休息室等按歌舞娱乐放映游艺场所
会议厅、多功能厅	宜布置在首层、二层、三层，布置在其他楼层时，一个厅室的疏散门不应少于 2 个，且建筑面积不宜大于 $400m^2$
	设置在地下，宜设置在地下一层，不应设置在地下三层及以下楼层

■ **说明**

关于歌舞娱乐放映游艺场所防火设计类别的相关规定：

《建筑设计防火规范》GB 50016—2014（2018年版）所指的歌舞娱乐放映游艺场所为歌厅、舞厅、录像厅、夜总会、卡拉OK厅和具有卡拉OK功能的餐厅或包房、各类游艺厅、桑拿浴室的休息室和具有桑拿服务功能的客房、网吧等场所，不包括电影院和剧场的观众厅。

南京市《关于部分新兴行业领域建设工程消防设计审查验收管理有关问题的解答》(2024年6月）中指出密室逃生、剧本杀场所不属于歌舞娱乐放映游艺场所，可按一般公共娱乐场所开展防火设计，具体设计执行《江苏省密室逃脱、剧本类娱乐经营场所消防技术指引》(简称《指引》)，应注意此《指引》中对密室逃生、剧本杀场所的防火设计要求并不比歌舞娱乐放映游艺场所低。

合肥市《关于部分新兴业态建设工程消防审验管理有关问题的解答》(2024年8月）中指出，无手术治疗功能的美容院按一般性经营场所进行消防设计，有手术功能时按医疗建筑进行消防设计，带有SPA、汗蒸、足疗功能的美容院按歌舞娱乐放映游艺场所进行消防设计；含卡拉OK功能的私人影院，按歌舞娱乐放映游艺场所进行消防设计；保龄球馆、台球、棒球、蹦床、飞镖、真人CS、室内电动卡丁车场等场所属于公共娱乐场所，但不属于歌舞娱乐放映游艺场所。

《汗蒸房消防安全整治要求》(公消〔2017〕83号）指出，汗蒸房按歌舞娱乐放映游艺场所进行防火设计，电加热汗蒸房不得设置在地下室、半地下室或四层及以上楼层。

《关于足疗店消防设计问题的复函》(建规字〔2019〕1号）指出，足疗店的业态特点与桑拿浴室休息室或具有桑拿服务功能客房基本相同，按歌舞娱乐放映游艺场所进行防火设计。

《剧本娱乐经营场所消防安全指南（试行）》(消防〔2023〕26号）未规定剧本杀、密室逃脱等业态的防火设计类别，但明确了其消防安全条件，如不得设置在地下二层及以下楼层；场所应设置火灾自动报警系统；设置在首层、二层和三层且任一层建筑面积大于300m²，或设置在地下、半地下，或设置在地上四层及以上楼层的场所应设置自动喷水灭火系统；建筑面积大于50m²的房间，其疏散门数量不应少于2个等。

（2）地下营业厅不应经营、储存和展示甲、乙类火灾危险性物品。

（3）对于超大商业综合体，电影院与其他区域应有完整的防火分隔，并应设有独立的安全出口和疏散楼梯；餐饮场所食品加工区的明火部位应靠外墙设置，并应与其他部位进行防火分隔；商业营业厅每层的附属库房应采用耐火极限不低于3h的防火隔墙和甲级防火门与其他部位进行分隔。

4. 安全疏散设计

（1）根据《建筑设计防火规范》GB 50016—2014（2018年版）第5.5.9条及其条文说明，借用相邻防火分区甲级防火门作为安全出口的设计原则如下：

① 公共建筑的耐火等级应为一、二级。

② 采用防火墙与相邻防火分区进行分隔，不能采用防火卷帘、防火分隔水幕措施，采用防火玻璃墙时，其耐火性能及其构造应与防火墙等效。

③ 需借用安全出口的防火分区，其建筑面积大于1000m²时，直通室外的安全出口不应少于2个；建筑面积不大于1000m²时，直通室外的安全出口不应少于1个；相邻被借用安全出口的防火分区，应具备至少2个直通室外的安全出口，不允许连环借用。

④该防火分区通向相邻防火分区的疏散净宽度，不应大于本防火分区计算所需疏散总净宽度的30%；防火分区所在楼层全部安全出口的疏散总净宽度，不应小于本楼层按疏散人数计算所需的疏散总净宽度，借用部分的疏散宽度不应计入该楼层的疏散总净宽度。

（2）商业疏散人数计算：

①商业疏散人数应按每层营业厅建筑面积乘以人员密度计算。

②疏散时无须进入营业厅内的仓储、设备房、工具间、办公室等，进行了严格的防火分隔，可不计入营业厅建筑面积。

③人员密度按《建筑设计防火规范》GB 50016—2014（2018年版）表5.5.21-2确定，营业厅建筑面积小于3000m²时宜取上限值，亦有地方规范要求商业总建筑面积小于5000m²时宜取上限值；商店建筑规模较大时，可取下限值。有固定座位的场所，可按实际座位数的1.1倍计算疏散人数。多种商业用途的场所，应按建筑的主要商业用途确定人员密度，当防火规范和专项设计标准中对相关业态的人员密度没有具体规定时，应积极寻找相关可支持设计的有效依据，如《建筑设计资料集》、美国《生命安全规范》等。

（3）室外阳台和外廊疏散设计：

①商业综合体内不设置可燃物和具体使用功能的不连续室外阳台空间，可不被计算疏散距离、不计入防火分区面积。

②疏散用开敞外廊的面积是否需要列入商业建筑人员密度的计算和疏散宽度，应咨询当地消防主管部门。《广东省建设工程消防设计审查疑难问题解析》（2023年版）中规定，商业开敞外廊面积需列入人员密度的计算和疏散宽度，可不计入防火分区面积内。北京市有开敞外廊的商业建筑宜按此要求执行。

（4）疏散距离可按下述计算原则之一进行设计：

①计算原则1

一、二级耐火等级的商业建筑，直通疏散走道的房间疏散门至最近安全出口的直线距离见表3.3.8-2。按此设计时，房间内任一点至房间直通疏散走道的疏散门的直线距离不应大于袋形走道两侧或尽端的疏散门至最近安全出口的直线距离。

商业建筑安全疏散距离（m） 表3.3.8-2

名称	位于两个安全出口之间的疏散门	位于袋形走道两侧或尽端的疏散门
歌舞娱乐放映游艺场所	25（31.25）	9（11.25）
多层商业建筑	40（50）	22（27.5）
高层商业建筑	40（50）	20（25）

注：（）内为建筑内设置自动喷水灭火系统时，安全疏散距离按本表规定增加25%的数值。

②计算原则2

一、二级耐火等级建筑内疏散门或安全出口不少于2个的观众厅、展览厅、多功能厅、餐厅、营业厅等（不包括舞厅和娱乐场所的多功能厅），其室内任一点至最近疏散门或安全出口的直线距离不应大于30m（设置自动喷水灭火系统37.5m）；当疏散门不能直通室外地面或疏散楼梯间时，应采用长度不大于10m（设置自动喷水灭火系统12.5m）的疏散走道通至最近的安全出口。

上述房间 2 个安全出口或疏散门的连线夹角小于 45°的区域，房间内任一点至最近疏散门或安全出口的直线距离应不超过计算原则 1 房间内的疏散距离。

独立两层高的多层商业，《广东省建设工程消防设计审查疑难问题解析》（2023 版）中指出，其疏散距离应按计算原则 1 设计，房间 2 层最远点到首层出口的距离不超过 22m（设置自动喷水灭火系统 27.5m），楼梯可以为敞开楼梯，楼梯的疏散距离按水平段 1.5 倍计算。注意此种情况不可以按计算原则 2 设计。

（5）房间疏散门数量和宽度：

① 地上商业，位于两个安全出口之间或袋形走道两侧的房间，建筑面积不大于 120m²，可设置一个房间疏散门。

② 地上商业，走道尽端房间，由房间内任一点至疏散门的直线距离不大于 15m，建筑面积不大于 200m² 且疏散门净宽不小于 1.4m，可设置一个房间疏散门。

③ 地上商业，走道尽端房间，建筑面积小于 50m² 且疏散门净宽不小于 0.8m，可设置一个房间疏散门。

④ 地下商业，建筑面积大于 50m² 的房间应设置两个疏散门。

⑤ 歌舞娱乐放映游艺场所，建筑面积大于 50m² 的房间应设置两个疏散门。

⑥ 每个房间相邻两个疏散门最近边缘之间的水平距离不应小于 5m。

⑦ 人员密集的公共场所的疏散门不应设置门槛，净宽度不应小于 1.4m，正对门的内外 1.4m 范围和门两侧 1.4m 范围内不应设置踏步。

3.4　办公建筑

3.4.1　功能空间

办公建筑的功能空间设置应遵照现行行业标准《办公建筑设计标准》JGJ/T 67 的要求，该规范中将办公建筑分为四大部分：办公用房、公共用房、服务用房和设备用房。办公用房是办公建筑的主要空间，包含普通办公室和专用办公室，其中专用办公室可包括研究工作室和绘图室等；公共用房主要包含会议室、对外办事厅、接待室、陈列室、公用厕所、开水间、健身场所等；服务用房主要包含档案室、资料室、图书阅览室、员工更衣室、汽车库、非机动车库、员工餐厅、厨房、卫生管理设施间、快递储物间等；设备用房主要包含各类设备机房。

办公建筑可根据使用对象和业务类型进行划分，不同类型的办公建筑在空间组织和功能布局上呈现出不同的形态特征，常见办公建筑类型详见表 3.4.1-1。

常见办公建筑类型　　表 3.4.1-1

类型	使用对象和建筑特征
商务办公	通过分层或分区划分的方式，出租或出售给多个企业使用的办公建筑
总部办公	作为企业的中枢设施，供企业独自使用的办公建筑
政务办公	党政机关、人民团体开展行政业务、公众服务或党务、事务活动的办公建筑

3.4.2 空间尺度

1. 办公空间的层高及净高

一般办公建筑标准层的层高受用地指标、造价、空间效果、结构形式、空调形式等多方面因素影响，办公建筑主要空间的最小净高和建议层高详见表 3.4.2-1。

办公建筑主要空间层高及净高控制要求 表 3.4.2-1

位置	办公类型	空调形式	净高最小值（m）	层高建议值（m）	参考规范
标准层	单间式和单元式办公室	有集中空调设施并有吊顶	2.5	3.7～4.2	《办公建筑设计标准》JGJ/T 67—2019 第 4.1.11 条
		无集中空调设施	2.7		
	开放和半开放式办公	有集中空调设施并有吊顶	2.7	3.9～4.5	
		无集中空调设施	2.9		
走道	—		2.2	—	

■ **说明**

办公建筑在设计时还应注意层高对面积的影响，根据《北京地区建设工程规划设计通则》（2012）中的规定：对商业、办公建筑标准层为单间式的层高不应超过 4.2m，并应采用公共走廊、公共卫生间的平面布局，不得采用单元式或其他类似住宅的布局形式；商业、办公建筑标准层为大空间式的层高一般不应超过 4.5m。办公建筑标准层层高小于等于 5.5m 的，建筑面积的计算值按该层水平投影面积计算；层高大于 5.5m（3.3m + 2.2m）时，不论层内是否有隔层，建筑面积的计算值按该层水平投影面积的 2 倍计算；当办公建筑层高大于 8.8m（3.3m × 2 + 2.2m）时，无论层内是否有隔层，建筑面积的计算值按该层水平投影面积的 3 倍计算；以此类推。

2. 办公空间的开间及进深

（1）办公空间的开间及进深详见表 3.4.2-2。

办公空间开间及进深 表 3.4.2-2

<table>
<tr><th>类别</th><th colspan="2">控制原则</th></tr>
<tr><td>单间式、单元式办公室</td><td colspan="2">小开间办公室开间和进深与使用功能、家具布置等有关，一般开间与进深的比例控制在 1∶2～1∶1.5 之间较为舒适，可根据实际布置情况适当调整</td></tr>
<tr><td rowspan="2">开放式办公室</td><td>开间</td><td>大开间办公建筑的开间大小主要与使用功能、柱网尺寸、立面分格等因素相关，没有具体数值限制要求</td></tr>
<tr><td>进深</td><td>大开间办公进深一般控制在 10～12m 为宜，进深过小不经济，进深过大会导致自然通风不良，对于建筑节能不利。净高与进深的比例宜控制在 1∶5～1∶3 之间为宜</td></tr>
</table>

■ **说明**

在设计办公空间开间及进深时，还应注意以下相关条文要求：

对于北京市商办类项目应注意，为防止商业、办公类项目擅自改变为居住等用途，北京市 2017

年 3 月 26 日发布的《关于进一步加强商业、办公类项目管理的公告》（京建发〔2017〕112 号）第二条，开发企业新报建商办类项目，最小分割单元不得低于 500m²；不符合要求的，规划部门不予批准。

（2）办公空间的类型会对开间及进深产生直接影响，应结合使用需求选择适宜的办公空间类型。办公空间主要可分为开放式、混合式、单间式和单元式几种类型，其各自特征见表 3.4.2-3。

办公空间类型　　　　表 3.4.2-3

分类	概念	开间及进深	布局示例
开放式	较大的部门或若干部门置于一个大空间中，周边配置公共服务设施、隔断灵活的办公空间形式，适用于人员较多、工作性质相互关联的机构性办公用途	一般多为大开间及进深	
混合式	由开放式、单间式组合而成的办公空间形式。适用于组织机构完整、管理层次清晰的办公用途	一般多为大开间及进深	
单间式	一般指走道的一侧或两侧并列布置、内部空间单一、服务设施共用的单间办公形式。适用于工作性质独立性强、人员较少的办公用途。例如，政务办公、公寓式办公多采用此种形式	一般多为小开间及进深	
单元式	由接待、办公、卫生间或生活起居（卧室、厨房）等空间组成的独立式办公空间形式。适用于人员较少、组织机构完整、独立的办公用途。例如领导办公室、独立部门办公室、SOHO 公寓式办公室等	一般多为小开间及进深	

（3）对于国家党政机关办公室面积标准应执行《党政机关办公用房建设标准》（发改投资〔2014〕2674 号）中的相关要求，各级工作人员办公室使用面积不应超过表 3.4.2-4 的规定。

各级工作人员办公室使用面积 表 3.4.2-4

类别	适用对象	使用面积（m^2/人）
中央机关	部级正职	54
	部级副职	42
	正司（局）级	24
	副司（局）级	18
	处级	12
	处级以下	9
省级机关	省级正职	54
	省级副职	42
	正厅（局）级	30
	副厅（局）级	24
	正处级	18
	副处级	12
	处级以下	9
市级机关	市级正职	42
	市级副职	30
	正局（处）级	24
	副局（处）级	18
	局（处）级以下	9
县级机关	县级正职	30
	县级副职	24
	正科级	18
	副科级	12
	科级以下	9
乡级机关	乡级正职	由省级人民政府按照中央规定和精神自行做出规定，原则上不得超过县级副职
	乡级副职	
	乡级以下	

3.4.3 使用系数

提高办公建筑使用系数有助于提高办公建筑的经济效益，通过大量实际案例将不同建筑高度的合理使用系数进行了归纳总结，详见表 3.4.3-1。

办公建筑标准层使用系数　表 3.4.3-1

<table>
<tr><th colspan="2">建筑类型</th><th>K_1 =(标准层使用面积＋走廊面积)/标准层总面积 × 100%</th><th>K_2 = 标准层使用面积/标准层总面积 × 100%</th></tr>
<tr><td colspan="2">多层</td><td>85%～90%</td><td>70%～80%</td></tr>
<tr><td rowspan="3">高层</td><td>24～100m</td><td>80%～85%</td><td>75%～80%</td></tr>
<tr><td>100～300m</td><td>73%～78%</td><td>65%～70%</td></tr>
<tr><td>＞300m</td><td>70%～75%</td><td>62%～67%</td></tr>
</table>

■ **说明**

①根据规定：办公用房建筑总使用面积系数，多层建筑不应低于 65%，高层建筑不应低于 60%（参考资料：《办公建筑设计标准》JGJ/T 67—2019 第 4.1.4 条文说明）。

②使用系数一般会随建筑高度增加而减少；使用系数并不会随标准层的面积增加而呈现线性增加，而是在达到一定面积后，由于疏散人数增多核心筒加大而下降，因此应将标准层面积控制合理范围内。

3.4.4　人数计算

办公建筑人数计算是防火疏散计算和卫生间标准确定的依据，具体计算方法详见表 3.4.4-1。

办公建筑人数计算方式　表 3.4.4-1

<table>
<tr><th>计算方式分类</th><th colspan="3">具体计算方法</th><th>引用规范</th></tr>
<tr><td>基于建筑面积的计算</td><td colspan="3">当无法额定总人数时，可按其建筑面积 9m²/人计算（此处建筑面积指地上建筑面积）</td><td>《办公建筑设计标准》JGJ/T 67—2019 第 5.0.3 条</td></tr>
<tr><td rowspan="7">按照功能区域划分计算</td><td colspan="2">房间功能</td><td>人均最小使用面积</td><td rowspan="7">《办公建筑设计标准》JGJ/T 67—2019 第 5.0.3 条</td></tr>
<tr><td colspan="2">普通办公室</td><td>≥ 6m²/人</td></tr>
<tr><td colspan="2">单间办公室</td><td>宜 ≥ 10m²/人</td></tr>
<tr><td colspan="2">研究工作室</td><td>≥ 7m²/人</td></tr>
<tr><td colspan="2">手工绘图室</td><td>≥ 6m²/人</td></tr>
<tr><td rowspan="2">中小会议室</td><td>有会议桌</td><td>≥ 2m²/人</td></tr>
<tr><td>无会议桌、报告厅</td><td>≥ 1m²/人</td></tr>
<tr><td>按照家具布置计算</td><td colspan="3">家具布置的固定座位数乘以系数 1.1</td><td>《建筑设计防火规范》GB 50016—2014（2018 年版）第 5.5.21 条</td></tr>
</table>

3.4.5　会议厅及多功能厅设计要点

办公建筑中通常会配建会议厅或多功能厅，来满足大型会议或其他公共活动的使用需求。在设计时，应重点关注防火设计、声学设计等方面的设计要点。

1. 防火设计要点

学术报告厅及多功能厅属于人员密集场所，在火灾发生时应能快速疏散内部人员，在设计时应参照《建筑设计防火规范》GB 50016—2014（2018年版）第5.4.8条的相关规定，详见表3.4.5-1。

防火设计要点 表3.4.5-1

建筑耐火等级	会议厅或多功能厅面积	楼层位置		备注
		地上	地下	
一、二级	不限	1～3层	1～2层	设置在高层建筑内时，应设置火灾自动报警系统及自动喷水灭火等自动灭火系统
	≤400m²	不限	1～2层	
三级	不限	1～2层	不允许	

2. 声学设计要点

学术报告厅及多功能厅的声学设计应从前期的空间布局、体型设计、吸声材料等方面综合考虑，在必要时应请声学顾问进行专项声学设计。与声学设计相关的设计要点详见表3.4.5-2。

声学设计要点 表3.4.5-2

设计内容	具体计算方法	引用规范、书籍
空间布局	前期设计时应避免外界噪声对会议厅或多功能厅的噪声影响，并尽量避免与产生噪声的房间相邻，如无法避免，应采取有效的隔声措施	—
体型设计	为避免声聚焦，不宜采用圆形、椭圆形、扇形平面和圆拱形顶棚，正多边形平面应避免反射面法线集中于一点	—
	观众厅的容积超过1000m³时宜使用扩声系统，并把扬声器位置作为主要声源点	《剧场、电影院和多用途厅堂建筑声学技术规范》GB/T 50356—2005
	观众厅的每座容积宜为3.5～5.0m³	
	观众厅平面和剖面设计，在声源为自然声时，应使厅内早期反射声声场均匀分布。到达观众席的早期反射声相对于直达声的延迟时间宜小于或等于50ms（相当于声程差17m）	
	以自然声为主的观众厅，每排座位升高应根据视线升高差C值确定，C值宜大于或等于120mm	
吸声材料	侧墙特别是两个平行的侧墙宜均匀或交错布置吸声材料；当侧墙上有外窗、玻璃幕墙时，宜采用吸声窗帘，窗帘褶皱率不宜小于3	《建筑专业技术措施（2023年版）》
	后墙宜均匀布置宽频带强吸声材料	
	宜在无反射功能的顶棚区域（如顶棚边缘或后区）安装吸声材料	
	厅堂内的活动隔断表面宜采用吸声材料	

3.4.6 自然通风

1. 办公建筑应充分利用自然通风，采用自然通风的办公室或会议室，其通风开口面积不应小于房间地面面积的 1/20（引用规范:《办公建筑设计标准》JGJ/T 67—2019 第 6.1.4条）。

2. 对于超高层建筑（100m 以上，或 18 层以上部分）不适合设可开启外窗时，可考虑结合幕墙设置通风器。通风器可与窗间墙结合设置，如图 3.4.6-1 所示，也可与吊顶、地面或窗框结合设置，如图 3.4.6-2 所示。

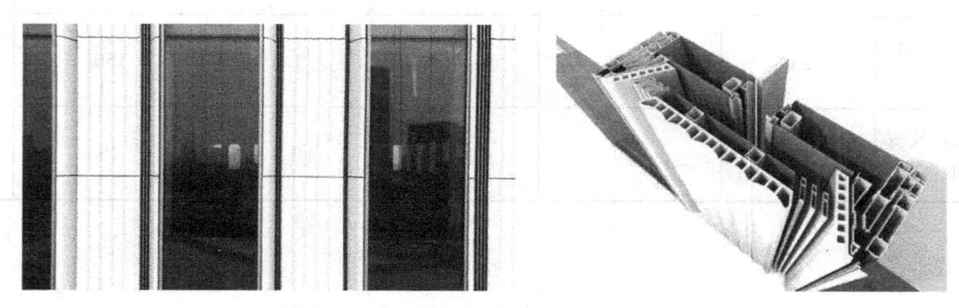

图 3.4.6-1　通风器与窗间墙结合

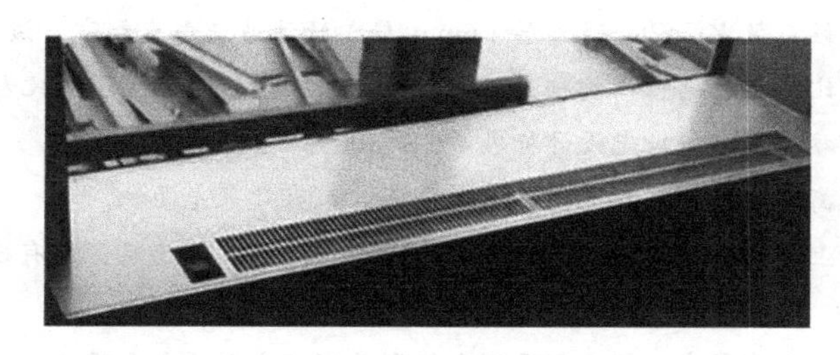

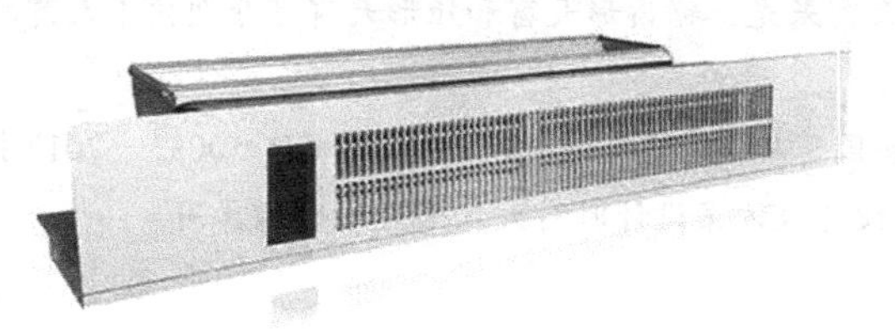

图 3.4.6-2　通风器与窗框和地面结合

3. 当因空气洁净度、安全防卫等特殊原因未设置可开启窗时，应设置机械通风系统，满足最低新风量要求。

3.4.7　自然采光

1. 办公建筑在设计中应合理控制进深，办公室应有自然采光，会议室宜有自然采光。办公建筑的采光标准值与窗地面积比可参考表 3.4.7-1。

办公建筑的采光标准值和窗地面积比　　表 3.4.7-1

采光等级	房间类型	侧面采光			顶部采光		
		采光系数标准值（%）	室内天然采光照度标准值（lx）	窗地面积比（A_c/A_d）	采光系数标准值（%）	室内天然采光照度标准值（lx）	窗地面积比（A_c/A_d）
Ⅱ	设计室、绘图室	4.0	600	1/4	3.0	450	1/8
Ⅲ	办公室、会议室	3.0	450	1/5	2.0	300	1/10

续表

采光等级	房间类型	侧面采光			顶部采光		
		采光系数标准值（%）	室内天然采光照度标准值（lx）	窗地面积比（A_c/A_d）	采光系数标准值（%）	室内天然采光照度标准值（lx）	窗地面积比（A_c/A_d）
Ⅳ	复印室、档案室	2.0	300	1/6	1.0	150	1/13
Ⅴ	走道、楼梯间、卫生间	1.0	150	1/10	0.5	75	1/23

■ **说明**

（1）窗地面积比计算条件：①Ⅲ类光气候区，其光气候系数 $K=1.0$，其他光气候区的窗地面积比应乘以相应的光气候系数 K；②普通单层（6mm 厚）清洁玻璃垂直铝窗，该窗总透射比取 0.6，其他条件的窗总透射比为相应的窗结构挡光折减系数乘以相应的窗玻璃透射比和污染折减系数，相应计算公式及参数可参阅《建筑采光设计标准》GB 50033—2013。

（2）侧窗采光口离地面高度在 0.75m 以下部分不计入有效采光面积。

（3）侧窗采光口上部有高度超过 1m 的外廊、阳台等外部遮挡物时，其有效采光面积可按采光口面积的 70%计算。

（4）顶部采光指平天窗采光，锯齿形天窗和矩形天窗可分别按平天窗的 1.5 倍和 2 倍窗地面积比进行估算。

（5）采光系数标准按国家标准《建筑采光设计标准》GB 50033—2013 执行。采光系数需进行计算，表 3.4.7-1 是为了方便建筑方案设计时对天然采光进行估算用。

2. 在办公建筑采光设计时，应满足《建筑采光设计标准》GB 50033—2013 对采光有效进深的相关要求。表 3.4.7-2 为Ⅲ类光气候区办公建筑的采光有效进深设计值，采光有效进深设计值 = 房间进深（b）/参考平面至窗上沿高度（h_s）。

采光有效进深设计值 **表 3.4.7-2**

采光等级	场所名称	采光有效进深（b/h_s）	引用规范
Ⅱ	设计室、绘图室	2.0	《建筑采光设计标准》GB 50033—2013 第 4.0.8 条、第 6.0.1 条
Ⅲ	办公室、会议室	2.5	
Ⅳ	复印室、档案室	3.0	
Ⅴ	走道、楼梯间、卫生间	4.0	

3. 当房间进深较大时，可采用中庭、屋顶天窗和导光管等措施将自然光引入建筑内部。

3.4.8 隔声

办公室工作条件的质量很大程度上取决于噪声干扰的影响，因此控制室内噪声是办公建筑设计中的重要环节。在办公建筑中，隔声控制主要针对的是办公室和会议室空间。

涉及办公建筑隔声设计的相关规范和标准主要有《建筑环境通用规范》GB 55016—2021、《办公建筑设计标准》JGJ/T 67—2019 及《民用建筑隔声设计规范》GB 50118—2010。

其中《建筑环境通用规范》GB 55016—2021 对办公建筑主要功能房间室内噪声限值和办公建筑内部建筑设备传播至主要功能房间室内的噪声限值做了相关规定，对于办公建筑内办公室和会议室具体部位的隔声标准，在满足《建筑环境通用规范》GB 55016—2021 的基础上，还应参考《办公建筑设计标准》JGJ/T 67—2019 和《民用建筑隔声设计规范》GB 50118—2010 中的相关要求。

具体隔声构造做法可参照图集《建筑隔声与吸声构造》08J931、《工程做法》23J909 等选用符合标准的隔声构造做法。

3.5　医疗建筑

3.5.1　空间组成

1. 医疗建筑空间组成有急诊部、门诊部、住院部、医技科室、保障系统、业务管理和院内生活用房等几大系统。综合医院各系统用房细分如下：

（1）急诊部：大厅、分诊、挂号、收费、药房、化验、急诊、急救、输液、留观、污洗、库房、值班等；包含院前功能的还设有院前科，包括停机坪、120 救护车库/场、120 调度室、值班、库房、卫生间等。

（2）门诊部：大厅、挂号、收费、问讯、药房、候诊、采血、化验、输液、注射、门诊办公、诊室、检查室、门诊手术、治疗室、护士站、污洗、库房等。

（3）住院部：大厅、出入院办理、病房、抢救、活动室、护士站、处置、治疗、配餐、医生办公、主任办公、示教、更衣、淋浴、卫生间、值班、库房、污洗等。

（4）医技科室：手术部、放射科、放疗科、核医学科、介入治疗、检验科、病理科、功能检查科、内窥镜科、输血科、药剂科、中心（消毒）供应室等科室用房。

（5）保障系统：医用气体供应站、污水处理站、医疗废物暂存、生活垃圾转运、太平间、洗衣房、后勤用房、设备用房等。

（6）业务管理：行政办公、会议、报告厅、图书馆、资料室等。

（7）院内生活：营养厨房、职工厨房及餐厅、值班、更衣等。

注：以上为综合医院建设标准中七项用房内容，各地建设标准以及专科医院建设标准略有不同。

2. 医院建筑面积的测算及用房比例应执行各类医院建设标准，结合医院的功能定位和总体规划进行详细论证。专科医院可参考综合医院并做适当调整。目前颁布的医疗机构建设标准主要有：《综合医院建设标准》（建标 110—2021）、《中医医院建设标准》（建标 106—2021）、《妇幼健康服务机构建设标准》（建标 189—2017）、《儿童医院建设标准》（建标 174—2016）、《精神专科医院建设标准》（建标 176—2016）、《传染病医院建设标准》（建标 173—2016）、《强制医疗所建设标准》（建标 200—2024）、《社区卫生服务中心、站建设标准》（建标 163—2013）等。除此之外，还要关注各地颁布的指导文件，如北京市卫生健康委员会印发了《北京市公立医院功能建设标准清单》（京卫规划〔2023〕48 号），深圳市发展改革委等部门联合编制了《深圳市医院建设标准指引》（2016年版）等。

3. 医疗空间设计应以优化医疗资源配置、构建优质高效医疗卫生服务体系为原则，顺应时代发展需求，关注互联网诊疗、医联体、医疗中心、社会办医、绿色低碳等发展趋势对医疗空间的影响，体现适应性和前瞻性。

3.5.2　空间尺度

空间尺度的确定，除了需遵守相关规范外，还需考虑经济水平、地域差异、发展趋势、运维管理等一系列因素。医疗单元的划分应综合考虑护理距离、防火分区等因素；层高的确定应综合考虑功能类型、结构选型、机电系统、物流形式等因素；柱网的确定应综合考虑功能类型、地下停车、空间行为等因素。考虑到医学发展和公共卫生应急等因素，空间应具备可转换、可扩展的特点。

公共空间包括内部公共空间和外部公共空间。内部公共空间包括入口、大厅、中庭、交通、商业、休闲等空间，外部公共空间包括院前区、外部联系空间、外部交通等空间。公共空间的设计应考虑复合利用：入口设计应考虑防风设施、安检空间、平车、轮椅存放等空间；大厅设计应考虑人员集散、共享服务、自助服务、商业、休闲等空间；候诊区设计应合理规划一次候诊和二次候诊空间，以及自助服务、休息舱、充电设施等服务空间，做到秩序明确、交通顺畅；同时合理利用商业、休闲空间，开发利用院前区，创造更为人性化的空间环境。

室内净高应符合下列要求：

（1）诊查室不宜低于2.60m；

（2）病房不宜低于2.80m；

（3）公共走道不宜低于2.30m；

（4）手术室净高宜为2.70～3.00m；

（5）洁净手术部设备层梁下净高不宜低于2.20m。

室内开间应符合下列要求：

（1）双人诊查室的开间净尺寸不应小于3.00m，使用面积不应小于12.00m^2；

（2）单人诊查室的开间净尺寸不应小于2.50m，使用面积不应小于8.00m^2。

通道宽度应符合下列要求：

（1）医疗建筑疏散出口门、室外疏散楼梯的净宽度均不应小于0.80m；疏散走道、首层疏散外门、公共建筑中的室内疏散楼梯的净宽度均不应小于1.1m；医院主楼梯宽度不得小于1.65m；

（2）通行推床的通道，净宽不应小于2.40m；

（3）利用走道单侧候诊时，走道净宽不应小于2.40m，两侧候诊时，走道净宽不应小于3.00m；

（4）急诊抢救室门的净宽不应小于1.40m。

房间面积应符合下列要求：

（1）急诊部门厅兼用于分诊功能时，其面积不应小于24.00m^2；

（2）急诊抢救室面积不应小于每床30.00m^2；

（3）监护病房单床间不应小于12.00m^2；

（4）患者使用的卫生间隔间的平面尺寸不应小于1.10m × 1.40m；

（5）分娩室平面尺寸宜为 4.20m × 4.80m，剖宫产手术室宜为 5.40m × 4.80m。

手术室平面尺寸应根据需要选用，且不应小于表 3.5.2-1 规定：

手术室平面净尺寸　　表 3.5.2-1

手术室类型	平面净尺寸（m）	手术室类型	平面净尺寸（m）
特大型	7.50 × 5.70	中型	5.40 × 4.80
大型	5.70 × 5.40	小型	4.80 × 4.20

注：本表引自《综合医院建筑设计规范》GB 51039—2014（2024 年版）。

（1）门诊手术室平面尺寸不宜小于 3.60m × 4.80m；

（2）负压手术室和感染手术室在出入口处都应设准备室作为缓冲室；

（3）缓冲室面积不应小于 3m²；

（4）屏蔽防护扫描间尺寸详见第 3.5.6 节。

3.5.3　医疗工艺设计要点

1. 医疗工艺是医疗流程和医疗设备的匹配，以及其他相关资源的配置。医疗工艺设计应确定医疗业务结构、功能和规模，以及相关医疗流程、医疗设备、技术条件和参数。

2. 医疗工艺设计应进行前期设计和条件设计。前期设计应满足编制可行性研究报告、设计任务书及建筑设计方案的需要。条件设计应与医院建筑初步设计同步完成，并应与建筑设计的深化、完善过程相配合，同时应满足医院建筑初步设计及施工图设计的需要。

3. 医疗工艺流程应分为医院内各医疗功能单元之间的流程和各医疗功能单元内部的流程。

4. 医疗工艺设计应重点关注医院战略规划、医疗行业规范、医疗科技进步、服务模式发展、管理模式演变、病患需求与社会发展、医疗建筑各类规范、国外医疗建筑演变和设备设施发展等方面内容。

5. 项目建设立项阶段可分为项目建议书阶段和可行性研究报告阶段。根据项目情况，有时项目建议书与可行性研究报告合并完成。在可行性研究报告阶段，医疗工艺设计应配合主体设计达到初步设计深度，涉及医疗专项的内容，应充分考虑预留实施条件，配合造价专业做出投资估算，避免因缺漏项引起投资增补。其中特别需要注意的是：

净化工程：设计应提供净化面积、净化等级、特殊装修做法；

屏蔽防护工程：设计应提供屏蔽面积、屏蔽做法及特殊装修做法；

物流系统：设计应提供物流系统选型、物流点位和数量；

医用气体：设计应提供气体的来源、气站位置、气体配置种类和数量；

污水处理：设计应提供污水处理的位置、容积、污水处理工艺；

大型设备：应提供设备安装条件、运输路线及处理方案。

3.5.4　感染控制设计要点

1. 医院感染控制设计应符合《综合医院建筑设计标准》GB 51039—2014（2024 年版）、《传染病医院建筑设计规范》GB 50849—2014、《医院隔离技术标准》WS/T 311—2023、《医院洁净护理与隔离单元建筑技术标准》GB/T 51457—2024、《医院空气净化管理规范》WS/T 368—2012、《医疗机构感染预防与控制基本制度（试行）》等技术规范。

2. 医疗建筑设计应做到功能分区合理，各种流线组织清晰；洁污、医患、人车等路线清楚，避免交叉感染。

3. 消化道、呼吸道等感染疾病门诊均应自成一区，并应单独设置出入口。新建传染病医院选址，以及现有传染病医院改建和扩建及传染病区建设时，医疗用建筑物与院外周边建筑应设置大于或等于 20m 绿化隔离卫生间距。

4. 太平间、病理解剖室、污水处理站、垃圾站等用房宜远离门（急）诊、医技和住院等用房，并宜布置在院区主导风下风向，尸体运送、污物运送路线应避免与出入院路线交叉。

5. 应采取有效措施控制空气感染和院内接触感染。

6. 医疗功能空间室内装修材料选用应遵循安全、环保、经济、适用原则，同时应充分考虑感控安全，采用抗菌、防尘、耐腐蚀、易清洁、经济适用的材料。

7. 重症监护单元、易感染患者护理单元及负压洁净隔离单元均应自成一区，在医院的一栋或一层各自独立设置，并应靠近相关的功能科室。

8. 单排病床通道净宽不应小于 1.1m，双排病床（床端）通道净宽不应小于 1.4m，病床间距宜大于 0.8m。

3.5.5 洁净空间设计要点（医疗空间）

1. 洁净用房等级分为Ⅰ级、Ⅱ级、Ⅲ级、Ⅳ级；空气洁净度级别分为 5 级、6 级、7 级、8 级、8.5 级。关于洁净用房的分级标准见《综合医院建筑设计标准》GB 51039—2014（2024 年版）第 7.2.2 条的相关规定。

2. 各类风口或装置内末级过滤器的级别见《医院洁净护理与隔离单元建筑技术标准》GB/T 51457—2024 第 5.1 节的相关规定。

3. 主要洁净空间组成：手术室、产房、中心供应、无菌病房、静配中心、ICU、DSA、生殖医学中心、实验室等。洁净用房选用可参见表 3.5.5-1、表 3.5.5-2。

洁净用房选用对照表（一） 表 3.5.5-1

洁净用房			洁净用房等级			
			Ⅰ级	Ⅱ级	Ⅲ级	Ⅳ级
住院部	早产儿室和新生儿重症监护（NICU）				√	
	监护病房					√
	血液病房	治疗期	√			
		恢复期		√		
	烧伤病房	重度（含）以上			√	√
		重度（含）以上烧伤病房的辅助用房				√
		重度以下				√
医技科室	生殖学中心	体外受精实验室			√	
		取卵室			√	

续表

洁净用房			洁净用房等级			
			Ⅰ级	Ⅱ级	Ⅲ级	Ⅳ级
医技科室	生殖学中心	胚胎培养室		√		
		冷冻室、工作室、洁净走廊等其他洁净辅助用房				√
	心血管造影室	操作区			√	
		洁净走廊				√
	中心（消毒）供应室无菌存放区					√
	制剂室	灌封	√			
		稀配、滤过		√		
		浓配、称量、配料			√	
	核医学	放射性显像剂标记				√
洁净手术部	洁净手术室用房	假体植入、某些大型器官移植、手术部位感染可直接危及生命及生活质量等手术	√			
		涉及深部组织及生命主要器官的大型手术		√		
		其他外科手术			√	
		感染和重度污染手术				√
	在洁净区内的洁净辅助用房	需要无菌操作的特殊用房	√	√		
		体外循环室		√	√	
		手术室前室			√	√
		刷手间、术前准备室、无菌物品存放室、预麻室、精密仪器室、护士站、洁净区走廊或任何洁净通道、恢复（麻醉苏醒）室				√

洁净用房选用对照表（二）　表 3.5.5-2

洁净用房			洁净用房等级			
			A 级	B 级	C 级	D 级
医技科室	静脉用药调配中心	一次更衣室、洁净洗衣洁具间				√
		二次更衣室、调配操作间			√	
		生物安全柜、水平层流洁净台	√			

4. 洁净用房应远离污染源，并独立成区。洁净区与非洁净区应分区明确，不同洁净区之间的门应选用气密门，防止空气中的微生物进入室内。

5. 洁净窗的设计应避免内凹的窗台，以免积聚灰尘和细菌。传递窗应具备高效的过滤系统，防止污染。

6. 室内装修材料需要考虑防尘、防静电、防水、防腐蚀、无味无毒等要求，应符合现行国家标准《民用建筑工程室内环境污染控制标准》GB 50325 的有关规定。根据洁净度和使用环境的要求，墙面材料可以选用岩棉板、玻镁板、抗菌涂料、抗菌壁纸等；地面可以采用 PVC 地板、橡胶地板、环氧树脂地坪等；吊顶可以选用金属板吊顶、矿棉板吊顶、玻镁板吊顶和集成吊顶等。

3.5.6 屏蔽空间设计要点

1. 主要屏蔽类别有：电磁屏蔽、射线防护。主要屏蔽空间有放射科、放射治疗科、核医学科等相关科室用房（表 3.5.6-1）。防护设计应依据相应的防护标准执行。

主要屏蔽防护空间一览表　　表 3.5.6-1

科室	屏蔽空间	屏蔽类别	主要屏蔽材料	防护标准
放射科	X 光、CR、DR、乳腺钼靶、CT、数字胃肠室、口腔 CT、DSA、手术区的各类防辐射手术室（骨科及杂交等）	射线防护	硫酸钡水泥砂浆、铅板、铁板、石膏板、页岩砖	国家现行有关医用 X 射线诊断卫生防护标准
	MRI、热疗室、脑电室、肌电室、嗅觉诱发电位室	电磁屏蔽	铜板、高导磁率钢板、主动屏蔽感应设备	
放射治疗科	直线加速器、钴 60、后装机、伽马刀、深部 X 线	射线防护	防护混凝土	国家现行有关后装γ源近距离卫生防护标准、γ远距治疗室设计防护要求、医用电子加速器卫生防护标准、医用 X 射线诊断卫生防护标准
核医学科	SPECT-CT、PET-CT、PET-MRI（含卫生间及二级候诊）、回旋加速器（制药）、核医学病房（含卫生间及外走廊）、患者走廊、运动荷载、肺通气，高活室、放射性显像剂标记间，甲状腺功能扫描、放射废物间，放射源库、留观间	射线防护、电磁屏蔽	铅板、铜板、防护混凝土、重晶石混凝土、聚乙烯、铁板	根据审查合格的放射防护和辐射环评报告进行深化设计

2. 单管头 X 射线机房使用面积应不少于 20m²，机房内最小单边长度 3.5m。双管头 X 射线机房有效使用面积不小于 30m²，机房内最小单边长度 4.5m，CT 机房使用面积不小于 30m²，机房内最小单边长度为 4.5m（表 3.5.6-2）。MRI 机房不小于 80m²。

X 射线设备机房（照射室）使用面积及单边长度　　表 3.5.6-2

设备类型	机房内最小有效使用面积（m²）	机房内最小单边长度（m）
CT 机	30	4.5
双管头或多管头 X 射线机	30	4.5
单管头 X 射线机	20	3.5
透视专用机、碎石定位机、口腔 CT 卧位扫描	15	8
乳腺机、全身骨密度仪	10	2.5

续表

设备类型	机房内最小有效使用面积（m^2）	机房内最小单边长度（m）
牙科全景机、局部骨密度仪、口腔 CT 坐位扫描/站位扫描	5	2
口内牙片机	3	1.5

注：1. 双管头或多管头 X 射线机的所有管球安装在同一间机房内。
2. 单管头、双管头或多管头 X 射线机的每个管球各安装在 1 个房间内。
3. 透视专用机指无诊断床、标称管电流小于 5mA 的 X 射线机。
4. 本表引自《放射诊断放射防护要求》GBZ 130—2020。

3. 直线加速器机房内净宽（主防护墙之间）为 6.0～7.0m。前后防护墙之间净宽为 7.5～8.5m，机房内净高（自机房顶板防护墙下表面至机房完成地面）为 4.2～4.5m，室内装修吊顶高度为 3.0～3.3m，迷道净宽为 1.5～2.0m。在迷道外靠防护墙设置控制室（其宽度为 3.0～3.6m），迷道门洞宽度与其净宽一致。屏蔽空间有效防护面积计算如图 3.5.6-1 所示。

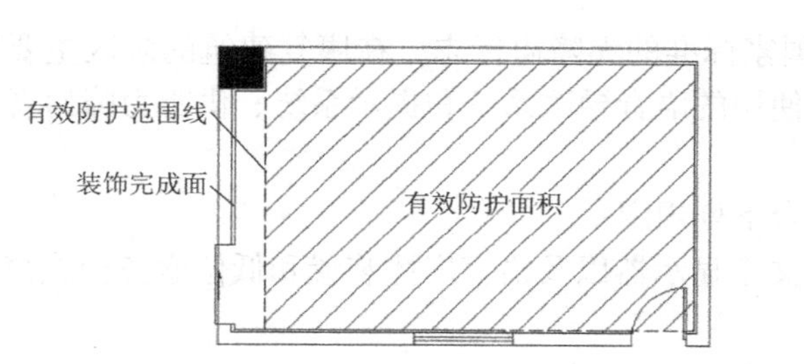

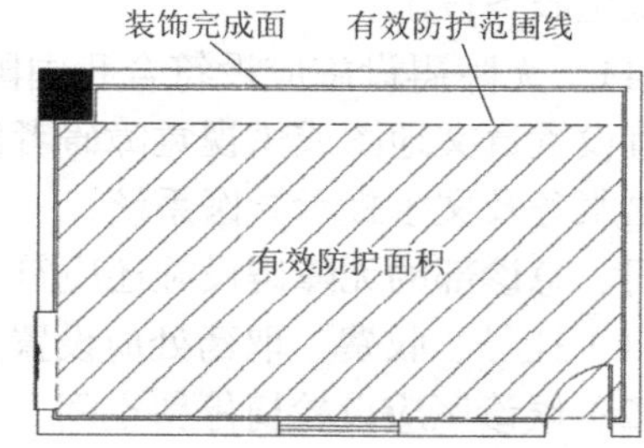

图 3.5.6-1　屏蔽空间有效防护面积计算

3.5.7　无障碍设计要点

无障碍设计应遵守《无障碍设计规范》GB 50763—2012 及《建筑与市政工程无障碍通用规范》GB 55019—2021 相关要求。

门诊、急诊、急救和住院应分别设置无障碍出入口；宜设置为平坡出入口。

通行推床的通道，净宽不应小于 2.40m。有高差者应用坡道相接，坡道坡度应按无障碍坡道设计。

宜设置无性别、无障碍患者专用卫生间。无障碍专用卫生间和公共卫生间的无障碍设施与设计，应符合《无障碍设计规范》GB 50763—2012 的有关规定。

无障碍病房内的卫生间应按《综合医院建筑设计标准》GB 51039—2014（2024 年版）第 5.1.13 条的要求设置。

医院入口、大厅内宜设轮椅存放区或租借区，医院功能房间内设置轮椅停放处。

病房走道设置扶手时应在双侧设置，扶手设置应满足走廊净宽的要求。

在院区内患者活动区域范围内，包括出入通道、电梯、卫生设施等处设置专用入口坡道、走道扶手、卫生洁具助拉手、电梯低位按钮等无障碍设施。

医疗康复建筑中，凡患者、康复人员使用建筑的无障碍设施应符合下列规定：

（1）室外通行的步行道应满足《无障碍设计规范》GB 50763—2012 第 3.5 节有关规定

的要求；

（2）院区室外的休息座椅旁，应留有轮椅停留空间；

（3）主要出入口应为无障碍出入口，宜设置为平坡出入口；

（4）室内通道应设置无障碍通道，净宽不应小于 1.80m，并按照《无障碍设计规范》GB 50763—2012 第 3.8 节的要求设置扶手；

（5）门应符合《无障碍设计规范》GB 50763—2012 第 3.5 节的要求；

（6）同一建筑内应至少设置 1 部无障碍楼梯；

（7）建筑内设有电梯时，每组电梯应至少设置 1 部无障碍电梯；

（8）首层应至少设置 1 处无障碍厕所；各楼层至少有 1 处公共厕所应满足《无障碍设计规范》GB 50763—2012 第 3.9.1 条的有关规定或设置无障碍厕所；病房内的厕所应设置安全抓杆，并符合《无障碍设计规范》GB 50763—2012 第 3.9.4 条的有关规定；

（9）儿童医院的门、急诊部和医技部，每层宜设置至少 1 处母婴室，并靠近公共厕所；

（10）诊区、病区的护士站、公共电话台、查询处、饮水器、自助售货处、服务台等应设置低位服务设施；

（11）无障碍设施应设符合我国国家标准的无障碍标志，在康复建筑的院区主要出入口处宜设置盲文地图或供视觉障碍者使用的语音导医系统和提示系统、供听力障碍者需要的手语服务及文字提示导医系统。

门、急诊部的无障碍设施还应符合下列规定：

（1）挂号、收费、取药处应设置文字显示器以及语言广播装置和低位服务台或窗口；

（2）候诊区应设轮椅停留空间。

医技部的无障碍设施应符合下列规定：

（1）患者更衣室内应留有直径不小于 1.50m 的轮椅回转空间，部分更衣箱高度应小于 1.40m；

（2）等候区应留有轮椅停留空间，取报告处宜设文字显示器和语音提示装置。

住院部患者活动室墙面四周扶手的设置应满足《无障碍设计规范》GB 50763—2012 第 3.8 节的有关规定。

理疗用房应根据治疗要求设置扶手，并满足《无障碍设计规范》GB 50763—2012 第 3.8 节的有关规定。

办公、科研、餐厅、食堂、太平间用房的主要出入口应为无障碍出入口。

3.5.8 防火设计要点

1. 医院建筑耐火等级不应低于二级，防火分区应符合下列要求：

（1）医院建筑的防火分区应结合建筑布局和功能分区划分。

（2）防火分区的面积除应按建筑物的耐火等级和建筑高度确定外，病房部分每层防火分区内，尚应根据面积大小和疏散路线进行再分隔。同层有 2 个及 2 个以上护理单元时，通向公共走道的单元入口处应设乙级防火门。

（3）高层建筑内的门诊大厅，设有火灾自动报警系统和自动灭火系统，并采用不燃或难燃材料装修时，地上部分防火分区的允许最大面积应为 4000m^2。

（4）医院建筑内的手术部，当设有火灾自动报警系统，并采用不燃烧或难燃烧材料装修时，地上部分防火分区的允许最大建筑面积应为 4000m²。

（5）医疗建筑中的手术室或手术部、产房、重症监护室、贵重精密医疗装备用房、储藏间、实验室、胶片室等应采用防火门、防火窗、耐火极限不低于 2.00h 的防火隔墙和耐火极限不低于 1.00h 的楼板与其他区域分隔。

2. 洁净手术部宜划分为单独的防火分区。当与其他部门处于同一防火分区时，应采取有效的防火防烟分隔措施，并应采用耐火极限不低于 2.00h 的防火隔墙与其他部位隔开；除直接通向敞开式外走廊或直接对外的门外，与非洁净区域相连通的门应采用耐火极限不低于乙级的防火门，或在相连通的开口部位应采取其他防止火灾蔓延的措施。

3. 当洁净手术部内每层或一个防火分区的建筑面积大于 2000m² 时，宜采用耐火极限不低于 2.00h 的防火隔墙分隔成不同的单元，相邻单元连通处应采用常开甲级防火门，不得采用卷帘。

4. 安全出口应符合下列要求：

（1）每个护理单元应有 2 个不同方向的安全出口；

（2）尽端式护理单元，或自成一区的治疗用房，其最远一个房间门至外部安全出口的距离和房间内最远一点到房门的距离，均未超过建筑设计防火规范规定时，可设 1 个安全出口；

（3）医疗用房应设疏散指示标识，疏散走道及楼梯间均应设应急照明。

5. 中心供氧用房应远离热源、火源和易燃易爆源。医用液氧储罐与医疗卫生机构内部建（构）筑物之间的防火间距，不应小于表 3.5.8-1 规定。

医用液氧储罐与医疗卫生机构内部建（构）筑物之间的防火间距　　表 3.5.8-1

建（构）筑物	防火间距（m）	建（构）筑物	防火间距（m）
医院内道路	3.0	独立车库、地下车库出入口、排水沟	15.0
一、二级建筑物墙壁或突出部分	10.0	公共集会场所、生命支持区域	15.0
三、四级建筑物墙壁或突出部分	15.0	燃煤锅炉房	30.0
医院变电站	12.0	一般架空电力线	≥ 1.5 倍电杆高度

注：1. 本表引自《医用气体工程技术规范》GB 50751—2012；
2. 当面向液氧储罐的建筑外墙为防火墙时，液氧储罐与一、二级建筑物墙壁或突出部分的防火间距不应小于 5.0m，与三、四级建筑物墙壁或突出部分的防火间距不应小于 7.5m。

6. 设置分子筛制氧机组制氧站，应符合下列要求：

（1）制氧站宜独立设置或设置在建筑物屋顶；

（2）氧气汇流排间与机器间的隔墙耐火极限不应低于 1.5h，氧气汇流排间与机器之间的联络门应采用甲级防火门；

（3）氧气储罐与机器间的隔墙耐火极限不应低于 1.5h，氧气储罐与机器之间的联络门应采用甲级防火门；

（4）医用液氧储罐站的设计应设置防火围堰，围堰的有效容积不应小于围堰最大液氧储罐的容积，且高度不应低于 0.9m。

7. 医疗建筑的避难间设置应符合下列规定：

（1）高层病房楼应在第二层及以上的病房楼层和洁净手术部设置避难间；

（2）楼地面距室外设计地面高度大于 24m 的洁净手术部及重症监护区，每个防火分区应至少设置 1 间避难间；

（3）每间避难间服务的护理单元不应大于 2 个，每个护理单元的避难区净面积不应小于 25.0m^2。

避难间应符合下列规定：

（1）避难区的净面积应满足避难间所在区域设计避难人数避难的要求；

（2）避难间兼作其他用途时，应采取保证人员安全避难的措施；

（3）避难间应靠近疏散楼梯间，不应在可燃物库房、锅炉房、发电机房、变配电站等火灾危险性大的场所的正下方、正上方或贴邻；

（4）避难间应采用耐火极限不低于 2.00h 的防火隔墙和甲级防火门与其他部位分隔；

（5）避难间应采取防止火灾烟气进入或积聚的措施，并应设置可开启外窗，除外窗和疏散门外，避难间不应设置其他开口；

（6）避难间内不应敷设或穿过输送可燃液体、可燃或助燃气体的管道；

（7）避难间内应设置消防软管卷盘、灭火器、消防专线电话和应急广播；

（8）在避难间入口处的明显位置应设置标示避难间的灯光指示标识。

8. 洁净手术部的防火设计应满足以下要求：

（1）与手术室、辅助用房等相连通的吊顶技术夹层部位应采取防火防烟措施，分隔体的耐火极限不应低于 1.00h。

（2）当洁净手术室设置的自动感应门停电后能手动开启时，可作为疏散门。

（3）洁净手术部应设置自动灭火消防设施。洁净手术室内不宜布置洒水喷头。

（4）当洁净手术部需设置消火栓系统时，洁净手术室不应设置室内消火栓，但设置在手术室外的消火栓应能保证 2 支水枪的充实水柱同时到达手术室内的任何部位。当洁净手术部不需设置室内消火栓时，应设置消防软管卷盘等灭火设施。洁净手术部应按现行国家标准《建筑灭火器配置设计规范》GB 50140 的规定配置气体灭火器。

（5）洁净手术部的设备层应设置火灾自动报警系统。

（6）洁净手术部应对无窗建筑或建筑物内无窗房间设置防排烟系统。

（7）洁净区内的排烟口应采取防倒灌措施，排烟口应采用板式排烟口。洁净区内的排烟阀应采用嵌入式安装方式，排烟阀表面应易于清洗、消毒。

（8）洁净手术室内的装修材料应采用不燃材料或难燃材料，手术部其他部位的内部装修材料应采用难燃材料。

9. 急救中心的防火设计应符合现行国家标准《建筑防火通用规范》GB 55037、《建筑设计防火规范》GB 50016 和《汽车库、修车库、停车场设计防火规范》GB 50067 等的有关规定。调度指挥中心等重要用房应采用耐火极限为 2.00h 的不燃烧体隔墙，其隔墙上的门应采用乙级防火门窗。急救中心建筑耐火等级不应低于二级。

10. 物流系统的轨道穿越防火分区处须设置防火措施，确保防火区域密闭性。反应时间需满足消防规范要求。

3.6　实验室建筑

3.6.1　功能空间组成及分类

实验室按照学科分类主要分为自然科学和社会科学。自然科学实验室主要包括数学、物理、化学、天文、地学、生物、医学及相应的支撑结构系统和管理系统。社会科学实验室基本与办公建筑一致，故参考第 3.4 节办公部分。

本节主要讨论自然科学实验室。这些实验室常见于中学、大学、科研院所、检测机构、海关、各级疾控、相关企业的研发部门和厂房等内。

1. 主要空间组成

实验室空间一般由实验区、辅助区、公共设施区、行政及生活服务区等。

（1）实验区：一般根据实验功能会包含通用实验室、专用实验室、研究工作室、教学研究室、观测室、准备间、培养间、实验动物房、温室、暗室、淋浴间、消毒间、库房等。

（2）辅助区：一般包含图书情报资料室、学术报告厅、交流讨论空间、科研展示空间等。

（3）公共设施区：一般包含各类配套系统用房及设备；通信消防、“三废”处理间；维修、车库等。

（4）行政及生活服务区：一般包含行政办公、福利卫生用房、宿舍、接待用房、行政库房等。

2. 实验空间分类

按功能分类，常见实验室主要可分为以下几种大类，详见表 3.6.1-1。

常见实验室分类及特点要求　　表 3.6.1-1

常见实验室类型	定义	常见特殊要求
理化实验室	是指专门用于进行物理和化学实验的场所或设施	**【关键点：通风】**注意自然通风。具体要求见《疾病预防控制中心建筑技术规范》GB 50881—2013
洁净实验室	空气悬浮粒子浓度受控的实验房间	**【关键点：洁净/正压】**其建造和使用应减少室内诱入、产生及滞留的粒子。室内其他有关参数如温度、湿度、压力等按照要求进行控制。具体要求见现行国家标准《洁净室及相关受控环境》GB/T 25915 系列、《疾病预防控制中心建筑技术规范》GB 50881 等，同时可参考《洁净厂房设计规范》GB 50073 等
生物安全实验室	通过防护屏障和管理措施，达到生物安全要求的微生物实验室和动物实验室，包括主实验室及其辅助用房（辅助用房包括空调机房、洗消间、更衣间、淋浴间、走廊、缓冲间等）	**【关键点：负压/洁净】**具体要求见现行国家标准《生物安全实验室建筑技术规范》GB 50346、《实验室　生物安全通用要求》GB 19489、《疾病预防控制中心建筑技术规范》GB 50881、《实验动物　动物实验生物安全通用要求》GB/T 43051、现行行业标准《病原微生物实验室生物安全通用准则》WS 233 等
生物培养室	在人工环境条件下进行生物培养的用房，包括微生物培养、植物培养、组织培养、细胞培养等	**【关键点：洁净/正压】**生物培养室要求的环境条件包括温湿度、光照、空气、水分、酸碱度及灭菌消毒等措施。具体要求见现行行业标准《科研建筑设计标准》JGJ 91、现行国家标准《细胞培养洁净室设计技术规范》GB/T 42398

续表

常见实验室类型	定义	常见特殊要求
实验动物实验设施	以研究、试验、教学、生物制品、药品及相关产品生产、质量控制等为目的而进行实验动物实验的建筑物和设备的总和，包括动物实验区、辅助实验区、辅助区等	**【关键点：洁净/负压/正压】**具体要求见现行国家标准《实验动物设施建筑技术规范》GB 50447、《实验动物 环境及设施》GB 14925
天平室	设置称量精度为 0.01～0.1mg 天平的房间，天平可设置在较简单的防振天平台上	**【关键点：隔振】**具体要求见《科研建筑设计标准》JGJ 91—2019
高精度天平室	设置称量精度为 0.001～0.002mg 的微量天平的房间	**【关键点：隔振】**要求恒温、恒湿、防振、防风、防尘、防腐蚀性气体、防阳光直射等环境条件。具体要求见《科研建筑设计标准》JGJ 91—2019
电子显微镜室	以电子显微镜作为实验设备的实验室，设有电镜间、过渡间、准备间、切片间、涂膜间及暗室等	**【关键点：承重、层高、电磁防护】**电子显微镜对电磁干扰非常敏感，因此实验室需要避免强电场、强磁场和电磁波的干扰。部分大型电镜高度和重量需特殊考虑，参考厂家提供参数。具体要求见《科研建筑设计标准》JGJ 91—2019
谱仪分析室	进行谱学分析与研究的实验室，设有谱仪间、过渡间、样品制备间、化学处理间、暗室、数据处理间及工作间等	**【关键点：隔振】**具体要求见《科研建筑设计标准》JGJ 91—2019。不同仪器要求不尽相同，建议提前与厂家沟通建设条件
基因扩增实验室	开展基因扩增实验、检验类工作的实验室，设有试剂准备区、标本制备区、扩增区、产物分析区等。一般为四区，部分实验室增加了基因测序区，变为五区	**【关键点：压力梯度、单向流】**需注意各区之间不要互相污染，可考虑分散布置各区。样本制备区有生物安全要求，具体要求见《科研建筑设计标准》JGJ 91—2019

3. 生物安全实验室分类

生物安全实验室可以按生物危害级别和实验活动的差异、采用的个体防护装备和基础隔离设施分类。

生物安全实验室根据实验室所处理对象的生物危害程度和采取的防护措施，生物安全实验室分为四级。各级均对应不同土建要求，详见表 3.6.1-2。

生物安全实验室级别及对应基本土建要求 **表 3.6.1-2**

生物安全实验室级别	一级	二级	三级	四级
微生物实验室简称	BSL-1	BSL-2	BSL-3	BSL-4
动物实验室简称	ABSL-1	ABSL-2	ABSL-3	ABSL-4
植物实验室简称	PBSL-1	PBSL-2	PBSL-3	PBSL-4
选址和建筑间距	无要求	无要求	满足排风间距要求：室外排风口与周围建筑的水平距离不应小于 20m	宜远离市区。主实验室所在建筑物离相邻建筑物或构筑物的距离不应小于相邻建（构）筑物高度的 1.5 倍。 距最近的非本单位建筑物或构筑物距离不应小于 80m

续表

平面位置	可共用建筑物，实验室有可控制进出的门	可共用建筑物，与建筑物其他部分可相通，但应设可自动关闭的带锁的门	与其他实验室可共用建筑物，但应自成一区，宜设在其一端或一侧 b2类ABSL-3实验室宜独立于其他建筑	独立建筑物，或与其他级别的生物安全实验室共用建筑物，但应在建筑物中独立的隔离区域内
围护结构	无要求	无要求	防护区的围护结构宜远离建筑外墙；主实验室宜设置在防护区中部	防护区的围护结构宜远离建筑外墙；主实验室宜设置在防护区中部，且建筑外墙不宜作为主实验室的围护结构
开窗	可开窗	可开窗	不应设置可开启外窗	不应设置可开启外窗
土建安防要求	无要求		实验室设立单位和（或）实验室所在建筑物具有独立院落的，应在实验室所在院落周界设置实体围墙或栅栏等实体屏障，实体屏障外侧整体高度（含防攀爬设施）应不小于2.5m，且周界出入口应设置车辆阻拦装置 核心工作间与外界相同的窗户应有防外部窥视的措施，窗户应为密闭窗，玻璃应采用符合《防砸透明材料》GA 844—2018要求的防砸透明材料。实验室设立单位独立设置的安防监控空间、中控室应设置防盗安全门，其防盗安全级别应不低于《防盗安全门通用技术条件》GB 17565—2022规定的3级	

按实验活动的差异、采用的个体防护装备和基础隔离设施分类，详见表3.6.1-3。

按实验活动差异分类和对应围护结构严密性要求 表3.6.1-3

《生物安全实验室建筑技术规范》GB 50346—2011中的分类		具体定义	《实验室 生物安全通用要求》GB 19489—2008中的分类	围护结构严密性要求
a类		非经空气传播生物因子的实验室	第4.4.1条	所有缝隙应无可见泄漏
b类		操作经空气传播生物因子的实验室	—	所有缝隙应无可见泄漏（一般采用彩钢板墙顶） ABSL-3中的b2类需满足：房间相对负压值维持在−250Pa时，房间内每小时泄漏的空气量不应超过受测房间净容积的10%。建议采用不锈钢板满焊或混凝土浇筑外涂密封涂料（常见密封涂料为环氧树脂、不饱和聚酯类材料、环氧乙烯基树脂）
其中	b1类	操作经空气传播生物因子的实验室	第4.4.2条	
	b2类	不能有效利用安全隔离装置进行操作的实验室	第4.4.3条	
—		利用既有生命支持系统的正压服操作常规量经空气传播致病性生物因子的实验室	第4.4.4条	在b1类或b2类实验室中都有可能使用到

4. 实验动物设施分类及使用需求

实验动物实验设施主要根据实验动物环境进行分类，详见表3.6.1-4。

实验动物环境分类及对应使用需求　　表 3.6.1-4

环境分类	定义	压力分类	使用功能	使用动物等级
普通环境	通过人工控制、满足普通级实验动物生产或使用要求的各种因素总和	—	实验动物生产、实验、检疫	普通级动物
屏障环境	满足 SPF 级实验动物生产或使用要求的各种因素总和	正压	实验动物生产、实验、检疫	SPF 级动物
		负压	实验动物实验、检疫	普通级动物、SPF 级动物
隔离环境	满足无菌级实验动物生产或使用要求的各种因素总和	正压	实验动物生产、实验、检疫	SPF 级动物、无菌级动物
		负压	实验动物实验、检疫	普通级动物、SPF 级动物、无菌级动物

3.6.2 实验室空间尺度

1. 开间、进深控制原则

（1）柱网和结构形式：实验室的建筑平面和空间布局应具有适当的灵活性，为实验工艺的调整创造条件（可以在不增加面积、高度的情况下，进行局部的工艺和设备调整）。主体结构宜采用大空间及大跨度柱网，不宜采用内墙承重体系。

（2）空间净尺寸影响因素（图 3.6.2-1）：实验室空间部分设备重量大，会使得结构部件截面积增加，从而导致建筑空间（如实验空间净尺寸、地下车库停车空间尺寸等）受影响。建议建筑专业尽早向结构专业提供设备重量列表及设备进出路线，估算梁柱等结构部件的截面尺寸。部分实验设备尺寸较大，建议尽快与工艺专业和设备厂家沟通确定尺寸，以及确定进出路径。建议重点关注进出路径上的走廊和门、洞等其净尺寸须满足设备运输要求，路径转角部位尤其需要注意（如货梯间等）。

（3）常用开间进深尺寸（图 3.6.2-2）：理化实验台平行布置的标准单元，其开间不宜小于 6.6m，进深不宜小于 6m。

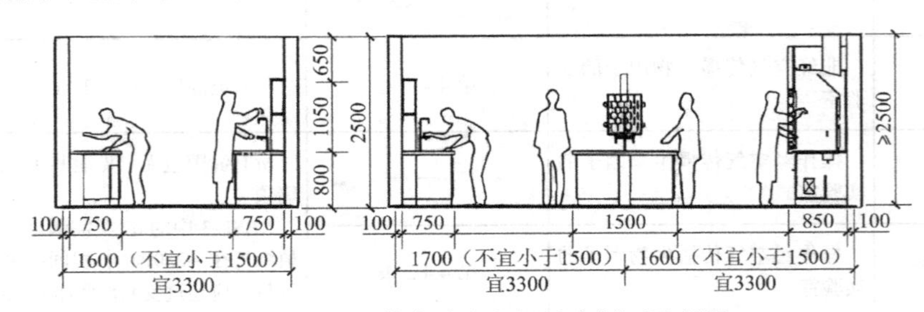

图 3.6.2-1　理化实验室空间尺度剖面示意图

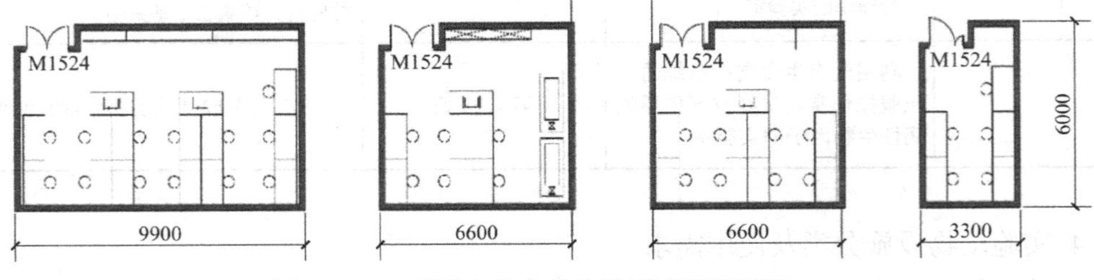

图 3.6.2-2　理化实验室基本单元平面示意图

2. 层高、净高控制

一般理化生实验室层高建议采用 4.2～5.4m。其余自然科学类通用实验室如无特殊需求，建议根据功能参考理化生实验室确定层高。

（1）首层层高：由于较大型的设备一般会设置于底层，故底层层高略高，实验室具体高度应视其设备安装及使用要求、管道走向及吊顶布置等而定。考虑预留多种可能性发展，建议选择上限尺度。

（2）一般净高：通用实验室不设置空气调节时，净高不宜小于 2.8m。设置空气调节时，净高不宜小于 2.6m。

（3）洁净室净高：为节约能源，洁净实验室的净高较低，一般为 2.5～2.6m。

（4）技术夹层净高：有温湿度、洁净要求的实验室如需要设技术夹层，夹层净高至少 1m。设备需要经常维修的技术夹层，建议净高为 2.2～2.6m。

（5）高等级生物安全实验室技术夹层净高：三级和四级生物安全实验室室内净高不宜低于 2.6m，设备层净高不宜低于 2.2m。部分三级和四级动物生物安全实验室因为会使用袋进袋出过滤器（BIBO），且经常需要维修，故设备层净高建议不低于 4m。如使用立式袋进袋出过滤器，则设备层净高建议不低于 5m。

3.6.3　实验室空间布局设计要点

（1）同类实验室或有类似环境要求的实验室宜集中布置。

（2）有隔振要求的实验室及大荷载的大型仪器室宜设置于底层或地下室。有条件时，宜将实验室与其他建筑物隔开。

（3）实验室设计需满足灵活可变、可持续发展和促进交往的原则。

（4）对光敏感的实验间可根据需求不设外窗或设置于建筑北向。

（5）辅助办公等有常驻人员的房间宜设置于建筑南向。

3.6.4　实验室消防设计要点

（1）三级生物安全实验室的耐火等级不应低于二级。四级生物安全实验室的耐火等级应为一级。四级生物安全实验室应为独立防火分区。三级和四级生物安全实验室共用一个防火分区时，其耐火等级应为一级。

（2）三级和四级生物安全实验室吊顶材料的燃烧性能和耐火极限不应低于所在区域隔墙的要求。三级和四级生物安全实验室与其他部位隔开的防火门应为甲级防火门。

（3）三级和四级生物安全实验室的防火设计应以保证人员能尽快安全疏散、防止病原微生物扩散为原则，主要强调火灾的控制。

（4）实验室中设置精密贵重仪器的房间，应选择合适的灭火方式（如气体灭火）。

（5）三级和四级生物安全实验室不能设置自动喷水灭火系统等会导致致病因子扩散的灭火器材。通常设置沙桶作为灭火器材。

3.6.5　实验室门窗设计要点

（1）由 1/2 个标准单元组成的实验室门洞，宽度不应小于 1.20m，高度不应小于 2.10m。由一个及以上标准单元组成的实验室门洞，至少有一个门宽度不应小于 1.50m，高度不应小于 2.10m。

（2）有特殊要求房间的门洞尺寸应按具体情况确定。如经常进出大型试件或设备的房间，可设置无门槛的卷帘门。在共用建筑物中建立的实验室，应设可自动关闭的带锁的门，必要时可设立缓冲区域，如缓冲间等。

（3）实验室的门扇应设观察窗、闭门器及门锁，门锁及门的开启方向宜开向疏散方向，并应符合其他相应实验环境的防火、防爆及防盗要求。其中有气压控制的实验室，门一般开向气压低的方向。

（4）在有爆炸危险的房间内应设置外开门，在有隔声、保温、屏蔽需求的实验室可选用具备相应功能的门，还可视需求选用弹簧门、推拉门或自动门。

（5）在设置供暖及空气调节的实验建筑，在满足采光要求的前提下，应减少外窗面积。设置空气调节的实验室外窗应具有良好的密闭性及隔热性，且宜设不少于窗面积 1/3 的可开启窗扇。

（6）如果没有机械通风系统，应有窗户进行自然通风，并应有防虫纱窗（一般情况下，应有机械通风系统，否则温湿度指标难以保证）。应有防昆虫、鼠等动物进入和外逃的措施。底层、半地下室及地下室的外窗应采取防虫及防啮齿动物的措施。

（7）一级生物安全实验室可设带纱窗的外窗；没有机械通风系统时，ABSL-2 中的 a 类、b1 类和 BSL-2 生物安全实验室可设外窗进行自然通风，且外窗应设置防虫纱窗；ABSL-2 中的 b2 类、三级和四级生物安全实验室的防护区不应设外窗，但可在内墙上设密闭观察窗，观察窗应采用安全的材料制作。

3.6.6 实验室家具布置设计要点

（1）通用实验室边台标准宽度为 0.75m，双面工作的中央实验台标准宽度为 1.5m。其他尺寸要求详见《实验室家具通用技术条件》GB/T 24820—2024。

（2）标准实验台组合长度为 4.2m（由 3 个 1.2m 实验台单元和 1 个 0.6m 的水盆单元）。

（3）靠墙布置的通用柜一般面宽 1.5m。

（4）保证两侧实验台同时背对背做实验而中间过人时不产生干扰的实验台净距为 1.6m。沿墙布置的实验台或实验设备与房间中间布置的岛式或半岛式中央实验台或设备等之间的净距不应小于 1.5m。一组岛式实验台与外墙之间的净距不应小于 0.6m，两组及以上岛式实验台与外墙之间的净距不应小于 1m。

（5）高等级生物安全实验室（特指三级和四级生物安全实验室）内实验台为消毒彻底，一般不设柜体。

3.6.7 实验室其他设计要点

（1）生物安全领域反恐怖防范要求：防范要求详见《生物安全领域反恐怖防范要求 第 1 部分：高等级病原微生物实验室》GA 1802.1—2022。设计进行过程中，建议尽早与当地公安局、国安局等有关部门进行沟通。

（2）承重设计：部分实验室含大型设备，需要注意实验室楼板承重导致的楼板厚度和梁高加大。设计过程中，尽早与结构专业沟通。

（3）特殊层高沟通：各地对超过 4.8m 层高的建筑管控力度不同。层高估算可参考前文，估算后建议尽快与当地主管部门进行沟通是否需要多倍计容。

（4）立面美观：由于三、四级生物安全实验室的外部排风口应至少高出本实验所在建筑的顶部 2m，在立面设计时建议适当做相应考虑。

3.7 旅馆建筑

3.7.1 功能空间

旅馆项目应具备短期或临时住宿人员居住、盥洗、如厕、储藏等条件及相应配套服务基本功能空间，通常由客房部分、公共部分、辅助部分组成。

（1）客房部分是为客人提供住宿及配套服务的空间或场所；

（2）公共部分是为客人提供接待、餐饮、会议、健身、娱乐等服务的公共空间或场所；

（3）辅助部分是为客人住宿、活动相配套的辅助空间或场所。通常指旅馆服务人员工作、休息、生活的非公共空间或场所。

3.7.2 不同等级旅馆的设施设置规定

根据《旅游饭店星级的划分与评定》GB/T 14308—2023，不同等级的旅馆功能构成应满足表 3.7.2-1 的规定。

在实际项目设计中，通常由酒店管理公司根据酒店的等级、品牌标准等制定功能配置与面积指标需求，设计时应以酒店管理公司的要求为准。

不同等级旅馆的设施设置规定 表 3.7.2-1

房间名称		等级				
		一星	二星	三星	四星	五星
前厅	小件寄存	●	●	—	—	—
	行李房	—	—	●	●	●
	礼宾服务	—	—	—	●	●
客房	可出租客房数量（间/套）	≥ 15	≥ 20	≥ 30	≥ 40	≥ 50
	有卫生间客房占比	—	≥ 50%	100%	100%	100%
	大床房	●	●	●	—	—
	双床房	●	●	●	—	—
	无障碍客房	●	—	—	—	—
	套房	●	●	—	—	—
	豪华套房（≥ 3 开间）	●	—	—	—	—
餐厅及吧室	餐厅	—	▲	●	●	—
	全日制餐厅	—	—	—	—	●
	小宴会厅或包房	—	—	—	●	●
	酒吧或茶室	—	—	—	●	●

续表

房间名称		等级				
		一星	二星	三星	四星	五星
会议及康体设施	会议厅（室）	—	—	●	●	●
	多功能厅	—	—	—	—	●
	康体设施	—	—	—	●	●
公共及其他	公共卫生间	●	●	●	●	●
	员工生活和活动设施	—	—	—	●	●

注：—为未规定；▲为可选设置；●为必须设置。

3.7.3 空间尺度

1. 柱网（表 3.7.3-1）

常规旅馆建筑柱网排列形式示例　　表 3.7.3-1

纵向柱列	四排列	四排列	三排列	三排列
柱网排列单元	7500～8400 2400～2700 7500～8400 7200～9000	5100～6000 7200～8000 5100～6000 8100～9000	7500～8400 9600～10500 8100～9000	8400 7500～8400 7200～9000
适用类型	中小型旅馆 无地下车库	大中型旅馆 有地下车库	大中型旅馆 有地下车库	中小型旅馆 有地下车库

注：内容来源《建筑设计资料集（第三版）》。

2. 客房开间与进深

对于城市型酒店，根据《建筑设计资料集（第三版）》，客房较为舒适的开间为 3.6～4.5m，客房的长宽比以不超过 1∶2 为宜。根据项目实践经验，经济型酒店客房开间尺寸一般为 3.3～3.6m，舒适型酒店客房开间尺寸一般为 3.6～3.9m，高端型酒店客房开间尺寸一般为 4.2～4.5m。

对于度假酒店，随着生活质量的提高，人们对于客房空间丰富性的需求逐渐提升，客房的开间与进深可以针对用地条件更加灵活地进行特异性打造，满足酒店管理公司的要求即可，不必受特定尺度的制约。

3. 面积指标

客房净面积不应小于表 3.7.3-2 的规定。

在实际项目设计中，各酒店品牌对客房、卫生间的净面积与配置的需求有所差异，具体配置应以酒店管理公司的要求为准。

客房净面积及附设卫生间的要求　　表 3.7.3-2

旅馆建筑等级		一级	二级	三级	四级	五级	引用规范
客房净面积（m^2）	单人床间	—	8	9	10	12	《旅馆建筑设计规范》JGJ 62—2014 第 4.2.4 条
	双床或双人床间	12	12	14	16	20	
	多床间（按每床计）	每床不小于 4			—	—	
附设卫生间要求	净面积（m^2）	2.5	3.0	3.0	4.0	5.0	《旅馆建筑设计规范》JGJ 62—2014 第 4.2.5 条
	占客房总数百分比（%）	—	50	100	100	100	
	卫生器具（件）	2		3			

注：1. 客房净面积是指除客房阳台、卫生间和门内出入口小走道（门廊）以外的房间内面积（公寓式旅馆建筑的客房除外）；
2. 2 件指大便器、洗面盆；3 件指大便器、洗面盆、浴盆或淋浴间（开放式卫生间除外）。

4. 层高与净高

客房室内净高应满足表 3.7.3-3 的规定。

旅馆客房的室内净高要求　　表 3.7.3-3

功能空间		室内净高	引用规范
客房居住部分	设空调	应 ≥ 2.40m	《旅馆建筑设计规范》JGJ 62—2014 第 4.2.9 条
	不设空调	应 ≥ 2.60m	
	利用坡屋顶内空间作客房	应至少有 $8m^2$ 的面积 ≥ 2.40m	
卫生间		应 ≥ 2.20m	
走道（含客房层公共走道、客房内走道）		应 ≥ 2.10m	

5. 公共走道净宽

公共走道净宽应满足表 3.7.3-4 的规定。

旅馆公共走道的净宽要求　　表 3.7.3-4

平面布局模式	公共走道净宽	引用规范
单面布房	应 ≥ 1.30m	《宿舍、旅馆建筑项目规范》GB 55025—2022 第 4.3.2 条
双面布房	应 ≥ 1.40m	

6. 电梯

根据《宿舍、旅馆建筑项目规范》GB 55025—2022 中第 4.3.3 条规定，3 层及 3 层以上的旅馆应设乘客电梯。

在项目设计实践中，2 层及 2 层以上的旅馆宜设乘客电梯。

7. 公共卫生间

根据《宿舍、旅馆建筑项目规范》GB 55025—2022 中第 4.3.4 条规定，旅馆大堂（门厅）附近应设公共卫生间；大于 4 个厕位的男女公共卫生间应分设前室；卫生器具的数量应符合表 3.7.3-5 的规定，并应设 1 个内设污水池的清洁间。

大堂（门厅）公共卫生间设施配置标准 **表 3.7.3-5**

<table>
<tr><th>设备（设施）</th><th>男卫生间</th><th>女卫生间</th><th>引用规范</th></tr>
<tr><td>洗面盆或盥洗槽龙头</td><td rowspan="3">≥1 个</td><td>≥1 个</td><td rowspan="3">《宿舍、旅馆建筑项目规范》GB 55025—2022 第 4.3.4 条</td></tr>
<tr><td>小便器或 0.6m 长便槽</td><td>—</td></tr>
<tr><td>大便器</td><td>≥2 个</td></tr>
</table>

3.7.4 室内环境设计要点

1. 自然通风和天然采光设计要点（表 3.7.4-1）

旅馆自然通风和天然采光设计要点 **表 3.7.4-1**

设计要点	引用规范
居室（客房）应能天然采光和自然通风	《宿舍、旅馆建筑项目规范》GB 55025—2022
旅馆建筑室内应充分利用自然光，客房宜有直接采光，走道、楼梯间、公共卫生间宜有自然采光和自然通风	《旅馆建筑设计规范》JGJ 62—2014

2. 隔声降噪设计要点

不同级别旅馆建筑各房间的隔声标准，应符合表 3.7.4-2 的要求。

具体的隔声降噪设计应符合《建筑环境通用规范》GB 55016—2021、《民用建筑隔声设计规范》GB 50118—2010、《宿舍、旅馆建筑项目规范》GB 55025—2022、《旅馆建筑设计规范》JGJ 62—2014 的规定，主要设计要点详见表 3.7.4-3。

不同级别旅馆房间隔声要求 **表 3.7.4-2**

<table>
<tr><th colspan="3" rowspan="2">声学指标等级</th><th colspan="3">隔声标准（A 声级，dB）</th><th rowspan="2">引用规范</th></tr>
<tr><th>特级</th><th>一级</th><th>二级</th></tr>
<tr><td rowspan="6">房间名称</td><td rowspan="2">客房</td><td>昼间</td><td>≤35</td><td>≤40</td><td>≤45</td><td rowspan="6">《民用建筑隔声设计规范》GB 50118—2010 第 7.1.1 条</td></tr>
<tr><td>夜间</td><td>≤30</td><td>≤35</td><td>≤40</td></tr>
<tr><td colspan="2">办公室、会议室</td><td>≤40</td><td>≤45</td><td>≤45</td></tr>
<tr><td colspan="2">多用途厅</td><td>≤40</td><td>≤45</td><td>≤50</td></tr>
<tr><td colspan="2">餐厅、宴会厅</td><td>≤45</td><td>≤50</td><td>≤55</td></tr>
<tr><td colspan="2"></td><td></td><td></td><td></td></tr>
<tr><td colspan="3">旅馆建筑等级</td><td>五星级以上旅游饭店及同档次旅馆建筑</td><td>三、四星级旅游饭店及同档次旅馆建筑</td><td>其他档次的旅馆建筑</td><td>《民用建筑隔声设计规范》GB 50118—2010 第 7.2.6 条</td></tr>
</table>

旅馆建筑隔声降噪设计要点　　表 3.7.4-3

设计要点	引用规范
2.2.1 对噪声敏感房间的围护结构应做隔声设计	《建筑环境通用规范》GB 55016—2021
2.2.2 对有噪声源房间的围护结构应做隔声设计	
2.2.3 管线穿过有隔声要求的墙或楼板时，应采取密封隔声措施	
2.0.8 当居室（客房）贴邻电梯井道、设备机房、公共楼梯间、公用盥洗室、公用厕所、公共浴室、公用洗衣房等有噪声或振动的房间时，应采取有效的隔声、减振、降噪措施	《宿舍、旅馆建筑项目规范》GB 55025—2022
4.2.1 相邻客房隔墙设置应满足隔声要求，不应设置贯通的开口	
4.3.7 旅馆中可能产生较大噪声和振动的餐厅、附属娱乐场所应远离客房和其他有安静要求的房间，并应对其进行有效的隔声、减振处理	
7.3.2-2 旅馆建筑内的电梯间，高层旅馆的加压泵、水箱间及其他产生噪声的房间，不应与需要安静的客房、会议室、多用途大厅等毗邻，更不应设置在这些房间的上部。确需设置于这些房间的上部时，应采取有效的隔振降噪措施	《民用建筑隔声设计规范》GB 50118—2010
7.3.2-3 走廊两侧配置客房时，相对房间的门宜错开布置。走廊内宜采用铺设地毯、安装吸声吊顶等吸声处理措施，吊顶所用吸声材料的降噪系数（*NRC*）不应小于 0.40	
5.2.5 相邻房间的电器插座应错位布置，不应贯通	《旅馆建筑设计规范》JGJ 62—2014

3. 节能设计要点

根据《宿舍、旅馆建筑项目规范》GB 55025—2022 中第 2.0.19 条规定，严寒和寒冷地区建筑出入口应设门斗或其他防寒措施。

3.7.5　无障碍设计要点

旅馆建筑的无障碍实施范围及部位见表 3.7.5-1，主要的设计要点详见表 3.7.5-2，旅馆无障碍客房数量要求见表 3.7.5-3。

旅馆建筑无障碍实施范围及部位　　表 3.7.5-1

实施部位	备注
1 主要出入口、门厅、大堂	宜设无台阶入口
2 客用楼梯、电梯	设无障碍电梯
3 营业区、自选区	方便乘轮椅者通行、购物
4 宾馆、饭店公共服务部分	方便轮椅到达和进入
5 休息室、等候室	设在首层和楼层
6 公共厕所、公共浴室	设无障碍厕所、厕位及浴位
7 标准间无障碍客房	设在方便出入位置
8 总服务台、业务台、取款机、查询结算通道、公用电话、饮水器等	设无障碍标志牌

旅馆建筑无障碍设计要点　　表 3.7.5-2

客房总数量	引用规范
2.0.6-3 当设置楼梯时，应至少设置 1 部方便视觉障碍者使用的楼梯	《宿舍、旅馆建筑项目规范》GB 55025—2022
4.2.2 旅馆项目应设置无障碍客房，无障碍客房应与无障碍出入口以无障碍通行流线连接	

续表

客房总数量	引用规范
无障碍客房应设于底层或无障碍电梯可达楼层，应设在便于到达、疏散和进出的位置，并应与无障碍通道连接	《建筑与市政工程无障碍通用规范》GB 55019—2021
无障碍客房的门应采用水平滑动式门或向外开启的平开门，门的净宽度不小于900mm，内应有空间保证轮椅进行回转，回转直径不小于1.5m。主要人员活动空间应设置救助呼叫装置；家具和电器开关的位置和高度应方便乘轮椅者靠近和使用；乘轮椅者上下床的床侧通道宽度不应小于1.2m；供听力障碍者使用的房间应设置闪光提示门铃	
无障碍客房内应设置无障碍卫生，卫生间内部应设置无障碍坐便器、无障碍洗手盆、无障碍淋浴间或盆浴间、低位毛巾架、低位挂衣钩、低位置物架和救助呼叫装置	
无障碍客房的窗户可开启扇的执手或启闭开关距地高度应为 0.85～1.00m，手动开关窗户操作所需要的力度不应大于25kN	

旅馆无障碍客房数量要求 表 3.7.5-3

客房总数量	无障碍客房数量	引用规范
30～100 间	≥1 间	《宿舍、旅馆建筑项目规范》GB 55025—2022
101～200 间	≥2 间	
201～300 间	≥3 间	
301 间以上	≥4 间	

其他无障碍设计应符合《宿舍、旅馆建筑项目规范》GB 55025—2022、《旅馆建筑设计规范》JGJ 62—2014、《无障碍设计规范》GB 50763—2012、《建筑与市政工程无障碍通用规范》GB 55019—2021 的规定。

3.7.6 消防设计要点

旅馆建筑的消防设计要点详见表 3.7.6-1。此外，旅馆建筑的内部装修设计还应满足国家标准《建筑内部装修设计防火规范》GB 50222—2017 的相关规定。

旅馆建筑消防设计要点 表 3.7.6-1

无障碍客房数量	引用规范
6.4.1 防火门、防火窗应具有自动关闭的功能，在关闭后应具有烟密闭的性能。宿舍的居室、老年人照料设施的老年人居室、旅馆建筑的客房开向公共内走廊或封闭式外走廊的疏散门，应在关闭后具有烟密闭的性能。宿舍的居室、旅馆建筑的客房的疏散门，应具有自动关闭的功能	《建筑防火通用规范》GB 55037—2022
7.4.5 下列公共建筑中与敞开式外廊不直接连通的室内疏散楼梯均应为封闭楼梯间：2 多层医疗建筑、旅馆建筑、老年人照料设施及类似使用功能的建筑	
8.3.2 旅馆建筑应设置火灾自动报警系统	
4.1.4 设有火灾自动报警系统的旅馆建筑，每间客房应至少有 1 盏灯接入应急照明供电回路	《宿舍、旅馆建筑项目规范》GB 55025—2022

3.8 宿舍建筑

3.8.1 功能空间

宿舍是有集中管理的居住建筑，应具备居住、盥洗、如厕、晾晒、储藏、管理等基本功能空间。

（1）居住部分是供居住者睡眠、学习和休息的空间，部分居室附设有卫生间。

（2）公用厕所是用作便溺、洗手的公用空间；公用盥洗室是供洗漱、洗衣等活动的公用空间；公共活动室（空间）是供居住者会客、娱乐、小型集会等活动的空间；储藏空间是储藏物品用的固定空间（如：壁柜、吊柜、专用储藏室等）。

3.8.2 空间尺度

1. 开间与进深（最小）

宿舍居室开间与进深（最小）设计要求应符合表 3.8.2-1 的规定。

宿舍居室开间与进深要求　　表 3.8.2-1

尺度类型	数值		数据来源
开间	家具双侧布置	宜 ≥ 3.3m，以 3.6m 较为适宜	《建筑设计资料集（第三版）》
	家具单侧布置	宜 ≥ 2.4m，一般为 3m 左右	
进深	带储藏空间不带卫生间	以 5.4m 为宜	
	带储藏空间及独立卫生间	根据布置方式加大	

2. 面积指标（最小）

宿舍居室按其使用要求分为五类，各类居室的人均使用面积不宜小于表 3.8.2-2 的规定。

居室类型及相关指标　　表 3.8.2-2

类型		1 类	2 类	3 类	4 类	5 类	引用规范
每室居住人数（人）		1	2	3～4	6	≥ 8	《宿舍建筑设计规范》JGJ 36—2016 第 4.2.1 条
人均使用面积（m^2/人）	单层床、高架床	16	8	6	—	—	
	双层床	—	—	—	5	4	
储藏空间		立柜、壁柜、吊柜、书架					

注：1. 本表中面积不含居室内附设卫生间和阳台面积；
2. 5 类宿舍以 8 人为宜，不宜超过 16 人；
3. 残疾人居室面积宜适当放大，居住人数一般不宜超过 4 人，房间内应留有直径不小于 1.5m 的轮椅回转空间。

3. 层高与净高（最小）（表 3.8.2-3）

宿舍层高与净高要求 表 3.8.2-3

功能空间		层高	净高	引用规范
居室	单层床	≥ 2.80m	≥ 2.60m	《宿舍建筑设计规范》JGJ 36—2016 第 4.4 条
	双层床或高架床	≥ 3.60m	≥ 3.40m	
辅助用房		—	≥ 2.50m	

4. 防护栏杆高度

根据《宿舍、旅馆建筑项目规范》GB 55025—2022 中第 2.0.17 条规定，开敞阳台、外廊、室内回廊、中庭、内天井、上人屋面及室外楼梯等部位临空处应设置防护栏杆或栏板，防护栏杆或栏板垂直净高应满足表 3.8.2-4 的规定。

宿舍防护栏杆或栏板垂直净高要求 表 3.8.2-4

建筑类型	防护栏杆或栏板垂直净高	引用规范
宿舍类建筑	应 ≥ 1.10m	《宿舍、旅馆建筑项目规范》GB 55025—2022 第 2.0.17 条
学校宿舍	应 ≥ 1.20m	

5. 电梯

根据《宿舍、旅馆建筑项目规范》GB 55025—2022 中第 3.3.1 条规定，宿舍的居室最高入口层楼面距室外设计地面的高差大于 9m 时，应设置电梯。

6. 公共出入口

根据《宿舍、旅馆建筑项目规范》GB 55025—2022 中第 3.3.7 条规定，当宿舍的公共出入口位于阳台、外廊及开敞楼梯平台下部时，应采取防止物体坠落伤人的安全防护措施。

7. 公共空间

随着生活质量的提高，宿舍居住者对储藏、晾晒、交流等公共空间的需求逐渐提升，但现行规范对于相关功能空间的尺度与规格没有明确的规定，设计时应结合使用方的需求进行充分考虑。

例如，在某宿舍楼加固修缮项目中，为了适应生活方式的改变、生活质量的提升，针对宿舍公共区域的功能进行了以下调整（图 3.8.2-1）。

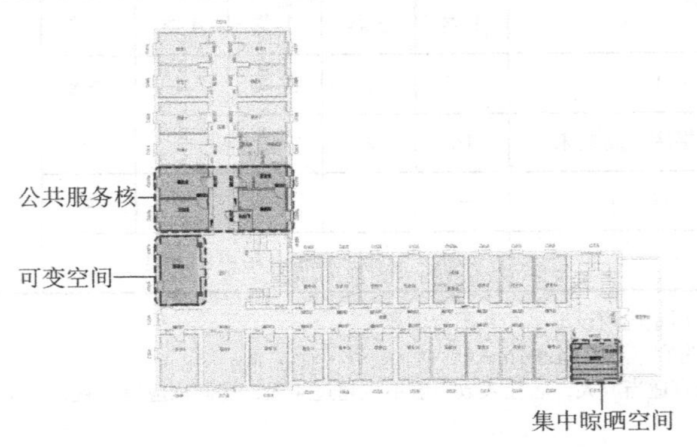

图 3.8.2-1 某宿舍项目特色公共区域分布图

（1）公共服务核

将盥洗室、卫生间、更衣室、淋浴间集中布置，形成公共服务核，充分满足居住者生活需求，提升便捷性与舒适性。

（2）灵活可变的公共空间

引入现代宿舍管理理念，将现状过厅、楼梯等位置调整为灵活可变的公共空间，根据需求设置接待室、活动室等功能（图 3.8.2-2）。

（3）集中晾晒空间

利用东南角日照条件较好的位置设置集中的晾晒间，满足居住者晾晒被褥、衣物等需求。此外，在设计时还可以结合屋顶平台、连廊等日照充足、空气流通、宽敞整洁的位置设置公共晾晒空间，充分提升居住者生活的便捷性。

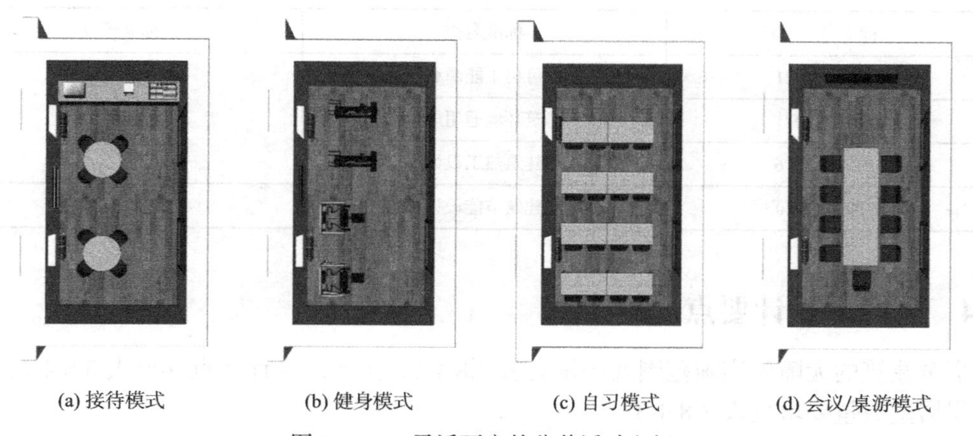

(a) 接待模式　(b) 健身模式　(c) 自习模式　(d) 会议/桌游模式

图 3.8.2-2　灵活可变的公共活动空间

3.8.3　室内环境设计要点

1. 自然通风和天然采光设计要点

根据《宿舍建筑设计规范》JGJ 36—2016 中第 6.1.1 条规定，宿舍内的居室、公用盥洗室、公用厕所、公共浴室、晾衣空间和公共活动室、公用厨房应有天然采光和自然通风。

居室的通风开口面积应满足表 3.8.3-1 的规定。

宿舍居室自然通风要求　　表 3.8.3-1

功能空间	自然通风开口有效面积		引用规范
宿舍居室	直接自然通风	应 $\geqslant S_{房间地板}\times 1/20$	《宿舍建筑设计规范》JGJ 36—2016 第 6.1.3 条
	外设阳台	应 $\geqslant (S_{房间地板}+S_{阳台地板})\times 1/20$	

2. 隔声降噪设计要点（表 3.8.3-2）

宿舍建筑隔声降噪设计要点　　表 3.8.3-2

设计要点	引用规范
当居室贴邻电梯井道、设备机房、公共楼梯间、公用盥洗室、公用厕所、公共浴室、公用洗衣房等有噪声或振动的房间时，应采取有效的隔声、减振、降噪措施	《宿舍、旅馆建筑项目规范》GB 55025—2022

续表

设计要点	引用规范
居室不应与电梯、设备机房紧邻布置	《宿舍建筑设计规范》JGJ 36—2016

3. 节能设计要点

宿舍节能设计应符合《宿舍、旅馆建筑项目规范》GB 55025—2022、《宿舍建筑设计规范》JGJ 36—2016 中关于节能设计的相关要求，以及国家及地方现行有关居住建筑节能设计标准（包括但不限于表 3.8.3-3 列明的标准）。

宿舍建筑节能设计参考标准名录 表 3.8.3-3

标准号	标准名称	标准等级
GB 55015—2021	建筑节能与可再生能源利用通用规范	国家标准
GB 55016—2021	建筑环境通用规范	
GB 50176—2016	民用建筑热工设计规范	
DB11/891—2020	居住建筑节能设计标准	北京市地方标准

3.8.4 无障碍设计要点

宿舍建筑的无障碍实施范围及部位见表 3.8.4-1，主要的设计要点详见表 3.8.4-2，宿舍无障碍居室数量要求见表 3.8.4-3。

宿舍建筑无障碍实施范围及部位 表 3.8.4-1

实施部位	备注
主要入口	设无障碍入口
入口平台（宽度）	方便轮椅回转
公共走道（宽度）	方便轮椅通行
公共厕所、公共浴室	设无障碍厕所、厕位及浴位
无障碍住房（男、女各一间）	没有电梯应设在首层

宿舍建筑无障碍设计要点 表 3.8.4-2

无障碍设计要点	引用规范
2.0.6-3 当设置楼梯时，应至少设置 1 部方便视觉障碍者使用的楼梯	《宿舍、旅馆建筑项目规范》GB 55025—2022
3.1.4 宿舍中，男女宿舍应分别设置无障碍居室，且无障碍居室应与无障碍出入口以无障碍通行流线连接	

宿舍无障碍居室数量要求 表 3.8.4-3

居室数量	无障碍居室数量
≤100 套	应≥1 套
>100 套	应≥1 套/100 套居室

宿舍建筑无障碍居室的设计应满足《建筑与市政工程无障碍通用规范》GB 55019—2021 第 3.4 条的规定，具体规定与旅馆建筑的无障碍客房设计相同，详见表 3.7.5-2。

其他无障碍设计应符合现行国家标准《宿舍、旅馆建筑项目规范》GB 55025、《宿舍建筑设计规范》JGJ 36、《无障碍设计规范》GB 50763、《建筑与市政工程无障碍通用规范》GB 55019 的规定。

3.8.5　消防设计要点

宿舍建筑的消防设计要点详见表 3.8.5-1。此外，宿舍建筑的内部装修设计还应满足现行国家标准《建筑内部装修设计防火规范》GB 50222 等有关公共建筑的规定。

宿舍建筑消防设计要点　　表 3.8.5-1

设计要点	引用规范
6.4.1 防火门、防火窗应具有自动关闭的功能，在关闭后应具有烟密闭的性能。宿舍的居室、老年人照料设施的老年人居室、旅馆建筑的客房开向公共内走廊或封闭式外走廊的疏散门，应在关闭后具有烟密闭的性能。宿舍的居室、旅馆建筑的客房的疏散门，应具有自动关闭的功能	《建筑防火通用规范》GB 55037—2022
5.1.2 柴油发电机房、变配电室和锅炉房等不应布置在宿舍居室、疏散楼梯间及出入口门厅等部位的上一层、下一层或贴邻，并应采用防火墙与相邻区域进行分隔	《宿舍建筑设计规范》JGJ 36—2016
5.1.3 宿舍建筑内不应设置使用明火、易产生油烟的餐饮店。学校宿舍建筑内不应布置与宿舍功能无关的商业店铺	
5.1.4 宿舍内的公用厨房有明火加热装置时，应靠外墙设置，并应采用耐火极限不小于 2.0h 的墙体和乙级防火门与其他部分分隔	
5.2.1 除与敞开式外廊直接相连的楼梯间外，宿舍建筑应采用封闭楼梯间。当建筑高度大于 32m 时应采用防烟楼梯间	
5.2.2 宿舍建筑内的宿舍功能区与其他非宿舍功能部分合建时，安全出口和疏散楼梯宜各自独立设置，并应采用防火墙及耐火极限不小于 2.0h 的楼板进行防火分隔	
5.2.4 宿舍建筑内安全出口、疏散通道和疏散楼梯的宽度应符合下列规定： 1 每层安全出口、疏散楼梯的净宽应按通过人数每 100 人不小于 1.00m 计算，当各层人数不等时，疏散楼梯的总宽度可分层计算，下层楼梯的总宽度应按本层及以上楼层疏散人数最多一层的人数计算，梯段净宽不应小于 1.20m； 2 首层直通室外疏散门的净宽度应按各层疏散人数最多一层的人数计算，且净宽不应小于 1.40m； 3 通廊式宿舍走道的净宽度，当单面布置居室时不应小于 1.60m，当双面布置居室时不应小于 2.20m；单元式宿舍公共走道净宽不应小于 1.40m	
5.2.5 宿舍建筑的安全出口不应设置门槛，其净宽不应小于 1.40m，出口处距门的 1.40m 范围内不应设踏步	

3.9　中小学建筑

3.9.1　功能空间

根据现行国家标准《中小学校设计规范》GB 50099 中的规定，中小学校的教学及教学辅助用房应包括普通教室、专用教室、公共教学用房及其各自的辅助用房。

小学的专用教室应包括科学教室、计算机教室、语言教室、美术教室、书法教室、音乐教室、舞蹈教室、体育建筑设施及劳动教室等，宜设置史地教室。

中学的专用教室应包括实验室、史地教室、计算机教室、语言教室、美术教室、书法教室、音乐教室、舞蹈教室、体育建筑设施及技术教室等。

中小学校的公共教学用房应包括合班教室、图书室、学生活动室、体质测试室、心理咨询室、德育展览室等及任课教师办公室。

3.9.2 空间尺度

1. 建筑层数

由于中小学的主要使用人群为学生，考虑到安全问题，国家标准《中小学校设计规范》GB 50099—2011 第 4.3.2 条对中小学的建筑层数做了明确要求：各类小学的主要教学用房不应设在四层以上，各类中学的主要教学用房不应设在五层以上。对于地方对层数有特殊规定的，按地方标准执行。

2. 班额人数

现行国家标准《中小学校设计规范》GB 50099 对班额人数有明确规定，同时还应参考各省市的地方办学建设标准进行设计。下面列举了国标和部分省市的班额人数标准，详见表 3.9.2-1。

不同规范标准班额人数列举　　表 3.9.2-1

学制	小学		中学		九年一贯制		引用规范标准
	完全小学	非完全小学	初级中学	高级中学	1～6年级	7～9年级	
国标人数规定（人/班）	45	30	50	50	45	50	《中小学校设计规范》GB 50099—2011
北京市标准人数规定（人/班）	40	30	40	45	40	40	《北京市中小学校办学条件标准》（2018 年 5 月）
山东省标准人数规定（人/班）	45	30	50	50	45	50	《山东省普通中小学办学条件标准》
长春市标准人数规定（人/班）	45	—	50	50	45	50	《长春市普通中小学校办学条件标准》

3. 开间及进深

学校建筑中，普通教室为主要功能空间，普通教室的平面尺寸对学校的整体形态及布局会产生很大影响。影响普通教室开间及进深的主要因素有班额人数、家具布置尺寸要求、教室采光等。

（1）对于普通教室平面布置的一些相关尺寸要求详见图 3.9.2-1。

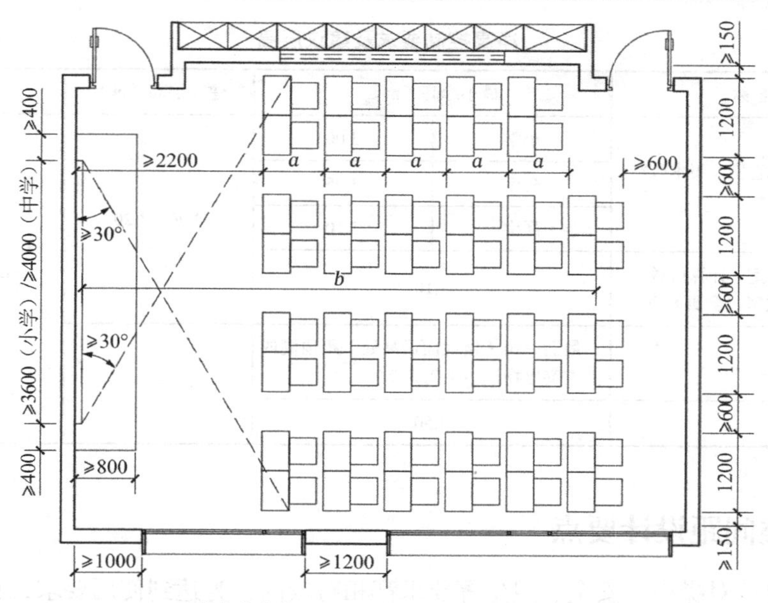

$a \geqslant 900$mm（非完全小学 $\geqslant 850$mm）；$b \leqslant 8000$mm（中学 $\leqslant 9000$mm）

图 3.9.2-1　普通教室平面布置常用尺寸

（2）为了能够获得良好的采光，在用地条件允许的条件下，应尽量减小教室的进深。以小学 45 人、中学 50 人的班级容量为例，根据人均最小使用面积列举了一些普通教室开间及进深尺寸，可根据实际工程情况进行调整，具体尺寸详见表 3.9.2-2。

普通教室常用开间及进深尺寸　　表 3.9.2-2

类别	容量（人/班）	教室轴线尺寸（进深 × 开间）（mm）	教室净尺寸（进深 × 开间）（mm）	使用面积（m²）（减去前后门内凹面积约 2m²）	人均使用面积（m²）	人均最小使用面积（m²/人）
小学	45	7200 × 9200	7000 × 9000	61	1.36	1.36
		7400 × 9000	7200 × 8800	61.36	1.36	
		7700 × 8900	7500 × 8700	65.25	1.45	
中学	50	7600 × 9900	7400 × 9700	69.78	1.40	1.40
		7700 × 9800	7500 × 9600	70.00	1.40	
		8100 × 9300	7900 × 9100	69.89	1.40	

（3）各类专用教室、公共教学用房及其各自的辅助用房开间及进深的确定与各类用房的面积指标和平面布置尺寸要求有关。各类用房的面积指标应参考各地方办学条件标准；平面布置尺寸要求应遵照《中小学校设计规范》GB 50099—2011 及《中小学校设计规范》图示 11J934-1 中的相关尺寸要求。

4. 层高及净高

中小学各类房间教室的净高在现行国家标准《中小学校设计规范》GB 50099 中有明确规定，标准层层高的确定则需要根据建设用地指标、窗地比、结构梁高、室内吊顶设备高度等相关因素综合确定。中小学建筑标准层净高要求及常见层高可参考表 3.9.2-3。

净高控制要求及建议层高 表 3.9.2-3

教室名称	最小净高（m）		建议层高（m）	引用规范
普通教室、史地教室、美术教室、音乐教室	小学	3.00	3.90～4.20	《中小学校设计规范》GB 50099—2011 表 7.2.1
	初中	3.05		
	高中	3.10		
科学教室、实验室、计算机教室、劳动教室、技术教室、合班教室	3.10			
阶梯教室	最后一排（楼地面最高处）距顶棚或上方突出物最小距离为 2.2		—	
舞蹈教室	4.50			

3.9.3 各类间距设计要点

中小学建筑对噪声、安全、卫生等要求都相对较高，为达到使用要求，在相关规范中明确规定了一些间距控制要求，详表 3.9.3-1。对于地方对间距有特殊规定的，按地方标准执行。

中小学建筑各类间距控制要求 表 3.9.3-1

规范条文	备注	引用规范
中小学校建设应远离殡仪馆、医院的太平间、传染病院等建筑。与易燃易爆场所间的距离应符合现行国家标准《建筑设计防火规范》GB 50016 的有关规定	—	《中小学校设计规范》GB 50099—2011 第 4.1.3 条
学校主要教学用房设置窗户的外墙与铁路路轨的距离不应小于 300m，与高速路、地上轨道交通线或城市主干道的距离不应小于 80m	当距离不足时，应采取有效的隔声措施	《中小学校设计规范》GB 50099—2011 第 4.1.6 条
学校周界外 25m 范围内已有邻里建筑处的噪声级不应超过现行国家标准《民用建筑隔声设计规范》GB 50118 有关规定的限值	—	《中小学校设计规范》GB 50099—2011 第 4.1.7 条
食堂与室外公厕、垃圾站等污染源间的距离应大于 25m	—	《中小学校设计规范》GB 50099—2011 第 6.2.18 条
各类教室的外窗与相对的教学用房或室外运动场地边缘间的距离不应小于 25m	教学用房包括普通教室、实验室、图书馆、风雨操场、游泳池、游泳馆。可不考虑防噪的功能用房包括：办公楼、生活服务用房、食堂、宿舍、浴室。此处 25m 间距不包含教学楼山墙到各类教学用房或室外场地的距离	《中小学校设计规范》GB 50099—2011 第 4.3.7 条

3.9.4 日照与采光

1. 教学用房大部分要有合适的朝向和良好的通风条件。普通教室冬至日满窗日照不应小于 2h（参考规范：《中小学校设计规范》GB 50099—2011 第 4.3.3 条）。

2. 中小学校至少应有 1 间科学教室或生物实验室能在冬季获得直射阳光；美术教室应有良好的北向天然采光；普通教室、科学教室、实验室、史地、计算机、语言、美术、书法等专用教室及合班教室、图书室均应以自学生座位左侧射入的光为主。教室为南向外廊式布局时，应以北向窗为主要采光面（参考规范：《中小学校设计规范》GB 50099—2011 第 4.3.4 条、第 5.7.3 条、第 9.2.2 条）。

3. 普通教室的采光等级不应低于Ⅲ级的要求；普通教室侧面采光的采光均匀度不应低于 0.5（参考规范：《建筑环境通用规范》GB 55016—2021 第 3.2.3 条）。

4. 教学用房工作面或地面上的采光系数不得低于表 3.9.4-1 的规定和现行国家标准《建筑采光设计标准》GB 50033 的有关规定。在建筑方案设计时，其采光窗洞口面积应按不低于表 3.9.4-1 窗地面积比的规定估算。

教学用房工作面或地面上的采光系数标准和窗地面积比　　表 3.9.4-1

房间名称	规定采光系数的平面	参考平面高度取值（m）	采光系数最低值（%）	窗地面积比	引用规范
普通教室、史地教室、美术教室、书法教室、语言教室、音乐教室、合班教室、阅览室	课桌面	0.75	2.0	1：5.0	《中小学校设计规范》GB 50099—2011
科学教室、实验室	实验桌面	0.75	3.0	1：5.0	
计算机教室	机台面	0.75	1.0	1：5.0	
舞蹈教室、风雨操场	地面	—	2.0	1：5.0	
办公室、保健室	地面	—	2.0	1：5.0	
饮水处、厕所、淋浴	地面	—	0.5	1：10.0	
走道、楼梯间	地面	—	1.0	—	

注：表中所列采光系数值适用于我国Ⅲ类光气候区，其他光气候区应将表中的采光系数值乘以相应的光气候系数。光气候系数应符合现行国家标准《建筑采光设计标准》GB 50033 的有关规定。

5. 采光有效进深

在设计中小学平面时，还应注意采光有效进深规定对教室进深的影响。表 3.9.4-2 为Ⅲ类光气候区的采光有效进深设计值，采光有效进深设计值 = 房间进深（b）/参考平面至窗上沿高度（h_s），各数值对应位置可参考图 3.9.4-1。当不能满足有效进深要求时，应进行相应的采光计算。

采光有效进深设计值　　表 3.9.4-2

采光等级	场所名称	采光有效进深（b/h_s）	引用规范
Ⅲ	专用教室、实验室、阶梯教室、教师办公室	2.5	《建筑采光设计标准》GB 50033—2013 第 4.0.5 条、第 6.0.1 条
Ⅴ	走道、楼梯间、卫生间	4.0	

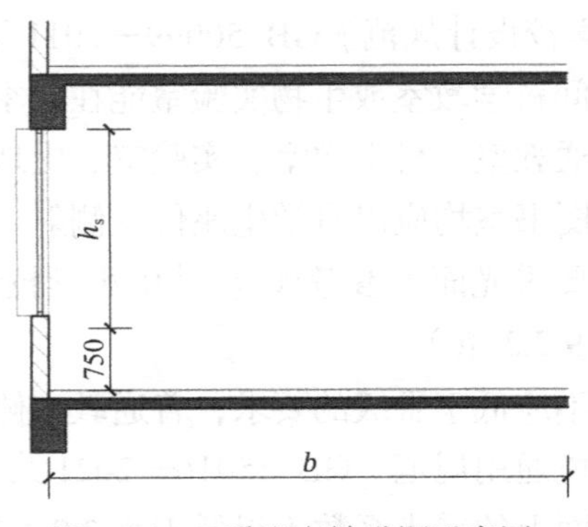

图 3.9.4-1 采光有效进深示意图

3.9.5 隔声

为了创造良好的教学环境，中小学建筑应注重建筑的隔声设计。对声环境要求较高的教室如语言教室、阅览室等，应尽量避免与产生噪声的教室相邻布置；对于产生噪声的教室如音乐教室、舞蹈教室、琴房等，应在室内装修时考虑采用吸声材料。

中小学建筑的隔声设计应符合《建筑环境通用规范》GB 55016—2021、《中小学校设计规范》GB 50099—2011、《民用建筑隔声设计规范》GB 50118—2010 中的相关要求。

具体隔声构造做法可参照图集《建筑隔声与吸声构造》08J931、《工程做法》23J909 等。

3.9.6 消防设计

《建筑防火通用规范》GB 55037—2022 中第 7.4.2 条对教学建筑中的教学用房疏散门的个数做了特别规定。

当教学建筑中的教学用房位于走道尽端时，疏散门的个数不应少于 2 个；当教学用房位于两个安全出口之间或袋形走道两侧且建筑面积不大于 75m²，可仅设置 1 个疏散门；教学建筑内其他功能房间的疏散门不应少于 2 个，当满足下列条件之一，可仅设置 1 个疏散门：

（1）房间位于两个安全出口之间或袋形走道两侧且建筑面积不大于 120m²；

（2）房间位于走道尽端且建筑面积不大于 50m²；

（3）房间位于走道尽端且建筑面积不大于 200m²、房间内任一点至疏散门的直线距离不大于 15m、疏散门的净宽度不小于 1.40m。

3.10 住宅建筑

3.10.1 功能空间

住宅应按套型设计，每套住宅由卧室、起居室（厅）、厨房和卫生间等基本功能空间组成。

（1）卧室是供居住者睡眠、休息的空间；

（2）起居室（厅）是供居住者会客、娱乐、团聚等活动的空间；

（3）厨房是供居住者进行炊事活动的空间；

（4）卫生间是供居住者进行便溺、洗浴、盥洗等活动的空间。

3.10.2　空间尺度

1. 使用面积（最小）（表 3.10.2-1）

住宅套内基本功能空间的面积要求　　表 3.10.2-1

<table>
<tr><th colspan="2" rowspan="2">基本功能空间</th><th colspan="3">面积要求</th></tr>
<tr><th>国家标准
《住宅设计规范》
GB 50096—2011</th><th>北京市地方标准
《住宅设计规范》
DB11/1740—2020</th><th>无障碍住房
《无障碍设计规范》
GB 50763—2012</th></tr>
<tr><td rowspan="2">套型整体</td><td>由卧室、起居室（厅）、厨房和卫生间等组成的套型</td><td>应 ≥ 30m²</td><td>应 ≥ 32m²</td><td>—</td></tr>
<tr><td>由兼起居的卧室、厨房和卫生间等组成的住宅最小套型</td><td>应 ≥ 22m²</td><td>应 ≥ 24m²</td><td>—</td></tr>
<tr><td rowspan="3">卧室</td><td>双人卧室</td><td>应 ≥ 9m²</td><td>应 ≥ 10m²</td><td>应 ≥10.5m²</td></tr>
<tr><td>单人卧室</td><td>应 ≥ 5m²</td><td>应 ≥ 6m²</td><td>应 ≥7m²</td></tr>
<tr><td>兼起居的卧室</td><td>应 ≥ 12m²</td><td>应 ≥ 13m²</td><td>应 ≥16m²</td></tr>
<tr><td>起居室（厅）</td><td>—</td><td>应 ≥ 10m²</td><td>应 ≥ 11m²</td><td>应 ≥14m²</td></tr>
<tr><td rowspan="2">厨房</td><td>由卧室、起居室（厅）、厨房和卫生间等组成的套型</td><td>应 ≥ 4.0m²</td><td>应 ≥ 5m²</td><td rowspan="2">应 ≥6m²</td></tr>
<tr><td>由兼起居的卧室、厨房和卫生间等组成的住宅最小套型</td><td>应 ≥ 3.5m²</td><td>应 ≥ 4m²</td></tr>
<tr><td rowspan="6">卫生间</td><td>设便器、洗浴器、洗面器</td><td>应 ≥ 2.50m²</td><td>应 ≥ 3.00m²</td><td>应 ≥4.00m²</td></tr>
<tr><td>设便器、洗面器</td><td>应 ≥ 1.80m²</td><td>应 ≥ 2.10m²</td><td>应 ≥2.50m²</td></tr>
<tr><td>设便器、洗浴器</td><td>应 ≥ 2.00m²</td><td>应 ≥ 2.30m²</td><td>应 ≥3.00m²</td></tr>
<tr><td>设洗面器、洗浴器</td><td>应 ≥ 2.00m²</td><td>应 ≥ 2.50m²</td><td>—</td></tr>
<tr><td>设洗面器、洗衣机</td><td>应 ≥ 1.80m²</td><td>应 ≥ 2.10m²</td><td>—</td></tr>
<tr><td>单设便器</td><td colspan="2">应 ≥ 1.10m²</td><td>应 ≥2.00m²</td></tr>
</table>

2. 开间与进深（最小）（表 3.10.2-2）

住宅套内基本功能空间的开间与进深要求　　表 3.10.2-2

<table>
<tr><th colspan="2">基本功能空间</th><th>短边净宽</th><th colspan="2">开间</th><th colspan="2">进深</th></tr>
<tr><td rowspan="6">卧室</td><td rowspan="2">主卧室</td><td rowspan="2">—</td><td colspan="2" rowspan="2">宜为 3.1～3.8m</td><td>一般规定</td><td>宜为 3.8～4.5m</td></tr>
<tr><td>摆放婴儿床等</td><td>4.5～5.0m</td></tr>
<tr><td rowspan="2">次卧室</td><td rowspan="2">—</td><td>一般规定</td><td>宜 ≥ 2.7m</td><td colspan="2" rowspan="2">—</td></tr>
<tr><td>两位老人共同居住</td><td>宜 ≥ 3.0m</td></tr>
<tr><td>双人卧室</td><td>宜 ≥ 2.80m</td><td colspan="2">—</td><td colspan="2">—</td></tr>
<tr><td>单人卧室</td><td>宜 ≥ 2.20m</td><td colspan="2">—</td><td colspan="2">—</td></tr>
</table>

续表

基本功能空间	短边净宽	开间		进深	
起居室（厅）	宜≥3.00m	条件受限时	≥3.6m	独立的起居室	深宽比 5：4～3：2
		110～150m²套型	3.9～4.5m	与餐厅连通的起居室	深宽比 3：2～2：1
		豪华套型	＞6.0m	—	—
厨房	—	小套型	1.5～2.2m	—	
		中等面积套型	1.6～2.2m		
		大套型	1.8～2.6m		
卫生间	—	—		—	
引用规范	北京市地方标准 《住宅设计规范》 DB11/1740—2020	《建筑设计资料集（第三版）》			

注：1. 主卧室开间尺寸一般为：双人床长度 + 通行宽度 + 电视柜宽度或挂墙电视厚度。
2. 主卧室进深尺寸一般为：衣柜厚度 + 整理衣物被褥的过道宽度 + 双人床宽度 + 方便上下床的过道宽度。

3. 层高

（1）一般规定（表 3.10.2-3）

住宅层高现行规范要求　　表 3.10.2-3

住宅层高	引用规范
宜为 2.80m	国家标准《住宅设计规范》GB 50096—2011 第 5.5.1 条
应≥2.80m	北京市地方标准《住宅设计规范》DB11/1740—2020 第 5.8.1 条

随着建造技术的进步、居住品质需求的提升，未来规范的更新中住宅最小层高要求大概率会提升至 3.00m 以上，设计时应及时关注规范的更新及高品质住宅相关设计要求。

（2）利用剪刀梯进行疏散的高层住宅层高通常不超过 3.15m

根据《民用建筑通用规范》GB 55031—2022 第 5.3.8 条和第 5.3.9 条的规定，住宅公共楼梯踏步高度不应大于 0.175m，且每个梯段不应超过 18 级。由此，每个梯段最大抬升高度不超过 3.15m。当住宅采用剪刀梯进行疏散设计时，3.15m 以内的层高仅用一个梯段即可满足疏散要求。

4. 室内净高（表 3.10.2-4）

住宅套内基本功能空间的净高要求　　表 3.10.2-4

基本功能空间		室内净高	
		国家标准 《住宅设计规范》 GB 50096—2011	北京市地方标准 《住宅设计规范》 DB11/1740—2020
卧室、起居室（厅）	一般要求	应≥2.40m 局部应≥2.10m （$S_{局部} \geqslant 1/3 \times S_{室内使用}$）	应≥2.50m 局部应≥2.20m （$S_{局部} \geqslant 1/3 \times S_{室内使用}$）

续表

基本功能空间		室内净高	
		国家标准《住宅设计规范》GB 50096—2011	北京市地方标准《住宅设计规范》DB11/1740—2020
卧室、起居室（厅）	利用坡屋顶内空间	应 ≥ 2.10m 且 $S \geqslant 1/2 \times S_{室内使用}$	应 ≥ 2.20m 且 $S \geqslant 1/2 \times S_{室内使用}$
厨房、卫生间	一般要求	应 ≥ 2.20m	
	排水横管与楼面、地面净距	≥ 1.90m 且不得影响门、窗扇开启	≥ 2.00m 且不得影响门、窗扇开启

注：室内净高 = 建筑层高 − 楼板厚度与地面做法厚度之和。

3.10.3　室内环境设计要点

1. 日照设计要点

（1）住宅建筑日照标准应符合《城市居住区规划设计标准》GB 50180—2018 第 4.0.9 条的规定，具体内容如下：

住宅日照标准应满足表 3.10.3-1 的规定；对特定情况，还应符合下列规定：

① 老年人居住建筑日照标准不应低于冬至日日照时数 2h；

② 在原设计建筑外增加任何设施不应使相邻住宅原有日照标准降低，既有住宅建筑进行无障碍改造加装电梯除外；

③ 旧区改建项目内新建住宅建筑日照标准不应低于大寒日日照时数 1h。

住宅建筑日照标准　　表 3.10.3-1

建筑气候区划	Ⅰ、Ⅱ、Ⅲ、Ⅶ气候区		Ⅳ气候区		Ⅴ、Ⅵ气候区
城区常住人口（万人）	≥ 50	＜ 50	≥ 50	＜ 50	无限定
日照标准日	大寒日			冬至日	
日照时数（h）	≥ 2	≥ 3		≥ 1	
有效日照时间带（当地真太阳时）	8～16h			9～15h	
计算起点	底层窗台面（即距室内地坪 0.9m 高的外墙位置）				

（2）根据国家标准《住宅设计规范》GB 50096—2011 第 7.1.1 条和第 7.1.2 条、北京市地方标准《住宅设计规范》DB11/1740—2020 第 8.1 节的规定，每套住宅应至少有一个居住空间能获得冬季日照，且其窗洞开口宽度不应小于 0.60m。

（3）根据《建筑日照计算参数标准》GB/T 50947—2014 第 5.0.6 条的规定，宽度 ≤ 1.80m 的窗户，应按实际宽度计算；宽度 ＞ 1.80m 的窗户，可选取日照有利的 1.80m 宽度计算。

（4）由于各地日照计算规则有所不同，具体计算方法及参数设置，应参照《建筑日照计算参数标准》GB/T 50947—2014、当地城乡规划管理技术规定与日照分析技术管理规定等进行。

2. 天然采光设计要点

卧室、起居室（厅）、厨房应有直接天然采光。采光窗洞口的有效面积应满足表 3.10.3-2 的规定。

住宅基本功能空间采光窗洞口要求　　表 3.10.3-2

<table>
<tr><td rowspan="2" colspan="3">项目</td><td colspan="2">北京市地方标准规定</td><td colspan="2">国家标准规定</td></tr>
<tr><td colspan="2">《住宅设计规范》
DB11/1740—2020</td><td>数值</td><td>引用规范</td></tr>
<tr><td rowspan="3" colspan="3">主要使用房间窗地面积比</td><td>卧室、起居室（厅）</td><td>≥ 1/6</td><td rowspan="3">≥ 1/7</td><td rowspan="3">《建筑节能与可再生能源利用通用规范》
GB 55015—2021
第 3.1.18 条</td></tr>
<tr><td>厨房</td><td>≥ 1/7</td></tr>
<tr><td>卫生间</td><td>≥ 1/12</td></tr>
<tr><td rowspan="3">采光窗洞口有效采光范围</td><td rowspan="2">下沿距地高度</td><td>侧面采光</td><td rowspan="2" colspan="2">—</td><td>≥ 0.75m</td><td>《民用建筑设计统一标准》
GB 50352—2019
第 7.1.3-1 条</td></tr>
<tr><td>一般规定</td><td>≥ 0.50m</td><td rowspan="2">《住宅设计规范》
GB 50096—2011
第 7.1.7 条</td></tr>
<tr><td colspan="2">上沿距地高度</td><td colspan="3">宜 ≥ 2.00m</td></tr>
</table>

3. 遮阳设计要点（表 3.10.3-3）

住宅建筑遮阳设计要点　　表 3.10.3-3

设计要点	引用规范
除严寒地区外，居住空间朝西外窗应采取外遮阳措施，居住空间朝东外窗宜采用外遮阳措施。当采用天窗、斜屋顶窗采光时，应采取活动遮阳措施	《住宅设计规范》GB 50096—2011
夏热冬暖地区，居住建筑的东、西向外窗的建筑遮阳系数不应大于 0.8	《建筑节能与可再生能源利用通用规范》GB 55015—2021

4. 自然通风设计要点

卧室、起居室（厅）、厨房应有自然通风。自然通风有效开口面积应符合表 3.10.3-4 的规定。

住宅套内基本功能空间自然通风要求　　表 3.10.3-4

<table>
<tr><td rowspan="3">功能空间</td><td colspan="4">自然通风有效开口面积</td></tr>
<tr><td>北京市地方标准规定</td><td colspan="3">国家标准规定</td></tr>
<tr><td>《住宅设计规范》
DB11/1740—2020</td><td colspan="2">数值</td><td>引用规范</td></tr>
<tr><td rowspan="2">套型整体</td><td rowspan="2">应 $\geq S_{房间地面} \times 5\%$</td><td>夏热冬暖、温和 B 区</td><td>应 $\geq S_{房间地面} \times 10\%$
或应 $\geq S_{外窗} \times 45\%$</td><td rowspan="2">《建筑节能与可再生能源利用通用规范》
GB 55015—2021
第 3.1.14 条</td></tr>
<tr><td>夏热冬冷、温和 A 区</td><td>应 $\geq S_{房间地面} \times 5\%$</td></tr>
</table>

续表

功能空间		自然通风有效开口面积		
		北京市地方标准规定	国家标准规定	
		《住宅设计规范》DB11/1740—2020	数值	引用规范
卧室、起居室（厅）、明卫生间	直接自然通风	应 $\geqslant S_{房间地板} \times 1/15$	应 $\geqslant S_{房间地板} \times 1/20$	《住宅设计规范》GB 50096—2011 第 7.2.4 条
	外设阳台	应 $\geqslant (S_{房间地板}+S_{阳台地板}) \times 1/15$	应 $\geqslant (S_{房间地板}+S_{阳台地板}) \times 1/20$	
厨房	直接自然通风	应 $\geqslant S_{厨房地板} \times 1/10$ 且应 $\geqslant 0.60m^2$		
	外设阳台	应 $\geqslant (S_{厨房地板}+S_{阳台地板}) \times 1/10$ 且应 $\geqslant 0.60m^2$		

5. 隔声、降噪设计要点

住宅建筑的隔声降噪设计应符合现行国家与地方相关规定（包括但不限于表 3.10.3-5 列明的标准）。

住宅建筑隔声降噪设计参考标准名录　　表 3.10.3-5

标准号	标准名称	标准等级
GB 55016—2021	建筑环境通用规范	国家标准
GB 50352—2019	民用建筑设计统一标准	
GB 50118—2010	民用建筑隔声设计规范	
GB 50096—2011	住宅设计规范	
DB11/1740—2020	住宅设计规范	北京市地方标准

住宅主要功能房间室内的噪声极限应满足表 3.10.3-6 的规定，主要设计要点详见表 3.10.3-7。

住宅建筑主要功能房间室内的噪声极限　　表 3.10.3-6

房间的使用功能	噪声极限（等效声级 $L_{Aeq,T}$，dB）		引用规范
	昼间	夜间	
睡眠（卧室）	40	30	《建筑环境通用规范》GB 55016—2021 第 2.1.3 条
日常生活（起居室）	40		

住宅建筑隔声降噪设计要点　　表 3.10.3-7

设计要点	引用规范
4.3.3-1 在住宅平面设计时，应使分户墙两侧的房间和分户楼板上下的房间属于同一类型	《民用建筑隔声设计规范》GB 50118—2010
4.3.4 电梯不得紧邻卧室布置，也不宜紧邻起居室（厅）布置。受条件限制需要紧邻起居室（厅）布置时，应采取有效的隔声和减振措施。 注意：目前设计过程中常将紧邻电梯的房间标注为书房，但在部分地区的地方标准或审图过程中，通过条文或约定俗成的方式（例如北京市）将书房视同卧室，设计时应注意当地规范的查询	

续表

设计要点	引用规范
4.3.5 当厨房、卫生间与卧室、起居室（厅）相邻时，厨房、卫生间内的管道、设备等有可能传声的物体，不宜设在厨房、卫生间与卧室、起居室（厅）之间的隔墙上。对固定于墙上且可能引起传声的管道等物件，应采取有效的减振、隔声措施。主卧室内卫生间的排水管道宜做隔声包覆处理	《民用建筑隔声设计规范》GB 50118—2010
7.3.4 住宅建筑的体形、朝向和平面布置应有利于噪声控制。在住宅平面设计时，当卧室、起居室（厅）布置在噪声源一侧时，外窗应采取隔声降噪措施；当居住空间与可能产生噪声的房间相邻时，分隔墙和分隔楼板应采取隔声降噪措施；当内天井、凹天井中设置相邻户间窗口时，宜采取隔声降噪措施	《住宅设计规范》GB 50096—2011

3.10.4 无障碍设计要点

住宅建筑主要的无障碍设计要点详见表3.10.4-1。

住宅建筑无障碍设计要点　　表3.10.4-1

无障碍设计要点	引用规范
6.6.1 七层及七层以上的住宅，应对下列部位进行无障碍设计： 1. 建筑入口； 2. 入口平台； 3. 候梯厅； 4. 公共走道	《住宅设计规范》GB 50096—2011
6.6.3 七层及七层以上住宅建筑入口平台宽度不应小于2.00m，七层以下住宅建筑入口平台宽度不应小于1.50m	
3.12.4 无障碍住房及宿舍的其他规定： 1 单人卧室面积不应小于7.00m^2，双人卧室面积不应小于10.50m^2，兼起居室的卧室面积不应小于16.00m^2，起居室面积不应小于14.00m^2，厨房面积不应小于6.00m^2； 2 设坐便器、洗浴器（浴盆或淋浴）、洗面盒三件卫生洁具的卫生间面积不应小于4.00m^2；设坐便器、洗浴器二件卫生洁具的卫生间面积不应小于3.00m^2；设坐便器、洗面盆二件卫生洁具的卫生间面积不应小于2.50m^2；单设坐便器的卫生间面积不应小于2.00m^2 3 供乘轮椅者使用的厨房，操作台下方净宽和高度都不应小于650mm，深度不应小于250mm； 4 居室和卫生间内应设求助呼叫按钮； 5 家具和电器控制开关的位置和高度应方便乘轮椅者靠近和使用； 6 供听力障碍者使用的住宅和公寓应安装闪光提示门铃	《无障碍设计规范》GB 50763—2012

此外，无障碍住房的设计还应满足《建筑与市政工程无障碍通用规范》GB 55019—2021第3.4条的规定，具体规定与旅馆建筑的无障碍客房设计相同，详见表3.7.5-2。

3.10.5 消防设计要点

住宅建筑的消防设计应符合《建筑防火通用规范》GB 55037—2022、《住宅设计规范》GB 50096—2011、《建筑内部装修设计防火规范》GB 50222—2017等现行国家标准中关于建筑防火、安全疏散等相关规定，其中较为主要的设计要点详见表3.10.5-1。

住宅建筑消防设计要点　　表 3.10.5-1

设计要点	引用规范
2.2.6 除城市综合管廊、交通隧道和室内无车道且无人员停留的机械式汽车库可不设置消防电梯外，下列建筑均应设置消防电梯，且每个防火分区可供使用的消防电梯不应少于 1 部： 1 建筑高度大于 33m 的住宅建筑	《建筑防火通用规范》GB 55037—2022
4.3.2 住宅与非住宅功能合建的建筑应符合下列规定： 2 住宅部分与非住宅部分的安全出口和疏散楼梯应分别独立设置	
6.2.3 住宅建筑外墙上相邻套房开口之间的水平距离或防火措施应满足防止火灾通过相邻开口蔓延的要求	
7.1.4-2 住宅建筑中直通室外地面的住宅户门的净宽度不应小于 0.80m，当住宅建筑高度不大于 18m 且一边设置栏杆时，室内疏散楼梯的净宽度不应小于 1.0m，其他住宅建筑室内疏散楼梯的净宽度不应小于 1.1m	
7.1.8 室内疏散楼梯间应符合下列规定： 7 防烟楼梯间前室的使用面积，公共建筑、高层厂房、高层仓库、平时使用的人民防空工程及其他地下工程，不应小于 6.0m²；住宅建筑，不应小于 4.5m²。与消防电梯前室合用的前室的使用面积，公共建筑、高层厂房、高层仓库、平时使用的人民防空工程及其他地下工程，不应小于 10.0m²；住宅建筑，不应小于 6.0m²	
7.3.1 住宅建筑中符合下列条件之一的住宅单元，每层的安全出口不应少于 2 个： 1 任一层建筑面积大于 650m² 的住宅单元； 2 建筑高度大于 54m 的住宅单元； 3 建筑高度不大于 27m，但任一户门至最近安全出口的疏散距离大于 15m 的住宅单元； 4 建筑高度大于 27m、不大于 54m，但任一户门至最近安全出口的疏散距离大于 10m 的住宅单元	
7.3.2 住宅建筑的室内疏散楼梯应符合下列规定： 1 建筑高度不大于 21m 的住宅建筑，当户门的耐火完整性低于 1.00h 时，与电梯井相邻布置的疏散楼梯应为封闭楼梯间； 2 建筑高度大于 21m、不大于 33m 的住宅建筑，当户门的耐火完整性低于 1.00h 时，疏散楼梯应为封闭楼梯间； 3 建筑高度大于 33m 的住宅建筑，疏散楼梯应为防烟楼梯间，开向防烟楼梯间前室或合用前室的户门应为耐火性能不低于乙级的防火门； 4 建筑高度大于 27m、不大于 54m 且每层仅设置 1 部疏散楼梯的住宅单元，户门的耐火完整性不应低于 1.00h，疏散楼梯应通至屋面； 5 多个单元的住宅建筑中通至屋面的疏散楼梯应能通过屋面连通	
6.2.4 安全出口应分散布置，两个安全出口的距离不应小于 5m	《住宅设计规范》GB 50096—2011
6.2.5 楼梯间及前室的门应向疏散方向开启	
6.3.2 楼梯踏步宽度不应小于 0.26m，踏步高度不应大于 0.175m。扶手高度不应小于 0.90m。楼梯水平段栏杆长度大于 0.50m 时，其扶手高度不应小于 1.05m。楼梯栏杆垂直杆件间净空不应大于 0.11m	

3.10.6　套内设备选位设计要点

1. 住宅套内设备选位（表 3.10.6-1）

住宅套内设备选位要求　　表 3.10.6-1

设备类型	具体要求	引用规范
给水排水设备	8.2.6 厨房和卫生间的排水立管应分别设置。排水管道不得穿越卧室	《住宅设计规范》GB 50096—2011
	8.2.7 排水立管不应设置在卧室内，且不宜设置在靠近与卧室相邻的内墙；当必须靠近与卧室相邻的内墙时，应采用低噪声管材	

续表

设备类型	具体要求	引用规范
给水排水设备	8.1.5-4 排水管道不得穿越客房、病房和住宅的卧室、书房、客厅、餐厅等对卫生、安静有较高要求的房间	《民用建筑设计统一标准》GB 50352—2019
暖通空调设备	供暖散热器位置应灵活，数量可根据使用需求进行加减	—
	8.3.1 严寒和寒冷地区的住宅宜设集中采暖系统	《住宅设计规范》GB 50096—2011
	8.6.1 位于寒冷（B 区）、夏热冬冷和夏热冬暖地区的住宅，当不采用集中空调系统时，主要房间应设置空调设施或预留安装空调设施的位置和条件	
	8.6.3 当采用分户或分室设置的分体式空调器时，室外机的安装位置应符合本规范第 5.6.8 条的规定	
	5.6.8 当阳台或建筑外墙设置空调室外机时，其安装位置应符合下列规定： 1 应能通畅地向室外排放空气和自室外吸入空气； 2 在排出空气一侧不应有遮挡物； 3 应为室外机安装和维护提供方便操作的条件； 4 安装位置不应对室外人员形成热污染	
	建筑供暖主要包含散热器供暖、热水辐射供暖、电加热供暖、燃气红外线辐射供暖、护士燃气炉或户式空气源热泵等多种形式。具体的布置要求应满足国家规范《民用建筑供暖通风与空气调节设计规范》GB 50736—2012 的相关要求	《民用建筑供暖通风与空气调节设计规范》GB 50736—2012
电气设备	8.7.3 每套住宅应设置户配电箱	《住宅设计规范》GB 50096—2011
	8.7.6 住宅套内电源插座应根据住宅套内空间和家用电器设置，电源插座数量不应少于表 8.7.6 的规定	
燃气设备	8.4.2 户内燃气立管应设置在有自然通风的厨房或与厨房相连的阳台内，且宜明装设置，不得设置在通风排气竖井内	《住宅设计规范》GB 50096—2011
	8.4.3 燃气设备的设置应符合下列规定： 1 燃气设备严禁设置在卧室内； 2 严禁在浴室内安装直接排气式、半密闭式燃气热水器等在使用空间内积聚有害气体的加热设备； 3 户内燃气灶应安装在通风良好的厨房、阳台内； 4 燃气热水器等燃气设备应安装在通风良好的厨房、阳台内或其他非居住房间	
	4.1.1 燃具不应设置在卧室内。燃具应安装在通风良好、有给排气条件的厨房或非居住房间内	《家用燃气燃烧器具安装及验收规程》CJJ 12—2013
	4.2.1 设置灶具的房间除应符合本规程第 4.1.1 条的规定外尚应符合下列要求： 1 设置灶具的厨房应设门并与卧室、起居室等隔开； 2 设置灶具的房间净高不应低于 2.2m	

2. 电源插座的设置数量

住宅套内电源插座应根据住宅套内空间和家用电器设置，电源插座数量不应少于表 3.10.6-2 的规定。随着生活质量的提高，人们日常生活中使用的电器数量逐渐增多，各功能空间内电源插座数量和类型宜在表 3.10.6-2 的基础上适度增加。

电源插座的设置数量 **表 3.10.6-2**

基本功能空间	设置数量和内容
卧室	一个单相三线和一个单相二线的插座两组

续表

基本功能空间	设置数量和内容
兼起居的卧室	一个单相三线和一个单相二线的插座三组
起居室（厅）	一个单相三线和一个单相二线的插座三组
厨房	防溅水型一个单相三线和一个单相二线的插座两组
卫生间	防溅水型一个单相三线和一个单相二线的插座一组
布置洗衣机、冰箱、排油烟机、排风机及预留家用空调器处	专用单相三线插座各一个

3.10.7　高品质住宅设计要点

高品质住宅设计是在现行规范的基础上，从规划设计、建筑设计、施工建造、运维服务等方面进行优化与提升。其中，套内基本功能空间的高品质设计要点主要集中在层高、净高、使用面积、室内环境（包含日照、天然采光、自然通风、节能、隔声降噪等方面）、装修与部品设计（全屋收纳系统设计、厨房与卫生间的精细化设计、平疫结合设计）等方面。

随着应对人口老龄化上升为国家战略，人们对于居家养老环境的要求逐步提高，为了满足老年人居家生活安全、便利、舒适的基本需求，高品质住宅设计应当遵循“四通一平、两多两匀”的设计原则。其中，“四通一平”指视线通、声音通、路径通、空气通、地面平；“两多两匀”指储藏多、台面多、光线匀、温度匀。

此外，高品质住宅设计应针对当前住宅设计的痛点问题提出相应的提升措施。例如，通过控制结构楼板与墙体厚度、设置隔声垫等有效的隔声降噪措施，提升建筑的隔声性能；通过对材料与构造的选择、建造方法的控制，减少有水房间的渗漏问题；通过水暖立管集中设置于电梯厅等公共区域的方式，实现立管维修不入户，提升管道检修的便捷性；通过设置智慧安防、智慧管家、智慧停车等智能化系统，打造全龄化智慧住区。

具体提升标准应参照当地高品质住宅相关设计标准进行；若当地暂未发行相关标准，可参照目前已发行的《海南省安居房建设技术标准》DBJ 46—062—2022、《烟台市高品质住宅建设技术指引（2024—2026 年）》《福建省高品质住宅设计导则（试行）》等标准进行设计。

第 4 章　建筑通用功能空间

4.1　公共交通联系空间

概述

公共交通联系空间一般分为水平交通、垂直交通和枢纽空间三种基本空间形式。

水平交通即通常所说的走廊（走道）空间。走廊形式有室内走廊和室外走廊。水平交通应简洁明了、易识别，与各部分功能空间有密切联系；宜有较好的采光和通风；适当的空间尺度，完美的空间形象；节约交通面积，提高面积利用率；严格遵守防火规范要求，能保证紧急疏散时的安全。

垂直交通即楼梯、坡道、电梯及自动扶梯等功能空间。其位置与数量依功能需求和消防疏散要求而定，应靠近枢纽空间，布置均匀且有主次，与使用人流数量相适应。

枢纽空间通常指门厅、中庭、过厅、环廊、电梯厅等空间。其使用性质具有复合性，主要是用来组织其他功能的联系空间，其功能可以兼有休憩、交往、人流集散的作用。

设计中应首先抓住这三大部分的关系进行合理分区和组织，解决各种矛盾问题以求达到功能关系的合理与完善。在这三部分中，交通联系空间虽然通常在设计任务书中不会明确列出但它却是设计中非常重要的部分，往往对设计起到关键作用，需要着重考虑。

4.1.1　门厅及走廊

1. 门厅

（1）规范要点（表 4.1.1-1）

门厅规范要点　　表 4.1.1-1

内容	条文摘录	引用
安全防护	5.1.2 入口、门厅等人员通达部位采用落地玻璃时，应使用安全玻璃，并应设置防撞提示标识	《民用建筑通用规范》GB 55031—2022
功能	6.11.9-8 当设有门斗时，门扇同时开启时两道门的间距不应小于 0.8m；当有无障碍要求时，应符合现行国家标准《无障碍设计规范》GB 50763 的规定	《民用建筑设计统一标准》GB 50352—2019
节能	7.3.3-4 严寒及寒冷地区的建筑物不应设置开敞的楼梯间和外廊；严寒地区出入口应设门斗或采取其他防寒措施，寒冷地区出入口宜设门斗或采取其他防寒措施	

续表

内容	条文摘录	引用
节能	7.3.5 夏热冬冷地区的长江中、下游地区和夏热冬暖地区建筑的室内地面应采取防泛潮措施	《民用建筑设计统一标准》GB 50352—2019
节能	3.2.10 严寒地区建筑的外门应设置门斗；寒冷地区建筑面向冬季主导风向的外门应设置门斗或双层外门，其它外门宜设置门斗或应采取其它减少冷风渗透的措施；夏热冬冷、夏热冬暖和温和地区建筑的外门应采取保温隔热措施	《公共建筑节能设计标准》GB 50189—2015
节能	3.1.12 人员出入频繁的外门，应符合以下节能规定： 1 朝向为北、东、西的外门应设门斗、双层门或旋转门等减少冷风进入的设施； 2 高层建筑中人员出入频繁外门所在空间，不宜与垂直通道（楼、电梯间）直接连通	《公共建筑节能设计标准》DB11/687—2015
安全防护	3.3.7 当宿舍的公共出入口位于阳台、外廊及开敞楼梯平台下部时，应采取防止物体坠落伤人的安全防护措施	《宿舍、旅馆建筑项目规范》GB 55025—2022
功能、节能	4.1.8 办公建筑的门厅应符合下列规定： 1 门厅内可附设传达、收发、会客、服务、问讯、展示等功能房间（场所）；根据使用要求也可设商务中心、咖啡厅、警卫室、快递储物间等； 2 楼梯、电梯厅宜与门厅邻近设置，并应满足消防疏散的要求； 3 严寒和寒冷地区的门厅应设门斗或其他防寒设施； 4 夏热冬冷地区门厅与高大中庭空间相连时宜设门斗	《办公建筑设计标准》JGJ/T 67—2019
节能	4.1.5-3 严寒和寒冷地区的门应设门斗或采取其他防寒措施 7.2.3-11 严寒和寒冷地区带中庭的大型商店建筑的门斗应设供暖设施，首层宜加设地面辐射供暖系统	《商店建筑设计规范》JGJ 48—2014
功能、节能	4.3 公共区域 4.3.1 公共区域宜由门厅、休息厅、售票处、小卖部、衣物存放处、厕所等组成。 4.3.2 门厅和休息厅应符合下列规定： 1 门厅和休息厅内交通流线及服务分区应明确，宜设置售票处、小卖部、衣物存放处、吸烟室和监控室等； 2 电影院门厅和休息厅合计使用面积指标，特、甲级电影院不应小于 0.50m²/座；乙级电影院不应小于 0.30m²/座；丙级电影院不应小于 0.10m²/座； 3 电影院设有分层观众厅时，各层的休息厅面积宜根据分层观众厅的数量予以适当分配； 4 门厅或休息厅宜设有观众入场标识系统； 5 严寒及寒冷地区的电影院，门厅宜设门斗	《电影院建筑设计规范》JGJ 58—2008
消防	5.1.8 二级耐火等级建筑内门厅、走道的吊顶应采用不燃材料 6.4.3-6 楼梯间的首层可将走道和门厅等包括在楼梯间前室内形成扩大的前室，但应采用乙级防火门等与其他走道和房间分隔	《建筑设计防火规范》GB 50016—2014（2018 年版）
健康防疫	3.2.2 出入口、公共门厅、大堂（含地下出入口）宜采用智能化无接触感应型门禁系统，并预留设置非接触体温检测、清洗消毒等设施的空间，面积不小于 2m² 3.2.13 公共建筑出入口的设计应符合下列规定： 1 应能满足疫情时人员出口和入口分开设置的需求； 2 后勤出入口处应预留消毒、杀菌、体温检测等防疫空间； 3 主要人流出入口应设置防尘垫或刮泥毯，进深不宜小于 3m	《健康建筑设计标准》DB11/2101—2023

续表

内容	条文摘录	引用
健康防疫	4.1.8 建筑室内和建筑出入口处应在醒目位置设置禁烟标识。室外吸烟区与人行通道、出入口、可开启窗、新风取风口、儿童和老年人活动场地等应保持 10m 以上的距离，且在吸烟区醒目位置设置吸烟有害健康的标识	《健康建筑设计标准》DB11/2101—2023
	8.1.2 建筑内宜合理设置交流空间，并符合下列规定： 1 公共建筑宜结合中庭、大堂、门厅、过厅设置休憩和交流场所，宜配备座椅，布置绿植美化空间； 2 住宅建筑宜利用单元入口门厅、会所设置公共交流或邻里交往空间，并宜配备座椅等服务设施，且不影响安全疏散宽度	
	8.2.4 室内设计宜融入自然因素，并宜符合下列规定： 1 室内入口大堂或大厅宜设置植物、水景等自然景观； 2 室内公共空间宜布置艺术装饰品、图像、天然材料等	
	5.2.8 公共建筑及居住街坊内宜设置室内健身空间，并应符合下列规定： 1 宜利用入口大堂、休闲平台、共享空间等公共空间设置室内健身区，并宜配置健身器材；健身区宜有自然通风；与住宅空间贴临的健身区应采取隔振降噪措施	《绿色建筑设计标准》DB11/938—2022
	5.2.9 建筑的主出入口、门厅附近应设置便于日常使用的楼梯，楼梯间宜有天然采光和良好的视野，且与主入口的距离不宜大于 15m；楼梯间入口应设清晰易见的指示标识	
	5.2.13 建筑室内和建筑主出入口处应在醒目位置设置禁烟标志	
	5.3.3 外门窗、幕墙设计应符合下列规定： 6 建筑物主要出入口应设置门斗或其他防止冷风渗透设施	
	5.5.5 根据建筑功能的声环境要求，下列场所的顶棚、墙面应采取相应的吸声措施： 1 展厅、宿舍、学校、医院、旅馆、办公楼的门厅及走廊等人员密集场所的顶棚应采用降噪系数 NRC 不小于 0.40 的吸声材料	
	5.10.1 建筑外墙、屋面、门窗、幕墙及外保温等围护结构应满足安全、耐久、防护及防水要求，并应采取下列保障人员安全的防护措施： 1 建筑物出入口上方均应设置防护挑檐、雨棚，并与人员通行区域的遮阳、遮风或挡雨设施结合，可采用出挑长度不小于 1m 或出入口外门凹入 1m 的方式； 2 宜利用场地绿化景观、裙房形成可降低坠物风险的缓冲区、隔离带，隔离带或缓冲区宽度不宜小于 3m	
	5.10.4 人流量大、开启频繁的公共区域处宜采用带缓冲功能的延时闭门器、带防夹感应的自动门或旋转门、带防夹胶条等防夹功能的门	
	5.10.6 室内外地面或路面应设置防滑措施，并应符合下列规定： 1 建筑出入口及平台、公共走廊、电梯门厅、厨房、浴室、卫生间等应采用防滑地面，室内干态地面静摩擦系数不宜低于 0.60，室外及室内潮湿地面湿态防滑值不宜低于 60	
	10.4.8 室外吸烟区的布置应满足下列要求： 1 室外吸烟区宜布置在建筑主出入口的主导风的下风向，与所有建筑出入口、新风进气口和可开启窗扇的距离不宜少于 8m，且距离儿童和老人活动场地不宜少于 8m； 2 室外吸烟区宜与绿植结合布置，并应合理配置座椅和带烟头收集的垃圾桶，从建筑主出入口至室外吸烟区的导向标识应完整、醒目，吸烟区应设置吸烟有害健康的警示标识	

续表

内容	条文摘录	引用
无障碍	1 形式：a.地面坡度不大于 1∶20 的平坡出入口；b.同时设置台阶和轮椅坡道的出入口；c.同时设置台阶和升降平台的出入口； 2 除平坡出入口外，无障碍出入口的门前应设置平台；在门完全开启的状态下，平台的净深度不应小于 1.5m；无障碍出入口上方应设置雨篷，雨篷出挑的长度宜覆盖整个平台。 3 无障碍出入口的门厅、过厅如设置两道门，门扇同时开启时两道门的间距不应小于 1.5m。 4 出入口设闸机、自动检票设施以及探测仪器的无障碍出入口，通行宽度不应小于 900mm，或者在紧邻闸机处设置供轮椅者通行的出入口，通行宽度不应小于 900mm。 5 室外地面滤水箅子的空洞宽度不应大于 15mm	根据《建筑与市政工程无障碍通用规范》 GB 55019—2021 第 2.4 条 《无障碍设计规范》 GB 50736—2012 第 3.3 条
低位服务台	1 为公众提供服务的各类服务台均应设置低位服务设施，包括问询台、接待处、业务台、收银台、安检验证台、行李托运台、借阅台、饮水机等。 2 低位服务设施前应有轮椅回转空间，回转直径不应小于 1.5m。 3 低位服务设施的上表面距地面高度应为 700～850mm，台面的下部应留出不小于宽 750mm、高 650mm、距地面高度 250mm 范围内，进深不小于 450mm、其他部分进深不小于 250mm 的容膝容脚空间	根据《建筑与市政工程无障碍通用规范》GB 55019—2021 第 3.6 条

（2）设计要点

① 门厅的门斗：严寒和寒冷地区门斗易形成穿堂风，可将外门之间采用隔断分隔开，形成门斗隔间。

② 挑空门厅计容面积：部分地区挑空门厅建筑面积计算，当挑空高度超过一定高度时计容面积按 1.5 倍或 2 倍计容，设计时需要查询当地规定。北京地区需要满足国家规范和北京市规范。

③ 门厅外门宽度：外门门扇开启后的净宽度应与通过该外门所需的疏散宽度相一致。

④ 门厅在首层作为扩大前室时，当同时有首层疏散门、二层疏散楼梯下至首层、地下疏散楼梯上至首层三个疏散方向汇聚时，门厅及其外门所需的计算疏散宽度，各地要求不一样，需要符合当地要求。

⑤ 地下疏散楼梯在首层是否可通过门厅疏散至室外，消防泵房、消防控制室等机房在首层是否可通过门厅疏散至室外，各地要求不一样，需要符合当地要求。

⑥ 电影院候场门厅内的疏散人数计算：候场厅内的疏散人数一般可以按照该电影院内座位数最多的一个观众厅的座位数乘以 1.1 倍的系数确定。

2. 走廊（走道）

（1）规范要点（表 4.1.1-2）

走廊规范要点　　**表 4.1.1-2**

内容	条文摘录	引用
高度	3.2.7 建筑的室内净高应满足各类型功能场所空间净高的最低要求，地下室、局部夹层、公共走道、建筑避难区、架空层等有人员正常活动的场所最低处室内净高不应小于 2.00m	《民用建筑通用规范》 GB 55031—2022
功能	5.3.12 除住宅外，民用建筑的公共走廊净宽应满足各类型功能场所最小净宽要求，且不应小于 1.30m	

续表

<table>
<tr><th>内容</th><th>条文摘录</th><th>引用</th></tr>
<tr><td>高度</td><td>6.5.3-2 开向公共走道的窗扇开启不应影响人员通行，其底面距走道地面的高度不应小于 2.00m</td><td>《民用建筑通用规范》
GB 55031—2022</td></tr>
<tr><td>高度</td><td>6.11.6-2 公共走道的窗扇开启时不得影响人员通行，其底面距走道地面高度不应低于 2.0m</td><td rowspan="3">《民用建筑设计统一标准》
GB 50352—2019</td></tr>
<tr><td>消防</td><td>6.11.9-5 开向疏散走道及楼梯间的门扇开足后，不应影响走道及楼梯平台的疏散宽度</td></tr>
<tr><td>布置</td><td>8.3.5-1 电气竖井的面积、位置和数量应根据建筑物规模、使用性质、供电半径和防火分区等因素确定，每层设置的检修门应开向公共走道。电气竖井不宜与卫生间等潮湿场所相贴邻</td></tr>
<tr><td rowspan="2">设备</td><td>2.0.12 居室（客房）的配电箱不应安装于公共走道、电梯厅内。当居室（客房）内的配电箱安装在橱柜内时，应做好安全防护</td><td rowspan="5">《宿舍、旅馆建筑项目规范》
GB 55025—2022</td></tr>
<tr><td>2.0.15 宿舍、旅馆项目应设置安全防范系统、有线电视系统和信息网络系统。旅馆应在大堂出入口、楼梯间、各楼层的电梯厅、电梯轿厢、公共走道等场所设置视频监控装置。宿舍应在门厅出入口设置视频监控装置</td></tr>
<tr><td rowspan="3">消防</td><td>3.3.6 宿舍的楼梯踏步宽度不应小于 0.27m，踏步高度不应大于 0.165m；楼梯扶手高度自踏步前缘线量起不应小于 0.90m，楼梯水平段栏杆长度大于 0.50m 时，其高度不应小于 1.10m。开敞楼梯的起始踏步与楼层走道间应设有进深不小于 1.20m 的缓冲区。中小学校的学生宿舍楼梯应按国家相关规定执行</td></tr>
<tr><td>4.3.2 单面布房的公共走道净宽不应小于 1.30m，双面布房的公共走道净宽不应小于 1.40m</td></tr>
<tr><td>4.4.2 备品库房应符合下列规定：
2 库房走道和门的宽度应满足物品通行要求</td></tr>
<tr><td>消防</td><td>4.1.9 办公建筑的走道应符合下列规定：
1 宽度应满足防火疏散要求，最小净宽应符合表 4.1.9 的规定。
表 4.1.9 走道最小净宽
<table><tr><th rowspan="2">走道长度（m）</th><th colspan="2">走道净宽（m）</th></tr><tr><th>单面布房</th><th>双面布房</th></tr><tr><td>≤40</td><td>1.30</td><td>1.50</td></tr><tr><td>>40</td><td>1.50</td><td>1.80</td></tr></table>注：高层内筒结构的回廊式走道净宽最小值同单面布房走道。</td><td rowspan="2">《办公建筑设计标准》
JGJ/T 67—2019</td></tr>
<tr><td>高度</td><td>4.1.11-5 走道净高不应低于 2.20m，储藏间净高不宜低于 2.00m</td></tr>
<tr><td rowspan="2">宽度</td><td>4.2.9 大型和中型商店建筑内连续排列的商铺应符合下列规定：
1 各商铺的作业运输通道宜另设；
2 商铺内面向公共通道营业的柜台，其前沿应后退至距通道边线不小于 0.50m 的位置；
3 公共通道的安全出口及其间距等应符合现行国家标准《建筑设计防火规范》GB 50016 的规定</td><td rowspan="4">《商店建筑设计规范》
JGJ 48—2014</td></tr>
<tr><td>4.2.10 大型和中型商店建筑内连续排列的商铺之间的公共通道最小净宽度应符合表 4.2.10 的规定</td></tr>
<tr><td>设备</td><td>4.2.11 大型和中型商场内连续排列的饮食店铺的灶台不应面向公共通道，并应设置机械排烟通风设施</td></tr>
<tr><td>消防</td><td>5.2.4 商店营业区的疏散通道和楼梯间内的装修、橱窗和广告牌等均不得影响疏散宽度</td></tr>
</table>

续表

内容	条文摘录	引用
消防	6.2.4 观众厅外的疏散走道、出口等应符合下列规定： 1 电影院供观众疏散的所有内门、外门、楼梯和走道的各自总宽度均应符合现行国家标准《建筑设计防火规范》GB 50016 及《高层民用建筑设计防火规范》GB 50045 的规定； 2 穿越休息厅或门厅时，厅内存衣、小卖部等活动陈设物的布置不应影响疏散的通畅；2m 高度内应无突出物、悬挂物； 3 当疏散走道有高差变化时宜做成坡道；当设置台阶时应有明显标志、采光或照明； 4 疏散走道室内坡道不应大于 1：8，并有防滑措施；为残疾人设置的坡道坡度不应大于 1：12； 5 电影院疏散走道的防排烟设置应符合现行国家标准《建筑设计防火规范》GB 50016 及《高层民用建筑设计防火规范》GB 50045 的有关规定	《电影院建筑设计规范》 JGJ 58—2008
消防排烟	2.2.5 除有特殊功能、性能要求或火灾发展缓慢的场所可不在外墙或屋顶设置应急排烟排热设施外，下列无可开启外窗的地上建筑或部位均应在其每层外墙和（或）屋顶上设置应急排烟排热设施，且该应急排烟排热设施应具有手动、联动或依靠烟气温度等方式自动开启的功能： 3 任一层建筑面积大于 2500m^2 的商店营业厅、展览厅、会议厅、多功能厅、宴会厅，以及这些建筑中长度大于 60m 的走道； 4 总建筑面积大于 1000m^2 的歌舞娱乐放映游艺场所中的房间和走道	
	6.5.1 建筑内部装修不应擅自减少、改动、拆除、遮挡消防设施或器材及其标识、疏散指示标志、疏散出口、疏散走道或疏散横通道不应擅自改变防火分区或防火分隔、防烟分区及其分隔，不应影响消防设施或器材的使用功能和正常操作	
消防装修	6.5.2 下列部位不应使用影响人员安全疏散和消防救援的镜面反光材料： 1 疏散出口的门； 2 疏散走道及其尽端、疏散楼梯间及其前室的顶棚、墙面和地面	
安全疏散	7.1.3 建筑中的最大疏散距离应根据建筑的耐火等级、火灾危险性、空间高度、疏散楼梯（间）的形式和使用人员的特点等因素确定，并应符合下列规定： 1 疏散距离应满足人员安全疏散的要求； 2 房间内任一点至房间疏散门的疏散距离，不应大于建筑中位于袋形走道两侧或尽端房间的疏散门至最近安全出口的最大允许疏散距离	《建筑防火通用规范》 GB 55037—2022
	7.1.4 疏散出口门、疏散走道、疏散楼梯等的净宽度应符合下列规定： 1 疏散出口门、室外疏散楼梯的净宽度均不应小于 0.80m； 2 住宅建筑中直通室外地面的住宅户门的净宽度不应小于 0.80m，当住宅建筑高度不大于 18m 且一边设置栏杆时，室内疏散楼梯的净宽度不应小于 1.0m，其他住宅建筑室内疏散梯的净宽度不应小于 1.1m； 3 疏散走道、首层疏散外门、公共建筑中的室内疏散楼梯的净宽度均不应小于 1.1m； 4 净宽度大于 4.0m 的疏散楼梯、室内疏散台阶或坡道，应设置扶手栏杆分隔为宽度均不大于 2.0m 的区段	
	7.1.5 在疏散通道、疏散走道、疏散出口处，不应有任何影响人员疏散的物体，并应在疏散通道、疏散走道、疏散出口的明显位置设置明显的指示标志。疏散通道、疏散走道、疏散出口的净高度均不应小于 2.1m。疏散走道在防火分区分隔处应设置疏散门	

续表

内容	条文摘录	引用
安全疏散	7.1.7 疏散出口门应能在关闭后从任何一侧手动开启。开向疏散楼梯（间）或疏散走道的门在完全开启时，不应减少楼梯平台或疏散走道的有效净宽度。除住宅的户门可不受限制外，建筑中控制人员出入的闸口和设置门禁系统的疏散出口门应具有在火灾时自动释放的功能，且人员不需使用任何工具即能容易地从内部打开，在门内一侧的显著位置应设置明显的标识	《建筑防火通用规范》GB 55037—2022
	7.4.2 公共建筑内每个房间的疏散门不应少于 2 个；儿童活动场所、老年人照料设施中的老年人活动场所、医疗建筑中的治疗室和病房、教学建筑中的教学用房，当位于走道尽端时，疏散门不应少于 2 个；公共建筑内仅设置 1 个疏散门的房间应符合条件①	
	7.4.7 除剧场、电影院、礼堂、体育馆外的其他公共建筑，疏散出口、疏散走道和疏散楼梯各自的总净宽度，应根据疏散人数和每 100 人所需最小疏散净宽度计算确定，并应符合规定	
排烟	8.2.2 除不适合设置排烟设施的场所、火灾发展缓慢的场所可不设置排烟设施外，工业与民用建筑的下列场所或部位应采取排烟等烟气控制措施： 10 建筑高度大于 32m 的厂房或仓库内长度大于 20m 的疏散走道，其他厂房或仓库内长度大于 40m 的疏散走道，民用建筑内长度大于 20m 的疏散走道	
装修	5.1.8 二级耐火等级建筑内采用不燃材料的吊顶，其耐火极限不限； 二、三级耐火等级建筑内门厅、走道的吊顶应采用不燃材料	《建筑设计防火规范》GB 50016—2014（2018 年版）
平面布局	5.4.9 歌舞厅、录像厅、夜总会、卡拉 OK 厅（含具有卡拉 OK 功能的餐厅）、游艺厅（含电子游艺厅）、桑拿浴室（不包括洗浴部分）、网吧等歌舞娱乐放映游艺场所（不含剧场、影院）的布置应符合下列规定： 1 不应布置在地下二层及以下楼层； 2 宜布置在一、二级耐火等级建筑内的首层、二层或三层的靠外墙部位； 3 不宜布置在袋形走道的两侧或尽端； 4 确需布置在地下一层时，地下一层的地面与室外出入口地坪的高差不应大于 10m； 5 确需布置在地下或四层及以上楼层时，一个厅、室的建筑面积不应大于 200m²； 6 厅、室之间及与建筑的其他部位之间，应采用耐火极限不低于 2.00h 的防火隔墙和 1.00h 的不燃性楼板分隔，设置在厅、室墙上的门和该场所与建筑内其他部位相通的门均应采用乙级防火门	
安全疏散	5.4.11 设置商业服务网点的住宅建筑，其居住部分与商业服务网点之间应采用耐火极限不低于 2.00h 且无门、窗、洞口的防火隔墙和 1.50h 的不燃性楼板完全分隔，住宅部分和商业服务网点部分的安全出口和疏散楼梯应分别独立设置。 商业服务网点中每个分隔单元之间应采用耐火极限不低于 2.00h 且无门、窗、洞口的防火隔墙相互分隔，当每个分隔单元任一层建筑面积大于 200m² 时，该层应设置 2 个安全出口或疏散门。每个分隔单元内的任一点至最近直通室外的出口的直线距离不应大于本规范表 5.5.17 中有关多层其他建筑位于袋形走道两侧或尽端的疏散门至最近安全出口的最大直线距离	
	5.5.15 公共建筑内房间的疏散门数量应经计算确定且不应少于 2 个。除托儿所、幼儿园、老年人照料设施、医疗建筑、教学建筑内位于走道尽端的房间外，符合条件的房间可设置 1 个疏散门	
	5.5.18 除本规范另有规定外，公共建筑内疏散门和安全出口的净宽度不应小于 0.90m，疏散走道和疏散楼梯的净宽度不应小于 1.10m。 高层公共建筑内楼梯间的首层疏散门、首层疏散外门、疏散走道和疏散楼梯的最小净宽度应符合表 5.5.18 的规定	

续表

内容	条文摘录	引用
安全疏散	5.5.20 剧场、电影院、礼堂、体育馆等场所的疏散走道、疏散楼梯、疏散门、安全出口的各自总净宽度，应符合规定	《建筑设计防火规范》 GB 50016—2014（2018 年版）
	5.5.21 除剧场、电影院、礼堂、体育馆外的其他公共建筑，其房间疏散门、安全出口、疏散走道和疏散楼梯的各自总净宽度，应符合规定	
可燃物	8.3.3-a) 营业厅主要疏散通道应直通安全出口	《人员密集场所消防安全管理》 GB/T 40248—2021
	8.3.8 设置在商场、市场内的中庭不应设置固定摊位，放置可燃物等	
	8.4.2 使用人数超过 20 人的厅、室内应设置净宽度不小于 1.1m 的疏散通道，活动座椅应采用固定措施	
	8.4.3 疏散门或疏散通道上、疏散走道及其尽端墙面上、疏散楼梯，不应镶嵌玻璃镜面等影响人员安全疏散行动的装饰物。疏散走道上不应悬挂装饰物、促销广告等可燃物或遮挡物	
	8.5.1 图书馆、教学楼、实验楼和集体宿舍的疏散走道不应设置弹簧门、旋转门、推拉门等影响安全疏散的门。疏散走道、疏散楼梯间不应设置卷帘门、栅栏等影响安全疏散的设施	
	8.7 体育场馆、展览馆、博物馆的展览厅等场所 8.7.4 展厅等场所内的主要疏散通道应直通安全出口，其宽度不应小于 5.0m，其他疏散通道的宽度不应小于 3.0m。疏散通道的地面应设置明显标识	
	7.3-b) 安全出口、疏散通道、疏散楼梯间不应安装栅栏，人员导流分隔区应当有在火灾时自动开启的门或可易于打开的栏杆	《大型商业综合体消防安全管理规则》 XF/T 3019—2023
	7.3-g) 建筑内各单位及相邻场所之间设有共用疏散通道、安全出口的，应建立火灾联动应急疏散机制	
	7.5 大型商业综合体营业厅内的疏散通道设置： a) 营业厅内主要疏散通道应直通安全出口； b) 柜台和货架不应占用疏散通道的设计疏散宽度或阻挡疏散路线； c) 疏散通道的地面上应设置明显的疏散指示标志； d) 营业厅内任一点至最近安全出口或疏散门的直线距离不应超过 37.5m，且行走距离不应超过 45m； e) 营业厅的安全疏散路线不应穿越仓储、办公等功能用房，不应被商户、柜台或摊位圈占；餐厅的安全疏散路线不应穿越厨房操作间	
	3.2.3 楼梯、电梯、走廊、楼梯间、电梯间的防疫设计，应符合下列规定： 1 走廊、楼梯间、电梯间等公共区域，宜采用天然采光、自然通风或设置机械通风； 2 楼梯、电梯扶手应采用易清洁材料； 3 宜采用无接触电梯呼梯操作方式或预留配置手消毒设备的位置	《健康建筑设计标准》 DB11/2101—2023
	5.2.11 建筑新风进风口、排风口设置应符合下列规定： 3 空调室外机应能通畅排放空气和吸入空气，空调室外机不应设置在建筑天井、封闭内走廊等通风不良的位置	《绿色建筑设计标准》 DB11/938—2022
	5.7.3 加强建筑内部的自然通风，应满足下列要求： 4 楼梯间、电梯间、走廊等公共区域宜设置可开启外窗	
	11.3.7 室内装修应对室内地面、楼面设置防滑措施，并应满足下列要求： 2 老幼活动区、公共活动区、公共卫生间、走道、楼梯等均应采用摩擦系数不小于 0.7 的防滑铺装面层材料	

续表

内容	条文摘录	引用
无障碍	2.2 无障碍通道 2.2.1 无障碍通道上有地面高差时，应设置轮椅坡道或缘石坡道。 2.2.2 无障碍通道的通行净宽不应小于 1.20m，人员密集的公共场所的通行净宽不应小于 1.80m。 2.2.3 无障碍通道上的门洞口应满足轮椅通行，各类检票口、结算口等应设轮椅通道，通行净宽不应小于 900mm。 2.2.4 无障碍通道上有井盖、箅子时，井盖、箅子孔洞的宽度或直径不应大于 13mm，条状孔洞应垂直于通行方向。 2.2.5 自动扶梯、楼梯的下部和其他室内外低矮空间可以进入时，应在净高不大于 2.00m 处采取安全阻挡措施	《建筑与市政工程无障碍通用规范》GB 55019—2021
	2.5 门 2.5.1 满足无障碍要求的门应可以被清晰辨认，并应保证方便开关和安全通过。 2.5.2 在无障碍通道上不应使用旋转门。 2.5.3 满足无障碍要求的门不应设挡块和门槛，门口有高差时，高度不应大于 15mm，并应以斜面过渡，斜面的纵向坡度不应大于 1：10。 2.5.4 满足无障碍要求的手动门应符合下列规定： 1 新建和扩建建筑的门开启后的通行净宽不应小于 900mm，既有建筑改造或改建的门开启后的通行净宽不应小于 800mm； 2 平开门的门扇外侧和里侧均应设置扶手，扶手应保证单手握拳操作，操作部分距地面高度应为 0.85～1.00m； 3 除防火门外，门开启所需的力度不应大于 25N。 2.5.5 满足无障碍要求的自动门应符合下列规定： 1 开启后的通行净宽不应小于 1.00m； 2 当设置手动启闭装置时，可操作部件的中心距地面高度应为 0.85～1.00m。 2.5.6 全玻璃门应符合下列规定： 1 应选用安全玻璃或采取防护措施，并应采取醒目的防撞提示措施； 2 开启扇左右两侧为玻璃隔断时，门应与玻璃隔断在视觉上显著区分开，玻璃隔断并应采取醒目的防撞提示措施； 3 防撞提示应横跨玻璃门或隔断，距地面高度应为 0.85～1.50m。 2.5.7 连续设置多道门时，两道门之间的距离除去门扇摆动的空间后的净间距不应小于 1.50m。 2.5.8 满足无障碍要求的安装有闭门器的门，从闭门器最大受控角度到完全关闭前 10°的闭门时间不应小于 3s。 2.5.9 满足无障碍要求的双向开启的门应在可视高度部分安装观察窗，通视部分的下沿距地面高度不应大于 850mm	

注：①表中应符合条件省略，具体内容可参考规范中相应条款，全书表余同。

（2）设计要点

① 疏散走道是指连接房间门至楼层上进入疏散楼梯、疏散楼梯间或防烟楼梯间前室的入口，直接通向室外的出口等安全出口的廊道。要求具有一定的防火、防烟性能。在疏散走道两侧的防火隔墙上，除必须布置用于交通联系的门外，不应开设其他窗洞口；当必须开设其他窗洞口时，应采取相应的防烟防火措施或使之具有一定的防烟性能，对于门上的亮窗，因面积较小，可以不考虑［引自《〈建筑防火通用规范〉GB 55037—2022 实施指南》P297-（4）］。

② 疏散走道的净宽度应为走道两侧完成墙面之间的最小水平净距；当一侧为栏杆或有扶手、一侧为墙体时，疏散走道的净宽度应为走道一侧完成墙面与栏杆或扶手内侧之间的最小水平净距；当疏散走道两侧有栏杆或扶手时疏散走道的净宽度应为其两侧栏杆或扶手内侧之间的最小水平净距。当上述情况有多个计算值时，应为其中的较小者（图 4.1.1-1）［引自《〈建筑防火通用规范〉GB 55037—2022 实施指南》P295-（2）］。

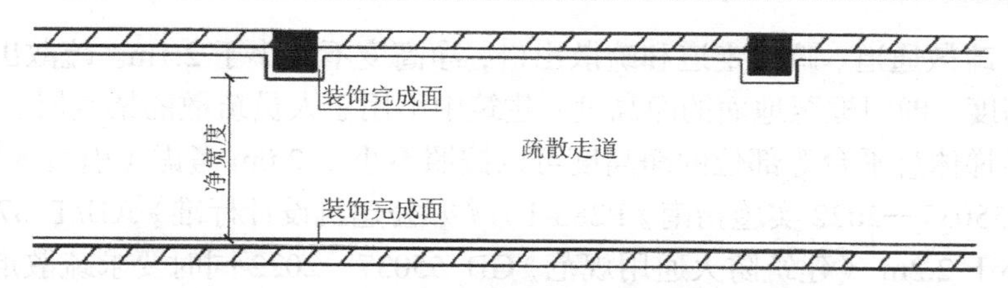

图 4.1.1-1　疏散走道的最小净宽度测量方法示意图

③ 疏散走道宽度

a. 疏散出口、疏散走道的宽度沿疏散方向不应小于所经过的出口、走道的宽度。疏散走道的宽度应根据走道的长度和同时进入走道内的人数计算确定，且疏散走道的宽度不应小于连通该走道的任一疏散门的宽度。同时，从疏散走道、房间进入楼梯间的门的宽度不应小于所连接走道或房间最大疏散距离覆盖范围内分配的疏散宽度，楼梯间内梯段的宽度不应小于从疏散走道、房间进入楼梯间的门的宽度。但当疏散楼梯、疏散走道、疏散通道的宽度大于 2.0m 时，应采用栏杆隔开，分隔后的每个通道宽度不应大于 2.0m［引自《〈建筑防火通用规范〉GB 55037—2022 实施指南》P280-（3）］。

b. 当地下部分和地上部分的疏散楼梯分别通过不同的疏散走道直通室外或通过门厅直通室外时，疏散走道的净宽度不应小于各自所连接的疏散楼梯的净宽度。

c. 地上地下多部疏散楼梯需要利用同一条疏散走道通至室外时，疏散走道的净宽度应充分考虑合流的疏散人数因降低疏散速度，导致疏散时间延长而对疏散楼梯间内疏散人员可能带来的压力，以及在该疏散走道内产生的不安全因素，并通过加大此疏散走道的宽度、提高疏散照明的照度、改进疏散指示标志及其设置高度和间距等措施，保证人员疏散的安全［引自《〈建筑防火通用规范〉GB 55037—2022 实施指南》P298-（4）］。

d. 北京地区要求地下楼梯首层通过扩大前室或扩大封闭楼梯直通室外，不能通过普通门厅疏散至室外。

④ 房间疏散门是建筑内的房间直接开向疏散走道的门，或直接通室外的安全出口，并应符合安全出口的设置要求。对于设置套房的房间，内部套房的门不能计作该房间的疏散门［引自《〈建筑防火通用规范〉GB 55037—2022 实施指南》P283-（1）］。

⑤ 房间疏散门向疏散走道开启时，管井和设备机房一般不考虑疏散门开启后对走道宽度减小的影响。其他房间应考虑向疏散走道一侧开启的疏散门在开启后对疏散走道净宽度的影响（图 4.1.1-2）。

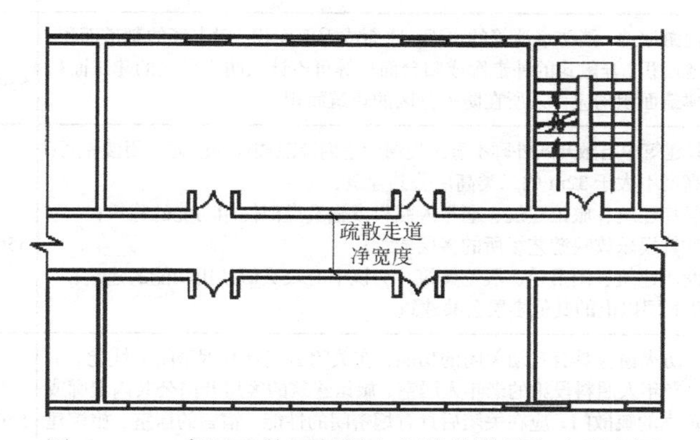

图 4.1.1-2　房间疏散门不侵入走道的设置方法示意图

⑥净高：疏散通道、疏散走道和疏散出口，净高度不应小于 2.1m。疏散出口应为出口处门口的净高度，即门框至地面的净高度。建筑中不用于人员疏散的架空层、楼梯、走道、坡道、公共楼梯休息平台等部位的净高度可以按照不小于 2.0m 考虑（引自《〈建筑防火通用规范〉GB 55037—2022 实施指南》P283-1）。《办公建筑设计标准》JGJ/T 67—2019 要求走道净高不小于 2.2m。《建筑防火通用规范》GB 55037—2022 同时要求疏散走道避免被建筑构配件和火灾烟气遮挡。

所有门均带门框，建议疏散出口不宜低于 2200mm；如疏散走道、通道和疏散出口上方设置安全疏散指示，不宜低于 2400mm；同时需考虑挡烟垂壁（包括挡烟垂壁和挡烟垂帘）对净高影响。

⑦疏散走道出到室外，若室外通道有顶盖，是否可认定为室外空间各地要求不同，需满足当地要求。如广东地区按顶盖高度 45°进深范围内认定为室外空间。另外多个疏散出口、疏散楼梯通至同一室外通道时，通道宽度也需满足当地要求。

⑧无障碍通道上及内部有无障碍服务设施的平开门、推拉门、折叠门的门把手一侧的墙面，应设宽不小于 400mm 的墙面；见图 4.1.1-3（引自《无障碍设计规范》GB 50763—2012 第 3.5.3-5 条）。

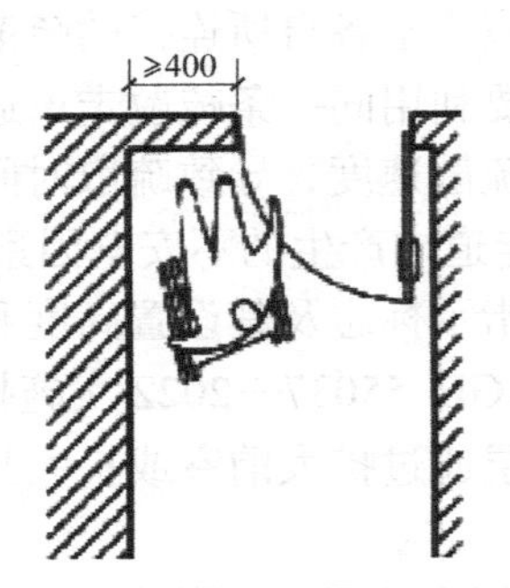

图 4.1.1-3 无障碍服务设施的设置墙面

3. 外走廊

（1）规范要点（表 4.1.1-3）

外走廊规范要点 表 4.1.1-3

内容	条文摘录	引用
消防	除建筑内游泳池、消防水池等的水面、冰面或雪面面积，射击场的靶道面积，污水沉降池面积，开敞式的外走廊或阳台面积等可不计入防火分区的建筑面积外，其他建筑面积均应计入所在防火分区的建筑面积	《建筑防火通用规范》GB 55037—2022 第 4.1.2 条
	下列公共建筑中与敞开式外廊不直接连通的室内疏散楼梯均应为封闭楼梯间： 1 建筑高度不大于 32m 的二类高层公共建筑； 2 多层医疗建筑、旅馆建筑、老年人照料设施及类似使用功能的建筑； 3 设置歌舞娱乐放映游艺场所的多层建筑； 4 多层商店建筑、图书馆、展览建筑、会议中心及类似使用功能的建筑； 5 6 层及 6 层以上的其他多层公共建筑	《建筑防火通用规范》GB 55037—2022 第 7.4.5 条
	防火门、防火窗应具有自动关闭的功能，在关闭后应具有烟密闭的性能。宿舍的居室、老年人照料设施的老年人居室、旅馆建筑的客房开向公共内走廊或封闭式外走廊的疏散门，应在关闭后具有烟密闭的性能。宿舍的居室、旅馆建筑的客房的疏散门，应具有自动关闭的功能	《建筑防火通用规范》GB 55037—2022 第 6.4.1 条

续表

内容	条文摘录	引用
面积计算	无围护结构、有围护设施、无柱、附属在建筑外围护结构、不封闭的建筑空间，应按其围护设施外表面所围空间水平投影面积的 1/2 计算	《民用建筑通用规范》GB 55031—2022 第 3.1.4.4 条
	无围护结构、以柱围合，或部分围护结构与柱共同围合，不封闭的建筑空间，应按其柱或外围护结构外表面所围空间的水平投影面积计算	《民用建筑通用规范》GB 55031—2022 第 3.1.4.2 条
	无围护结构有围护设施，无柱，部分有顶盖的外走廊，应按有顶盖部分投影面积的 1/2 计算	参见重庆市地方标准，具体需以各地方面积计算要求为准
	建筑物墙外有顶盖和柱的走廊、挑廊按柱的外边线水平投影面积计算建筑面积；无柱的走廊、挑廊按其水平投影面积的一半计算建筑面积	《北京市地区建设工程规划设计通则》第 2.1.2.15 条
安全防护	阳台、外廊、室内回廊、中庭、内天井、上人屋面及楼梯等处的临空部位应设置防护栏杆（栏板），并应符合下列规定： 1 栏杆（栏板）应以坚固、耐久的材料制作，应安装牢固，并应能承受相应的水平荷载； 2 栏杆（栏板）垂直高度不应小于 1.10m。栏杆（栏板）高度应按所在楼地面或屋面至扶手顶面的垂直高度计算，如底面有宽度大于或等于 0.22m，且高度不大于 0.45m 的可踏部位，应按可踏部位顶面至扶手顶面的垂直高度计算	《民用建筑通用规范》GB 55031—2022 第 6.6.1 条

（2）设计要点

① 对于建筑室内空间通过开敞式外走廊疏散至楼梯间的情况，临外走廊一侧外墙耐火极限应按照外墙与疏散走道两侧隔墙耐火极限高者进行控制，具体要求见《建筑防火通用规范》GB 55037—2022 第 5.1.2 条。

② 外廊排水设计是保障建筑安全性的重要组成部分，对于外廊排水设计做以下建议：

a. 合理的地面坡度设计，设置不小于 1%的向外找坡，将雨水汇至排水沟或者雨水口；

b. 考虑建筑美观问题，外廊通常选择设置排水沟；建议选用地面缝隙大的成品线性排水沟或者选用排水箅子的形式加速雨水排放；

c. 外廊采用架空地面形式，将雨水排放至架空层，避免雨水在地面积聚；

d. 开向外廊的房间门口设置门槛，防止雨水无法及时排放；

e. 当外廊外防护措施为实体栏板时，应考虑在实体防护栏板下部设置溢流口。

外廊排水设计，如图 4.1.1-4 所示。

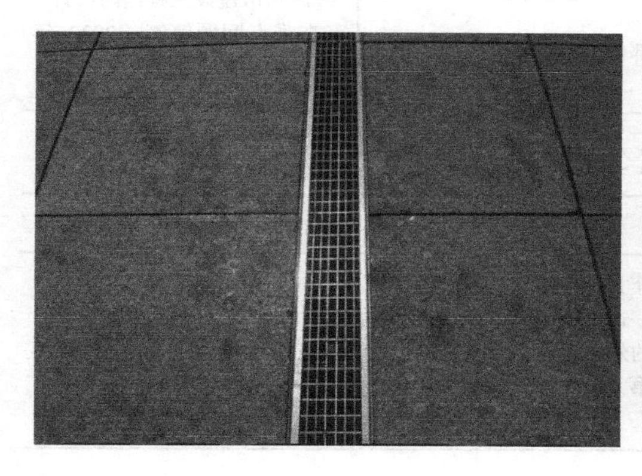

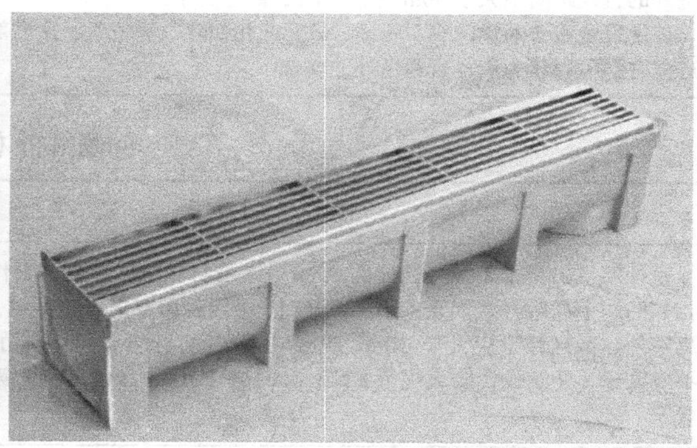

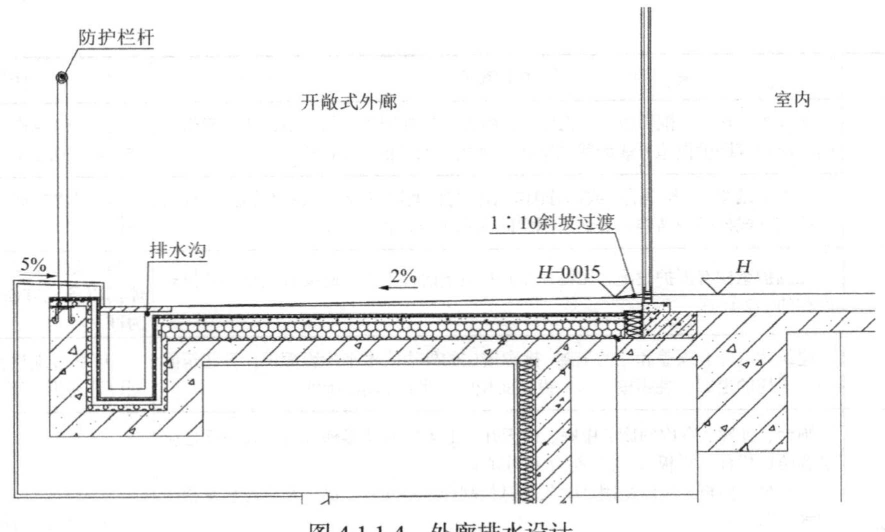

图 4.1.1-4 外廊排水设计

（3）问题解析

【A 问】：位于建筑首层架空层内较深入位置的门厅、房间或楼梯间，其开入架空层的疏散门，是否可以认定为直通室外安全区域的出口？还有，位于首层开向一端有敞口的廊道上的疏散门呢？是否需要有关于空间尺寸的附加规定作为前提？

【答】：表 4.1.1-4 为各地区对于此条文的相关解析可供参考，具体应咨询各地相关图审单位。

【B 问】：首层架空层是否可以看做室外安全区？

【答】：表 4.1.1-5 为各地区对于此条文的相关解析可供参考，具体应咨询各地相关图审单位。

问题解析（一） 表 4.1.1-4

条文摘录	引用
当首层疏散至室外空间处是具有三面围护结构且有顶盖的通道时，当层高≤6m 时，通道的水平直线长度不应大于 6m，当 6m＜层高≤10m 时，通道的水平直线长度是层高的 1.2～1.5 倍，当层高＞10m 时，通道的水平直线长度是层高的 2.0 倍，且宽度不应小于 3m	《陕西省建筑防火设计、审查、验收疑难问题技术指南》第 5.0.11 条
处于建筑两个长边及以上的外墙均开敞的首层架空层中的安全出口和疏散出口，当其直通室外的直线距离不大于 30m 时，等同于直通室外。 首层安全出口通过凹廊、骑楼、敞廊或相似建筑部位时，这类部位的开口面宽宽度不小于进深时，可以认为满足直通室外的要求	《广州市建设工程消防设计、审查难点问题解答（2023 年版）》第 2.5.42 条

问题解析（二） 表 4.1.1-5

条文摘录	引用
室外架空层当采用燃烧性能为 A 级的装修材料进行装修，只作为交通空间使用，至少有相邻的两个面敞开或周长的 1/3 敞开时，可以看做室外安全区域，通往架空层的疏散楼梯距离室外露天区域不应大于 30m；首层功能房间直接开向架空层的外门距离投影外边缘距离不应大于《建筑设计防火规范》GB 50016—2014（2018 年版）第 5.5.17 条安全疏散距离的规定	《大连市建设工程消防设计审查验收技术指南（2023 年版）》第 1.4.4 条

续表

条文摘录	引用
利用架空层等空间直通室外时，当疏散外门至架空层投影外边缘的水平距离超过 6m 且大于架空层层高时，水平疏散距离应计算至架空层投影外边缘；住宅建筑架空层仅作为景观、人员通行使用时，疏散外门至架空层投影外边缘的水平距离不应超过 15m	《浙江省消防难点问题操作技术指南（2020 版）》第 4.1.34条
房间疏散门与架空层投影外边缘距离不应大于《建筑设计防火规范》GB 50016—2014（2018 年版）第 5.5.17 条安全疏散距离的规定。开设在架空层的楼梯出口至架空层投影外边缘距离不应大于 15m。利用架空区等空间直通室外，当疏散外门至架空区投影外边缘的水平距离超过 6m 或大于架空层层高时，《建筑设计防火规范》GB 50016—2014（2018 年版）第 5.5.17 条的水平疏散距离应计算至架空层投影外边缘	《安徽省建设工程消防设计审查验收工作疑难问题解答（验收稿）（2022 年版）》第 1.5.34条
公共建筑首层的房间开向无使用功能的架空层时，房间疏散门与架空层投影外边缘距离不应大于《建筑设计防火规范》GB 50016—2014（2018 年版）第 5.5.17 条安全疏散距离的规定。开设的架空层内的楼梯间或前室出口至架空层投影外边缘距离不应大于 15m	《湖北省建设工程消防设计审查验收疑难问题技术指南（2022 年版）》第 3.5.41 条
处于建筑两个长边及以上的外墙均开敞的首层架空层中的安全出口和疏散出口，当其直通室外的直线距离不大于 30m 时，等同于直通室外。首层安全出口通过凹廊、骑楼、敞廊或相似建筑部位时，这类部位的开口进深满足以下要求时，可认为满足直通室外的要求。① 净高不大于 6m 时，开口进深不应大于 1 倍开口净高。②净高大于 6m 但不大于 10m 时，开口进深不应大于 1.5 倍开口净高。3 净高大于 10m 时，开口进深不应大于 2 倍开口净高	《广东省建设工程消防设计审查疑难问题解析（2023 年版）》第 2.5.42 条
当楼梯间通至的架空层为安全区时，可认定为楼梯间直通室外。架空层满足以下条件时，可认定为安全区：①建筑架空层除通行功能外不应设置其他功能；②建筑架空层内不应设可燃物；③ 建筑架空层应具备自然排烟条件；④建筑架空层全架空无外围护结构或三面架空无外围护结构，另一面贴临防火墙。架空部分能直通室外、架空部分任意一点距架空空间外缘的疏散距离不大于 30m；⑤ 对于开敞少于三面的局部架空，该区域进深和高度之比小于 1∶1	《重庆市建设工程消防设计技术疑难问题研究（培训资料）（2023 年版）》问题四
建筑首层的安全出口需通过架空层至室外时，架空层应仅作为景观、通行使用，且安全出口至架空层投影外边缘的水平距离不应超过 15m	《四川省房屋建筑工程消防设计技术审查要点（试行）（2022 年版）》第 7.2.6 条
当首层疏散至室外空间处是具有三面围护墙体且有顶盖的通道时，除首层疏散门外，通道内不应开设任何门窗洞口，通道内应设置疏散应急照明，通道的长度、宽度应符合下列要求：①当通道净高 ≤ 6m 时，通道的水平直线长度不应大于 6.0m；②当 6m < 通道净高 ≤ 10m 时，通道的水平直线长度不应大于净高的 1.5 倍；③ 当通道净高 > 10m 时，通道的水平直线长度不应大于净高的 2.0 倍且宽度不应小于 3m	《四川省房屋建筑工程消防设计技术审查要点（试行）（2022 年版）》第 7.2.7 条
首层疏散采用具有三面围护结构且有顶盖的通道，当通道的水平直线长度不大于 30m 时，在此通道范围内可设置固定乙级防火窗和向外开启的乙级防火门；当通道的水平直线长度大于 30m 时，应参照避难走道设置要求采取防火分隔措施	《贵州省消防技术规范疑难问题技术指南（2022 年版）》第 1.5.5 条
当首层疏散至室外空间处是具有三面围护结构且有顶盖的通道时，当层高 ≤ 6m 时，通道的水平直线长度不应大于 6m，当 6m < 层高 ≤ 10m 时，通道的水平直线长度是层高的 1.2～1.5 倍，当层高 > 10m 时，通道的水平直线长度是层高的 2.0 倍，且宽度不应小于 3m	《陕西省建筑防火设计、审查、验收疑难问题技术指南（2021 年版）》第 5.0.11 条

4. 人行连廊

连接城市不同区域或建筑的空中或地面步行系统；连廊宜与周围建筑统筹考虑，同步规划、同步设计、同步施工、同步验收。连廊应根据人流量、流向调查，做好桥上、桥下附近相关区域系统的交通组织设计并加强行人导向标志牌的设置（图 4.1.1-5）。

图 4.1.1-5 人行连廊

（1）规范要点（表 4.1.1-6）

人行连廊规范要点 表 4.1.1-6

内容	条文摘录	引用
安全防护	6.6.1 阳台、外廊、室内回廊、中庭、内天井、上人屋面及楼梯等处的临空部位应设置防护栏杆（栏板），并应符合下列规定： 1 栏杆（栏板）应以坚固、耐久的材料制作，应安装牢固，并应能承受相应的水平荷载； 2 栏杆（栏板）垂直高度不应小于 1.10m。栏杆（栏板）高度应按所在楼地面或屋面至扶手顶面的垂直高度计算，如底面有宽度大于或等于 0.22m，且高度不大于 0.45m 的可踏部位，应按可踏部位顶面至扶手顶面的垂直高度计算	《民用建筑通用规范》GB 55031—2022
	6.6.4 公共场所的临空且下部有人员活动部位的栏杆（栏板），在地面以上 0.10m 高度范围内不应留空	
	连廊、过街天桥栏杆高度从可踏部位起算不应小于 1.2m，应采用不可攀爬形式。栏杆底部踢脚高度不应小于 0.15m。注：设计中应注意除国标外部分省市对连廊有各自要求	深圳市《人行天桥和连廊的设计标准》第 3.0.9 条
净高控制	通行小客车、大型客车、铰接客车的混行机动车道最小净高为 4.5m	《城市道路交通工程项目规范》GB 55011—2021 第 3.1.4条
	跨城市主干道的连廊（天桥），桥下最小净高为 5.0m，跨城市次干道和支路的天桥，桥下最小净高为 4.5m；跨消防车道的连廊，廊下最小净高为 4.0m； 桥下净高设置应考虑施工误差、构造变形和桥下道路维修等因素的影响，必要时可增加 0.2m 的充裕量； 各地区有明确要求的应按照各地区执行，无具体要求可参照此执行	深圳市《人行天桥和连廊的设计标准》SJG 70—2020 第 3.0.8 条
消防	6.6.1 天桥、跨越房屋的栈桥以及供输送可燃材料、可燃气体和甲、乙、丙类液体的栈桥，均应采用不燃材料	《建筑设计防火规范》GB 50016—2014（2018 年版）
	6.6.2 输送有火灾、爆炸危险物质的栈桥不应兼作疏散通道	
	6.6.3 封闭天桥、栈桥与建筑物连接处的门洞以及敷设甲、乙、丙类液体管道的封闭管沟（廊），均宜采取防止火灾蔓延的措施	
	6.6.4 连接两座建筑物的天桥、连廊，应采取防止火灾在两座建筑间蔓延的措施。当仅供通行的天桥、连廊采用不燃材料，且建筑物通向天桥、连廊的出口符合安全出口的要求时，该出口可作为安全出口	
	相邻建筑通过连廊、天桥或者底部的建筑物等连接时，其间距不应小于《建筑设计防火规范》GB 50016—2014（2018 年版）第 5.2.2 条的相关要求	
	“室外疏散安全区”是在建筑火灾时能够容纳建筑内疏散出来并需要临时停留的全部人员，具备人员安全停留和疏散至更安全区域的条件的室外露天、半露天场地。常见的室外疏散安全区主要有：室外设计地面，露天下沉广场或庭院，上人屋面或露天平台，连接相邻建筑的敞开或半敞开的天桥或连廊，室外楼梯，建筑中连接疏散楼梯（间）、相邻建筑上人屋面、天桥的敞开外廊等	《〈建筑防火通用规范〉GB 55037—2022 实施指南》

续表

内容	条文摘录	引用
面积计算	3.1.4 永久性结构的建筑空间，有永久性顶盖、结构层高或斜面结构板顶高在 2.20m 及以上的，应按下列规定计算建筑面积： 1 有围护结构、封闭围合的建筑空间，应按其外围护结构外表面所围空间的水平投影面积计算； 2 无围护结构、以柱围合，或部分围护结构与柱共同围合，不封闭的建筑空间，应按其柱或外围护结构外表面所围空间的水平投影面积计算； 3 无围护结构、单排柱或独立柱、不封闭的建筑空间，应按其顶盖水平投影面积的 1/2 计算； 4 无围护结构、有围护设施、无柱、附属在建筑外围护结构、不封闭的建筑空间，应按其围护设施外表面所围空间水平投影面积的 1/2 计算	《民用建筑通用规范》GB 55031—2022

（2）问题解析

【问】两建筑间的封闭连廊是否需要计入防火分区面积？

【答】建筑之间的连廊应视其功能和分隔情况确定是否需要单独划分防火分区，或将其建筑面积计入相邻任一建筑的防火分区（引自《〈建筑防火通用规范〉GB 55037—2022 实施指南》第 4.1.2 节）。

封闭式外廊与建筑内部空间联系紧密，部分除交通空间外，兼具商业摊位或其他用途，应与相邻区域共同划分防火分区或独立划分防火分区（引自《〈建筑防火通用规范〉GB 55037—2022 实施指南》第 6.6.1-3 条）。

4.1.2　中庭及回廊

1. 中庭

《民用建筑设计术语标准》GB/T 50504—2009 的定义，建筑中贯通多层的室内大厅。《建筑设计资料集（第三版）》（第 5 分册）的定义：建筑中通高 2 层及 2 层以上且有顶盖，具备交通、交往、休息、休闲、景观、展示、销售宣传等多种功能的室内公共空间。其平面呈“点”状或“面”状者称“中庭”，平面呈“线”状者称“室内步行街”。

（1）规范要点（表 4.1.2-1）

中庭规范要点　　表 4.1.2-1

内容	条文摘录	引用
节能	3.2.11 建筑中庭应充分利用自然通风降温，可设置机械排风装置加强自然补风	《公共建筑节能设计标准》GB 50189—2015
	3.1.10-3 建筑中庭夏季宜充分利用自然通风降温	《公共建筑节能设计标准》DB11/687—2015
排烟	2.2.5 除有特殊功能、性能要求或火灾发展缓慢的场所可不在外墙或屋顶设置应急排烟排热设施外，下列无可开启外窗的地上建筑或部位均应在其每层外墙和（或）屋顶上设置应急排烟排热设施，且该应急排烟排热设施应具有手动、联动或依靠烟气温度等方式自动开启的功能： 5 靠外墙或贯通至建筑屋顶的中庭	《建筑防火通用规范》GB 55037—2022
	8.2.2 除不适合设置排烟设施的场所、火灾发展缓慢的场所可不设置排烟设施外，工业与民用建筑的下列场所或部位应采取排烟等烟气控制措施： 9 中庭	

续表

内容	条文摘录	引用
防火分区 防火分隔	5.3.2 建筑内设置自动扶梯、敞开楼梯等上、下层相连通的开口时，其防火分区的建筑面积应按上、下层相连通的建筑面积叠加计算；当叠加计算后的建筑面积大于本规范第 5.3.1 条的规定时，应划分防火分区。 建筑内设置中庭时，其防火分区的建筑面积应按上、下层相连通的建筑面积叠加计算；当叠加计算后的建筑面积大于本规范第 5.3.1 条的规定时，应符合下列规定： 1 与周围连通空间应进行防火分隔：采用防火隔墙时，其耐火极限不应低于 1.00h；采用防火玻璃墙时，其耐火隔热性和耐火完整性不应低于 1.00h，采用耐火完整性不低于 1.00h 的非隔热性防火玻璃墙时，应设置自动喷水灭火系统进行保护；采用防火卷帘时，其耐火极限不应低于 3.00h，并应符合本规范第 6.5.3 条的规定；与中庭相连通的门、窗，应采用火灾时能自行关闭的甲级防火门、窗； 2 高层建筑内的中庭回廊应设置自动喷水灭火系统和火灾自动报警系统； 3 中庭应设置排烟设施； 4 中庭内不应布置可燃物	《建筑设计防火规范》GB 50016—2014（2018 年版）
防火分隔	6.5.3 防火分隔部位设置防火卷帘时，应符合下列规定： 1 除中庭外，防火分隔部位的宽度不大于 30m 时，防火卷帘的宽度不应大于 10m；当防火分隔部位的宽度大于 30m 时，防火卷帘的宽度不应大于该部位宽度的 1/3，且不应大于 20m	
	8.5.3 民用建筑的下列场所或部位应设置排烟设施： 2 中庭	
可燃物	7.3-d) 除采用不燃材料制作的休息座椅外，有顶棚的步行街上、中庭内、自动扶梯下方不准许设置店铺、摊位、展位、游乐设施，不准许堆放可燃物	《大型商业综合体消防安全管理规则》XF/T 3019—2023
自然通风	5.7.3 加强建筑内部的自然通风，应满足下列要求： 2 设有中庭的建筑宜在上部设置可开启窗，可开启窗在冬季应能关闭	《绿色建筑设计标准》DB11/938—2022

（2）设计要点

① 不同地区对中庭的定义不同，如上海中庭是指三层或三层以上或净高大于等于 9m，且对边最小净距离不小于 6m，且连通空间的最小投影面积大于 100m² 的大容积空间（参考上海市《建筑防排烟系统设计标准》DG/TJ08—88—2021）。

②《关于加强超大城市综合体消防安全工作的指导意见》（公消〔2016〕113 号）规定，提高有顶步行街设防等级。对于利用建筑内部有顶棚的步行街进行安全疏散的超大城市综合体，步行街首层与地下层之间不应设置中庭、自动扶梯等上下连通的开口。步行街、中庭等共享空间设置的自动排烟窗，应具有与自动报警系统联动和手动控制开启的功能，并宜能依靠自身重力下滑开启。

③ 当中庭与各楼层相连通的开口处设有防火分隔，如观光电梯包含在中庭内，则对此电梯井及其围护结构无防火要求；如将观光电梯分隔在中庭外，电梯井和电梯属于楼层上防火分区内的一部分，电梯井道应具有相应的耐火性能。

④ 北京地区要求，即使中庭在首层与相邻区域为一个防火分区，中庭洞口在首层也要求设置防火卷帘，且卷帘围合面积的安全疏散需遵照房间的安全疏散相关要求。

⑤ 应急排烟排热设施的具体设置要求参见《建筑防烟排烟系统技术标准》GB 51251—

2017 等技术标准的规定。

⑥ 建筑的上、下楼层处于同一个防火分区，但不同楼层上的房间可能通过外墙开口蔓延火灾时，仍需要采取防火措施；当外墙内直接面对的是中庭，上、下层在这部分处于同一空间时，则不需要对这些楼层的相应部位外墙开口采取防火措施（引自《〈建筑防火通用规范〉GB 55037—2022 实施指南》P221）。

2. 回廊

《民用建筑设计术语标准》GB/T 50504—2009 的定义，回廊是围绕中庭或庭院的走廊。

（1）规范要点（表 4.1.2-2）

回廊规范要点　　　　表 4.1.2-2

内容	条文摘录	引用
安全防护	2.0.17 开敞阳台、外廊、室内回廊、中庭、内天井、上人屋面及室外楼梯等部位临空处应设置防护栏杆或栏板，并应符合下列规定： 1 防护栏杆或栏板的材料应坚固、耐久； 2 宿舍类建筑的防护栏杆或栏板垂直净高不应低于 1.10m，学校宿舍的防护栏杆或栏板垂直净高不应低于 1.20m； 3 旅馆类建筑的防护栏杆或栏板垂直净高不应低于 1.20m； 4 放置花盆处应采取防坠落措施	《宿舍、旅馆建筑项目规范》GB 55025—2022
防火分区 防火分隔	5.3.2 建筑内设置自动扶梯、敞开楼梯等上、下层相连通的开口时，其防火分区的建筑面积应按上、下层相连通的建筑面积叠加计算；当叠加计算后的建筑面积大于本规范第 5.3.1 条的规定时，应划分防火分区。 建筑内设置中庭时，其防火分区的建筑面积应按上、下层相连通的建筑面积叠加计算；当叠加计算后的建筑面积大于本规范第 5.3.1 条的规定时，应符合下列规定： 2 高层建筑内的中庭回廊应设置自动喷水灭火系统和火灾自动报警系统	《建筑设计防火规范》GB 50016—2014（2018 年版）
防火分隔	5.3.6 餐饮、商店等商业设施通过有顶棚的步行街连接，且步行街两侧的建筑需利用步行街进行安全疏散时，应符合下列规定： 4 当步行街两侧的建筑为多个楼层时，每层面向步行街一侧的商铺均应设置防止火灾竖向蔓延的措施，并应符合本规范第 6.2.5 条的规定；设置回廊或挑檐时，其出挑宽度不应小于 1.2m；步行街两侧的商铺在上部各层需设置回廊和连接天桥时，应保证步行街上部各层楼板的开口面积不应小于步行街地面面积的 37%，且开口宜均匀布置	

（2）设计要点

① 中庭回廊在首层不应在防火分隔处设置具有分步降落功能的防火卷帘，疏散口应采用疏散门（图 4.1.2-1）。

② 当中庭的防火分隔不是设置在上下楼层的中庭开口部位时，可以设置在其他区域与回廊连接处，且可采用耐火极限不低于 1.00h 的防火分隔等措施。房间与中庭回廊相通的门、窗应设能自行关闭的乙级防火门、与中庭相连的过厅、通道处应设防火门或防火卷帘。

③ 中庭及回廊内的疏散人数，应根据中庭贯通的楼层及其回廊所在楼层的使用功能，按照国家相关标准有关疏散人数计算方法确定。

疏散门的净宽度应根据相应疏散区域的疏散人数确定，应依具体疏散路径与对应的疏散走道和安全出口或疏散门统筹考虑。在确定与中庭及其回廊连通的其他区域中的疏散走道和安全出口的宽度时，应考虑来自中庭及其回廊的疏散人数。

④ 中庭回廊周围房间开向回廊的门应考虑其向外开启时对回廊疏散宽度的影响。当回廊宽度大于实际疏散走道所需宽度时，疏散门侵入回廊内的宽度可以减小回廊中冗余部分的宽度。

⑤ 在中庭的回廊周围设置办公室、教室、客房等分隔较小的房间，回廊与周围房间相交处进行防火分隔，房间与回廊相通的门属于疏散门，应采用甲级防火门：房间门的开启方向可以根据疏散人数确定，当一樘门的疏散人数小于 30 人时，其开启方向不限。隔墙为具有耐火极限的隔墙。

⑥ 在中庭的回廊周围设置营业厅、展览厅、餐厅等较大面积的开敞空间。

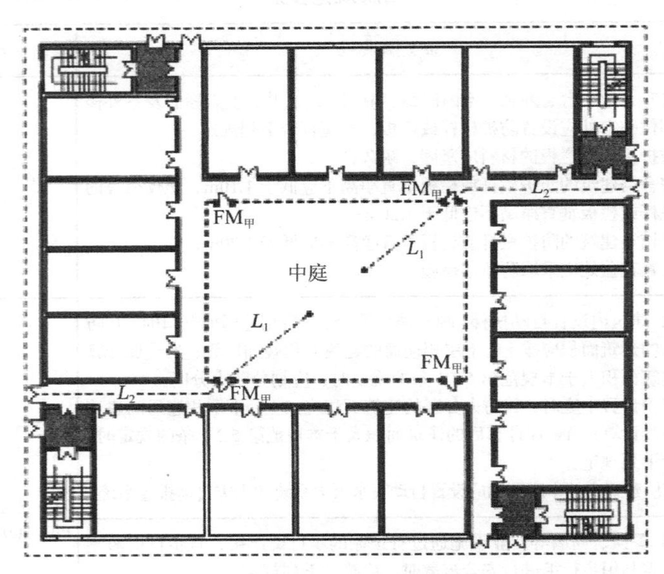

图 4.1.2-1　中庭在首层的疏散方法示意图

当回廊并入中庭的防火分区，在营业厅等与回廊相接处进行防火分隔。营业厅等与回廊相通的门应采用甲级防火门。

当回廊并入营业厅等所在防火区域，在中庭的楼层开口部位进行防火分隔。营业厅等与回廊相通的门不要求采用防火门。

营业厅等区域通向回廊的门均属于疏散门，其开启方向可以根据疏散人数确定，一般应向疏散方向开启。

4.1.3　下沉广场

1. 规范要点（表 4.1.3-1）

下沉广场规范要点　　　　表 4.1.3-1

内容	条文摘录	引用
消防设计	总建筑面积大于 20000m² 的地下或半地下商店，应采用无门、窗、洞口的防火墙、耐火极限不低于 2.00h 的楼板分隔为多个建筑面积不大于 20000m² 的区域。相邻区域确需局部连通时，应采用下沉式广场等室外开敞空间、防火隔间、避难走道、防烟楼梯间等方式进行连通	引自《建筑设计防火规范》GB 50016—2014（2018 年版）第 5.3.5 条

续表

内容	条文摘录	引用
消防设计	用于防火分隔的下沉式广场等室外开敞空间，应符合下列规定： 1 分隔后的不同区域通向下沉式广场等室外开敞空间的开口最近边缘之间的水平距离不应小于 13m。室外开敞空间除用于人员疏散外不得用于其他商业或可能导致火灾蔓延的用途，其中用于疏散的净面积不应小于 169m²； 2 下沉式广场等室外开敞空间内应设置不少于 1 部直通地面的疏散楼梯。当连接下沉广场的防火分区需利用下沉广场进行疏散时，疏散楼梯的总净宽度不应小于任一防火分区通向室外开敞空间的设计疏散总净宽度； 3 确需设置防风雨篷时，防风雨篷不应完全封闭，四周开口部位应均匀布置，开口的面积不应小于该空间地面面积的 25%，开口高度不应小于 1.0m；开口设置百叶时，百叶的有效排烟面积可按百叶通风口面积的 60%计算	引自《建筑设计防火规范》GB 50016—2014（2018 年版）第 6.4.12 条
	地下室朝向“下沉广场”的外墙与“下沉广场”之间的回廊进深不超过 6m，回廊区域仅作为人员通行使用时，可不计入防火分区面积	《浙江省消防技术规范难点问题操作技术指南（2020 版）》第 4.1.11条
	站城一体化工程中地下部分外墙上开向下沉广场的开口与上部建筑门窗洞口之间，应设置高度等于或大于 1.5m 的实体窗槛墙，或宽度等于或大于开口两侧各 0.5m 且深度等于或大于 1.2m 的防火挑檐，或采取其他防止火灾蔓延的措施。窗槛墙和防火挑檐的耐火极限均不应低于 1.00h。在下沉广场的开口处或附近设置排烟口时，应采取防止烟气影响下沉广场内疏散人员安全的措施	
	用于人员疏散的下沉广场应符合下列规定： 1 直接开向下沉广场的排烟口、兼作排烟的活塞风口，与下沉广场内的疏散楼梯、进入下沉广场的安全出口的水平距离均应等于或大于 10m，且排烟口或兼作排烟的活塞风口不应位于疏散楼梯或安全出口的下方；当排烟口或兼作排烟的活塞风口位于安全出口的上方时，应垂直距离安全出口的上沿不小于 6m； 2 排烟口和新风口（补风口）不宜同时开向下沉广场，当排烟口和新风口（补风口）同时布置在下沉广场内时，排烟口与新风口（补风口）的水平距离不应小于 10m，或排烟口应设置在上方且两者的垂直距离不应小于 6m； 3 地下区域每层与下沉广场直接连通的室外廊道用作人员疏散安全区时，廊道的顶棚宽度宜小于或等于该层的净高，且廊道应仅用于人员通行； 4 当下沉广场周围封闭顶板的净高度小于或等于 6m 时，其封闭顶板的出挑深度宜小于或等于 6m；当大于 6m 且小于 10m 时，宜小于或等于盖板下净高的 1.5 倍；当等于或大于 10m 时，宜小于或等于 15m； 5 当下沉广场设置防风雨篷时，防风雨篷不应完全封闭，四周开口部位应均匀布置，开口的面积不应小于该空间地面面积的 25%，开口高度不应小于 1.0m；开口设置百叶时，百叶的有效排烟面积可按百叶通风口面积的 60%计算； 6 下沉广场内的疏散楼梯应直通室外地坪或其他室外疏散安全区； 7 下沉广场的使用面积应根据在疏散时该下沉广场内的可能停留人数按人均占用面积不小于 0.5m²/人计算确定； 8 下沉广场通往室外地坪的最小疏散总净宽度，应根据该下沉广场中可供人员停留的净面积、相邻区域通向该下沉广场的疏散总净宽度和总疏散人数经计算确定	《站城一体化工程消防安全技术标准》DB11/1889—2021 第 5.0.22 条
	用于人员疏散并兼灭火救援操作场地的下沉广场，应符合下列规定： 1 应符合本标准第 5.0.22 条的规定； 2 下沉广场应具有消防车进出的道路和可供消防车停靠、展开和回转的空间与场地，且下沉广场的开口净面积宜大于 20m × 20m； 3 下沉广场的地面及其下部承重结构应能承受消防车满载时的轮压； 4 下沉广场内应设置室外消火栓系统和消防水泵接合器。消火栓的数量应根据室外消火栓的设计流量和保护半径经计算确定，且应等于或大于 2 个，布置间距应小于或等于40m	《站城一体化工程消防安全技术标准》DB11/1889—2021 第 4.2.5 条

2. 设计要点

【疑问】地下商业面积不超 2 万 m²，利用下沉广场进行疏散的不同防火通向下沉广场的开口是否仍需要按照 13m 间距进行控制。

【解析】根据《建筑设计防火规范》GB 50016—2014（2018 年版）第 6.4.12 条条文说明，不超 2 万 m^2 的同一区域中不同防火分区外墙上开口之间最小水平间距，可以按照《建筑设计防火规范》GB 50016—2014（2018 年版）第 6.1.3 条、第 6.1.4 条执行；但参考《〈建筑设计防火规范〉GB 50016—2014（2018 年版）实施指南》中要求不论是否大于 2 万 m^2 均需满足 13m；目前各地消防审查对下沉广场此条规范的控制尺度不同（如《浙江省消防技术规范难点问题操作技术指南（2020 版）》中已明确可不执行 13m），建议设计前须咨询当地审图机构进行确认。

4.1.4 电梯

1. 规范要点

作为建筑中竖向交通的承担者，电梯的设置首先需要满足最基本的要求，如表 4.1.4-1 所示。

电梯规范要点 表 4.1.4-1

内容	条文摘录	引用
设置及使用要求	高层公共建筑和高层非住宅类居住建筑的电梯台数不应少于 2 台；12 层及 12 层以上的住宅建筑的电梯台数不应少于 2 台，并应符合现行国家标准《住宅设计规范》GB 50096 的规定	《民用建筑设计统一标准》GB 50352—2019 第 6.9.1 条 《民用建筑通用规范》GB 55031—2022 第5.4.2 条
	电梯的设置，单侧排列时不宜超过 4 台、双侧排列时不宜超过 2 排 × 4 台	《民用建筑设计统一标准》GB 50352—2019 第 6.9.1 条
	高层建筑电梯分区服务时，每个服务区的电梯单侧排列时不宜超过 4 台，双侧排列时不宜超过 2 排 × 4 台	
	当建筑设有电梯目的地选层控制系统时，电梯单侧排列或双侧排列的数量可超出本条第 4 款、第 5 款的规定合理设置	
	电梯候梯厅的深度应符合表 6.9.1 的规定	
	电梯不应在转角处贴邻布置，且电梯井不宜被楼梯环绕设置	
	电梯井道和机房与有安静要求的用房贴邻布置时，应采取隔振、隔声措施	《民用建筑通用规范》GB 55031—2022 第 5.4.2条
	建筑内设有电梯时，至少应设置 1 台无障碍电梯	
消防要求	应能在所服务区域每层停靠	《建筑防火通用规范》GB 55037—2022 第 2.2.10 条
	电梯的载重量不应小于 800kg	
	在消防电梯的首层入口处，应设置明显的标识和供消防救援人员专用的操作按钮	
	电梯轿厢内部装修材料的燃烧性能应为 A 级	
	电梯轿厢内部应设置专用消防对讲电话和视频监控系统的终端设备	
无障碍要求	电梯门前应设直径不小于 1.50m 的轮椅回转空间，公共建筑的候梯厅深度不应小于1.80m	《建筑与市政工程无障碍通用规范》GB 55019—2021 第 2.6.1 条
	呼叫按钮的中心距地面高度应为 0.85～1.10m，且距内转角处侧墙距离不应小于 400mm，按钮应设置盲文标志	
	呼叫按钮前应设置提示盲道	
	应设置电梯运行显示装置和抵达音响	

续表

内容	条文摘录	引用
无障碍要求	无障碍电梯的轿厢的规格应依据建筑类型和使用要求选用。满足乘轮椅者使用的最小轿厢规格，深度不应小于 1.40m，宽度不应小于 1.10m。同时满足乘轮椅者使用和容纳担架的轿厢，如采用宽轿厢，深度不应小于 1.50m，宽度不应小于 1.60m；如采用深轿厢，深度不应小于 2.10m，宽度不应小于 1.10m	《建筑与市政工程无障碍通用规范》GB 55019—2021 第 2.6.2 条
	无障碍电梯的电梯门应符合下列规定：应为水平滑动式门；新建和扩建建筑的电梯门开启后的通行净宽不应小于 900mm，既有建筑改造或改建的电梯门开启后的通行净宽不应小于 800mm；完全开启时间应保持不小于 3s	《建筑与市政工程无障碍通用规范》GB 55019—2021 第 2.6.3 条
	无障碍设施处均应设置无障碍标识	《建筑与市政工程无障碍通用规范》GB 55019—2021 第 4.0.3 条
	无障碍标志的安装位置和高度应保证从站立和座位的视觉角度都能够看见，并且不应被其他任何物品遮挡	《建筑与市政工程无障碍通用规范》GB 55019—2021 第 4.0.2 条
医用电梯要求	二层及二层以上的门诊楼宜设电梯，三层及三层以上的门诊楼或病房楼应设电梯，且不得少于二台；当病房楼高度超过 24m 时，应设污物梯	《综合医院建筑设计规范》GB 51039—2014（2024 年版）
	供病人使用的电梯和污物梯，应采用“病床梯”	
	电梯井道不得与有安静要求的用房贴邻	
	医用电梯电梯厅、电梯轿厢内均应设置监视和控制设备	
	电梯应尽可能避免与磁共振诊断设备机房相邻，并不小于 10m，以防核磁磁场干扰患者心脏起搏器的工作，危及患者生命	
	当人、物用电梯设在洁净区，电梯井与非洁净区相通时，电梯出口处必须设缓冲室	
杂物电梯要求	人员不得进入杂物电梯	《杂物电梯制造与安装安全规范》GB 25194—2010
	因不允许人员进入轿厢，轿厢的尺寸不应大于：轿厢面积 $1m^2$，轿厢深度 $1m^2$，轿厢高度 1.2m；如果轿厢由几个固定的间隔组成，且每一间隔都满足上述要求，则轿厢总高度允许大于 1.2m	
	对于不允许维护人员进入的井道，通向井道的任何开口的任一边尺寸不应大于 0.30m，或无论其开口尺寸如何：井道的深度不应大于 1.0m；井道的面积不应大于 $1.0m^2$；已采取措施使维护人员便于从外部进行维护	
	在下列条件下，维护人员可进入机房：供进入的开口尺寸不小于 0.60m × 0.60m；机房的高度不小于 1.80m	
家用电梯要求	家用电梯的额定速度不应大于 0.4m/s，对于无轿门的家用电梯额定速度宜不大于0.3m/s	《家用电梯制造与安装规范》GB/T 21739—2008
	轿厢行程不应超过 12m	
	额定载重量应按净承载面积（扶手所占面积也应计算在内）上至少 $250kg/m^2$ 来计算	
	轿厢的净装载面积（扶手所占面积也应计算在内）不应超过 $1.6m^2$	
	额定载重量不应大于 400kg	
通道门、安全门、检修门	5.2.2.4 应设置进入底坑的下列方式： a) 如果底坑深度大于 2.50m 时，设置通道门； b) 如果底坑深度不大于 2.50m 时，设置通道门或在井道内设置从层门容易进入底坑的梯子	《电梯制造与安装安全规范 第 1 部分：乘客电梯和载货电梯》GB/T 7588.1—2020

续表

内容	条文摘录	引用
通道门、安全门、检修门	5.2.3.1 当相邻两层门地坎间的距离大于 11m 时，应满足下列条件之一： a) 具有中间安全门，使安全门与层门（或安全门）地坎间的距离均不大于 11m。 b) 紧邻的轿厢均设置 5.4.6.2 所规定的安全门	《电梯制造与安装安全规范 第 1 部分：乘客电梯和载货电梯》GB/T 7588.1—2020

2. 配置要点

（1）电梯配置数量（表 4.1.4-2）

电梯配置数量 **表 4.1.4-2**

建筑类别标准		数量				额定载重量（t）和乘客人数（人）					速度（m/s）
		经济级	常用级	舒适级	豪华级						
住宅（户/台）		90～100	60～90	30～60	< 30	0.4	0.63	1	—	—	0.63、1.00、1.60、2.50
						5	8	13	—	—	
旅馆（客房/台）		120～140	100～120	70～100	< 70	0.63	0.80	1	1.25	1.60	—
办公	建筑面积（m²/台）	6000	5000	4000	< 2000	8	10	13	16	21	0.63、1.00、1.60、2.50
	有效使用面积（m²/台）	3000	2500	2000	< 1000						
	按人数（人/台）	350	300	250	< 250						
医院住院部（床/台）		200	150	100	< 100	1.6	2		2.5		0.63、1.00、1.60、2.50
						21	26		33		

注：以上数据摘自《建筑设计资料集（第三版）》（第 1 分册）建筑总论。

（2）配置方式（表 4.1.4-3）

配置方式 **表 4.1.4-3**

设置方式	适用类型
全程服务方式（层层停站）	高度不高或 10 层以下的建筑
跃层或奇偶数停站方式	层数较多的建筑
分区服务方式	客流量大、层数多的超高层，垂直方向划分中高低区，一般需要根据各层人数计算
分区加中间转换厅服务方式	将区段内电梯系统组织，由地面始发站至中间转换厅，用高速穿梭电梯串联，适用于标准更高的超高层建筑
综合运行方式	将两种以上服务方式综合使用

（3）配置技术参数（表 4.1.4-4）

配置技术参数 **表 4.1.4-4**

项目	注意事项	备注
井道尺寸	同一项目中井道尺寸应尽量统一，避免出现非标尺寸；电梯基坑下部有人员活动空间时，需增加对重安全钳，井道尺寸会增加	需电梯生产厂家进行深化设计

续表

项目	注意事项	备注
基坑深度	运行速度相同的电梯基坑宜深度一样，设计深度可参考现行电梯图集	需电梯生产厂家进行深化设计
顶层高度	与电梯额定提升速度成正比；顶层高度为电梯层门下口到吊钩下或机房板下（梁下）的净距	
电梯门	电梯门洞高度一般为 2200mm，宽度可根据电梯类型及功能确定	
轿厢高度	2200～2400mm	

（4）消防电梯前室内设置有普通电梯时，应在每层的电梯上采用醒目标志注明消防电梯和非消防电梯，消防电梯与普通电梯的井道之间应采用耐火极限不低于 2.00h 的防火隔墙进行分隔。

（5）同一前室内的消防电梯、普通电梯的轿厢均应采用 A 级装修材料，非消防电梯的防火性能应符合规范有关消防电梯的要求。

4.1.5　自动扶梯、自动人行道

1. 规范要点（表 4.1.5-1）

自动扶梯、自动人行道规范要点　　**表 4.1.5-1**

条文摘录	引用
出入口畅通区的宽度从扶手带端部算起不应小于 2.50m；人员密集的公共场所其畅通区宽度不宜小于 3.5m	《民用建筑设计统一标准》GB 50352—2019 第 6.9.2 条;《民用建筑通用规范》GB 55031—2022 第 5.4.3 条
位于中庭中的自动扶梯或自动人行道临空部位应采取防止人员坠落的措施	《民用建筑通用规范》GB 55031—2022第5.4.3条
两梯（道）相邻平行或交叉设置，当扶手带中心线与平行墙面或楼板（梁）开口边缘完成面之间的水平投影距离、两梯（道）之间扶手带中心线的水平距离小于 0.5m 时，应在产生的锐角口前部 1.00m 处范围内，设置具有防夹、防剪的保护设施，或采取其他防止建筑障碍物伤害人员的措施	
自动扶梯的梯级、自动人行道的踏板或传送带上空，垂直净高不应小于 2.30m	
自动扶梯、楼梯的下部和其他室内外低矮空间可以进入时，应在净高不大于 2.00m 处采取安全阻挡措	《建筑与市政工程无障碍通用规范》GB 55019—2021 第 2.2.5 条
自动扶梯的倾斜角不宜超过 30°，额定速度不宜大于 0.75m/s；当提升高度不超过 6.0m，倾斜角小于等于 35°时，额定速度不宜大于 0.5m/s；当自动扶梯速度大于 0.65m/s 时，在其端部应有不小于 1.6m 的水平移动距离作为导向行程段	《民用建筑设计统一标准》GB 50352—2019 第 6.9.2 条
倾斜式自动人行道的倾斜角不应超过 12°，额定速度不应大于 0.75m/s。当踏板的宽度不大于 1.1m，并且在两端出入口踏板或胶带进入梳齿板之前的水平距离不小于 1.6m 时，自动人行道的最大额定速度可达到 0.9m/s	
当自动扶梯和层间相通的自动人行道单向设置时，应就近布置相匹配的楼梯	
设置自动扶梯或自动人行道所形成的上下层贯通空间应符合现行国家标准《建筑设计防火规范》GB 50016 的有规定	
自动扶梯、自动人行步道应具备空载时暂停或低速运转的功能	
扶梯与楼层地板开口部位之间应设防护栏杆或栏板	

续表

条文摘录	引用
5.5.2.2 扶手装置应没有任何部位可供人员正常站立。 如果存在人员跌落的风险，应采取适当措施阻止人员爬上扶手装置外侧	《自动扶梯和自动人行道的制造与安装安全规范》GB 16899—2011

2. 配置要点

（1）自动扶梯配置数量（表 4.1.5-2）

自动扶梯配置数量 **表 4.1.5-2**

建筑类型	按使用面积（m^2/对）	间隔距离（m）	容量（人/h）	运载能力Q	上楼交通量占比（%）	下楼交通量占比（%）
大型商业中心	4000	60	6000～9000	$(K \times B \times V) \times 3600/0.25$	约 90	约 70
展览建筑	5000	60				
交通建筑	4000	80				

注：1. 以上数据摘自《建筑设计资料集（第三版）》（第 1 分册）建筑总论；

2. 表中K为宽度系数（梯级宽度为 0.6m 时取 1.0，0.8m 时取 1.5，1.0m 时取 2.0）；B为梯级宽度；V为额定速度。

（2）配置方式（表 4.1.5-3）

自动扶梯配置方式 **表 4.1.5-3**

项目	内容	适用建筑类型推荐
并列排列式	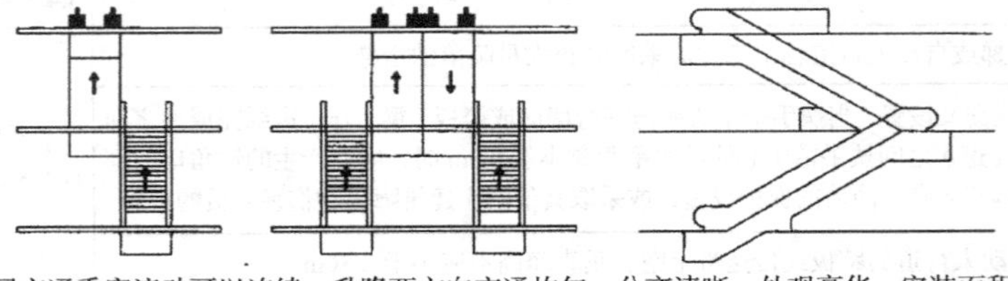 楼层交通乘客流动可以连续，升降两方向交通均匀、分离清晰，外观豪华，安装面积大	适用于会展等大空间且人流量较大的场所
平行排列式	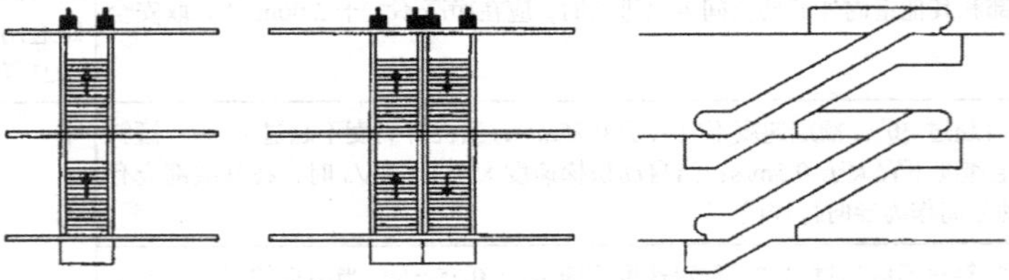 安装面积小，但楼层交通不连续	适用于商业等经营场所
串联排列式	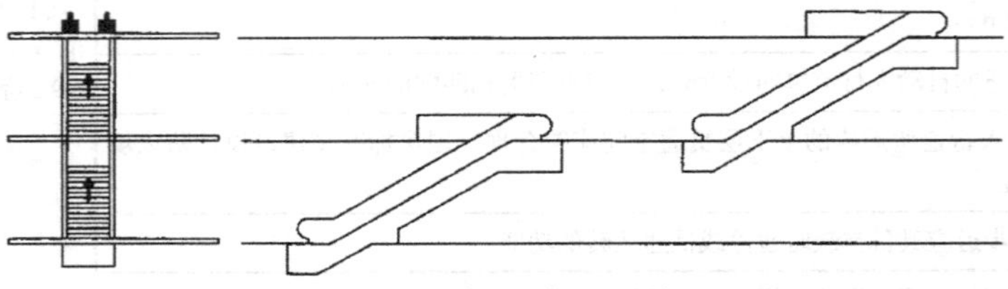 楼层交通乘客流动可以连续	适用于医院等快速流动的场所

续表

项目	内容	适用建筑类型推荐
交叉排列式	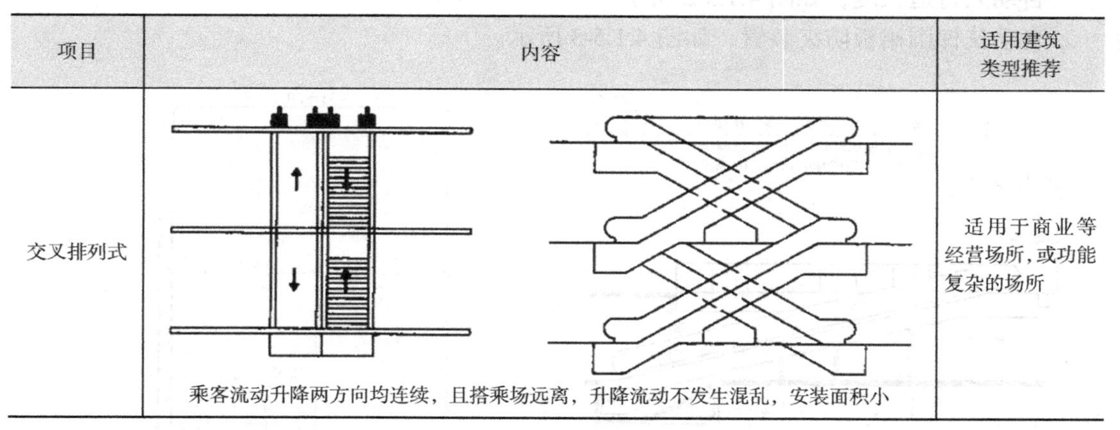 乘客流动升降两方向均连续，且搭乘场远离，升降流动不发生混乱，安装面积小	适用于商业等经营场所，或功能复杂的场所

（3）配置技术参数（表 4.1.5-4）

配置技术参数　　　　**表 4.1.5-4**

<table>
<tr><th colspan="2">项目</th><th>广义梯级宽度/踏板宽度（mm）</th><th>提升高度（m）</th><th>倾斜角（°）</th><th>额定速度（m/s）</th><th>提升速度（m/s）</th><th>理论运送能力（人/h）</th></tr>
<tr><td colspan="2" rowspan="2">自动扶梯</td><td>600/800</td><td>3.0～10.0</td><td>27.3/30/35</td><td>0.5/0.65/0.75</td><td>—</td><td>4500/6750</td></tr>
<tr><td>1000/1200</td><td>—</td><td>—</td><td>—</td><td>—</td><td>9000</td></tr>
<tr><td rowspan="2">自动人行道</td><td>水平型</td><td>800/1000/1200</td><td>—</td><td>0～4</td><td rowspan="2">0.5/0.65/0.75/0.90</td><td rowspan="2">2.2～6.0</td><td>9000/11250/13500</td></tr>
<tr><td>倾斜型</td><td>800/1000</td><td>—</td><td>10/11/12</td><td>6750/9000</td></tr>
</table>

注：以上数据摘自《建筑设计资料集（第三版）》（第 1 分册）建筑总论。

自动扶梯长度，如图 4.1.5-1 所示。

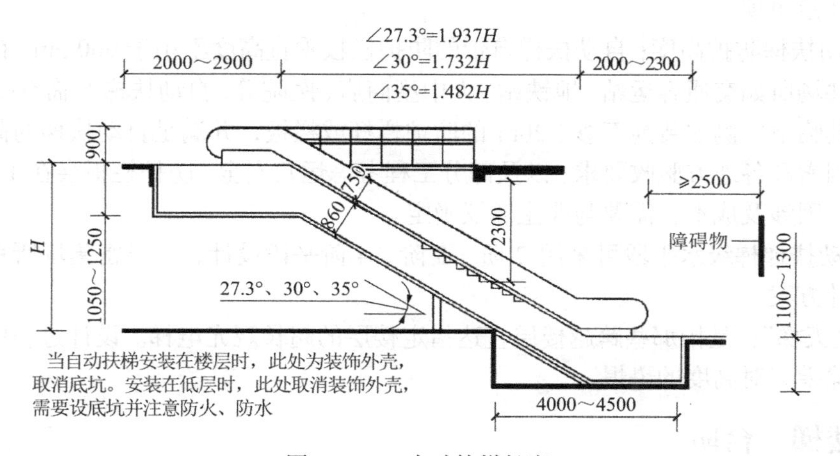

图 4.1.5-1　自动扶梯长度

注：一般自动扶梯深化设计较滞后，在设计初期，自动扶梯长度、基坑深度等需要预留足够。

自动人行道长度，如图 4.1.5-2 所示。

自动扶梯围裙板防夹装置，如图 4.1.5-3 所示。

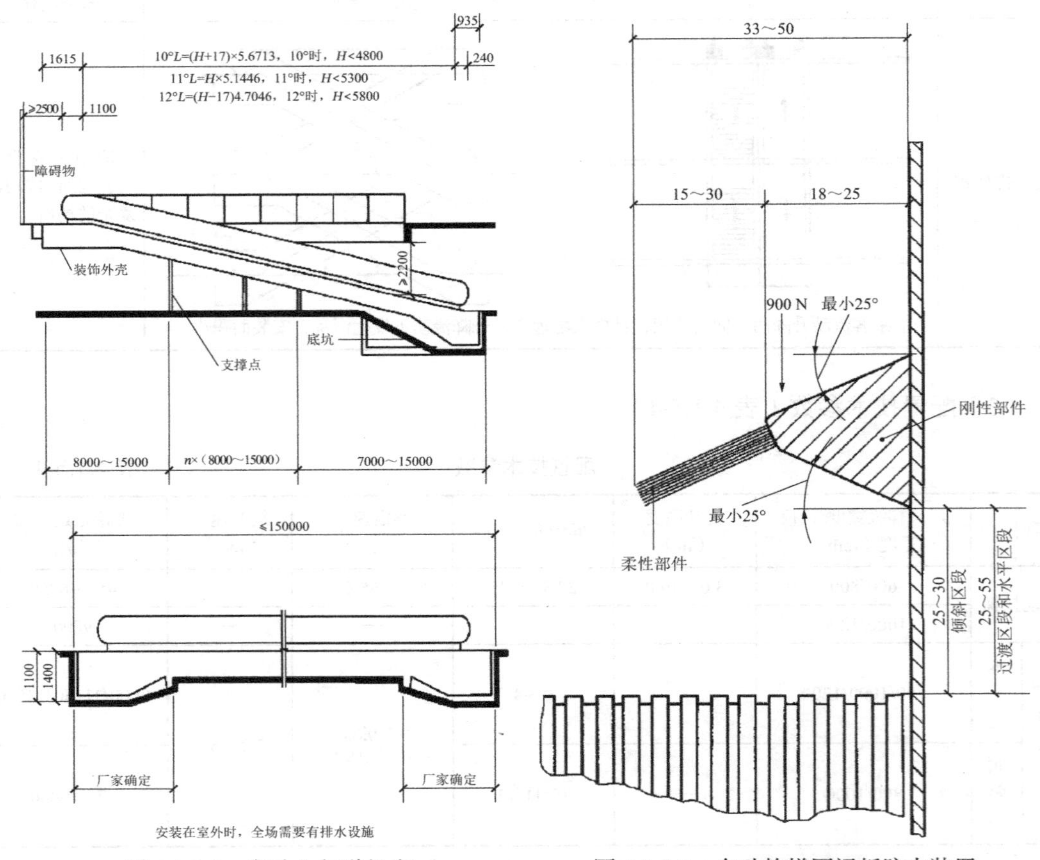

图 4.1.5-2　自动人行道长度

图 4.1.5-3　自动扶梯围裙板防夹装置

注：其他相关要求可参考《自动扶梯和自动人行道的制造与安装安全规范》GB 16899—2011。

（4）注意事项

① 自动扶梯防护高度：自动扶梯自带的防护栏板垂直高度不小于 900mm；在一些人员密集的公共场所如交通客运站、地铁站、大中型商店、医院等，自动扶梯的临空高度 ≥ 9.0m 时，宜在其临空一侧加装高度 ≥ 1.20m 的防护栏杆或栏板，并满足自动扶梯的荷载要求；考虑现实因素和各地方验收要求，以及部分工程考虑运营安全，防护栏板会在 1.2m 基础上再次加高，因涉及成本，需要与业主商议确定。

② 自动扶梯梯级水平段可采用 2 阶、3 阶、4 阶平段设计，人员密集场所宜采用平段较多的设计方案。

③ “飞天梯”：是指那些跨越楼层直达指定楼层的超长观光电梯。设计过程中，需要特别考虑消除乘客对高度的恐惧。

4.1.6　楼梯、台阶

1. 规范要点（表 4.1.6-1）

楼梯、台阶规范要点 表 4.1.6-1

内容	条文摘录	引用
设计参数	6.7.1 台阶设置应符合下列规定： 1 公共建筑室内外台阶踏步宽度不宜小于 0.3m，踏步高度不宜大于 0.15m，且不宜小于 0.1m； 2 踏步应采取防滑措施； 3 室内台阶踏步数不宜少于 2 级，当高差不足 2 级时，宜按坡道设置； 4 台阶总高度超过 0.7m 时，应在临空面采取防护设施； 5 阶梯教室、体育场馆和影剧院观众厅纵走道的台阶设置应符合国家现行相关标准的规定	《民用建筑设计统一标准》 GB 50352—2019
安全防护	5.2.1 当台阶、人行坡道总高度达到或超过 0.70m 时，应在临空面采取防护措施	《民用建筑通用规范》 GB 55031—2022
设计参数	5.2.2 建筑物主入口的室外台阶踏步宽度不应小于 0.30m，踏步高度不应大于 0.15m	
	5.2.3 台阶踏步数不应少于 2 级，当踏步数不足 2 级时，应按人行坡道设置	
老年人	老年建筑、托儿所、幼儿园的楼梯、台阶踏步前缘应设防滑条，并应设置警示标识。老年人使用为主的楼梯、台阶踏步前缘不应突出梯面，防滑条和警示条等附着物不应突出踏面。老年人及幼儿使用为主的楼梯、台阶踏面下方不应透空。老年人使用的楼梯严禁采用弧形楼梯和螺旋楼梯，梯段通行净宽不应小于 1.20m，各级踏步应均匀一致，楼梯缓步平台内不应设置踏步	《老年人照料设施建筑设计标准》 JGJ 450—2018 第 5.6 节
设计参数	5.3.2 供日常交通用的公共楼梯的梯段最小净宽应根据建筑物使用特征，按人流股数和每股人流宽度 0.55m 确定，并不应少于 2 股人流的宽度	《民用建筑通用规范》 GB 55031—2022
	5.3.3 当公共楼梯单侧有扶手时，梯段净宽应按墙体装饰面至扶手中心线的水平距离计算。当公共楼梯两侧有扶手时，梯段净宽应按两侧扶手中心线之间的水平距离计算。当有凸出物时，梯段净宽应从凸出物表面算起。靠墙扶手边缘距墙面完成面净距不应小于 40mm	
	5.3.4 公共楼梯应至少于单侧设置扶手，梯段净宽达 3 股人流的宽度时应两侧设扶手	
	5.3.5 当梯段改变方向时，梯休息平台的最小宽度不应小于梯段净宽，并不应小于 1.20m；当中间有实体墙时，扶手转向端处的平台净宽不应小于 1.30m。直跑楼梯的中间平台宽度不应小于 0.90m	
	5.3.6 公共楼梯正对（向上、向下）梯段设置的楼梯间门距踏步边缘的距离不应小于 0.60m	
	5.3.7 公共楼梯休息平台上部及下部过道处的净高不应小于 2.00m，梯段净高不应小于 2.20m	
	5.3.8 公共楼梯每个梯段的踏步级数不应少于 2 级，且不应超过 18 级	
	5.3.9 公共楼梯踏步的最小宽度和最大高度应符合表 5.3.9 的规定。螺旋楼梯和扇形踏步离内侧扶手中心 0.25m 处的踏步宽度不应小于 0.22m	

续表

<table>
<tr><th>内容</th><th>条文摘录</th><th>引用</th></tr>
<tr><td>设计参数</td><td>表 5.3.9　楼梯踏步最小宽度和最大高度（m）
<table>
<tr><th>楼梯类别</th><th>最小宽度</th><th>最大高度</th></tr>
<tr><td>以楼梯作为主要垂直交通的公共建筑、非住宅类居住建筑的楼梯</td><td>0.26</td><td>0.165</td></tr>
<tr><td>住宅建筑公共楼梯、以电梯作为主要垂直交通的多层公共建筑和高层建筑裙房的楼梯</td><td>0.26</td><td>0.175</td></tr>
<tr><td>以电梯作为主要垂直交通的高层和超高层建筑楼梯</td><td>0.25</td><td>0.180</td></tr>
</table>
注：表中公共建筑及非住宅类居住建筑不包括托儿所、幼儿园、中小学及老年人照料设施。</td><td>《民用建筑通用规范》
GB 55031—2022</td></tr>
<tr><td>设计参数</td><td>4.1.6 商店建筑的公用楼梯、台阶、坡道、栏杆应符合下列规定：
1 楼梯梯段最小净宽、踏步最小宽度和最大高度应符合表 4.1.6 的规定；
表 4.1.6　楼梯梯段最小净宽、踏步最小宽度和最大高度
<table>
<tr><th>楼梯类别</th><th>楼梯最小净宽（m）</th><th>踏步最小宽度（m）</th><th>踏步最大高度（m）</th></tr>
<tr><td>营业区的公用楼梯</td><td>1.40</td><td>0.28</td><td>0.16</td></tr>
<tr><td>专用疏散楼梯</td><td>1.20</td><td>0.26</td><td>0.17</td></tr>
<tr><td>室外楼梯</td><td>1.40</td><td>0.30</td><td>0.15</td></tr>
</table>
2 室内外台阶的踏步高度不应大于 0.15m 且不宜小于 0.10m，踏步宽度不应小于 0.30m；当高差不足两级踏步时，应按坡道设置，其坡度不应大于 1 : 12；
3 楼梯、室内回廊、内天井等临空处的栏杆应采用防攀爬的构造，当采用垂直杆件做栏杆时，其杆件净距不应大于 0.11m；栏杆的高度及承受水平荷载的能力应符合现行国家标准《民用建筑设计通则》GB 50352 的规定；
4 人员密集的大型商店建筑的中庭应提高栏杆的高度，当采用玻璃栏板时，应符合现行行业标准《建筑玻璃应用技术规程》JGJ 113 的规定</td><td>《商店建筑设计规范》
JGJ 48—2014</td></tr>
<tr><td>设计参数</td><td>8.7.3 中小学校楼梯每个梯段的踏步级数不应少于 3 级，且不应多于 18 级，并应符合下列规定：
1 各类小学楼梯踏步的宽度不得小于 0.26m，高度不得大于 0.15m；
2 各类中学楼梯踏步的宽度不得小于 0.28m，高度不得大于 0.16m；
3 楼梯的坡度不得大于 30°

8.7.4 疏散楼梯不得采用螺旋楼梯和扇形踏步

8.7.5 楼梯两梯段间楼梯井净宽不得大于 0.11m，大于 0.11m 时，应采取有效的安全防护措施。两梯段扶手间的水平净距宜为 0.10～0.20m</td><td>《中小学校设计规范》
GB 50099—2011</td></tr>
</table>

续表

内容	条文摘录	引用
设计参数	8.7.6 中小学校的楼梯扶手的设置应符合下列规定： 1 楼梯宽度为 2 股人流时，应至少在一侧设置扶手； 2 楼梯宽度达 3 股人流时，两侧均应设置扶手； 3 楼梯宽度达 4 股人流时，应加设中间扶手，中间扶手两侧的净宽均应满足本规范第 8.7.2 条的规定； 4 中小学校室内楼梯扶手高度不应低于 0.90m，室外楼梯扶手高度不应低于 1.10m；水平扶手高度不应低于 1.10m； 5 中小学校的楼梯栏杆不得采用易于攀登的构造和花饰；杆件或花饰的镂空处净距不得大于 0.11m； 6 中小学校的楼梯扶手上应加装防止学生溜滑的设施	《中小学校设计规范》 GB 50099—2011
	8.7.7 除首层及顶层外，教学楼疏散楼梯在中间层的楼层平台与梯段接口处宜设置缓冲空间，缓冲空间的宽度不宜小于梯段宽度	
	8.7.8 中小学校的楼梯两相邻梯段间不得设置遮挡视线的隔墙	
	8.7.9 教学用房的楼梯间应有天然采光和自然通风	
设计参数	5.3.10 每个梯段的踏步高度、宽度应一致，相邻梯段踏步高度差不应大于 0.01m，且踏步面应采取防滑措施	《民用建筑通用规范》 GB 55031—2022
	5.3.11 当少年儿童专用活动场所的公共楼梯井净宽大于 0.20m 时，应采取防止少年儿童坠落的措施	
	5.3.12 除住宅外，民用建筑的公共走廊净宽应满足各类型功能场所最小净宽要求，且不应小于 1.30m	
无障碍	2.7.1 视觉障碍者主要使用的楼梯和台阶应符合下列规定： 1 距踏步起点和终点 250～300mm 处应设置提示盲道，提示盲道的长度应与梯段的宽度相对应； 2 上行和下行的第一阶踏步应在颜色或材质上与平台有明显区别； 3 不应采用无踢面和直角形突缘的踏步； 4 踏步防滑条、警示条等附着物均不应突出踏面	《建筑与市政工程无障碍通用规范》 GB 55019—2021
	2.7.2 行动障碍者和视觉障碍者主要使用的三级及三级以上的台阶和楼梯应在两侧设置扶手	
老年人	5.6.2 老年人使用的出入口和门厅应符合下列规定： 1 宜采用平坡出入口，平坡出入口的地面坡度不应大于 1/20，有条件时不宜大于 1/30。 2 出入口严禁采用旋转门。 3 出入口的地面、台阶、踏步、坡道等均应采用防滑材料铺装，应有防止积水的措施，严寒、寒冷地区宜采取防结冰措施	《老年人照料设施建筑设计标准》 JGJ 450—2018

续表

内容	条文摘录	引用
消防	7.1.4 疏散出口门、疏散走道、疏散楼梯等的净宽度应符合下列规定： 1 疏散出口门、室外疏散楼梯的净宽度均不应小于 0.80m； 2 住宅建筑中直通室外地面的住宅户门的净宽度不应小于 0.80m，当住宅建筑高度不大于 18m 且一边设置栏杆时，室内疏散楼梯的净宽度不应小于 1.0m，其他住宅建筑室内疏散楼梯的净宽度不应小于 1.1m； 3 疏散走道、首层疏散外门、公共建筑中的室内疏散楼梯的净宽度均不应小于 1.1m； 4 净宽度大于 4.0m 的疏散楼梯、室内疏散台阶或坡道，应设置扶手栏杆分隔为宽度均不大于 2.0m 的区段	《建筑防火通用规范》GB 55037—2022
	7.1.8 室内疏散楼梯间应符合下列规定： 1 疏散楼梯间内不应设置烧水间、可燃材料储藏室、垃圾道及其他影响人员疏散的凸出物或障碍物。 2 疏散楼梯间内不应设置或穿过甲、乙、丙类液体管道。 3 在住宅建筑的疏散楼梯间内设置可燃气体管道和可燃气体计量表时，应采用敞开楼梯间，并应采取防止燃气泄漏的防护措施;其他建筑的疏散楼梯间及其前室内不应设置可燃或助燃气体管道。 4 疏散楼梯间及其前室与其他部位的防火分隔不应使用卷帘。 5 除疏散楼梯间及其前室的出入口、外窗和送风口，住宅建筑疏散楼梯间前室或合用前室内的管道井检查门外，疏散楼梯间及其前室或合用前室内的墙上不应设置其他门、窗等开口。 6 自然通风条件不符合防烟要求的封闭楼梯间，应采取机械加压防烟措施或采用防烟楼梯间。 7 防烟楼梯间前室的使用面积，公共建筑、高层厂房、高层仓库、平时使用的人民防空工程及其他地下工程，不应小于 $6.0m^2$ 住宅建筑，不应小于 $4.5m^2$。与消防电梯前室合用的前室的使用面积，公共建筑、高层厂房、高层仓库、平时使用的人民防空工程及其他地下工程，不应小于 $10.0m^2$；住宅建筑，不应小于 $6.0m^2$。 8 疏散楼梯间及其前室上的开口与建筑外墙上的其他相邻开口最近边缘之间的水平距离不应小于 1.0m。当距离不符合要求时，应采取防止火势通过相邻开口蔓延的措施	
	7.1.10 除住宅建筑套内的自用楼梯外，建筑的地下或半地下室，平时使用的人民防空工程、其他地下工程的疏散楼梯间应符合下列规定： 1 当埋深不大于 10m 或层数不大于 2 层时，应为封闭楼梯间； 2 当埋深大于 10m 或层数不小于 3 层时，应为防烟楼梯间； 3 地下楼层的疏散楼梯间与地上楼层的疏散楼梯间，应在直通室外地面的楼层采用耐火极限不低于 2.00h 且无开口的防火隔墙分隔； 4 在楼梯的各楼层入口处均应设置明显的标识	
	7.1.11 室外疏散楼梯应符合下列规定： 1 室外疏散楼梯的栏杆扶手高度不应小于 1.10m，倾斜角度不应大于 45°； 2 除 3 层及 3 层以下建筑的室外疏散楼梯可采用难燃性材料或木结构外，室外疏散楼梯的梯段和平台均应采用不燃材料； 3 除疏散门外，楼梯周围 2.0m 内的墙面上不应设置其他开口，疏散门不应正对梯段	

2. 设计要点

（1）疏散楼梯净宽度计算，应以墙面装饰完成面或栏杆扶手边缘至对面墙面装饰完成面或栏杆扶手边缘之间的最小净距计算，示例见图 4.1.6-1，可根据不同的装修做法、扶手类型和安装距离做相应调整。设计时预留一定宽度满足疏散宽度计算要求，建议单侧扶手预留 150mm 宽度，双侧扶手预留 300mm 宽度。

同样，楼梯平台净宽应以墙面装饰完成面或栏杆扶手边缘至梯井栏杆或实体墙扶手边缘之间的最小净距计算。

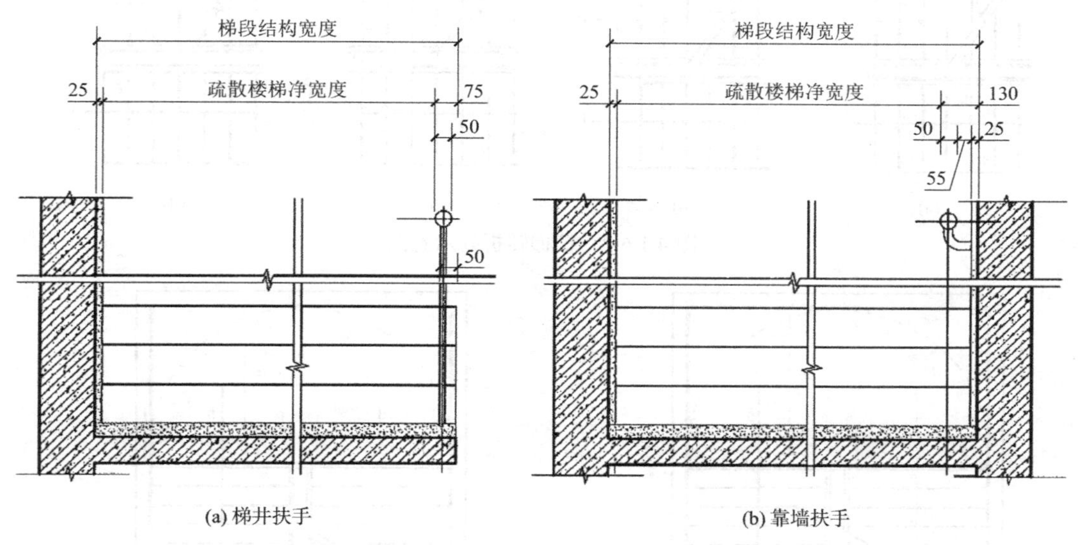

图 4.1.6-1　疏散楼梯净宽度

■ **说明**

《民用建筑通用规范》GB 55031—2022 和《民用建筑设计统一标准》GB 50352—2019 规定楼梯净宽从扶手中心线计算，但近年北京地区、重庆地区施工图外审及消防验收对净宽要求多以完成面（扶手外缘）为准，因此按消防验收标准提出要求。

（2）楼梯扶手转弯处宜将两跑楼梯踏步在平面上错开一步，或将扶手延长半步，确保楼梯扶手在转折处平顺连接，但应注意平台处疏散净宽要求以扶手外缘计算。如图 4.1.6-2 所示。

（3）楼梯疏散宽度

当地下部分和地上部分的疏散楼梯分别通过不同的疏散走道直通室外时，疏散走道的净宽度不应小于各自所连接的疏散楼梯的净宽度。

（4）钢楼梯防火

钢楼梯构件耐火极限时长应满足现行国家标准《建筑设计防火规范》GB 50016 及《建筑钢结构防火技术规范》GB 51249 的相关规定，并应注意表面防火做法。

（5）开向疏散楼梯间的门，当完全开启时不应减少楼梯平台的有效宽度，如图 4.1.6-3 所示。

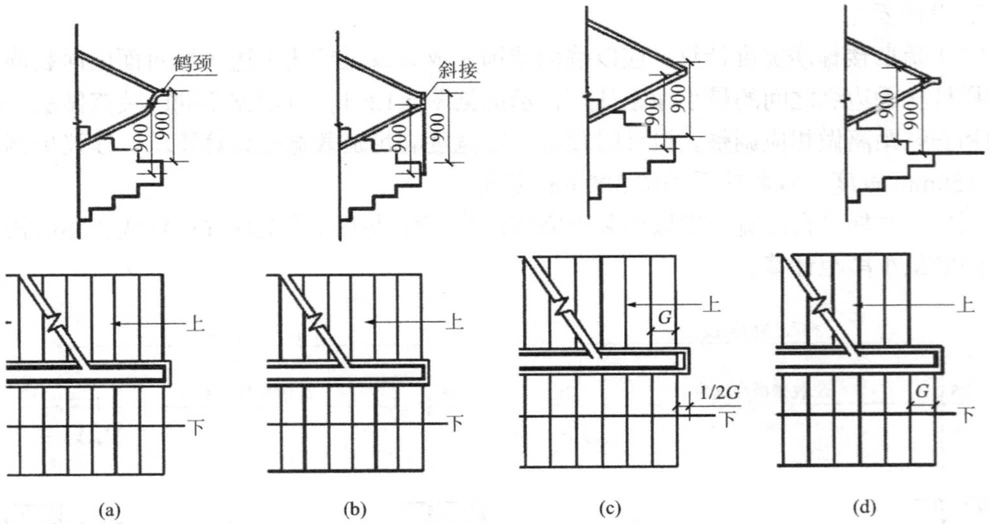

图 4.1.6-2 楼梯转折处示意图

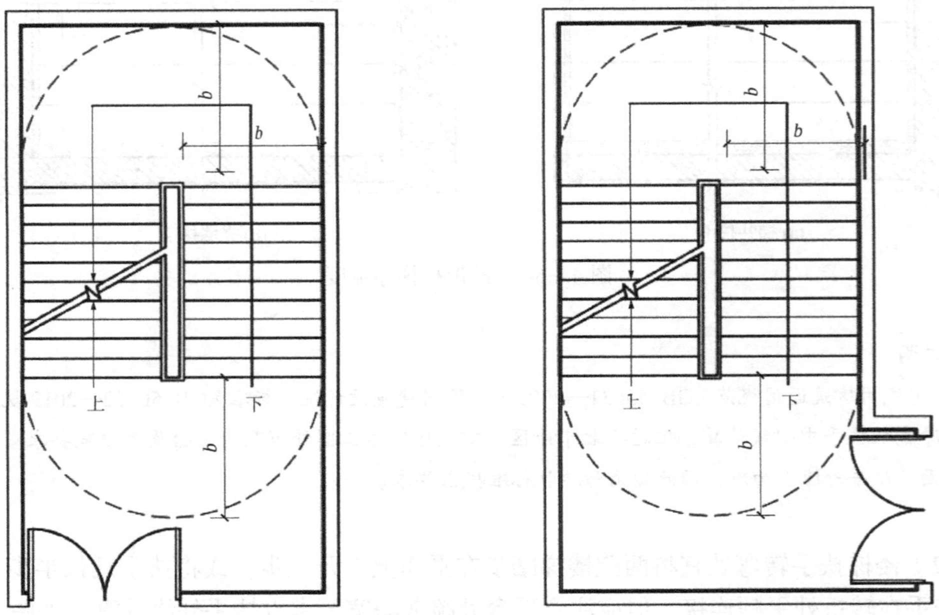

图 4.1.6-3 开向疏散楼梯间的门

（6）室外疏散钢梯

栏杆扶手的高度不应小于 1.10m，楼梯的净宽度不应小于 0.90m。倾斜角度不应大于45°。梯段和平台均应采用不燃材料制作。平台的耐火极限不应低于 1.00h，梯段的耐火极限不应低于 0.25h。通向室外楼梯的门应采用乙级防火门，并应向外开启。除疏散门外，楼梯周围 2m 内的墙面上不应设置门、窗、洞口。疏散门不应正对梯段。

4.1.7 坡道

1. 规范要点（表 4.1.7-1）

坡道规范要点　　　　表 4.1.7-1

<table>
<tr><th>内容</th><th>条文摘录</th><th>引用</th></tr>
<tr><td rowspan="5">设计参数
（无障碍坡道）</td><td>2.3.1 轮椅坡道的坡度和坡段提升高度应符合下列规定：
1 横向坡度不应大于 1 : 50，纵向坡度不应大于 1 : 12，当条件受限且坡段起止点的高差不大于 150mm 时，纵向坡度不应大于 1 : 10；
2 每段坡道的提升高度不应大于 750mm</td><td rowspan="5">《建筑与市政工程无障碍通用规范》
GB 55019—2021</td></tr>
<tr><td>2.3.2 轮椅坡道的通行净宽不应小于 1.20m</td></tr>
<tr><td>2.3.3 轮椅坡道的起点、终点和休息平台的通行净宽不应小于坡道的通行净宽，水平长度不应小于 1.50m，门扇开启和物体不应占用此范围空间</td></tr>
<tr><td>2.3.4 轮椅坡道的高度大于 300mm 且纵向坡度大于 1 : 20 时，应在两侧设置扶手，坡道与休息平台的扶手应保持连贯</td></tr>
<tr><td>2.3.5 设置扶手的轮椅坡道的临空侧应采取安全阻挡措施</td></tr>
<tr><td>设计参数
（人行坡道）</td><td>6.7.2 坡道设置应符合下列规定：
1 室内坡道坡度不宜大于 1 : 8，室外坡道坡度不宜大于 1 : 10；
2 当室内坡道水平投影长度超过 15.0m 时，宜设休息平台，平台宽度应根据使用功能或设备尺寸所需缓冲空间而定；
3 坡道应采取防滑措施；
4 当坡道总高度超过 0.7m 时，应在临空面采取防护设施；
5 供轮椅使用的坡道应符合现行国家标准《无障碍设计规范》GB 50763 的有关规定；
6 机动车和非机动车使用的坡道应符合现行行业标准《车库建筑设计规范》JGJ 100 的有关规定</td><td>《民用建筑设计统一标准》
GB 50352—2019</td></tr>
<tr><td>设计参数
（机动车坡道）</td><td>4.2.5 车辆出入口及坡道的最小净高应符合表 4.2.5 的规定。
表 4.2.5　车辆出入口及坡道的最小净高
<table><tr><th>车型</th><th>最小净高（m）</th></tr><tr><td>微型车、小型车</td><td>2.20</td></tr><tr><td>轻型车</td><td>2.95</td></tr><tr><td>中型、大型客车</td><td>3.70</td></tr><tr><td>中型、大型货车</td><td>4.20</td></tr></table>注：净高指从楼地面面层（完成面）至吊顶、设备管道、梁或其他构件底面之间的有效使用空间的垂直高度</td><td>《车库建筑设计规范》
JGJ 100—2015</td></tr>
</table>

续表

<table>
<tr><th>内容</th><th>条文摘录</th><th>引用</th></tr>
<tr><td rowspan="2">设计参数
（机动车坡道）</td><td>4.2.9-2 出入口室外坡道起坡点与相连的室外车行道路的最小距离不宜小于 5.0m</td><td rowspan="2">《车库建筑设计规范》
JGJ 100—2015</td></tr>
<tr><td>
4.2.10 坡道式出入口应符合下列规定：
1 出入口可采用直线坡道、曲线坡道和直线与曲线组合坡道，其中直线坡道可选用内直坡道式、外直坡道式。
2 出入口可采用单车道或双车道，坡道最小净宽应符合表 4.2.10-1 的规定。
表 4.2.10-1 坡道最小净宽
<table>
<tr><th rowspan="2">形式</th><th colspan="2">最小净宽（m）</th></tr>
<tr><th>微型、小型车</th><th>轻型、中型、大型车</th></tr>
<tr><td>直线单行</td><td>3.0</td><td>3.5</td></tr>
<tr><td>直线双行</td><td>5.5</td><td>7.0</td></tr>
<tr><td>曲线单行</td><td>3.8</td><td>5.0</td></tr>
<tr><td>曲线双行</td><td>7.0</td><td>10.0</td></tr>
</table>
注：此宽度不包括道牙及其他分隔带宽度。当曲线比较缓时，可以按直线宽度进行设计。
3 坡道的最大纵向坡度应符合表 4.2.10-2 的规定。
表 4.2.10-2 坡道的最大纵向坡度
<table>
<tr><th rowspan="2">车型</th><th colspan="2">直线坡道</th><th colspan="2">曲线坡道</th></tr>
<tr><th>百分比（%）</th><th>比值（高：长）</th><th>百分比（%）</th><th>比值（高：长）</th></tr>
<tr><td>微型车
小型车</td><td>15.0</td><td>1：6.67</td><td>12</td><td>1：8.3</td></tr>
<tr><td>轻型车</td><td>13.3</td><td>1：7.50</td><td rowspan="2">10</td><td rowspan="2">1：10.0</td></tr>
<tr><td>中型车</td><td>12.0</td><td>1：8.3</td></tr>
<tr><td>大型客车
大型货车</td><td>10.0</td><td>1：10</td><td>8</td><td>1：12.5</td></tr>
</table>
4 当坡道纵向坡度大于 10%时，坡道上、下端均应设缓坡坡段，其直线缓坡段的水平长度不应小于 3.6m，缓坡坡度应为坡道坡度的 1/2；曲线缓坡段的水平长度不应小于 2.4m，曲率半径不应小于 20m，缓坡段的中心为坡道原起点或止点（图 4.2.10）；大型车的坡道应根据车型确定缓坡的坡度和长度。
</td></tr>
</table>

续表

<table>
<tr><th>内容</th><th>条文摘录</th><th>引用</th></tr>
<tr><td>设计参数
（机动车坡道）</td><td>(a) 直线缓坡　　(b) 曲线缓坡

图 4.2.10　缓坡
1—坡道起点；2—坡道止点

5 微型车和小型车的坡道转弯处的最小环形车道内半径（r_0）不宜小于表 4.2.10-3 的规定；其他车型的坡道转弯处的最小环形车道内半径应按本规范式（4.1.4-1）～式（4.1.4-5）计算确定。

表 4.2.10-3　坡道转弯处的最小环形车道内半径（r_0）
<table>
<tr><th rowspan="3">半径</th><th colspan="3">角度</th></tr>
<tr><th colspan="3">坡道转向角度（a）</th></tr>
<tr><th>$a \leqslant 90°$</th><th>$90° < a < 180°$</th><th>$a \geqslant 180°$</th></tr>
<tr><td>最小环形车道内半径（r_0）</td><td>4m</td><td>5m</td><td>6m</td></tr>
</table>
注：坡道转向角度为机动车转弯时的连续转向角度。

6 环形坡道处弯道超高宜为 2%～6%</td><td rowspan="4">《车库建筑设计规范》
JGJ 100—2015</td></tr>
<tr><td rowspan="3">设计参数
（非机动车坡道）</td><td>6.2.4 非机动车库车辆出入口可采用踏步式出入口或坡道式出入口</td></tr>
<tr><td>6.2.5 非机动车库出入口宜采用直线形坡道，当坡道长度超过 6.8m 或转换方向时，应设休息平台，平台长度不应小于 2.00m，并应能保持非机动车推行的连续性</td></tr>
<tr><td>6.2.6 踏步式出入口推车斜坡的坡度不宜大于 25%，单向净宽不应小于 0.35m，总净宽度不应小于 1.80m。坡道式出入口的斜坡坡度不宜大于 15%，坡道宽度不应小于 1.80m</td></tr>
</table>

2. 设计要点

（1）非机动车坡道设计（图 4.1.7-1）：非机动车坡道分为中间坡道两侧踏步式及中间踏步两侧坡道式，应注意坡道宽度及上下行间距（表 4.1.7-2）。临空处栏杆做法及防护高度同楼梯临空处要求。

图 4.1.7-1 非机动车坡道

非机动车坡道设计 **表 4.1.7-2**

坡度	1∶20	1∶16	1∶12	1∶10	1∶8
最大高度（m）	1.20	0.90	0.75	0.60	0.30
水平长度（m）	24.00	14.40	9.00	6.00	2.40

（2）轮椅坡道的最大高度和水平长度

不同位置坡道的坡度和宽度，如表 4.1.7-3 所示。

不同位置坡道的坡度和宽度 **表 4.1.7-3**

坡道位置		最大坡度	最小宽度（m）
建筑入口	建筑入口 1	1∶12	≥1.20
	建筑入口 2	1∶20	≥1.20
室内坡道		1∶8	≥1.00
室外坡道		1∶10	≥1.50
自行车推行坡道		1∶5（1∶4）	≥1.50
设备房、锅炉房、小型库房等入口坡道		1∶5～1∶6	根据入口大小定

注：其他坡度可用插入法进行计算。表格摘录自《无障碍设计规范》GB 50763—2012。

（3）无障碍坡道的坡度值应不大于 1∶12，且每段坡度的最大高度为 750mm，最大坡度水平长度为 9000mm。当长度超过时，需在坡道中部设休息平台，休息平台的深度在直行、转弯时均不应小于 1500mm，在坡道的起点和终点处应留有深度不小于 1500mm 的轮椅缓冲区。

（4）台阶及坡道设计可分为四种形式，如图 4.1.7-2 所示。

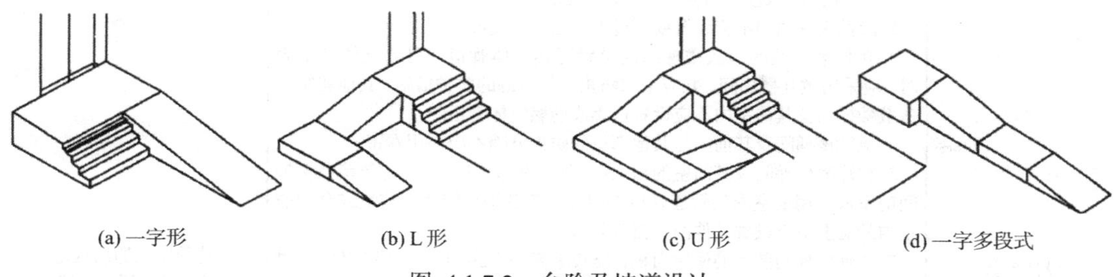

(a) 一字形　(b) L 形　(c) U 形　(d) 一字多段式

图 4.1.7-2　台阶及坡道设计

（5）坡道最小净高应考虑预留装修做法，避免因装修做法及机电管线等因素降低完成净高，不满足规范要求。

4.1.8　前室、合用前室

1. 规范要点（表 4.1.8-1）

前室、合用前室规范要点　　表 4.1.8-1

内容	条文摘录	引用
防火分隔及面积	2.2.8 除仓库连廊、冷库穿堂和筒仓工作塔内的消防电梯可不设置前室外，其他建筑内的消防电梯均应设置前室。消防电梯的前室应符合下列规定： 1 前室在首层应直通室外或经专用通道通向室外，该通道与相邻区域之间应采取防火分隔措施。 2 前室的使用面积不应小于 $6.0m^2$，合用前室的使用面积应符合本规范第 7.1.8 条的规定；前室的短边不应小于 2.4m。 3 前室或合用前室应采用防火门和耐火极限不低于 2.00h 的防火隔墙与其他部位分隔。除兼作消防电梯的货梯前室无法设置防火门的开口可采用防火卷帘分隔外，不应采用防火卷帘或防火玻璃墙等方式替代防火隔墙	《建筑防火通用规范》GB 55037—2022
装饰面层	6.5.2 下列部位不应使用影响人员安全疏散和消防救援的镜面反光材料： 2 疏散走道及其尽端、疏散楼梯间及其前室的顶棚、墙面和地面； 4 消防专用通道、消防电梯前室或合用前室的顶棚、墙面和地面	
	6.5.3 下列部位的顶棚、墙面和地面内部装修材料的燃烧性能均应为A级： 2 疏散楼梯间及其前室； 3 消防电梯前室或合用前室	
	6.6.9 下列场所或部位内保温系统中保温材料或制品的燃烧性能应为A级： 3 疏散楼梯间及其前室； 5 消防电梯前室或合用前室	
防火门	7.1.6 除设置在丙、丁、戊类仓库首层靠墙外侧的推拉门或卷帘门可用于疏散门外，疏散出口门应为平开门或在火灾时具有平开功能的门，且下列场所或部位的疏散出口门应向疏散方向开启： 5 疏散楼梯间及其前室的门	

续表

内容	条文摘录	引用
设计参数	7.1.8 室内疏散楼梯间应符合下列规定： 2 疏散楼梯间内不应设置或穿过甲、乙、丙类液体管道。 3 在住宅建筑的疏散楼梯间内设置可燃气体管道和可燃气体计量表时，应采用敞开楼梯间，并应采取防止燃气泄漏的防护措施；其他建筑的疏散楼梯间及其前室内不应设置可燃或助燃气体管道。 4 疏散楼梯间及其前室与其他部位的防火分隔不应使用卷帘。 5 除疏散楼梯间及其前室的出入口、外窗和送风口，住宅建筑疏散楼梯间前室或合用前室内的管道井检查门外，疏散楼梯间及其前室或合用前室内的墙上不应设置其他门、窗等开口。 7 防烟楼梯间前室的使用面积，公共建筑、高层厂房、高层仓库、平时使用的人民防空工程及其他地下工程，不应小于 6.0m²；住宅建筑，不应小于 4.5m²。与消防电梯前室合用的前室的使用面积，公共建筑、高层厂房、高层仓库、平时使用的人民防空工程及其他地下工程，不应小于 10.0m²；住宅建筑，不应小于 6.0m²。 8 疏散楼梯间及其前室上的开口与建筑外墙上的其他相邻开口最近边缘之间的水平距离不应小于 1.0m。当距离不符合要求时，应采取防止火势通过相邻开口蔓延的措施	《建筑防火通用规范》 GB 55037—2022
	7.3.2-3 建筑高度大于 33m 的住宅建筑，疏散楼梯应为防烟楼梯间，开向防烟楼梯间前室或合用前室的户门应为耐火性能不低于乙级的防火门	

2. 设计要点

（1）疏散楼梯间的前室、合用前室、共用前室应采用防火隔墙、防火门、防火窗与周围空间进行分隔，防火隔墙的耐火极限和燃烧性能应根据建筑的耐火等级和建筑类型确定，不应采用防火卷帘等替代防火隔墙，尽量避免采用防火玻璃墙替代。

（2）楼梯间及其前室或合用前室的外窗与相邻区域外墙上开口最近边缘的水平距离不应小于 1.0m，当距离不符合要求时，应采取防止火势通过相邻开口蔓延的措施，楼梯间任意一侧房间的火灾及其烟气都有可能通过楼梯间外墙上的开口蔓延至楼梯间内。因此，楼梯间的外窗与两侧其他用途房间的门、窗、洞口之间要保持必要的水平间距，确保火灾的烟、火不会侵入疏散楼梯间。

（3）防火门设计：疏散走道通向前室以及前室通向楼梯间的门应采用乙级防火门，并应向疏散方向开启，不应设置卷帘；疏散楼梯间及前室、合用前室与汽车库连通的门应为甲级防火门，参见《建筑防火通用规范》GB 55037—2022 第 6.4.2 条。

（4）防烟排烟设计：除住宅建筑的楼梯间前室外，防烟楼梯间和前室内的墙上不应开设除疏散门和送风口外的其他门、窗、洞口。

防烟楼梯间及其前室、消防电梯间前室或合用前室应设置防烟设施；临外墙或屋顶的设置机械加压送风系统的封闭楼梯间，应在其顶部设置开口面积不小于 1.0m² 的联动排烟窗以作应急排烟，确保救援人员安全。

楼梯间的首层可将走道和门厅等包括在楼梯间前室内形成扩大的防烟前室，但应采用乙级防火门等措施与其他走道和房间隔开。

（5）“建筑内楼梯间的上行、下行梯段之间不应共用楼梯间，确需共用时，应在首层将地上部分与地下部分的连通部位完全分隔”，《建筑设计防火规范》GB 50016—2014（2018 年版）第 6.4.4 条第 3 款规定。2023 年 6 月 1 日实施的《建筑防火通用规范》GB 55037—

2022 第 7.1.10 条第 3 款将《建筑设计防火规范》GB 50016—2014（2018 年版）规定的“完全分隔”明确为“无开口的防火隔墙分隔”。地上楼层的楼梯和地下楼层的楼梯应为两部楼梯，为防止地下楼层火灾烟气和火焰蔓延到建筑的上部楼层，同时为避免疏散人员误入地上楼层或地下楼层，应在地下层和地上层连接处进行完全分隔，不应开设任何门窗洞口。

4.1.9　核心筒

核心筒是高层建筑的交通中心和服务中心，包含电梯、楼梯等竖向交通设施和机电用房、管井、卫生间、清洁间、茶水间、垃圾间等辅助空间。核心筒平面位置相对稳定，其周边和内部墙体常作为结构主要受力构件，是结构体系的重要组成部分。同时能够提供良好的竖向交通和设备管线布置空间。

1. 规范要点（表 4.1.9-1）

核心筒规范要点　　表 4.1.9-1

内容	条文摘录	引用
设计参数	公共建筑应分层或分层设置独立的清洁间，内设清扫工具、洗消设施存放空间和洗涤池；应每层设置独立垃圾收集间；垃圾间及清洁间宜设置独立排风设施或设置能自动关闭的门	《健康建筑设计标准》DB11/2101—2023 第 3.2.17 条
	第二条建筑构件的耐火极限除应符合现行国家标准《建筑设计防火规范》GB 50016 的规定外，尚应符合下列规定： 4 核心筒外围墙体的耐火极限不应低于 3.00h； 5 电缆井、管道井等竖井井壁的耐火极限不应低于 2.00h； 第三条防火分隔应符合下列规定： 1 建筑的核心筒周围应设置环形疏散走道，隔墙上的门窗应采用乙级防火门窗	《建筑高度大于 250m 民用建筑防火设计加强性技术要求（试行）》

2. 设计要点

（1）平面设计

根据核心筒与外部空间关系可分为集中式和分离式，参见《建筑设计资料集（第三版）》（第 3 分册）。集中式可归纳为中心集中、边侧集中、外侧集中（图 4.1.9-1），分离式可归纳为中心分散和外侧分散（图 4.1.9-2）。其布局影响因素会与建筑性质、建筑结构、特殊景观朝向、消防疏散和特殊的建筑体型等有关。

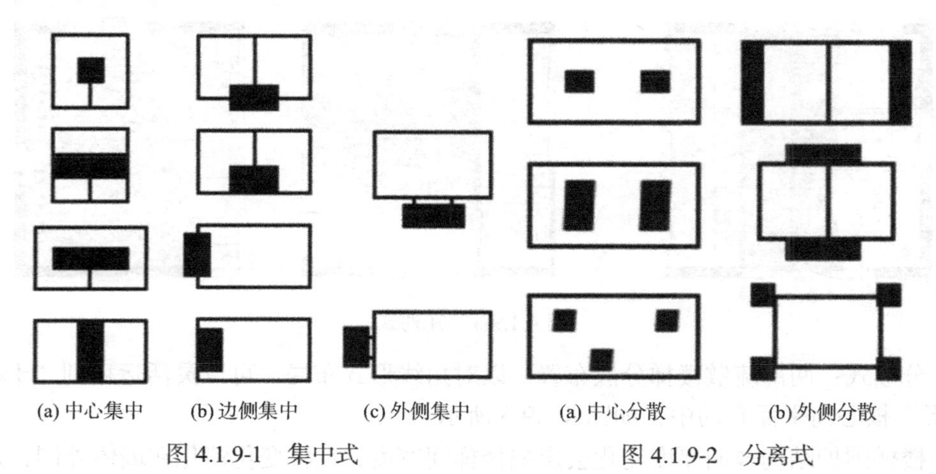

(a) 中心集中　(b) 边侧集中　(c) 外侧集中　(a) 中心分散　(b) 外侧分散

图 4.1.9-1　集中式　　图 4.1.9-2　分离式

① 中心集中式：核心筒和建筑标准层的几何中心和重心重合，目前高层建筑中，绝大多数都采用中心布置核心筒的方式。

② 边侧集中式：将核心筒偏向标准层的一侧布置，使用空间完整地面向景观面或良好朝向，以此来提升建筑的品质。

③ 中心分散式：将多个核心筒分散布置，可使建筑空间布置更灵活。

（2）核心筒建筑面积是影响标准层使用率的重要因素，标准层使用率计算方法如下：

$$使用率=\frac{标准层建筑面积-核心筒建筑面积-\begin{matrix}\text{筒外机电等公共}\\\text{使用空间建筑面积}\end{matrix}-走道建筑面积}{标准层建筑面积}$$

标准层使用率与建筑高度、使用功能、租售形式有关。

① 在标准层面积低于 1500m² 或是高于 2500m² 时，标准层的平面有效率均会降低，标准层面积应该保持在一定的数值之内。

② 核心筒形状宜方正、规整，减少异形、低效空间。

③ 核心筒内机电空间宜采用最小安装或检修空间。

④ 超高层电梯宜分区、分组设置。250m 以上宜设置穿梭电梯。

■ **说明**

设置穿梭电梯方案可减小核心筒面积，提高低区标准层使用率，但需要设置空中转换空间，整体使用率没有明显提升。

（3）合理布局核心筒外围结构墙开门位置，减少走道长度，提高空间使用效率。

（4）楼梯布置

核心筒中疏散楼梯间设置应满足安全疏散距离要求，且合理布局。

① 并列式：两部疏散楼梯采用垂直交叉或平行的方式，其对于并列型长方形交通核较为适用，如图 4.1.9-3 所示。

② 一字式：两部疏散楼梯呈现为一字形排布，其中一部楼梯与消防电梯合用前室。该方式对于一字形方形交通核较为适用，如图 4.1.9-4 所示。

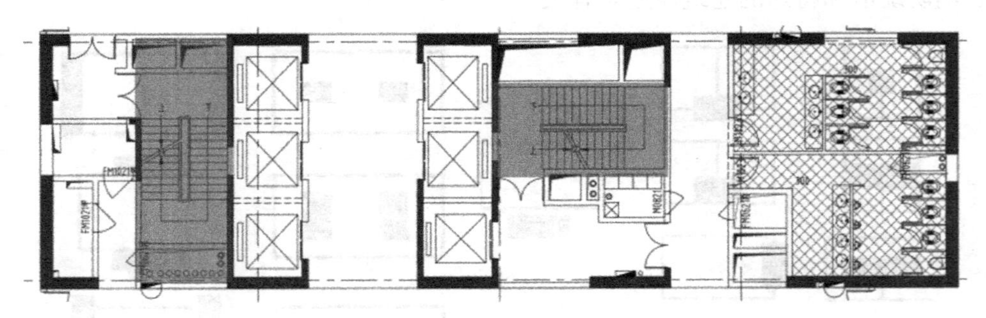

图 4.1.9-3 并列式

③ 分散式：两部疏散楼梯分散布置，以对角线形式布局，可以灵活运用到“十字形”“井字形”核心筒平面布局中，如图 4.1.9-5 所示。

④ 楼梯围护结构竖向厚度变化会影响楼梯间宽度，宜将变化消化在墙体外侧，如有特

殊情况需墙体内侧变化，可通过扶手或墙体等措施使楼梯间宽度保持不变。

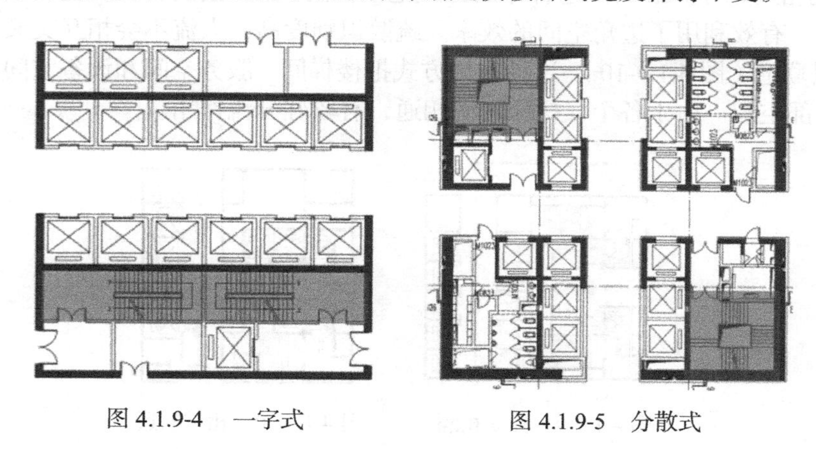

图 4.1.9-4　一字式　　　图 4.1.9-5　分散式

（5）电梯布置

核心筒平面内电梯群组的布局方式，直接影响人流疏散的快慢，决定着交通核水平交通的组织方式。集中布置可以减少其所占面积，并且便于管理维修。设置电梯时还应考虑无障碍通行路线，确定无障碍电梯位置，并设置无障碍相关设施。

① 串联相通（图 4.1.9-6）：向空间的两端伸展，常见于长矩形的标准层平面中。

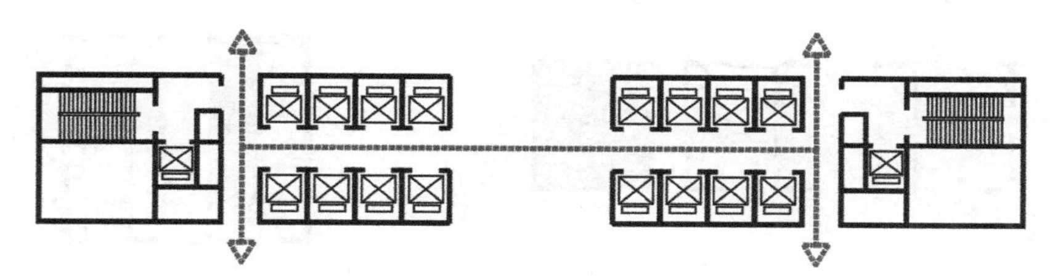

图 4.1.9-6　串联相通

② 并联对立（图 4.1.9-7）：可以在交通核内形成多条相对独立的走廊通道，一侧的电梯数量不多于 4 部，当并排数增多时，候梯室就可以合用。常见于矩形、多边形、圆形和不规则形等标准层平面。

③ 周边分隔（图 4.1.9-8）：各个电梯组的开口直接向外，候梯厅的边界没有明显的划定，并且相互独立，在周边走道中直接等候，可以容纳的人员较多。但这种方式需要在交通核的外壁上开口，对结构的稳定性存在一定的影响。

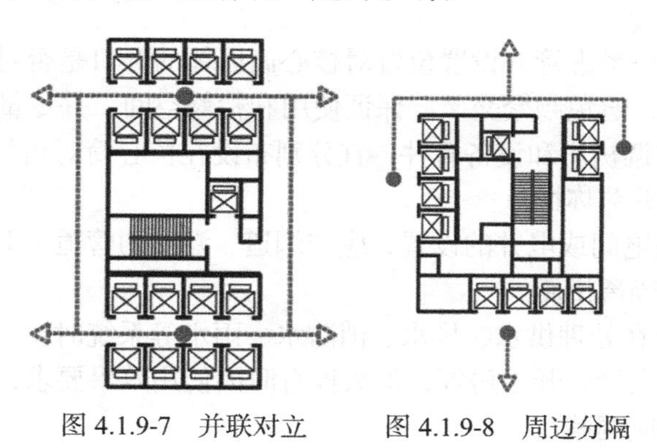

图 4.1.9-7　并联对立　　　图 4.1.9-8　周边分隔

④ 独立相隔（图 4.1.9-9）：这种布局方式把楼梯间、服务空间和设备空间设置在交通核的端部空间，有效利用了边角空间的效率。疏散识别度高，人流不会相互交叉。

⑤ 相贯联通（图 4.1.9-10）：这种布局方式把楼梯间、服务空间和设备空间设置在交通核的四个角部空间。由于各个候梯厅之间相通，有较好分流作用。

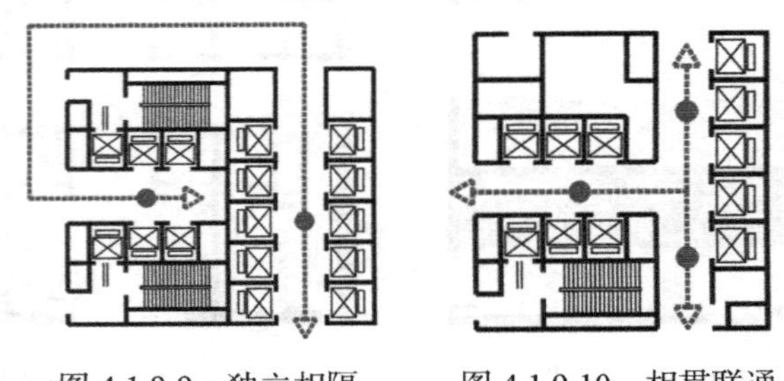

图 4.1.9-9 独立相隔　　图 4.1.9-10 相贯联通

（6）服务空间布置

核心筒中服务空间有卫生间、清洁间、开水房、垃圾间等。卫生间宜隐蔽设置，卫生间洁具数量应满足不同功能建筑相应的设置标准，且应每层考虑设置无障碍卫生间或厕位（图 4.1.9-11）。清洁间可占用厕位也可单独设置，开水房一般位置宜方便办公空间直达。垃圾间位置宜隐蔽，且与货梯毗邻，以方便运输。

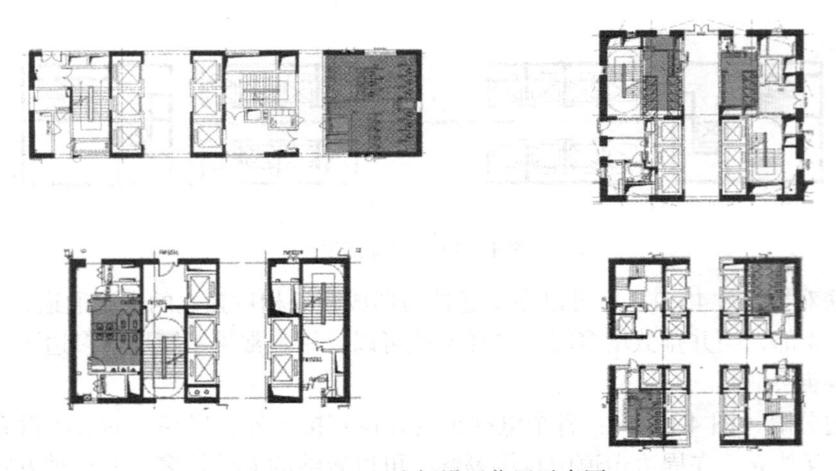

图 4.1.9-11 卫生间设置位置示意图

（7）设备空间布置

核心筒设备空间应考虑管井设置位置对核心筒墙体的开口是否对结构整体性造成不利影响，且应合理设计，避免频繁交叉，保证使用和检修空间，并尽量缩小管线空间高度。

① 暖通专业的空调机房和设备管井，宜分别布设在核心筒对角位置，方便出线，同时还能够确保风量负荷的对称性。

② 电气专业强弱电间或电井的设置，应与烟道、潮湿的管道、卫生间及其他散热和与水相关的管道做相应隔离措施。

③ 给水排水专业在处理供水、排水、消防水、雨水等系统时，一般设置在相关空间的附近，如卫生间、消火栓、开水房等，消火栓有时因使用效果要求，需嵌在剪力墙内，应提醒结构专业做出相应调整。

4.1.10　避难层（间）、避难走道

1. 一般规定（表 4.1.10-1）

避难层（间）、避难走道　　表 4.1.10-1

内容	条文摘录	引用
避难层	6.5.3 下列部位的顶棚、墙面和地面内部装修材料的燃烧性能均应为 A 级： 1 避难走道、避难层、避难间	《建筑防火通用规范》GB 55037—2022
	7.1.9 通向避难层的疏散楼梯应使人员在避难层处必须经过避难区上下。除通向避难层的疏散楼梯外，疏散楼梯（间）在各层的平面位置不应改变或应能使人员的疏散路线保持连续	
	7.1.14 建筑高度大于 100m 的工业与民用建筑应设置避难层，且第一个避难层的楼面至消防车登高操作场地地面的高度不应大于 50m	
	7.1.15 避难层应符合下列规定： 1 避难区的净面积应满足该避难层与上一避难层之间所有楼层的全部使用人数避难的要求。 2 除可布置设备用房外，避难层不应用于其他用途。设置在避难层内的可燃液体管道、可燃或助燃气体管道应集中布置，设备管道区应采用耐火极限不低于 3.00h 的防火隔墙与避难区及其他公共区分隔。管道井和设备间应采用耐火极限不低于 2.00h 的防火隔墙与避难区及其他公共区分隔。设备管道区、管道井和设备间与避难区或疏散走道连通时，应设置防火隔间，防火隔间的门应为甲级防火门。 3 避难层应设置消防电梯出口、消火栓、消防软管卷盘、灭火器、消防专线电话和应急广播。 4 在避难层进入楼梯间的入口处和疏散楼梯通向避难层的出口处，均应在明显位置设置标示避难层和楼层位置的灯光指示标识。 5 避难区应采取防止火灾烟气进入或积聚的措施，并应设置可开启外窗。 6 避难区应至少有一边水平投影位于同一侧的消防车登高操作场地范围内	
	8.2.1 下列部位应采取防烟措施： 4 避难层、避难间	
	3.2.7 建筑的室内净高应满足各类型功能场所空间净高的最低要求，地下室、局部夹层、公共走道、建筑避难区、架空层等有人员正常活动的场所最低处室内净高不应小于 2.00m	《民用建筑通用规范》GB 55031—2022
避难间	7.1.16 避难间应符合下列规定： 1 避难区的净面积应满足避难间所在区域设计避难人数避难的要求； 2 避难间兼作其他用途时，应采取保证人员安全避难的措施； 3 避难间应靠近疏散楼梯间，不应在可燃物库房、锅炉房、发电机房、变配电站等火灾危险性大的场所的正下方、正上方或贴邻； 4 避难间应采用耐火极限不低于 2.00h 的防火隔墙和甲级防火门与其他部位分隔； 5 避难间应采取防止火灾烟气进入或积聚的措施，并应设置可开启外窗，除外窗和疏散门外，避难间不应设置其他开口； 6 避难间内不应敷设或穿过输送可燃液体、可燃或助燃气体的管道； 7 避难间内应设置消防软管卷盘、灭火器、消防专线电话和应急广播； 8 在避难间入口处的明显位置应设置标示避难间的灯光指示标识	《建筑防火通用规范》GB 55037—2022
	7.4.8 医疗建筑的避难间设置应符合下列规定： 1 高层病房楼应在第二层及以上的病房楼层和洁净手术部设置避难间； 2 楼地面距室外设计地面高度大于 24m 的洁净手术部及重症监护区，每个防火分区应至少设置 1 间避难间； 3 每间避难间服务的护理单元不应大于 2 个，每个护理单元的避难区净面积不应小于 $25.0m^2$	

续表

内容	条文摘录	引用
安全疏散	6.4.3 除建筑直通室外和屋面的门可采用普通门外，下列部位的门的耐火性能不应低于乙级防火门的要求，且其中建筑高度大于 100m 的建筑相应部位的门应为甲级防火门： 4 前室开向避难走道的门	《建筑防火通用规范》GB 55037—2022
安全疏散	5.5.23-2 通向避难层的疏散楼梯应在避难层分隔、同层错开或上下层断开	《建筑设计防火规范》GB 50016—2014（2018 年版）

2. 设计要点

（1）当避难层兼作设备层时，层高不宜小于 5.0m，当其下一层为办公、酒店等功能楼层时，考虑到设备荷载和机电管线对下一层净高的影响，下一层的层高宜适当增加 0.1～0.2m。

（2）当避难层设有电梯机房时，层高应兼顾电梯冲顶高度和机房高度。

（3）当避难层兼作结构加强层时，应充分考虑结构构件对平面布置和净高的影响。

4.2 厨房

4.2.1 住宅厨房一般原则

住宅厨房功能空间一般规定如表 4.2.1-1 所示。

住宅厨房功能空间一般规定　　表 4.2.1-1

内容	条文摘录	引用
面积要求	5.4.1 由兼起居的卧室、厨房和卫生间等组成的最小套型，其厨房使用面积不应小于 4m²，由卧室、起居室（厅）、厨房和卫生间组成的套型，其厨房使用面积不应小于 5m²	《住宅设计规范》DB11/1740—2020
	5.3.1 厨房的使用面积应符合下列规定： 1 由卧室、起居室（厅）、厨房和卫生间等组成的住宅套型的厨房使用面积，不应小于 4.0m²； 2 由兼起居的卧室、厨房和卫生间等组成的住宅最小套型的厨房使用面积，不应小于 3.5m²	《住宅设计规范》GB 50096—2011
一般要求	5.4.3 厨房应按炊事操作流程整体布置洗涤池、操作台、灶台及排油烟机、吊柜等设施或为其预留安装位置	《住宅设计规范》DB11/1740—2020
	5.4.4 厨房不宜设置地漏	
	5.4.5 厨房的地面应采用防滑的装修材料	
	5.5.5 卫生间不应直接布置在下层住户的卧室、起居室（厅）、厨房、餐厅的上层	
	5.3.2 厨房宜布置在套内近入口处	《住宅设计规范》GB 50096—2011
	5.3.3 厨房应设置洗涤池、案台、炉灶及排油烟机、热水器等设施或为其预留位置	
尺寸要求	5.4.6（5.3.5）单排布置设备的厨房净宽不应小于 1.50m；双排布置设备的厨房其两排设备之间的净距不应小于 0.90m	《住宅设计规范》DB11/1740—2020（GB 50096—2011）

续表

内容	条文摘录	引用
采光通风	5.4.2 厨房应直接采光、自然通风	《住宅设计规范》DB11/1740—2020
	8.2.1 卧室、起居室（厅）、厨房应有直接天然采光	
	8.3.1 卧室、起居室（厅）、厨房应有自然通风	
	8.2.3 卧室、起居室（厅）、厨房的采光不应低于采光等级Ⅳ级的采光标准值，侧面采光的采光系数不应低于 2%，且应进行采光计算	
	8.2.4 卧室、起居室（厅）的采光窗洞口的窗地面积比不应低于 1/6，厨房的采光窗洞口的窗地面积比不应低于 1/7	
	4.0.2 住宅建筑的卧室、起居室（厅）的采光不应低于采光等级Ⅳ级的采光标准值，侧面采光的采光系数不应低于 2.0%，室内天然光照度不应低于 300lx	《建筑采光设计标准》GB 50033—2013
	8.3.4-2 厨房的直接通风开口面积不应小于该房间地板面积的 1/10，并不得小于 0.60m^2。当厨房外设置封闭阳台时，阳台的自然通风开口面积不应小于厨房和阳台地板面积总和的 1/10，并不得小于 0.60m^2	《住宅设计规范》DB11/1740—2020
	7.1.4 卧室、起居室（厅）、厨房的采光系数不应低于 1%；当楼梯间设置采光窗时，采光系数不应低于 0.5%	《住宅设计规范》GB 50096—2011
	7.1.5 卧室、起居室（厅）、厨房的采光窗洞口的窗地面积比不应低于 1/7	
	7.2.2-2 厨房的通风开口有效面积不应小于该房间地板面积的 1/10，并不得小于 0.6m^2	《民用建筑设计统一标准》GB 50352—2019
其他要求	7.2.3 严寒地区居住建筑中的厨房、厕所、卫生间应设自然通风道或通风换气设施	
	7.2.4 厨房、卫生间的门的下方应设进风固定百叶或留进风缝隙	

4.2.2　住宅厨房设计要点

（1）厨房布局中，对家具设备布置综合考虑；重视操作流线；重视运输流线，洁污分区；厨房设计应注意防火、防水、防对环境污染、节能节水节电、节约燃气。

（2）厨房与相邻的空间尽量为轻质隔墙，考虑灵活性，并充分考虑可开敞墙面的设备设施设计。

（3）需满足洗切烧流线的设置。

（4）手盆和水管需就近设置，方便接水管，并考虑水管接线路由。有条件时手盆布置在正对窗户或近窗户位置。

（5）抽油烟机和烟道需就近设置，方便接抽油烟机风管，并尽量释放吊柜空间，且考虑烟道出屋面的影响，特别是对坡屋面、屋顶机房、屋顶水箱间等的影响。

（6）考虑吊柜的安装位置，保证吊柜的长度。

（7）窗户下部建议设固定扇，300～400mm 高，释放窗台放置厨房用品。

（8）手盆和墙边留设台面，200～300mm 宽，方便放置厨房用品。

（9）厨房窗户建议用内开内倒，通风的同时可以尽量释放室内空间。

（10）厨房的门尽量开大，以便和外界联系，以及方便住户改造成开敞厨房的可能性，也给开敞厨房提供改造可能，更加适应现在人们的使用需求。

（11）燃气壁挂炉和燃气立管的设置要满足当地燃气要求。北京地区燃气一般在首层距离室外地坪 500mm 高左右进线，需考虑预留此路由，标准层燃气竖向距离墙面、距离燃气壁挂炉均有要求，需与当地燃气公司了解此项原则再进行设计。设置燃气壁挂炉的厨房，壁挂炉尽量不占用有效台面，并考虑通风管外排路由，由于厨房一般面宽小，故需避让结构梁高、窗户等。

（12）充分考虑厨房设备，考虑橱柜外和橱柜内的插座使用数量及位置的需求。

4.2.3 公共厨房一般原则

公共厨房包括营业性餐馆、营业冷热饮食店、非营业性的食堂等餐饮场所的厨房，以及宿舍、公寓等居住建筑中的厨房。

公共厨房设计重点规定如表 4.2.3-1 所示。

公共厨房设计重点规定 表 4.2.3-1

内容	条文摘录	引用
加工场所净高	4.3.5 厨房区域各类加工制作场所的室内净高不宜低于 2.5m	《饮食建筑设计标准》JGJ 64—2017
加工间通风采光	4.3.7 厨房区域加工间天然采光时，其侧面采光窗洞口面积不宜小于地面面积的 1/6；自然通风时，通风开口面积不应小于地面面积的 1/10	
食品库采光、通风	4.4.3 饮食建筑食品库房天然采光时，窗洞面积不宜小于地面面积的 1/10。饮食建筑食品库房自然通风时，通风开口面积不应小于地面面积的 1/20	
防火构造	8.6.10 老年人照料设施、托儿所、幼儿园及儿童活动场所的厨房、烧水间应单独设置或采用耐火极限不低于 2.00h 的防火隔墙与其他部位分隔，墙上的门、窗应采用乙级防火门、窗	《人员密集场所消防安全管理》GB/T 40248—2021
加工间设备净距	1.5 加工间的工作台边（或设备边）之间的净距：单面操作、无人通行时不应小于 0.70m，有人通行时不应小于 1.20m；双面操作、无人通行时不应小于 1.20m，有人通行时不应小于 1.50m	《公共厨房建筑设计与构造》13J913-1
其他	3.5-8 厨房设计必须注意对废水、废气、噪声、隔油的处理，并应符合有关部门的规定	
防火构造	14 热加工间的上层有餐厅或其他用房时，其外墙开口上方应设宽度不小于 1m 的防火挑檐	

4.2.4 公共厨房设计要点

1. 公共厨房功能组成

饮食建筑的功能空间可划分为用餐区域、厨房区域、公共区域和辅助区域四个区域。厨房区域的划分及各类用房的组成详见《饮食建筑设计标准》JGJ 64—2017 中第 4.1.1 条的相关规定。

2. 公共厨房功能流线

公共厨房平面布置应符合功能组成和流程，确保从低清洁区到高清洁区的供餐流线。公共厨房的组成及流程可参见《公共厨房建筑设计与构造》13J913-1 中公共厨房设计要点。

3. 公共厨房消防设计

公共厨房的消防设计除了满足《建筑设计防火规范》GB 50016—2014（2018 年版）、《建筑防火通用规范》GB 55037—2022 以外，还应重点关注《大型商业综合体消防安全管理规则》XF/T 3019—2023、《关于加强超大城市综合体消防安全工作的指导意见》（公消〔2016〕113 号）、《人员密集场所消防安全管理》GB/T 40248—2021 等规范规定文件中有关公共厨房消防设计的要求。

有关公共厨房消防设计的重点要求如表 4.2.4-1 所示。

公共厨房消防设计的重点要求 **表 4.2.4-1**

条文摘录	引用
9.2-c 大型商业综合体内设置在地下且建筑面积大于 150m² 或座位数大于 75 座的餐饮场所不准许使用燃气（不可设置燃气厨房）	《大型商业综合体消防安全管理规则》XF/T 3019—2023
9.2-e 大型商业综合体内使用明火的厨房区域应靠外墙布置，并应采用耐火极限不低于 2.00h 的隔墙与其他部位分隔，隔墙上的门、窗应采用乙级防火门、窗	
9.3-c 营业厅、超市中的食品加工区的明火部位应靠外墙布置，并应采用耐火极限不低于 2.00h 的隔墙、乙级防火门与其他部位分隔	
8.3.6 营业厅内食品加工区的明火部位应靠外墙布置，并应采用耐火极限不低于 2.00h 的隔墙、乙级防火门与其他部位分隔。敞开式的食品加工区，应采用电加热器具，严禁使用可燃气体、液体燃料	《人员密集场所消防安全管理》GB/T 40248—2021
4.3.11 厨房有明火的加工区（间）上层有餐厅或其他用房时，其外墙开口上方应设置宽度不小于 1.0m、长度不小于开口宽度的防火挑檐；或在建筑外墙上下层开口之间设置高度不小于 1.2m 的实体墙	《饮食建筑设计标准》JGJ 64—2017
8.6.10 老年人照料设施、托儿所、幼儿园及儿童活动场所的厨房、烧水间应单独设置或采用耐火极限不低于 2.00h 的防火隔墙与其他部位分隔，墙上的门、窗应采用乙级防火门、窗	《人员密集场所消防安全管理》GB/T 40248—2021
餐饮场所严禁使用液化石油气，设置在地下的餐饮场所严禁使用燃气	《关于加强超大城市综合体消防安全工作的指导意见》（公消〔2016〕113 号）

4. 公共厨房机电设计与建筑相关的设计要点

（1）粗加工、切配、餐具清洗消毒、烹调等需经常冲洗场所的地面应设置排水沟，地面设计时应考虑下层空间的净空高度。

（2）当为新建厨房或有条件时，优先采用结构降板方式留出排水沟空间。

（3）无条件或为改造工程时，采用地面架高的方式解决排水沟所需的高度要求，此时应注意解决好厨房架高地面出入口高差问题。

（4）排水沟净空高度根据厨房工艺要求、排水量、排水沟坡度及长度等因素确定，但不得小于 200mm。每段排水沟的最低处宜设沉渣池，排水口设于池侧壁，且至少高出池底100mm。

（5）排水沟壁宜选择光滑、不宜挂油污的材料；沟侧壁与底面宜采用弧角交接。

（6）凉菜间、裱花间、备餐间（区）、集体用餐分装间（区）等对清洁要求高的专间内不得设置明沟。

（7）与排水沟构造有关的国标图集有：《建筑防腐蚀构造》20J333、《窗井、设备吊装口、排水沟、集水坑》24J306。

4.2.5 问题分析

【问】：装配式建筑中，集成厨房如何取得装配得分？

【答】：根据北京市地方标准《装配式建筑评价标准》DB11/T 1831—2021 中规定，可以采用整体厨房，取 6 分。也可以墙面采用干挂墙砖，屋顶吊顶，通过计算，得出装配得分，一般情况下可以取得 5 分左右。

4.3 卫生间

4.3.1 住宅卫生间规范要点（表 4.3.1-1）

住宅卫生间规范要点　　表 4.3.1-1

住宅设计规范	5.4.3 无前室的卫生间的门不应直接开向起居室（厅）或厨房	《住宅设计规范》GB 50096—2011
	5.4.4 卫生间不应直接布置在下层住户的卧室、起居室（厅）、厨房和餐厅的上层	
	5.4.5 当卫生间布置在本套内的卧室、起居室（厅）、厨房和餐厅的上层时，均应有防水和便于检修的措施	
	5.4.6 每套住宅应设置洗衣机的位置及条件	
	5.5.3 套型内设有两个及以上卧室且仅设置一个卫生间时，洗面器与便器宜分别布置在不同空间	《住宅设计规范》DB11/1740—2020
	5.5.4 无前室的卫生间的门不应直接开向起居室（厅）或厨房，且不宜直接开向餐厅	
	5.5.6 当卫生间布置在本套内的卧室、起居室（厅）、餐厅和厨房的上层时，均应有防水、隔声和便于检修的措施	
	5.5.8 卫生间厕位和淋浴位置的墙内或地面应为扶手预留设置位置及条件，并适当增大厕位和淋浴空间	
	5.5.9 卫生间的地面应采用防滑的装修材料	
	5.5.10 住宅户内宜设置一个卫生间与卧室相邻，且两房间之间的分隔墙宜为轻质墙	
	8.2.2 卫生间宜有直接天然采光。当住宅套内设置三个及三个以上卫生间时，应至少有一个卫生间能获得直接天然采光	
	8.2.5 当卫生间设置采光窗时，采光窗洞口的窗地面积比不应低于 1/12	
住宅室内防水工程技术规范	5.2.1 卫生间、浴室的楼、地面应设置防水层，墙面、顶棚应设置防潮层，门口应有阻止积水外溢的措施	《住宅室内防水工程技术规范》JGJ 298—2013

4.3.2 住宅卫生间设计要点

1. 卫生间的室内净高不应低于 2.20m（《住宅设计规范》DB11/1740—2020 第 5.8.4 条）。

2. 卫生间内排水横管下表面与楼面、地面净距不得低于 2m，且不得影响门、窗扇开启

（《住宅设计规范》DB11/1740—2020 第 5.8.5 条）。

3. 卫生间排风扇电源出线口宜布置在顶板上靠近排风井道处，避免被排风井道附近的设备管线遮挡（《住宅区及住宅管线综合设计标准》DB11/1339—2016）。

4. 与卫生间无关的电气线缆导管不得进入和穿过卫生间(《住宅区及住宅管线综合设计标准》DB11/1339—2016）。

5. 注意满足新型设备如智能马桶的接水接电、电动牙刷的接电、马桶周围喷水枪的接水设置等需求。

4.3.3　公共卫生间规范要点（表 4.3.3-1）

公共卫生间规范要点　　表 4.3.3-1

民用建筑通用规定	5.6.1 民用建筑应根据功能需求配置公共厕所（卫生间），并应设洗手设施	《民用建筑通用规范》GB 55031—2022
	5.6.2-1 应根据建筑功能合理布局，位置、数量均应满足使用要求；（服务半径应满足不同建筑类型要求，且不宜大于 50m）	
	5.6.2-2 不应布置在有严格卫生、安全要求房间的直接上层；（对于有严格卫生、安全要求的房间（如餐厅、厨房、配电室、消防控制室、机房）上方，必须杜绝渗漏隐患，不允许布置有水房间）	
	5.6.2-3 应根据人体活动时所占的空间尺寸合理布置卫生洁具及其使用空间，管道应相对集中，便于更换维修	
	5.6.5-1 厕所隔间外开门时，单排厕所隔间外通道净宽不应小于 1.30m；双排厕所隔间之间通道净宽不应小于 1.30m；隔间至对面小便器或小便槽外沿的通道净宽不应小于 1.30m	
	5.6.5-2 厕所隔间内开门时，通道净宽不应小于 1.10m	
	4.2.1-6 变电所不应设在厕所、浴室、厨房或其他经常有水并可能漏水场所的正下方，且不宜与上述场所贴邻；如果贴邻，相邻隔墙应做无渗漏、无结露等防水处理	《民用建筑电气设计标准》GB 51348—2019
办公建筑	4.2.3-3 带有独立卫生间的办公室，其卫生间宜直接对外通风采光，条件不允许时，应采取机械通风措施	《办公建筑设计标准》JGJ/T 67—2019
	4.2.3-5 值班办公室可根据使用需要设置，设有夜间值班室时，宜设专用卫生间	
	4.3.3-2 宜设置专用茶具室、洗消室、卫生间和储藏空间等	
	4.3.5-2 公用厕所应设前室，门不宜直接开向办公用房、门厅、电梯厅等主要公共空间，并宜有防止视线干扰的措施	
商业建筑	4.2.14-1 应设置前室，且厕所的门不宜直接开向营业厅、电梯厅、顾客休息室或休息区等主要公共空间	《商店建筑设计规范》JGJ 48—2014
	4.2.14-3 中型以上的商店建筑应设置无障碍专用厕所，小型商店建筑应设置无障碍厕位	
	4.2.14-5 当每个厕所大便器数量为 3 具及以上时，应至少设置 1 具坐式大便器	
	4.2.14-6 大型商店宜独立设置无性别公共卫生间，并应符合现行国家标准《无障碍设计规范》GB 50763 的规定	
中小学校	6.2.5 教学用建筑每层均应分设男、女学生卫生间及男、女教师卫生间。学校食堂宜设工作人员专用卫生间。当教学用建筑中每层学生少于 3 个班时，男、女生卫生间可隔层设置	《中小学校设计规范》GB 50099—2011

续表

<table>
<tr><td rowspan="4">中小学校</td><td>6.2.7 在中小学校内，当体育场地中心与最近的卫生间的距离超过 90.00m 时，可设室外厕所。所建室外厕所的服务人数可依学生总人数的 15%计算。室外厕所宜预留扩建的条件</td><td rowspan="4">《中小学校设计规范》
GB 50099—2011</td></tr>
<tr><td>6.2.12 中小学校的卫生间应设前室。男、女生卫生间不得共用一个前室</td></tr>
<tr><td>6.2.13 学生卫生间应具有天然采光、自然通风的条件，并应安置排气管道</td></tr>
<tr><td>6.2.14 中小学校的卫生间外窗距室内楼地面 1.70m 以下部分应设视线遮挡措施</td></tr>
<tr><td>宿舍旅馆建筑</td><td>2.0.8 当居室（客房）贴邻电梯井道、设备机房、公共楼梯间、公用盥洗室、公用厕所、公共浴室、公用洗衣房等有噪声或振动的房间时，应采取有效的隔声、减振、降噪措施</td><td rowspan="7">《宿舍、旅馆建筑项目规范》
GB 55025—2022</td></tr>
<tr><td rowspan="2">宿舍建筑</td><td>3.3.2 宿舍内的公用盥洗室、公用厕所和公共活动室（空间）应有天然采光和自然通风</td></tr>
<tr><td>3.3.4 公用盥洗室、公用厕所不应布置在居室的直接上层。当居室内无独立卫生间时，公用盥洗室及公用厕所与最远居室的距离不应大于 25m</td></tr>
<tr><td rowspan="4">旅馆建筑</td><td>4.3.4 旅馆大堂（门厅）附近应设公共卫生间；大于 4 个厕位的男女公共卫生间应分设前室</td></tr>
<tr><td>4.3.5 设置无障碍客房的小型旅馆大堂（门厅）附近应设置无障碍卫生间或满足无障碍要求的公共卫生间，中型和大型旅馆大堂（门厅）附近应设置无障碍卫生间</td></tr>
<tr><td>4.3.6 不附设卫生间的客房，应根据床位数设置集中的公共盥洗、公共卫生间和浴室。男女公共卫生间应分别设前室或盥洗室</td></tr>
<tr><td>4.4.1-2 应设置服务人员卫生间</td></tr>
<tr><td>公寓建筑</td><td>5.3.5 公寓建筑公共部分的卫生间应设置无障碍措施</td><td>《公寓建筑设计标准》
T/CECS 768—2020</td></tr>
</table>

4.3.4 公共卫生间设计要点

1. 厕位、洁具计算原则

在人流集中的场所，女厕位与男厕位的比例不应小于 2∶1；其他场所男女厕位比例可按下式计算：

$$R = 1.5w/m \tag{4.3.4-1}$$

式中：R——女厕位数和男厕位数的比值；

1.5——女性和男性如厕占用时间比值；

w——女性如厕人数；

m——男性如厕人数。

城市公共卫生间男女厕位（坐位、蹲位和站位）与其数量应符合表 4.3.4-1 和表 4.3.4-2 的规定。

男厕位及数量（个） 表 4.3.4-1

男厕位总数	坐位	蹲位	站位
1	0	1	0
2	0	1	1
3	1	1	1
4	1	1	2

续表

男厕位总数	坐位	蹲位	站位
5～10	1	2～4	2～5
11～20	2	4～9	5～9
21～30	3	9～13	9～14

注：1. 表中厕位不包含无障碍厕位；
2. 表中数据摘自《城市公共厕所设计标准》CJJ 14—2016。

女厕位及数量（个） **表 4.3.4-2**

女厕位总数	坐位	蹲位
1	0	1
2	1	1
3～6	1	2～5
7～10	2	5～8
11～20	3	8～17
21～30	4	17～26

注：1. 表中厕位不包含无障碍厕位；
2. 表中数据摘自《城市公共厕所设计标准》CJJ 14—2016。

室内商场、超市公共建筑的公共卫生间分布服务半径不宜大于 50m，商业区、商业街应按 200～250m 为服务半径设置公共卫生间，且厕位数应符合表 4.3.4-3 的规定。

商场、超市和商业街公共卫生间厕位数 **表 4.3.4-3**

购物面积（m^2）	男厕位（个）	女厕位（个）
≤500	1	2
501～1000	2	4
1001～2000	3	6
2001～4000	5	10
≥4000	每增加 2000m^2，男厕位增加 2 个，女厕位增加 4 个	

注：1. 按男女如厕人数相当考虑；
2. 商业街应按照各商店的面积合计并计算后，按上表比例配置；
3. 商业建筑宜设置母婴室；女卫生间内宜设置婴儿整理台；
4. 商业区应按200～250m服务半径设置公共卫生间，摘自《公共厕所规划和设计标准》DG/TJ 08—401—2016第3.2.2-2条；
5. 表中数据摘自《城市公共厕所设计标准》CJJ 14—2016。

餐饮场所公共卫生间厕位数应符合表 4.3.4-4 的规定。

餐饮场所公共卫生间厕位数 **表 4.3.4-4**

设施	男	女
厕位	50 座以下至少设 1 个；100 座位以下设 2 个；超过 100 座位每增加 100 座位增设 1 个	50 座以下至少设 2 个；100 座位以下设 3 个；超过 100 座位每增加 65 座位增设 1 个

注：1. 按男女如厕人数相当考虑；
2. 内部员工使用的卫生间可参照办公建筑的卫生间设计；
3. 表中数据摘自《城市公共厕所设计标准》CJJ 14—2016。

公共文体娱乐场所的公共卫生间分布服务半径不宜大于 50m，且厕位数应符合表 4.3.4-5 的规定。

公共文体娱乐场所公共卫生间厕位数 表 4.3.4-5

设施	男	女
坐位、蹲位	250 座位以下设 1 个，每增加 1～500 座增设 1 个	不超过 40 座的设 1 个； 41～70 座设 3 个； 71～100 座设 4 个； 每增加 1～40 座增设 1 个
站位	100 座位以下设 2 个，每增加 1～80 座增设 1 个	无

注：1. 若附有其他服务设施内容（如餐饮等），应按照相应内容增加配置；
2. 有人员聚集场所的广场内，应增建馆外人员使用的附属或独立卫生间；
3. 表中数据摘自《城市公共厕所设计标准》CJJ 14—2016。

办公建筑内的公共卫生间分布服务半径不宜大于 50m，且厕位数应符合表 4.3.4-6 的规定。

办公建筑公共卫生间厕位数 表 4.3.4-6

女性使用数量（人）	便器数量（个）	洗手盆数量（个）	男性使用数量（人）	大便器数量（个）	小便器数量（个）	洗手盆数量（个）
1～10	1	1	1～15	1	1	1
11～20	2	2	16～30	2	1	2
21～30	3	2	31～45	2	2	2
31～50	4	3	46～75	3	2	3
当女性使用人数超过 50 人时，每增加 20 人增设 1 个便器和 1 个洗手盆			当男性使用人数超过 75 人时，每增加 30 人增设 1 个便器和 1 个洗手盆			

注：1. 当使用总人数不超过 5 人时，可设置无性别卫生间，内设大、小便器及洗手盆各 1 个；
2. 为办公门厅及大会议室服务的公共厕所应至少各设一个男、女无障碍厕位；
3. 每间厕所大便器为 3 个以上者，其中 1 个宜设坐式大便器；
4. 设有大会议室（厅）的楼层应根据人员规模相应增加卫生洁具数量；
5. 表中数据摘自《办公建筑设计标准》JGJ/T 67—2019。

中小学校内的学生公共卫生间的厕位数可表 4.3.4-7 计算。

中小学生内的学生公共卫生间厕位数量及设置要求 表 4.3.4-7

设施	男生	女生
厕位	每 40 人设 1 个大便器（或 1.2m 长大便槽）； 每 20 人设 1 个小便斗（或 0.60m 长小便槽）	每 13 人设 1 个大便器（或 1.2m 长大便槽）
洗手盆	每 40～45 人设置 1 个洗手盆（或 0.60m 长盥洗槽）	

注：表中数据摘自《中小学校设计规范》GB 50099—2011。

旅馆建筑公共区域的卫生间厕位的数量应符合表 4.3.4-8 的规定。

旅店建筑公共区域的卫生间厕位数量及设置要求　　表 4.3.4-8

房间名城	男卫生间		女卫生间
	大便器	小便器	大便器
门厅（大堂）	每 150 人配 1 个；超过 300 人，每增加 300 人增设 1 个	每 100 人配 1 个	每 75 人配 1 个；超过 300 人，每增加 300 人增设 1 个
餐厅（含咖啡厅、酒吧等）	每 100 人配 1 个；超过 400 人，每增加 250 人增设 1 个	每 50 人配 1 个	每 50 人配 1 个；超过 400 人，每增加 250 人增设 1 个
宴会厅、多功能厅、会议室等	每 100 人配 1 个；超过 400 人，每增加 200 人增设 1 个	每 40 人配 1 个	每 40 人配 1 个；超过 400 人，每增加 100 人增设 1 个

注：1. 本表假定男、女各为 50%，当性别比例不同时应进行调整；
2. 门厅（大堂）和餐厅兼顾使用时，洁具数量可按餐厅配置，不必叠加；
3. 四、五级旅馆建筑可按实际情况酌情增加；
4. 洗面盆、清洁池数量可按现行行业标准配置；
5. 商业、娱乐和健身的卫生设施可按现行行业标准配置；
6. 表中数据摘自《旅馆建筑设计规范》JGJ 62—2014。

部分旅馆建筑的客房内不设置卫生间，针对此类情况需集中布置公共卫生间，应符合表 4.3.4-9 的规定。

客房内不设置卫生间的旅店，其公共卫生间厕位数量及设置要求　　表 4.3.4-9

设施	数量	要求
公共卫生间	男女至少各一间	宜每层设置
大便器	每 9 人 1 个	男女比例宜按不大于 2：3
小便器（或 0.6m 长小便槽）	每 12 人 1 个	—
浴盆或淋浴间	每 9 人 1 个	—
洗面盆或盥洗槽龙头	每 1 个大便器配置 1 个； 每 5 个小便器增设 1 个	—
清洁池	每层 1 个	宜单独设置清洁间

注：表中数据摘自《旅馆建筑设计规范》JGJ 62—2014。

宿舍建筑内的公共卫生间设备数量应根据每层居住人数确定，不应小于表 4.3.4-10 的规定。

宿舍建筑内的公共卫生间厕位数量及设置要求　　表 4.3.4-10

项目	设备种类	卫生间设备数量
男厕	大便器	8 人以下设 1 个；超过 8 人时，每增加 15 人或不足 15 人增设 1 个
	小便器	每 15 人或不足 15 人设 1 个
	小便槽	每 15 人或不足 15 人设 0.7m
	洗手盆	与盥洗室分设的卫生间至少设 1 个
	污水池	公共卫生间或公共盥洗室设 1 个

续表

项目	设备种类	卫生间设备数量
女厕	大便器	5 人以下设 1 个；超过 5 人时，每层加 6 人或不足 6 人增设 1 个
	洗手盆	与盥洗室分设的卫生间至少设 1 个
	污水池	公共卫生间或公共盥洗室设 1 个
盥洗室（男、女）	洗手盆或盥洗槽龙头	5 人以下设 1 个；超过 5 人时，每增加 10 人或不足 10 人增设 1 个

注：1. 共用盥洗室不能男女合用；
2. 表中数据摘自《宿舍建筑设计规范》JGJ 36—2016。

上述未特殊提到的建筑内公共卫生间内洗手盆应按厕位数设置，要求应符合表 4.3.4-11 的规定。

洗手盆数量及设置要求　　表 4.3.4-11

厕位数（个）	洗手盆（个）	备注
4 以下	1	男女厕所宜分别计算，分别设置；当女厕所洗手盆数 $n \geqslant 5$ 时，实际设置数 N 应符合：$N = 0.8n$
5～8	2	
9～21	每增 4 个厕位增设 1 个	
22 以上	每增 5 个厕位增设 1 个	

注：表中数据摘自《城市公共厕所设计标准》CJJ 14—2016。

2. 洁具布置原则

公共卫生间内洁具的使用空间是指除了洁具占用的空间，使用者在使用时所需的空间及日常清洁和维护所需空间。使用空间与洁具尺寸是相互联系的。洁具的尺寸将决定使用空间的位置。公共卫生间洁具的使用空间应符合表 4.3.4-12 的规定。

常用卫生洁具平面尺寸和使用空间　　表 4.3.4-12

洁具	平面尺寸（mm × mm）	使用空间（宽 mm × 进深 mm）
洗手盆	500 × 400	800 × 600
坐便器（低位、整体水箱）	700 × 500	800 × 600
蹲便器	800 × 500	800 × 600
卫生间便盆（靠墙式或悬挂式）	600 × 400	800 × 600
碗形小便器	400 × 400	700 × 500
水槽（桶/清洁工具）	500 × 400	800 × 800
烘手器	400 × 300	650 × 600

注：表中数据摘自《城市公共厕所设计标准》CJJ 14—2016。

公共卫生间内隔间的平面最小尺寸符合表 4.3.4-13 的规定。

公共卫生间内隔间的平面最小尺寸　　表 4.3.4-13

类别	平面最小净隔间（净宽度 m × 净深度 m）
外开门的隔间	0.90 × 1.30（坐便），0.90 × 1.20（蹲便）
内开门的隔间	0.90 × 1.50（坐便），0.90 × 1.40（蹲便）

注：表中数据摘自《民用建筑通用规范》GB 55031—2022。

3. 技术要求

公共卫生间内产生噪声的设备避免安装在与办公、宿舍、客房等相邻的墙上，否则应做隔声措施。

公共卫生间吊顶应采用防潮材料，吊顶净高不宜小于 2.3m，体育建筑卫生间吊顶净高不宜小于 2.5m。

公共卫生间通道的净宽要满足基本使用功能和卫生安全要求，厕位隔间外开门时，单排厕所隔间外通道净宽不应小于 1.30m；双排厕所隔间之间通道净宽不应小于 1.30m；小便器或小便槽外沿的通道净宽不应小于 1.30m。厕位隔间内开门时，通道净宽不应小于 1.10m。

4.3.5　无障碍卫生间（表 4.3.5-1）

无障碍卫生间设计要求　　表 4.3.5-1

卫生间/厕位	3.2.1 满足无障碍要求的公共卫生间（厕所）应符合下列规定： 1 女卫生间（厕所）应设置无障碍厕位和无障碍洗手盆，男卫生间（厕所）应设置无障碍厕位、无障碍小便器和无障碍洗手盆； 2 内部应留有直径不小于 1.50m 的轮椅回转空间。 3.2.2 无障碍厕位应符合下列规定： 1 应方便乘轮椅者到达和进出、尺寸不应小于 1.80m × 1.50m； 2 如采用向内开启的平开门，应在开启后厕位内留有直径不小于 1.50m 的轮椅回转空间，并应采用门外可紧急开启的门闩； 3 应设置无障碍坐便器。 3.2.3 无障碍厕所应符合下列规定： 1 位置应靠近公共卫生间（厕所），面积不应小于 4.00m²，内部应留有直径不小于 1.50m 的轮椅回转空间； 2 内部应设置无障碍坐便器、无障碍洗手盆、多功能台、低位挂衣钩和救助呼叫装置； 3 应设置水平滑动式门或向外开启的平开门。 3.2.4 公共建筑中的男、女公共卫生间（厕所），每层应至少分别设置 1 个满足无障碍要求的公共卫生间（厕所），或在男、女公共卫生间（厕所）附近至少设置 1 个独立的无障碍厕所	《建筑与市政工程无障碍通用规范》GB 55019—2021

《居住区无障碍设计规程》DB11/1222—2015 中的相关规定包括：

（1）居住区配套公共设施无障碍设计的范围应包括综合管理服务类设施、交通类设施、市政公用类设施、教育类设施、医疗卫生类设施、商业服务类设施等。

（2）教育类设施、交通类设施中的公交首末站、社会福利设施、医疗卫生类设施中的社区卫生服务站、社区卫生服务中心等的无障碍设施，应符合《无障碍设计规范》GB 50763—2012 及国家现行有关标准和规范的规定。

《建筑与市政工程无障碍通用规范》GB 55019—2021 中的相关规定包括：需满足无障

碍要求的公共卫生间（厕所）应符合下列规定；无障碍厕位应符合规定；无障碍厕所应符合的规定等，详见规范第 3.2.1～3.2.3 条。

公共建筑中的男、女公共卫生间（厕所），每层应至少分别设置 1 个满足无障碍要求的公共卫生间（厕所），或在男、女公共卫生间（厕所）附近至少设置 1 个独立的无障碍厕所。详见规范第 3.2.4 条。

《无障碍设计规范》GB 50763—2012 中关于公共厕所、无障碍厕所等的相关规定摘录如下：

3.9.1 公共厕所的无障碍设计应符合下列规定：

1 女厕所的无障碍设施包括至少 1 个无障碍厕位和 1 个无障碍洗手盆；男厕所的无障碍设施包括至少 1 个无障碍厕位、1 个无障碍小便器和 1 个无障碍洗手盆；

2 厕所的入口和通道应方便乘轮椅者进入和进行回转，回转直径不小于 1.50m；

3 门应方便开启，通行净宽度不应小于 800mm；

4 地面应防滑、不积水；

5 无障碍厕位应设置无障碍标志，无障碍标志应符合本规范第 3.16 节的有关规定。

3.9.2 无障碍厕位应符合下列规定：

1 无障碍厕位应方便乘轮椅者到达和进出，尺寸宜做到 2.00m × 1.50m，不应小于 1.80m × 1.00m；

2 无障碍厕位的门宜向外开启，如向内开启，需在开启后厕位内留有直径不小于 1.50m 的轮椅回转空间，门的通行净宽不应小于 800mm，平开门外侧应设高 900mm 的横扶把手，在关闭的门扇里侧设高 900mm 的关门拉手，并应采用门外可紧急开启的插销；

3 厕位内应设坐便器，厕位两侧距地面 700mm 处应设长度不小于 700mm 的水平安全抓杆，另一侧应设高 1.40m 的垂直安全抓杆。

3.9.3 无障碍厕所的无障碍设计应符合下列规定：

1 位置宜靠近公共厕所，应方便乘轮椅者进入和进行回转，回转直径不小于 1.50m；

2 面积不应小于 $4.00m^2$；

3 当采用平开门，门扇宜向外开启，如向内开启，需在开启后留有直径不小于 1.50m 的轮椅回转空间，门的通行净宽度不应小于 800mm，平开门应设高 900mm 的横扶把手，在门扇里侧应采用门外可紧急开启的门锁；

4 地面应防滑、不积水；

5 内部应设坐便器、洗手盆、多功能台、挂衣钩和呼叫按钮；

6 坐便器应符合本规范第 3.9.2 的有关规定，洗手盆应符合本规范第 3.9.4 条的有关规定；

7 多功能台长度不宜小于 700mm，宽度不宜小于 400mm，高度宜为 600mm；

8 安全抓杆的设计应符合本规范第 3.9.4 条的有关规定；

9 挂衣钩距地高度不应大于 1.20m；

10 在坐便器旁的墙面上应设高 400mm～500mm 的救助呼叫按钮；

11 入口应设置无障碍标志，无障碍标志应符合本规范第 3.16 节的有关规定。

3.9.4 厕所里的其他无障碍设施应符合下列规定：

1 无障碍小便器下口距地面高度不应大于 400mm，小便器两侧应在离墙面 250mm 处，设高度为 1.20m 的垂直安全抓杆，并在离墙面 550mm 处，设高度为 900mm 水平安全抓杆，与垂直安全抓杆连接；

2 无障碍洗手盆的水嘴中心距侧墙应大于 550mm，其底部应留出宽 750mm、高 650mm、深

450mm 供乘轮椅者膝部和足尖部的移动空间，并在洗手盆上方安装镜子，出水龙头宜采用杠杆式水龙头或感应式自动出水方式；

3　安全抓杆应安装牢固，直径应为 30mm～40mm，内侧距墙不应小于 40mm；

4　取纸器应设在坐便器的侧前方，高度为 400mm～500mm。

4.4　设备房间

4.4.1　设备用房的一般要求和分类

（1）建筑正常运行需要设置燃气、热力、给水排水、通风、空调、电力、通信等设备用房，设备用房应按功能需要满足安全、防火、隔声、降噪、减振、防水等要求。不同专业对应的机房名称如表 4.4.1-1 所示。

不同专业对应的机房名称　　表 4.4.1-1

专业	机房名称
给水排水	消防水泵房及消防水池、高位水箱间、报警阀间、生活水泵房、生活热水机房、水箱间、中水处理机房、隔油间、污水泵房
暖通	热交换站、锅炉房、制冷机房、空调机房、新风机房、送风（补风）机房、排风（排烟）机房、正压送风机房、燃气表间、热力小室
电气	消防控制室、开闭站、变配电室及 UPS 机房、弱电机房、网络机房、通信机房、柴油发电机房、强电间、弱电间、分界室、中控室、安防控制室

（2）本节所指设备房间为民用建筑常用设备用房。

（3）设备用房的层高和垂直运输交通应满足设备荷载、安装、维修的要求，并应留有能满足最大设备安装、检修的进出口及检修通道。

（4）设备用房应采取有效措施防止其气味、噪声、振动等污染对其他公共区域、邻近建筑或环境造成污染。

（5）设备用房宜靠近负荷中心设置，且需便于市政管线接入及机电管线进出。

（6）设备用房采用墙体、楼板、门窗均应满足现行国家标准《建筑设计防火规范》GB 50016、《民用建筑电气设计标准》GB 51348 的规定，当标准未明确时应参照相同火灾危险性类别房间的要求。

（7）风机房、水泵房、制冷机房、柴油发电机房等安装有振动设备的机房应采取减振、降噪措施，应采用吸声墙面、吸声顶棚、防火隔声门窗等。设备宜采用隔振基座，管道支架和穿墙、穿楼板处宜采用防固体传声措施。

（8）对于有防水要求的设备用房，为保证设备房间正常使用，应采用抬高地面方式或设挡水门槛、挡油门槛（门槛设置高度应满足相关规范要求）。

（9）应采取防止雨、雪和小动物从开启窗、通风口或其他洞口进入机房的措施。

（10）设备用房与相关竖井的连接路径应便捷，且应综合考虑各专业机房主管线路，不宜过于集中。

（11）水房间不宜紧邻电气房间，如紧邻需要征求电气专业同意并采取相应措施避免水浸入电气房间，例如设置双墙等措施。需要根据各地要求确认哪种方式当地认可。

（12）机房信息汇总表。

4.4.2 给水排水专业主要设备用房

1. 消防水泵房、消防水池及高位水箱间

（1）一般规定（表 4.4.2-1）

消防水泵房、消防水池及高位水箱间一般规定　　表 4.4.2-1

项目	规范条款	规范出处
位置设置 防护措施 安全设施	8.1.10 消防水泵房设置应符合下列规定： 1 不应设置在地下 3 层及以下，或室内地面与室外出入口地坪高差大于 10.0m 的地下楼层； 2 消防水泵房应采取防水淹的技术措施； 3 疏散门应直通室外或安全出口	《民用建筑设计统一标准》 GB 50352—2019
防火措施 位置设置 安全设置 防火措施	4.1.7 消防水泵房的布置和防火分隔应符合下列规定： 1 单独建造的消防水泵房，耐火等级不应低于二级； 2 附设在建筑内的消防水泵房应采用防火门、防火窗、耐火极限不低于 2.00h 的防火隔墙和耐火极限不低于 1.50h 的楼板与其他部位分隔； 3 除地铁工程、水利水电工程和其他特殊工程中的地下消防水泵房可根据工程要求确定其设置楼层外，其他建筑中的消防水泵房不应设置在建筑的地下三层及以下楼层； 4 消防水泵房的疏散门应直通室外或安全出口； 5 消防水泵房的室内环境温度不应低于 5℃； 6 消防水泵房应采取防水淹等的措施	《建筑防火通用规范》 GB 55037—2022
位置设置	5.5.13 当室外消防水池设有消防车取水口（井）时，应设置消防车到达取水口（井）的消防车道和消防车回车场地	《民用建筑设计统一标准》 GB 50352—2019
	8.1.11 高位消防水箱设置应符合下列规定： 1 水箱最低有效水位应高于其所服务的水灭火设施； 2 严寒和寒冷地区的消防水箱应设在房间内，且应保证其不冻结	
	6.9.1 电梯设置应符合下列规定： 电梯机房应有隔热、通风、防尘等措施，宜有自然采光，不得将机房顶板作水箱底板及在机房内直接穿越水管或蒸汽管	
	8.1.9 消防水池的设计应符合下列规定： 1 消防水池可室外埋地设置、露天设置或在建筑内设置，并靠近消防泵房或与泵房同一房间，且池底标高应高于或等于消防泵房的地面标高	
	7.1.7 供消防车取水的天然水源和消防水池应设置消防车道。消防车道的边缘距离取水点不宜大于 2m	《建筑设计防火规范》 GB 50016—2014（2018 年版）
	3.0.7 消防水源应符合下列规定： 3 供消防车取水的消防水池和用作消防水源的天然水体、水井或人工水池、水塔等，应采取保障消防车安全取水与通行的技术措施，消防车取水的最大吸水高度应满足消防车可靠吸水的要求	《消防设施通用规范》 GB 55036—2022
是否设置	3.0.9 高层民用建筑、3 层及以上单体总建筑面积大于 10000m² 的其他公共建筑，当室内采用临时高压消防给水系统时，应设置高位消防水箱	
安全设置	3.0.10 高位消防水箱应符合下列规定： 2 屋顶露天高位消防水箱的人孔和进出水管的阀门等应采取防止被随意关闭的保护措施；	

续表

项目	规范条款	规范出处
安全设置	3 设置高位水箱间时，水箱间内的环境温度或水温不应低于5℃	《消防设施通用规范》GB 55036—2022
净高规定	5.5.6 独立的消防水泵房地面层的地坪至屋盖或天花板等的突出构件底部间的净高，除应按通风采光等条件确定外，且应符合下列规定： 1 当采用固定吊钩或移动吊架时，其值不应小于 3.0m； 2 当采用单轨起重机时，应保持吊起物底部与吊运所越过物体顶部之间有 0.50m 以上的净距； 3 当采用桁架式起重机时，除应符合本条第 2 款的规定外，还应另外增加起重机安装和检修空间的高度	《消防给水及消火栓系统技术规范》GB 50974—2014
使用要求	5.5.8 消防水泵房应至少有一个可以搬运最大设备的门	
	5.5.9 消防水泵房的设计应根据具体情况设计相应的采暖、通风和排水设施，并应符合下列规定： 3 消防水泵房应设置排水设施	
位置设置 使用要求	5.5.10 消防水泵不宜设在有防振或有安静要求房间的上一层、下一层和毗邻位置，当必须时，应采取下列降噪减振措施： 5 在消防水泵房内墙应采取隔声吸音的技术措施	
使用要求	5.5.14 消防水泵房应采取防水淹没的技术措施	
使用要求	4.3.6 消防水池的总蓄水有效容积大于 500m³ 时，宜设两格能独立使用的消防水池；当大于 1000m³ 时，应设置能独立使用的两座消防水池。每格（或座）消防水池应设置独立的出水管，并应设置满足最低有效水位的连通管，且其管径应能满足消防给水设计流量的要求	
防火措施 使用要求	4.3.11 高位消防水池的最低有效水位应能满足其所服务的水灭火设施所需的工作压力和流量，且其有效容积应满足火灾延续时间内所需消防用水量，并应符合下列规定： 5 高层民用建筑高压消防给水系统的高位消防水池总有效容积大于 200m³ 时，宜设置蓄水有效容积相等且可独立使用的两格；当建筑高度大于 100m 时应设置独立的两座。每格或座应有一条独立的出水管向消防给水系统供水； 6 高位消防水池设置在建筑物内时，应采用耐火极限不低于 2.00h 的隔墙和 1.50h 的楼板与其他部位隔开，并应设甲级防火门；且消防水池及其支承框架与建筑构件应连接牢固	
使用要求	5.2.6 高位消防水箱应符合下列规定： 4 高位消防水箱外壁与建筑本体结构墙面或其他池壁之间的净距，应满足施工或装配的需要，无管道的侧面，净距不宜小于 0.7m；安装有管道的侧面，净距不宜小于 1.0m，且管道外壁与建筑本体墙面之间的通道宽度不宜小于 0.6m，设有人孔的水箱顶，其顶面与其上面的建筑物本体板底的净空不应小于 0.8m	

（2）设计要点

① 检修人孔宜靠近消防水池补水检修阀门，当附近有梁等结构构件时，人孔与结构构件之间的净距应 ≥ 0.8m。

② 消防水泵房的疏散门应设置在安全出口的视线范围内，便于操作人员在火灾时快速进入。

③ 设在屋顶上的消防水池、水箱间不应设在电梯机房的直接上层。

④ 消防水池宜采用刚性防水加柔性防水的做法，柔性防水应设保护层。为便于柔性防水层的施工，消防水池内壁转角处应为 135°。同时，在施工消防水池内壁时，要避免在狭小密闭空间内的有害气体、粉尘等侵害，积极进行通风等保障措施。

⑤ 消防水池需要做检修爬梯、留检修人孔，需要做三道防水，靠近泵房侧要贴墙内侧做进深 1.5m、深度 1.2m 的深吸水槽。

⑥ 消防水泵房、消防水箱间等有水房间需要有防水淹措施，需要设置门槛（结合项目具体情况设计）。

⑦ 消防水泵房、消防水箱间等有水房间地面有排水需求，需要做排水沟及集水坑。

⑧ 消防水泵房面积一般约为 $100m^2$，净高 3m，消防水池面积需按照计算储水量确定，高位水箱间面积由消防水箱容积及检修要求确定，一般为 60～$120m^2$。房间净高不小于 3m。

2. 报警阀间

（1）需要有防水淹措施，需要设置门槛（结合项目具体情况设计）。

（2）地面有排水需求，建议设置挡水围堰排至集水坑、地漏，底层可做排水沟。

（3）面积一般为 20～$30m^2$，净高无特殊要求，满足一般房间净高即可。

3. 生活水泵房、生活热水机房及生活水箱间

（1）一般规定（表 4.4.2-2）

生活水泵房、生活热水机房及生活水箱间一般规定 表 4.4.2-2

<table>
<tr><th>项目</th><th>规范条款</th><th>规范出处</th></tr>
<tr><td>位置设置</td><td>6.9.1 电梯设置应符合下列规定：
10 电梯机房应有隔热、通风、防尘等措施，宜有自然采光，不得将机房顶板作水箱底板及在机房内直接穿越水管或蒸汽管</td><td>《民用建筑设计统一标准》
GB 50352—2019</td></tr>
<tr><td>使用要求</td><td>3.3.4 设置储水或增压设施的水箱间、给水泵房应满足设备安装、运行、维护和检修要求，应具备可靠的防淹和排水设施</td><td rowspan="4">《建筑给水排水与节水通用规范》
GB 55020—2021</td></tr>
<tr><td>安全要求</td><td>3.3.5 生活饮用水水箱间、给水泵房应设置入侵报警系统等技防、物防安全防范和监控措施</td></tr>
<tr><td>使用要求</td><td>3.3.6 给水加压、循环冷却等设备不得设置在卧室、客房及病房的上层、下层或毗邻上述用房，不得影响居住环境</td></tr>
<tr><td>位置设置</td><td>3.3.1 生活饮用水水池（箱）、水塔的设置应防止污废水、雨水等非饮用水渗入和污染，应采取保证储水不变质、不冻结的措施，且应符合下列规定：
1 建筑物内的生活饮用水水池（箱）、水塔应采用独立结构形式，不得利用建筑物本体结构作为水池（箱）的壁板、底板及顶盖。与消防用水水池（箱）并列设置时，应有各自独立的池（箱）壁。
2 埋地式生活饮用水贮水池周围 10m 内，不得有化粪池、污水处理构筑物、渗水井、垃圾堆放点等污染源。生活饮用水水池（箱）周围 2m 内不得有污水管和污染物。
3 排水管道不得布置在生活饮用水池（箱）的上方。
4 生活饮用水池（箱）、水塔人孔应密闭并设锁具，通气管、溢流管应有防止生物进入水池（箱）的措施。
5 生活饮用水水池（箱）、水塔应设置消毒设施</td></tr>
</table>

续表

项目	规范条款	规范出处
防污染	4.3.6 排水管道不得穿越下列场所： 2 生活饮用水池（箱）上方	《建筑给水排水与节水通用规范》GB 55020—2021
防污染	3.3.17 建筑物内的生活饮用水水池（箱）及生活给水设施，不应设置于与厕所、垃圾间、污（废）水泵房、污（废）水处理机房及其他污染源毗邻的房间内；其上层不应有上述用房及浴室、盥洗室、厨房、洗衣房和其他产生污染源的房间	《建筑给水排水设计标准》GB 50015—2019
防污染	3.3.18 生活饮用水水池（箱）的构造和配管，应符合下列规定： 1 人孔、通气管、溢流管应有防止生物进入水池（箱）的措施； 6 水池（箱）材质、衬砌材料和内壁涂料，不得影响水质	
降噪	3.9.9 民用建筑物内设置的生活给水泵房不应毗邻居住用房或在其上层或下层，水泵机组宜设在水池（箱）的侧面、下方，其运行噪声应符合现行国家标准《民用建筑隔声设计规范》GB 50118 的规定	
降噪	3.9.10 建筑物内的给水泵房，应采用下列减振防噪措施： 5 必要时，泵房的墙壁和天花应采取隔声吸声处理	
使用要求	3.9.11 水泵房应设排水设施，通风应良好，不得结冻	
位置设置	3.13.13 小区独立设置的水泵房，宜靠近用水大户。水泵机组的运行噪声应符合现行国家标准《声环境质量标准》GB 3096 的规定	
使用要求	3.8.1 生活用水水池（箱）应符合下列规定： 1 水池（箱）的结构形式、设置位置、构造和配管要求、贮水更新周期、消毒装置设置等应符合本标准第 3.3.15 条～第 3.3.20 条和第 3.13.11 条的规定； 2 建筑物内的水池（箱）应设置在专用房间内，房间应无污染、不结冻、通风良好并应维修方便；室外设置的水池（箱）及管道应采取防冻、隔热措施； 3 建筑物内的水池（箱）不应毗邻配变电所或在其上方，不宜毗邻居住用房或在其下方； 4 当水池（箱）的有效容积大于 $50m^3$ 时，宜分成容积基本相等、能独立运行的两格； 5 水池（箱）外壁与建筑本体结构墙面或其他池壁之间的净距，应满足施工或装配的要求，无管道的侧面净距不宜小于 0.7m；安装有管道的侧面，净距不宜小于 1.0m，且管道外壁与建筑本体墙面之间的通道宽度不宜小于 0.6m；设有人孔的池顶，顶板面与上面建筑本体板底的净空不应小于 0.8m；水箱底与房间地面板的净距，当有管道敷设时不宜小于 0.8m； 6 供水泵吸水的水池（箱）内宜设有水泵吸水坑，吸水坑的大小和深度应满足水泵或水泵吸水管的安装要求	

（2）设计要点

①生活水泵房及生活水箱间需要有防水淹措施，需设置门槛（结合项目具体情况设计）。

②内部需要做隔声墙面及减振隔声顶棚，设备基础宜做减振隔声处理。

③生活水泵房应设置防入侵设备，如监控报警等设备。

④墙地面需要利于清洁及清洗，一般做地砖及墙砖。

⑤生活水泵房面积一般约为 $50m^2$，净高 3m，生活水箱间面积需按照计算储水量确定。

4. 中水处理站

（1）一般规定（表 4.4.2-3）

中水处理站一般规定 表 4.4.2-3

项目	规范条款	规范出处
位置设置	8.1.7 污水处理站、中水处理站的设置应符合下列规定： 1 建筑小区污水处理站、中水处理站宜布置在基地主导风向的下风向处，且宜在地下独立设置。以生活污水为原水的地面处理站与公共建筑和住宅的距离不宜小于 15.0m。 2 建筑物内的中水处理站宜设在建筑物的最底层，建筑群（组团）的中水处理站宜设在其中心位置建筑的地下室或裙房内	《民用建筑设计统一标准》GB 50352—2019
	7.1.2 建筑物内的中水处理站宜设在建筑物的最底层，或主要排水汇水管道的设备层	《建筑中水设计标准》GB 50336—2018
	7.1.3 建筑小区中水处理站和以生活污水为原水的中水处理站宜在建筑物外部按规划要求独立设置，且与公共建筑和住宅的距离不宜小于 15m	
	7.2.2 中水处理站应根据站内各建、构筑物的功能和工艺流程要求合理布置，满足构筑物的施工、设备安装、管道敷设、运行调试及设备更换等维护管理要求，并宜留有适当发展余地，还应考虑最大设备的进出要求	
安全设置	7.2.4 中水处理站宜设有值班、化验、药剂贮存等房间。对于采用现场制备二氧化氯、次氯酸钠等消毒剂的中水处理站，加药间应与其他房间隔开，并有直接通向室外的门	
使用设置	7.2.6 中水处理站内各处理构筑物的个（格）数不宜少于 2 个（格），并宜按并联方式设计	
净高	7.2.8 设于建筑物内部的中水处理站的层高不宜小于 4.5m，各处理构筑物上部人员活动区域的净空不宜小于 1.2m	
安全防护	7.2.9 中水处理构筑物上面的通道，应设置安全防护栏杆，地面应有防滑措施	
保温隔热	7.2.10 独立设置的中水处理站围护结构应根据所在地区的气候条件采取保温、隔热措施，并应符合国家现行相关法规和标准的规定	
使用要求	7.2.11 建筑物内中水处理站的盛水构筑物，应采用独立的结构形式，不得利用建筑物的本体结构作为各池体的壁板、底板及顶盖。 注：不包括为中水处理站设置的集水井	
	7.2.12 中水处理站内的盛水构筑物应采用防水混凝土整体浇筑，内侧宜设防水层	
安全防火	7.2.15 中水处理站的消防设计应符合现行国家标准《建筑设计防火规范》GB 50016 的有关规定，易燃易爆的房间应按消防部门要求设置消防设施	
保温	7.2.17 在北方寒冷地区，中水处理站应有防冻措施。当供暖时，处理间内温度可按 5℃设计，值班室、化验室和加药间等室内温度可按 18℃设计	
降噪	7.2.22 对中水处理站中机电设备所产生的噪声和振动应采取有效的降噪和减振措施，中水处理站产生的噪声值应符合现行国家标准《声环境质量标准》GB 3096 的规定	

（2）设计要点

① 中水处理站需要有防水淹措施，需设置门槛（结合项目具体情况设计）。

② 内部需要做隔声墙面及减振隔声顶棚，设备基础要做减振隔声处理。

③ 与生活水泵房和生活水箱间距离不得小于 10m。

④ 不宜与有卫生要求和防振、防水和有安静要求的房间、居住用房、电器等用房上方、下方或贴邻布置。

⑤ 建筑小区中水处理站应设加药间、储药间和消毒剂制备储存间，宜与其他房间隔开，并有直接对外的门，对于设在建筑物内的中水处理站，宜设置药剂储存间，化验、值班等房间。

⑥ 处理站应具备污泥、渣等的存放和外运条件。

⑦ 独立设置的中水处理站和污水泵房室内应有通风措施；附建在建筑物内的中水处理站门窗应密闭，室内应有适应处理工艺要求的供暖、通风、采光、换气设计。

⑧ 对于中水处理中产生的臭气应采取有效的防臭措施，排气应沿建筑内设竖井排向室外高空，排气口应高于人员活动场所 2m 以上。

⑨ 中水处理站化验室内药剂所产生的有害、有毒气体的扩散和排放应考虑对环境造成的影响；对采用缺氧和厌氧处理的中水站，应有确保操作人员安全的措施；供暖地区有人操作的机房室温宜为 16℃。

⑩ 中水处理站地面应设排水沟、集水坑和排水设施；室内地面标高应低于同层其他房间，地面应易于清洗，化验室、药品储藏间地面还应考虑防腐问题。

⑪ 机房外门至少有一个净空尺寸应满足最大设备搬运的需要，室内楼梯宽度和坡度应满足小型配件搬运需要。否则应预留设备安装孔洞。

5. 隔油间

（1）一般规定（表 4.4.2-4）

隔油间一般规定　　　　**表 4.4.2-4**

项目	规范条款	规范出处
使用设置	4.4.6 公共餐饮厨房含有油脂的废水应单独排至隔油设施，室内的隔油设施应设置通气管道	《建筑给水排水与节水通用规范》GB 55020—2021
	4.9.2 隔油设施应优先选用成品隔油装置，并应符合下列规定： 3 含油废水水温及环境温度不得小于 5℃； 5 隔油器的通气管应单独接至室外； 6 隔油器设置在设备间时，设备间应有通风排气装置，且换气次数不宜小于 8 次/h； 7 隔油设备间应设冲洗水嘴和地面排水设施 4.9.3 隔油池设计应符合下列规定： 6 隔油池应设活动盖板，进水管应考虑有清通的可能； 7 隔油池出水管管底至池底的深度，不得小于 0.6m	《建筑给水排水设计标准》GB 50015—2019

（2）设计要点

① 地面需要做防水。

② 隔油间应采用甲级防火门（规范未对隔油间防火门进行特殊要求，防火规范在耐火极限要求不低于 2.00h 的防火隔墙上的门要求为乙级防火门，考虑隔油间内有机电设备并储藏了油脂，一般实际操作中隔油间建议设置甲级防火门）。

③ 地面有排水需求需要做排水沟及集水坑，需设置门槛（结合项目具体情况设计）。

④ 面积一般为 25～30m²，净高无特殊要求，满足一般房间净高即可。

6. 污水泵房

（1）一般规定（表 4.4.2-5）

污水泵房一般规定 表 4.4.2-5

项目	规范条款	规范出处
使用设置	4.4.2 当生活污水集水池设置在室内地下室时，池盖应密封，且应设通气管	《建筑给水排水与节水通用规范》GB 55020—2021

（2）设计要点

① 设置在建筑内部，优先选用密闭一体式污水提升装置。

② 地面需要做防水，并设置减振措施，不宜贴邻有噪声控制房间。

③ 污水泵房应采用乙级防火门。

④ 地面有排水需求需要做排水沟及集水坑，需要设置门槛（结合项目具体情况设计）。

⑤ 面积一般为 25～30m²，净高无特殊要求，满足一般房间净高即可。

4.4.3 暖通专业主要设备用房

1. 热交换站

1）关于热交换站的功能空间一般规定如表 4.4.3-1 所示。

热交换站的功能空间一般规定 表 4.4.3-1

内容	条文摘录	引用
位置要求	8.2.1 设有供暖系统的民用建筑应符合下列规定： 1 应按城市热力规划、气候、建筑功能要求确定供暖热源、系统和运行方式； 2 独立设置的区域锅炉房宜靠近最大负荷区域； 3 热媒输配管道系统的公共阀门、仪表等，应设在公共空间并可随时进行调节、检修、更换、抄表； 4 室内供暖、室外热力管道用管沟或管廊应在适当位置留出膨胀弯或补偿器空间；当供暖管道穿墙或楼板无法计算管道膨胀量，且没有补偿措施时，洞口应采用柔性封堵； 5 供暖系统的热力入口应设在专用房间内	《民用建筑设计统一标准》GB 50352—2019
防火要求	6.5.4 消防控制室地面装修材料的燃烧性能不应低于 B_1 级，顶棚和墙面内部装修材料的燃烧性能均应为 A 级。下列设备用房的顶棚、墙面和地面内部装修材料的燃烧性能均应为 A 级： 1 消防水泵房、机械加压送风机房、排烟机房、固定灭火系统钢瓶间等消防设备间； 2 配电室、油浸变压器室、发电机房、储油间； 3 通风和空气调节机房； 4 锅炉房	《建筑防火通用规范》GB 55037—2022
采光通风防水	8.2.2 设有机械通风系统的民用建筑应符合下列规定： 1 新风采集口应设置在室外空气清新、洁净的位置或地点；废气及室外设备的出风口应高于人员经常停留或通行的高度；有毒、有害气体应经处理达标后向室外高空排放；与地下供暖管沟、地下室开敞空间或室外相通的共用通风道底部，应设有防止小动物进入的箅网；	《民用建筑设计统一标准》GB 50352—2019

续表

内容	条文摘录	引用
采光通风防水	2 通风机房、吊装设备及暗装通风管道系统的调节阀、检修口、清扫口应满足运行时操作和检修的要求； 3 贮存易燃易爆物质、有防疫卫生要求及散发有毒有害物质或气体的房间，应单独设置排风系统，并按环保规定处理达标后向室外高空排放； 4 事故排风系统的室外排风口不应布置在人员经常停留或通行的地点以及邻近窗口、天窗、出入口等位置；且排风口与进风口的水平距离不应小于 20.0m，否则宜高出 6.0m 以上； 5 除事故风机、消防用风机外，室外露天安装的通风机应避免运行噪声及振动对周边环境的影响，必要时应采取可靠的防护和消声隔振措施； 6 餐饮厨房的排风应处理达标后向室外高空排放	《民用建筑设计统一标准》GB 50352—2019
	8.2.5 冷热源站房的设置应符合下列规定： 1 应预留大型设备的搬运通道及条件；吊装设施应安装在高度、承载力满足要求的位置； 2 主机房宜采用水泥地面，主机基座周边宜设排水明沟； 3 设备周围及上部应留有通行及检修空间； 4 多台主机联合运行的站房应设置集中控制室，控制室应采用隔声门，锅炉房控制室应采用具有抗爆能力且固定的观察窗	
其他要求	2.2.2 对有噪声源房间的围护结构应做隔声设计。有噪声源房间外围护结构的隔声性能应根据噪声源辐射噪声的情况和室外环境噪声限值确定。有噪声源房间内围护结构的隔声性能应根据噪声源辐射噪声的情况和本规范表 2.1.4 中规定的相邻房间的室内噪声限值或国家现行相关标准中的噪声限值确定	《建筑环境通用规范》GB 55016—2021
	2.3.3 对建筑物内部产生噪声与振动的设备或设施，当其正常运行对噪声、振动敏感房间产生干扰时，应对其基础及连接管线采取隔振措施，并应符合本规范表 2.1.4 和表 2.1.5 的规定	

2）热交换站设计要点

（1）机房功能介绍：热交换站是热能转换的场所，工作原理是通过换热器将一次网的高温热量换热给二次网的热水，以满足用户的供暖、空调及生活用水等需求。平面布置设换热设备区、电气仪表区，并建议设置单独的值班室和控制室。

（2）机房位置介绍：热交换站应建在靠近热负荷中心（便于外线接入）且交通便利的地方，以便于热力的传输和设备的维护。上下层不能有噪声敏感用途房间（公寓住宅项目），设备运输可考虑坡道。

（3）机房面积：机房含设备间、控制间、值班室，热交换站约占公共建筑总建筑面积的 0.3%～0.5%，一般为 200～350m^2。

（4）机房净高（层高）：梁下净空高度一般不宜小于 3m，小型换热站层高 3.6～3.9m；大型换热站层高 3.9～4.5m。

（5）机房防火要求：热交换站设备间门向外开，换热站长度 > 12m 时设两个出口，机房门采用甲级防火隔声门。

（6）机房防水要求

① 应具备完善的排水设施，保证外部积水无法进入室内。

② 地（楼）面应考虑防水和排水设计，一般垫层 300mm，设连通的排水沟及集水坑，设备基础高于地面不小于 100mm。

③ 机房门口、控制间与设备间设挡水门槛，150～200mm 高。

（7）机房其他要求

① 应尽可能远离对环境要求较高的建筑和区域。噪声控制应符合现行国家标准《声环境质量标准》GB 3096 的规定。

② 与其他建筑物相连或设置在其内部时，应避免设备噪声对周围环境及建筑内部正常使用造成影响。

③ 应采取以下隔振、隔声、吸声措施：

a. 有振动的机电设备与其基础之间应设置隔振器；设备与管道连接应采用柔性接头；管线支承宜采用弹性支、吊架。

b. 内墙面和顶棚应采取吸声构造措施。

④ 应具有良好的通风和采光。

2. 锅炉房

1）关于锅炉房的功能空间一般规定如表 4.4.3-2 所示。

锅炉房的功能空间一般规定 **表 4.4.3-2**

内容	条文摘录	引用
位置要求	4.1.1 锅炉房位置的选择应根据下列因素确定： 1 应靠近热负荷比较集中的地区，并应使引出热力管道和室外管网的布置在技术、经济上合理，其所在位置应与所服务的主体项目相协调； 2 应便于燃料贮运和灰渣的排送，并宜使人流和燃料、灰渣运输的物流分开； 3 扩建端宜留有扩建余地； 4 应有利于自然通风和采光； 5 应位于地质条件较好的地区； 6 应有利于减少烟尘、有害气体、噪声和灰渣对居民区和主要环境保护区的影响，全年运行的锅炉房应设置于总体最小频率风向的上风侧，季节性运行的锅炉房应设置于该季节最大频率风向的下风侧，并应符合环境影响评价报告提出的各项要求。 7 燃煤锅炉房和煤制气设施宜布置在同一区域范围； 8 应有利于凝结水的回收； 9 区域锅炉房尚应符合城市总体规划、区域供热规划的要求； 10 危险化学品生产企业锅炉房的位置，除应满足本条上述要求外，还应符合有关技术要求	《锅炉房设计标准》GB 50041—2020
	4.1.2 锅炉房宜为独立的建筑物	
	4.1.3 当锅炉房和其他建筑物相连或设置在其内部时，不应设置在人员密集场所和重要部门的上一层、下一层、贴邻位置以及主要通道、疏散口的两旁，并应设置在首层或地下室一层靠建筑物外墙部位	
	4.1.4 住宅建筑物内，不宜设置锅炉房	
	1.0.4 同一建筑内设置多种使用功能场所时，不同使用功能场所之间应进行防火分隔，该建筑及其各功能场所的防火设计应根据本规范的相关规定确定	《建筑设计防火规范》GB 50016—2014（2018 年版）
	3.2.5 锅炉房的耐火等级不应低于二级，当为燃煤锅炉房且锅炉的总蒸发量不大于 4t/h 时，可采用三级耐火等级的建筑	
	5.2.3 民用建筑与单独建造的变电站的防火间距应符合本规范第 3.4.1 条有关室外变、配电站的规定，但与单独建造的终端变电站的防火间距，可根据变电站的耐火等级按本规范第 5.2.2 条有关民用建筑的规定确定。 民用建筑与 10kV 及以下的预装式变电站的防火间距不应小于 3m。 民用建筑与燃油、燃气或燃煤锅炉房的防火间距应符合本规范第 3.4.1 条有关丁类厂房的规定，但与单台蒸汽锅炉的蒸发量不大于 4t/h 或单台热水锅炉的额定热功率不大于 2.8MW 的燃煤锅炉房的防火间距，可根据锅炉房的耐火等级按本规范第 5.2.2 条有关民用建筑的规定确定	

续表

内容	条文摘录	引用
防火要求	15.1.1 锅炉房的火灾危险性分类和耐火等级应符合下列规定： 1 锅炉间应属于丁类生产厂房，建筑不应低于二级耐火等级；当为燃煤锅炉间且锅炉的总蒸发量小于或等于 4t/h 或热水锅炉总额定热功率小于或等于 2.8MW 时，锅炉间建筑不应低于三级耐火等级； 2 油箱间、油泵间和重油加热器间应属于丙类生产厂房，其建筑均不应低于二级耐火等级； 3 燃气调压间及气瓶专用房间应属于甲类生产厂房，其建筑不应低于二级耐火等级	《锅炉房设计标准》GB 50041—2020
	15.1.2 锅炉房的外墙、楼地面或屋面应有相应的防爆措施，并应有相当于锅炉间占地面积 10%的泄压面积，泄压方向不得朝向人员聚集的场所、房间和人行通道，泄压处也不得与这些地方相邻。地下锅炉房采用竖井泄爆方式时，竖井的净横断面积应满足泄压面积的要求。注：锅炉房四周以及上下层不能是人员密集场所	
	15.1.3 燃油、燃气锅炉房锅炉间与相邻的辅助间之间应设置防火隔墙，并应符合下列规定： 1 锅炉间与油箱间、油泵间和重油加热器间之间的防火隔墙，其耐火极限不应低于 3.00h，隔墙上开设的门应为甲级防火门； 2 锅炉间与调压间之间的防火隔墙，其耐火极限不应低于 3.00h； 3 锅炉间与其他辅助间之间的防火隔墙，其耐火极限不应低于 2.00h，隔墙上开设的门应为甲级防火门	
	15.1.4 锅炉房和其他建筑物贴邻时，应采用防火墙与贴邻的建筑分隔	
	15.1.5 调压间的门窗应向外开启并不应直接通向锅炉间，地面应采用不产生火花地坪	
	4.3.7 锅炉间出入口的设置应符合下列规定： 1 出入口不应少于 2 个，但对独立锅炉房的锅炉间，当炉前走道总长度小于 12m，且总建筑面积小于 200m² 时，其出入口可设 1 个； 2 锅炉间人员出入口应有 1 个直通室外； 3 锅炉间为多层布置时，其各层的人员出入口不应少于 2 个；楼层上的人员出入口，应有直接通向地面的安全楼梯	
	4.3.8 锅炉间通向室外的门应向室外开启，锅炉房内的辅助间或生活间直通锅炉间的门应向锅炉间内开启	
尺寸要求	15.1.7 锅炉房应预留能通过设备最大搬运件的安装洞，安装洞可结合门窗洞或非承重墙处设置	
采光通风防水	4.2.7 锅炉房建筑物室内底层标高和构筑物基础顶面标高，应高出室外地坪或周围地坪 0.15m 及以上，锅炉间和同层的辅助间地面标高应一致	
	15.1.14 锅炉间外墙的开窗面积应满足通风、泄压和采光的要求	
	15.1.15 油泵房的地面应有防油措施；对有酸、碱侵蚀的水处理间地面、地沟、混凝土水箱和水池等建（构）筑物的设计，应符合现行国家标准《工业建筑防腐蚀设计标准》GB/T 50046 的有关规定	
	15.3.2 锅炉间、凝结水箱间、水泵间和油泵间等房间的余热宜采用有组织的自然通风排除；当自然通风不能满足要求时，应设置机械通风	
其他要求	3.0.5 锅炉房设计应采取减轻废气、废水、固体废渣和噪声对环境影响的有效措施，排出的有害物和噪声应符合国家排放标准要求	
	8.0.5 锅炉房烟囱的高度应符合现行国家标准《锅炉大气污染物排放标准》GB 13271 的有关规定；锅炉房在机场附近时，烟囱高度尚应符合航空净空要求	
	16.2.1 锅炉房噪声控制应符合现行国家标准《声环境质量标准》GB 3096 的有关规定*	
	16.2.8 锅炉房振动控制应符合现行国家标准《隔振设计规范》GB 50463 的有关规定	
	16.2.10 非独立锅炉房的墙、楼板、隔声门窗的隔声量不应小于 35dB(A)	

注：*《隔振设计规范》GB 50463—2008 已作废，被《工程隔振设计标准》GB 50463—2019 所替代。

2）锅炉房设计要点

（1）机房功能介绍

锅炉房提供生活或生产用热水，根据规模和工艺要求，一般由以下内容组成：锅炉间、辅助间［储油间（燃气计量间）、锅炉给水和水处理间、仪表控制室、化验室、维修间、变配电室、水泵间、风机房等］、生活间（值班室、更衣室、淋浴间、厕所等）。

（2）机房位置选择

① 锅炉房宜为独立的建筑物。独立设置时与其他建筑的防火间距应满足规范要求。

② 锅炉房不宜设置在住宅建筑物内。

③ 锅炉房不得与储存易燃、易爆或其他危险品的房间相连。

④ 锅炉房受条件限制必须贴邻民用建筑布置或布置在民用建筑内部时，应设置在首层或地下室一层靠建筑物外墙部位，严禁设置在人员密集场所和重要部门的上一层、下一层、贴邻位置以及主要通道、疏散口两旁。

⑤ 考虑设备运输方案。

⑥ 锅炉房应考虑进风、排风设计。

（3）机房面积

锅炉房的面积取决于多个因素，包括锅炉的数量、型号、锅炉与建筑物之间的净距、操作、检修和布置辅助设备的需要。建筑面积按照服务对象的总建筑面积的比例估算，当总建筑面积＜10000m^{2}时，锅炉房约占总建筑面积的2%；当总建筑面积10000～50000m^{2}时，锅炉房约占总建筑面积的0.4%，超过15万m^{2}比例约为0.25%。

（4）机房净高

锅炉间：≥6t/h锅炉一般在6.0m以上；2～6t/h锅炉一般在5.0m以上。

锅炉辅助间：一般在3.5m以上。

（5）机房防火要求

燃气、燃油锅炉房的建筑耐火等级不应低于二级，当设在其他建筑内时，还应同时满足该建筑耐火等级要求。

① 燃气调压间应属于甲类生产厂房。燃气调压装置应设置在有围护的露天场地上或地上独立的建、构筑物内，不应设置在地下建、构筑物内。与锅炉房相邻的调压间应设置防火墙与锅炉房隔开，其门窗应向外开启并不应直接通向锅炉房，地面应采用不发火花地坪。

② 锅炉间应属于丁类生产厂房。燃油、燃气锅炉房锅炉间与相邻的辅助间及其他房间之间的隔墙，应为防火墙；隔墙上开设的门应为甲级防火门。

③ 油箱间、油泵间、油加热器间应属于丙类生产厂房。上述房间布置在锅炉房辅助间内时，应设置防火墙与其他房间隔开。

④ 燃油或燃气锅炉房贴邻民用建筑布置时，应采用防火墙与所贴邻的建筑分隔。

⑤ 燃油或燃气锅炉房布置在民用建筑内部时，应符合下列规定：

a. 常（负）压燃油或燃气锅炉房不应位于地下二层及以下，位于屋顶的常（负）压燃气锅炉房与通向屋面的安全出口的最小水平距离不应小于 6m；其他燃油或燃气锅炉房应位于建筑首层的靠外墙部位或地下一层的靠外侧部位，不应贴邻消防救援专用出入口、疏散楼梯（间）或人员的主要疏散通道。

b. 锅炉房与其他部位之间，应采用耐火极限不低于 2.00h 的防火隔墙和不低于 1.50h 的不燃性楼板分隔，在隔墙和楼板上不应开设洞口，必须在隔墙上开设门、窗时，应设置甲级防火隔声门、窗。

c. 锅炉房内设置储油间时，其总储存量不应大于 1m^3，且储油间应采用耐火极限不低于 3.00h 的防火墙与锅炉间分隔；必须在防火墙上开门时，应采用甲级防火门。门口设置 150～200m 高的挡油门槛。

⑥ 设置在建筑内的锅炉房，外墙上的门、窗等开口部位上、下层间墙体高度应 > 1.2m，或设置宽度 > 1.0m 的不燃烧体防火挑檐。

⑦ 锅炉房的防烟、排烟设施、消防给水及灭火设施、消防供电及火灾报警、控制系统等消防设施的设计，均应符合相关专业规范及《建筑设计防火规范》GB 50016—2014（2018 年版）的规定。

（6）机房人员疏散及设备出入口要求

① 锅炉房出入口的设置，必须符合下列规定：

a. 出入口不应少于 2 个。但对独立锅炉房，当炉前走道总长度小于 12m，且总建筑面积小于 200m^2 时，其出入口可设 1 个。

b. 设在其他建筑内的锅炉房，其疏散门均应直通室外或安全出口。

② 锅炉房通向室外的门应向室外开启；锅炉房内的辅助间或生活间直通锅炉间的门应向锅炉间内开启。

③ 锅炉房应在墙体或顶板预留能通过设备最大搬运件的安装洞口，墙体安装洞口可结合门窗洞口或非承重墙设置；顶板安装洞口可结合顶板开洞设置或专门设置。

④ 单台额定蒸发量 > 10t/h 的蒸汽锅炉或单台额定热功率 > 7MW 的热水锅炉，在锅炉上方适当位置应设置可将物件提升至锅炉顶部的吊装设施。其他情况下，宜设吊装设施。

（7）机房防爆、泄压要求

① 锅炉房结构设计应满足防爆要求，承重结构宜采用钢筋混凝土或钢框架、排架结构。

② 仪表控制室朝锅炉操作面方向开设的隔声玻璃大观察窗，应采用具有抗爆能力（0.27～0.34MPa）的甲级防火固定窗。门应采用甲级防火隔声门。

③ 锅炉房的外墙、楼地面或屋面，应有相应的防爆措施，并应有相当于锅炉间占地面积 10%的泄压面积。泄压方向不得朝向人员密集的场所、房间和人行通道，泄压处也不得与这些地方相邻。

④ 泄压设施宜采用轻质屋面板、轻质墙体和易于泄压的门、窗等，应采用安全玻璃等在爆炸时不产生尖锐碎片的材料。作为泄压设施的轻质屋面板和轻质墙体的质量不宜大于 60kg/m^2。

⑤ 屋顶上的泄压设施应采取防止冰雪积聚措施。

⑥ 地下锅炉房采用竖井泄爆方式时，竖井的净横断面面积应满足泄压面积的要求。

⑦ 当泄压面积不能满足规范要求时，可在锅炉房的内墙和顶部（顶棚）部位敷设金属爆炸减压板作补充。

（8）机房楼地面设计要求

① 锅炉间及设有水箱、加热装置、蓄热器和水处理装置的辅助间地（楼）面应考虑防水和排水设计，一般垫层为 300mm，设连通的排水沟及集水坑，设备基础高于地面不小

于100mm。

② 油箱间、油泵房地（楼）面应考虑防油、防滑措施。

③ 对有酸、碱侵蚀的水处理间，化验室地（楼）面、地沟、坑井、化验台、水池等的设计，应符合《工业建筑防腐蚀设计标准》GB/T 50046—2018 的规定。

④ 燃气调压间地面应采用不发火花地坪。

（9）机房其他要求

① 独立设置的锅炉房应尽可能远离对环境要求较高的建筑和区域。锅炉房的噪声控制应符合国家标准《声环境质量标准》GB 3096—2008 的规定。

② 锅炉房与其他建筑物相连或设置在其内部时，应避免设备噪声对周围环境及建筑内部正常使用造成影响。

③ 锅炉房内各工作场所噪声声级的卫生限值，应符合国家职业卫生标准《工业企业设计卫生标准》GBZ 1—2010 的有关规定。

④ 锅炉房设计时应采取以下隔振、隔声、吸声措施：

a. 有振动的机电设备与其基础之间应设置隔振器；设备与管道连接应采用柔性接头；管线支承宜采用弹性支、吊架。

b. 内墙面和顶棚应采取吸声构造措施。

c. 锅炉房外门及锅炉房内有噪声房间的门采用隔声门。

d. 非独立锅炉房的墙、楼板、隔声门窗的隔声量，应不小于 35dB(A)（要减少门窗的使用）。

⑤ 燃油、燃气锅炉烟囱和烟道，应采用钢制或钢筋混凝土构筑。

3. 制冷机房

1）关于制冷机房的功能空间一般规定如表 4.4.3-3 所示。

制冷机房的功能空间一般规定 表 4.4.3-3

内容	条文摘录	引用
位置要求	8.10.1 制冷机房设计时，应符合下列规定： 1 制冷机房宜设在空调负荷的中心； 2 宜设置值班室或控制室，根据使用需求也可设置维修及工具间； 3 机房内应有良好的通风设施；地下机房应设置机械通风，必要时设置事故通风；值班室或控制室的室内设计参数应满足工作要求； 4 机房应预留安装孔、洞及运输通道； 5 机组制冷剂安全阀泄压管应接至室外安全处； 6 机房应设电话及事故照明装置，照度不宜小于 100lx，测量仪表集中处应设局部照明； 7 机房内的地面和设备机座应采用易于清洗的面层；机房内应设置给水与排水设施，满足水系统冲洗、排污要求； 8 当冬季机房内设备和管道中存水或不能保证完全放空时，机房内应采取供热措施，保证房间温度达到 5℃以上	《民用建筑供暖通风与空气调节设计规范》GB 50736—2012
	8.10.2 机房内设备布置应符合下列规定： 1 机组与墙之间的净距不小于 1m，与配电柜的距离不小于 1.5m； 2 机组与机组或其他设备之间的净距不小于 1.2m； 3 宜留有不小于蒸发器、冷凝器或低温发生器长度的维修距离； 4 机组与其上方管道、烟道或电缆桥架的净距不小于 1m； 5 机房主要通道的宽度不小于 1.5m	

续表

内容	条文摘录	引用
位置要求	8.10.4 直燃吸收式机组机房的设计应符合下列规定： 1 应符合国家现行有关防火及燃气设计规范的相关规定； 2 宜单独设置机房；不能单独设置机房时，机房应靠建筑物的外墙，并采用耐火极限大于 2h 防爆墙和耐火极限大于 1.5h 现浇楼板与相邻部位隔开；当与相邻部位必须设门时，应设甲级防火门； 3 不应与人员密集场所和主要疏散口贴邻设置； 4 燃气直燃型制冷机组机房单层面积大于 200m² 时，机房应设直接对外的安全出口； 5 应设置泄压口，泄压口面积不应小于机房占地面积的 10%（当通风管道或通风井直通室外时，其面积可计入机房的泄压面积）；泄压口应避开人员密集场所和主要安全出口； 6 不应设置吊顶； 7 烟道布置不应影响机组的燃烧效率及制冷效率	《民用建筑供暖通风与空气调节设计规范》GB 50736—2012
防火要求	6.2.7 附设在建筑内的消防控制室、灭火设备室、消防水泵房和通风空气调节机房、变配电室等，应采用耐火极限不低于 2.00h 的防火隔墙和 1.50h 的楼板与其他部位分隔	《建筑设计防火规范》GB 50016—2014（2018 年版）
采光通风防水	8.2.5 冷热源站房的设置应符合下列规定： 1 应预留大型设备的搬运通道及条件；吊装设施应安装在高度、承载力满足要求的位置； 2 主机房宜采用水泥地面，主机基座周边宜设排水明沟； 3 设备周围及上部应留有通行及检修空间； 4 多台主机联合运行的站房应设置集中控制室，控制室应采用隔声门，锅炉房控制室应采用具有抗爆能力且固定的观察窗	《民用建筑设计统一标准》GB 50352—2019
其他要求	2.2.2 对有噪声源房间的围护结构应做隔声设计。有噪声源房间外围护结构的隔声性能应根据噪声源辐射噪声的情况和室外环境噪声限值确定。有噪声源房间内围护结构的隔声性能应根据噪声源辐射噪声的情况和本规范表 2.1.4 中规定的相邻房间的室内噪声限值或国家现行相关标准中的噪声限值确定	《建筑环境通用规范》GB 55016—2021
	2.3.3 对建筑物内部产生噪声与振动的设备或设施，当其正常运行对噪声、振动敏感房间产生干扰时，应对其基础及连接管线采取隔振措施，并应符合本规范表 2.1.4 和表 2.1.5 的规定	

2）制冷机房设计要点

（1）机房功能介绍：制冷机房内含多种制冷设备，如冷水机组、冷却水泵、冷冻水泵、管道和阀门等。冷水机组通过制冷剂循环来吸收和排放热量，提供冷却能力。冷却塔则用于将制冷剂中的热量排放到大气中，以保持制冷系统的正常运行。

（2）机房位置介绍：制冷机房应靠近空气调节负荷中心，上下楼层避开振动和噪声敏感位置，小型的制冷机房通常附设在主体建筑的地下室或建筑物的地下。氨制冷机房需要单独建造。需考虑设备运输通道，一般采用楼板预留吊装孔：(长 + 0.8m) × (宽 + 0.8m)。

（3）机房面积：制冷机房面积为建筑面积的 0.5%～1.0%，通常取 0.8%。需考虑冷却塔设置位置及管线路由。

（4）机房净高：梁下净空应根据设备高度和供暖通风要求确定，对于离心式制冷机、大中型螺杆机 4.5～5m，对于活塞式制冷机、小型螺杆机 3～4.5m，对于吸收式制冷机 5～7m。

（5）机房防火要求：采用耐火极限不低于 2.00h 的防火隔墙和 1.50h 的楼板与其他部位分隔，机房门采用甲级防火隔声门。

（6）机房防水要求：①应具备完善的排水设施，保证外部积水无法进入室内。②地（楼）面应考虑防水和排水设计，一般面层 300mm，设连通的排水沟槽及集水坑，设备基础高于地面不小于 100mm。③机房门口、控制间与设备间设挡水门槛，150～200mm高。

（7）机房其他要求：①应尽可能远离对环境要求较高的建筑和区域。噪声控制应符合现行国家标准《声环境质量标准》GB 3096 的规定。②与其他建筑物相连或设置在其内部时，应避免设备噪声对周围环境及建筑内部正常使用造成影响。③应采取以下隔振、隔声、吸声措施：a. 有振动的机电设备与其基础之间应设置隔振器；设备与管道连接应采用柔性接头；管线支承宜采用弹性支、吊架。b. 内墙面和顶棚应采取吸声构造措施。④制冷机房的通风设计应符合安全要求，优先采用自然通风或机械排风 + 自然补风方式。对于设置在地下的制冷机房，应设置机械通风系统。

4. 空调机房

1）关于空调机房的功能空间一般规定如表 4.4.3-4 所示。

空调机房的功能空间一般规定　　表 4.4.3-4

内容	条文摘录	引用
位置要求	7.1.2 空调区宜集中布置。功能、温湿度基数、使用要求等相近的空调区宜相邻布置	《民用建筑供暖通风与空气调节设计规范》GB 50736—2012
	7.1.10 工艺性空调区的外窗，应符合下列规定： 1 室温波动范围大于等于 ±1.0℃时，外窗宜设置在北向； 2 室温波动范围小于 ±1.0℃时，不应有东西向外窗； 3 室温波动范围小于 ±0.5℃时，不宜有外窗，如有外窗应设置在北向	
防火要求	6.2.7 附设在建筑内的消防控制室、灭火设备室、消防水泵房和通风空气调节机房、变配电室等，应采用耐火极限不低于 2.00h 的防火隔墙和 1.50h 的楼板与其他部位分隔	《建筑设计防火规范》GB 50016—2014（2018 年版）
采光通风防水	8.2.2 设有机械通风系统的民用建筑应符合下列规定： 1 新风采集口应设置在室外空气清新、洁净的位置或地点；废气及室外设备的出风口应高于人员经常停留或通行的高度；有毒、有害气体应经处理达标后向室外高空排放；与地下供暖管沟、地下室开敞空间或室外相通的共用通风道底部，应设有防止小动物进入的箅网； 2 通风机房、吊装设备及暗装通风管道系统的调节阀、检修口、清扫口应满足运行时操作和检修的要求； 3 贮存易燃易爆物质、有防疫卫生要求及散发有毒有害物质或气体的房间，应单独设置排风系统，并按环保规定处理达标后向室外高空排放； 4 事故排风系统的室外排风口不应布置在人员经常停留或通行的地点以及邻近窗口、天窗、出入口等位置；且排风口与进风口的水平距离不应小于 20.0m，否则宜高出 6.0m 以上； 5 除事故风机、消防用风机外，室外露天安装的通风机应避免运行噪声及振动对周边环境的影响，必要时应采取可靠的防护和消声隔振措施； 6 餐饮厨房的排风应处理达标后向室外高空排放	《民用建筑设计统一标准》GB 50352—2019
	7.5.13 空气处理机组宜安装在空调机房内。空调机房应符合下列规定： 1 邻近所服务的空调区； 2 机房面积和净高应根据机组尺寸确定，并保证风管的安装空间以及适当的机组操作、检修空间；	《民用建筑供暖通风与空气调节设计规范》GB 50736—2012

续表

内容	条文摘录	引用
采光通风防水	3 机房内应考虑排水和地面防水设施	《民用建筑供暖通风与空气调节设计规范》GB 50736—2012
其他要求	2.2.2 对有噪声源房间的围护结构应做隔声设计。有噪声源房间外围护结构的隔声性能应根据噪声源辐射噪声的情况和室外环境噪声限值确定。有噪声源房间内围护结构的隔声性能应根据噪声源辐射噪声的情况和本规范表 2.1.4 中规定的相邻房间的室内噪声限值或国家现行相关标准中的噪声限值确定	《建筑环境通用规范》GB 55016—2021
	2.3.3 对建筑物内部产生噪声与振动的设备或设施，当其正常运行对噪声、振动敏感房间产生干扰时，应对其基础及连接管线采取隔振措施，并应符合本规范表 2.1.4 和表 2.1.5 的规定	

2）空调机房设计要点

（1）机房功能介绍：空调机房是建筑物中负责冷暖空调设备运行的关键区域，调节室内温度及湿度。

（2）机房位置介绍：空调机房不宜与有噪声限制的房间相邻，应考虑取风口位于室外空气清新、洁净的位置。

（3）机房面积：服务区域面积按 1000m^2 计算，机房面积 40～60m^2（长 8～10m，宽6m）。

（4）机房净高：梁下净空 3.6～4m。

（5）机房防火要求：采用耐火极限不低于 2.00h 的防火隔墙和 1.50h 的楼板与其他部位分隔，机房门采用甲级防火隔声门。

（6）机房防水要求：①地（楼）面应考虑防水和排水设计，一般设连通的排水浅沟及地漏；②设备基础高于地面不小于 100mm。③机房门口设挡水门槛，150～200mm 高。

（7）机房其他要求：①应尽可能远离对环境要求较高的建筑和区域。噪声控制应符合现行国家标准《声环境质量标准》GB 3096 的规定。②与其他建筑物相连或设置在其内部时，应避免设备噪声对周围环境及建筑内部正常使用造成影响。③应采取以下隔振、隔声、吸声措施：a. 有振动的机电设备与其基础之间应设置隔振器；设备与管道连接应采用柔性接头；管线支承宜采用弹性支、吊架。b. 内墙面和顶棚应采取吸声构造措施。

5. 新风机房

1）关于新风机房的功能空间一般规定如表 4.4.3-5 所示。

新风机房的功能空间一般规定　　表 4.4.3-5

内容	条文摘录	引用
位置要求	6.3.1 机械送风系统进风口的位置，应符合下列规定： 1 应设在室外空气较清洁的地点； 2 应避免进风、排风短路； 3 进风口的下缘距室外地坪不宜小于 2m，当设在绿化地带时，不宜小于1m	《民用建筑供暖通风与空气调节设计规范》GB 50736—2012
防火要求	6.2.7 附设在建筑内的消防控制室、灭火设备室、消防水泵房和通风空气调节机房、变配电室等，应采用耐火极限不低于 2.00h 的防火隔墙和 1.50h 的楼板与其他部位分隔	《建筑设计防火规范》GB 50016—2014（2018 年版）

续表

内容	条文摘录	引用
采光通风防水	8.2.2 设有机械通风系统的民用建筑应符合下列规定： 1 新风采集口应设置在室外空气清新、洁净的位置或地点；废气及室外设备的出风口应高于人员经常停留或通行的高度；有毒、有害气体应经处理达标后向室外高空排放；与地下供暖管沟、地下室开敞空间或室外相通的共用通风道底部，应设有防止小动物进入的箅网； 2 通风机房、吊装设备及暗装通风管道系统的调节阀、检修口、清扫口应满足运行时操作和检修的要求； 3 贮存易燃易爆物质、有防疫卫生要求及散发有毒有害物质或气体的房间，应单独设置排风系统，并按环保规定处理达标后向室外高空排放； 4 事故排风系统的室外排风口不应布置在人员经常停留或通行的地点以及邻近窗口、天窗、出入口等位置；且排风口与进风口的水平距离不应小于20.0m，否则宜高出6.0m以上； 5 除事故风机、消防用风机外，室外露天安装的通风机应避免运行噪声及振动对周边环境的影响，必要时应采取可靠的防护和消声隔振措施； 6 餐饮厨房的排风应处理达标后向室外高空排放	《民用建筑设计统一标准》GB 50352—2019
	7.5.13 空气处理机组宜安装在空调机房内。空调机房应符合下列规定： 1 邻近所服务的空调区； 2 机房面积和净高应根据机组尺寸确定，并保证风管的安装空间以及适当的机组操作、检修空间； 3 机房内应考虑排水和地面防水设施	《民用建筑供暖通风与空气调节设计规范》GB 50736—2012
其他要求	2.2.2 对有噪声源房间的围护结构应做隔声设计。有噪声源房间外围护结构的隔声性能应根据噪声源辐射噪声的情况和室外环境噪声限值确定。有噪声源房间内围护结构的隔声性能应根据噪声源辐射噪声的情况和本规范表2.1.4中规定的相邻房间的室内噪声限值或国家现行相关标准中的噪声限值确定	《建筑环境通用规范》GB 55016—2021
	2.3.3 对建筑物内部产生噪声与振动的设备或设施，当其正常运行对噪声、振动敏感房间产生干扰时，应对其基础及连接管线采取隔振措施，并应符合本规范表2.1.4和表2.1.5的规定	
	6.5.8 通风机房不宜与要求安静的房间贴邻布置。如必须贴邻布置时，应采取可靠的消声隔振措施	《民用建筑供暖通风与空气调节设计规范》GB 50736—2012（2018年版）

2）新风机房设计要点

（1）机房功能介绍：新风机房用于将室外新鲜空气通过处理后用风机送入建筑物内，保证室内空气清新，提高空气质量。

（2）机房位置介绍：新风机房不宜与有噪声限制的房间相邻，应考虑取风口位于室外空气清新、洁净的位置。

（3）机房面积：机房面积约$25m^2/km^2$（长6m，宽4m）。

（4）机房净高：梁下净空3.0m。

（5）机房防火要求：采用耐火极限不低于2.00h的防火隔墙和1.50h的楼板与其他部位分隔，机房门采用甲级防火隔声门。

（6）机房防水要求：①地（楼）面应考虑防水和排水设计，一般设连通的排水浅沟及地漏；②设备基础高于地面不小于100mm。③机房门口设挡水门槛，150～200mm高。

（7）机房其他要求：①应尽可能远离对环境要求较高的建筑和区域。噪声控制应符合现行国家标准《声环境质量标准》GB 3096 的规定。②与其他建筑物相连或设置在其内部时，应避免设备噪声对周围环境及建筑内部正常使用造成影响。③应采取以下隔振、隔声、吸声措施：a. 有振动的机电设备与其基础之间应设置隔振器；设备与管道连接应采用柔性接头；管线支承宜采用弹性支、吊架。b. 内墙面和顶棚应采取吸声构造措施。

6. 送风（补风）机房、排风（排烟）机房

1）关于送风（补风）机房、排风（排烟）机房的功能空间一般规定如表 4.4.3-6 所示。

送风（补风）机房、排风（排烟）机房的功能空间一般规定　　表 4.4.3-6

内容	条文摘录	引用
位置要求	6.3.1 机械送风系统进风口的位置，应符合下列规定： 1 应设在室外空气较清洁的地点； 2 应避免进风、排风短路； 3 进风口的下缘距室外地坪不宜小于 2m，当设在绿化地带时，不宜小于 1m	《民用建筑供暖通风与空气调节设计规范》GB 50736—2012
防火要求	6.2.7 附设在建筑内的消防控制室、灭火设备室、消防水泵房和通风空气调节机房、变配电室等，应采用耐火极限不低于 2.00h 的防火隔墙和 1.50h 的楼板与其他部位分隔	《建筑设计防火规范》GB 50016—2014（2018 年版）
	4.4.4 排烟风机宜设置在排烟系统的最高处，烟气出口宜朝上，并应高于加压送风机和补风机的进风口，两者垂直距离或水平距离应符合本标准第 3.3.5 条第 3 款的规定	《建筑防烟排烟系统技术标准》GB 51251—2017
	4.4.5 排烟风机应设置在专用机房内，并应符合本标准第 3.3.5 条第 5 款的规定，且风机两侧应有 600mm 以上的空间。对于排烟系统与通风空气调节系统共用的系统，其排烟风机与排风风机的合用机房应符合下列规定： 1 机房内应设置自动喷水灭火系统； 2 机房内不得设置用于机械加压送风的风机与管道； 3 排烟风机与排烟管道的连接部件应能在 280℃时连续 30min 保证其结构完整性	
	4.5.3 补风系统可采用疏散外门、手动或自动可开启外窗等自然进风方式以及机械送风方式。防火门、窗不得用作补风设施。风机应设置在专用机房内	
采光通风防水	8.2.2 设有机械通风系统的民用建筑应符合下列规定： 1 新风采集口应设置在室外空气清新、洁净的位置或地点；废气及室外设备的出风口应高于人员经常停留或通行的高度；有毒、有害气体应经处理达标后向室外高空排放；与地下供暖管沟、地下室开敞空间或室外相通的共用通风道底部，应设有防止小动物进入的箅网； 2 通风机房、吊装设备及暗装通风管道系统的调节阀、检修口、清扫口应满足运行时操作和检修的要求； 3 贮存易燃易爆物质、有防疫卫生要求及散发有毒有害物质或气体的房间，应单独设置排风系统，并按环保规定处理达标后向室外高空排放； 4 事故排风系统的室外排风口不应布置在人员经常停留或通行的地点以及邻近窗口、天窗、出入口等位置；且排风口与进风口的水平距离不应小于 20.0m，否则宜高出 6.0m 以上； 5 除事故风机、消防用风机外，室外露天安装的通风机应避免运行噪声及振动对周边环境的影响，必要时应采取可靠的防护和消声隔振措施； 6 餐饮厨房的排风应处理达标后向室外高空排放	《民用建筑设计统一标准》GB 50352—2019
其他要求	2.2.2 对有噪声源房间的围护结构应做隔声设计。有噪声源房间外围护结构的隔声性能应根据噪声源辐射噪声的情况和室外环境噪声限值确定。有噪声源房间内围护结构的隔声性能应根据噪声源辐射噪声的情况和本规范表 2.1.4 中规定的相邻房间的室内噪声限值或国家现行相关标准中的噪声限值确定	《建筑环境通用规范》GB 55016—2021

续表

内容	条文摘录	引用
其他要求	2.3.3 对建筑物内部产生噪声与振动的设备或设施，当其正常运行对噪声、振动敏感房间产生干扰时，应对其基础及连接管线采取隔振措施，并应符合本规范表 2.1.4 和表 2.1.5 的规定	《建筑环境通用规范》GB 55016—2021
	6.5.8 通风机房不宜与要求安静的房间贴邻布置。如必须贴邻布置时，应采取可靠的消声隔振措施	《民用建筑供暖通风与空气调节设计规范》GB 50736—2012（2018年版）

2）送风（补风）机房、排风（排烟）机房设计要点

（1）机房功能介绍：①送风机房用于将室外新鲜空气通过风机送入建筑物内，排风机房用于排出室内空气中的热量、异味、污浊气体。②排烟机房用于排出火灾现场产生的烟雾和有毒气体，补风机房用于给排烟系统补风。

（2）机房位置介绍：无特殊要求，应考虑取风口、排风口的位置。

（3）机房面积：送排风机房约 $35m^2$（每 $4000m^2$ 一套），单套加压、补风或者排烟风机的机房面积约 $15m^2$。设备机房的送排风设备吊装在设备机房或者走道内。

（4）机房净高：梁下净空 3.0m。

（5）机房防火要求：采用耐火极限不低于 2.00h 的防火隔墙和 1.50h 的楼板与其他部位分隔，机房门采用甲级防火隔声门。

（6）机房防水要求：无。

（7）进、排风口设置要求：①进风口应设在室外空气较清洁的地点。②应避免进风、排风短路。当进、排风口在同侧时，排风口宜高于进风口 6m，进、排风口在同侧同一高度时，水平距离不宜小于 10m。事故排风的排风口与机械进风系统的进风口的水平距离不应小于 20m。当进、排风口的水平距离不足 20m 时，排风口必须高出进风口，并不得小于6m。③进风口的下缘距室外地坪不宜小于 2m，当设在绿化地带时，不宜小于 1m。④排风管道的排出口高空排放时，宜高出屋脊，排出口的上端高出屋脊的高度一般不得小于下列规定：a. 当排出无毒、无污染气体时，宜高出屋面 0.5m。b. 当排出最高允许浓度小于 $5mg/m^3$ 有毒气体时，应高出屋面 3.0m。c. 当排出最高允许浓度大于 $5mg/m^3$ 有毒气体时，应高出屋面 5.0m。⑤补风口与排烟口设置在同一空间内相邻的防烟分区时，补风口位置不限；当补风口与排烟口设置在同一防烟分区时，补风口应设在储烟仓下沿以下；补风口与排烟口水平距离不应少于 5m。

（8）机房其他要求：①应尽可能远离对环境要求较高的建筑和区域。噪声控制应符合现行国家标准《声环境质量标准》GB 3096 的规定。②与其他建筑物相连或设置在其内部时，应避免设备噪声对周围环境及建筑内部正常使用造成影响。③应采取以下隔振、隔声、吸声措施：a. 有振动的机电设备与其基础之间应设置隔振器；设备与管道连接应采用柔性接头；管线支承宜采用弹性支、吊架。b. 内墙面和顶棚应采取吸声构造措施。

7. 正压送风机房

1）关于正压送风机房的一般规定如表 4.4.3-7 所示。

正压送风机房的一般规定　　表 4.4.3-7

内容	条文摘录	引用
位置要求	6.2.7 附设在建筑内的消防控制室、灭火设备室、消防水泵房和通风空气调节机房、变配电室等，应采用耐火极限不低于 2.00h 的防火隔墙和 1.50h 的楼板与其他部位分隔	《建筑设计防火规范》GB 50016—2014（2018 年版）
防火要求	4.5.3 补风系统可采用疏散外门、手动或自动可开启外窗等自然进风方式以及机械送风方式。防火门、窗不得用作补风设施。风机应设置在专用机房内	《建筑防烟排烟系统技术标准》GB 51251—2017

2）正压送风机房设计要点

（1）机房功能介绍：正压送风属于防烟设计，正压送风系统通常包括送风机、风道、阀门附件、进出风口等组件，通过向防烟楼梯间、封闭楼梯间、消防电梯前室、避难走道等送风，使此类空间内处于正压状态，烟雾和有害气体无法渗入，保证人员安全逃生。

（2）机房位置介绍：无特殊要求，应考虑取风口、送风口、排风口的位置。

（3）机房面积：机房面积一般约 25m²（长 6m，宽 4m）或由设备专业提出。

（4）机房净高：梁下净空一般 2.8m 或由设备专业提出。

（5）机房防火要求：采用耐火极限不低于 2.00h 的防火隔墙和 1.50h 的楼板与其他部位分隔，机房门采用甲级防火门。

（6）机房防水要求：无。

（7）取风口设置要求：①室外进风口宜布置在室外排烟口的下方，且高差不宜小于 3.0m。②当水平布置时，水平距离不宜小于 10.0m。

（8）机房其他要求：①有振动的机电设备与其基础之间应设置隔振器；设备与管道连接应采用柔性接头；管线支承宜采用弹性支、吊架。②内墙面和顶棚应采取吸声构造措施。

8. 燃气表间

1）关于燃气表间的一般规定如表 4.4.3-8 所示。

燃气表间的一般规定　　表 4.4.3-8

内容	条文摘录	引用
位置要求	10.2.14 燃气引入管敷设位置应符合下列规定： 3 商业和工业企业的燃气引入管宜设在使用燃气的房间或燃气表间内。 4 燃气引入管宜沿外墙地面上穿墙引入。室外露明管段的上端弯曲处应加不小于*DN*15 清扫用三通和丝堵，并做防腐处理。寒冷地区输送湿燃气时应保温。 引入管可埋地穿过建筑物外墙或基础引入室内。当引入管穿过墙或基础进入建筑物后应在短距离内出室内地面，不得在室内地面下水平敷设	《城镇燃气设计规范》GB 50028—2006（2020 年版）
其他要求	10.2.21 地下室、半地下室、设备层和地上密闭房间敷设燃气管道时，应符合下列要求： 1 净高不宜小于 2.2m。 注：地上密闭房间包括地上无窗或窗仅用作采光的密闭房间等	

2）燃气表间设计要点

（1）功能介绍：燃气表间是指用于安装、操作和维护燃气表的封闭空间。

（2）位置介绍：燃气表间应独立设置，不得与其他场所共用，必须具备良好的通风条件，可以采用自然通风或机械通风方式，并且要保证通风口的畅通。

（3）房间面积：燃气表间的大小应根据具体情况进行设计，通常要满足一个成年人进入工作和维护的需要，一般不小于 1.5m²。

（4）净高：净高度不低于 2.2m。

（5）机房防火要求：采用耐火极限不低于 2.00h 的防火隔墙和 1.50h 的楼板与其他部位分隔，门采用甲级防火门（建议选用金属防火门及框，门扇与门框之间边沿应贴紧，门扇与门框间隙应在 0.5cm 以内）；燃气表间内墙、顶板、龙骨、电气设备等应涂刷耐火涂料。

（6）机房防水要求：燃气表间的地面应为不发火材料，具备排水条件，以保持室内干燥，不积水。

（7）其他要求：①燃气表间应设置检修门或检修窗，方便对燃气表进行维护和检修。②燃气表间应避免其他设备的干扰，如电气设备、电缆等，以确保燃气计量数据准确。③燃气表间的温度应稳定，不低于 0℃，不高于 40℃，以保证燃气表的正常运行。

4.4.4 电气专业主要设备用房

1. 消防控制室

1）关于消防控制室的功能空间一般规定如表 4.4.4-1 所示。

消防控制室的功能空间一般规定 **表 4.4.4-1**

项目	规范条文	规范出处
位置要求	13.3.1 火灾自动报警系统设计原则应符合下列要求： 1 设有火灾自动报警系统及联动控制的单体建筑或群体建筑，应设置消防控制室；消防控制室宜设置在建筑物首层或地下一层，宜选择在便于通向室外的部位。 2 民用建筑内由于管理需求，设置多个消防控制室时，宜选择靠近消防水泵房的消防控制室作为主消防控制室，其余为分消防控制室。分消防控制室应负责本区域火灾报警、疏散照明、消防应急广播和声光警报装置、防排烟系统、防火卷帘、消火栓泵、喷淋消防泵等联动控制和转输泵的连锁控制。 3 不具备设置分消防控制室条件的超高层建筑裙房以上部分，有需求的业态可设置值班室。 4 集中报警系统和控制中心报警系统中的区域火灾报警控制器在满足下列条件时，可设置在值班室或无人值班的场所： 1）本区域的火灾自动报警控制器（联动型）在火灾时不需要人工介入，且所有信息已传至消防控制室； 2）区域火灾报警控制器的所有信息在集中火灾报警控制器上均有显示。 5 主消防控制室与分消防控制室的集中报警控制器应组成对等式网络。主消防控制室应能自动或手动控制分消防控制室所辖消防设备。设备运行状态及报警信息除在各分消防控制室的图形显示装置上显示外，尚应在主消防控制室图形显示装置上显示。 6 超高层建筑设置的转输水泵，应由设置在避难层的转输水箱上的液位控制器控制，转输水泵的控制应自成系统，均由主消防控制室控制。各转输水箱上的液位、转输泵的运行信号应在主消防控制室显示。 7 主控制室火灾报警控制器接到区域报警控制器的报警后，应自动或手动启动消防设备，并向其他未发生火灾的区域发出指令点亮疏散照明、启动应急广播和警报装置。 8 对于集中报警系统和控制中心报警系统，宜采用集中与分散相结合的火灾自动报警及联动控制方式	《民用建筑电气设计标准》GB 51348—2019

续表

项目	规范条文	规范出处
位置要求	8.1.7 设置火灾自动报警系统和需要联动控制的消防设备的建筑（群）应设置消防控制室。消防控制室的设置应符合下列规定： 1 单独建造的消防控制室，其耐火等级不应低于二级； 2 附设在建筑内的消防控制室，宜设置在建筑内首层或地下一层，并宜布置在靠外墙部位； 3 不应设置在电磁场干扰较强及其他可能影响消防控制设备正常工作的房间附近； 4 疏散门应直通室外或安全出口； 5 消防控制室内的设备构成及其对建筑消防设施的控制与显示功能以及向远程监控系统传输相关信息的功能，应符合现行国家标准《火灾自动报警系统设计规范》GB 50116 和《消防控制室通用技术要求》GB 25506 的规定	《建筑设计防火规范》GB 50016—2014（2018 年版）
	9.0.9 设置火灾自动报警系统和自动灭火系统的汽车库、修车库，应设置消防控制室，消防控制室宜独立设置，也可与其他控制室、值班室组合设置	《汽车库、修车库、停车场设计防火规范》GB 50067—2014
防火要求	4.1.8 消防控制室的布置和防火分隔应符合下列规定： 1 单独建造的消防控制室，耐火等级不应低于二级； 2 附设在建筑内的消防控制室应采用防火门、防火窗、耐火极限不低于 2.00h 的防火隔墙和耐火极限不低于 1.50h 的楼板与其他部位分隔； 3 消防控制室应位于建筑的首层或地下一层，疏散门应直通室外或安全出口； 4 消防控制室的环境条件不应干扰或影响消防控制室内火灾报警与控制设备的正常运行； 5 消防控制室内不应敷设或穿过与消防控制室无关的管线； 6 消防控制室应采取防水淹、防潮、防啮齿动物等的措施	《建筑防火通用规范》GB 55037—2022
	6.4.3 除建筑直通室外和屋面的门可采用普通门外，下列部位的门的耐火性能不应低于乙级防火门的要求，且其中建筑高度大于 100m 的建筑相应部位的门应为甲级防火门： 1 甲、乙类厂房，多层丙类厂房，人员密集的公共建筑和其他高层工业与民用建筑中封闭楼梯间的门； 2 防烟楼梯间及其前室的门； 3 消防电梯前室或合用前室的门； 4 前室开向避难走道的门； 5 地下、半地下及多、高层丁类仓库中从库房通向疏散走道或疏散楼梯的门； 6 歌舞娱乐放映游艺场所中的房间疏散门； 7 从室内通向室外疏散楼梯的疏散门； 8 设置在耐火极限要求不低于 2.00h 的防火隔墙上的门	
	4.2.4 下列场所应采用耐火极限不低于 2h 的隔墙和 1.5h 的楼板与其他场所隔开，并应符合下列规定： 1 消防控制室、消防水泵房、排烟机房、灭火剂储瓶室、变配电室、通信机房、通风和空调机房、可燃物存放量平均值超过 30kg/m² 火灾荷载密度的房间等，墙上应设置常闭的甲级防火门； 2 柴油发电机房的储油间，墙上应设置常闭的甲级防火门，并应设置高 150mm 的不燃烧、不渗漏的门槛，地面不得设置地漏； 3 同一防火分区内厨房、食品加工等用火用电用气场所，墙上应设置不低于乙级的防火门，人员频繁出入的防火门应设置火灾时能自动关闭的常开式防火门； 4 歌舞娱乐放映游艺场所，且一个厅、室的建筑面积不应大于 200m²，隔墙上应设置不低于乙级的防火门	《人民防空工程设计防火规范》GB 50098—2009
	4.0.10 消防控制室等重要房间，其顶棚和墙面应采用 A 级装修材料，地面及其他装修应采用不低于 B_1 级的装修材料	《建筑内部装修设计防火规范》GB 50222—2017

续表

项目	规范条文	规范出处
尺寸要求①②	3.4.8 消防控制室内设备的布置应符合下列规定： 1 设备面盘前的操作距离，单列布置时不应小于 1.5m；双列布置时不应小于 2m。 2 在值班人员经常工作的一面，设备面盘至墙的距离不应小于 3m。 3 设备面盘后的维修距离不宜小于 1m。 4 设备面盘的排列长度大于 4m 时，其两端应设置宽度不小于 1m 的通道。 5 与建筑其他弱电系统合用的消防控制室内，消防设备应集中设置，并应与其他设备间有明显间隔	《火灾自动报警系统设计规范》GB 50116—2013
采光通风防水	8.1.8 消防水泵房和消防控制室应采取防水淹的技术措施	《建筑设计防火规范》GB 50016—2014（2018 年版）
其他要求	10.1.8 消防控制室、消防水泵房、防烟和排烟风机房的消防用电设备及消防电梯等的供电，应在其配电线路的最末一级配电箱处设置自动切换装置	
	10.3.3 消防控制室、消防水泵房、自备发电机房、配电室、防排烟机房以及发生火灾时仍需正常工作的消防设备房应设置备用照明，其作业面的最低照度不应低于正常照明的照度	

注：①消防控制室尺寸主要依据设备布置、值班人员操作空间以及维护保养的需要来确定。

②此外，浙江省消防总队联合浙江省住建厅发布的《浙江省消防技术规范难点问题操作技术指南（2020 版）》征求意见稿中，对消防控制室的面积作出了具体的规定，新建的消防控制室净面积不应小于 10m²，每人使用面积不应小于 4m²。这些要求旨在确保消防控制室内值班人员有足够的空间进行有效的监控和操作，同时保证设备的正常运行和维护。

2）消防控制室设计要点

（1）机房功能介绍：消防控制室是建筑物内防火、灭火设施的显示和控制中心，其设计和设置需满足一系列严格的规范要求，以确保在紧急情况下能够有效运作。

（2）机房位置介绍：消防控制室宜设置在建筑内首层或地下一层，并宜布置在靠外墙部位，消防控制室的疏散门应直通室外或安全出口。

（3）机房面积：消防控制室尺寸主要依据设备布置、值班人员操作空间以及维护保养的需要来确定。设备面盘前的操作距离，单列布置时不应小于 1.5m；双列布置时不应小于 2m。在值班人员经常工作的一面，设备面盘至墙的距离不应小于 3m。设备面盘后的维修距离不宜小于 1m。设备面盘的排列长度大于 4m 时，其两端应设置宽度不小于 1m 的通道。

（4）机房净高：消防控制室应具备一定的空间要求以确保设备的正常运行和维护人员的工作环境。机房净高不宜小于 2.50m，以适应智能化系统机房的设备布置和维护的需要。这确保了消防控制室内有足够的空间进行设备安装和操作，同时也为值班人员提供了适宜的工作条件。但这需要根据具体情况和当地法规来确定。在设计阶段，应与结构工程师、消防顾问和设备供应商紧密合作，以确定最合适的净高。

（5）机房防火要求：消防控制室应采用耐火极限不低于 2.00h 的防火隔墙和 1.50h 的楼板与其他部位分隔，开向建筑内的门应采用乙级防火门，其中建筑高度大于 100m 时，应采用甲级防火门。其顶棚和墙面应采用 A 级装修材料，地面及其他装修应采用不低于 B_1 级的装修材料。

注：根据《人民防空工程设计防火规范》GB 50098—2009 中第 4.2.4 条的要求，应采用甲方防火门。

（6）机房防水要求：消防控制室需要考虑防止水淹的可能性，以保证在火灾发生时，控制室内的设备和人员不会因水淹而受到影响。房间可设置门槛以防止水进入，或者采取其他排水措施以防止水积聚。

2. 开闭站、变配电室及 UPS 机房

1）关于开闭站、变配电室及 UPS 机房的功能空间一般规定如表 4.4.4-2 所示。

开闭站、变配电室及 UPS 机房的功能空间一般规定 **表 4.4.4-2**

项目	规范条文	规范出处
位置要求	8.3.1 民用建筑物内设置的变电所应符合下列规定： 1 变电所位置的选择应符合下列规定： 1）宜接近用电负荷中心； 2）应方便进出线； 3）应方便设备吊装运输； 4）不应在厕所、卫生间、盥洗室、浴室、厨房或其他蓄水、经常积水场所的直接下一层设置，且不宜与上述场所相贴邻，当贴邻设置时应采取防水措施； 5）变压器室、高压配电室、电容器室，不应在教室、居室的直接上、下层及贴邻处设置；当变电所的直接上、下层及贴邻处设置病房、客房、办公室、智能化系统机房时，应采取屏蔽、降噪等措施	《民用建筑设计统一标准》 GB 50352—2019
	5.4.12 燃油或燃气锅炉、油浸变压器、充有可燃油的高压电容器和多油开关等，宜设置在建筑外的专用房间内；确需贴邻民用建筑布置时，应采用防火墙与所贴邻的建筑分隔，且不应贴邻人员密集场所，该专用房间的耐火等级不应低于二级；确需布置在民用建筑内时，不应布置在人员密集场所的上一层、下一层或贴邻，并应符合下列规定： 1 燃油或燃气锅炉房、变压器室应设置在首层或地下一层的靠外墙部位，但常（负）压燃油或燃气锅炉可设置在地下二层或屋顶上。设置在屋顶上的常（负）压燃气锅炉，距离通向屋面的安全出口不应小于 6m。采用相对密度（与空气密度的比值）不小于 0.75 的可燃气体为燃料的锅炉，不得设置在地下或半地下； 2 锅炉房、变压器室的疏散门均应直通室外或安全出口	《建筑设计防火规范》 GB 50016—2014（2018 年版）
防火要求	8.3.1 民用建筑物内设置的变电所应符合下列规定： 3 变电所宜设在一个防火分区内。当在一个防火分区内设置的变电所，建筑面积不大于 $200.0m^2$ 时，至少应设置 1 个直接通向疏散走道（安全出口）或室外的疏散门；当建筑面积大于 $200.0m^2$ 时，至少应设置 2 个直接通向疏散走道（安全出口）或室外的疏散门；当变电所长度大于 60.0m 时，至少应设置 3 个直接通向疏散走道（安全出口）或室外的疏散门。 4 当变电所内设置值班室时，值班室应设置直接通向室外或疏散走道（安全出口）的疏散门。 5 当变电所设置 2 个及以上疏散门时，疏散门之间的距离不应小于 5.0m，且不应大于 40.0m。 6 变压器室、配电室、电容器室的出入口门应向外开启。同一个防火分区内的变电所，其内部相通的门应为不燃材料制作的双向弹簧门。当变压器室、配电室、电容器室长度大于 7.0m 时，至少应设 2 个出入口门	《民用建筑设计统一标准》 GB 50352—2019
	8.3.2 变电所防火门的级别应符合下列规定： 1 变电所直接通向疏散走道（安全出口）的疏散门，以及变电所直接通向非变电所区域的门，应为甲级防火门； 2 变电所直接通向室外的疏散门，应为不低于丙级的防火门	
	6.2.7 附设在建筑内的消防控制室、灭火设备室、消防水泵房和通风空气调节机房、变配电室等，应采用耐火极限不低于 2.00h 的防火隔墙和 1.50h 的楼板与其他部位分隔。 设置在丁、戊类厂房内的通风机房，应采用耐火极限不低于 1.00h 的防火隔墙和 0.50h 的楼板与其他部位分隔。 通风、空气调节机房和变配电室开向建筑内的门应采用甲级防火门，消防控制室和其他设备房开向建筑内的门应采用乙级防火门	《建筑设计防火规范》 GB 50016—2014（2018 年版）

续表

项目	规范条文	规范出处
防火要求	3.2.1 变电所布置应符合下列规定： 1 配电室、电容器室长度大于7m时，应至少设置两个出入口。 2 当成排布置的电气装置长度大于 6m 时，电气装置后面的通道应至少设置两个出口；当低压电气装置后面通道的两个出口之间距离大于 15m 时，尚应增加出口。 3 变电所直接通向建筑物内非变电所区域的出入口门，应为甲级防火门并应向外开启。 4 相邻高压电气装置室之间设置门时，应能双向开启	《建筑电气与智能化通用规范》 GB 55024—2022
尺寸要求[1]	3.2.1 变电所布置应符合下列规定： 5 相邻电气装置带电部分的额定电压不同时，应按较高的额定电压确定其安全净距；电气装置间距及通道宽度应满足安全净距的要求	
采光通风 防水	8.3.1 民用建筑物内设置的变电所应符合下列规定： 2 地上高压配电室宜设不能开启的自然采光窗，其窗距室外地坪不宜低于 1.8m；地上低压配电室可设能开启的不临街的自然采光通风窗，其窗应按本条第 7 款做防护措施。 7 变压器室、配电室、电容器室等应设置防雨雪和小动物从采光窗、通风窗、门、电缆沟等进入室内的设施。 8 变电所地面或门槛宜高出所在楼层楼地面不小于 0.1m。如果设在地下层，其地面或门槛宜高出所在楼层楼地面不小于 0.15m。变电所的电缆夹层、电缆沟和电缆室应采取防水、排水措施	《民用建筑设计统一标准》 GB 50352—2019
	3.2.1 变电所布置应符合下列规定： 6 变电所的电缆夹层、电缆沟和电缆室应采取防水、排水措施	《建筑电气与智能化通用规范》 GB 55024—2022
其他要求	1 变配电室的门应向外开启，以便紧急情况下的快速疏散，并应有足够的通道空间以便于设备的运输和维护 2 变配电室应有适当的接地和等电位联结措施，以防止电气故障和确保人员安全。 3 变配电室内的设备会产生热量，因此需要良好的通风和散热系统来保持设备的正常运行	

注：[1]开闭所尺寸：单排布置的开闭所最小典型尺寸为 23.1m × 5m，双排布置的开闭所最小典型尺寸为 12.3m × 8.8m（中间不能有柱子）。

2）开闭站、变配电室及 UPS 机房的设计要点

（1）机房功能介绍：①开闭站：开闭站位于电力系统中变电站的下一级，是将高压电力分别向周围的用电单位供电的电力设施。它不仅是配电网底层最基本的单元，更是电力由高压向低压输送的关键环节之一。②变配电室：变配电室是电力系统中用于接收、分配和转换电能的重要设施。它们通常包括高压配电室、低压配电室、变压器室等部分，每个部分都有其特定的设计和功能要求。③UPS：即不间断电源（Uninterruptible Power Supply），是一种能够为关键设备提供电力保护的设备。当主电源发生故障时，UPS 能够立即切换到备用电源，确保设备继续运行，从而避免数据丢失、设备损坏或服务中断。

（2）机房位置介绍：应位于便于电力输送和分配的位置，同时考虑到安全性和维护的便利性。

（3）机房面积：变配电室的尺寸应满足设备布置、操作和维护的需要，同时考虑到电缆沟或电缆桥架的设置。

（4）机房净高：变配电室的净高要求对于确保设备的正常安装、操作和维护至关重要。

根据相关规范和实际工程经验，以下是一些具体的净高要求：①下进下出方式：净高不低于 3.2m（不包括电缆沟的高度）。②上进上出方式：净高不低于 3.6m。③地方供电局要求：不同区域供电局对变配电室的净高有要求，如某些地区供电局要求净高至少 4m（包括 800mm 的电缆沟），具体需咨询当地供电局。

注：实际工程需根据具体情况和当地法规来确定。在设计阶段，应与结构工程师、消防顾问和设备供应商紧密合作，以确定最合适的净高。

（5）机房防火要求：机房防火要求详见《建筑防火通用规范》GB 55037—2022 中的第 4.1.4 条、第 4.1.6 条，《建筑内部装修设计防火规范》GB 50222—2017 中的第 4.0.9 条相关要求。

（6）机房防水要求：应采取防水和防潮措施，特别是位于地下或可能受到水害影响的区域，变电所地面或门槛宜高出所在楼层楼地面不小于 0.1m。如果设在地下层，其地面或门槛宜高出所在楼层楼地面不小于 0.15m。变电所的电缆夹层、电缆沟和电缆室应采取防水、排水措施。

3. 弱电机房、网络机房、通信机房、中控室、安防控制室的一般规定

1）关于弱电机房、网络机房、通信机房的功能空间一般规定如表 4.4.4-3 所示。

弱电机房、网络机房、通信机房的功能空间一般规定　　表 4.4.4-3

项目	规范条文	规范出处
位置要求	23.2.1 机房位置选择应符合下列规定： 1 机房宜设在建筑物首层及以上各层，当有多层地下层时，也可设在地下一层； 2 机房不应设置在厕所、浴室或其他潮湿、易积水场所的正下方或与其贴邻； 3 机房应远离强振动源和强噪声源的场所，当不能避免时，应采取有效的隔振、消声和隔声措施； 4 机房应远离强电磁场干扰场所，当不能避免时，应采取有效的电磁屏蔽措施	《民用建筑电气设计标准》GB 51348—2019
	23.2.3 大型公共建筑宜按使用功能和管理职能分类集中设置机房，并应符合下列规定： 1 信息设施系统总配线机房宜与信息网络机房及用户电话交换机房靠近或合并设置； 2 安防监控中心宜与消防控制室合并设置； 3 与消防有关的公共广播机房可与消防控制室合并设置； 4 有线电视前端机房宜独立设置； 5 建筑设备管理系统机房宜与相应的设备运行管理、维护值班室合并设置或设于物业管理办公室； 6 信息化应用系统机房宜集中设置，当火灾自动报警系统、安全技术防范系统、建筑设备管理系统、公共广播系统等的中央控制设备集中设在智能化总控室内时，不同使用功能或分属不同管理职能的系统应有独立的操作区域	
	23.2.5 信息网络机房设置应符合下列要求： 1 自用办公建筑或信息化应用程度较高的公共建筑，信息网络机房宜独立设置； 2 商业类建筑信息网络机房应根据其应用、管理及经营需要设置，可单独设置，亦可与信息设施系统总配线机房、建筑设备管理系统等机房合并设置	《民用建筑电气设计标准》GB 51348—2019
	4.7.2 机房工程的建筑设计应符合下列规定： 1 信息接入机房宜设置在便于外部信息管线引入建筑物内的位置； 2 信息设施系统总配线机房宜设于建筑的中心区域位置，并应与信息接入机房、智能化总控室、信息网络机房及用户电话交换机房等同步设计和建设； 3 智能化总控室、信息网络机房、用户电话交换机房等应按智能化设施的机房设计等级及设备的工艺要求进行设计； 4 当火灾自动报警系统、安全技术防范系统、建筑设备管理系统、公共广播系统等的中央控制设备集中设在智能化总控室内时，各系统应有独立工作区； 5 智能化设备间（弱电间、电信间）宜独立设置，且在满足信息传输要求情况下，设备间（弱电间、电信间）宜设置于工作区域相对中部的位置；对于以建筑物楼层为区域划分的智能化设备间（弱电间、电信间），上下位置宜垂直对齐；	《智能建筑设计标准》GB 50314—2015

续表

项目	规范条文	规范出处
位置要求	6 机房面积应满足设备机柜（架）的布局要求，并应预留发展空间； 7 信息设施系统总配线机房、智能化总控室、信息网络机房、用户电话交换系统机房等不应与变配电室及电梯机房贴邻布置； 8 机房不应设在水泵房、厕所和浴室等潮湿场所的贴邻位置； 9 设备机房不宜贴邻建筑物的外墙； 10 与机房无关的管线不应从机房内穿越； 11 机房各功能区的净空高度及地面承重力应满足设备的安装要求和国家现行有关标准的规定； 12 机房应采取防水、降噪、隔声、抗震等措施	《智能建筑设计标准》GB 50314—2015
防火要求	23.6.1 机房的耐火等级不应低于二级	《民用建筑电气设计标准》GB 51348—2019
	23.6.3 机房出口应设置向疏散方向开启且能自动关闭的门，并应保证在任何情况下都能从机房内打开	
尺寸要求	弱电机房应有足够的净高和空间，以容纳设备和操作人员	
采光通风防水	需要精确控制机房内的温度和湿度，以确保设备稳定运行。通常需要使用精密空调系统。应采取防水淹的技术措施	
其他要求	10.4.3 智能化系统的机房宜铺设架空地板、网络地板，机房净高不宜小于2.50m	《中小学校设计规范》GB 50099—2011

2）弱电机房、网络机房、通信机房、中控室、安防控制室的设计要点

（1）机房功能介绍：①弱电机房：弱电机房是建筑物内用于安装和运行智能化系统的设备，如安全监控、网络通信、楼宇自动化等弱电设备的专用空间。②网络机房：网络机房也常被称为数据中心或服务器房，是专门用于存放网络设备、服务器、存储设备和其他关键 IT 基础设施的场所。③通信机房：通信机房通常指的是用于安置通信设备的专用空间，如电话交换机、网络路由器、基站控制器、卫星通信设备等。这些机房对于保障通信网络的稳定运行至关重要。④中控室、安防控制室：通过集成各种技术和系统，提供全面的监控、控制和管理功能，是确保建筑或设施安全、高效运行的重要空间。

（2）机房位置介绍：应位于便于维护和管理的地方，同时应避免强电磁干扰区域，确保设备正常运行。

（3）机房防火要求：与建筑整体设计匹配，耐火等级应符合相关规范。

（4）机房防水要求：应采取有效的防水措施，防止水害对设备造成损害。

4. 柴油发电机房

1）关于柴油发电机房的功能空间一般规定如表 4.4.4-4 所示。

柴油发电机房的功能空间一般规定 **表 4.4.4-4**

项目	规范条文	规范出处
位置要求	4.1.4 燃油或燃气锅炉、可燃油油浸变压器、充有可燃油的高压电容器和多油开关、柴油发电机房等独立建造的设备用房与民用建筑贴邻时，应采用防火墙分隔，且不应贴邻建筑中人员密集的场所。上述设备用房附设在建筑内时，应符合下列规定： 1 当位于人员密集的场所的上一层、下一层或贴邻时，应采取防止设备用房的爆炸作用危及上一层、下一层或相邻场所的措施； 2 设备用房的疏散门应直通室外或安全出口； 3 设备用房应采用耐火极限不低于2.00h的防火隔墙和耐火极限不低于1.50h的不燃性楼板与其他部位分隔，防火隔墙上的门、窗应为甲级防火门、窗	《建筑防火通用规范》GB 55037—2022

续表

项目	规范条文	规范出处
位置要求	8.3.3 柴油发电机房应符合下列规定： 1 柴油发电机房的设置应符合本标准第 8.3.1 条的规定。 2 柴油发电机房宜设有发电机间、控制及配电室、储油间、备件贮藏间等，设计时可根据具体情况对上述房间进行合并或增减。 3 当发电机间、控制及配电室长度大于 7.0m 时，至少应设 2 个出入口门。其中一个门及通道的大小应满足运输机组的需要，否则应预留运输条件。 4 发电机间的门应向外开启。发电机间与控制及配电室之间的门和观察窗应采取防火措施，门应开向发电机间。 5 柴油发电机房宜靠近变电所设置，当贴邻变电所设置时，应采用防火墙隔开。 6 当柴油发电机房设在地下时，宜贴邻建筑外围护墙体或顶板布置，机房的送、排风管（井）道和排烟管（井）道应直通室外。室外排烟管（井）的口部下缘距地面高度不宜小于 2.0m。 7 柴油发电机房墙面或管（井）的送风口宜正对发电机进风端。 8 建筑物内设或外设储油设施设置应符合现行国家标准《建筑设计防火规范》GB 50016 的规定。 9 高压柴油发电机房可与低压柴油发电机房分别设置	《民用建筑设计统一标准》 GB 50352—2019
防火要求	4.1.4 燃油或燃气锅炉、可燃油油浸变压器、充有可燃油的高压电容器和多油开关、柴油发电机房等独立建造的设备用房与民用建筑贴邻时，应采用防火墙分隔，且不应贴邻建筑中人员密集的场所。上述设备用房附设在建筑内时，应符合下列规定： 1 当位于人员密集的场所的上一层、下一层或贴邻时，应采取防止设备用房的爆炸作用危及上一层、下一层或相邻场所的措施； 2 设备用房的疏散门应直通室外或安全出口； 3 设备用房应采用耐火极限不低于 2.00h 的防火隔墙和耐火极限不低于 1.50h 的不燃性楼板与其他部位分隔，防火隔墙上的门、窗应为甲级防火门、窗	《建筑防火通用规范》 GB 55037—2022
	4.1.5 附设在建筑内的燃油或燃气锅炉房、柴油发电机房，除应符合本规范第 4.1.4 条的规定外，尚应符合下列规定： 2 建筑内单间储油间的燃油储存量不应大于 $1m^3$。油箱的通气管设置应满足防火要求，油箱的下部应设置防止油品流散的设施。储油间应采用耐火极限不低于 3.00h 的防火隔墙与发电机间、锅炉间分隔。 3 柴油机的排烟管、柴油机房的通风管、与储油间无关的电气线路等，不应穿过储油间	
	4.0.9 消防水泵房、机械加压送风排烟机房、固定灭火系统钢瓶间、配电室、变压器室、发电机房、储油间、通风和空调机房等，其内部所有装修均应采用 A 级装修材料	《建筑内部装修设计防火规范》 GB 50222—2017
	3.2.4 柴油发电机房布置应符合下列规定： 2 柴油发电机间、控制室长度大于 7m 时，应至少设两个出入口	《建筑电气与智能化通用规范》 GB 55024—2022
	8.3.3 柴油发电机房应符合下列规定： 4 发电机间的门应向外开启。发电机间与控制及配电室之间的门和观察窗应采取防火措施，门应开向发电机间。 5 柴油发电机房宜靠近变电所设置，当贴邻变电所设置时，应采用防火墙隔开	《民用建筑设计统一标准》 GB 50352—2019
尺寸要求	8.3.3 柴油发电机房应符合下列规定： 1 柴油发电机房的设置应符合本标准第 8.3.1 条的规定。 2 柴油发电机房宜设有发电机间、控制及配电室、储油间、备件贮藏间等，设计时可根据具体情况对上述房间进行合并或增减。 3 当发电机间、控制及配电室长度大于 7.0m 时，至少应设 2 个出入口门。其中，一个门及通道的大小应满足运输机组的需要，否则应预留运输条件。 4 发电机间的门应向外开启。发电机间与控制及配电室之间的门和观察窗应采取防火措施，门应开向发电机间。	

续表

项目	规范条文	规范出处
尺寸要求	5 柴油发电机房宜靠近变电所设置，当贴邻变电所设置时，应采用防火墙隔开。 6 当柴油发电机房设在地下时，宜贴邻建筑外围护墙体或顶板布置，机房的送、排风管（井）道和排烟管（井）道应直通室外。室外排烟管（井）的口部下缘距地面高度不宜小于2.0m。 7 柴油发电机房墙面或管（井）的送风口宜正对发电机进风端。 8 建筑物内设或外设储油设施设置应符合现行国家标准《建筑设计防火规范》GB 50016的规定。 9 高压柴油发电机房可与低压柴油发电机房分别设置	《民用建筑设计统一标准》GB 50352—2019
	3.2.4 柴油发电机房布置应符合下列规定： 1 柴油发电机房内，机组之间、机组外廊至墙的距离应满足设备运输、就地操作、维护维修及布置辅助设备的需要	《建筑电气与智能化通用规范》GB 55024—2022
采光通风防水	8.3.3 柴油发电机房应符合下列规定： 1 柴油发电机房的设置应符合本标准第8.3.1条的规定。 2 柴油发电机房宜设有发电机间、控制及配电室、储油间、备件贮藏间等，设计时可根据具体情况对上述房间进行合并或增减。 3 当发电机间、控制及配电室长度大于7.0m时，至少应设2个出入口门。其中一个门及通道的大小应满足运输机组的需要，否则应预留运输条件。 4 发电机间的门应向外开启。发电机间与控制及配电室之间的门和观察窗应采取防火措施，门应开向发电机间。 5 柴油发电机房宜靠近变电所设置，当贴邻变电所设置时，应采用防火墙隔开。 6 当柴油发电机房设在地下时，宜贴邻建筑外围护墙体或顶板布置，机房的送、排风管（井）道和排烟管（井）道应直通室外。室外排烟管（井）的口部下缘距地面高度不宜小于2.0m。 7 柴油发电机房墙面或管（井）的送风口宜正对发电机进风端。 8 建筑物内设或外设储油设施设置应符合现行国家标准《建筑设计防火规范》GB 50016的规定。 9 高压柴油发电机房可与低压柴油发电机房分别设置	《民用建筑设计统一标准》GB 50352—2019

2）柴油发电机房的设计要点

（1）机房功能介绍：柴油发电机房是用于安装柴油发电机组的地方，它在紧急情况下可作为备用电源供应电力。

（2）机房位置介绍：应选择在便于维护、接近负荷中心且符合当地建筑和环境规范的位置。

（3）机房面积：应根据机组的大小、数量以及相关规范来确定，以确保有足够的空间进行安装、操作和维护。

（4）机房净高：机房的净高要求根据机组容量和冷却方式有所不同。

（5）机房防火要求：应采用耐火极限不低于2.00h的防火隔墙和耐火极限不低于1.50h的不燃性楼板与其他部位分隔，防火隔墙上的门、窗应为甲级防火门、窗。装修要求详见《建筑防火通用规范》GB 55037—2022第6.5.4条。

（6）机房防水要求：机房应有防水和防潮措施，特别是在地下水位较高或雨季较长的地区。

4.4.5　机房条件汇总表（表 4.4.5-1）

机房条件汇总表　　表 4.4.5-1

专业	机房名称	布局要求	位置要求 数量及原则	面积大小（m^2）	净高要求	防火门要求 建议尺寸（mm）	门槛要求	防水要求	隔声要求	隔振要求	排水要求（降板要求）	防鼠板要求	其他要求
给水排水专业	消防水泵房	贴邻消防水池或位于消防水箱间内，不宜与有噪声限制的房间相邻	地下一层或二层（不可设置在地下三层及以下，或不可设置在室内地面与室外出入口地坪高差大于 10m 的地下楼层）； 一个建筑或建筑群至少会有一个消防水泵房	100	3m	甲级防火门（1500 × 2200）	有	有	有	有	需要，降板 300mm	无	水泵水坑处低于水池最低点
	消防水池	长宽比 2∶1 以下	一般与消防水泵房合并布置	根据用水量估算	3m		有	有	无	无	需要，降板 300mm	无	
	报警阀间	不在电气类、电梯井道上方	报警阀间的数量主要取决于建筑物的规模、结构复杂度、用途以及火灾危险性等因素，大规模的建筑可能需要多个报警阀间以覆盖不同的区域，具体数量需由实际工程确定	20～30	无特殊要求	甲级防火门（1200 × 2200）	有	有	无	无	需要，降板 300mm	无	
	生活水泵房 / 生活热水机房	贴邻生活水箱间或位于生活水箱间内，不宜与有噪声限制的房间相邻	应设在建筑物或建筑物群的中心部位，服务半径不宜大于 500m，数量应根据建筑的规模、用水需求等确定，一般一个建筑或建筑群设置一个	50	3m	甲级防火门（1500 × 2200）	有	有	有	有	需要，降板 300mm	无	水泵水坑处低于水池最低点
	生活水箱间	不在电气类、电梯井道上方	远离污染源；	根据用水量估算，一般为 100	3m	甲级防火门（1500 × 2200）	有	有	无	无	需要，降板 300mm	防进入水箱	

续表

专业	机房名称	布局要求	位置要求 数量及原则	面积大小 （m^2）	净高要求	防火门要求 建议尺寸 （mm）	门槛要求	防水要求	隔声要求	隔振要求	排水要求 （降板要求）	防鼠板要求	其他要求
给水排水专业	生活水箱间	不在电气类、电梯井道上方	一般与生活水泵房贴临设置，数量需根据使用需求确定	根据用水量估算，一般为100	3m	甲级防火门（1500×2200）	有	有	无	无	需要，降板300mm	防进入水箱	
	中水处理站	位于清淤机械通行流畅部位，不宜与有噪声限制的房间相邻	与公共建筑和住宅的距离不宜小于15.0m，地下宜设在最底层或排水汇水管道设备层； 根据实际工程需求设置		3m	甲级防火门（1500×2200）	有	有	有	有	需要，降板300mm	无	
	污水泵房	与需要提升污水部分功能邻近，不宜与有噪声限制的房间相邻	无法经由重力管道排出的污水采用污水泵房提升至室外污水管道； 根据实际工程需求设置多处	25～30	4.5m（层高）	甲级防火门（1500×2200）	有	有	有	有	需要，降板300mm	无	
	隔油间	大型公用厨房下方点位均匀布置	邻近公共餐饮厨房； 数量应根据餐饮废水的处理需求、废水的水量等相关数据确定	25～30	3m	甲级防火门（1200×2200）	有	有	无	无	需要，降板300mm	无	
	高位水箱间（消防）	不在电气类、电梯井道上方	位于地块内最高的建筑物屋顶； 一般一个建筑或建筑群至少设置一个	60～120	3m	甲级防火门（1500×2200）	有	有	无	无	需要，降板300mm	无	
暖通专业	热交换站	靠近热源且交通便利的地方，以便于热力的传输和设备的维护	首层或地下一层； 一般一个建筑或建筑群设置一个	总建筑面积的0.3%～0.5%，一般200～350m^2	3.6～4.5	甲级防火门（1500×2200）	有	有	有	有	需要，降板300mm	无	

续表

专业	机房名称	布局要求	位置要求 数量及原则	面积大小 （m^2）	净高要求	防火门要求 建议尺寸 （mm）	门槛要求	防水要求	隔声要求	隔振要求	排水要求 （降板要求）	防鼠板要求	其他要求
暖通专业	锅炉房	一般由以下内容组成：锅炉间、辅助间［储油间（燃气计量间）、锅炉给水和水处理间、仪表控制室、化验室、维修间、变配电室、水泵间、风机房等］、生活间（值班室、更衣室、淋浴间、厕所等）	宜为独立的建筑物，贴邻民用建筑布置或布置在民用建筑内部时，应设置在首层或地下室一层靠建筑物外墙部位，严禁设置在人员密集场所和重要部门的上一层、下一层、贴邻位置以及主要通道、疏散口两旁； 数量应根据实际工程需求设置	当总建筑面积＜10000m^2时，锅炉房约占总建筑面积的 4%；当总建筑面积为 10000～50000m^2时，锅炉房约占总建筑面积的 1%	锅炉间 5～6m，辅助间 3.5m 以上	甲级防火门（1500×2200）	有	有	有	有	需要，降板 300mm	无	
	制冷机房	制冷机房应靠近空气调节负荷中心	常附设在主体建筑的地下室或建筑物的地下。氨制冷机房需要单独建造； 数量应根据实际工程需求设置，一般一个建筑或建筑群至少设置一个	建筑面积的 0.5%～1.0%，通常取 0.8%	4.5m	甲级防火门（1500×2200）	有	有	有	有	需要，降板 300mm	无	
	空调机房	不宜与有噪声限制的房间相邻	考虑取风口位于室外空气清新、洁净的位置； 一般一个防火分区设置一个	机房面积 48～60m^2（长 8～10m，宽 6m）	梁下净空 3.6～4m	甲级防火门（1200×2200）	有	有	有	有	需要，面层需考虑找坡及排水浅沟 150～200mm	无	
	新风机房	不宜与有噪声限制的房间相邻	考虑取风口位于室外空气清新、洁净的位置； 一般一个防火分区设置一个	机房面积约 25m^2（长 6m，宽 4m）	梁下净空 3.0m	甲级防火门（1200×2200）	有	有	有	有	需要，面层需考虑找坡及排水浅沟 150～200mm	无	
	送风（补风）机房	应避免进风、排风短路	无特殊要求； 一般一个防火分区设置一个	机房面积约 25m^2（长 6m，宽 4m）	梁下净空 3.0m	甲级防火门（1200×2200）	无	无	有	有	不需要	无	

续表

专业	机房名称	布局要求	位置要求 数量及原则	面积大小 （m^2）	净高要求	防火门要求 建议尺寸 （mm）	门槛要求	防水要求	隔声要求	隔振要求	排水要求 （降板要求）	防鼠板要求	其他要求
暖通专业	排风（排烟）机房	应避免进风、排风短路	一般位于屋面层； 一般一个防火分区设置一个	机房面积约 25m^2（长 6m，宽 4m）	梁下净空 3.0m	甲级防火门（1200×2200）	无	无	有	有	不需要	无	
	正压送风机房	应考虑取风口的位置	一般位于屋面层； 一般一个防火分区设置一个	机房面积约 25m^2（长 6m，宽 4m）.	梁下净空 2.8m	甲级防火门（1200×2200）	无	无	有	有	不需要	无	
	燃气表间	应设置检修门或检修窗，方便对燃气表进行维护和检修	应独立设置，不得与其他场所共用，必须具备良好的通风条件，可以采用自然通风或机械通风方式； 根据实际工程需求设置	一般不小于 1.5m^2	最低 2.2m	甲级防火门（1200×2200）	无	有	无	有	需要，不需降板	无	
电气专业	消防控制室	设有火灾自动报警系统及联动控制的单体建筑或群体建筑，应设置消防控制室	消防控制室宜设置在建筑物首层或地下一层，宜选择在便于通向室外的部位； 一般一个建筑或建筑群至少设置一个	设备面盘前的操作距离，单列布置时不应小于1.5m；双列布置时不应小于2m。在值班人员经常工作的一面，设备面盘至墙的距离不应小于 3m。设备面盘后的维修距离不宜小于 1m。当设备面盘的排列长度大于 4m 时，其两端应设置宽度不小于 1m 的通道	2.5m	乙级防火门，建筑高度大于 100m 时应采用甲级防火门（1200×2200）	有	有	有	无	无	有	

续表

专业	机房名称	布局要求	位置要求 数量及原则	面积大小 （m^2）	净高要求	防火门要求 建议尺寸 （mm）	门槛要求	防水要求	隔声要求	隔振要求	排水要求 （降板要求）	防鼠板要求	其他要求
电气专业	开闭站	应位于便于电力输送和分配的位置，同时考虑到安全性和维护的便利性	开闭站的选址应依据依法批准的城市中低压配网规划及控制性详细规划进行，开闭站应沿市政道路布置，距道路红线距离不宜大于 50m，并在用电负荷中心区设置，原则上按 1km1 座开闭所进行规划，并预留进出线排管路径； 根据实际工程需求设置	开闭站独立设置时，可以采用单层或双层布置。单层布置的开闭所基地面积大约为 375m^2，尺寸大约是 15m × 25m（长 × 宽）；而双层布置的开闭所基地面积大约为 149m^2，尺寸大约是 8.5m × 17.5m（长 × 宽）	4.5m	甲级防火门 （1500 × 2200）	有	有	有	无	无	有	
	变配电室及 UPS	应位于便于电力输送和分配的位置，同时考虑到安全性和维护的便利性	应尽可能接近用电负荷中心，以减少供电线路的损耗和电压降； 应远离强电磁场干扰源，以保证变配电设备的稳定运行； 不应在厕所、卫生间、盥洗室、浴室、厨房或其他蓄水、经常积水场所的直接下一层设置，且不宜与上述场所相贴邻，当贴邻设置时应采取防水措施； 一般一个建筑或建筑群至少设置一个	变配电所面积可以根据建筑物规模、性质，按照建筑总面积的 0.6%～1.5%进行估算，对于大面积住宅可以适当减少比例	下进下出：3.2m 上进上出：3.6m	甲级防火门变配电室门建议尺寸（1800 × 2700） UPS 间门建议尺寸（1500 × 2200）	有	有	有	无	无	有	

续表

专业	机房名称	布局要求	位置要求 数量及原则	面积大小 （m^2）	净高要求	防火门要求 建议尺寸 （mm）	门槛要求	防水要求	隔声要求	隔振要求	排水要求 （降板要求）	防鼠板要求	其他要求
电气专业	弱电机房	应尽量设置在建筑物的中心或负荷集中区域，以减少布线距离和信号传输损耗	应远离强电磁干扰源，不应在厕所、卫生间、盥洗室、浴室、厨房或其他蓄水、经常积水场所的直接下一层设置； 一般一个建筑或建筑群至少设置一个	面积大小取决于多种因素，包括机房内设备的数量、类型、维护空间需求以及未来扩展的可能性	2.6m	乙级防火门 （1200×2200）	有	有	有	无	无	有	
	网络机房	应尽量设置在建筑物的中心或负荷集中区域，以减少布线距离和信号传输损耗	应远离强电磁干扰源，不应在厕所、卫生间、盥洗室、浴室、厨房或其他蓄水、经常积水场所的直接下一层设置； 一般一个建筑或建筑群至少设置一个	面积大小取决于多种因素，包括机房内设备的数量、类型、维护空间需求以及未来扩展的可能性	2.6m	乙级防火门 （1200×2200）	有	有	有	无	无	有	
	通信机房 中控室 安防控制室	应尽量设置在建筑物的中心或负荷集中区域，以减少布线距离和信号传输损耗	应远离强电磁干扰源，不应在厕所、卫生间、盥洗室、浴室、厨房或其他蓄水、经常积水场所的直接下一层设置； 一般一个建筑或建筑群至少设置一个	面积大小取决于多种因素，包括机房内设备的数量、类型、维护空间需求以及未来扩展的可能性	2.6m	乙级防火门 （1200×2200）	有	有	有	无	无	有	
	柴油 发电机房	宜接近用电负荷中心，方便进出线	柴油发电机房宜布置在首层或地下1、2层，当地下室为3层及以上时，不宜设置在最底层； 一般一个建筑或建筑群至少设置一个	面积大小应根据具体的设计要求、机组大小、台数，以及相关安全规范来确定	机房的净高要求根据机组容量和冷却方式有所不同	甲级防火门 （2000×2800）	有	有	有	有	无	有	

续表

专业	机房名称	布局要求	位置要求 数量及原则	面积大小 （m^2）	净高要求	防火门要求 建议尺寸 （mm）	门槛要求	防水要求	隔声要求	隔振要求	排水要求 （降板要求）	防鼠板要求	其他要求
电气专业	强电间	应选择在便于进出线的区域	应远离易燃易爆物品存放区域，以降低火灾和爆炸的风险。通常设置在建筑物的底层或地下一层，以便电力电缆的进出； 一般一个防火分区设置一个	应有足够的空间以容纳配电箱、开关柜等设备，并留有适当的操作和维护空间	3m	乙级防火门 （1200 × 2200）	有	有	有	无	无	有	
	弱电间	应选择在便于进出线的区域	应远离强电磁场干扰源，以保证通信信号的稳定性。可以设置在建筑物的任何楼层，但应避免与强电设备过于接近，以减少电磁干扰； 一般一个防火分区设置一个	应有足够的空间以容纳配电箱、开关柜等设备，并留有适当的操作和维护空间	3m	乙级防火门 （1200 × 2200）	有	有	有	无	无	有	

4.4.6 设备管线转换层

1. 一般规定（表 4.4.6-1）

设备管线转换层一般规定 **表 4.4.6-1**

内容	条文摘录	引用
设备管线转换层	3.1.4 永久性结构的建筑空间，有永久性顶盖、结构层高或斜面结构板顶高在 2.20m 及以上的，应按下列规定计算建筑面积： 1 有围护结构、封闭围合的建筑空间，应按其外围护结构外表面所围空间的水平投影面积计算； 3.1.6 下列空间与部位不应计算建筑面积： 1 结构层高或斜面结构板顶高度小于 2.20m 的建筑空间	《民用建筑通用规范》GB 55031—2022

2. 设计要点

（1）设备转换层的层高应满足安装、维修的要求，并应留有能满足管线安装、检修的进出口及检修通道，净高不宜低于 1.2m。

（2）设备转换层宜设置两个检修口。

（3）设备转换层内有水管穿越应设置防水。

（4）应采取有效的措施，防止有振动和噪声的管线对毗邻的使用空间产生不利影响。

4.4.7 机电竖井

1. 一般规定（表 4.4.7-1）

机电竖井一般规定 **表 4.4.7-1**

内容	条文摘录	引用
机电竖井	6.16.2 管道井的设置应符合下列规定： 1 在安全、防火和卫生等方面互有影响的管线不应敷设在同一管道井内。 2 管道井的断面尺寸应满足管道安装、检修所需空间的要求。当井内设置壁装设备时，井壁应满足承重、安装要求。 3 管道井壁、检修门、管井开洞的封堵做法等应符合现行国家标准《建筑设计防火规范》GB 50016 的有关规定。 4 管道井宜在每层临公共区域的一侧设检修门，检修门门槛或井内楼地面宜高出本层楼地面，且不应小于 0.1m。 5 电气管线使用的管道井不宜与厕所、卫生间、盥洗室和浴室等经常积水的潮湿场所贴邻设置。 6 弱电管线与强电管线宜分别设置管道井。 7 设有电气设备的管道井，其内部环境应保证设备正常运行	《民用建筑设计统一标准》GB 50352—2019
	6.3.2 电气竖井、管道井、排烟或通风道、垃圾井等竖井应分别独立设置，井壁的耐火极限均不应低于 1.00h	《建筑防火通用规范》GB 55037—2022
	6.3.3 除通风管道井、送风管道井、排烟管道井、必须通风的燃气管道竖井及其他有特殊要求的竖井可不在层间的楼板处分隔外，其他竖井应在每层楼板处采取防火分隔措施，且防火分隔组件的耐火性能不应低于楼板的耐火性能	
	6.4.4 电气竖井、管道井、排烟道、排气道、垃圾道等竖井井壁上的检查门，应符合下列规定： 1 对于埋深大于 10m 的地下建筑或地下工程，应为甲级防火门； 2 对于建筑高度大于 100m 的建筑，应为甲级防火门；	

续表

内容	条文摘录	引用
机电竖井	3 对于层间无防火分隔的竖井和住宅建筑的合用前室，门的耐火性能不应低于乙级防火门的要求； 4 对于其他建筑，门的耐火性能不应低于丙级防火门的要求，当竖井在楼层处无水平防火分隔时，门的耐火性能不应低于乙级防火门的要求	《建筑防火通用规范》GB 55037—2022
	3.2.8 地下车库排风口宜设于下风向，并应做消声处理。排风口不应朝向邻近建筑的可开启外窗；当排风口与人员活动场所的距离小于 10m 时，朝向人员活动场所的排风口底部距人员活动地坪的高度不应小于 2.5m	《车库建筑设计规范》JGJ 100—2015

2. 设计要点

（1）管井位置结合建筑布局及防火分区综合考虑，保证既不占用建筑的主要空间，又兼顾管线进出的均衡性及合理性。

（2）管井位置保证各层管井水平进出管、支管没有明显的交叉。

（3）管井位置保证各层管井垂直方向的路由，减少管线转换。

（4）管井内部空间应该充分考虑各类阀门的安装空间和检修空间。

4.4.8　垃圾间（卫生管理设施间）

1. 一般规定（表 4.4.8-1）

垃圾间一般规定　表 4.4.8-1

内容分类	条文条款	引用规范
垃圾间	8.1.7 生活垃圾应分类收集，垃圾容器和收集点的设置应合理并应与周围景观协调	《绿色建筑评价标准》GB/T 50378—2019
	4.4.4 商店建筑内部应设置垃圾收集空间或设施	《商店建筑设计规范》JGJ 48—2014
	4.4.5 垃圾间应符合下列规定： 1 旅馆建筑应设集中垃圾间，位置宜靠近卸货平台或辅助部分的货物出入口，并应采取通风、除湿、防蚊蝇等措施； 2 垃圾应分类，并应按干、湿分设垃圾间，且湿垃圾宜采用专用冷藏间或专用湿垃圾处理设备	《旅馆建筑设计规范》JGJ 62—2014
	6.3.3 建筑内的厕所（卫生间）、浴室、公共厨房、垃圾间等场所的楼面、地面，开敞式外廊、阳台的楼面应设防水层	《民用建筑通用规范》GB 55031—2022
	5.1.14 医疗废物和生活垃圾应分别处置	《综合医院建筑设计规范》GB 51039—2014

2. 设计要点

（1）垃圾应分类收集。分类收集的方法可分为放置、分拣、运输和回收。

（2）民用建筑内应在地上设置垃圾收集空间或设施。地上垃圾间应符合下列规定：

① 宜每层设置垃圾收集间；

② 垃圾收集间应采取机械通风措施；

③ 垃圾收集间宜靠近服务电梯间；

④ 建筑内的垃圾间楼面、地面，应设防水层。

（3）民用建筑内宜在地下室设垃圾分级、分类集中存放处，存放处应设冲洗排污设施，并有运出垃圾的专用通道。地下垃圾间应符合下列规定：

① 垃圾房净高应不小于 2.5m，建议高于 2.7m。在方案设计阶段需与地方政府提前沟通，明确当地市政干湿垃圾车尺寸，确保地库入口、坡道及内部卸货区高度可以满足垃圾车的通行及装卸货需求；

② 垃圾房位置选择应避免主要人流方向，设在比较隐蔽且方便垃圾车出入的地方。位置应设在靠近地下停车场出入口，或货梯口及卸货区的附近。不应设在客梯、扶梯、商场入口、员工餐厅等附近；

③ 门前区域设置垃圾车停车位；

④ 垃圾房宜设门禁，内部宜设垃圾分拣台。房门外设排水沟，便于清运垃圾时遗留废水的清洁。

4.5 地下车库

地下车库是室内地坪低于室外地坪高度超过该层净高 1/2 的车库。

4.5.1 地下车库的分类

地下车库从停放车辆类型上可分为地下机动车库、地下非机动车库；从车辆停放方式上可分为普通车库和机械车库；从规模上可分为四类，见表 4.5.1-1。

汽车库的分类 **表 4.5.1-1**

名称		Ⅰ	Ⅱ	Ⅲ	Ⅳ
汽车库	停车数量（辆）	＞300	151～300	51～150	≤50
	总建筑面积 S（m^2）	$S>10000$	$5000<S\leqslant 10000$	$2000<S\leqslant 5000$	$S\leqslant 2000$

注：本表摘自《汽车库、修车库、停车场设计防火规范》GB 50067—2014 表 3.0.1。

4.5.2 主要组成空间的一般规定及尺度

本节主要内容包括停车区域、人员和车辆出入口。车库中的设备用房、办公室等在其他章节体现。

1. 停车区域

1）停车区域的一般规定

停车区域主要包含停车位、通车道。

（1）机动车流线应简洁、流畅、清晰，减少转折。

（2）大型机动车库宜在通车道的一侧预留人行通道，宽度不宜小于 0.5m。

2）停车区域的尺度

（1）车位尺寸及一般要求，见表 4.5.2-1。

车位尺寸及设置要求 表 4.5.2-1

车位类型		车位尺寸及设置要求
机动车位	常规停车位	按照平行式、斜列式、垂直式或混合式的停车方式，相应采用不同的通（停）车道和停车位尺寸。以常见的小型车最小停车位、通（停）车道尺寸为例，见表 4.5.2-2
	无障碍停车位	1 总停车数在 100 辆以下时应至少设置 1 个无障碍机动车停车位，100 辆以上时应设置不少于总停车数 1%的无障碍机动车停车位，并应符合各地方的规定； 2 在车位的一侧应设置宽度不小于 1.2m 的轮椅通道； 3 车位宜设置在无障碍电梯附近，到无障碍电梯的通行路线应满足无障碍通行的要求
	机械停车位	机械车位尺寸通常比普通停车位大。以三个小型车位宽，上下两层的机械车位为例，设备总宽度约 $2.4\times3+0.3=7.5$m，设备总长度约 5.85m，设备总高度约为 3.6m。根据厂家的设备不同，具体尺寸会有差异
	充电车位	1 充电车位的停放数量与建筑类型有关，并应符合各地方的规定； 2 充电车位宜设置在地下车库的首层，不应布置在地下建筑四层及以下； 3 机械车位不宜设置充电车位； 4 充电设备外轮廓距离充电车位边缘的净距不宜小于 0.4m
非机动车位		按照垂直排列、斜排列的停车方式，相应采用不同的停车位尺寸和通道宽度，见表 4.5.2-3

小型车最小停车位、通（停）车道尺寸 表 4.5.2-2

停车方式			垂直通车道方向的最小停车位宽度（m）		平行通车道方向的最小停车位宽度 L_t（m）	通（停）车道最小宽度 W_d（m）
			靠墙	不靠墙		
平行式		后退停车	2.4	2.1	6.0	3.8
斜列式	30°	前进（后退）停车	4.8	3.6	4.8	3.8
	45°	前进（后退）停车	5.5	4.6	3.4	3.8
	60°	前进停车	5.8	5.0	2.8	4.5
	60°	后退停车	5.8	5.0	2.8	4.2
垂直式		前进停车	5.3	5.1	2.4	9.0
		后退停车	5.3	5.1	2.4	5.5

注：1. 本表摘自《车库建筑设计规范》JGJ 100—2015 表 4.3.4；
2. 小型车通车道的最小宽度应≥3m。

自行车停车位的宽度和通道宽度 表 4.5.2-3

停车方式		停车位宽度（m）		车辆横向间距（m）	通道宽度（m）	
		单排停车	双排停车		一侧停车	两侧停车
垂直排列		2.00	3.20	0.60	1.50	2.60
斜排列	60°	1.70	3.00	0.50	1.50	2.60
	45°	1.40	2.40	0.50	1.20	2.00
	30°	1.00	1.80	0.50	1.20	2.00

注：1. 本表摘自《车库建筑设计规范》JGJ 100—2015 表 6.3.3；
2. 每辆自行车的停车面积宜为 1.5～1.8m^2。

（2）柱网尺寸

对建筑投影范围之外的地库，根据车位的不同组合，可以得出 7.8m 及以上的“大柱网”，开间 7.8m、进深 4.8～6.1m 的“大小柱网”，开间 5.4m、进深 4.8～6.1m 的“小柱网”等不同的柱网尺寸，分别见图 4.5.2-1～图 4.5.2-3。

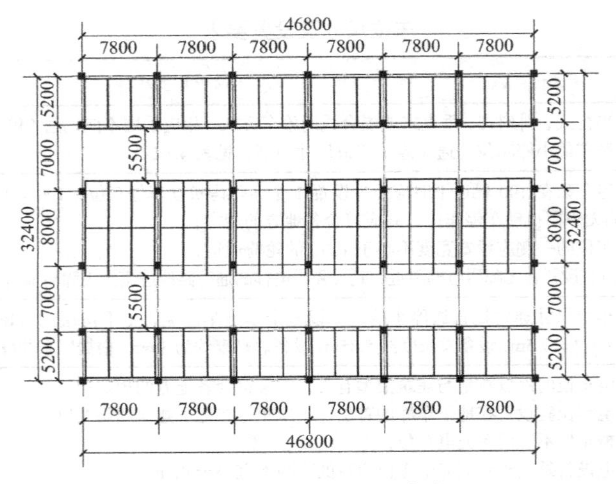

图 4.5.2-1 “大柱网”车库

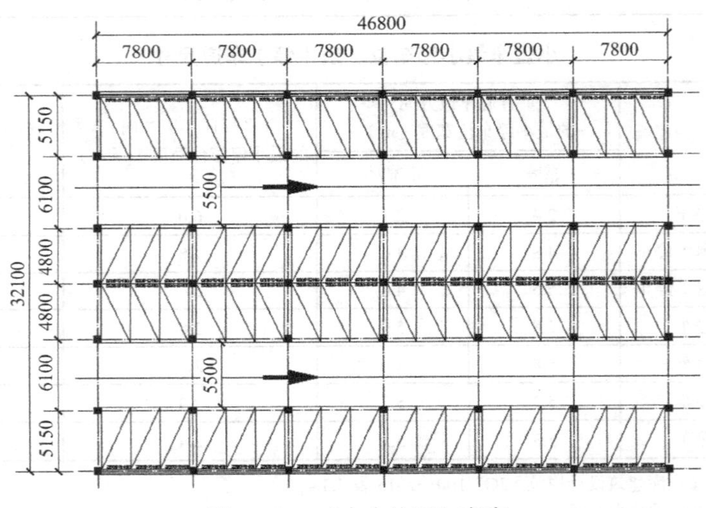

图 4.5.2-2 “大小柱网”车库

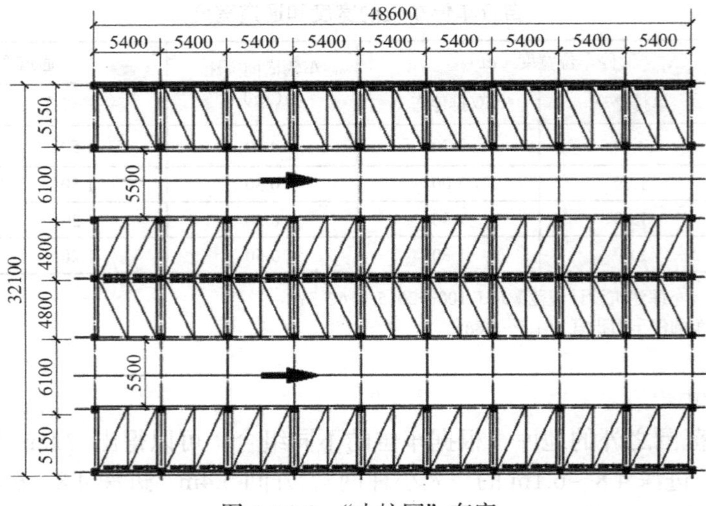

图 4.5.2-3 “小柱网”车库

从停车效率角度分析“大小柱网”最优，从经济角度分析“小柱网”最优，设计人应根据用地条件、经济性、停车效率，具体情况具体分析，选用最合理的柱网。

建筑投影范围内的地下机动车库还应考虑地上建筑的柱网对地下车库使用的影响。

（3）车库层高

机动车库的层高主要与使用空间需求、结构构件尺寸、机电管线占用高度三个因素有关，见表 4.5.2-4。

车库层高的主要影响因素　　表 4.5.2-4

影响因素		设计要求	
车库层高	使用空间需求	根据《车库建筑设计规范》JGJ 100—2015 第 4.3.6 条：停车区域净高不应小于出入口及坡道处净高要求，见表 4.5.2-5	
	结构构件尺寸	覆土厚度	1 车库设计应在兼顾经济性的同时满足项目所在地园林绿化管理规定，争取最薄的覆土厚度，覆土厚度越大，结构构件尺寸也越大； 2 覆土厚度应配合机电专业，满足市政管线敷设的需求。 雨水、污水和热力管线对车库覆土影响比较大。其中热力管线有条件时可在车库内布置，不占用覆土；雨水、污水等重力流管线应控制管线长度，避免找坡占用太多覆土厚度
		结构选型	当政策和项目条件允许时，配合结构专业采用无梁楼盖或者宽扁梁的方法减少结构构件的高度，提升车库净高
		柱网间距	柱网间距越小，梁柱断面尺寸越小
	机电管线占用高度	机电专业的管线宜布置在停车位上空，并且宜平行排布，减少交叉。在设计中应将建筑的平面图、结构的模板图和管线综合图汇总在一起，协调各专业的尺寸、路由和位置，避免施工中出现管线“打架”的情况	

停车区域、车辆出入口及坡道的最小净高　　表 4.5.2-5

车型		最小净高（m）	
机动车	微型车、小型车	2.20	停车区域、车辆出入口及坡道的最小净高
	轻型车	2.95	
	中型、大型客车	3.70	
	中型、大型货车	4.20	
非机动车		2.00	停车区域最小净高

注：1. 本表摘自《车库建筑设计规范》JGJ 100—2015 表 4.2.5；
2. 当停放小型汽车的机动车库设置变电室等机电用房，或有清运垃圾、货车通行的需求时，净高不宜小于 2.4m。

2. 人员出入口

（1）地下机动车库的人员出入口与车辆出入口应分开设置。

（2）人员出入采用楼电梯的形式，地上为多个单元的建筑，宜每个单元的电梯厅均通达地下车库。

（3）人员出入口的其他内容详见第 4.5.3 节设计要点的第 2 条消防设计。

3. 车辆出入口

1）车辆出入口的一般规定

（1）对于非机动车库，停车当量不大于 500 辆时，可设置一个直通室外的带坡道的车辆出入口；超过 500 辆时应设两个或以上出入口，且每增加 500 辆宜增设一个出入口。

（2）严寒寒冷地区，车库出入口宜增设快速升降卷帘。

（3）对于地下机动车库来说车辆出入口分为坡道式和升降梯式两类。

（4）坡道式出入口以及出入口车道的数量，见表 4.5.2-6。

（5）当小型机动车库设置机动车坡道有困难时，可采用升降梯式出入口。

（6）升降梯数量不应少于两台，当停车数少于 25 辆时可设一台。

（7）升降梯宜采用通过式双向门，当只能为单侧门时，应在进出口处设置车辆等候空间。

机动车库出入口和车道数量　　表 4.5.2-6

规模	特大型	大型		中型		小型	
停车当量	＞1000	501～1000	301～500	101～300	51～100	25～50	＜25
机动车出入口数量	≥3	≥2		≥2	≥1	≥1	
非居住建筑出入口车道数量	≥5	≥4	≥3	≥2		≥2	≥1
居住建筑出入口车道数量	≥3	≥2	≥2	≥2		≥2	≥1

注：本表摘自《车库建筑设计规范》JGJ 100—2015 表 4.2.6。

2）车辆出入口的尺度

（1）坡道净宽要求，见表 4.5.2-7；

（2）坡道净高要求，见表 4.5.2-5；

（3）坡道坡度要求，见表 4.5.2-8；

（4）非机动车库出入口宜采用直线形坡道，当坡道长度超过 6.8m 或转换方向时，应设休息平台，平台长度不应小于 2.00m，并应能保持非机动车推行的连续性。

（5）车库出入口设计宜预留收费区域面积及设备条件。

坡道最小净宽　　表 4.5.2-7

形式		最小净宽（m）	
		微型、小型车	轻型、中型、大型车
机动车	直线单行	3.0	3.5
	直线双行	5.5	7.0
	曲线单行	3.8	5.0
	曲线双行	7.0	10.0
非机动车		踏步式出入口推车斜坡的单向净宽不应小于 0.35m，总净宽度不应小于 1.80m；坡道式出入口的宽度不应小于 1.80m	

注：本表摘自《车库建筑设计规范》JGJ 100—2015 表 4.2.10-1。

坡道的最大纵向坡度　表 4.5.2-8

车型		直线坡道		曲线坡道	
		百分比（%）	比值（高：长）	百分比（%）	比值（高：长）
机动车	微型车、小型车	15.0	1：6.67	12	1：8.3
	轻型车	13.3	1：7.50	10	1：10.0
	中型车	12.0	1：8.3		
	大型客车、大型货车	10.0	1：10	8	1：12.5
非机动车		踏步式出入口推车斜坡的坡度不宜大于25%；坡道式出入口的斜坡坡度不宜大于15%		—	—

注：1. 本表摘自《车库建筑设计规范》JGJ 100—2015 表 4.2.10-2；
2. 当机动车坡道纵向坡度大于 10%时，坡道上、下端均应设缓坡段，直线缓坡段的水平长度不应小于 3.6m，缓坡坡度应为坡道坡度的 1/2；曲线缓坡段的水平长度不应小于 2.4m，曲率半径不应小于 20m，缓坡段的中心为坡道原起点或止点。

4.5.3　设计要点

从安全、消防、防雨、便捷、标识、智能化几个方面阐述地下车库设计时遇到的问题，一般性的规范要求不再赘述。另外在设计时，应同时考虑当地人防设计的相关规定，结合人防分区、口部等要求与车库同步设计。

1. 使用安全

（1）当建筑单体楼电梯厅的门开向地下车库的通车道时，宜设置不小于 2.0m 的缓冲空间，并宜设置防撞桩等安全防护设施；

（2）当地下车库采用升降梯式车辆出入口时，升降梯应为汽车专用升降设备，不得替代乘客电梯；

（3）车库内的通车道和坡道的楼地面宜采用限制车速的措施。

2. 消防设计

1）防火分区划分

地下机动车库除了车库自身以外，还会设置供整个项目使用的机电用房，供主楼使用的机电用房。服务对象、功能相近的房间宜集中布置，并划分为不同的防火分区。防火分区的最大面积见表 4.5.3-1。

地下车库防火分区的最大允许建筑面积　表 4.5.3-1

防火分区类型	防火分区的最大允许建筑面积（m^2）	备注
地下普通汽车库	2000	—
地下机械汽车库	1300	按照地下普通机动车库面积的 65%计算，$2000 \times 0.65 = 1300m^2$
地下电动汽车库	2000	1 宜布置在地下车库的首层，不应布置在地下建筑四层及以下； 2 应设置独立的防火单元，最大面积 $\leqslant 1000m^2$； 3 应设火灾自动报警系统、排烟设施、自动喷水灭火系统、消防应急照明和疏散指示标志； 4 防火单元应采用耐火极限不小于 2.0h 的防火隔墙或防火卷帘等与其他防火单元和汽车库其他部位分隔 5 防火隔墙上的门耐火等级应不低于乙级

续表

防火分区类型	防火分区的最大允许建筑面积（m^2）	备注
地下非电动自行车库	500	—
地下电动自行车库	500	应设自动喷水灭火系统且防火分区建筑面积不应大于 500m^2。电动自行车是否可设置于地下室应符合项目所在地的规定
地下室普通房间	500	—
地下设备用房	1000	—

注：1. 设有自动喷水灭火系统的地下电动汽车库，防火单元面积上限仍为 1000m^2，但防火分区面积上限可增加至 4000m^2。
2. 表中规定的防火分区的最大允许建筑面积，当建筑内设置自动灭火系统时，可按照本表的规定增加 1 倍；局部设置时，防火分区的增加面积可按该局部面积的 1 倍计算。

2）消防疏散

地下车库的人员安全出口和汽车疏散出口应分开设置。设置在工业与民用建筑内的汽车库，其车辆疏散出口应与其他场所的人员安全出口分开设置，具体见表 4.5.3-2。

地下车库的疏散要求 **表 4.5.3-2**

项目		设计要点
人员疏散	疏散口数量	1 除室内无车道且无人员停留的机械式汽车库外，汽车库、修车库内每个防火分区的人员安全出口不应少于 2 个，Ⅳ类汽车库可设置 1 个； 2 不同防火分区的疏散口不能互相借用
	疏散口距离	1 汽车库室内任一点至最近人员安全出口的疏散距离不应大于 45m，当设置自动灭火系统时，其距离不应大于 60m； 2 计算机动车库内的人员疏散距离时，不用考虑普通停车位对疏散的影响，但应考虑到机械车位、墙体、门对疏散距离的影响
	疏散口宽度	疏散楼梯的宽度不应小于 1.1m
汽车疏散		1 汽车库的汽车疏散出口总数应按照规范的要求，当数量≥2 个时，应按照《汽车库、修车库、停车场设计防火规范》GB 50067—2014 第 6.0.9 条和条文说明的要求分散布置在不同的防火分区； 2 两个汽车疏散口的水平间距不应小于 10m

3）消防电梯

应按照《建筑防火通用规范》GB 55037—2022 第 2.2.6 条第 6 款及条文说明的要求设消防电梯。

当地下机动车库无法按照每个防火分区单独设置一部消防电梯时，不同防火分区的消防电梯可以通过消防通道、消防电梯前室（一个防火分区一个前室，两个前室通过甲级防火门连通）共用。

3. 防雨设计

（1）地下车库的出入口应布置在比周边室外地坪高的位置，防止雨水倒灌。

（2）汽车坡道和人员出入口处，应设置不小于出入口和坡道宽度的截水沟，出入口地面的坡道外侧应设置防水反坡。

（3）通往地下的坡道低端宜设置截水沟；当地下坡道的敞开段无遮雨设施时，在坡道敞开段的较低处应增设截水沟。

（4）车库升降梯出入口处应设有防雨设施，且升降梯底坑应设有机械排水设施。

4. 便捷高效

（1）应在满足政府规划要求及项目运营需求的基础上，争取合理的地上停车数量，控制地下车库的开发规模；并可设置微型车位、子母车位和机械车位，提高停车效率。

（2）规划地上建筑的间距时，宜考虑地下车库的停车效率；地下车库的轮廓宜方正，尤其注意避免出现斜边等无法利用的空间。

（3）机动车库宜采用环形车道，垂直于停车带方向的竖向通车道间距宜为 100m；当采用尽端式车道时，长度不宜大于 30m，且宜设置空车位提示等停车辅助设施。

（4）设备用房和辅助用房宜布置在主楼地下室或者车库边角位置，以及其他无效或低效停车区域，同时注意避免机房噪声和振动对周边敏感空间的干扰。

（5）应减少靠墙车位、尽端车位等难以入位的停车位，应避免车位边的柱子、消火栓、集水坑检修盖板、立管和操作阀、完全开启状态下的人防门、房间门对车位的不利影响，见图 4.5.3-1。

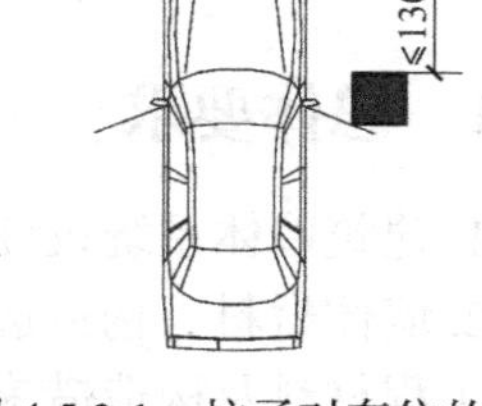

图 4.5.3-1　柱子对车位的不利影响示意图

5. 标识设计

（1）应设置便于识别和使用的标识系统，包括但不限于：人车流线指向、楼座和配套设施导向、空车位提示、电动和无障碍机动车位提示等。

（2）机动车升降梯应设置标识，与乘客电梯进行区别。

（3）车辆出入口处应设限高标志，升降梯出入口还应额外设置限载标志。

6. 智能化

大型机动车库宜设置智能停车系统，包括车牌识别、停车引导、反向寻车、自动缴费等，或应为安装智能系统预留条件。

第 5 章　建筑墙体

5.1　基本原则

5.1.1　总体要求

1. 建筑墙体系统设计应符合国家和各地区现行相关标准、规范、政策等的规定。

2. 墙体材料、构造选用及外墙保温技术做法，必须遵照国家或地方有关禁止或限制使用的工程材料及构造措施规定，优先选择各地推广使用的墙体材料和外保温技术及产品。

■ **说明**

北京市所有建筑工程（包括基础部分）禁止使用黏土砖、页岩砖等，详见《北京市禁止使用建筑材料目录》（2023 年版）（京建发〔2024〕10 号）。自 2021 年起，部分省市相关部门发文禁用薄抹灰外墙外保温系统和仅通过粘结锚固方式固定的外墙保温装饰一体化系统。其他地区限用禁用材料及构造做法按照项目所在地的具体规定执行。

3. 外围护系统和内隔墙系统的确定，除应与功能空间、结构系统、设备与管线系统、室内装修系统相互协调外，还应考虑部品部件生产、运输、施工安装维护等因素。

4. 绿色建筑、装配式建筑、超低能耗建筑墙体设计均应符合国家和各地区现行相关标准、规范、政策等的规定。

5.1.2　设计原则

1. 技术成熟、质量可靠

应结合项目地域、场地环境、应用部位，选择技术成熟、质量可靠的墙体材料；墙体材料构造连接措施符合安全防护、保温隔热、防水防潮、隔声降噪等性能要求。

2. 安全耐久、便于维护

应符合强度及结构稳定性，并与结构稳定连接。宜选择在室内外环境下有良好耐久性的材料，建筑构造易于维护和更换。

3. 标准化、模数化和集成化

墙体设计优先选用标准化产品及构造，综合建筑、结构、机电专业进行集成化设计和协同设计。采用模数化控制、标准化设计、装配化安装、与建筑同寿命的产品及构造，确保建筑布局和装饰要素之间的协调统一。

4. 绿色环保、低碳节能

宜采用绿色、低碳的建筑材料（含生产阶段），如绿色建材、有明确碳足迹标签且数值较低的建材、可循环利用墙体材料、固碳墙体材料等。

5. 提高效率、经济合理

应合理控制工程造价，综合评估技术性能与经济性能。通过在设计、施工阶段优化墙体结构、选用合适的材料、标准化设计、减少墙体复杂造型、合理规划墙体厚度、合理利用预制构件、优化施工工艺、加强施工管理等方式，以达到提高效率和节约成本的目的。

5.2　基层墙体类型及性能

5.2.1　墙体类型

1. 墙体按其所处部位和性能分为：

（1）外墙：包括承重墙、非承重墙（如框架结构填充墙）以及主要起装饰和围护作用的幕墙。

（2）内墙：包括承重墙、非承重墙（具体分为固定隔断墙和可移动隔断墙）。

2. 基层墙体常用材料见表 5.2.1-1。

基层墙体常用材料　　表 5.2.1-1

类型	基层墙体	主要材料	参考图集
承重墙	钢筋混凝土墙体	现浇钢筋混凝土墙体	—
		预制混凝土墙板	参考国标图集《预制混凝土外墙挂板（一）》16J110-2 16G333
	砌块类	混凝土小型空心砌块	参考国标图集《混凝土小型空心砌块填充墙建筑、结构构造》22J102-2 22G614
		蒸压加气混凝土砌块	参考国标图集《蒸压加气混凝土砌块、板材构造》13J104
非承重墙	砌块类	蒸压加气混凝土砌块	参考国标图集《蒸压加气混凝土砌块、板材构造》13J104
		复合保温砌块	参考华北标图集《外墙外保温》19BJ2-12； 参考华北标图集《FQ 复合保温砌块》16BJZ192
		装饰混凝土小型空心砌块	参考国标图集《混凝土小型空心砌块填充墙建筑、结构构造》22J102-2 22G614
		轻集料混凝土空心砌块	参考华北标图集《框架填充轻集料砌块》14BJ2-2
	板材类	预制混凝土外挂墙板	参考国标图集《预制混凝土外墙挂板（一）》16J110-2 16G333
		蒸压加气混凝土墙板	参考国标图集《装配式建筑蒸压加气混凝土板围护系统》19CJ85-1
		GRC 墙板	参考国标图集《内隔墙—轻质条板（一）》24J113-1
		钢丝网架水泥砂浆墙板	参考国标图集《膨胀珍珠岩板隔墙建筑构—卉原膨胀珍珠岩板系列》16CJ35-2； 参考河北省标准图集《钢丝网架珍珠岩复合保温板建筑构造》DBJT02—214—2022，J22J261； 参考河北省标准图集《ISP 钢丝网架珍珠岩夹芯板墙构造》DBJT02—89—2014，J14J138
		发泡陶瓷板	参考国标图集《发泡陶瓷墙板隔墙建筑构—绿能 LSEE 发泡陶瓷墙板》19CJ81-2

续表

类型	基层墙体	主要材料	参考图集
非承重墙	板材类	圆孔石膏板	参考国标图集《内隔墙—轻质条板（一）》24J113-1
	骨架类	轻钢龙骨类墙板等	参考国标图集《轻钢龙骨石膏板隔墙、吊顶》07CJ03-1

注：1. 主体及围护结构可选用的绿色建材的产品类别，可参考住房和城乡建设部科技与产业化发展中心发布的《绿色建材产品目录框架》(2021年)。
2. 确定墙体材料时，应优先选择有产品碳足迹标签的材料，并宜选择同类产品中碳足迹数值少的材料。同时，建筑墙体及室内装修材料应优先选择当地材料和乡土材料，减少材料运输过程中产生的碳排放。
3. 墙体材料在满足墙体基本性能的基础上，应优先选择可循环利用材料、固碳墙体材料。

■ **说明**

产品碳足迹是指组织产品生产或服务提供等过程中系统的温室气体排放和清除的总和。将产品的碳足迹以量化指标表示出来，并以标签的形式向公众和消费者展示出来，即为产品的碳标签。碳标签可以通过影响企业供应链与消费者的行为和选择而有效地促进全球碳减排。固碳材料是指可与二氧化碳（CO_2）发生化学反应，使其转化为热力学稳定的碳酸盐从而实现永久固化、封存 CO_2 气体的材料。

5.2.2 外墙系统

1. 外墙系统基本构造：外墙由基层墙体、装饰面层（含构造层）和外门窗组成，可根据气候条件和建筑使用要求，在基层墙体和装饰面层之间增加保温、隔热、隔声、防火、防水、防潮、防结露等措施。

2. 非承重墙体常用材料性能和适用范围见表 5.2.2-1。

非承重墙体常用材料性能和适用范围 **表 5.2.2-1**

墙体类型	适用保温体系	系统特性及适用范围	墙体厚度（mm）	成本影响
预制混凝土夹芯保温外挂墙板	外墙夹芯保温	优点：仅用于外墙；非承重构件，不承担结构荷载；工厂预制，质量可靠；施工方便快捷；宜于钢结构体系	内叶：根据结构计算； 夹层厚度不宜大于120； 外叶：≥50	较高
		缺点：结构自重大；连接相关技术较为复杂；拉结件和大量拼缝的存在，易造成局部冷、热桥，降低建筑的保温性能；拼缝处若密封不当，后期易出现渗漏情况		
蒸压加气混凝土砌块	外墙薄抹灰	优点：用于建筑外填充墙时，强度级别不应小于A3.5，当基本风压≥0.7kN/m² 时，强度等级不应低于A5.0；材料密度低、强度高，防火、保温隔热性能好，技术成熟	200*、250、300	较低
		缺点：材料具有吸湿性；不适用于防潮层以下的外墙；不宜用于钢结构体系		
轻集料混凝土空心砌块	外墙自保温 外墙薄抹灰	优点：适用于建筑外填充墙；质量轻，强度高，保温隔热、防潮性能好，技术成熟。设置2道防水	190*	较低
		缺点：耐火性较差；不宜用于钢结构体系		
复合保温砌块	外墙自保温	优点：适用于建筑外填充墙；材料密度低，强度高，防火、保温隔热、施工方便快捷	250*、290*	较低

续表

墙体类型	适用保温体系	系统特性及适用范围	墙体厚度（mm）	成本影响
复合保温砌块	外墙自保温	缺点：自保温砌块中的保温材料，其吸水率较高，易造成潮湿和霉变，后期影响保温效果；门窗洞口处、不同材质交接处易产生热桥	250*、290*	较低
蒸压加气混凝土条板	外墙自保温 外墙薄抹灰	优点：仅用于外墙围护时，强度等级不低于 A3.5，当基本风压 ≥ 0.7kN/m² 时，强度等级不应低于 A5.0；保温与装饰一体化板组合时，强度不应低于 A5.0。用于外墙自保温体系时，应选择低密度等级墙板。适用于建筑外填充墙；质量轻，强度高，保温隔热、防潮性能好，技术成熟，可与结构进行柔性连接，适用于混凝土结构和钢结构建筑。设置 1 道防水	150、200*、250*（外墙自保温）、300*（外墙自保温）	较高
		缺点：材料具有吸湿性；不适用于潮湿环境；材料较脆、抗裂性能较差，不宜剔槽，不适用于需管线暗埋的部位		

注：1. *标记的厚度为墙体常用厚度。
2. 成本影响是考虑材料、人工和辅材的综合成本。
3. 本表参考《全国民用建筑工程设计技术措施：规划·建筑·景观》。

5.2.3　内墙系统

1. 内墙系统基本构造：内墙由基层墙体、内墙装饰层（含构造层）组成，可根据室内空间使用要求在基层墙体和装饰面层之间增加保温隔热、防水、隔声、吸声、防潮、防结露等措施。

2. 非承重内墙常用材料性能和适用范围见表 5.2.3-1。

非承重内墙常用材料性能和使用范围　　表 5.2.3-1

内墙类型	材料特性及使用范围	成本影响
蒸压加气混凝土砌块	优点：用于建筑内填充墙时，强度级别不应小于 A3.5；材料密度低，强度高，防火、保温隔热性能好，技术成熟；适用于防火墙和防火隔墙；适用于所有结构体系	较低
	缺点：材料具有吸湿性；不适用于潮湿环境；不宜用于空气声隔声要求较高部位，如住宅分户墙	
轻集料混凝土空心砌块	优点：适用于建筑内填充墙；质量轻，强度高，保温隔热、防潮性能好，技术成熟	较低
	缺点：耐火性较差；不宜用于空气声隔声量较高部位，如住宅分户墙；不宜用于钢结构体系	
蒸压加气混凝土条板	优点：适用于建筑内填充墙；质量轻，强度高，保温隔热、防潮性能好，技术成熟，可与结构进行柔性连接，适用于所有结构体系	较高
	缺点：材料具有吸湿性；不适用于潮湿环境；材料较脆、抗裂性能较差，不宜剔槽，不适用于需管线暗埋的部位；不宜用于空气声隔声量较高部位，如住宅分户墙	
泡沫陶瓷板	优点：适用于建筑内填充墙；导热率低、质量轻，强度高，保温隔热性好、相容性好、吸水率低、耐候性好、耐腐蚀性好、环保性好、良好的隔声效果	较高
	缺点：内无钢筋网片，不宜单点固定吊挂重物和设备；不宜用于空气声隔声量较高部位，如住宅分户墙	
钢丝网抹水泥砂浆墙板	优点：以钢丝网架膨胀珍珠岩夹芯板隔墙为例，轻质高强、隔声性好、保温隔热、收缩率小、施工便捷、环保性好。适用于所有结构体系	较高
	缺点：造价较高，实施案例较少	

续表

内墙类型	材料特性及使用范围	成本影响
轻钢龙骨石膏板墙	优点：重量轻，不易开裂，可用于异形墙体；湿作业少，可重复利用，施工便捷；可利用空腔进行管线分离；敷面板种类丰富；技术成熟，广泛应用于各类公共建筑；适用于所有结构体系	较高
	缺点：强度低，不能用于承重墙；非耐水石膏板不适用于潮湿环境，如厨房、卫生间；稳定性较差，不能在石膏板上贴面砖；使用寿命短，需要定期维护更换；隔声效果较差，不适用于机房围护墙、客房和居住空间隔墙，或采用措施提高隔声效果。当作为防火墙或防火隔墙时，需填充耐火材料达到耐火极限	
铝合金框玻璃隔断	优点：重量轻，湿作业少，施工便捷，可用于异形墙体；分隔空间灵活性高，可重复利用；适用于空间分隔墙，顶部可做到吊顶，也可到梁（板）下	较高
	缺点：耐火性差，不宜做防火墙；用于疏散走道两侧时，需满足1h耐火极限要求，可采用防火玻璃和钢龙骨外包铝合金饰面的做法，并应符合北京市地方标准《防火玻璃框架系统设计、施工及验收规范》DB11/1027—2013的相关规定	

注：1. 成本是考虑材料、人工和辅材的综合成本。
2. 本表参考《全国民用建筑工程设计技术措施：规划·建筑·景观》。

5.3 墙体构造

5.3.1 结构稳定性要求

1. 总体要求

墙体构造设计应符合墙体高厚比验算要求、不同类型的墙体构造要求，并应采用防止或减轻墙体开裂的措施，保证非承重墙体的稳定性和安全性。

2. 设计要点

（1）楼梯间和人流通道的填充墙，应满铺钢丝网砂浆面层加强。

（2）填充墙、隔墙应分别采取措施，与周边构件可靠连接。

（3）非承重砌块墙体允许计算高度见表5.3.1-1。

常用砌体自承重墙允许计算高度（H_0）（mm） 表5.3.1-1

材料	规格（长×宽×高）	墙体厚度	无门窗洞口	b_s/s（有门窗洞口）					
				0.3	0.4	0.5	0.6	0.7	0.8
轻集料混凝土小型空心砌块及普通混凝土小型空心砌块	390×90×190	90	3200	2800	2700	2500	2400	2300	2200
	390×140×190	140	4500	3900	3800	3600	3400	3200	3100
	390×190×190	190	5400	4800	4500	4300	4100	3900	3800
蒸压加气混凝土砌块	600×125×200 (250,300)	125	3200	2800	2800	2700	2500	2400	2300
	600×150×200 (250,300)	150	3900	3400	3200	3100	2900	2800	2700
	600×200×200 (250,300)	200	5200	4500	4300	4100	3900	3700	3600
	600×250×200 (250,300)	250	6500	5700	5400	5200	4900	4600	4500

注：1. 本表摘自国标图集《砌体填充墙结构构造》22G614-1。
2. 表中：b_s为在宽度范围内的门窗洞口总宽度；s为相邻横墙或混凝土主体结构构件（柱或墙）之间的距离。

（4）蒸压加气混凝土墙板最大板长见表 5.3.1-2 及表 5.3.1-3。

蒸压加气混凝土外墙板最大板长规格（mm）　　表 5.3.1-2

板厚	100	125	150	175、200（常用规格）、250、300	备注
最大板长	3500	4500	5500	6000	可根据层高定制板长
板宽	600（标准宽度）				

蒸压加气混凝土内墙板最大板长规格（mm）　　表 5.3.1-3

板厚	50	75	100 （常用规格）	125 （常用规格）	150、175、 200（常用规格）、250	备注
最大板长	1400	3000	4000	5000	6000	可根据层高定制板长
板宽	600（标准宽度）					

注：本表摘自国标图集《蒸压加气混凝土砌块、板材构造》13J104。

（5）轻钢龙骨石膏板内隔墙限制高度见表 5.3.1-4。

轻钢龙骨石膏板内隔墙限制高度（mm）　　表 5.3.1-4

墙厚	UC 龙骨 （宽 × 厚 × 壁厚）	龙骨间距	限制高度		
			$H/120$	$H/240$	$H/360$
74 （98）	50 × 50 × 0.6	300	4110（4397）	3250（3477）	2850（3049）
		400	3590（3841）	3850（3049）	2490（2664）
		600	3260（3488）	2590（2771）	2250（2407）
	50 × 50 × 0.7	300	4500（4815）	3580（3830）	3120（3338）
		400	3930（4215）	3120（3338）	2730（2921）
		600	3580（3830）	2830（3028）	2480（2653）
	2-50 × 50 × 0.6	300	5170（5531）	4110（4397）	3590（3841）
		400	4520（4836）	3590（3841）	3130（3349）
		600	4110（4397）	3250（3477）	2850（3049）
	2-50 × 50 × 0.7	300	5110（5467）	4500（4815）	3930（4205）
		400	4950（5269）	3930（4205）	3430（3670）
		600	4500（4815）	3580（3830）	3120（3338）
99 （123）	75 × 50 × 0.6	300	5730（6131）	4550（4868）	3970（4247）
		400	5010（5360）	3970（4247）	3470（3712）
		600	4550（4868）	3610（3862）	3150（3370）
	75 × 50 × 0.7	300	6300（6741）	5000（5350）	4370（4675）
		400	5500（5885）	3960（4237）	3460（3702）
		600	5000（5350）	3960（4237）	3460（3702）

续表

墙厚	UC龙骨（宽×厚×壁厚）	龙骨间距	限制高度		
			$H/120$	$H/240$	$H/360$
99（123）	2-75×50×0.6	300	7220（7725）	5730（6131）	5010（5360）
		400	6310（6751）	5010（5360）	4370（4675）
		600	5730（6131）	4550（4868）	3970（4247）
	2-75×50×0.7	300	7940（8495）	6300（6741）	5500（5885）
		400	6930（7415）	5500（5885）	4800（5136）
		600	6300（6741）	5000（5350）	4370（4675）
124（148）	100×50×0.6	300	7890（8442）	6270（6708）	5480（5863）
		400	6900（7383）	5480（5863）	4780（5114）
		600	6270（6708）	4980（5328）	4350（4654）
	100×50×1.0	300	8680（9287）	6890（7372）	6020（6441）
		400	7580（8110）	6020（6441）	5260（5628）
		600	6890（7372）	5470（5852）	4780（5114）
	2-100×50×0.6	300	9950（10646）	7890（8842）	6900（7383）
		400	8690（9298）	6900（7383）	6030（6452）
		600	7900（8453）	6270（6708）	5480（5863）
	2-100×50×1.0	300	10940（11705）	8680（9287）	7580（8110）
		400	9550（10218）	7580（8110）	6630（7094）
		600	8680（9287）	6890（7372）	6180（6612）

注：1. 本表摘自《建筑产品选用技术（建筑·装修）》表3.1.5.2。
2. 本表系隔墙两侧按各贴一层12mm厚石膏板考虑。当隔墙两侧各贴两层12mm石膏板时，其极限高度可提高1.07倍，其数据在括号中表达。
3. 如隔墙仅贴一层12mm厚石膏板，其极限高度取值按本表隔墙两侧各贴一层12mm厚石膏板极限高度乘以0.9系数。
4. 一般石膏板墙面水平变形值不得大于$H/120$（如一般标准的住宅或办公楼）；对于墙面装修标准较高或对撞击有一定要求时（如人流不太多的公共场所）水平变形值不得大于$H/240$；对隔墙振动和撞击有特殊要求（如人流较多的公共场所）或墙高度大于7m时，水平变形值可为$H/360$，H为墙体高度。

5.3.2 防水防潮构造

1. 总体要求

建筑墙面防水应按《建筑与市政工程防水通用规范》GB 55030—2022、《地下工程防水技术规范》GB 50108—2008、《住宅室内防水工程技术规范》JGJ 298—2013等规范中，关于各部位墙体的防水要求进行相关设计，主要分为地下外墙、地上外墙及涉水房间内墙三种类型。

2. 地下外墙防水设计要点

（1）工程类别（表5.3.2-1）

工程防水类别、使用环境类别 表 5.3.2-1

<table>
<tr><th rowspan="2">工程类型</th><th colspan="3">工程防水类别</th></tr>
<tr><th>甲类</th><th>乙类</th><th>丙类</th></tr>
<tr><td rowspan="4">地下外墙</td><td>有人员活动的民用建筑地下室，对渗漏敏感的建筑地下工程</td><td>除甲类和丙类以外的建筑地下工程</td><td>对渗漏不敏感的物品、设备使用或贮存场所，不影响正常使用的建筑地下工程</td></tr>
<tr><td colspan="3">工程防水使用环境类别</td></tr>
<tr><td>Ⅰ类</td><td>Ⅱ类</td><td rowspan="2">—</td></tr>
<tr><td>抗浮设防水位标高与地下结构板底标高高差 $H \geqslant 0$m</td><td>抗浮设防水位标高与地下结构板底标高高差 $H < 0$m</td></tr>
</table>

注：本表摘自《建筑与市政工程防水通用规范》GB 55030—2022。

■ **说明**

工程防水使用环境类别为Ⅱ类的明挖法地下工程，当该工程所在地年降水量大于400mm时，应按Ⅰ类防水使用环境选用。

（2）防水等级（表 5.3.2-2）

防水等级 表 5.3.2-2

<table>
<tr><th></th><th>甲类</th><th>乙类</th><th>丙类</th></tr>
<tr><td>Ⅰ类</td><td rowspan="2">一级防水</td><td>一级防水</td><td>二级防水</td></tr>
<tr><td>Ⅱ类</td><td>二级防水</td><td>三级防水</td></tr>
</table>

注：本表摘自《建筑与市政工程防水通用规范》GB 55030—2022。

（3）防水做法（表 5.3.2-3）

防水做法 表 5.3.2-3

<table>
<tr><th rowspan="2">防水等级</th><th rowspan="2">防水做法</th><th rowspan="2">防水混凝土</th><th colspan="3">外设防水层</th></tr>
<tr><th>防水卷材</th><th>防水涂料</th><th>水泥基防水材料</th></tr>
<tr><td>一级</td><td>不应少于 3 道</td><td rowspan="3">1 道</td><td colspan="3">2 道外设防水层（防水卷材或防水涂料不应少于 1 道）</td></tr>
<tr><td>二级</td><td>不应少于 2 道</td><td colspan="3">不少于 1 道外设防水层</td></tr>
<tr><td>三级</td><td>不应少于 1 道</td><td colspan="3">—</td></tr>
</table>

注：本表摘自《建筑与市政工程防水通用规范》GB 55030—2022。

（4）常用防水材料（表 5.3.2-4）

防水材料 表 5.3.2-4

材料名称	材料构成和施工方法	执行标准编号
聚合物改性沥青防水卷材	以石油沥青为基料，以苯乙烯-丁二烯-苯乙烯（SBS）为改性剂，改性沥青做浸渍和涂盖材料，聚酯胎基布为加强层。表面覆以聚乙烯膜、细砂或矿物粒料做隔离材料而制成，对基层收缩变形和开裂适应能力强。温度适用范围广，搭接缝粘结可靠，矿物粒料面层可外露使用。按理化性能分为Ⅰ型和Ⅱ型。采用热熔法、热粘法、胶粘法施工。厚度为 3.0mm、4.0mm	GB 18242—2008 GB 55030—2022

续表

材料名称	材料构成和施工方法	执行标准编号
自粘聚合物改性沥青防水卷材-PY类	以石油沥青为基料，苯乙烯-丁二烯-苯乙烯（SBS）、丁苯橡胶（SBR）、增粘树脂为改性剂，聚酯胎基布为加强层，上表面覆聚乙烯膜（PE膜）或细砂（S）或可剥离的涂硅隔离膜，下表面覆可剥离的涂硅隔离膜所制成的防水卷材。聚酯胎基布作为增强层，材料强度高，耐硌破、耐撕裂，自粘沥青层有一定的自修复能力，有效抵御来自上下表面的损伤和破坏。按理化性能分为Ⅰ型和Ⅱ型。采用自粘法、热粘法、胶粘法施工。厚度为3.0mm、4.0mm	GB 23441—2009 GB 55030—2022
自粘聚合物改性沥青防水卷材-N类	以石油沥青为基料，苯乙烯-丁二烯-苯乙烯（SBS）、丁苯橡胶（SBR）、增粘树脂为改性剂，上表面覆交叉层压聚乙烯膜（PE膜）或聚酯膜（PET膜）或可剥离的涂硅隔离膜，下表面覆可剥离的涂硅隔离膜所制成的防水卷材。自粘沥青层有一定的自修复能力，按理化性能分为Ⅰ型和Ⅱ型。采用自粘法、胶粘法施工。厚度为1.5mm、2.0mm	
聚酯胎自粘沥青湿铺防水卷材-PY类	以石油沥青为基料，苯乙烯-丁二烯-苯乙烯（SBS）、丁苯橡胶（SBR）、增粘树脂为改性剂，长纤聚酯胎基布为加强层，下表面覆可剥离的涂硅隔离膜，上表面覆可剥离的涂硅隔离膜或聚乙烯膜（PE膜）所制成的防水卷材。聚酯胎基布作为增强层，耐硌破、耐撕裂，可以提高材料强度，有效减少上下表面受到的损伤和破坏。采用湿铺法、自粘法、热粘法、胶粘法施工。厚度为3.0mm	GB/T 35467—2017 GB 55030—2022
聚合物改性沥青湿铺防水卷材-H/E类	以高性能自粘改性沥青为粘结密封层，上表面覆高强度高分子膜、交叉层压聚乙烯膜或可剥离的涂硅隔离膜，下表面覆可剥离的涂硅隔离膜所制成的防水卷材。自粘沥青具有较强蠕变性，对基层的变形适应能力强，能够满足多种施工环境要求。采用湿铺法、自粘法、胶粘法施工。厚度为1.5mm、2.0mm	
预铺自粘沥青防水卷材	以石油沥青为基料，苯乙烯-丁二烯-苯乙烯（SBS）、丁苯橡胶（SBR）、增粘树脂为改性剂，长纤聚酯胎基布为加强层，上表面覆细砂，下表面覆隔离膜所制成的防水卷材。抗穿刺性能优，可抵御绑扎底板钢筋过程中产生的冲击破坏。搭接缝采用自粘法施工。厚度为4.0mm	GB/T 23457—2017 GB 55030—2022
水性聚合物沥青类防水涂料	以高分子改性沥青技术制备的单组分水性防水涂料，该产品具有水性涂料的环保性和施工便利性等优点，同时因添加有多种特殊助剂，具有固化后粘结力强、延伸率大的特点；特别适用于在地下室侧墙部位与沥青卷材复合使用。采用辊涂、喷涂法施工	GB 55030—2022
特种非固化橡胶沥青类防水涂料	以石油沥青、沥青改性材料、橡胶和多种功能性添加剂组成的一种黏性膏状防水涂料，长期保持高蠕变性，可填充基层结构破损裂缝，可作为沥青卷材的胶粘剂。相比常规非固化橡胶沥青防水涂料，具有高耐热、低黏度、加热温度低等特点。与沥青卷材复合使用（此组合不外露）。加热后采用刮涂、喷涂法施工，一遍施工到设计厚度，同步施工卷材进行复合	

（5）常用防水做法（表5.3.2-5）

防水做法 **表5.3.2-5**

等级	序号	防水层材料	特点
一级防水	1	第一道：4.0mm厚聚合物改性沥青防水卷材 第二道：≥3.0mm厚聚合物改性沥青防水卷材	传统做法、易施工、成本较低、存在窜水风险
	2	第一道：≥3.0（1.5）mm厚自粘聚合物改性沥青防水卷材（含湿铺） 第二道：≥3.0（1.5）mm厚自粘聚合物改性沥青防水卷材（含湿铺）	传统做法、满粘工艺、北方自粘效果较差

续表

等级	序号	防水层材料	特点
一级防水	3	第一道：≥ 3.0mm 厚聚合物改性沥青防水卷材或 3.0mm 厚自粘聚合物改性沥青防水卷材（含湿铺） 第二道：4.0mm 厚聚合物改性沥青预铺反粘防水卷材	适合施工场地局促结构反打工艺、预铺反粘成本较高
	4	第一道：≥ 1.5mm 厚水性聚合物沥青类防水涂料 第二道：4.0mm 厚聚合物改性沥青防水卷材	卷涂复合工艺、皮肤式防水满粘性好
	5	第一道：≥ 2.0mm 厚热熔橡胶沥青类防水涂料（含特种非固化） 第二道：4.0mm 厚聚合物改性沥青防水卷材或 3.0mm 厚自粘聚合物改性沥青防水卷材（含湿铺）	卷涂复合工艺、皮肤式防水满粘性好，需要注意非固化易滑移，侧墙需要采用抗滑移特种非固化
二级防水	1	4.0mm 厚聚合物改性沥青防水卷材	传统做法、易施工
	2	3.0mm 厚自粘聚合物改性沥青防水卷材	传统做法、满粘工艺
	3	4.0mm 厚聚合物改性沥青预铺反粘防水卷材	预铺反粘成本较高

（6）常用防水构造（表 5.3.2-6）

防水做法（做法编号从左至右）　　**表 5.3.2-6**

等级	构造编号	简图	构造做法
一级防水	做法 1 （卷材与卷材组合）	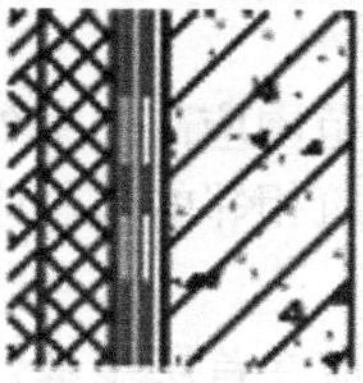	1. 回填土 2. 保护层或保温层，材料及厚度按设计要求 3. 卷材防水层 4. 卷材防水层 5. 防水混凝土侧墙（按结构与防水设计要求）
	做法 2 （涂料与卷材组合）		1. 回填土 2. 保护层或保温层，材料及厚度按设计要求 3. 卷材防水层 4. 涂料防水层 5. 防水混凝土侧墙（按结构与防水设计要求）
	做法 3 （预铺反粘卷材与卷材组合）	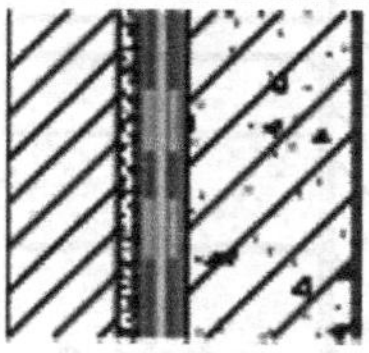	1. 挡土墙（按结构设计要求） 2. 找平层 3. 卷材防水层 4. 预铺反粘防水卷材 5. 防水混凝土侧墙
二级防水	做法 4 （一道卷材）	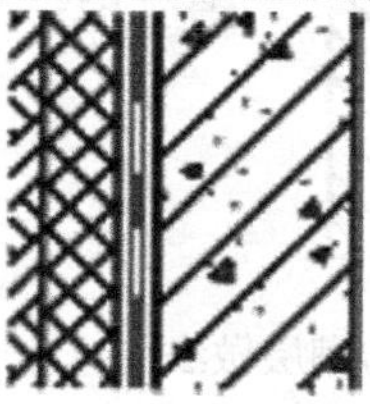	1. 回填土 2. 保护层或保温层，材料及厚度按设计要求 3. 卷材防水层 4. 防水混凝土侧墙（按结构与防水设计要求）

（7）地下外墙防水设计要点

① 地下外墙的防水设计工作年限不应低于工程结构设计工作年限，工程防水设计工作

年限是指工程防水系统在不需大修即可按预定目的使用的年限。

② 地下工程部位底板、外墙和顶板，应根据建筑防水等级、设防要求、保温要求等，分别编制对应的做法。

③ 当处于冻融环境、海洋氯化物环境及化学腐蚀环境等条件下的地下外墙，应根据环境特性加强防水措施，并对防水材料进行地域性考察分析。

④ 地下外墙宜采用能使防水层与主体结构满粘并防窜水的防水材料和施工方法；防水层宜连续包覆结构迎水面；不同种类的防水材料叠合使用时，材料性能应相容，尽量采用同类材料，保证其相容性。

⑤ 地下外墙迎水面主体结构应采用防水混凝土，应与结构专业配合设计。厚度不应小于 250mm，其强度等级不应低于 C25，试配混凝土的抗渗等级应比设计要求提高 0.2MPa。

⑥ 地下外墙采用水泥基防水材料指防水砂浆、外涂型水泥基渗透结晶型防水材料，外涂型水泥基渗透结晶型防水材料时，其性能应符合现行国家标准，防水层的厚度不应小于 1.0mm，用量不应小于 1.5kg/m^2。叠合式结构的外墙等工程部位，外设防水层应采用水泥基防水材料。

⑦ 地下外墙防水保护层宜选用软质保护材料，如 30mm 挤塑聚苯板，并建议结合建筑节能计算统一考虑。当采用易滑移防水材料时，如非固化橡胶沥青防水涂料，建议增设 120mm 厚保护砖墙。

⑧ 附建式全地下或半地下工程的防水设防范围应高出室外地坪，其超出的高度不应小于 300mm。民用建筑地下室顶板防水与地上建筑相邻的部位应设置泛水，且高出覆土或场地不应小于 500mm。

⑨ 建筑室内砌筑墙基与地下土壤接触时，应在首层墙基处设置防潮层。钢筋混凝土墙体可不设置墙基防潮层。防潮层常设在室内地坪下 60mm 处，一般为 20mm 厚 1：2.5 水泥砂浆内掺水泥重量 3%～5%的防水剂。防潮层做法见图 5.3.2-1。

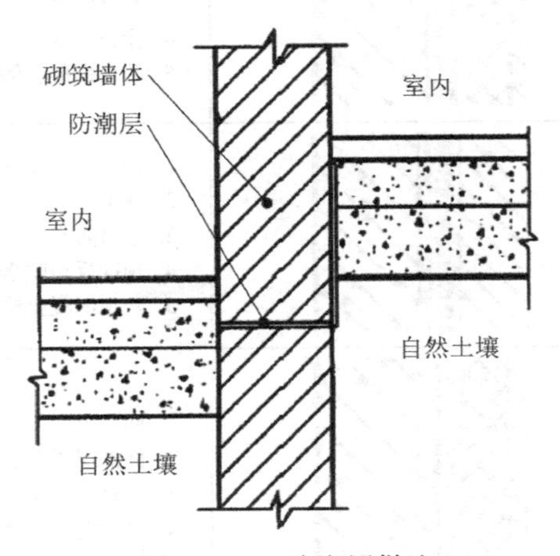

图 5.3.2-1　防潮层做法

⑩ 地下外墙的工程使用时，聚合物水泥防水砂浆防水层的厚度不应小于 6.0mm，掺外加剂、防水剂的砂浆防水层的厚度不应小于 18.0mm。

⑪ 地下外墙的防水节点构造设计应符合下列规定：

a. 附加防水层采用防水涂料时，应设置胎体增强材料；

b. 结构变形缝设置的橡胶止水带应满足结构允许的最大变形量；

c. 穿墙管设置防水套管时，防水套管与穿墙管之间应密封。

3. 地上外墙防水设计要点

（1）工程类别（表 5.3.2-7）

工程防水类别、使用环境类别 表 5.3.2-7

<table>
<tr><th>工程类型</th><th colspan="3">工程防水类别</th></tr>
<tr><td rowspan="6">地上外墙</td><td>甲类</td><td>乙类</td><td rowspan="2">—</td></tr>
<tr><td>民用建筑和对渗漏敏感的工业建筑外墙</td><td>渗漏不影响正常使用的工业建筑外墙</td></tr>
<tr><td colspan="3">工程防水使用环境类别</td></tr>
<tr><td>Ⅰ类</td><td>Ⅱ类</td><td>Ⅲ类</td></tr>
<tr><td>年降水量 $P \geqslant 1300$mm</td><td>400mm $\leqslant$ 年降水量 $P < 1300$mm</td><td>年降水量 $P < 400$mm</td></tr>
</table>

注：本表摘自《建筑与市政工程防水通用规范》GB 55030—2022。

（2）防水等级（表 5.3.2-8）

防水等级 表 5.3.2-8

	甲类	乙类
Ⅰ类	一级防水	一级防水
Ⅱ类	一级防水	二级防水
Ⅲ类	二级防水	三级防水

注：本表摘自《建筑与市政工程防水通用规范》GB 55030—2022。

（3）防水做法（表 5.3.2-9）

防水做法 表 5.3.2-9

<table>
<tr><th>防水等级</th><th>框架填充或砌体结构外墙</th><th>现浇混凝土外墙装配式混凝土外墙板</th></tr>
<tr><td>一级</td><td>不应少于 2 道
（应设置 1 道防水砂浆及 1 道防水涂料或其他防水材料）</td><td rowspan="2">不应少于 1 道</td></tr>
<tr><td>二级</td><td>不应少于 1 道</td></tr>
</table>

注：本表摘自《建筑与市政工程防水通用规范》GB 55030—2022。

（4）常用防水材料（表 5.3.2-10）

防水材料 表 5.3.2-10

材料名称	材料构成和施工方法	执行标准编号
防水砂浆（含找平型）	由无机胶凝材料、精制砂、矿物掺合料、高分子聚合物及其他多种助剂配制而成的干粉状产品。具有找平、防水双重功能，可节约成本、缩短工期、减少构造层次。采用批刮施工	GB/T 25181—2019 GB 55030—2022

续表

材料名称	材料构成和施工方法	执行标准编号
聚合物水泥防水砂浆	单组分由无机胶凝材料、精制砂、矿物掺合料、高分子聚合物及其他多种助剂配制而成的干粉状产品，现场直接加水搅拌即可使用。具有体积稳定、收缩率低、防开裂空鼓、无毒害、绿色环保等特点。采用批刮施工	JC/T 984—2011 GB 55030—2022
	双组分由粉料和液料组成的双组分产品。粉料由普通硅酸盐水泥、精制砂及其他多种助剂配制而成；液料由丙烯酸酯乳液及助剂组成。该产品具有收缩率低、抗渗性能优异、无毒害、绿色环保等特点。采用批刮施工	
聚合物水泥防水涂料	以改性共聚乳液和多种添加剂组成的有机液料，配以特种水泥及多种添加剂组成的无机粉料，经特殊配方加工制成的双组分水性防水涂料。采用辊涂、刷涂、喷涂法施工，分为Ⅰ型、Ⅱ型、Ⅲ型	GB/T 23445—2009 GB 55030—2022
聚合物水泥防水浆料	以聚合物乳液添加多种助剂组成有机液料，以水泥配以多种填料组成无机粉料，液料和粉料按一定比例混合均匀后涂刷于基层上使用。浆料具有易涂刷、可操作时间长、粘结强度高等特点。适用于厨房、卫生间的防水工程。采用辊涂、刷涂、喷涂法施工。其中通用型（Ⅰ型）更偏于刚性，一般划归为防水砂浆，而Ⅱ型通常划归为柔性防水涂料	JC/T 2090—2011 GB 55030—2022

（5）常用防水做法（表 5.3.2-11）

防水做法 表 5.3.2-11

等级	序号	防水层材料	特点
一级防水	1	第一道：≥5mm 厚聚合物水泥防水砂浆 第二道：≥1.5mm 厚聚合物水泥防水浆（涂）料	刚柔复合，成本较高
	2	第一道：≥10mm 厚找平型防水砂浆 第二道：≥5mm 厚聚合物水泥防水砂浆	砂浆较厚，找平防水结合
	3	第一道：≥10mm 厚找平型防水砂浆 第二道：≥1.5mm 厚聚合物水泥防水浆（涂）料	刚柔复合，找平防水结合
二级防水	1	≥5mm 厚聚合物水泥防水砂浆	—
	2	≥1.5mm 厚聚合物水泥防水（涂）料	成本较高
	3	≥10mm 厚找平型防水砂浆	成本较低，找平防水结合

（6）常用防水构造（表 5.3.2-12）

防水做法（做法编号从左至右） 表 5.3.2-12

等级	构造编号	简图	构造做法
一级防水	做法 1 （防水砂浆＋防水涂料）		1. 涂料饰面层（按设计要求） 2. 外墙腻子 3. 防水层 4. 保温系统（按设计要求） 5. 找平层 6. 防水层 7. 砌体墙体

续表

等级	构造编号	简图	构造做法
一级防水	做法 2 （防水砂浆 + 防水砂浆）		1. 涂料饰面层（按设计要求） 2. 保温系统（按设计要求） 3. 防水层 4. 防水层 5. 找平层 6. 砌体墙体
二级防水	做法 3 （防水砂浆）		1. 涂料饰面层（按设计要求） 2. 保温系统（按设计要求） 3. 防水层 4. 找平层 5. 砌体墙体
	做法 4 （防水涂料）		1. 涂料饰面层（按设计要求） 2. 外墙腻子 3. 防水层 4. 保温系统（按设计要求） 5. 找平层 6. 砌体墙体

（7）地上外墙防水设计要点

① 地上封闭式幕墙应达到一级防水要求，满足水密性、气密性要求的封闭式幕墙可不另设防水层。

② 地上金属幕墙板采用开放式板缝时，保温层外侧应设铝板、镀锌钢板等防水保护措施，且应采取加强龙骨耐候性等可靠防护措施确保幕墙二次结构耐久性。

③ 砂浆防水层宜留分格缝，分格缝宜设置在墙体结构不同材料交接处。水平分格缝宜与窗口上沿或下沿平齐；垂直分格缝间距不宜大于 6m，且宜与门、窗框两边线对齐。分格缝宽宜为 8～10mm，缝内应采用密封材料做密封处理。

④ 砂浆防水层中可增设耐碱玻璃纤维网布或热镀锌电焊网增强，并宜用锚栓固定于结构墙体中。

⑤ 地上外墙防水层应与地下外墙防水层搭接。

⑥ 地上外墙装饰砖第一皮砖的底层砌筑砂浆应采用防水砂浆。

⑦ 建筑外墙雨篷、阳台、室外挑板等节点应采取防水构造措施，应设置外排水，坡度不应小于 1%，且外口下沿应做滴水线。外门窗洞口四周的墙体与门窗框之间应采用发泡聚氨酯等柔性材料填塞严密，且最外表的饰面层与门窗框之间应留约 7mm × 7mm 的凹槽，并满嵌耐候防水密封膏。室外挑板防水做法见图 5.3.2-2。

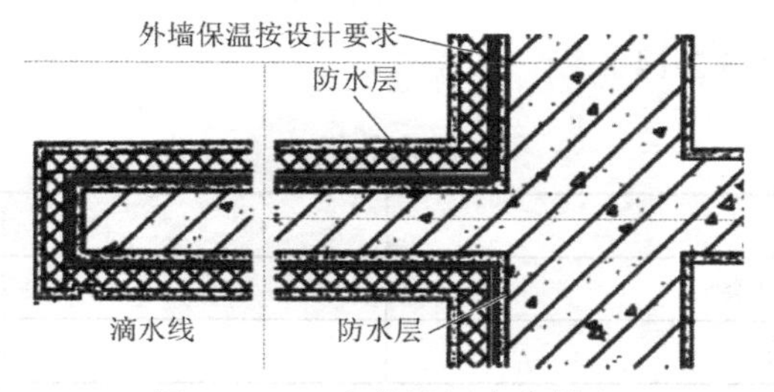

图 5.3.2-2　室外挑板防水做法

⑧ 地上外墙除自身防水设计外，还应重点关注门窗洞口节点构造防水和门窗性能，具体可参考本书第 8 章，并应符合下列规定：

a. 门窗框与墙体间连接处的缝隙应采用防水密封材料嵌填和密封；

b. 门窗洞口上楣应设置滴水线；

c. 门窗性能和安装质量应满足水密性要求；

d. 窗台处应设置排水板和滴水线等排水构造措施，排水坡度不应小于 5%。

⑨ 地上外墙除自身防水设计外，还应重点关注外墙变形缝、穿墙管道、预埋件等节点防水做法，应符合下列规定：

a. 变形缝部位应采取防水加强措施。当采用增设卷材附加层措施时，卷材两端应满粘于墙体，满粘的宽度不应小于 150mm，并应钉压固定，卷材收头应采用密封材料密封；

b. 穿墙管道应采取避免雨水流入措施和内外防水密封措施；

c. 外墙预埋件和预制部件四周应采用防水密封材料连续封闭。

⑩ 装配式混凝土结构外墙接缝以及门窗框与墙体连接处应采用密封材料、止水材料和专用防水配件等进行密封。

⑪ 当地上外墙饰面层为面砖时，不宜采用有机类防水材料，如聚氨酯防水材料，存在面层脱落风险。

⑫ 女儿墙压顶可采用混凝土或金属制品，压顶向内排水坡度不应小于 5%，压顶内侧下端应做滴水处理。高女儿墙泛水处的防水层泛水高度不应小于 250mm，卷材收头应用金属压条钉压固定，并用密封材料封严；涂膜收头应用防水涂料多遍涂刷；泛水上部的墙体应做防水处理。

4. 室内工程内墙防水

（1）工程类别（表 5.3.2-13）

工程防水类别、使用环境类别　　表 5.3.2-13

<table>
<tr><th>工程类型</th><th colspan="3">工程防水类别</th></tr>
<tr><td rowspan="6">内墙墙面</td><td>甲类</td><td rowspan="2">—</td><td rowspan="2">—</td></tr>
<tr><td>民用建筑和对渗漏敏感的工业建筑室内楼地面和墙面</td></tr>
<tr><td colspan="3">工程防水使用环境类别</td></tr>
<tr><td>Ⅰ类</td><td>Ⅱ类</td><td>Ⅲ类</td></tr>
<tr><td>频繁遇水场合，或长期相对湿度 RH ≥ 90%</td><td>间歇遇水场合</td><td>偶发渗漏水可能造成明显损失的场合</td></tr>
</table>

注：本表摘自《建筑与市政工程防水通用规范》GB 55030—2022。

（2）防水等级（表 5.3.2-14）

防水等级　　表 5.3.2-14

	甲类
Ⅰ类、Ⅱ类	一级防水
Ⅲ类	二级防水

注：本表摘自《建筑与市政工程防水通用规范》GB 55030—2022。

（3）防水做法（表 5.3.2-15）

防水做法 表 5.3.2-15

防水等级	防水做法	防水层		
		防水卷材	防水涂料	水泥基防水材料
一级	不应少于 1 道	涂料或卷材不应少于 1 道		
二级		任选		

注：本表摘自《建筑与市政工程防水通用规范》GB 55030—2022。

（4）常用防水材料（表 5.3.2-16）

防水材料 表 5.3.2-16

材料名称	材料构成和施工方法	执行标准编号
聚合物水泥防水砂浆	单组分由无机胶凝材料、精制砂、矿物掺合料、高分子聚合物及其他多种助剂配制而成的干粉状产品，现场直接加水搅拌即可使用。具有体积稳定、收缩率低、防开裂空鼓、无毒害、绿色环保等特点。采用批刮施工	JC/T 984—2011 GB 55030—2022
	双组分由粉料和液料组成的双组分产品。粉料由普通硅酸盐水泥、精制砂及其他多种助剂配制而成；液料由丙烯酸酯乳液及助剂组成。该产品具有收缩率低、抗渗性能优异、无毒害、绿色环保等特点。采用批刮施工	
聚合物水泥防水涂料	以改性共聚乳液和多种添加剂组成的有机液料，配以特种水泥及多种添加剂组成的无机粉料，经特殊配方加工制成的双组分水性防水涂料。采用辊涂、刷涂、喷涂法施工	GB/T 23445—2009 GB 55030—2022
聚合物水泥防水浆料	以聚合物乳液添加多种助剂组成有机液料，以水泥配以多种填料组成无机粉料，液料和粉料按一定比例混合均匀后涂刷于基层上使用。浆料具有易涂刷、可操作时间长、粘结强度高等特点。适用于厨房、卫生间的防水工程。采用辊涂、刷涂、喷涂法施工，其中通用型（Ⅰ型）更偏于刚性，一般划归为防水砂浆，而Ⅱ型通常划归为柔性防水涂料	JC/T 2090—2011 GB 55030—2022

（5）常用防水做法（表 5.3.2-17）

防水做法 表 5.3.2-17

序号	防水层材料	特点
1	≥ 3.0mm 厚聚合物水泥防水砂浆	成本较低
2	≥ 1.5mm 厚聚合物乳液类防水涂料	—
3	≥ 1.5mm 厚聚合物水泥防水浆料	—

（6）常用防水构造（表 5.3.2-18）

防水做法（做法编号从左至右） 表 5.3.2-18

构造编号	简图	构造做法
做法 （防水砂浆或涂料）		1. 面层及结合层（按设计要求） 2. 防水层 3. 找平层（按设计要求） 4. 墙体基层

（7）室内工程防水设计要点

① 卫生间、浴室等有防水要求和有配水点的室内墙面迎水面，应采取防水措施。

② 室内墙面不应使用溶剂型防水涂料。

③ 卫生间、浴室墙面防水层以外应设置防潮层或采用防潮材料。

④ 室内涉水房间建议四周设置 C20 混凝土挡水反坎，高出建筑完成面 200mm。

⑤ 用水空间与非用水空间楼地面交接处应有防止水流入非用水房间的措施。

⑥ 淋浴区墙面防水层翻起高度不应小于 2000mm，且不低于淋浴的喷淋口高度。

⑦ 盥洗池盆等用水处墙面防水层翻起高度不应小于 1200mm。

⑧ 墙面其他部位泛水翻起高度不应小于 250mm。

⑨有机类防水材料，如聚氨酯防水材料，不宜用于建筑室内墙面防水，尤其是当饰面层为面砖时，存在面层脱落风险。

5.3.3 防火构造

1. 总体要求

（1）防火墙、防火隔墙应从楼地面基层隔断至梁、楼板或屋面板的底面基层。建筑墙体防火应按《建筑设计防火规范》GB 50016—2014（2018 年版）、《建筑防火通用规范》GB 55037—2022 等规范中，关于各部位墙体的防火要求进行相关设计。

（2）墙体材料的燃烧性能及耐火极限举例见表 5.3.3-1。

常用墙体材料的燃烧性能及耐火极限　　表 5.3.3-1

<table>
<tr><th colspan="2">构件名称及构造</th><th>构件厚度或截面最小尺寸（mm）</th><th>燃烧性能</th><th>耐火极限（h）</th></tr>
<tr><td rowspan="8">承重墙</td><td rowspan="4">硅酸盐砖、混凝土、钢筋混凝土实体墙</td><td>120</td><td>不燃性</td><td>2.50</td></tr>
<tr><td>180</td><td>不燃性</td><td>3.50</td></tr>
<tr><td>240</td><td>不燃性</td><td>5.50</td></tr>
<tr><td>370</td><td>不燃性</td><td>10.50</td></tr>
<tr><td>加气混凝土砌块墙</td><td>100</td><td>不燃性</td><td>2.00</td></tr>
<tr><td rowspan="3">轻质混凝土砌块墙、天然石料墙</td><td>120</td><td>不燃性</td><td>1.50</td></tr>
<tr><td>240</td><td>不燃性</td><td>3.50</td></tr>
<tr><td>370</td><td>不燃性</td><td>5.50</td></tr>
<tr><td rowspan="8">非承重墙</td><td rowspan="3">加气混凝土砌块墙
（未抹灰粉刷）</td><td>75</td><td>不燃性</td><td>2.50</td></tr>
<tr><td>100</td><td>不燃性</td><td>6.00</td></tr>
<tr><td>200</td><td>不燃性</td><td>8.00</td></tr>
<tr><td>充气混凝土砌块墙</td><td>150</td><td>不燃性</td><td>7.50</td></tr>
<tr><td rowspan="2">陶粒混凝土砌块墙</td><td>330 × 240</td><td>不燃性</td><td>2.92</td></tr>
<tr><td>330 × 290</td><td>不燃性</td><td>4.00</td></tr>
<tr><td>轻集料小型空心砌块（实心墙）</td><td>330 × 190</td><td>不燃性</td><td>4.00</td></tr>
<tr><td>钢筋混凝土垂直墙板墙</td><td>150</td><td>不燃性</td><td>3.00</td></tr>
</table>

续表

构件名称及构造			构件厚度或截面最小尺寸（mm）	燃烧性能	耐火极限（h）
非承重墙	蒸压加气混凝土墙板		150	不燃性	4.00
	石膏珍珠岩双层空心条板墙（膨胀珍珠岩的密度为 50～80kg/m³）	—	60	不燃性	1.20～1.50
		60mm + 50mm（空）+ 60mm	110	不燃性	3.75
	纤维增强硅酸钙板轻质复合隔墙		50～100	不燃性	2.00
	纤维增强水泥加压平板墙		50～100	不燃性	2.00
	纸面石膏板、钢龙骨	12mm + 75mm（空）+ 12mm	99	不燃性	0.52
		12mm + 75mm（填 50mm 玻璃棉）+ 12mm	99	不燃性	0.50
		2 × 12mm + 75mm（填 50mm 玻璃棉）+ 2 × 12mm	123	不燃性	1.00
		2 × 12mm + 7mm（填岩棉，密度为 100kg/m³）+ 2 × 12mm	123	不燃性	1.50
	防火石膏板，板内掺玻璃纤维，岩棉密度为 60kg/m³、钢龙骨	2 × 12mm + 75mm（空）+ 2 × 12mm	123	不燃性	1.35
		2 × 12mm + 75mm（填 40mm 岩棉）+ 2 × 12mm	123	不燃性	1.60
		12mm + 75mm（填 50mm 岩棉）+ 12mm	99	不燃性	1.20
		3 × 12mm + 75mm（填 50mm 岩棉）+ 3 × 12mm	147	不燃性	2.00
		4 × 12mm + 75mm（填 50mm 岩棉）+ 4 × 12mm	171	不燃性	3.00

注：本表摘自《建筑设计防火规范》GB 50016—2014（2018 年版）。

（3）防火封堵

① 建筑缝隙封堵设计和贯穿孔口封堵设计做法应符合国家标准《建筑防火封堵应用技术标准》GB/T 51410—2020。

② 除可燃气体和甲、乙、丙类液体的管道外，其他管道确需穿过防火墙时，应采用防火封堵材料或制品将墙与管道之间的空隙紧密填实，穿过防火墙处的管道保温材料，应采用不燃材料；当管道为难燃及可燃材料时，应在防火墙两侧的管道上采取防火措施。

③ 当幕墙跨越水平或竖向防火分区时应采取防止火灾水平或竖向蔓延的措施，具体措施及要求应符合国家标准《建筑设计防火规范》GB 50016—2014（2018 年版）的规定。同一幕墙单元不应水平或垂直跨越不同的防火分区。

④ 幕墙与窗槛墙之间的空腔应在建筑缝隙上、下沿处分别采用岩棉或矿物棉等背衬材料填塞且填塞高度均不应小于 200mm，矿物棉密度不应小于 80kg/m³。填塞材料的上表面应采用弹性防火封堵材料，下表面应采用厚度不小于 1.5mm 的连续镀锌钢板承托。

⑤ 建筑外墙外保温系统与基层墙体、装饰层之间的空腔，应在每层楼板处采用防火封堵材料封堵。

墙体其他防火封堵部位、材料及构造，具体可参考本书第 9 章。

2. 外墙系统

（1）建筑的外墙外保温系统应采用不燃材料在其表面设置防护层，防护层应将保温材料完全包覆。除《建筑设计防火规范》GB 50016—2014（2018 年版）第 6.7.3 条规定的情况外，当采用 B_1、B_2 级保温材料时，防护层厚度首层不应小于 15mm，其他层不应小于 5mm。

（2）建筑外墙上、下层开口之间应设置高度不小于 1.2m 的实体墙或挑出宽度不小于 1.0m、长度不小于开口宽度的防火挑檐；当室内设置自动喷水灭火系统时，上、下层开口之间的实体墙高度不应小于 0.8m。当上、下层开口之间设置实体墙确有困难时，可设置防火玻璃墙，但高层建筑的防火玻璃墙的耐火完整性不应低于 1.00h，多层建筑的防火玻璃墙的耐火完整性不应低于 0.50h。外窗的耐火完整性不应低于防火玻璃墙的耐火完整性要求。

（3）汽车库、修车库的外墙上、下层开口之间墙的高度，不应小于 1.2m 或设置耐火极限不低于 1.00h、宽度不小于 1.0m 的不燃性防火挑檐。

（4）楼梯间地上与地下部分之间梯段或休息平台处有外窗时，地上与地下部分应完全分隔，上下层之间开口满足 1.2m。

（5）建筑外墙为不燃性墙体时，防火墙可不凸出墙的外表面，紧靠防火墙两侧的门、窗、洞口之间最近边缘的水平距离不应小于 2.0m；采取设置乙级防火窗等防止火灾水平蔓延的措施时，该距离不限。

（6）预制混凝土夹芯保温外挂墙板防火设计要点

① 外挂板与主体结构之间的接缝应采用防火封堵材料进行封堵，防火封堵材料的耐火极限不应低于国家标准《建筑设计防火规范》GB 50016—2014（2018 版）中楼板的耐火极限要求，封堵材料同时满足建筑隔声设计要求。

② 外挂墙板之间的接缝应在室内侧采用 A 级不燃材料进行封堵。

③ 夹芯保温墙板外门窗洞口周边应采取防火构造措施。当保温材料为非 A 级防火材料时，门窗洞口处应选用厚度不小于 100mm 的 A 级防火材料进行封堵。

3. 内墙系统

（1）防火墙、防火隔墙、管井隔墙、疏散楼梯间隔墙和前室隔墙等，应尽量避免设置暗装或半暗装消火栓。洞口处墙体厚度应满足一定的耐火性能要求，耐火性能可参考对应墙体上的防火门要求确定。具体暗装消火栓构造做法和安装方式，可参考本书第 9 章。

■ **说明**

消火栓洞口处的耐火性能，应通过混凝土墙体厚度来保证，不应采用防火涂料，特殊情况下可采用防火板材，防火板材的耐火性能应达到上述标准，并应取得国家认可授权检测机构出具的合格检验报告。对于允许设置普通门（窗）的隔墙，消火栓洞口的墙体厚度一般不做特殊要求。

（2）用于防火分隔的防火玻璃，耐火性能不应低于所在防火分隔部位的耐火性能要求。防火玻璃墙需要同时考虑耐火完整性能和耐火隔热性能。同时，玻璃隔墙应做好防撞标识和引导标识。

（3）当防火墙局部开口采用防火玻璃墙分隔时，应满足防止火灾蔓延至相邻建筑或相邻水平防火分区的基本要求；且防火玻璃墙整体（防火玻璃及其固定框架等）应为不燃性墙体，防火玻璃采用隔热型防火玻璃（A 类），防火玻璃的应用尺寸不宜超过防火玻璃的认证检验尺寸，应满足相应部位防火墙的耐火极限，能达到与防火墙相当的防火构造要求。且满足《防火玻璃框架系统设计、施工及验收规范》DB11/1027—2013 第 4.1.3 条“除第

4.4.5 条的中庭与周围空间防火分隔的做法外，防火墙不应采用防火玻璃框架系统。”

■ **说明**

防火玻璃按照结构可分为复合防火玻璃和单片防火玻璃，按照耐火性能可分为隔热型防火玻璃（A 类）和非隔热型防火玻璃（C 类），防火玻璃墙的耐火性能包括墙体的耐火完整性能和耐火隔热性能，具体耐火性能要求应根据设置部位的防火分隔目标、所在防火分隔部位的耐火性能要求等情况确定。在《建筑用安全玻璃 第 1 部分：防火玻璃》GB 15763.1—2009 规范中，取消了 B 类防火玻璃，只保留了 A 类和 C 类防火玻璃，不再有 B 类防火玻璃。

（4）前室或合用前室应采用防火门和耐火极限不低于 2.00h 的防火隔墙与其他部位分隔，不应采用防火玻璃墙等方式替代防火隔墙。

（5）防火墙横截面中心线水平距离天窗端面小于 4.0m，且天窗端面为可燃性墙体时，应采取防止火势蔓延的措施。

（6）建筑内的防火墙不宜设置在转角处，确需设置时，内转角两侧墙上的门、窗、洞口之间最近边缘的水平距离不应小于 4.0m；采取设置乙级防火窗等防止火灾水平蔓延的措施时，该距离不限。

5.3.4　隔声构造

1. 总体要求

（1）建筑墙体隔声应按《民用建筑隔声设计规范》GB 50118—2010、《建筑环境通用规范》GB 55016—2021 等规范中关于墙体的隔声要求进行相关设计。同时，绿色建筑的围护墙及隔墙的空气声隔声性能除满足上述要求，还应符合国家标准《绿色建筑评价标准》GB/T 50378—2019（2024 年版）中的规定。

（2）室内允许噪声级旨在提出室内噪声的最大值，以保障室内人员不受建筑外部、内部噪声的影响。普通建筑的围护墙及隔墙的空气声隔声性能应符合国家标准《民用建筑隔声设计规范》GB 50118—2010，且主要功能房间室内的噪声限值和建筑物内部建筑设备传播至主要功能房间的噪声限值应符合现行国家标准的规定。

根据国家标准《民用建筑隔声设计规范》GB 50118—2010 中的规定，汇总各类建筑主要功能房间的室内允许噪声级的低限标准及高要求标准见表 5.3.4-1。

室内允许噪声级　　　　**表 5.3.4-1**

建筑类型	房间名称	允许噪声级（A 声级，dB）	
		低限标准	高要求标准
住宅建筑	—	—	—
学校建筑	语音教室、阅览室	≤ 40	≤ 35
	普通教室、实验室、计算机房	≤ 45	≤ 40
	音乐教室、琴房	≤ 45	≤ 40
	舞蹈教室	≤ 50	≤ 45
	教师办公室、休息室、会议室	≤ 45	≤ 40

续表

建筑类型	房间名称	允许噪声级（A声级，dB）	
		低限标准	高要求标准
医院建筑	病房、医护人员休息室	≤45（昼）/≤40（夜）	≤40（昼）/≤35（夜）
	各类重症监护室	≤45（昼）/≤40（夜）	≤40（昼）/≤35（夜）
	诊室	≤45	≤40
	手术室、分娩室	≤45	≤40
	洁净手术室	≤50	—
	人工生殖中心净化区	≤40	—
	化验室、分析实验室	≤40	—
	入口大厅、候诊厅	≤55	≤50
旅馆建筑	客房	≤45（昼）/≤40（夜）	≤35（昼）/≤30（夜）
	办公室、会议室	≤45	≤40
	多用途厅	≤50	≤40
	餐厅、宴会厅	≤55	≤45
办公建筑	单人办公室	≤40	≤35
	多人办公室	≤45	≤40
	电视电话会议室	≤40	≤35
	普通会议室	≤45	≤40
商业建筑	商场、商店、购物中心、会展中心	≤55	≤50
	餐厅	≤55	≤45
	员工休息室	≤45	≤40

根据国家标准《建筑环境通用规范》GB 55016—2021中的规定，汇总各类使用功能房间室内噪声限值要求见表5.3.4-2。

室内的噪声限值 表5.3.4-2

房间的使用功能	建筑物外部噪声源传播至主要功能房间室内的噪声限值（等效声级 $L_{Aeq,T}$，dB）	建筑物内部建筑设备传播至主要功能房间室内的噪声限值（等效声级 $L_{Aeq,T}$，dB）
睡眠	40（昼间） 30（夜间）	33
日常生活	40	40
阅读、自学、思考	35	40
教学、医疗、办公、会议	40	45
人员密集的公共空间	—	55

（3）构件隔声要求

除了通过科学的规划选址、建筑布局来降低噪声影响，还应选择隔声性能良好的墙体材料将噪声传声减小到最低程度。

根据国家标准《民用建筑隔声设计规范》GB 50118—2010 中的规定，各类建筑主要功能房间的构件隔声要求见表 5.3.4-3。

构件隔声要求　　　　**表 5.3.4-3**

建筑类型	构件/房间名称	空气声隔声单值评价量 + 频谱修正量（dB）	
住宅建筑	外墙	计权隔声量 + 交通噪声频谱修正量（$R_w + C_{tr}$）	≥ 45
	分户墙	计权隔声量 + 粉红噪声频谱修正量（$R_w + C$）	> 45
	户内卧室墙		≥ 35
学校建筑	外墙	计权隔声量 + 交通噪声频谱修正量（$R_w + C_{tr}$）	≥ 45
	普通教室之间的隔墙	计权隔声量 + 粉红噪声频谱修正量（$R_w + C$）	> 45
	语音教室、阅览室的隔墙		> 50
医院建筑	外墙	计权隔声量 + 交通噪声频谱修正量（$R_w + C_{tr}$）	≥ 45
	病房之间及病房、手术室与普通房间之间的隔墙	计权隔声量 + 粉红噪声频谱修正量（$R_w + C$）	> 45
	诊室之间的隔墙		> 40
旅馆建筑	客房外墙（含窗）	计权隔声量 + 交通噪声频谱修正量（$R_w + C_{tr}$）	> 35
	客房之间的隔墙	计权隔声量 + 粉红噪声频谱修正量（$R_w + C$）	> 45
办公建筑	外墙	计权隔声量 + 交通噪声频谱修正量（$R_w + C_{tr}$）	≥ 45
	办公室、会议室与普通房间之间的隔墙	计权隔声量 + 粉红噪声频谱修正量（$R_w + C$）	> 45
商业建筑	健身中心、娱乐场所等与噪声敏感房间之间的隔墙	计权隔声量 + 交通噪声频谱修正量（$R_w + C_{tr}$）	> 55
	购物中心、餐厅、会展中心等与噪声敏感房间之间的隔墙		> 45

■ **说明**

北京市地方标准《住宅设计规范》DB11/1740—2020 第 8.4.2 条中要求：住宅分户墙的空气声计权隔声量 + 粉红噪声频谱修正量（$R_w + C$）应大于 50dB。

墙体构造做法需满足绿色建筑的前置项要求：

① 二星级：卧室分户墙（楼板）两侧房间之间的空气声隔声性能（计权标准化声压级差与交通噪声频谱修正量之和）≥ 47dB，卧室楼板的撞击声隔声性能（计权标准化撞击声压级）≤ 60dB；

② 三星级：卧室分户墙（楼板）两侧房间之间的空气声隔声性能（计权标准化声压级差与交通噪声频谱修正量之和）≥ 50dB，卧室楼板的撞击声隔声性能（计权标准化撞击声压级）≤ 55dB。

2. 外墙系统

（1）常用外围护结构材料的隔声性能，具体见表 5.3.4-4。

常用外围护结构材料隔声性能 表 5.3.4-4

编号	简图	围护结构构造	厚度（mm）	计权隔声量R_w（dB）	频谱修正量（dB）		$R_w + C$	$R_w + C_{tr}$
					C	C_{tr}		
1		钢筋混凝土	150	52	−1	−5	51	47
2		钢筋混凝土	200	57	−2	−5	55	52
3		轻集料混凝土砌块	200	51	−1	−6	50	45
4		加气混凝土砌块（B07）	200	52	−1	−3	51	49

注：上表数据引自国标图集《建筑隔声与吸声构造》08J931、华北标图集《工程做法》12BJ1-1、华北标图集《加气混凝土砌块、条板》12BJ2-3、华北标图集《隔声楼面轻质隔声墙》16BJ1-2 中外围护结构构造隔声性能。

（2）一般情况下，当外墙有保温层时，墙体的隔声性能会提高 1～2dB。

（3）钢结构的钢梁柱贴边时，需要选用高效保温材料填充钢梁和外保温之间的空隙，起到隔声、防火、保温的作用。具体做法见图 5.3.4-1。

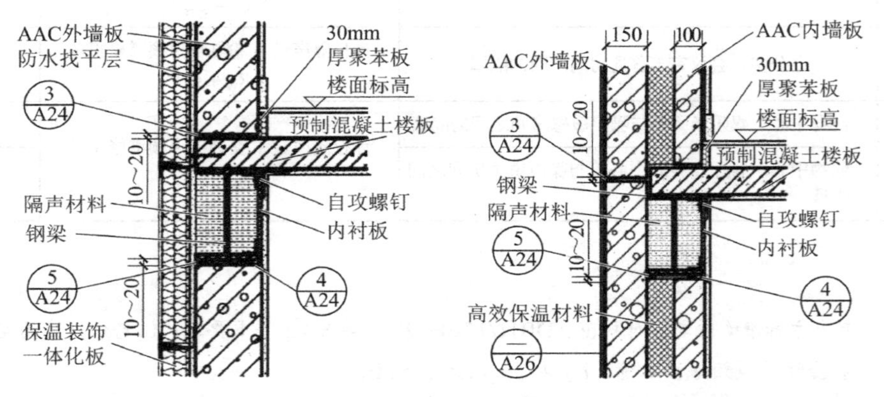

图 5.3.4-1 钢梁处隔声保温做法（引自《装配式建筑蒸压加气混凝土板围护系统》19CJ85-1）

3. 内墙系统

（1）常用内隔墙材料的隔声性能，具体见表 5.3.4-5。

（2）电梯不应与卧室（书房）、起居室、客房紧邻布置。受条件限制需要紧邻布置时，必须采取有效的隔声和减振措施。如在电梯井道墙体居室一侧加设隔声墙体。

常用内隔墙材料的隔声性能　　表 5.3.4-5

编号	简图	围护结构构造	厚度（mm）	计权隔声量 R_w（dB）	频谱修正量（dB）		R_w+C	R_w+C_{tr}
					C	C_{tr}		
1		钢筋混凝土	200	57	−2	−5	55	52
2		轻集料混凝土砌块	200	51	−1	−6	50	45
3		加气混凝土砌块	100	43	−1	−3	42	40
			150	48	−1	−4	47	44
			200	52	−1	−3	51	49
4		轻钢龙骨石膏板隔墙	75 系列龙骨 双面单层 12mm 厚 内填 50mm 厚玻璃棉	45	−4	−11	41	34
			75 系列龙骨 双面双层 12mm 厚 内填 50mm 厚玻璃棉	51	−4	−11	47	40
			100 系列龙骨 双面双层 12mm 厚 内填 50mm 厚玻璃棉	53	−6	−12	47	41

注：上表数据引自国标图集《建筑隔声与吸声构造》08J931、华北标图集《工程做法》12BJ1-1、华北标图集《加气混凝土砌块、条板》12BJ2-3、华北标图集《隔声楼面轻质隔声墙》16BJ1-2 中外围护结构构造隔声性能。

（3）住宅分户墙设计要点，见表 5.3.4-6。

住宅分户墙设计要点　　表 5.3.4-6

设计要点	具体内容
墙体材料	宜采用重质匀质墙体，如钢筋混凝土墙体，混凝土墙体、混凝土砌块等，不应选择龙骨类墙体、空心砌块、轻质条板等
	装配式建筑宜采用预制混凝土墙板
砌筑高度及缝隙处理	住宅分户墙应砌筑至梁（板）底，与梁（板）、柱交界处应采取缝隙隔声措施
	装配式采用预制墙分户板时，墙板接缝处应采取隔声措施
墙体厚度及管电气开槽	①钢筋混凝土墙体，混凝土墙体、混凝土砌块厚度 ≥ 200mm。 ②不应在分户墙上暗装强电箱、弱电箱等。 ③在分户墙上安装完电气开关、插座面板后，需要保证最不利墙体处隔声 $R_w+C>50$dB，如采用 250mm 混凝土墙，或可满足北京市地方标准《住宅设计规范》DB11/1740—2020 中，住宅分户墙的空气声隔声要求。 ④分户墙两侧同一位置的开关、插座等嵌墙安装的机电设备位置应错开 150mm 以上，安装时不得穿透墙体
入户管线	入户管线应从住宅公共部位进入户内，穿墙入户的管线应设置套管，管线与套管之间应采取隔声措施

（4）酒店客房之间隔墙设计要点，见表 5.3.4-7。

酒店客房之间隔墙设计要点 表 5.3.4-7

设计要点	具体内容
墙体材料	①相邻客房隔墙宜采用复合墙体，如实体墙＋两侧龙骨内嵌岩棉墙板，保障客房之间的隔声效果。 ②客房内部其他隔墙宜采用轻质墙板或龙骨类墙板。 ③相邻房间壁柜之间的分隔墙应满足隔声标准要求，应按照国家标准《民用建筑隔声设计规范》GB 50118—2010 要求，隔声量 ≥ 40dB
砌筑高度及缝隙处理	客房内的卫生间隔墙应实施至梁（板）底，与梁（板）、柱交界处应采取缝隙隔声措施
电气开槽	相邻房间的开关、电气插座应错位布置，不应贯通。墙体上开洞及开槽的背面应采用有效的隔声封堵措施

（5）设备机房围护墙不应采用轻质隔墙，墙体的空气声隔声性能 $R_w + C_{tr}$ 应 ≥ 50dB。当与噪声敏感房间相邻时，应评估机房噪声对敏感房间的影响，经计算确定墙体的隔声性能指标。

（6）空调机房、新风机房、送风机房、排风机房、柴油发电机房、水泵房、锅炉房、制冷机房、变配电室、控制室等当与噪声敏感空间相邻时，墙面应采取隔声吸声降噪措施。

■ **说明**

电梯、变压器、中高层建筑中的水泵、空调设备（包括冷却塔）、通风设备等设备机房内噪声频段以低频段居多。低频噪声的吸声降噪设计可采用穿孔板共振吸声结构。

室内湿度较高，或有清洁要求的吸声降噪设计可采用薄膜复面的多孔材料或单、双层微穿孔板吸结构，微穿孔板的板厚及孔径均应不大于 1mm，穿孔率可取 0.5%～3%，总腔深可取 50～200mm。

一般认为吸声系数 NRC 小于 0.2 的材料是反射材料，NRC 大于等于 0.2 的材料才被认为是吸声材料。当需要吸收大量声能降低室内混响及噪声时，常常需要使用高吸声系数的材料，如离心玻璃棉、岩棉等，5cm 厚的 $24kg/m^3$ 的离心玻璃棉的 NRC 可达到 0.95。

（7）常用 $R_w + C > 50$dB 隔墙的隔声性能，见表 5.3.4-8。

隔墙常用高效隔声做法 表 5.3.4-8

类型	构造做法	$R_w + C$
双层墙体	100mm 厚混凝土墙体＋50mm 空气层＋100mm 厚混凝土墙体； 100mm 厚砌块墙/轻质墙板＋50mm 空气层＋100mm 厚砌块墙/轻质墙板	57～60dB 52～55dB
墙体＋龙骨＋硅酸钙板	100mm 厚砌块墙/轻质墙板＋50mm 龙骨＋50mm 厚岩棉＋硅酸钙板	51～53dB
双面双层或三层的轻钢龙骨石膏板	100 系列轻钢龙骨：双面三层 12mm 厚标准纸面石膏板，填 50mm 厚玻璃棉	54dB
	双排 50 系列轻钢龙骨（错列布置）双面双层 12mm 厚标准纸面石膏板墙内填 50mm 厚玻璃棉	57dB

4. 典型墙体隔声措施

（1）板材类墙体，如管道、暗线插座等安装处，根据工程需要可敷设在板缝处，也可在墙板上开槽布置，其接缝缝隙通常采用水泥胶粘剂填充，为防止连接部位开裂，管线洞口宜粘贴防裂网格布。做法参见图 5.3.4-2。

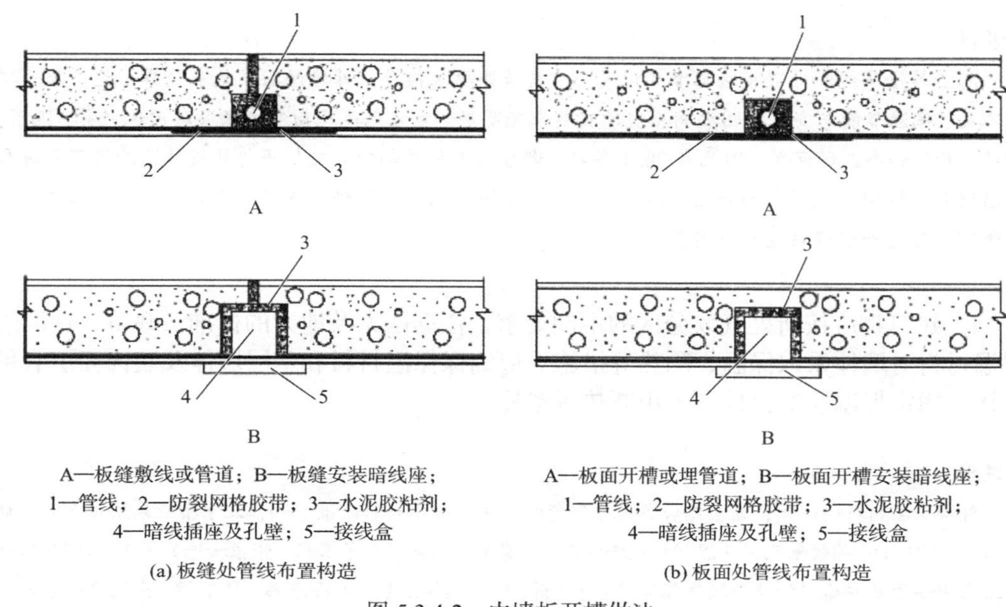

A—板缝敷线或管道；B—板缝安装暗线座；
1—管线；2—防裂网格胶带；3—水泥胶粘剂；
4—暗线插座及孔壁；5—接线盒

(a) 板缝处管线布置构造

A—板面开槽或埋管道；B—板面开槽安装暗线座；
1—管线；2—防裂网格胶带；3—水泥胶粘剂；
4—暗线插座及孔壁；5—接线盒

(b) 板面处管线布置构造

图 5.3.4-2　内墙板开槽做法

（2）内隔墙板与钢结构梁连接处隔声设计要点，做法参见图 5.3.4-3。

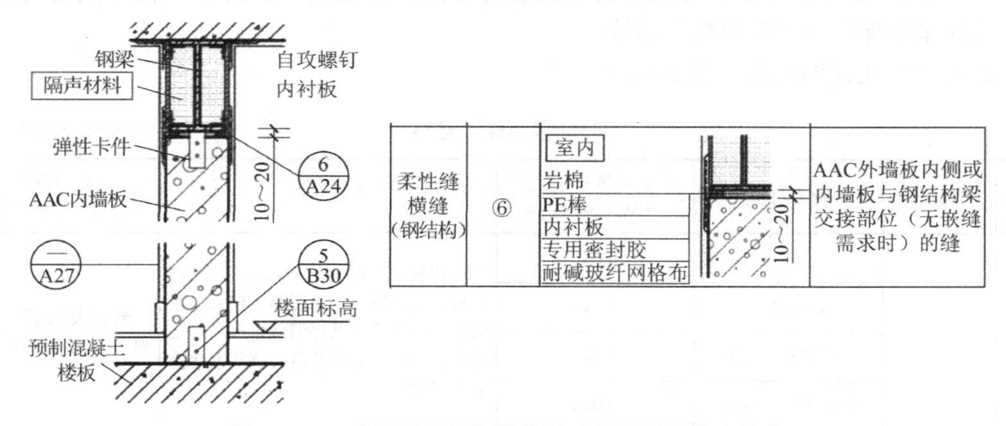

图 5.3.4-3　内隔墙板与钢结构梁连接处隔声构造做法

5.3.5　墙体保温隔热构造

1. 总体要求

（1）外墙保温工程的传热系数及计算方法应符合国家标准《建筑节能与可再生能源利用通用规范》GB 55015—2021 和地方节能标准的要求。主要涉及地下外墙、地上外墙及内墙三种类型。

（2）建筑保温材料燃烧性能的选用及相关设计要点应符合《建筑设计防火规范》GB 50016—2014（2018 年版）中“建筑保温和外墙装饰”和《建筑防火通用规范》GB 55037—2022 中“建筑保温”及地方相关政策、规定的要求。

（3）建筑外围护宜采用非承重砌块墙体自保温、结构与保温一体化、预制保温外墙板等自保温墙体或装配式外墙保温系统。

■ **说明**

随着外墙节能和保温领域标准变化大，建筑节能要求提升，外墙保温层越来越厚，施工工艺提升不足，保温节能与安装牢固之间出现冲突越来越明显。为避免建筑物外墙保温层出现火灾、脱落、空鼓、开裂和渗漏的问题。因此自 2021 年起，部分省市相关部门发文禁用薄抹灰外墙外保温系统和仅通过粘结锚固方式固定的外墙保温装饰一体化系统。从产品材料、施工工艺和使用场所三方面明确限制了外墙外保温系统的使用条件。

（4）建筑物应按所处气候分区的不同要求，依据国家及地方的标准、政策，选取适合的保温材料对墙体采取保温、隔热等措施。应确保保温材料和基层墙体及装饰面层有可靠的连接。固定保温层的锚栓宜采用断热桥锚栓。

■ **说明**

外墙保温材料的选用，还应结合各地方现行的禁用、限用材料政策。如，北京禁止采用含有六溴环十二烷（HBCD）的聚苯乙烯保温材料；墙体内保温浆料（海泡石、聚苯粒、膨胀珍珠岩等）；以膨胀珍珠岩或海泡石为主要填料的复合墙体保温浆（涂）料；墙体内保温浆料（海泡石、聚苯粒、膨胀珍珠岩等）。

（5）当供暖和非供暖空间之间的分隔墙需要设置保温层时，宜设置在非供暖房间一侧，并应采取保温或“断热桥”措施。

2. 外墙常用保温材料（表 5.3.5-1）

外墙常用保温材料 **表 5.3.5-1**

类型	燃烧性能	保温材料	导热系数［W/(m·K)］	系统特点	成本影响（和岩棉裸板相比）
无机材料	A1	岩棉条	0.045	体积吸水率不大于 5%。生产施工过程易产生污染。保温层厚度较大，易吸水，吸水后降低保温效果；易出现开裂、空鼓，导致脱落；逐年老化降低保温效果	岩棉复合板 > 岩棉条 > 岩棉裸板
		岩棉裸板	0.040		
		竖丝岩棉复合板	0.045		
		网织增强岩棉板	0.040		
		玻璃棉板	0.035	体积吸水率不大于 5%	和岩棉板属于同等价位
		泡沫玻璃	Ⅰ型 0.045	吸湿和吸水率低、密度小、强度高	价格略高
		Ⅱ型真空绝热板	> 0.005 且 ≤ 0.008	超薄轻质、保温性能好。不允许现场裁切，对施工要求高，易破损造成脱落，衰减后保温性能下降	价格偏高
		气凝胶复合板	≤ 0.012	超薄轻质、保温性能好、稳定性好、无变形、粘结牢固	价格偏高
	A2	热固复合聚苯乙烯保温板（TEPS）	G 型 ≤ 0.050	工程应用中，需依据不同选型标明材料密度	价格低
			D 型 ≤ 0.045		

续表

类型	燃烧性能	保温材料	导热系数［W/(m · K)］	系统特点	成本影响（和岩棉裸板相比）
有机材料	B_1 或 B_2	模塑聚苯板（EPS）	039 级 ≤ 0.039	保温效果好、强度稍差、不耐高温。导热系数不如石墨聚苯板	价格低
			033 级 ≤ 0.033		
		挤塑聚苯板（XPS）	≤ 0.032（不带表皮）	保温效果好、强度高、耐潮湿。透气性差、易变形、施工时表面需处理	和岩棉板属于同等价位
			≤ 0.030（带表皮）		
		石墨聚苯板（GEPS）	≤ 0.033	保温效果好、尺寸稳定性强、透气性好。强度稍差	价格低
		石墨挤塑板（SXPS）	≤ 0.024	保温效果好、强度高、耐潮湿。透气性差、易变形、施工时表面需处理	和岩棉板属于同等价位
		硬泡聚氨酯	≤ 0.024	保温效果好、强度高、粘结性好、防水性好	价格偏高
		改性酚醛树脂保温板	0.033	保温效果好、易粉化、机械强度低、脆性高、吸水率高等	价格略高

注：材料导热系数参考《民用建筑热工设计规范》GB 50176—2016。

3. 地下室外墙保温设计要点

（1）首层与土壤接触时，冻土线以上与土壤接触的外墙应做保温，应采用吸水率低的保温材料，保温材料层热阻数值不应小于规范要求。

（2）当地下室为供暖地下室时，供暖地下室与土壤接触的外墙应做保温，应采用吸水率低的保温材料，保温材料层热阻数值不应小于规范要求。

（3）当地下室为非供暖地下室时，供暖房间下面从室外地坪至其以下 2m 的外墙应做保温，应采用吸水率低的保温材料，保温材料层热阻数值不应小于规范要求。

■ **说明**

该要点适用于北京地区，不同地区由于气候条件、土壤类型、建筑习惯等多种因素，对于地下室的保温要求可能存在差异，但做保温范围应超过当地冻土层的深度。

4. 外墙外保温设计要点

（1）外墙外保温工程的饰面层应选用具有良好透气性能的涂料、饰面砂浆等轻质面层材料，且饰面层应与外墙外保温系统其他组成材料相容。同时，外墙外保温应选择安全可靠技术成熟的系统。选择外墙外保温系统时，应考虑系统的耐候性。

■ **说明**

材料相容是指保温材料和周边材料相互接触时，相互不产生有害物理、化学反应的性能。

（2）防火隔离带保温材料的燃烧性能等级应为 A 级，应与基层墙体可靠连接，适应外保温系统的正常变形而不产生渗透、裂缝和空鼓；应能承受自重、风荷载和室外气候的反复作用而不产生破坏。同时，防火隔离带保温材料的导热系数不应大于墙体保温材料导热系数的 2 倍。

（3）建筑的屋面外保温系统，当屋面板的耐火极限不低于 1.00h 时，保温材料的燃烧性能不应低于 B_2 级；当屋面板的耐火极限低于 1.00h 时，不应低于 B_1 级。采用 B_1、B_2 级保温材料的外保温系统应采用不燃材料做防护层，防护层的厚度不应小于 10mm。当建筑的屋面和外墙外保温系统均采用 B_1、B_2 级保温材料时，屋面与外墙之间应采用宽度不小于 500mm 的不燃材料设置防火隔离带进行分隔。

（4）外墙热桥部位，如：女儿墙内侧、突出墙面的阳台板、阳台分户墙、雨篷、空调室外机隔板、凸窗非透明部分、附壁柱，均应采取保温或“断热桥”措施。当采用内保温时，热桥部位应采取保温措施，按照国家标准《民用建筑热工设计规范》GB 50176—2016 进行内部冷凝计算和表面结露验算。

（5）外墙或窗口的保温层应覆盖外窗附框，并宜覆盖部分窗框。门窗洞口与门窗交接处、外墙与屋顶交接处应进行防水构造设计，防止雨水渗入保温层及基层墙体。

（6）变形缝内填充保温深度不应小于 300mm，具体做法应以各地节能标准为准（图 5.3.5-1）。

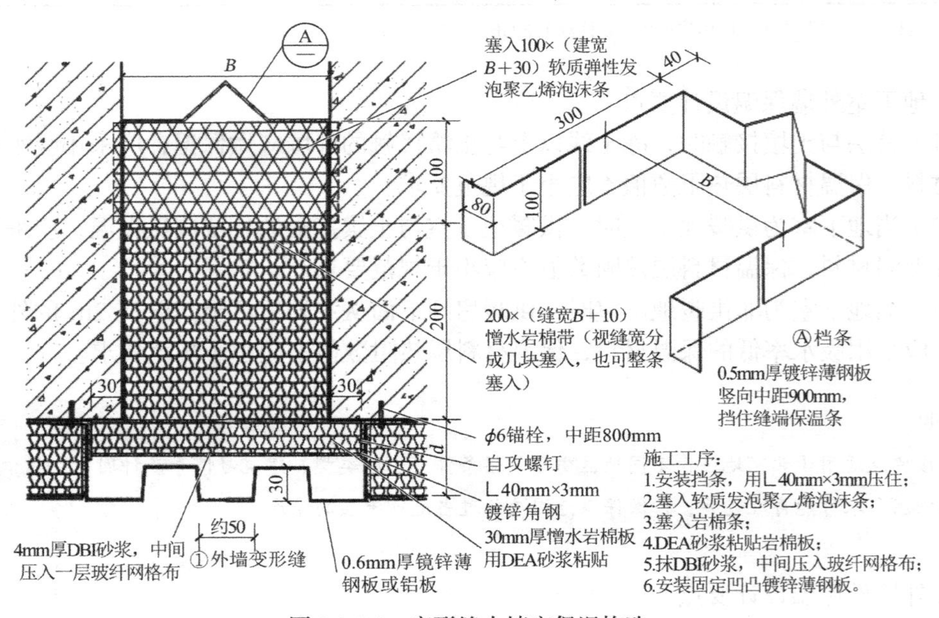

图 5.3.5-1　变形缝内填充保温构造

（7）结合《绿色建筑评价标准》GB/T 50378—2019（2024 年版）中关于绿建二星、三星的针对外围护提升比例的前置条件要求，优先选择传热系数好、技术成熟的外墙保温材料，有利于控制建筑保温材料厚度，提升建筑空间使用面积。

5. 外墙内保温设计要点

（1）外墙内保温系统由于难以消除外墙结构性“热桥”的影响，会减弱墙体整体保温性能，外墙平均传热系数与柱梯外墙典型断面传热系数差距较大，需要进行平均传热系数计算。

（2）对于人员密集场所，用火、燃油、燃气等具有火灾危险性的场所以及各类建筑内的疏散楼梯间、避难走道、避难间、避难层等场所或部位，应采用燃烧性能为 A 级的保温材料。对于其他场所，应采用低烟、低毒且燃烧性能不低于 B_1 级的保温材料。

（3）保温系统应采用不燃材料做防护层。采用燃烧性能为 B_1 级的保温材料时，防护层的厚度不应小于 10mm。

6. 外墙自保温设计要点

（1）自保温砌块外皮宜突出框架梁 50～60mm，以便在梁、柱外面粘贴 50～60mm 厚岩棉、挤塑聚苯板或其他保温材料。

（2）常用的外墙自保温形式见表 5.3.5-2。

常用的外墙自保温形式　　表 5.3.5-2

燃烧性能	保温材料	内置保温材料	常用厚度（mm）	适用范围	参考图集	成本影响
A	轻集料混凝土保温砌块	聚苯板	250、290	属于保温结构一体化做法	华北标图集《FQ 复合保温砌块》16BJZ192	较低
					华北标图集《外墙外保温》19BJ2-12	
A	B04 级蒸压加气混凝土条板	无	200、250、300	属于保温结构一体化做法，适用于装配式结构	国标图集《装配式建筑蒸压加气混凝土板围护系统》19CJ85-1	较高
					北京市《蒸压加气混凝土墙板系统应用技术规程》DB11/T 2003—2022	

7. 外墙夹芯保温设计要点

（1）应充分考虑“热桥”影响后取传热系数值，如板缝处、连接件处、混凝土外墙封边处等薄弱点，节能计算时应考虑“热桥”影响后的传热系数。

（2）应做好局部“热桥”部位的保温构造设计，如连接件表面包裹、热桥区域附加保温的做法，避免出现内表面结露现象。

（3）外墙夹芯保温系统应采用燃烧性能为 A 级或 B_1 级的材料，同时在夹芯保温层外露部位设置不燃材料防火保护层。当夹芯保温层采用岩棉板时，应采用岩棉防塌落和防潮措施。

8. 外墙结构保温一体化设计要点

外墙夹芯保温系统、外墙自保温系统、幕墙系统属于保温结构一体化做法。推广使用的外墙外保温技术做法包括但不限于表 5.3.5-3、表 5.3.5-4 中的内容。

推广使用的外墙外保温技术特点　　表 5.3.5-3

序号	保温材料	技术特点	适用范围
1	现浇混凝土内置保温体系	通过不锈钢腹丝焊接网架或金属连接件将现浇混凝土结构层和防护层可靠连接，中间设置保温层，层间设置混凝土挑板，在保温层两侧结构层和防护层同时浇筑混凝土，形成保温与外墙结构一体的外墙保温系统	新建、扩建的民用建筑现浇混凝土剪力墙结构外墙外保温工程
2	钢丝网架复合板喷涂砂浆外墙保温体系	由内斜插金属腹丝与复合保温板外单侧或双侧钢丝网片焊接形成钢丝网架复合保温板，通过金属连接件将钢丝网架（片）复合保温板与现浇混凝土结构层或者将钢丝网架（片）复合保温板与钢结构、框架结构主体可靠连接，形成钢丝网架（片）复合保温板体系；隔层设置混凝土挑板，外侧钢丝网喷涂砂浆作为防护层、内侧结构层浇筑混凝土形成保温与外墙结构一体的外墙保温系统	新建、扩建的公共建筑混凝土框架结构和钢结构外墙外保温工程

续表

序号	保温材料	技术特点	适用范围
3	大模内置现浇混凝土复合保温板体系	现浇混凝土结构层、复合保温板由金属连接件连成一体、可靠连接，层间设置混凝土挑板，形成保温与外墙一体的复合保温体系	新建、扩建的民用建筑现浇混凝土剪力墙结构外墙外保温工程
4	大模内置现浇混凝土保温板体系	现浇混凝土结构层、保温板由金属连接件连成一体，层间设置混凝土挑板，形成现浇混凝土外墙保温板体系	新建、扩建的民用建筑现浇混凝土剪力墙结构外墙外保温工程

注：引自《关于进一步改革和完善建筑保温与结构一体化技术认定工作的通知》（冀建科〔2018〕4号）。

推广使用的外墙外保温技术要点　　表 5.3.5-4

序号	保温材料	技术特点
1	现浇混凝土内置保温体系	1. 现浇混凝土内置保温系统外侧防护层应采用自密实混凝土，结构层和防护层同时浇筑，并采取必要技术措施，保证保温板不发生位移。当采用其他类型混凝土时，应有可靠措施保证防护层的浇筑密实。 2. 防护层厚度不小于 50mm，内设低碳镀锌钢丝网，钢丝直径不小于 3mm，网格不小于 50mm × 50mm，且配筋率不小于 0.25%。 3. 连接件为直径 8mm 螺纹钢筋（不应少于 8 个/m^2）或钢制型材（数量由计算确定且不应少于 4个/m^2），穿过保温板部位的钢筋或者钢材采用工程塑料热熔包覆。 4. 层间混凝土挑板伸至防护层厚度的 4/5 处，端部设置隔热措施。 5. 保温板六面应喷涂水泥基聚合物砂浆包覆
2	钢丝网架复合板喷涂砂浆外墙保温体系	1. 连接件应为直径 8mm 螺纹钢筋或其他型材，连接件不应少于 8 个/m^2，穿过保温板部位的钢筋或者钢材应采用工程塑料热熔包覆。 2. 穿透保温层的斜插腹丝，应采用不锈钢丝。 3. 喷涂砂浆防护层等级不应低于 M20 级，总厚度不应低于 30mm。 4. 隔层设置混凝土挑板伸至防护层处，与钢丝网架（片）复合保温板和结构层可靠连接，端部设置隔热措施。 5. 保温芯材应喷涂水泥基聚合物砂浆六面包覆
3	大模内置现浇混凝土复合保温板体系	1. 复合保温板防护层燃烧性能不低于 A2 级，厚度不小于 50mm；保温板芯材不低于 B_1 级。 2. 复合保温板出厂前应六面包覆，满足以下要求：①保温板内侧应设置不小于 3mm 厚抗裂砂浆，压入单层耐碱玻纤网格布；②防护层外侧应设置不小于 5mm 厚抗裂砂浆，压入单层耐碱玻纤网格布；③板四个侧面或者多个侧面应喷涂水泥基聚合物砂浆；④防护层与保温板之间砂浆胶粘剂的拉伸粘结强度应符合有关标准要求。 3. 层间设置现浇钢筋混凝土挑板至防护层 4/5 处，端部设置隔热措施。 4. 连接件为直径 8mm 带肋钢筋或钢制型材，外端设置直径不小于 60mm 的锚固盘；穿过保温板部位的钢筋以及锚固盘，用工程塑料热熔包覆；连接件内端锚入主体结构不小于 100mm。 5. 现浇混凝土施工时应设置常规模板。 6. 复合保温板产品出厂前，应按照绿色施工要求，结合施工图和现场实际尺寸进行排版设计和加工
4	大模内置现浇混凝土保温板体系	1. 保温板不低于 B_1 级，板与混凝土接触面开有凹槽。 2. 保温板表面应包覆，板内表面设置不小于 3mm 厚抗裂砂浆，压入单层耐碱玻纤网格布；板外表面设置不小于 10mm 厚抗裂砂浆，压入双层耐碱玻纤网格布或单层镀锌钢丝网片。 3. 层间设置现浇钢筋混凝土挑板，端部设置隔热措施。 4. 连接件为直径 8mm 带肋钢筋，外端设置直径 60mm 锚固盘；穿过保温板部位钢筋以及锚固盘，用工程塑料热熔包覆；连接件内端锚入主体结构不小于 100mm。 5. 现浇混凝土施工时应设置常规模板。 6. 包覆后的保温板出厂前应按照绿色施工要求，结合施工图和现场实际尺寸进行排版设计和加工。 7. 满足建筑防火规范和安全耐久技术标准要求

注：引自河北省《居住建筑节能设计标准（节能 75%）》DB13（J）185—2020（2021 年版）附录 F。

9. 对于太阳辐射强度较大地区的建筑，宜采用浅色外墙饰面、外墙反射隔热涂料、通风隔热构造墙体或加设遮阳板、墙面绿化等遮阳措施解决隔热问题。

5.4　墙体饰面类型及性能

5.4.1　饰面类型（表 5.4.1-1）

饰面类型　　表 5.4.1-1

类型	主要形式
外墙	包括清水墙饰面、抹灰饰面、涂料饰面、面砖饰面、石材饰面、板材饰面等
内墙	包括清水饰面、抹灰涂料饰面、面砖饰面、石材饰面、装饰板材饰面、壁纸织物饰面、吸声饰面、特殊功能饰面等
踢脚	包括水泥踢脚、水磨石踢脚、石材踢脚、面砖踢脚、木踢脚、金属踢脚、弹性踢脚、涂料踢脚、防腐蚀踢脚等

注：参考《全国民用建筑工程设计技术措施：规划·建筑·景观》、国标图集《工程做法》23J909、华北标图集《工程做法》19BJ1-1 等。

5.4.2　外墙饰面分类及适用范围（表 5.4.2-1）

常用外墙饰面分类及适用范围　　表 5.4.2-1

外墙饰面		适用墙体				成本影响
		砖墙、石墙	混凝土墙	砌块墙	板墙	
清水饰面	清水砖墙面	√				效果为主
	清水石墙面	√				
	清水混凝土墙面		√			
抹灰饰面	水泥砂浆墙面	√	√	√	√	较低
	水刷石墙面	√	√	√	√	
	剁斧石墙面	√	√	√	√	
	干粘石墙面	√	√	√	√	
涂料饰面	合成树脂乳液外墙涂料	√	√	√	√	较低
	无机外墙涂料	√	√	√	√	
	溶剂型外墙涂料	√	√	√	√	不推荐
面砖饰面	陶瓷饰面砖墙面	√	√	√	√	人工较高
	劈离砖墙面	√	√	√	√	
	彩色釉面砖墙面	√	√	√	√	
	陶瓷锦砖墙面	√	√	√	√	
	玻璃马赛克墙面	√	√	√	√	
石材饰面	天然石材墙面	√	√	√	√	较高
	人造石材墙面	√	√	√	√	
	复合石材墙面	√	√	√（实心砌块）	√	

续表

外墙饰面		适用墙体				成本影响
		砖墙、石墙	混凝土墙	砌块墙	板墙	
板材饰面	纤维水泥装饰板外墙面	√	√	√（实心砌块）	√	较高
	金属板外墙面	√	√	√（实心砌块）	√	
	披叠板外墙面	√	√	√（实心砌块）	√	
	陶土板外墙面	√	√	√（实心砌块）	√	
	木挂板外墙面	√	√	√（实心砌块）	√	
	保温装饰一体板外墙面	√	√	√（实心砌块）	√	

注：参考国标图集《工程做法》23J909、华北标图集《工程做法》19BJ1-1 等。

1. 外墙清水饰面（表 5.4.2-2）

常用外墙清水饰面分类及设计要点　　表 5.4.2-2

外墙饰面		防火性能	设计要点
清水饰面	清水砖墙面	A 级	（1）清水砖、砌块的抗渗性应符合相关规定； （2）宜采用憎水性砂浆砌筑； （3）砖缝分凹缝、凸缝、斜缝及平缝； （4）外墙表面宜喷涂透明防水涂料
	清水石墙面	A 级	
	清水混凝土墙面	A 级	（1）类型分普通、饰面及装饰清水混凝土； （2）构件尺寸宜标准化和模数化； （3）表面涂刷的透明保护涂料，应具有防污、防水、憎水等性能

注：参考国标图集《工程做法》23J909、华北标图集《工程做法》19BJ1-1 等。

2. 外墙抹灰饰面（表 5.4.2-3）

常用外墙抹灰饰面分类及设计要点　　表 5.4.2-3

外墙饰面		防火性能	设计要点
抹灰饰面	水泥砂浆墙面（涂料墙面）	A 级	（1）外墙大面积抹灰时，应设置水平和垂直分格缝。水平分格缝的间距不宜大于 6m，垂直分格缝宜按墙面面积设置，且不宜大于 30m^2； （2）外墙抹灰层与基层之间及各抹灰层之间应粘结牢固，厚度不宜大于 30mm。当砂浆较厚时，宜采用热镀锌电焊网；较薄时宜采用耐碱玻璃纤维网布，并用锚栓固定； （3）外墙整体防水材料应与水泥砂浆等相关构造层材料相容，常用防水砂浆、聚合物水泥防水涂料等； （4）有保温的外墙防水层，宜设在保温层和墙体基层之间，防水层可采用防水砂浆
	水刷石墙面	A 级	半凝固后用水冲刷饰面，露出石子
	剁斧石墙面	A 级	（1）米粒石内掺 30%石屑； （2）斧剁斩毛两遍
	干粘石墙面	A 级	（1）不宜用于易触摸部位，如勒脚、门洞、栏板等；不适用于房屋底层墙面； （2）粒径以小八厘略掺石屑为宜； （3）1mm 建筑胶素水泥浆粘结

注：参考国标图集《工程做法》23J909、华北标图集《工程做法》19BJ1-1 等。

3. 外墙涂料饰面（表 5.4.2-4、表 5.4.2-5）

外墙涂料的分类方式及主要形式 **表 5.4.2-4**

分类方式	主要形式
外墙涂料的涂刷	刷涂、喷涂、辊涂、刮涂等
外墙涂料的构成	底涂、中涂、面涂
外墙涂料涂层的体系	（1）两层涂料体系：由底涂、中涂或面涂其中两种涂层构成； （2）复层涂料体系：由底涂（底漆）、中涂（中层漆）、面涂（面漆）构成
外墙涂料成膜物质的类型	（1）有机涂料：包含合成树脂乳液涂料、水溶性涂料、溶剂型涂料； （2）无机涂料； （3）复合涂料：结合有机涂料和无机涂料
外墙涂料干膜的厚度	（1）薄型涂料体系：小于 1.0mm； （2）厚型涂料体系：不小于 1.0mm

注：参考《建筑外墙涂料通用技术要求》JG/T 512—2017、国标图集《工程做法》23J909、华北标图集《工程做法》19BJ1-1 等。

常用外墙涂料饰面分类及设计要点 **表 5.4.2-5**

<table>
<tr><th>外墙饰面</th><th>防火性能</th><th colspan="5">外墙饰面分类</th><th>饰面材料特点</th></tr>
<tr><td rowspan="13">涂料饰面</td><td rowspan="12">B 级</td><td rowspan="12">有机外墙涂料</td><td rowspan="8">合成树脂乳液类涂料</td><td colspan="3">薄型涂料（平涂）</td><td>（1）耐碱、耐水性好，色彩艳丽、质感好；
（2）施工速度快、操作简便；
（3）透气性好，可在稍湿的基层上施工</td></tr>
<tr><td colspan="3">复层涂料（浮雕、凹凸花纹）</td><td>硅酸盐类复层涂料施工时需喷水养护</td></tr>
<tr><td rowspan="4">砂壁状质感类涂料</td><td colspan="2">仿石涂料（真石漆）</td><td rowspan="4">（1）砂壁状建筑涂料以各类天然彩砂复配而成，可形成立体多彩装饰效果，与天然材料的效果相同；
（2）对基层细小裂纹有一定弥补作用；
（3）仿砖工艺形成面砖的装饰效果</td></tr>
<tr><td colspan="2">仿砖涂料</td></tr>
<tr><td colspan="2">仿木涂料</td></tr>
<tr><td colspan="2">仿金属涂料</td></tr>
<tr><td rowspan="2">功能类涂料</td><td colspan="2">弹性涂料</td><td>（1）有较好的弹性延伸率，可弥补墙体细裂纹；
（2）膜较致密，可防止液态水透过漆膜；
（3）色彩丰富、耐候性好、附着力强</td></tr>
<tr><td colspan="2">反射隔热涂料</td><td>（1）具有装饰和隔热的双重功能；
（2）与外墙保温体系配合使用，具有较好的节能效果</td></tr>
<tr><td rowspan="4">水溶性涂料（环保）</td><td rowspan="3">仿石涂料</td><td rowspan="2">水性多彩建筑涂料</td><td>水包水</td><td rowspan="2">（1）在色彩上仿天然火烧石效果；
（2）具有一定的柔韧性，可遮盖墙面细小裂纹</td></tr>
<tr><td>水包砂</td></tr>
<tr><td colspan="2">水性复合岩片仿花岗岩涂料</td><td>（1）在色彩上高仿天然石材；
（2）具有一定的柔韧性，可遮盖墙面细小裂纹</td></tr>
<tr><td colspan="3">仿金属涂料（水性氟涂料）</td><td>涂料具有耐候性能、抗沾污性、耐洗刷性</td></tr>
<tr><td>A 级</td><td colspan="2">无机外墙涂料</td><td colspan="3">碱金属硅酸盐涂料（水玻璃类、硅溶胶）</td><td>（1）涂膜对基层有附着力；
（2）有防霉性；
（3）涂膜对基层体积变化的适应性差；
（4）耐水性不良</td></tr>
</table>

注：参考《建筑外墙涂料通用技术要求》JG/T 512—2017、国标图集《工程做法》23J909、华北标图集《工程做法》19BJ1-1 等。

■ **说明 1**

《建筑内部装修设计防火规范》GB 50222—2017 中对室内涂料面层的燃烧性能有严格控制，内墙涂料章节有详细描述，但目前规范中对外墙涂料饰面的燃烧性能分类未做明确要求。参考《建筑设计防火规范》GB 50016—2014（2018 年版）第 6.7.12 条规定：建筑外墙的装饰层应采用燃烧性能为 A 级的材料，但建筑高度不大于 50m 时，可采用 B_1 级材料，条文说明：根据不同的建筑高度及外墙外保温系统的构造情况，对建筑外墙使用的装饰材料的燃烧性能作了必要限制，**但该装饰材料不包括建筑外墙表面的饰面涂料**。

■ **说明 2**

因“溶剂型涂料”含有大量有机溶剂，对自然环境、安全生产和人体健康有危害，设计中不推荐使用，故此处不进行具体描述，当必须采用时可参考华北标图集《工程做法》19BJ1-1 中外涂 1、外涂 2。

4. 外墙面砖饰面，相关内容见表 5.4.2-6、表 5.4.2-7。

外墙面砖的分类方式及吸水性能 表 5.4.2-6

分类方式	主要形式	适用范围
全陶质面砖	吸水率小于 10%	北方地区外墙尽量不用陶质面砖，以免因面砖含水量高发生冻融破坏或剥落
陶胎釉面砖	吸水率 3%～5%	—
全瓷质面砖（通体砖）	吸水率小于 1%	推荐使用

注：参考《全国民用建筑工程设计技术措施：规划·建筑·景观》。

■ **说明**

用于室外的面砖应尽量选用吸水率小的产品。一般选用全瓷质面砖最为安全、可靠。当采用面砖饰面时，应评估脱落风险，结合各地区相关要求采取相应的技术措施。外墙面砖吸水率不应大于 6%，冻融循环 40 次不得破坏。

常用外墙面砖饰面分类及设计要点 表 5.4.2-7

<table>
<tr><th colspan="2">外墙饰面</th><th>防火性能</th><th>设计要点</th></tr>
<tr><td rowspan="5">面砖饰面</td><td>陶瓷饰面砖墙面</td><td>A 级</td><td rowspan="5">（1）面砖饰面适用于建筑抗震设防烈度不大于 8 度、高度不大于 100m，采用满粘法施工的建筑外墙。
（2）外墙饰面砖的粘贴材料不得使用水泥拌砂浆和有机物为主的粘结材料。应采用水泥基粘结材料粘贴。
（3）陶瓷砖粘结砂浆涂层平均厚度不宜大于 5mm。
（4）当采用外墙外保温系统时，不宜采用面砖饰面。当建筑高度大于 24m 时，不应采用面砖饰面。
（5）当 2 层或高度 8m 以上的外墙外保温系统采用面砖饰面时，单砖尺寸不宜超过 400mm × 400mm，面积不应大于 0.015m^2，厚度不应大于 7mm，背部应有深度不小于 0.5mm 的燕尾槽</td></tr>
<tr><td>劈离砖墙面</td><td>A 级</td></tr>
<tr><td>彩釉面砖墙面</td><td>A 级</td></tr>
<tr><td>陶瓷锦砖墙面</td><td>A 级</td></tr>
<tr><td>玻璃马赛克墙面</td><td>A 级</td></tr>
</table>

注：参考《全国民用建筑工程设计技术措施：规划·建筑·景观》、《建筑结构专业技术措施》、国标图集《工程做法》23J909、华北标图集《工程做法》19BJ1-1 等。

■ **说明**

自 2000 年起各地陆续颁布了禁止或限制使用外墙面砖的规定。部分地区除裙房以外的高层建筑、有行人通行或人流密集的建筑、临街建筑、采用粘贴保温板薄抹灰外保温系统的建筑，不推荐使用面砖饰面。

5. 外墙石材、板材饰面，相关内容见表 5.4.2-8、表 5.4.2-9。

外墙石材的分类方式、主要材料及设计要点　　表 5.4.2-8

分类		防火性能	主要材料
石材类型	天然石材	A 级	花岗石、大理石、板石、石灰石、砂岩等
	人造石材	A 级	微晶玻璃、水磨石、实体面材、人造合成石、人造砂岩等
	复合石材（板材）	A 级	木基石材复合板、玻璃基石材复合板、金属基石材复合板、蜂窝石材复合板、陶瓷基石材复合板等
板材类型	纤维水泥装饰板外墙面	A 级	—
	金属板外墙面	A 级	铝塑复合板、夹芯复合金属板、蜂窝结构金属板、钛锌板、瓦楞钢板等
	披叠板外墙面	A 级	—
	陶土板外墙面	A 级	—
	木挂板外墙面	A 级	—
	保温装饰一体板	A 级	金属面板保温装饰一体板、无机纤维板保温装饰一体板、陶瓷薄板保温装饰一体板

注：参考《全国民用建筑工程设计技术措施：规划·建筑·景观》、国标图集《工程做法》23J909 等。

■ **说明**

天然石材所含的放射性物质应符合规范要求，大理石一般不宜用于室外以及与酸有接触的部位。

外墙石材的安装方式及设计要点　　表 5.4.2-9

<table>
<tr><th colspan="3">分类</th><th colspan="2">主要类型及设计要点</th></tr>
<tr><td rowspan="3">安装方式</td><td rowspan="2">粘贴石材</td><td>胶粘法</td><td rowspan="2">（1）仅用于 3m 以下或首层墙面勒脚部位的局部镶贴。
（2）安装石材前应对石材四周及背板进行防污处理。防止石材板面出现“泛碱”现象</td><td>采用胶粘剂将石材粘贴在墙体基层上，采用薄型石材</td></tr>
<tr><td>湿挂法</td><td>（1）用钢筋绑扎石材，背后填充水泥砂浆。
（2）用于抗震设防烈度 6 度及以上地区时，钢筋网与墙内预埋钢筋应采用焊接的锚固方式</td></tr>
<tr><td colspan="2">干挂法</td><td colspan="2">（1）用金属挂件和高强度锚栓将石板材安装于建筑外侧的金属龙骨。
（2）分为缝挂式和背挂式，可避免湿挂法的弊病，被广泛用于外墙装饰。
（3）干挂法要求在钢筋混凝土墙柱进行预留埋件。
（4）干挂石材厚度当选用光面和镜面板材时应不小于 25mm，选用粗面板材时应不小于 28mm，单块板的面积不宜大于 1.5m²，选用砂岩、洞石等质地疏松的石材时应不小于 30mm。
（5）所有金属龙骨及挂件均应做防腐处理，或采用不锈钢材料。锚固件应采用化学锚栓，可采用扩孔型或金属膨胀型锚栓。
（6）砌块墙体应有构造柱及水平加强梁，进行龙骨支撑的预留预埋</td></tr>
</table>

注：参考《全国民用建筑工程设计技术措施：规划·建筑·景观》、国标图集《工程做法》23J909 等。

5.4.3 内墙饰面分类及设计要点

内墙饰面材料种类（性能要求、适用范围、设计要点、典型构造），见表 5.4.3-1。

常用内墙饰面分类及适用范围　　表 5.4.3-1

内墙饰面		适用墙体						成本影响
		砖墙	混凝土墙	砌块墙	板墙	轻钢龙骨墙	内保温完成面	
清水饰面	清水勾缝墙面	√	√					效果为主
	清水混凝土墙面		√					
抹灰涂料饰面	水泥砂浆墙面	√	√	√	√			较低
	涂料墙面	√	√	√	√	√	√	
	石粉墙面	√	√	√	√	√	√	
	耐水腻子墙面	√	√	√	√	√	√	
面砖饰面	陶瓷墙砖墙面	√	√	√	√		√	人工较高
	陶瓷马赛克墙面	√	√	√	√	√	√	
石材饰面	粘贴薄石材墙面	√	√	√				较高
	挂贴石材墙面	√	√	√				
	干挂石板墙面	√	√	√				
装饰板材饰面	粘贴树脂板墙面（木龙骨）	√	√	√				龙骨成本较高
	干挂树脂板墙面	√	√	√				
	干挂金属装饰板墙面	√	√	√				
	粘贴 PVC 卷材装饰板墙面	√	√	√	√	√		较低
	粘贴玻璃墙面	√	√	√				效果为主
	胶合板墙面	√	√	√				
	硬木企口板墙面	√	√	√				
	GRG/GRC 装饰板墙面	√	√	√				较低
壁纸织物饰面	贴壁纸（织物）墙面	√	√	√	√	√	√	效果为主
	铺钉织物软包墙面	√	√	√				
	皮（革）软包墙面	√	√	√				
吸声饰面	矿棉吸声板墙面	√	√	√				较低
	穿孔铝板吸声墙面	√	√	√				较高
	穿孔复合板吸声墙面	√	√	√				较低
	木丝板吸声墙面	√	√	√	√	√	√	较高
	穿孔石膏板吸声墙面	√	√	√	√	√	√	—
	木质吸声板墙面	√	√	√				较高
	聚酯纤维吸声板墙面	√	√	√	√	√	√	—

续表

内墙饰面		适用墙体						成本影响
		砖墙	混凝土墙	砌块墙	板墙	轻钢龙骨墙	内保温完成面	
特殊功能饰面	耐酸砖墙面	√	√	√				特殊房间
	耐酸碱涂料墙面	√	√	√				
	防静电不发火砂浆墙面	√	√	√				

注：参考国标图集《工程做法》23J909、华北标图集《工程做法》19BJ1-1 等。

1. 内墙清水墙饰面（表 5.4.3-2）

常用内墙清水饰面分类及设计要点　　表 5.4.3-2

内墙饰面		防火性能	设计要点
清水饰面	清水砖墙面	A 级	砖缝分平缝、凹缝
	清水混凝土墙面	A 级	（1）表面刷清水混凝土保护剂； （2）阳角应采用弧形转角或 45°倒角，阴角应设凹槽

注：参考国标图集《工程做法》23J909、华北标图集《工程做法》19BJ1-1 等。

2. 内墙抹灰饰面

抹灰涂料饰面主要指水泥砂浆墙面，防火性能为 A 级，设计时应注意如下内容：

（1）当抹灰层要求具有防水、防潮功能时，应选用防水砂浆；

（2）抹灰总厚度不宜超过 35mm，当大于或等于 35mm 时应采用加强措施。

（3）配电室、变压器室、电容器室的顶棚以及变压器室的内墙面不应抹灰，避免抹灰脱落造成房间内裸露带电体的短路事故。有泄爆要求的墙面不宜抹灰。

3. 内墙涂料饰面（表 5.4.3-3～表 5.4.3-5）

常用内墙涂料饰面分类及设计要点　　表 5.4.3-3

内墙饰面		防火性能	设计要点	
涂料饰面	涂料墙面	无机涂料 A 级 有机涂料 B_1 级	1. 轻钢龙骨板墙板增加防潮涂料。 2. 内保温墙需满贴涂塑中碱玻璃纤维网格布一层，用石膏胶粘剂横向粘贴	加气或水泥条板墙也需满贴涂塑中碱玻璃纤维网格布一层，用石膏胶粘剂横向粘贴
	石粉墙面	A 级		石粉为矿物岩石加工而成，环保材料
	耐水腻子墙面	A 级		适用于初装修墙面

注：参考国标图集《工程做法》23J909、华北标图集《工程做法》19BJ1-1 等。

内墙涂料饰面燃烧性能分类及规范要求　　表 5.4.3-4

涂料饰面		燃烧性能	规范要求
涂料饰面	无机涂料	A 级	施涂于 A 级基材上的无机装修涂料，可作为 A 级装修材料使用
	有机涂料	B_1 级	湿涂覆比小于 1.5kg/m^2，且涂层干膜厚度不大于 1.0mm 的有机装修涂料，可作为 B_1 级装修材料使用

注：参考《建筑内部装修设计防火规范》GB 50222—2017 第 3.0.6 条。

常用内墙涂料饰面分类及设计要点　　表 5.4.3-5

内墙饰面			燃烧性能	设计要点
涂料饰面	平涂涂料	无机内墙涂料（大白浆）	A 级	防火性、耐水性强
		乳胶漆	B 级	（1）水性涂料，属于合成树脂乳液涂料的一种； （2）成膜速度快，附着力和遮蔽性强，有一定的透气性、耐擦洗
	质感涂料	硅藻泥	A 级	（1）由硅藻土无机材料组成； （2）环保、防火性能好，纹理质感强，有一定的吸声保温能力，但硬度不高
		彩石漆	B 级	（1）属于合成树脂乳液涂料； （2）仿石材效果，附着力和遮蔽性强、耐冲击性好
		仿瓷漆	B 级	（1）属于合成树脂乳液涂料； （2）仿瓷釉饰面效果。漆膜光亮坚硬，有一定防水效果，耐碱耐磨，附着力强
		复层涂料（浮雕涂料）	B 级	（1）复合涂料是有机、无机涂料结合，相互取长补短； （2）色彩和质感丰富，耐冲击，附着力和遮蔽性强
		多彩花纹涂料	B 级	色彩和质感丰富，耐冲击，附着力和遮蔽性强
	功能涂料	杀菌防霉涂料	B 级	适用于医院、食品厂、酿酒厂、制药厂等，针对工厂选用杀菌防霉涂料，应提出无毒要求
		防静电涂料	B 级	适用于半导体工业、电子电气、通信制造、精密仪器、光学制造、医药工业等厂房

4. 内墙面砖饰面（表 5.4.3-6）

常用内墙面砖饰面分类及设计要点　　表 5.4.3-6

内墙饰面		防火性能	设计要点
面砖饰面	陶瓷墙砖墙面	A 级	（1）面砖品种包括釉面砖、瓷质砖、劈离砖、玻璃制品等； （2）高于 5m 的墙面，面砖规格应小于 400mm × 400mm； （3）内保温层采用双层玻纤网固定并满足贴砖要求； （4）墙面防水层与地面防水层需做好交接处理； （5）条板墙需贴涂塑中碱玻璃纤维网格布一层
	陶瓷锦砖（马赛克）墙面	A 级	

注：参考国标图集《工程做法》23J909、华北标图集《工程做法》19BJ1-1 等。

5. 内墙石材饰面（表 5.4.3-7）

常用内墙石材饰面分类及设计要点　　表 5.4.3-7

<table>
<tr><th colspan="2">内墙饰面</th><th>防火性能</th><th colspan="2">设计要点</th></tr>
<tr><td rowspan="3">石材饰面</td><td>粘贴薄石材墙面</td><td>A 级</td><td rowspan="3">在安装前应对石板背面及四周采用防污剂进行处理，防止石材板面出现“泛碱”现象</td><td>（1）粘贴石材饰面仅适用于 3.5m 以下高度的墙面。
（2）单片石材尺寸不应大于 400mm × 400mm</td></tr>
<tr><td>挂贴石材墙面</td><td>A 级</td><td rowspan="2">（1）高于 3.5m 的墙、柱面和厚度较大的石材可用挂贴法或干挂法。
（2）单片石材尺寸不应大于 600mm × 600mm，石材铝蜂窝复合板常用尺寸 1000mm × 1600mm。
（3）钢龙骨除角钢外，也可选用槽钢。
（4）开缝设计时，缝宽不宜大于 6mm，可视的连接构件宜为深色</td></tr>
<tr><td>干挂石板墙面</td><td>A 级</td></tr>
</table>

注：参考国标图集《工程做法》23J909、华北标图集《工程做法》19BJ1-1 等。

6. 内墙装饰板材饰面（表 5.4.3-8）

常用内墙装饰板材饰面分类及设计要点 表 5.4.3-8

<table>
<tr><th colspan="2">内墙饰面</th><th>防火性能</th><th>设计要点</th></tr>
<tr><td rowspan="9">装饰板材饰面</td><td>粘贴树脂板墙面（木龙骨）</td><td>B_2 级</td><td rowspan="2">（1）适用于要求洁净度较高的医院、实验室等公共空间。
（2）木龙骨要做防火处理</td></tr>
<tr><td>干挂树脂板墙面</td><td>B_2 级</td></tr>
<tr><td>干挂金属装饰板墙面</td><td>B_2 级</td><td>常用金属装饰板及其最小厚度：铝板 2mm、金属蜂窝板 8mm、不锈钢板 2.5mm、彩色涂层钢板 1.5mm</td></tr>
<tr><td>粘贴 PVC 卷材装饰板墙面</td><td>B_2 级</td><td>（1）PVC 卷材装饰板常用规格为 20m × 1.5m，1.25mm 厚，基层要求平整无污物。
（2）条板墙满贴涂塑中碱玻璃纤维网格布一层。
（3）轻钢龙骨墙满钉 0.6mm 厚钢板网</td></tr>
<tr><td>粘贴玻璃墙面</td><td>A 级</td><td>（1）仅限使用于釉面钢化玻璃，玻璃厚度不应大于 6mm，单块玻璃面积不大于 $1m^2$。
（2）需要设 12mm 厚阻燃板用自攻螺钉固定在铝合金龙骨上</td></tr>
<tr><td>胶合板墙面</td><td>B_2 级</td><td>（1）木龙骨要做防火处理，需满涂氟化钠防腐剂。
（2）宜设防潮层</td></tr>
<tr><td>硬木企口板墙面</td><td>B_2 级</td><td>宜设防潮层</td></tr>
<tr><td>GRG/GRC 装饰板墙面</td><td>A 级</td><td>砌块墙宜设防潮层</td></tr>
</table>

注：参考国标图集《工程做法》23J909、华北标图集《工程做法》19BJ1-1 等。

7. 内墙壁纸织物饰面，相关内容见表 5.4.3-9。

壁纸织物饰面单位面积质量小于 $300g/m^2$ 的纸质、布质壁纸，当直接粘贴在 A 级基材上时，可作为 B_1 级装修材料使用。参考《建筑内部装修设计防火规范》GB 50222—2017 第 3.0.4、3.0.7 条。

■ **说明**

当使用多层装修材料时，各层装修材料的燃烧性能等级均应符合本规范的规定。复合型装修材料的燃烧性能等级应进行整体检测确定。

常用内墙壁纸织物饰面分类及设计要点 表 5.4.3-9

<table>
<tr><th colspan="2">内墙饰面</th><th>防火性能</th><th>设计要点</th></tr>
<tr><td rowspan="3">壁纸织物饰面</td><td>贴壁纸（织物）墙面</td><td>B_2 级
特殊处理
可达 B_1 级</td><td>（1）壁纸包括塑料面壁纸、亚麻面壁纸、丝绸面壁纸、金属面壁纸、丝绸玻璃棉壁毡等。
（2）贴壁纸的墙面砂浆层强度等级不低于 M15，不宜用石膏腻子找平。
（3）配套胶粘剂应具有耐水防潮功能。
（4）加气或水泥条板墙、内保温墙需满贴涂塑中碱玻璃纤维网格布一层，用石膏胶粘剂横向粘贴。
（5）轻钢龙骨板墙板增加防潮涂料</td></tr>
<tr><td>铺钉织物软包墙面</td><td>B_2 级</td><td rowspan="2">（1）木龙骨要做防火处理。
（2）砌块墙宜设防潮层</td></tr>
<tr><td>皮（革）软包墙面</td><td>B_2 级</td></tr>
</table>

注：参考国标图集《工程做法》23J909、华北标图集《工程做法》19BJ1-1 等。

8. 内墙吸声饰面（表 5.4.3-10、表 5.4.3-11）

内墙吸声饰面防火性能分类及规范要求 表 5.4.3-10

内墙饰面		整体防火性能	规范要求
吸声饰面	金属龙骨 + B_1 级饰面	A 级	安装在金属龙骨上燃烧性能达到 B_1 级的纸面石膏板、矿棉吸声板，可作为 A 级装修材料使用

注：参考《建筑内部装修设计防火规范》GB 50222—2017 第 3.0.4、3.0.7 条。

■ **说明**

当使用多层装修材料时，各层装修材料的燃烧性能等级均应符合本规范的规定。复合型装修材料的燃烧性能等级应进行整体检测确定。

常用内墙吸声饰面分类及设计要点 表 5.4.3-11

内墙饰面		防火性能	设计要点
吸声饰面	矿棉板/硅酸钙板吸声墙面	B_1 级	（1）适用于没有人流挤碰并有吸声要求的场所。 （2）常用于空调机房、泵房等有噪声房间的简易吸声墙。 （3）当用于地下建筑时，需采用防潮型矿棉吸声板或硅酸钙板
	穿孔铝板吸声墙面	A 级	（1）带龙骨有空腔，并在空腔内填玻璃棉等吸声材料，表面覆以穿孔金属板或穿孔装饰板的吸声墙面常用于大型厅堂。 （2）适用于没有人流挤碰并有吸声要求的场所。 （3）玻璃棉毡的厚度根据吸声要求确定，并不小于 50mm 厚。 （4）宜设防潮层
	穿孔复合板吸声墙	A 级	（1）15mm 厚穿孔吸声复合板 600mm × 600mm，板背面点状抹粉刷石膏（至少 5 个点）粘贴于墙面。 （2）宜设防潮层
	木丝板吸声墙面	B_2 级	（1）15mm 厚木丝板，可用于办公室、会议室、电影院、礼堂、运动场馆等公共空间。 （2）玻璃棉毡的厚度根据吸声要求确定，并不小于 50mm 厚。 （3）宜设防潮层
	穿孔石膏板吸声墙面	A 级	（1）9.5(12)mm 厚穿孔石膏板可用于办公室、会议室等公共空间。 （2）穿孔石膏板的孔洞大小、类型、穿孔率缝等根据吸声要求确定。 （3）玻璃棉毡的厚度根据吸声要求确定，并不小于 50mm 厚。 （4）宜设防潮层
	木质吸声板墙面	B_2 级	（1）15～20mm 厚木质吸声板适用于办公室、会议室、剧场、体育场馆等公共空间，也可用于演播室、录音室等专业空间。 （2）宜设防潮层
	聚酯纤维吸声板墙面	B_2 级	（1）5～12mm 厚聚酯纤维吸声板适用于会议室等公共空间，也适用于机械制造、加工等有噪声车间的办公用房。 （2）宜设防潮层

注：参考国标图集《工程做法》23J909、华北标图集《工程做法》19BJ1-1 等。

9. 内墙特殊功能饰面（表 5.4.3-12）

内墙特殊功能饰面分类及设计要点 表 5.4.3-12

内墙饰面		防火性能	设计要点
特殊功能饰面	耐酸砖墙面	A 级	（1）适用于有耐酸碱要求的墙面或墙裙。 （2）耐酸砖粘结层材料应根据建筑物对耐酸碱的要求选取，如 5mm 厚环氧胶泥粘结层
	耐酸碱涂料墙面	A 级	
	防静电不发火砂浆墙面	A 级	（1）适用于对墙面有防甲乙类厂房、库房等易燃易爆场所。 （2）采用 7mm 厚防静电不发火砂浆面层。 （3）有防水要求时，采用 8mm 厚丙烯酸酯水泥砂浆

注：参考国标图集《工程做法》23J909、华北标图集《工程做法》19BJ1-1 等。

5.4.4 踢脚分类及设计要点（表 5.4.4-1）

常用踢脚分类及适用范围 表 5.4.4-1

内墙饰面		适用墙体						成本影响
		砖墙	混凝土墙	砌块墙	板墙	轻钢龙骨墙	内保温完成面	
水泥踢脚	水泥砂浆踢脚	√	√	√	√		√	较低
水磨石踢脚	预制水磨石踢脚	√	√	√	√		√	工艺复杂
石材踢脚	石材踢脚（花岗石/大理石/人造石）	√	√	√	√		√	较高
面砖踢脚	釉面砖踢脚	√	√	√	√		√	人工较高
	通体砖踢脚	√	√	√	√		√	
	微晶玻璃板踢脚	√	√	√	√	√	√	
木踢脚	木踢脚（实木/复合）	√	√	√	√	√	√	—
金属踢脚	金属踢脚（铝合金/不锈钢）	√	√	√	√	√	√	较高
弹性踢脚	弹性踢脚（PVC）	√	√	√	√	√	√	较低
涂料踢脚	涂料踢脚	√	√	√	√	√	√	较低
防腐蚀踢脚	密实混凝土踢脚	√	√					特殊房间
	防腐涂料类踢脚	√	√					
	沥青胶泥踢脚（砂浆地面）	√	√					

5.4.5 饰面燃烧性能

1. 燃烧性能等级

装修材料按其燃烧性能划分为不燃性、难燃性、可燃性、易燃性。不同类型的建筑不同部位装修材料的燃烧性能要求不同，根据单层、多层、高层及地下建筑主要等级分类，见表 5.4.5-1。

民用建筑墙面装修材料的燃烧性能等级　　表 5.4.5-1

<table>
<tr><th rowspan="2">序号</th><th rowspan="2">建筑物及场所</th><th rowspan="2">建筑规模、性质</th><th colspan="3">墙面装修材料燃烧性能等级</th></tr>
<tr><th>单层、多层</th><th>高层</th><th>地下</th></tr>
<tr><td>1</td><td>候机楼的候机大厅、贵宾候机室、售票厅、商店、餐饮场所等</td><td>—</td><td>A</td><td>A</td><td>—</td></tr>
<tr><td rowspan="2">2</td><td rowspan="2">汽车站、火车站、轮船客运站的候车（船）室、商店、餐饮场所等</td><td>建筑面积 > 10000m^2</td><td>A</td><td>A</td><td>—</td></tr>
<tr><td>建筑面积 ≤ 10000m^2</td><td>B_1</td><td>B_1</td><td>—</td></tr>
<tr><td rowspan="2">3</td><td rowspan="2">观众厅、会议厅、多功能厅、等候厅等</td><td>每个厅建筑面积 > 400m^2</td><td>A</td><td>A</td><td>A</td></tr>
<tr><td>每个厅建筑面积 ≤ 400m^2</td><td>B_1</td><td>B_1</td><td>—</td></tr>
<tr><td rowspan="2">4</td><td rowspan="2">体育馆</td><td>> 3000 座位</td><td>A</td><td rowspan="2">—</td><td rowspan="2">—</td></tr>
<tr><td>≤ 3000 座位</td><td>B_1</td></tr>
<tr><td rowspan="2">5</td><td rowspan="2">商店的营业厅</td><td>每层建筑面积 > 1500m^2 或总建筑面积 > 3000m^2</td><td>B_1</td><td>B_1</td><td>—</td></tr>
<tr><td>每层建筑面积 ≤ 1500m^2 或总建筑面积 ≤ 3000m^2</td><td>B_1</td><td>B_1</td><td>—</td></tr>
<tr><td rowspan="2">6</td><td rowspan="2">宾馆、饭店的客房及公共活动用房等</td><td>设置送回风道（管）的集中空气调节系统/一类建筑</td><td>B_1</td><td>B_1</td><td>B_1</td></tr>
<tr><td>其他/二类建筑</td><td>B_1</td><td>B_1</td><td>—</td></tr>
<tr><td>7</td><td>养老院、托儿所、幼儿园的居住及活动场所</td><td>—</td><td>A</td><td>A</td><td>—</td></tr>
<tr><td>8</td><td>医院的病房区、诊疗区、手术区</td><td>—</td><td>A</td><td>A</td><td>A</td></tr>
<tr><td>9</td><td>教学场所、教学实验场所</td><td>—</td><td>B_1</td><td>B_1</td><td>A</td></tr>
<tr><td>10</td><td>纪念馆、展览馆、博物馆、图书馆、档案馆、资料馆等的公众活动场所</td><td>一类建筑
二类建筑</td><td>B_1</td><td>B_1</td><td>A</td></tr>
<tr><td>11</td><td>存放文物、纪念展览物品、重要图书、档案、资料的场所</td><td>—</td><td>A</td><td>A</td><td>A</td></tr>
<tr><td>12</td><td>歌舞娱乐游艺场所</td><td>—</td><td>B_1</td><td>B_1</td><td>A</td></tr>
<tr><td>13</td><td>A、B 级电子信息系统机房及装有重要机器、仪器的房间</td><td>—</td><td>A</td><td>A</td><td>A</td></tr>
<tr><td rowspan="2">14</td><td rowspan="2">餐饮场所</td><td>营业面积 > 100m^2</td><td>B_1</td><td rowspan="2">B_1</td><td rowspan="2">A</td></tr>
<tr><td>营业面积 ≤ 100m^2</td><td>B_1</td></tr>
<tr><td rowspan="2">15</td><td rowspan="2">办公场所</td><td>设置送回风道（管）的集中空气调节系统/一类建筑</td><td>B_1</td><td>B_1</td><td rowspan="2">B_1</td></tr>
<tr><td>其他/二类建筑</td><td>B_1</td><td>B_1</td></tr>
<tr><td rowspan="2">16</td><td rowspan="2">电信楼、财贸金融楼、邮政楼、广播电视楼、电力调度楼、防灾指挥调度楼</td><td>一类建筑</td><td>—</td><td>A</td><td>—</td></tr>
<tr><td>二类建筑</td><td>—</td><td>B_1</td><td>—</td></tr>
<tr><td>17</td><td>其他公共场所</td><td>—</td><td>B_1</td><td>B_1</td><td>B_1</td></tr>
<tr><td>18</td><td>住宅</td><td>—</td><td>B_1</td><td>B_1</td><td>B_1</td></tr>
<tr><td>19</td><td>汽车库、修车库</td><td>—</td><td>—</td><td>—</td><td>A</td></tr>
</table>

注：引自《建筑内部装修设计防火规范》GB 50222—2017。

2. 常用内装墙面材料燃烧性能等级划分举例，见表 5.4.5-2。

常用内装墙面材料燃烧性能等级划分举例　　表 5.4.5-2

材料类别	级别	材料举例
墙面材料	A	花岗石、大理石、水磨石、水泥制品、混凝土制品、石膏板、石灰制品、黏土制品、玻璃、瓷砖、马赛克、钢铁、铝、铜合金、天然石材、金属复合板、纤维石膏板、玻镁板、硅酸钙板等
	B_1	纸面石膏板、纤维石膏板、水泥刨花板、矿棉板、玻璃棉板、珍珠岩板、难燃胶合板、难燃中密度纤维板、防火塑料装饰板、难燃双面刨花板、多彩涂料、难燃墙纸、难燃墙布、难燃仿花岗岩装饰板、氯氧镁水泥装配式墙板、难燃玻璃钢平板、难燃 PVC 塑料护墙板、阻燃模压木质复合板材、彩色难燃人造板、难燃玻璃钢、复合铝箔玻璃棉板等
	B_2	各类天然木材、木制人造板、竹材、纸制装饰板、装饰微薄木贴面板、印刷木纹人造板、塑料贴面装饰板、聚酯装饰板、复塑装饰板、塑纤板、胶合板、塑料壁纸、无纺贴墙布、墙布、复合壁纸、天然材料壁纸、人造革、实木饰面装饰板、胶合竹夹板等

注：引自《建筑内部装修设计防火规范》GB 50222—2017。

（1）安装在金属龙骨上燃烧性能达到 B_1 级的纸面石膏板、矿棉吸声板，可作为 A 级装修材料使用。

（2）单位面积质量小于 300g/m^2 的纸质、布质壁纸，当直接粘贴在 A 级基材上时，可作为 B_1 级装修材料使用。

（3）施涂于 A 级基材上的无机装修涂料，可作为 A 级装修材料使用；施涂于 A 级基材上，湿涂覆比小于 1.5kg/m^2，且涂层干膜厚度不大于 1.0mm 的有机装修涂料，可作为 B_1 级装修材料使用。

（4）当使用多层装修材料时，各层装修材料的燃烧性能等级均应符合《建筑内部装修设计防火规范》GB 50222—2017 的规定。复合型装修材料的燃烧性能等级应进行整体检测确定。

3. 特殊场所的墙面装饰材料设计要点

（1）建筑内部装修中，针对特别场所的墙面装修材料等级控制，见表 5.4.5-3。

特别场所的墙面装修材料等级控制　　表 5.4.5-3

特别场所	级别
①疏散楼梯间和前室； ②地下民用建筑的疏散走道和安全出口的门厅； ③建筑物内设有上下层相连通的中庭、走马廊、开敞楼梯、自动扶梯时，其连通部位； ④消防控制室、消防水泵房、机械加压送风排烟机房、固定灭火系统钢瓶间、配电室、变压器室、发电机房、储油间、通风和空调机房等； ⑤建筑物内的厨房； ⑥展览性场所在展厅设置电加热设备的餐饮操作区内，与电加热设备贴邻的墙面、操作台；展台与卤钨灯等高温照明灯具贴邻部位	A
①地上建筑的水平疏散走道和安全出口的门厅； ②民用建筑内的库房或贮藏间； ③展览性场所装修设计展台； ④电视塔等特殊高层建筑的内部装修，装饰织物	不低于 B_1

注：引自《建筑内部装修设计防火规范》GB 50222—2017。

（2）无窗房间、经常使用明火器具的餐厅、科研实验室内部装修材料的燃烧性能等级除A级外，应在表5.4.5-1规定的基础上提高一级。

（3）疏散走道和安全出口的顶棚、墙面不应采用影响人员安全疏散的镜面反光材料。

5.4.6 墙面饰面细节设计要点

1. 色彩设计

（1）内墙饰面应根据建筑功能如老年人建筑、幼儿建筑、学校等进行有针对性的色彩设计。

（2）常用建筑色卡包括CBCC中国建筑色卡国家标准、RAL色卡、PANTONE色卡等。

（3）应考虑环境影响，包括自然光、人工照明、位置、角度（如垂直面和顶面会因受光不同而形成不同的色彩表现）等。

（4）应充分考虑材质、反射率、穿孔率、透明度、表面质感、光泽度等物理特性对色彩表现的影响。

（5）透明或半透明材料、穿孔材料等应充分考虑背衬构造及材料在不同光照条件下对色彩表现的影响。

2. 防护设计

（1）人员密集的场所如商场、学校等公共建筑，室内公共区域的墙、柱等处的阳角宜为圆角，或者设置柔性材质护角。

（2）托儿所、幼儿园建筑中幼儿易接触的墙面，距离地面高度1.3m以下宜采用光滑易清洁的材料。

（3）餐饮类建筑中厨房区域的墙面，应采用无毒、无异味、不透水、易清洁的材料，阴角宜做成曲率半径为30mm以上的弧形。

（4）医疗建筑的墙裙、墙面应便于清洁或冲洗，其阴阳角宜做成圆角，踢脚、墙裙完成面应与墙面齐平。

（5）物流类、会展类、交通类、冷库类等建筑易于撞击部位的墙面应进行防撞设计，包括防撞墙、防撞栏杆、防撞墩等。

5.5 其他设计要点

5.5.1 装配式墙体设计要点

1. 墙体标准化、模数化和集成化

（1）外墙墙板设计应考虑建筑进深及跨度、轴网和层高、立面设计、门窗洞口尺寸，同时结合自身的部件尺寸及构造形式的要求，采用模数化、标准化的设计方法在水平模数和竖向模数上进行分隔。

（2）主要部品部件的制作尺寸应综合考虑主要功能空间的标志尺寸，结合部品部件之间的接口技术、制作和公差来确定，实现部品部件与建筑功能空间的模数协调，实现相关部品部件在制作与安装过程的尺寸配合。

（3）龙骨类隔墙、有空腔的贴面墙及模块化隔墙在进行管线分离设计时，应留有可敷设管线的空腔，相应的机电管线和末端设备应明确定位。同时需做好龙骨加强、防火封堵、隔声密封等措施。当管线需沿墙体方向穿过龙骨时，龙骨应进行加强设计。

2. 装配式外墙设计要点

（1）外墙保温构造设计

预制混凝土夹芯保温外墙板和预制混凝土夹芯保温外挂墙中的保温材料，其导热系数不宜大于 0.040W/(m · K)，体积比吸水率不宜大于 0.3%。燃烧性能不应低于 B_2 级。做法参考图 5.5.1-1。

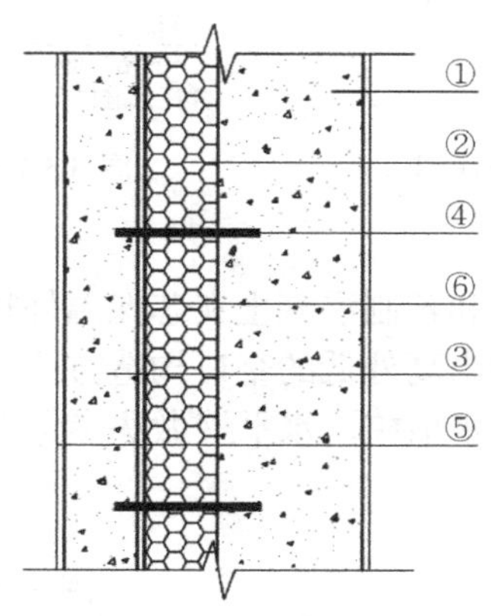

①—内叶墙板；②—保温材料；③—外叶墙板；④—连接件；⑤—饰面层；⑥—空气层

图 5.5.1-1　外墙夹芯保温墙板基本构造

（2）门窗洞口构造设计

预制混凝土夹芯保温外墙板和预制混凝土夹芯保温外挂墙板的门窗处，可用门窗盖住保温板的位置，气候严寒地区保温板厚度大，可采用保温板削角的措施，在门窗洞口边局部减薄保温厚度，或在夹芯墙板的洞口四周暗埋木砖，而不应该采用混凝土封边。做法参考图 5.5.1-2 和图 5.5.1-3。

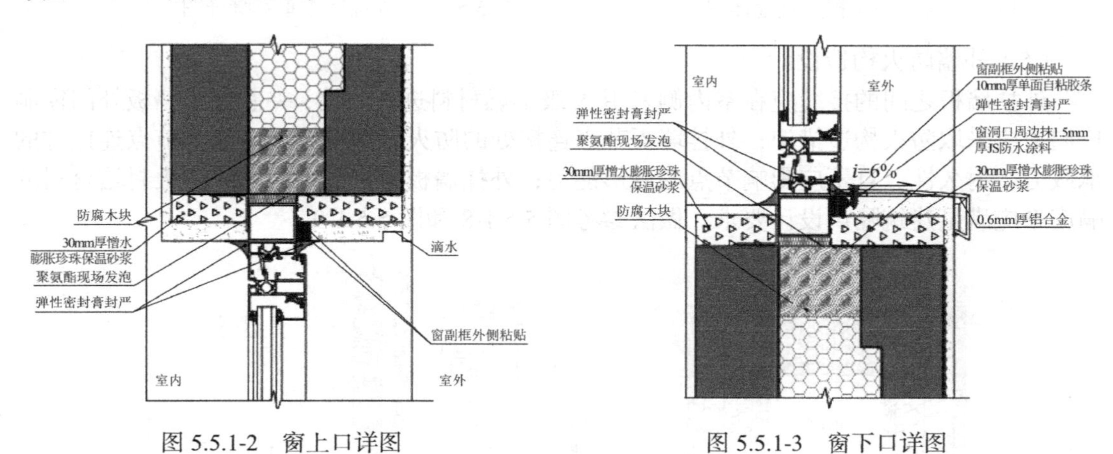

图 5.5.1-2　窗上口详图

图 5.5.1-3　窗下口详图

（3）预制板拼缝构造设计

预制混凝土夹芯保温外墙板和预制混凝土夹芯保温外挂墙板的拼缝处易产生冷热桥的部位，每相邻两块预制板安装完成后，塞入同材质保温条或聚乙烯泡沫条，起到保温和防水作用。做法参考图 5.5.1-4 和图 5.5.1-5。

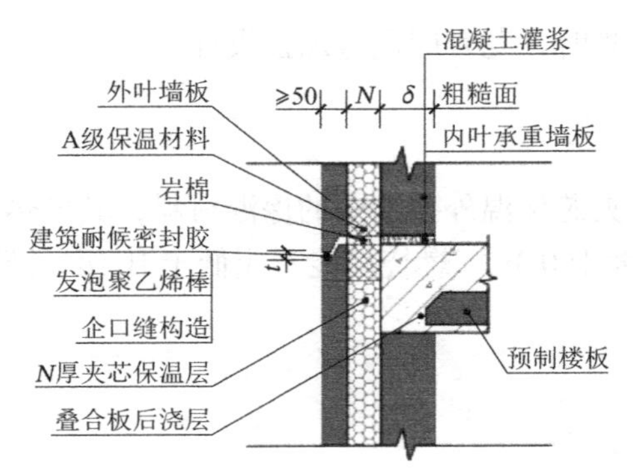

图 5.5.1-4　外墙板拼缝详图

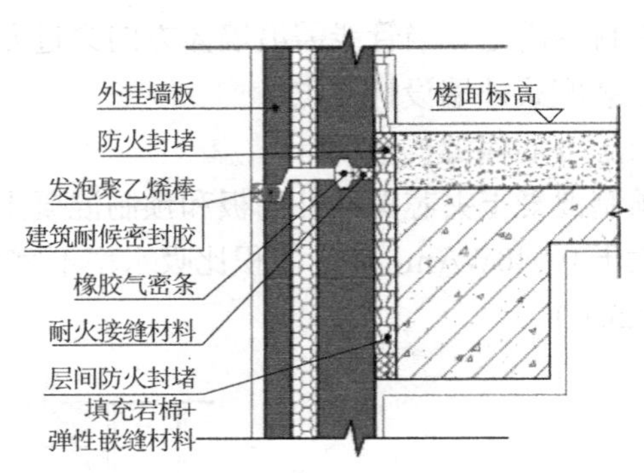

图 5.5.1-5　外挂墙板拼缝详图

（4）外墙防排水构造设计

预制混凝土夹芯保温外墙板和预制混凝土夹芯保温外挂墙板的水平缝和垂直缝采用带空腔的防水构造。水平缝宜采用内高外低的企口构造方式，垂直缝宜采用槽口构造形式。建筑首层底部应设置排水孔等排水措施。水平缝做法参考图 5.5.1-4、图 5.5.1-5。垂直缝做法参考图 5.5.1-6、图 5.5.1-7。

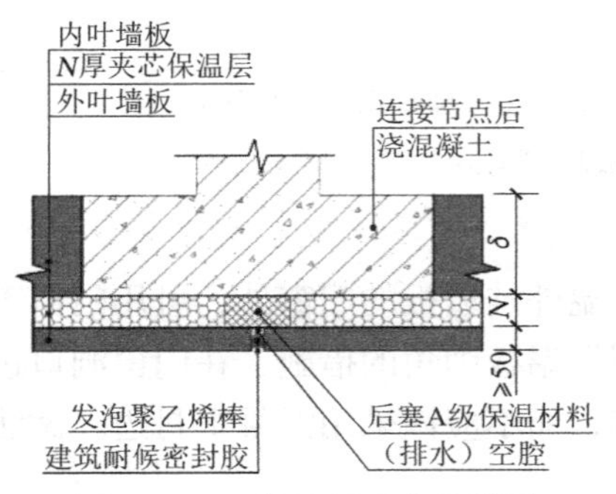

图 5.5.1-6　外墙板垂直缝详图

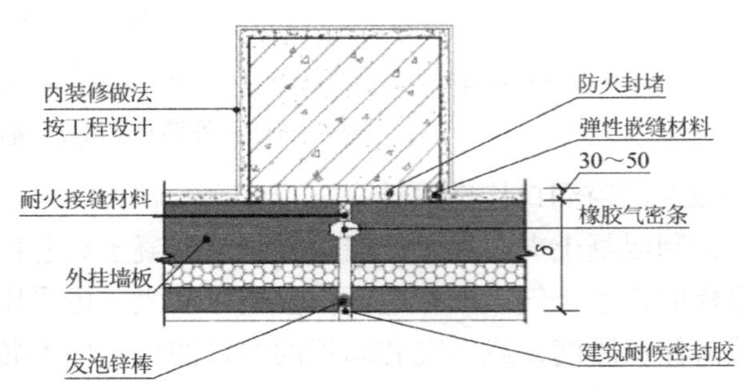

图 5.5.1-7　外挂墙板垂直缝详图

（5）外墙防火构造设计

外挂墙板之间的接缝应在室内侧采用 A 级不燃材料进行封堵；夹芯保温墙板外门窗洞口周边应采取防火构造措施；外挂墙板节点连接处的防火封堵措施不应降低节点连接件的承载力、耐久性，且不应影响节点的变形能力；外挂墙板与主体结构之间防火封堵材料的隔声量应满足建筑隔声设计要求。做法参考图 5.5.1-8 和图 5.5.1-9。

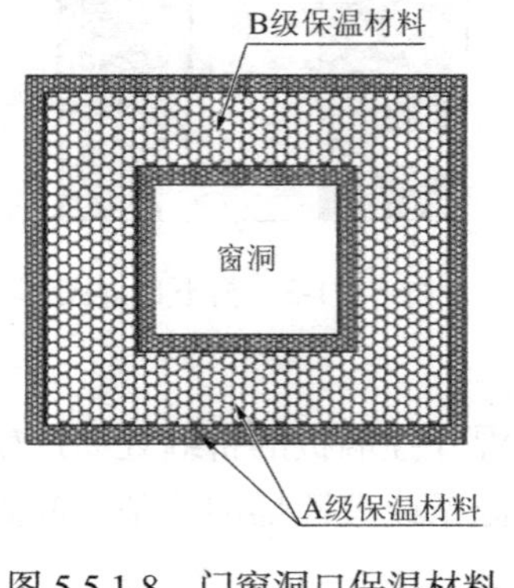

图 5.5.1-8　门窗洞口保温材料

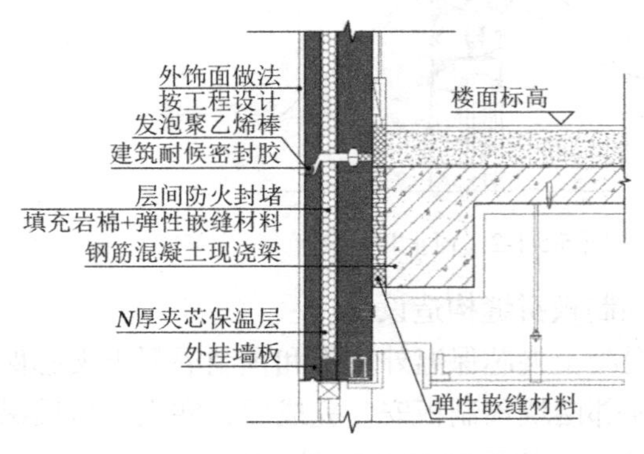

图 5.5.1-9　防火封堵

5.5.2　超低能耗墙体设计要点

1. 外墙热桥处理应符合下列规定：

（1）结构性悬挑、延伸等宜采用与主体结构部分断开的方式；

（2）外墙保温为单层保温时，应采用锁扣方式连接；为双层保温时，应采用错缝粘接方式；

（3）墙角处宜采用成型保温构件；

（4）保温层采用锚栓时，应采用断热桥锚栓固定，做法参考图 5.5.2-1；

（5）应尽量避免在外墙上固定导轨、龙骨、支架等可能导致热桥的部件；确需固定时，应在外墙上预埋断热桥的锚固件，并宜采用减少接触面积、增加隔热间层及使用非金属材料等措施降低传热损失做法参考图 5.5.2-2；

（6）穿墙管预留孔洞直径应大于管径 100mm 以上，墙体结构或套管与管道之间应填充保温材料；

（7）雨篷、门廊等外挑构件宜采用设置独立基础的形式，与墙体断开。当与墙体未断开时，应在外墙上预埋断热桥的锚固件连接固定，并宜采用减少接触面积、增加隔热间层及使用非金属材料等措施，降低传热损失；

（8）穿墙管道与预留孔洞间隙应便于保温材料填充，预留孔洞直径宜大于管径 100mm 以上，墙体结构或套管与管道之间应填充保温材料。做法参考图 5.5.2-3 和图 5.5.2-4。

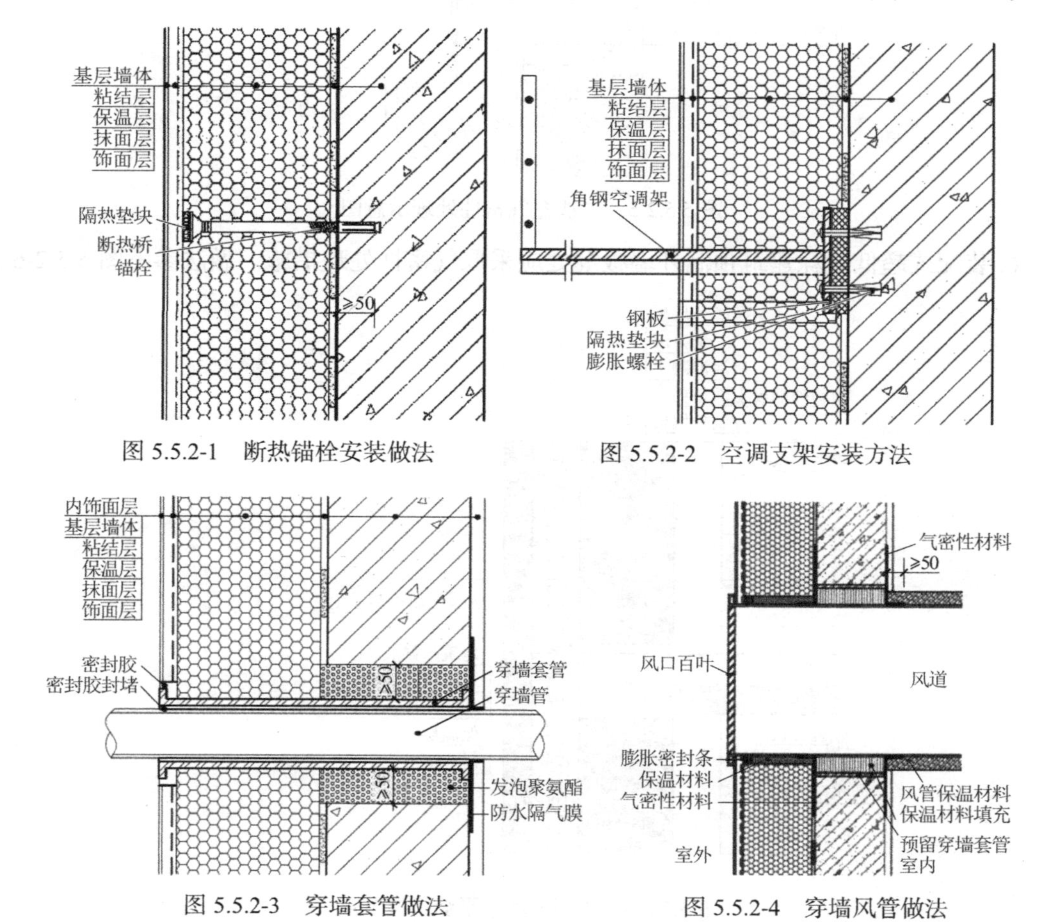

图 5.5.2-1　断热锚栓安装做法

图 5.5.2-2　空调支架安装方法

图 5.5.2-3　穿墙套管做法

图 5.5.2-4　穿墙风管做法

2. 地下室外墙和首层地面热桥处理应符合下列规定：

（1）地下室外墙外侧保温层应与地上部分保温层连续，并应采用吸水率低的保温材料；地下室外墙外侧保温层应延伸到地下冻土层以下，或完全包裹住地下结构部分；地下室外墙外侧保温层内部和外部宜分别设置一道防水层，防水层应延伸至室外地面以上适当距离。

（2）无地下室时，地面保温与外墙保温应连续、无热桥。

3. 穿透气密层的电力管线等宜采用预埋穿线管等方式，不应采用桥架敷设方式。

4. 不同围护结构的交界处以及排风等设备与围护结构交界处应进行密封节点设计，并应对气密性措施进行详细说明。

5. 穿越气密层的门洞、窗洞、电线盒、管线贯穿处等易发生气密性问题的部位，应进行针对性节点设计并对气密性措施进行详细说明。做法参考图 5.5.2-5。

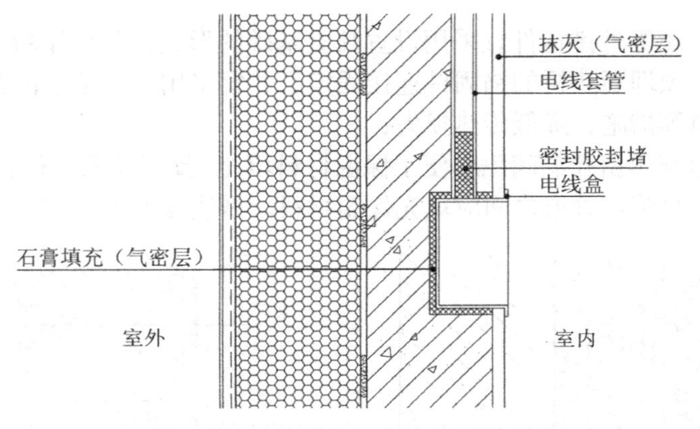

图 5.5.2-5　电线盒气密性处理示意图

6. 装配式超低能耗建筑预制外墙板缝处应采取气密性处理措施。做法参考图 5.5.2-6。

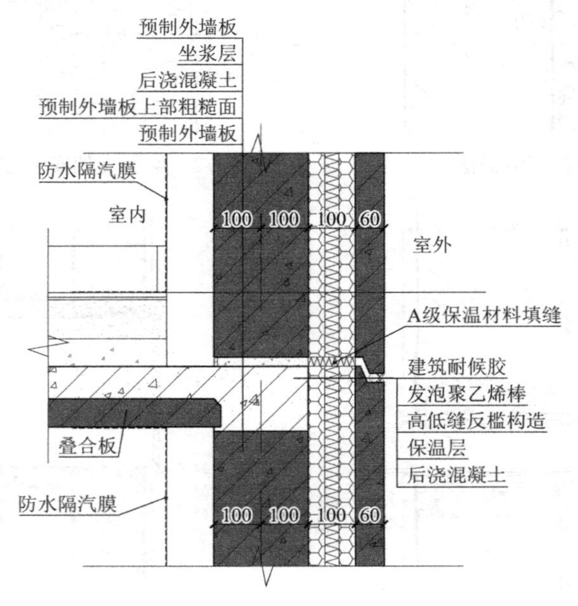

图 5.5.2-6　预制外墙水平缝拼接节点

7. 超低能耗建筑常用外墙保温材料性能（表 5.5.2-1）

超低能耗建筑常用外墙保温材料　　表 5.5.2-1

类型	燃烧性能	保温材料	导热系数［W/(m·K)］	参数	当传热系数为 $0.10W/(m^2·K)$时，厚度值
无机	A1	岩棉条	≤ 0.046，且不大于标称值	质量吸湿率 ≤ 1.0%；短期吸水量（部分浸入）≤ $0.5kg/m^2$；垂直于表面的抗拉强度 ≥ 100kPa；酸度系数 ≥ 1.8	250mm
		岩棉板	≤ 0.040，且不大于标称值	质量吸湿率 ≤ 1.0%；短期吸水量（部分浸入）≤ $0.4kg/m^2$；垂直于表面的抗拉强度（TR15 ≥ 15kPa，TR10 ≥ 10kPa，TR7.5 ≥ 7.5kPa）；酸度系数 ≥ 1.8	280mm
		真空绝热板	≤ 0.008	穿刺强度 ≥ 18N；垂直于表面的抗拉强度 ≥ 80kPa；压缩强度 ≥ 100kPa；表面吸水量 ≤ $100g/m^2$；穿刺后垂直于板面方向的膨胀率 ≤ 10%	50mm
有机	B_1或B_2	普通模塑聚苯板（EPS）	≤ 0.037	表观密度 18～$22kg/m^3$；垂直于板面方向的抗拉强度 ≥ 100kPa；尺寸稳定性 ≤ 0.3%；吸水率（体积分数）≤ 2%	220mm
		石墨模塑聚苯板（GEPS）	≤ 0.032	表观密度 18～$22kg/m^3$；垂直于板面方向的抗拉强度 ≥ 100kPa；尺寸稳定性 ≤ 0.3%；吸水率（体积分数）≤ 2%	200mm
		聚氨酯板	≤ 0.024	芯材表观密度 ≥ $35kg/m^3$；芯材尺寸稳定性 ≤ 1.0%；吸水率（体积分数）≤ 2%；垂直于板面方向的抗拉强度 ≥ 100kPa	150mm

8. 外门窗及其遮阳设施热桥处理（图 5.5.2-7、图 5.5.2-8）应符合下列规定：

（1）外门窗安装方式应根据墙体的构造形式进行优化设计。当墙体采用外保温系统时，外门窗可采用整体外挂式安装，门窗框内表面宜与基层墙体外表面齐平，门窗位于外墙外保温层内。装配式夹芯保温外墙，外门窗宜采用内嵌式安装方式。外门窗与基层墙体的连接件应采用阻断热桥的处理措施。

（2）外门窗外表面与基层墙体的连接处宜采用防水透汽材料粘贴，门窗内表面与基层墙体的连接处应采用气密性材料密封。

（3）窗户外遮阳设计应与主体建筑结构可靠连接，连接件与基层墙体之间应采取阻断热桥的处理措施。

9. 外门窗安装时，外门窗与结构墙之间的缝隙应采用耐久性良好的密封材料密封，室外一侧使用防水透汽材料。防水透汽材料应符合下列要求：

（1）防水透汽材料与门窗框粘贴宽度不应小于 15mm，粘贴应紧密，无起鼓漏汽现象。

（2）防水透汽材料与基层墙体粘贴宽度不应小于 50mm，粘贴密实，无起鼓漏汽现象。

10. 屋面热桥处理应符合下列规定：

（1）屋面保温层应与外墙的保温层连续，不得出现结构性热桥；当采用分层保温材料时，应分层错缝铺贴，各层之间应有粘结。

（2）屋面保温层靠近室外一侧应设置防水层；屋面结构层上，保温层下应设置隔汽层；屋面隔汽层设计及排汽构造设计应符合现行国家标准《屋面工程技术规范》GB 50345 的规定。

（3）女儿墙等突出屋面的结构体，其保温层应与屋面、墙面保温层连续，不得出现结构性热桥；女儿墙、土建风道出风口等薄弱环节，宜设置金属盖板，以提高其耐久性，金属盖板与结构连接部位，应采取避免热桥的措施。

（4）穿屋面管道的预留洞口宜大于管道外径 100mm 以上；伸出屋面外的管道应设置套管进行保护，套管与管道间应填充保温材料。

（5）落水管的预留洞口宜大于管道外径 100mm 以上，落水管与女儿墙之间的空隙宜使用发泡聚氨酯进行填充。

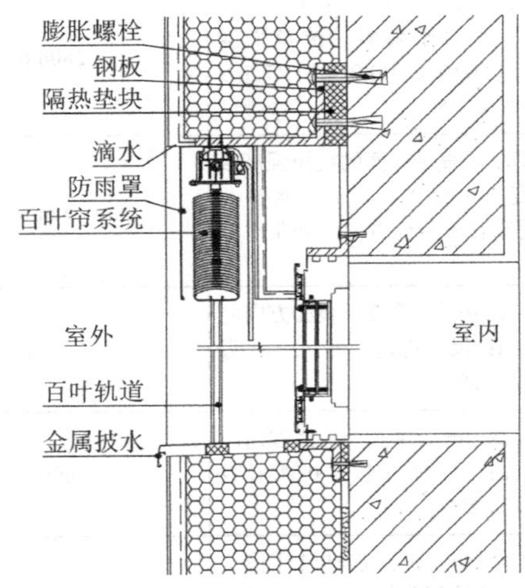

图 5.5.2-7　活动外遮阳及外窗剖面示意图

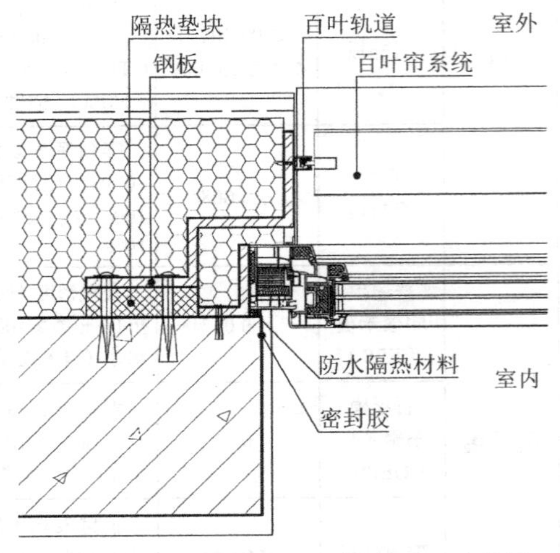

图 5.5.2-8　活动外遮阳及外窗平面示意图

5.5.3　特殊部位设计要点

1. 墙体变形缝设计要点

（1）墙体变形缝应采取、防火、保温、隔声等构造措施，各种措施应具有防老化、防腐蚀和防脱落等性能。变形缝设置应能保障建筑物在产生位移或变形时不受阻，且不产生破坏。

（2）防水设防区域、门、配电间及其他严禁有漏水的房间不应跨越变形缝。

（3）墙面变形缝装置的种类及构造特征，见表 5.5.3-1。

墙面变形缝装置的种类及构造特征　　**表 5.5.3-1**

使用部位	构造特征							
	金属盖板型	金属卡锁型	橡胶嵌平型	防振型	承重型	阻火带	止水带	保温层
外墙	√	√	橡胶	√	—	—	√	√
内墙	√	√	—	√	—	√	—	—

注：参考《变形缝建筑构造》14J936。

盖板型适用于各部位；卡锁型的盖板两侧封闭于槽内，比盖板型美观，适用于内、外墙面，安全性好，装修要求较高的建筑；嵌平型适用于高层建筑外墙，起到安全防坠落作用。内外墙可采用橡胶条盖板，设有弹簧复位功能。

（4）墙面变形缝设计要求见表 5.5.3-2，构造做法参见图 5.5.3-1。

墙面变形缝设计要求　　表 5.5.3-2

类型	设计要求
承载能力	变形装置的承载力应符合主体结构相应部位的设计要求
防火	有防火要求的墙体变形缝装置应配套安装阻火带，并应符合国家现行防火设计标准要求。外墙阻火带应设置在墙体内侧。内墙阻火带应设置在火灾危险性较高的房间
防水	有防水要求的墙体变形缝装置应配套安装防水卷材，采取合理防水、排水措施。外墙缝部位在室内外相通时，必须做防水构造
节能	有节能要求的墙体变形缝装置应符合国家现行建筑节能标准的要求。外墙变形缝的保温构造位置应与所在墙体的保温层位置一致。外墙外保温、外墙内保温的保温层位置均不一致，选用时可在具体详图中表示
防脆断	寒冷及严寒地区的建筑墙体变形缝装置应符合防脆断的要求，宜选用金属类的产品
防坠落	高层建筑外墙变形缝装置应采取合理措施，防止高空坠落
防振	用于防振要求的墙体变形缝装置应符合抗震设计中非结构构件要求
防腐蚀	五金件与铝合金基座相连接的部分应采取防止电腐蚀措施

注：参考《变形缝建筑构造》14J936。

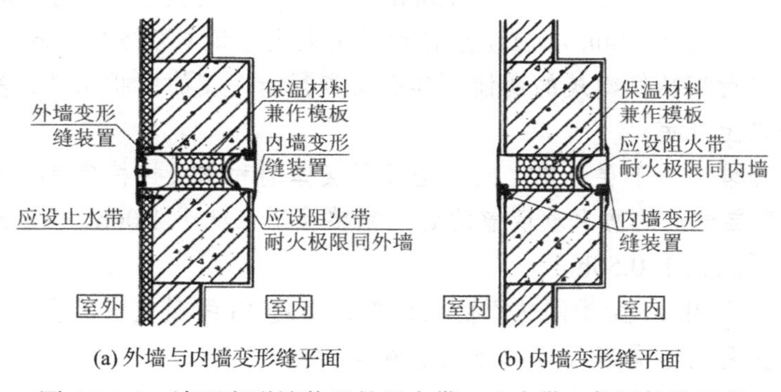

(a) 外墙与内墙变形缝平面　(b) 内墙变形缝平面

图 5.5.3-1　墙面变形缝装置的阻火带、止水带、保温构造示意

2. 墙体防开裂设计要点

（1）墙体设计时，宜选用有利于裂缝控制的墙体材料。

（2）在外墙等大面积饰面上设置分隔缝，以减少因温度变化、材料收缩等原因引起的开裂。墙体饰面及嵌缝材料应为性能良好的防水透气材料或柔性材料。

（3）内外墙体与不同材料交接处，应在接缝处通长采用防开裂措施。如：砌块类墙体在此部位可采用通长耐碱玻纤网格布压入聚合物水泥砂浆层的加强做法。

（4）夹芯保温复合墙的内、外叶墙宜采用可调节变形的拉结件。

3. 墙体吊挂重物设计要点

（1）墙体吊挂重物时，需要考虑基层墙体的承重能力。

（2）轻钢龙骨隔墙上需要固定或吊挂重物时，应采用专用配件、预埋木方、加强背板、调整龙骨间距、在竖向龙骨上预设固定挂点等可靠措施。

（3）实心砌块墙需要吊挂重物和设备时，不得单点固定，并应采取加固措施。用作固定和加固的预埋件和锚固件，均应做防腐或防锈处理。

（4）空心砌块墙需要吊挂重物和设备时，固定部位需采用混凝土实心灌芯。

5.6　典型问题解析

5.6.1　【消防】防火玻璃应用原则

【问题分析】商业项目耐火等级为一级、二级的民用建筑疏散走道上的玻璃隔墙，不能满足耐火完整性及隔热性达到 1.0h 的要求。致使疏散走道两侧隔墙耐火极限（耐火完整性 + 耐火隔热性）不符合规范标准要求，导致大面积更换，造成资金浪费和工期耽误。

【案例解析】玻璃具有通透性，紧急情况下易造成人体碰撞玻璃，因此不建议采用玻璃隔墙。如确需采用玻璃隔墙，应根据应用场所，选择不同耐火性能和耐火极限的防火玻璃：

（1）在建筑内防火隔墙部位，当采用防火玻璃墙时，应采用与防火分隔部位相同耐火等级的 A 类防火玻璃。当采用 C 类防火玻璃时，应设置自动喷水灭火系统（即防护冷却系统）进行保护。同时，玻璃隔墙应设置预防人员撞击玻璃的明显标识。

（2）在建筑内上、下层相连通的开口部位（中庭，以及自动扶梯、敞开楼梯等上、下层相连通的开口部位等），当采用防火玻璃墙时，应采用耐火极限不低于 1h 的 A 类防火玻璃（耐火隔热性和耐火完整性不应低于 1.00h）。当采用耐火极限不低于 1h 的 C 类防火玻璃时（耐火完整性不低于 1.00h），应设置自动喷水灭火系统（即防护冷却系统）进行保护。在（有顶棚的）步行街两侧建筑的商铺，其面向步行街一侧的围护构件，当采用防火玻璃墙时，也应符合以上规定。

（3）在建筑外墙上、下层开口之间，当设置实体墙和防火挑檐确有困难时，可设置 C 类防火玻璃墙，高层建筑的防火玻璃墙的耐火完整性不应低于 1.00h，多层建筑的防火玻璃墙的耐火完整性不应低于 0.50h。

（4）目前可生产 3h 的 A 类隔热型防火玻璃，满足 3h 的耐火极限要求。但防火玻璃不能替代防火墙，仅可用于局部开口的防火墙洞口。

5.6.2　【防水】墙体防水设计

问题分析：项目防水等级为一级，外墙为砌块墙体，采用两道防水层，分别为 5mm 厚防水砂浆 + 1.5mm 聚氨酯防水涂料；室内风机房、弱电机房、消防水泵房等墙面均采用 1.5mm 聚氨酯防水涂料，以上防水设计在合理性、经济性和环保性方面均具有提升空间。

案例解析：《墙体材料应用统一技术规范》GB 50574—2010 第 3.5.3 条指出，外保温墙体所采用的饰面涂料应具有防水透气性。这意味着是否具有良好的透气性是外墙防水材料的重要指标，良好的透气性可以防止室外水侵入墙体，同时又可以排除保温层内的水蒸气。但普通的聚氨酯防水涂料通常透气性较差，不适合用于外墙防水。综合考虑材料性能、经济性及合理性，通常建议采用以下防水做法：①第一道：≥ 5mm 厚聚合物水泥防水砂浆；第二道：≥ 1.5mm 厚聚合物水泥防水浆（涂）料；②第一道：≥ 10mm 厚找平型防水砂浆；第二道：≥ 5mm 厚聚合物水泥防水砂浆防水构造；③第一道：≥ 10mm 厚找平型防水砂浆；第二道：≥ 1.5mm 厚聚合物水泥防水浆（涂）料。可有效防止液态水的渗入，并有效控制建筑外墙湿气，力学性能优异，与抹面胶浆和腻子均有良好的黏附能力。

室内防水设计，需要依据空间类型，结合规范条款，综合判断项目各空间的防水使用环境类别。如室内风机房、弱电机房等墙面无明水的机房，墙面可不整体设置防水层，满足功能需求且节省成本。其次聚氨酯防水涂料不太适合用于墙面防水。聚氨酯防水涂料的防水效果比其他防水涂料更好，但是由于其表面光滑，抹面砂浆或面砖很难与其粘结，即使在防水涂膜表面用界面剂或表面抛砂进行处理，其长期粘结效果还是存在一定问题。

第6章 建筑楼地面

6.1 基本原则

6.1.1 总体原则

建筑楼地面材料需满足环保、低碳、节材的绿色发展总体要求，相关品种、规格、性能应符合设计要求及国家、地方等现行规范及标准。严禁使用国家明令禁止和淘汰的材料。

建筑楼地面的设计应根据建筑功能、使用要求、工程特征、技术经济条件等确定，满足隔声、保温、防火、防水等性能要求，楼地面表面应美观、平整、防滑、耐磨、耐撞击、便于清洁。

6.1.2 基本组成

建筑楼地面包含建筑楼面、无地下室时的建筑地面和有地下室时的基础底板：

（1）建筑楼面的组成包括面层和楼板（顺序均为从上往下）；

（2）建筑地面的组成包括面层、垫层和地基；

（3）基础底板的组成包括面层、底板、垫层和地基。

其中，面层包括饰面层及楼面基本构造层。

实际工程中，各层楼面的面层同样适用于无地下室的建筑地面面层，以及有地下室的基础底板面层。关于面层的技术措施见本章“6.2 楼面饰面层设计、6.3 楼面基本构造层设计、6.4 特殊楼面设计”内容。为避免重复，“6.5 地面及基础底板”中不包含面层内容，仅包含垫层及以下的设计内容。

6.2 楼面饰面层设计

6.2.1 饰面层基本类型

楼面饰面层通常理解为建筑楼地面的最终完成面，根据饰面层材料特点，常用的饰面层选择可包括水泥类整体面层、树脂类整体面层、板块面层、木竹面层、织物面层等，见表6.2.1-1。

饰面层常用类型及基本特性　　表6.2.1-1

常用类型	基本特性	成本档次
水泥类整体面层	优点：整体性强，面层形成连续完整的表面，外观整洁美观。平整度高，施工相对简便，通常可以一次施工完成。后期无缝隙的表面易于维护，耐久性好，能承受一定的磨损和压力	造价较低、档次较低

续表

常用类型	基本特性	成本档次
水泥类整体面层	关注点：基层要求较高，当基层不平整或强度不足容易导致面层开裂，影响使用，设计中需明确分仓、分格要求	造价较低、档次较低
树脂类整体面层	优点：整体涂层面层装修效果好，有优良的防水性能和耐腐蚀性能。色彩丰富，易清洁	造价适中、档次适中
	关注点：对基层强度及平整度要求较高，面层易开裂；材料燃烧性能通常不足 A 级，选用时需满足所在空间防火要求	
板块面层	优点：应用广泛，具有耐磨、耐久、防水、价格低、品种繁多，施工简易灵活、装饰效果较好、易于维修维护	造价中高、档次中高
	关注点：板块规格需结合所在空间特性和美观要求，在设计中明确	
木竹面层	优点：触感舒适、有弹性、安装方便	造价较高、档次较高
	关注点：环保性能低，且材料燃烧性能通常不足 A 级，选用时需满足所在空间防火要求	
织物面层	优点：触感舒适、有弹性、安装方便	造价较高、档次较高
	关注点：环保性能低，且材料燃烧性能通常不足 A 级，选用时需满足所在空间防火要求	

注：“成本档次”仅针对传统材料，针对特殊性能、特殊工艺的面层材料，需根据实际情况调研确定。

6.2.2　水泥类整体面层

水泥类整体面层的常用饰面材料、适用范围及构造特点，见表 6.2.2-1。

常用水泥类整体面层饰面材料及选择　　表 6.2.2-1

常用饰面材料	适用范围	饰面层厚度（mm）	强度等级	燃烧性能等级	材料选用关注点
水泥砂浆面层	水暖井、电间等面积小的辅助空间楼地面	20	DS M20	A 级	防止“起砂”，表面应撒干水泥粉抹压平整；水泥砂浆面层施工完成后要浇水避免开裂
混凝土/细石混凝土面层	汽车库、库房、展厅、工业厂房等有耐磨和耐撞击要求的楼地面	≥ 40/≥ 50（配钢筋网）	C25	A 级	大面积空间应有不超过 6m × 6m 的分仓浇筑要求，有防裂要求时需配钢筋网； 磨光混凝土、彩色混凝土需对应选择固化剂和染色剂
水泥基自流平面层	厂房、车间、仓储、展厅、超市、车库等无需设缝的大面积整体楼地面	≥ 5		A 级	需根据装饰性、抗污、防水防潮、防油、耐磨等因素选择表面封闭剂或固化剂
现制水磨石面层	办公、学校、商业、医院、洁净厂房、交通建筑等有耐磨、易清洁及美观要求的楼地面	≥ 35（含结合层）	DS M15	A 级	需明确水磨石分格要求，并确定分格条材质、水磨石图案、水泥颜色、砂子颜色
金刚砂耐磨骨料面层	地下车库、工业厂房等有高强耐磨要求的楼地面	≥ 45（含找平层）	C25	A 级	大面积空间应有不超过 6m × 6m 的分仓浇筑要求

6.2.3 树脂类整体面层

树脂类整体面层的常用饰面材料、适用范围及构造特点，见表 6.2.3-1。

常用树脂类整体面层饰面材料及选择 表 6.2.3-1

常用饰面材料	适用范围	饰面层厚度（mm）	燃烧性能等级（不低于）	材料选用关注点
环氧树脂平涂面层	一般工业建筑及车库楼地面	3～5	B_2级	材料燃烧性能需满足所在空间防火要求；水性环氧涂层存在 B_1 级和 A 级材料，需根据使用空间需求，选用对应的材料；需根据使用情况确定防滑等级
聚氨酯平涂面层	商场、医院、车库、办公场所、工厂仓库楼地面	1.2	B_2级	材料燃烧性能需满足所在空间防火要求；需根据使用情况确定防滑等级
环氧树脂/聚氨酯自流平面层	有清洁和弹性使用要求的楼地面，如食品加工、实验室、医院、制药厂、车库、仓库、超市等	5	B_2级	材料燃烧性能需满足所在空间防火要求
环氧磨石面层	商场、医院、学校、酒店、展览、机场建筑等公共场所楼地面	6～10	B_2级	材料燃烧性能需满足所在空间防火要求
PVC 地板（卷材）/橡胶地板面层	住宅、办公、商场、学校、轻工厂房、实验室、健身房、医院等场所楼地面	7（含垫层）	B_2级	材料燃烧性能需满足所在空间防火要求；需明确聚氯乙烯塑料板的规格、颜色
石塑地板（卷材）面层	住宅、办公、商场、学校、轻工厂房、实验室、健身房等场所楼地面	6（含垫层）	B_2级	材料燃烧性能需满足所在空间防火要求；需明确石英塑料板的规格、颜色
亚麻地板（卷材）面层	医院、学校、办公等公共场所及洁净厂房、实验室等场所楼地面	6（含垫层）	B_2级	材料燃烧性能需满足所在空间防火要求；需明确亚麻地板的规格、颜色
聚脲面层	有耐摩擦和硬度使用要求的楼地面，如食品加工、洁净厂房及轻型荷载生产区、实验室、医院及大型公建等	1.5	B_2级	材料燃烧性能需满足所在空间防火要求；材料造价高

6.2.4 板块面层

板块面层的常用饰面材料、适用范围及构造特点，见表 6.2.4-1。

常用板块面层饰面材料及选择 表 6.2.4-1

常用饰面材料	适用范围	饰面层厚度（mm）	燃烧性能等级	材料选用关注点
地砖面层	有清洁、美观、耐磨使用要求的场所楼地面	5～10	A 级	需明确防滑要求；需明确品种（通体砖、抛光砖、釉面砖等）、规格、颜色、铺装缝宽等要求
陶瓷锦砖（马赛克）面层	有清洁、美观、耐磨使用要求的场所楼地面	5～8	A 级	需明确防滑要求；需明确品种（玻璃、陶瓷、釉面、单色、拼花等）、规格、颜色、铺装缝宽等要求

续表

常用饰面材料	适用范围	饰面层厚度（mm）	燃烧性能等级	材料选用关注点
大理石/花岗石面层	装修要求较高的住宅及公共建筑的场所楼地面	20～30	A 级	需明确防滑要求； 需明确品种（面层要求）、规格、颜色、分缝拼法等要求； 天然石材放射性需要符合现行国家标准《建筑材料放射性核素限量》GB 6566 和《民用建筑工程室内环境污染控制标准》GB 50325 的相关规定
预制水磨石面层	清洁、美观、耐磨使用要求的场所楼地面	20～30	A 级	需要明确规格、颜色、分缝拼法等要求
PVC 地板/橡胶地板（块材）面层	有清洁、安静和弹性使用要求住宅、办公、商场、学校、轻工厂房、实验室、健身房等公共场所楼地面	7（含垫层）	B_1 级	材料燃烧性能需要满足所在空间防火要求； 需要明确聚氯乙烯塑料板的规格、颜色
石塑地板（块材）面层	学校、医院、办公、超市等公共场所楼地面	6（含垫层）	B_1 级	材料燃烧性能需要满足所在空间防火要求； 需要明确石英塑料板的规格、颜色
玻璃板面层	卡拉 OK 厅、舞厅、俱乐部等娱乐场所楼地面	20	A 级	需要采用钢化夹层玻璃； 需要明确玻璃板的规格、图案； 找平层选用细石混凝土； 表面应做防滑处理

6.2.5 木竹面层

木竹面层的常用饰面材料、适用范围及构造特点，见表 6.2.5-1。

常用木竹面层饰面材料及选择　　表 6.2.5-1

常用饰面材料	适用范围	饰面层厚度（mm）	燃烧性能等级	材料选用关注点
木地板（单层） 木地板（双层） 竹木地板	住宅、室内体育运动场地、排练厅和表演厅，供儿童、老年人公共活动的场所地面	12～18 18～22 12～20	B_2 级	木竹地板分为无龙骨楼地面及有龙骨楼地面，具体根据地面构造厚度、地面基层特性进行选择；选材料燃烧性能需满足所在空间防火要求；需要明确木地板的品种、规格、拼接要求； 地板漆、胶粘剂应符合现行国家标准《民用建筑工程室内环境污染控制标准》GB 50325 的有关规定

木竹面层如需实现 B_1 级或 A 级燃烧性能，需要与产品厂家落实特殊工艺要求，并在设计文件中明确。

6.2.6 织物面层

织物面层的常用饰面材料、适用范围及构造特点，见表 6.2.6-1。

常用织物面层饰面材料及选择 表 6.2.6-1

常用饰面材料	适用范围	饰面层厚度（mm）	燃烧性能等级	材料选用关注点
地毯（单层） 地毯（双层）	室内环境具有安静或舒适度要求的住宅、办公、会议等场所楼地面	5～8 8～10	B_2级	材料燃烧性能需满足所在空间防火要求； 需明确地毯的铺装方式（浮铺、粘铺）、花色品种及规格

6.2.7 特殊性能面层

根据工程实际情况，有特殊性能要求的楼地面材料选用，见表 6.2.7-1。

特殊性能饰面材料选用 表 6.2.7-1

特殊性能	饰面层选用	适用范围	燃烧性能等级
防静电面层	活动地板面层	适用于有清洁要求的电子计算机房、电话总机房等电子网络管线集中的房间	塑料橡胶类：B_1级 金属地板：A 级
	水泥砂浆防静电面层、水磨石防静电面层	适用于有防静电要求的房间，如：配电室、电气控制室、电工实验室等	A 级
	环氧砂浆防静电面层		B_2级
	金属骨料防静电面层	适用于有防爆要求的厂房、仓库等	A 级
耐酸面层	耐酸砖面层	适用于有耐酸要求的地面	A 级 B_1级
	花岗石板耐酸面层	适用于有浓硫酸、浓盐酸、浓硝酸作用的地面	B_1级
耐碱面层	耐碱混凝土面层	适用于有耐中等浓度以下碱要求的地面	A 级
耐腐蚀面层	聚丙烯酸酯乳液水泥砂浆面层、氯丁胶乳水泥砂浆面层等	适用于有少量稀酸、中等浓度碱和汽油、丙酮、乙醇等要求的地面	A 级
	环氧涂层面层、环氧砂浆面层、聚酯稀胶泥面层	适用于有耐酸碱要求的地面，不宜用于室外或有明火作用、机械冲击的地面	B_1级
	环氧树脂玻璃钢面层	适用于防龟裂地坪，如：制药厂、发电厂、食品厂、电镀车间等 适用于要求加强抗拉力的水泥地面或防强酸、强碱化学溶剂腐蚀的地面及排水沟、碱水池的面层	B_2级
	聚氨酯涂层面层	适用于有耐少量酸碱要求的地面，不宜用于室外或有明火作用、机械冲击的地面	B_1级
	水玻璃混凝土面层	适用于有耐酸碱要求的地面	A 级
不发火耐磨面层	不发火水泥面层、不发火细石混凝土面层、不发火水磨石面层	适用于有爆炸危险的易燃品仓库、易产生火花的生产区域、军需品或易爆工厂、飞机库、纺织品、纸浆、印刷厂等荷静电聚集的区域。 详细资料参考国标图集《工程做法》23J909	A 级
	不发火环氧砂浆面层、不发火水泥基自流平砂浆面层		B_1级

6.2.8　其他设计要点

1. 无障碍

楼地面设计需满足无障碍通行和使用需要，供无障碍通行设施及活动的场所，楼地面应坚固、平整、防滑、不积水；应选择反光小或无反光的饰面层材质；当设置地毯时，不应设置厚地毯，并应与地面固定，当边缘高度超过 6mm 时，应以斜面过渡；饰面图案效果应避免采用易引起视觉错觉认为地面有标高变化的图案。

2. 防火

楼地面材料的选择应符合国家标准《建筑设计防火规范》GB 50016—2014（2018 年版）、《建筑内部装修设计防火规范》GB 50222—2017、《建筑防火通用规范》GB 55037—2022 的相关要求，楼地面应根据工程具体要求选用对应燃烧性能要求的饰面材料。饰面材料应满足防火要求，并采取相应的防火构造措施。

（1）燃烧性能等级

装修材料按其燃烧性能划分为不燃性、难燃性、可燃性、易燃性。不同类型的建筑不同部位装修材料的燃烧性能要求不同，根据单层、多层、高层及地下建筑主要等级分类，见表 6.2.8-1。

民用建筑饰面材料的燃烧性能等级　　表 6.2.8-1

序号	建筑物及场所	建筑规模、性质	装修材料燃烧性能等级		
			单层、多层	高层	地下
1	候机楼的候机大厅、贵宾候机室、售票厅、商店、餐饮场所等	—	B_1	B_1	—
2	汽车站、火车站、轮船、客运站的候车（船）室、商店、餐饮场所等	建筑面积 > 10000m²	B_1	B_1	—
		建筑面积 ⩽ 10000m²	B_1	B_1	—
3	观众厅、会议厅、多功能厅、等候厅等	每个厅建筑面积 > 400m²	B_1	B_1	A
		每个厅建筑面积 ⩽ 400m²	B_1	B_1	—
4	体育馆	> 3000 座位	B_1	—	—
		⩽ 3000 座位	B_1		
5	商店的营业厅	每层建筑面积 > 1500m² 或总建筑面积 > 3000m²	B_1	B_1	—
		每层建筑面积 ⩽ 1500m² 或总建筑面积 ⩽ 3000m²	B_1	B_1	—
6	宾馆、饭店的客房及公共活动用房等	设置送回风道（管）的集中空气调节系统/一类建筑	B_1	B_1	B_1
		其他/二类建筑	B_2	B_1	—
7	养老院、托儿所、幼儿园的居住及活动场所	—	B_1	B_1	—
8	医院的病房区、诊疗区、手术区	—	B_1	B_1	B_1

续表

序号	建筑物及场所	建筑规模、性质	装修材料燃烧性能等级		
			单层、多层	高层	地下
9	教学场所、教学实验场所	—	B_2	B_2	B_1
10	纪念馆、展览馆、博物馆、图书馆、档案馆、资料馆等公众活动场所	一类建筑 二类建筑	B_1	B_1	B_1
11	存放文物、纪念展览物品、重要图书、档案、资料的场所	—	B_1	B_1	A
12	歌舞娱乐游艺场所	—	B_1	B_1	B_1
13	A、B级电子信息系统机房及装有重要机器、仪器的房间	—	B_1	B_1	B_1
14	餐饮场所	营业面积＞100m²	B_1	B_1	A
		营业面积≤100m²	B_1		
15	办公场所	设置送回风道（管）的集中空气调节系统/一类建筑	B_1	B_1	B_1
		其他/二类建筑	B_2	B_1	
16	电信楼、财贸金融楼、邮政楼、广播电视楼、电力调度楼、防灾指挥调度楼	一类建筑	—	B_1	—
		二类建筑	—	B_2	—
17	其他公共场所	—	B_2	B_1	B_1
18	住宅	—	B_1	B_1	B_1
19	汽车库、修车库	—	—	—	B_1

注：引自《建筑内部装修设计防火规范》GB 50222—2017。

（2）常用内装地面材料燃烧性能等级划分举例（表6.2.8-2）

常用内装地面材料燃烧性能等级划分举例　　表6.2.8-2

材料类别	级别	材料举例
楼地面材料	A	花岗石、大理石、水磨石、水泥制品、混凝土制品、石灰制品、黏土制品、玻璃、瓷砖、马赛克、钢铁、铝、铜合金、天然石材等
	B_1	硬PVC塑料地板、水泥刨花板、水泥木丝板、氯丁橡胶地板、难燃羊毛地毯等
	B_2	半硬质PVC塑料地板、PVC卷材地板等

注：引自《建筑内部装修设计防火规范》GB 50222—2017。

（3）施涂于A级基材上的无机装修涂料，可作为A级装修材料使用；施涂于A级基材上，湿涂覆比小于1.5kg/m²，且涂层干膜厚度不大于1.0mm的有机装修涂料，可作为B_1级装修材料使用。

（4）当使用多层装修材料时，各层装修材料的燃烧性能等级均应符合《建筑内部装修设计防火规范》GB 50222—2017的规定。复合型装修材料的燃烧性能等级应进行整体检测确定。

（5）特别场所的装修材料等级控制

建筑内部装修中，针对特别场所的装修材料等级控制，见表 6.2.8-3。

特别场所的装修材料等级控制　　　　表 6.2.8-3

材料类别	级别	特别场所
地面材料	A	①疏散楼梯间和前室； ②地下民用建筑的疏散走道和安全出口的门厅； ③消防水泵房、机械加压送风排烟机房、固定灭火系统钢瓶间、配电室、变压器室、发电机房、储油间、通风和空调机房等； ④建筑物内的厨房； ⑤展览性场所在展厅设置电加热设备的餐饮操作区内，与电加热设备贴邻的墙面、操作台；展台与卤钨灯等高温照明灯具贴邻部位
	不低于 B_1	①地上建筑的水平疏散走道和安全出口的门厅； ②建筑物内设有上下层相连通的中庭、走马廊、开敞楼梯、自动扶梯时，其连通部位； ③建筑内部变形缝两侧； ④消防控制室、民用建筑内的库房或贮藏间； ⑤展览性场所装修设计展台

注：引自《建筑内部装修设计防火规范》GB 50222—2017。

无窗房间、经常使用明火器具的餐厅、科研实验室内部装修材料的燃烧性能等级除 A 级外，应在《建筑内部装修设计防火规范》GB 50222—2017 表 5.1.1、表 5.2.1、表 5.3.1、表 6.0.1、表 6.0.5 规定的基础上提高一级。

3. 防滑

楼地面防滑设计应符合国家标准《建筑地面设计规范》GB 50037—2013、行业标准《建筑地面工程防滑技术规程》JGJ/T 331—2014 及各类建筑设计规范的要求，同时还需兼顾工程的绿色建筑星级评价要求和健康建筑目标要求。

公共建筑中，经常有大量人员走动或残疾人、老年人、儿童活动及轮椅、小型推车行驶的地面，其楼地面的饰面层应采用防滑、耐磨、不易起尘的板块（块材）面层或水泥类整体面层。公共场所的门厅、走道及经常用水冲洗或潮湿、结露等容易受影响的楼地面，应采取防滑饰面层。

常见防滑面层材料的选用可参见表 6.2.8-4。

常见防滑饰面层　　　　表 6.2.8-4

面层类型	常见防滑材料	防滑层厚度（mm）
板块面层	天然石材防滑地面	防滑层厚度依产品规格、设计和工程要求选用
	地砖防滑地面	
	预制水磨石防滑地面	
水泥类整体面层	水泥砂浆防滑地面	≥ 20
	混凝土防滑地面	≥ 30
	现制　水磨石防滑地面	≥ 30
	水泥基自流平防滑地面	薄型 ≥ 3.0，厚型 ≥ 8.0

对于老年人居住建筑、托儿所、幼儿园及活动场所、建筑出入口及平台、公共走廊、电梯门厅、厨房、浴室、卫生间等易滑地面，防滑等级应选择不低于中高级防滑等级。幼儿园、养老院等建筑室内外活动场所，宜采用柔（弹）性防滑地面。具体防滑要求见表 6.2.8-5。

建筑场所楼地面防滑等级及要求 表 6.2.8-5

工程部位	防滑等级	防滑安全程度	静摩擦系数 COF
站台、踏步及防滑坡道等	A_d	高	COF ≥ 0.70 增设防滑条等措施
室内游泳池、厕浴室、建筑出入口等	B_d	中高	0.60 ≤ COF < 0.70
大厅、候机厅、候车厅、走廊、餐厅、通道、生产车间、电梯厅、门厅、室内平面防滑地面等	C_d	中	0.50 ≤ COF < 0.60
室内普通地面	D_d	低	COF < 0.50

人流密集的交通枢纽、商业中心、公园、博览建筑等公共场所出入口处宜设置老幼病残孕优先候车区，优先候车区地面应采用防滑铺装，公共建筑的母婴室楼地面应采用防滑地面。

4. 隔声

设计中，隔声性能应符合国家标准《民用建筑隔声设计规范》GB 50118—2010、《建筑环境通用规范》GB 55016—2021 的规定，隔声性能指标等级根据项目的建筑类型、声环境设计目标、绿色建筑星级评价要求确定。

楼板隔声性能包含空气声隔声和撞击声隔声。通常结构楼板具有较好的隔绝空气声性能，因此，设计应重点关注楼板撞击声隔声。在饰面层的选择上，有较高安静要求的房间，其楼地面宜采用地毯、塑料、橡胶或软木面层等柔性材料。

常用减振垫板有微孔聚乙烯复合隔声垫、发泡橡胶隔声垫、聚氨酯橡胶隔声垫、橡塑复合隔声垫等，详细做法参考国标图集《工程做法》23J909。

5. 环保

楼地面材料的饰面层及其胶粘剂、胶水等均应符合国家、地方的相关绿色环保要求，严格控制各类有害物质释放限量，材料选择应满足国家标准《民用建筑工程室内环境污染控制标准》GB 50325—2020 和《建筑环境通用规范》GB 55016—2021 的相关要求。

材料的选用应绿色健康环保，室内地面铺装产品的有害物质限值应同时满足国家标准《室内装饰装修材料 地毯、地毯衬垫及地毯胶粘剂有害物质释放限量》GB 18587—2001、《室内装饰装修材料 聚氯乙烯卷材地板中有害物质限量》GB 18586—2001、行业标准《环境标志产品技术要求 人造板及其制品》HJ 571—2010 的相关要求。

6.3 楼面基本构造层设计

根据工程实际，饰面层之外，楼面的基本构造层次通常包括结合层、填充层、找平层、隔离层、保温层等。

6.3.1　结合层

结合层是面层与下面构造层之间的连接层。一般用于板块（块材）面层，采用水泥砂浆、聚合物水泥砂浆、建筑胶水泥砂浆、胶粘剂等。结合层的选用需结合面层材料特征，并满足材料环保要求。

结合层材料及厚度，见表 6.3.1-1。

结合层材料及厚度　　表 6.3.1-1

常用面层材料	结合层材料	厚度（mm）
大理石、花岗石板	1∶3 干硬性水泥砂浆/DS M15 砂浆	20～30
陶瓷马赛克	1∶3 干硬性水泥砂浆/DS M15 砂浆	30
陶瓷地砖（防滑地砖、釉面地砖）	1∶3 干硬性水泥砂浆/DS M15 砂浆	10～30
花岗岩条（块）石	1∶3 干硬性水泥砂浆/DS M15 砂浆	15～20
木地板（实贴）	地板胶粘剂、木板小钉	—
强化复合木地板	泡沫塑料衬垫	3～5
	毛板、细木工板、中密度板	15～18
聚氨酯涂层	1∶2.5 水泥砂浆/DS M20 砂浆	20
	C25～C30 细石混凝土	40
环氧树脂自流平涂料	环氧稀胶泥一道 C25～C30 细石混凝土	40
环氧树脂自流平砂浆、聚酯砂浆	环氧稀胶泥一道 C25～C30 细石混凝土	40～50
聚氯乙烯板、橡胶板	专用胶粘剂粘结	—
	1∶2.5 水泥砂浆/DS M20 砂浆	20
	C20 细石混凝土	30
地面辐射供暖面层	1∶3 水泥砂浆/DS M15 砂浆	20
	C20 细石混凝土内配钢丝网 （中间配加热管）	60
网络地板面层	1∶2～1∶3 水泥砂浆/DS M15 砂浆	20

结合层选用砂浆时，需根据工程所在地砂浆供应情况，优先选用预拌干混砂浆，无预拌砂浆供应的地区，可使用传统现拌砂浆。预拌干混砂浆和传统砂浆的对应关系，可参照《工程做法》23J909“编制说明”中“砂浆使用说明”的相关内容。结合层采用的专用胶粘剂，应与面层材料相配套，一般由生产厂家配套供应。结合层还可结合具体情况和材料，与找平层进行整合处理。

6.3.2　填充层

填充层是建筑地面中设置起隔声、保温、找坡或暗敷管线等作用的构造层。构造层可兼具调整平衡楼面构造做法厚度的作用，填充层材料的选择与楼面荷载密切相关，通常情况下，自重不应大于 9kN/m³，一般厚度 30～80mm。

设计时需结合使用要求和当地材料应用情况进行合理选配。考虑建筑空间的合理性和楼面荷载的经济性，楼板填充层不宜过厚，应结合工程具体情况，与机电专业落实楼面管线敷设走向和高度，敷设管线总厚度一般为 60～80mm。

对于有防水要求的楼地面，填充层应设排水坡，并应坡向地漏或排水设施，排水坡度不应小于 1%。对于有保温、隔声要求的楼地面，可选择符合环保要求的轻质垫层材料。

填充层的材料选择，见表 6.3.2-1。

填充层材料强度等级或配合比及其厚度 表 6.3.2-1

填充层材料	强度等级和配合比	厚度（mm）	干密度
水泥炉渣	1∶6	30～80	需结合项目实际情况如房间功能、荷载要求等，对材料干密度作出相关要求
水泥石灰炉渣	1∶1∶8	30～80	
陶粒混凝土	C10	30～80	
轻骨料混凝土	C10	30～80	
加气混凝土块	M5.0	≥50	
水泥膨胀珍珠岩块	1∶6	≥50	

6.3.3 找平层

找平层是在垫层、楼板或填充层上起抹平作用的构造层。找平层用于下列几种情况：

（1）当地面构造中有隔离层，因而要求垫层或楼板表面平整时；

（2）当地面构造中有松散材料的构造层，要求其表面有刚性时。

当采用大于 30mm 的细石混凝土找坡兼作找平层时，表面需随打随抹光。

找平层材料强度等级或配合比及其厚度，见表 6.3.3-1。

找平层材料强度等级或配合比及其厚度 表 6.3.3-1

找平层材料	强度等级或配合比	厚度（mm）
水泥砂浆	1∶3	≥15
细石混凝土	C15～C20	≥20

6.3.4 隔离层

隔离层是防止建筑地面上各种液体或水、潮气透过地面的构造层。凡有液体作用或需经常冲水的楼地面，均应设隔离层。隔离层分为防水隔离层（即防水层）和防油隔离层（即隔油层）。

隔离层材料选择及层数，见表 6.3.4-1。

隔离层的材料选择及层数　　表 6.3.4-1

隔离层材料	层数（或道数）	材料要求
石油沥青油毡	一层或二层	不应低于 350g/m²
防水卷材	一层	—
有机防水涂料	一布三胶	—
防水涂膜（聚氨酯类涂料）	二道或三道	总厚度一般为 1.5～2.0mm
玻璃纤维布	一布二胶	—

以下房间的楼地面需设置防水层：

（1）凡有液体作用或需经常冲水的楼地面，如建筑内的厕所（卫生间）、浴室、公共厨房、垃圾间等场所楼地面、食品加工厂清洗区、医药生产厂清洁区、医院消毒室等；

（2）室内有水机房的楼地面，如：空调机房、锅炉房、制冷机房、换热站、水机房、消防泵房、水泵房、水箱间、报警阀间、隔油间等；

（3）重点保护区域的上层楼面，如：柴发机房、电子设备机房、数据中心、化学实验室、制药车间、博物馆文物库房及档案馆、图书馆的书库及资料库等，以及对重点保护区域有漏水危害的相邻房间；

（4）水暖型地板供暖做法，宜在保温层下方设置防水层；

（5）集水坑、排水沟、消防水池、水井等长期有水浸渍的地面及蓄水类工程的面层。

依据工程类别和工程防水使用环境类别确定建筑防水等级，楼地面的防水层做法根据防水等级选用，见表 6.3.4-2。

室内楼地面防水材料　　表 6.3.4-2

防水等级	防水做法	防水层		
		防水卷材	防水涂料	水泥基防水涂料
一级	不应少于 2 道	防水涂料或防水卷材不应少于 1 道		
二级	不应少于 1 道	任选		

结合工程实际，室内防水材料宜选用防水涂料。常见的防水涂料包括聚氨酯防水涂料（环保型）、聚合物水泥基防水涂料（JS 防水涂料）、丙烯酸防水涂料等。其适用范围及性能特点见表 6.3.4-3。

室内防水涂料特点和适用范围　　表 6.3.4-3

类型	性能特点	适用范围
聚氨酯防水涂料（环保型）	优点：具有很好的耐久性和耐腐蚀性，弹性大、抗拉强度高，能够很好地抵抗基层开裂和变形 缺点：不易粘接饰面材料，单次成膜薄，施工周期较长，价格较高	卫生间、浴室、贮水池等用水区域，适用范围广

续表

类型	性能特点	适用范围
聚合物水泥基防水涂料（JS 防水涂料）	优点：成膜后强度大，耐久性好，对基层界面有很好的适应性，易粘接饰面材料，单次成膜厚，施工简单，价格适中。 缺点：不适用于大变形基层	卫生间、浴室、贮水池等用水区域。JS-Ⅰ型主要用于非长期浸水部位，如厨房、卫生间等；JS-Ⅱ型主要用于长期浸水部位，如蓄水池、浴室等；墙地面防潮层，适用范围广
丙烯酸防水涂料	优点：有较好的延伸性和抗变形能力，能抵抗基层一定程度的开裂变形，价格适中。 缺点：不适用于长期浸水环境，对施工基层有一定要求，单次成膜薄，施工周期偏长	厨房、卫生间、非蓄水型泵坑等非长期浸水及防渗区域

6.3.5 保温层

对节能有特殊要求的楼地面需设置保温层，如地板辐射供暖楼地面需设置保温层；供暖房间下方楼板直接接触室外或非供暖房间时，楼面构造需考虑设置保温层，也可在板下设置保温措施。

保温绝热层的厚度，应根据工程情况由设计计算后确定。保温绝热层可选用挤塑聚苯板（XPS）、泡沫玻璃保温板等吸水率低、抗压强度大且满足防火要求的材料。保温绝热层与楼面面层之间应设有混凝土结合层，结合层的厚度不应小于 30mm，并需结合地面材料、管线敷设等因素综合考虑结合层厚度。结合层内应配置双向间距不大于 200mm 的 $\phi6$ 钢筋网片。

6.4 特殊楼面设计

6.4.1 浮筑楼面

楼板的隔声减振需解决的主要问题是撞击声，尤其是有振动影响的设备机房（如水泵房等）对相邻空间的影响。除了楼板构造层设置柔性材料、吊顶设置弹性吊顶之外，在结构楼板与饰面层之间铺设弹性垫层（块），形成浮筑楼板，是比较常见且有效地减轻设备运行时振动影响的技术措施，如图 6.4.1-1 所示。

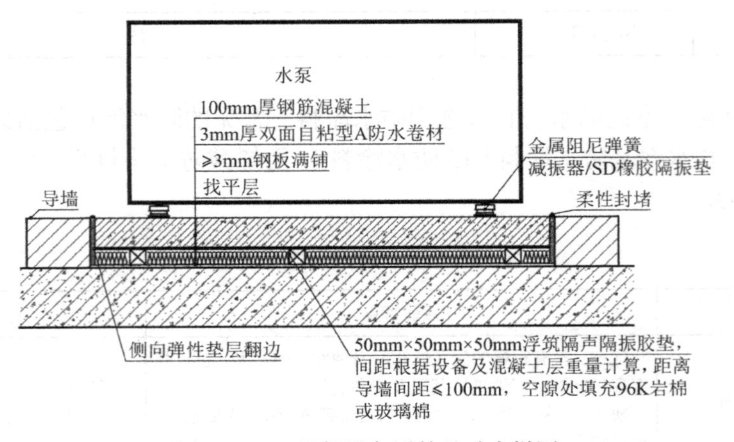

图 6.4.1-1 局部设备浮筑基础大样图

浮筑楼板可以结合设备机房的具体布置，在设备区域局部设置或在机房内整体设置，需同时关注以下几点：

（1）局部设置浮筑地台，或整体设置浮筑楼面，均需要在浮筑楼板与墙体（或导墙）相接位置设侧向弹性垫层翻边封堵，降低固体撞击传递；

（2）需要在减振措施选用的同时，落实浮筑地台实施范围对所在房间荷载条件和空间高度的影响；

（3）机房的导水、排水设计需要与设备基础和浮筑地台布置同步考虑。

6.4.2 架空式干式工法楼地面

干式工法指采用干作业施工的建造方法，规避传统楼面装修方式中采用砂浆找平、砂浆粘接等湿作业，而改为采用锚栓、支托、结构粘胶等方式实现支撑与连接构造。在装配式建筑中，干式工法地面有利于实现管线分离，符合绿色建造相关标准对装配式建筑内装设计及评分的要求。

架空地面是常用的干式工法地面，通常采用 30～300mm 的可调节支撑脚进行架空设计，架空层可直接安装管线。基层板需具有良好的承重能力，面层板接缝一般采用专用的弹性结构胶粘接。架空地板系统应设置地面检修口，方便管道检查和维修。

1. 居住建筑

目前，架空式干式工法楼地面常用于装配式住宅中，亦可与地面供暖做法结合，提高户内舒适度。楼面做法的高度一般不小于 130mm，具体需结合管线分布情况以及建筑空间高度确定。如图 6.4.2-1、图 6.4.2-2 所示。

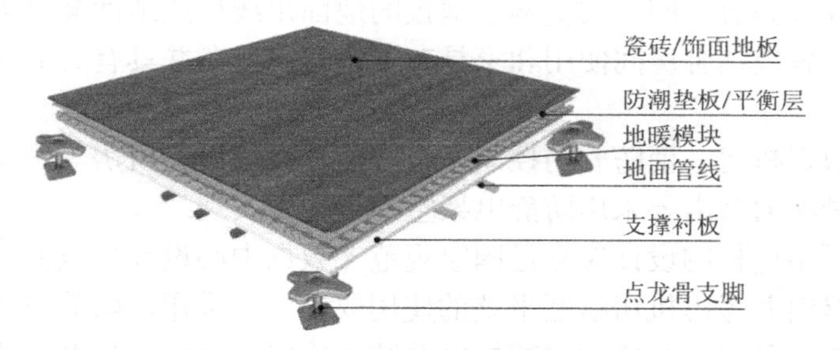

图 6.4.2-1 装配式干式工法架空地面

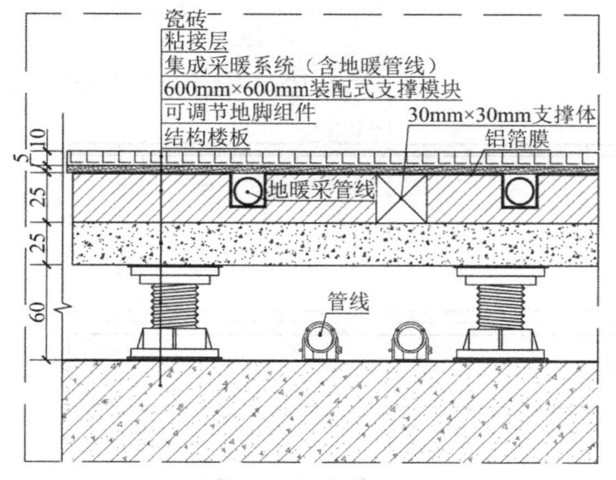

图 6.4.2-2 供暖型干式工法架空地面节点图

干式工法楼面做法在住宅中的应用与传统非架空楼面做法相比较，尚存在脚感差异问题，需要结合工程具体实际选用。在住宅中的应用情况见表 6.4.2-1。

干式工法地面在住宅中的应用 **表 6.4.2-1**

住宅建筑空间	干式工法楼面应用	相关因素
起居室、卧室、书房	应用较多，可结合地暖做法	特殊家具荷载控制
厨房、卫生间	应用较少，需考虑防水因素	需要设置防水底盘等防水措施
电梯厅等公共区	应用较少	人流密集，需要考虑搬家等荷载控制

2. 公共建筑

架空地板在公共建筑中主要用于大型会议及办公空间，通常采用架空网络地板实现楼面上的电气布线，根据工程需要，也可结合地板送风设置，需要根据不同需求确定楼面做法高度，见表 6.4.2-2。

架空网络地板功能及厚度 **表 6.4.2-2**

架空层功能（会议、办公空间）	构造厚度
楼面电气布线	≥ 100mm
空调地板送风	≥ 300mm（结合暖通专业要求）
兼顾电气布线和地板送风	300～450mm

针对大型会议及办公空间，架空网络地板的地面出线口或地面插座盖板开启方式应便于操作，出线口位置应结合房间使用和家具布置，均匀分布并具有灵活性。

3. 机房空间

弱电机房、数据机房、消防安防控制室、智能化系统设备机房等房间由于工艺要求的特殊性，楼地面做法通常需要采用防静电架空网络地板实现。

防静电架空网络地板的设计应满足国家规范《数据中心设计规范》GB 50174—2017，选用防静电饰面材料并考虑机房耐磨平整的使用要求，可采用由防静电瓷砖面层、复合全钢地板、四周导电胶条封边组成的完整导电系统，确保稳定的防静电性能（图 6.4.2-3）。

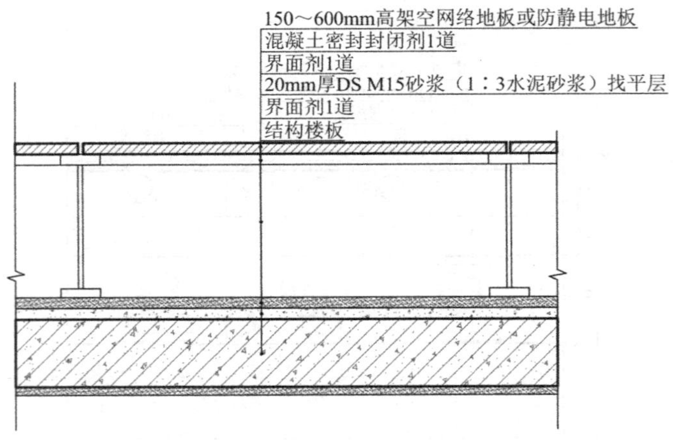

图 6.4.2-3 架空网络地板典型做法

机房内需采取楼板防潮措施，架空活动地板下的空间应采用不起尘、不易积灰、易于清洁的材料，通常需涂刷混凝土密封固化剂。

6.4.3　地板辐射供暖楼面

地板辐射供暖包括以低温热水为热媒或以加热电缆为加热元件两种类型，其楼面构造需满足国家行业标准《辐射供暖供冷技术规程》JGJ 142—2012 中关于地面构造的相关要求。

地板辐射供暖的饰面层宜采用热阻小于 $0.05(m^2 \cdot K)/W$、散热性较好、厚度较薄的材料，如面砖、木地板等，低温热水地板供暖楼地面宜采用瓷砖、石材等饰面层，不适宜采用架空木地板饰面层；采用加热电缆地面供暖时，楼地面不适宜铺设地毯。

日常工程中，低温热水地面辐射的应用较为普遍，特别是在住宅建筑的居室楼地面以及公共建筑的高大空间楼地面中非常常见。

低温热水地面辐射供暖楼面需考虑节能保温和防水防潮要求，在水管和楼板之间设置保温绝热层和防水防潮层，构造层次如图 6.4.3-1 所示。

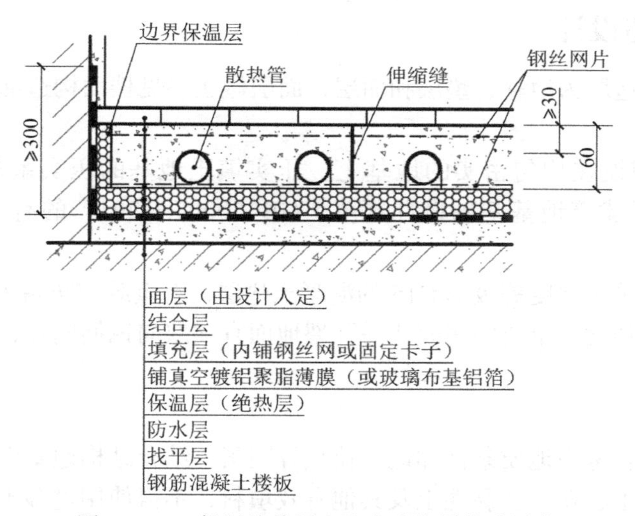

图 6.4.3-1　保温绝热层和防水防潮层构造层次

保温绝热层的厚度由设计计算后确定，并不小于表 6.4.3-1 要求。

混凝土填充式地面供暖绝热层厚度　　表 6.4.3-1

绝热层位置	绝热层厚度（mm）			
	聚苯乙烯泡沫塑料	发泡水泥		
		干体积密度（kg/m³）		
		350	400	450
楼层之间楼板上	20	35	40	45
与土壤或不供暖房间相邻地板上	30	40	45	50
与室外空气相邻地板上	40	50	55	60

避免周边冷桥，地面保温层沿外墙内侧贴 20mm × 50mm 聚苯乙烯泡沫塑料保温层，高与垫层上皮平。当垫层内有其他电管敷设时，电管应位于水管之上；垫层厚度的确定需要考虑电管及其他管线交叉的情况；分集水器区域一般管线较为密集，需要在设计中尽量避免局部区域与其他管线的交叉，有效控制楼面构造厚度。当楼地面荷载大于功能地面的承载能力时，应采取加固措施。

6.5 地面及基础底板

无地下室的建筑，首层建筑地面即为建筑底层地面，底层地面的构造层一般分为面层、垫层和地基，下文所述地面即为无地下室建筑的底层地面。

有地下室的建筑一般采用筏形基础，基础底板防水设计要求较高，基础底板防水性能由防水层和防水混凝土共同保证，本节以下所述的基础底板即为有地下室建筑的底层基础底板。暗挖法不常用于民用建筑地下工程，本节以下所述基础底板防水设计均为明挖法基础底板构造做法。

6.5.1 地面构造设计

地面的基本构造层为地基、垫层和面层，面层做法参见楼面构造部分。

1. 地面垫层

地面垫层应铺设在均匀密实的地基上。压实填土地基的压实系数和控制含水量，应符合国家标准《建筑地基基础设计规范》GB 50007—2011 的有关规定和结构设计要求。

一般地面垫层采用强度等级 ≥ C15 的混凝土垫层，有重载或防腐等特殊要求的房间，可适当提高混凝土强度。重要的房间或易开裂地面宜配双向钢筋网片，钢筋网片设置在垫层厚度的中部。

2. 地基

地基处理需综合考虑地质条件和地面荷载等因素，结合结构地基设计实施。地面垫层下的填土应选用砂土、粉土、黏性土及其他有效填料，不得使用过湿土、淤泥、腐殖土、冻土、膨胀土及有机物含量大于 8%的土。

3. 地面防冻胀设计

季节性冰冻地区非供暖房间的地面，当土壤标准冻深大于 600mm，且在冻深范围内为冻胀土或强冻胀土时，应在地面垫层下增设防冻胀层。防冻胀层应选用中粗砂、砂卵石、炉渣、炉渣石灰土以及其他非冻胀材料。

采用炉渣石灰土做防冻胀层时，炉渣、素土、熟化石灰的重量配合比宜为 7 : 2 : 1，压实系数不宜小于 0.85，且冻前龄期应大于 30d。

6.5.2 地面防潮、保温设计

1. 地面防潮

防潮层是防止地下潮气透过地面的构造层。混凝土垫层本身具有良好的防潮作用，竹木地板等受潮影响大的面层或树脂砂浆、树脂自流平涂料等整体面层（受到地下水的毛细渗透作用，常会发生起壳现象），应在混凝土垫层上增设一道防潮层，防潮层可采用柔性防水卷材或防水涂料。

2. 地面保温

严寒或寒冷等地区建筑周边地面需要采用保温隔热措施，周边地面是指室内距外墙内表面 2m 以内的地面，周边地面保温材料层不应包括土壤和混凝土地面。

■ **说明**

建筑地面保温设计需要满足国家及地方相关节能设计规范要求，例如北京市地方标准《居住建筑节能设计标准》DB11/ 891—2020 要求首层与土壤接触的地面，需要采取保温措施。

根据节能设计标准的热阻指标选择保温材料及其厚度，地面常采用保温材料厚度见表 6.5.2-1。

地面保温层厚度选用表　　**表 6.5.2-1**

热阻［$(m^2 \cdot K)/W$］	EPS 聚苯泡沫板厚度（mm）［$\lambda = 0.041W/(m \cdot K)$，密度 22～25kg/$m^3$］	XPS 挤塑聚苯板厚度（mm）［$\lambda = 0.030W/(m \cdot K)$，密度 32～38kg/$m^3$］	憎水膨胀珍珠岩板厚度（mm）［$\lambda = 0.087W/(m \cdot K)$，密度 200～350kg/$m^3$］	加气混凝土厚度（mm）［$\lambda = 0.19W/(m \cdot K)$，密度 500kg/$m^3$］
0.6	30	20	68	138
1.0	50	30	104	228
1.2	60	40	125	273
1.5	70	50	157	342
1.8	80	60	188	400
2.0	90	70	208	460

注：本表摘部分录自《楼地面建筑构造》12J304。

6.5.3　基础底板构造及防水设计要求

1. 基础底板构造层次（顺序从上往下）

（1）室内地面

（2）主体结构

本层构造为地下工程结构底板，应采用防水混凝土，是地下工程的一道应选防水层。

（3）保护层

可根据防水材料性质取舍，当采用预铺反粘法施工做法时，无此构造层。

（4）隔离层

隔离层可采用塑料膜、卷材和低强度等级砂浆材料，如发泡聚乙烯膜、石油沥青卷材、DS M15 砂浆等。

（5）防水层

防水层包含防水卷材、防水涂料、防水砂浆或水泥基渗透结晶等防水材料。

（6）找平层

一般采用 20mm 厚低强度等级砂浆找平，垫层施工平整工况下，可取消找平层。

（7）混凝土垫层

防水混凝土结构底板的混凝土垫层，强度等级不宜小于 C20，厚度不应小于 100mm，在软弱土层中不应小于 150mm。

（8）持力层

2. 基础底板防水构造需要满足地下工程防水等级要求。地下工程防水等级依据工程类别和工程防水使用环境类别分为一级、二级、三级。

3. 地下工程使用环境类别、防水功能重要程度、防水等级和设防要求根据国家标准《建筑与市政工程防水通用规范》GB 55030—2022 设计。

4. 民用建筑地下室一般均有人员活动，一般属于甲类工程防水类别；民用建筑地下室遇水概率高，长期相对湿度较大，工程防水使用类别一般为Ⅰ、Ⅱ类，故民用建筑地下室一般为一级防水设防要求。

5. 地下工程防水设计工作年限不应低于工程结构设计工作年限。

6. 地下工程防水设计和施工应遵循“防、排、截、堵相结合，刚柔相济，因地制宜，综合治理”的原则。

6.5.4 基础底板防水材料

1. 防水混凝土

（1）防水混凝土属于刚性防水，具有良好的抗渗性能，地下工程迎水面主体结构应采用防水混凝土。

（2）防水混凝土设计的抗渗等级，应符合表 6.5.4-1 的规定。

明挖法地下工程防水混凝土最低抗渗等级　　表 6.5.4-1

防水等级	建筑工程现浇混凝土结构	装配式衬砌
一级	P8	P10
二级	P8	P10
三级	P6	P8

注：1. 本表引自《建筑与市政工程防水通用规范》GB 55030—2022；
2. 受中等及以上腐蚀性介质作用的地下工程防水混凝土设计抗渗等级不应低于 P8；
3. 寒冷地区抗冻设防段防水混凝土抗渗等级不应低于 P10。

（3）防水混凝土设计结构厚度不应小于 250mm，强度等级不应低于 C25，受中等及以上腐蚀性介质作用的地下工程防水混凝土强度等级不应低于 C35。

（4）防水混凝土设计需满足结构设计要求。

2. 防水卷材

（1）卷材防水层宜用于经常处在地下水环境，且受侵蚀性介质作用或受振动作用的地下工程。

（2）卷材防水层应铺设在混凝土结构的迎水面。

（3）卷材及其胶粘剂应具有良好的耐水性、耐久性、耐刺穿性、耐腐蚀性和耐菌性。

（4）防水卷材的品种和最小厚度，见表 6.5.4-2 和表 6.5.4-3。

卷材防水层最小厚度　　表 6.5.4-2

防水卷材类型			卷材防水层最小厚度（mm）
聚合物改性沥青类防水卷材	热熔法施工聚合物改性防水卷材		3.0
	热沥青粘结和胶粘法施工聚合物改性防水卷材		3.0
	预铺反粘防水卷材聚酯胎类		4.0
	自粘聚合物改性防水卷材（含湿铺）	聚酯胎类	3.0
		无胎类及高分子膜基	1.5
合成高分子类防水卷材	均质型、带纤维背衬型、织物内增强型		1.2
	双面复合型		主体片材芯材 0.5
	预铺反粘防水卷材	塑料类	1.2
		橡胶类	1.5
	塑料防水板		1.2

注：本表引自国家标准《建筑与市政工程防水通用规范》GB 55030—2022。

（5）基础底板采用防卷材水时，应注意与地下室侧墙防水的搭接，增设防水加强层，底板及侧墙防水搭接长度各不应小于 250mm。

3. 防水涂料

涂料防水层包括无机防水涂料和有机防水涂料。无机防水涂料可选用掺外加剂、掺合料的水泥基防水涂料、水泥基渗透结晶型防水涂料。有机防水涂料可选用反应型、水乳型、聚合物水泥等涂料，见表 6.5.4-3。

涂料防水层的品种和最小厚度（mm）　　表 6.5.4-3

涂料品种	一道设防	二道设防（涂料与卷材叠合使用）
反应型高分子类防水涂料	1.5	1.5
聚合物乳液类防水涂料	1.5	1.5
水性聚合物沥青类防水涂料	1.5	1.5
热熔施工橡胶沥青类防水涂料	2.0	1.5

注：本表引自国标图集《工程做法》23J909。

4. 基础底板防水做法（表 6.5.4-4）

明挖法地下工程现浇混凝土底板防水做法　　表 6.5.4-4

防水等级	构造做法	防水材料	备注
一级（不应少于 3 道）	2 道防水卷材 + 1 道防水混凝土	改性沥青防水卷材、合成高分子类防水卷材、防水混凝土	刚柔相济，做法成熟，施工方便，较多采用
	1 道防水卷材 + 1 道防水涂料 + 1 道防水混凝土	弹性体改性沥青防水卷材、水泥基渗透结晶、防水混凝土	渗透结晶延展性差，安全性较差

续表

防水等级	构造做法	防水材料	备注
二级（不应少于2道）	1道防水卷材＋1道防水混凝土	改性沥青防水卷材、高分子防水卷材、防水混凝土	刚柔相济，做法成熟，施工方便，较多采用
	1道预铺反粘防水＋1道防水混凝土	高分子自粘胶膜预铺防水卷材（预铺反粘）、防水混凝土	可与后浇混凝土满粘，防窜水，施工管理要求高
	1道防水涂料＋1道防水混凝土	聚合物水泥防水涂料、喷涂聚脲防水涂料、聚氨酯防水涂料（防流坠型）、防水混凝土	聚脲和聚氨酯防水涂料对施工基层及环境要求较高，强度好，防水性能较好，不宜用于潮湿基层。聚合物水泥防水涂料技术成熟，可以潮湿作业，耐久性差

注：结构基础底板防水混凝土为应选防水层。

6.5.5 基础底板重点部位特殊构造

1. 变形缝

变形缝应采用不少于3道防水措施，变形缝处混凝土厚度不应小于300mm，宽度不应小于700mm，变形缝宽度一般为20～30mm，基础底板变形缝常用防水措施如表6.5.5-1所示。底板变形缝如图6.5.5-1所示。

基础底板变形缝常用防水措施　　表6.5.5-1

常用防水措施	防水构造	说明
1. 中埋止水带； 2. 外贴止水带； 3. 可拆卸式止水带； 4. 密封嵌缝材料； 5. 基础底板外防水构造	1＋2＋5	做法成熟可靠，适用于一级地下防水工程
	1＋3＋5	节点构造较为复杂，防水性能可靠，适用于一级地下防水工程
	1＋4＋5	适用于地下水位较低的一二层防水工程或三四级防水工程

注：中埋止水带为应选防水层。

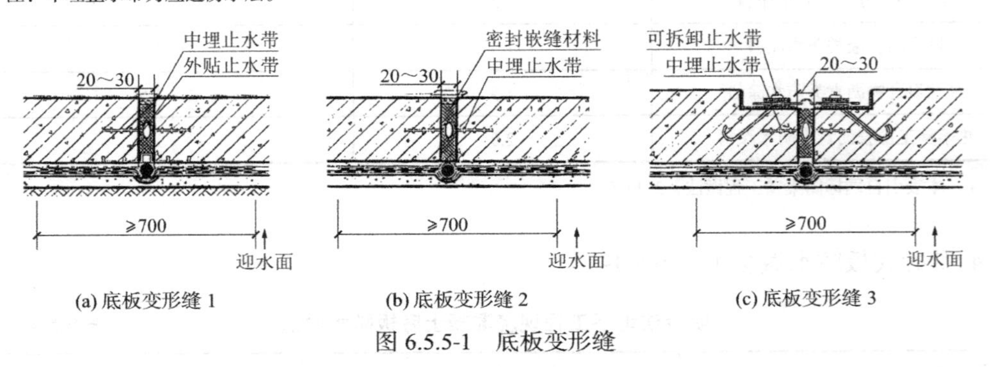

(a) 底板变形缝 1　(b) 底板变形缝 2　(c) 底板变形缝 3

图 6.5.5-1　底板变形缝

2. 后浇带

（1）后浇带应采用不少于2道防水措施，宜用于不允许留设变形缝的工程部位。后浇带应采用补偿收缩混凝土浇筑，其抗渗和抗压强度等级不应低于两侧混凝土的要求。后浇带应设在受力和变形较小的部位，间距按结构设计要求确定，宽度一般为700～1000mm，如表6.5.5-2所示。

后浇带常用防水措施　　　　**表 6.5.5-2**

常用防水措施	防水构造	说明
1. 补偿收缩混凝土； 2. 预埋注浆管； 3. 中埋止水带； 4. 遇水膨胀止水条或止水胶； 5. 外贴式止水带	1＋2＋5	节点构造较为复杂，防水性能可靠，适用于防水要求高的一级地下防水工程
	1＋3＋5、1＋4＋5	做法成熟可靠，适用于防水要求高的一级地下防水工程
	1＋2	节点构造较为复杂，可靠性较低，可用于地下工程防水
	1＋3、1＋4、1＋5	做法成熟，可靠性较低，可用于地下工程防水

注：补偿收缩混凝土为应选防水层。

（2）后浇带可做成平直缝或阶梯缝，结构主筋不宜在缝中断开。

（3）当后浇带需超前止水时，后浇带部位混凝土应局部加厚，并应增设外贴式或中埋式止水带（图 6.5.5-2）。

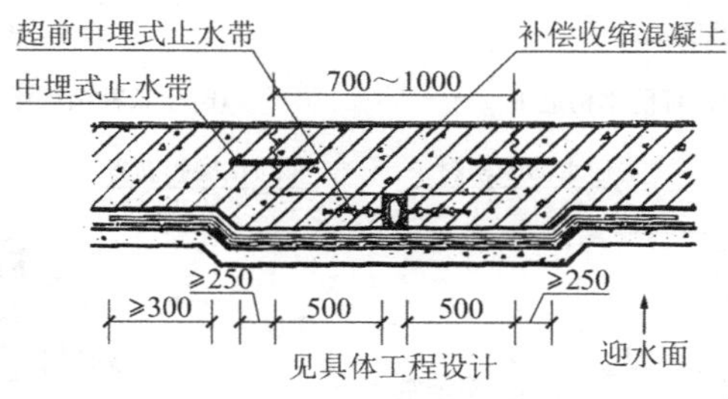

图 6.5.5-2　后浇带超前止水构造

3. 桩头防水

桩头防水材料应具有良好的粘接性、湿固化性，桩头防水材料应与垫层防水层连接为一体，形成连系防水体系。桩头应涂刷水泥基渗透结晶型防水涂料，桩头钢筋根部封堵遇水膨胀止水条（胶），并在桩头与基础底板连接缝隙设置聚合物水泥防水砂浆（图 6.5.5-3）。

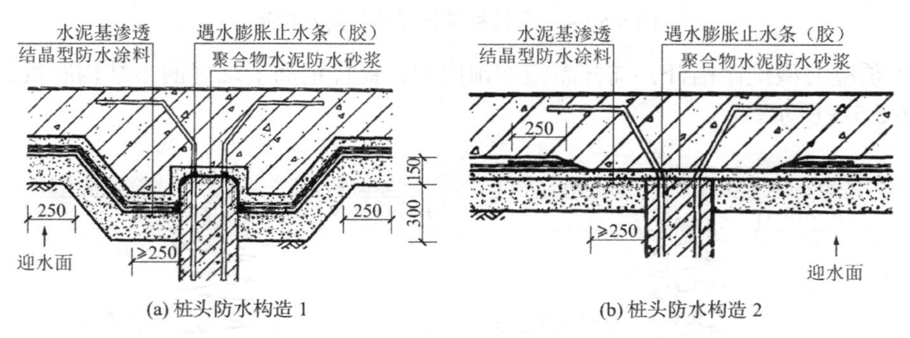

(a) 桩头防水构造 1　　(b) 桩头防水构造 2

图 6.5.5-3　桩头防水构造

4. 抗浮锚杆

（1）工程建设期间应严格进行地下水控制，采取可靠措施确保工程建设期间建筑物抗浮稳定与工程安全。

（2）抗浮锚杆布设宜避开后浇带区域。

（3）锚杆类分为全长粘结型锚杆、拉力型预应力锚杆、压力型预应力锚杆、压力分散型预应力锚杆、扩体锚杆，锚杆工作特性与适用条件参见《建筑结构抗浮锚杆》22G815。

（4）抗浮锚杆防水，锚杆与底板接触的头部采用防水橡胶套环和防水油膏灌满密封，或灌注浆料深入结构底板连接为一体，锚杆与防水卷材连接部位采用水泥基渗透结晶型防水涂料和非固化橡胶沥青防水涂料涂刷，加强防水。

（5）全长粘结型抗浮锚杆，锚杆不需施加预应力，锚杆钢筋上端埋入结构底板内部，防水构造如图 6.5.5-4 所示。

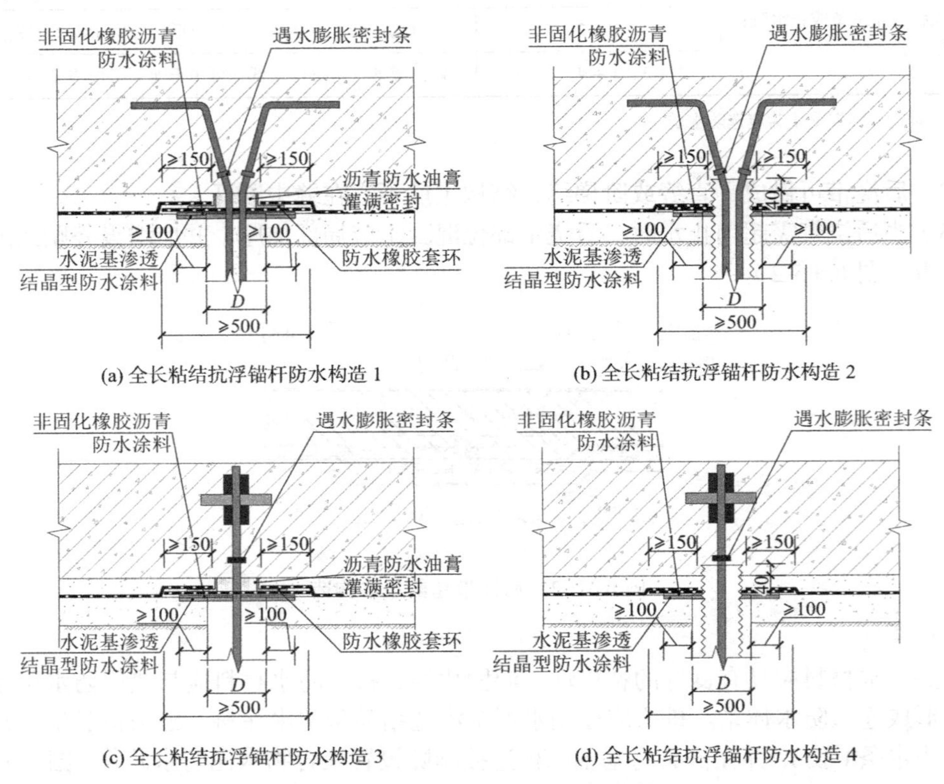

图 6.5.5-4 全长粘结抗浮锚杆防水构造

（6）预应力型抗浮锚杆，锚杆需施加预应力，锚杆钢筋上端埋漏出结构底板，防水构造如图 6.5.5-5 所示。

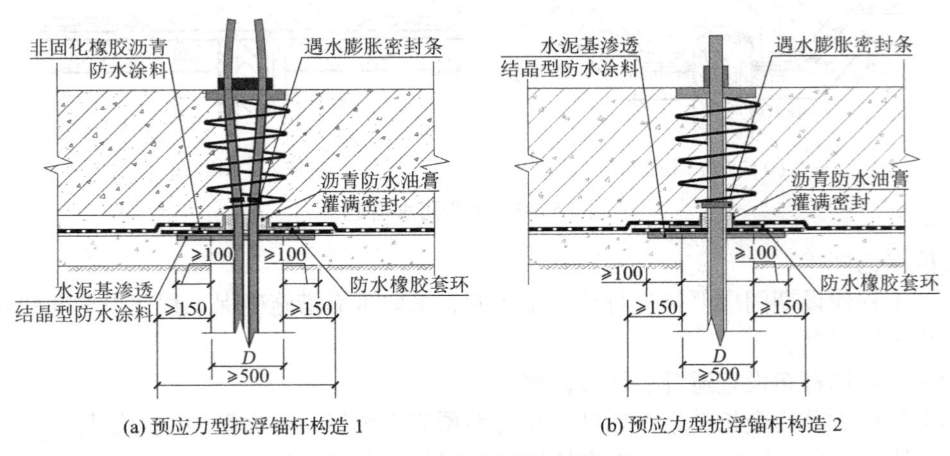

图 6.5.5-5 预应力型抗浮锚杆构造

（7）预应力型抗浮锚杆封锚分为凸式封锚和凹式封锚，面层构造厚度满足封锚构造厚度时，可采用凸式封锚，防水构造如图 6.5.5-6 所示。面层构造厚度不足时，可采用凹式封锚，防水构造如图 6.5.5-7 所示。

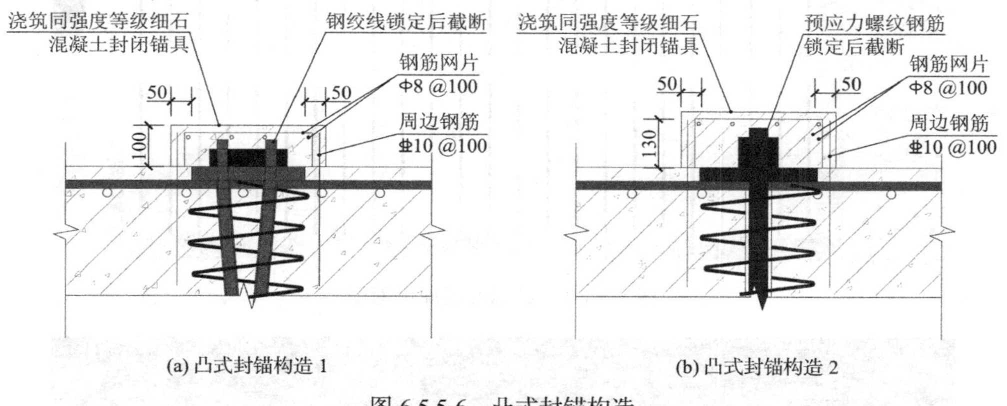

(a) 凸式封锚构造 1　　(b) 凸式封锚构造 2

图 6.5.5-6　凸式封锚构造

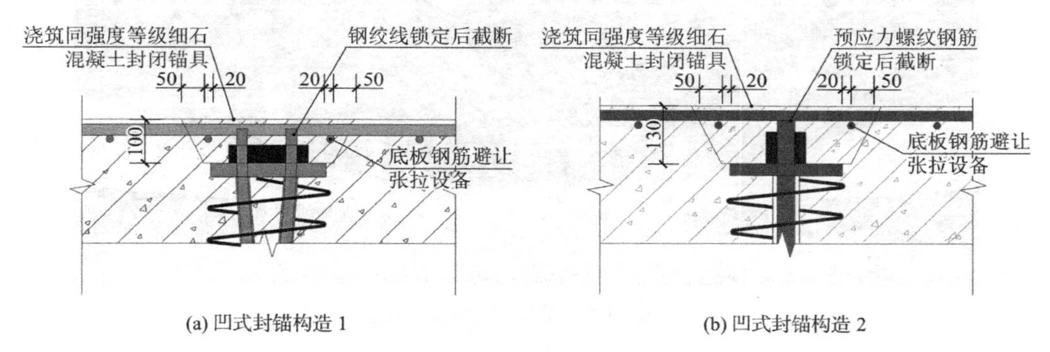

(a) 凹式封锚构造 1　　(b) 凹式封锚构造 2

图 6.5.5-7　凹式封锚构造

6.6 典型案例分析

6.6.1 会展建筑楼地面设计

会展建筑的楼地面设计有其特殊性，比如展厅楼地面通常有较大的荷载需求，楼地面面层有耐磨的需求，同时展厅通常是无柱的超大空间，水电气如何接到展位，消火栓的布置如何满足保护半径等问题均体现出展厅楼地面设计的特殊性，如何设计相关楼地面做法，是展厅设计的重要一环，以下以某会展建筑楼地面做法为例（图 6.6.1-1、图 6.6.1-2），分别从展厅重荷载耐磨地面、展厅楼地面综合布线及展厅楼面地埋消火栓三个方面介绍展厅楼地面设计。

1. 展厅重荷载耐磨地面

目前，国内净展面积在 10 万 m^2 以上的主流大型会展中心均肩负着承接不同类型展览的重任，需要充分满足不同展览类型的需求，因此展厅的楼地面设计也需要满足不同类型展览的荷载，尤其是一些重型设备及成品的展览，这些展厅的楼地面设计会预留较大荷载，通常有 1.5t/m^2、3t/m^2、5t/m^2 等。同时，展厅楼地面面层也需选用耐磨材料，以满足不同展览类型。

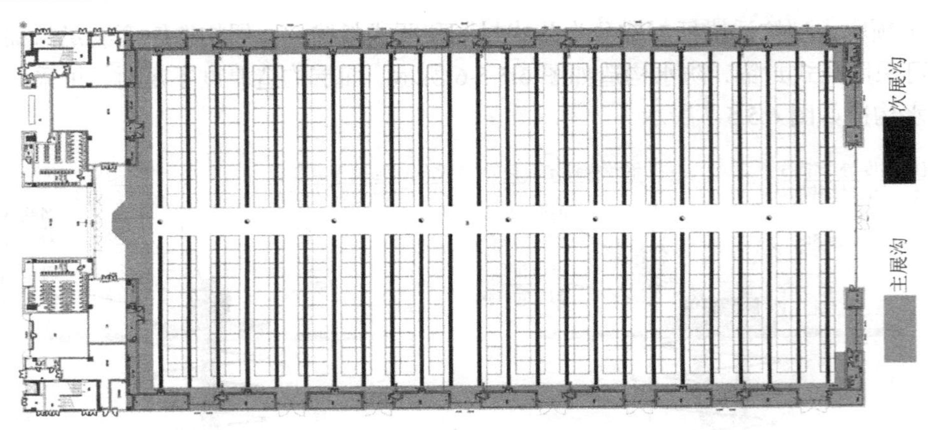

图 6.6.1-1 某标准展厅平面图

图 6.6.1-2 某展厅室内效果图

（1）展厅面层材料需考虑耐磨，常用的耐磨混凝土有：合金骨料耐磨混凝土、金属骨料耐磨混凝土、非金属（金刚砂）骨料耐磨混凝土、固化剂耐磨混凝土等，其材料的选用需要综合造价及技术要求等因素进行比选。

（2）展厅楼面荷载按需求进行预留，结合展厅功能通常需考虑重载楼面。重载楼面垫层中轻集料混凝土［如陶粒混凝土、碳渣混凝土、复合轻集料混凝土（聚氨酯颗粒）等］的选用需要根据地域、造价等因素进行比选，满足技术要求的同时尽量经济、合理。

（3）不同耐磨混凝土及不同垫层的性能特性及优缺点，如表 6.6.1-1 所示。

（4）耐磨地面性能特性。

耐磨混凝土面层骨料类型及特性 **表 6.6.1-1**

面层骨料	使用部位	材料	用量	材料性能	造价成本
合金骨料	展厅地面	锡钛合金	$7kg/m^2$	A 级防火、高致密性、防尘、防渗	较高
金属骨料	展厅地面	钢纤维	$10kg/m^2$	可以抑制裂缝、韧性好、抗冲击性能优越，钢纤维存在聚团、不均匀的情况	适中
非金属骨料	展厅地面	金刚砂	$5kg/m^2$	A 级防火、高强度、高耐磨	较低

（5）垫层材料性能特性及优缺点（表 6.6.1-2）

垫层材料性能及优缺点 **表 6.6.1-2**

分类	性能	优点	缺点
陶粒混凝土	轻质陶粒质轻、筒压强度大、吸水率小、导热系数低，且回填施工速度快，施工简单，施工时可以保持楼面整洁、干净。由于重量轻，还可以减小材料的吊装和运输	1. 陶粒混凝土重量轻，比普通混凝土轻 1/5～2/3； 2. 陶粒混凝土保温性能好，热损失小； 3. 陶粒混凝土抗渗性好； 4. 陶粒混凝土耐火性好，A 级防火材料	1. 收缩与徐变； 2. 离析泌水； 3. 耐久性
碳渣（炉渣）混凝土	碳渣是木料未充分燃烧的产物，有着质量轻、结构紧密的特点	—	1. 不易采购； 2. 环保性能差，由于工业炉渣均含有大量对人体有害的重金属，同时其所含有的硫化物易腐蚀管道； 3. 由于材料具有吸水性，时间长易产生异味，也是有害细菌滋生地； 4. 不易填实，易产生空洞出现塌陷现象，同时也是蟑螂、老鼠的栖息地； 5. 不稳定，易沉降
复合轻集料混凝土（聚氨酯颗粒）	复合轻集料垫层混凝土是由预拌垫层粉料和复合轻集料加水拌制而成	质轻：能够使混凝土重量减少 30%～60% 环保：解决了聚氨酯废弃物无害化处理的难题 防潮：与普通建材相比防潮效果提高 50%以上	1. 强度低，一般强度达不到 7.5MPa； 2. 燃烧性能只能达到 B 级，不适用于主体为钢结构工程的垫层

（6）典型展厅重荷载耐磨地面（以某项目标准展厅为例，金刚砂非合金骨料耐磨混凝土配筋楼面）：

① 耐磨地坪专用液体硬化剂，非金属骨料耐磨面层；

② 150mm 厚 C30 混凝土随捣随光；

③ 250mm 厚 LC7.5 轻集料混凝土垫层；

④ 钢筋混凝土楼板，板面随捣随抹平。

2. 展厅楼地面综合布线

大型会展中心均肩负着承接不同类型展览的需求，这对展厅设计的通用性提出了很大的挑战，机电综合布线系统是满足布展通用性要求的重要设施之一，面对众多的展位，不尽相同的展位需求，紧凑、高效的机电布线方式无疑是展厅设计的核心内容之一。结合展厅的大空间，楼地面的综合布线成为其主流的布线方式。

（1）展厅根据规模、功能布局的不同，展厅综合布线一般有三种形式：

① 展沟式，采用主次展沟的形式，合理规划机电管线的走向和布置；

② 沉井式，充分利用地下室空间，管线敷设在地下室顶部，展厅地面设置展位箱；

③ 引线式，将配电箱安装于展厅内柱子、侧墙上，采用临时引线的方式以满足展位布展需求。

目前，大中型会展建筑中最常用的为展沟式和沉井式（图 6.6.1-3）。

(a) 展沟式

(b) 沉井式

图 6.6.1-3 大中型展厅综合布线最常用形式

（2）展沟式布线系统常用于无地下室的地面，通常采用主沟加次沟的形式进行布线，管线从设备机房通过主次展沟到达末端展位来满足布展的各种需求。这种布线方式的优点在于比较灵活且方便检修，不仅便于展位接线，还可以满足临时布线的需求。展沟式布线系统主要由主展沟、次展沟、末端接驳箱、机电管线、展沟盖板等部分组成（图 6.6.1-4～图 6.6.1-6）。

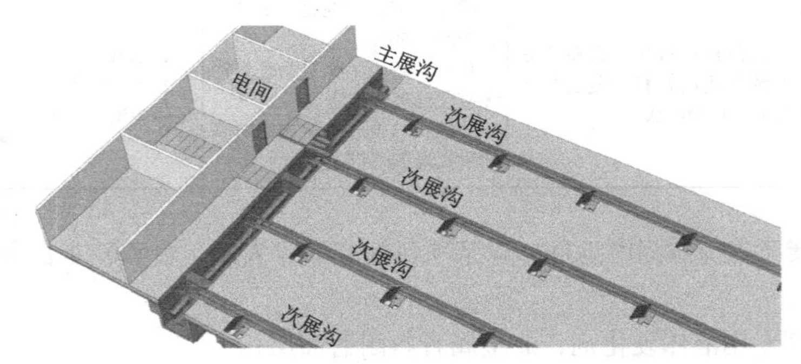

图 6.6.1-4 某会展中心主次展沟布置示意图

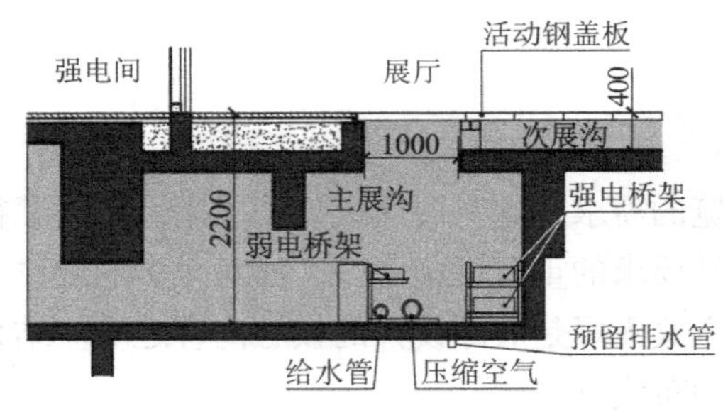

图 6.6.1-5 某会展中心主次展沟接驳示意图

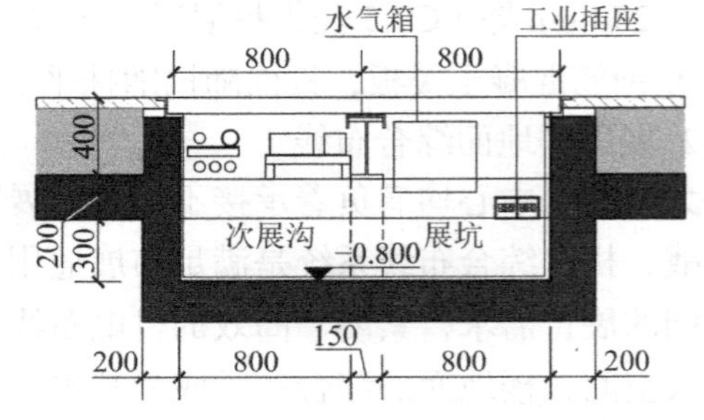

图 6.6.1-6 某会展中心次展沟与展坑剖面图

（3）沉井式布线系统常用于有地下室的展厅地面、双层展厅的二层展厅。一般是在展厅地面设置综合展位箱，仅在箱体位置做结构降板处理。一般 4～6 个展位设置一个展位箱（图 6.6.1-7），因展位箱的位置是固定的，部分展位需要引明线从展位箱接至末端，使用上不灵活。沉井式布线系统主要分为两个部分（图 6.6.1-8），一是位于展厅地面的接驳箱；二是位于展厅楼板下方的机电管线。展位坑（放置接驳箱的土建沉井）一般降板 0.8～1.2m，机电管线从展位坑侧面接至接驳箱（图 6.6.1-9）。

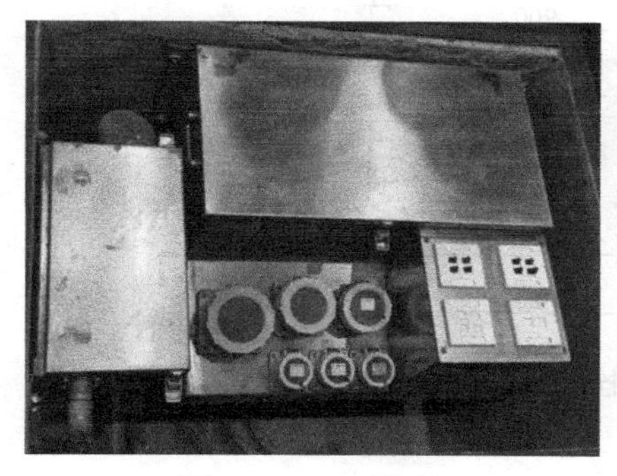

图 6.6.1-7　展位箱

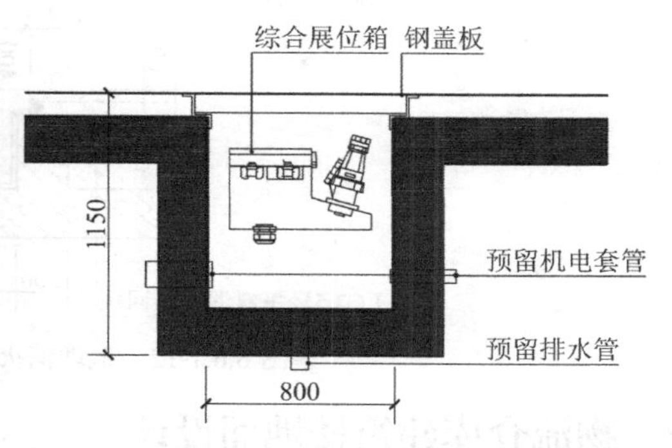

图 6.6.1-8　某会议展览中心展厅首层沉井剖面图

图 6.6.1-9　展位坑实景图

3. 展厅楼面地埋消火栓

大型会展中心通常需满足不同的展览类型，结合展厅的无柱超大空间，如何满足消防系统中消火栓保护半径的要求，成为消防设计及展厅室内空间效果控制的重要一环，对此从规范及实用角度考虑，地埋式消火栓成为可靠、稳妥的选择。

针对展沟式和沉井式两种主流的楼地面综合布线形式，地埋式消火栓可以与之协同设计，例如采用展沟式布线时，消防支管可与展沟结合设置，消火栓箱体尺寸可协同综合展位箱设计。图 6.6.1-10～图 6.6.1-12 所示为某会展中心消火栓与展位箱协同设计。

图 6.6.1-10　地埋消火栓实际案例

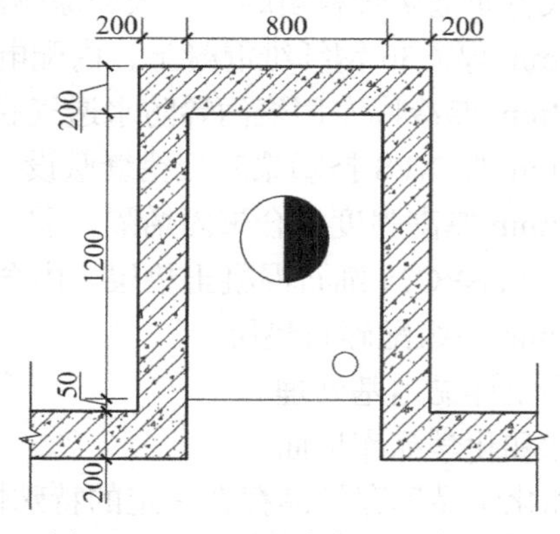

图 6.6.1-11　地埋消火栓平面尺寸

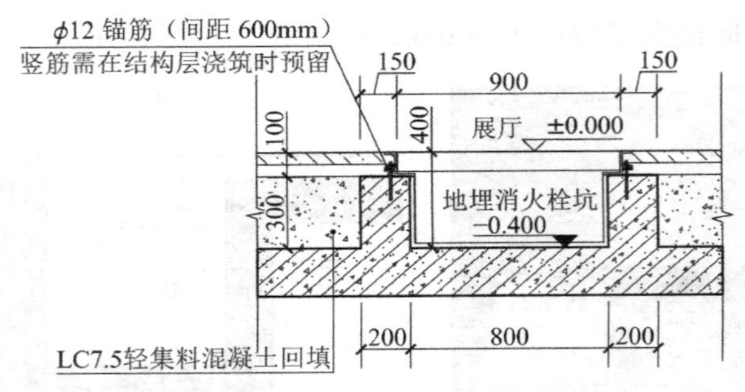

图 6.6.1-12　地埋消火栓剖面示意图

6.6.2　物流仓库建筑楼地面设计

1. 作业区重荷载耐磨地面

物流建筑承载着货运中转和临时仓储的重要功能，作业区及仓储区需满足车辆通行辅助运输的要求。在工业 4.0 的背景下，航空货运站采用如 AGV（自动导引运输车）动态物流系统，对地面平整度及耐磨性要求较高。

货站地面一般为承重地面，建筑地坪要求不出现不均匀沉降，地坪面层采用商业混凝土面层，混凝土层表面加金刚砂骨料耐磨层，混凝土面层下设置滑移塑料薄膜防潮层。

作业区重荷载耐磨地面（以某智能货站为例，金刚砂非合金骨料耐磨混凝土地面）：

（1）深灰色非金属骨料耐磨层，表面涂刷混凝土密封固化剂。

（2）250mm 厚 C30 细石混凝土内配 ϕ10 双向双层三级钢@150mm × 150mm。

（3）最薄 20mm 厚水泥砂浆找平层、1.5mm 厚聚氨酯防水涂料。

（4）300mm 厚级配碎石垫层。

（5）夯实土详见地基处理。

2. 冷库区重荷载耐磨保温地面

在动态物流系统对地面平整度及耐磨性提出较高要求的前提下，冷库区同时需要考虑保温隔热性能。

冷库区重荷载耐磨保温地面（以某智能货站为例，金刚砂非金属骨料耐磨混凝土保温地面）：

（1）深灰色非金属骨料耐磨层，表面涂刷混凝土密封固化剂。

（2）150mm 厚 C30 钢纤维混凝土，内配电 10@150，单层双向三级钢。

（3）0.33mm 厚冷库专用聚丙烯防水透气膜。

（4）200mm 厚 XPS 挤塑聚苯板错缝敷设。

（5）0.14mm 厚高强度复合聚丙烯隔汽层。

（6）100mm 厚 C25 细石混凝土垫层，内含防冻加热管。

（7）300mm 厚级配碎石垫层。

（8）夯实土详见地基处理。

3. 特运库和化学品库地面

特运库和化学品库存储品存在一定的特殊性，多数物品火灾危险性较高，易燃易爆，存在化学腐蚀性及毒性等特性；由此，对地面构造提出一定的工艺要求。

（1）特运库存放物品为航空 9 大类危险物品，甲类 1、2、5、6 项库房。

各库房地面要易冲洗、不燃烧、撞击不发生火花。

易腐蚀物品间、有毒物品间、易燃液体物品间设集污坑，集污坑采用干沙封填；易腐蚀物品间、放射物品间、有毒物品间、易燃液体物品间等房间地面找 1%坡，坡向集污坑，房间入口设置起坡，坡向室内，防止物品及污水流散。

其中易燃气体、易燃固体、易燃液体、易爆物品间为不发火地面；放射性物品、杂项危险品、有毒物品、氧化物品间采用水泥砂浆地面；腐蚀物品间采用耐酸碱地面。以某特运库为例，如表 6.6.2-1 所示。

特运库房面层做法建议及要求　　表 6.6.2-1

<table>
<tr><th>房间名称</th><th>地面做法</th><th>说明</th></tr>
<tr><td>易燃固体间、易燃气体间、易燃液体间、易爆物品间</td><td>不发火地面</td><td>—</td></tr>
<tr><td>放射物品间、有毒物品间、氧化物品间、杂项危险品间</td><td>水泥砂浆地面</td><td rowspan="2">放射物品间、有毒物品间、杂项危险品间根据环评要求，地面可增设防渗透层</td></tr>
<tr><td>腐蚀物品间</td><td>氯磺化聚乙烯耐酸碱地面</td></tr>
</table>

（2）化学品库存放物品多，不限于航空 9 大类危险物品，地面构造做法如表 6.6.2-2 所示（以某化学品库为例）。

化学品库面层做法建议及要求　　表 6.6.2-2

<table>
<tr><th>房间名称</th><th>地面做法</th><th>说明</th></tr>
<tr><td>高氯酸、重铬酸铵</td><td rowspan="5">耐酸砖面层（水玻璃胶泥）</td><td rowspan="5">增设两道 1.5mm 厚聚氨酯防水涂料防渗层</td></tr>
<tr><td>硝酸 65%～68%、六水硝酸锌、硝酸钙（四水 98.5%）、硝酸钡等硝酸盐类</td></tr>
<tr><td>过氧化氢 30%</td></tr>
<tr><td>高锰酸钾</td></tr>
<tr><td>硫酸、盐酸</td></tr>
<tr><td>六亚甲基四胺、升华硫、乙二胺</td><td rowspan="2">耐碱混凝土面层</td><td rowspan="2">增设两道 1.5mm 厚聚氨酯防水涂料防渗层</td></tr>
<tr><td>水合肼、硼氢化钠</td></tr>
<tr><td>金属钾、钠、镁粉、铝粉</td><td rowspan="3">防静电不发火细石混凝土地面</td><td rowspan="3">—</td></tr>
<tr><td>氢气、甲烷、乙炔、氨气、一氧化碳等易燃气瓶间</td></tr>
<tr><td>氧气、氩气、二氧化碳、氮气等不燃气瓶间</td></tr>
<tr><td>甲醇、乙醇</td><td rowspan="4">防静电不发火环氧漆面层地面</td><td rowspan="4">增设两道 1.5mm 厚聚氨酯防水涂料防渗层</td></tr>
<tr><td>废液、固废、空瓶等危废品</td></tr>
<tr><td>沾染物、耗材等危废品</td></tr>
<tr><td>2-丁酮（甲基乙基酮）、丙酮、甲苯、三氯甲烷、乙醚、乙酸酐</td></tr>
</table>

第7章 建筑屋面

7.1 基本原则

7.1.1 总体规定

屋面工程的设计，应符合现行国家标准《民用建筑通用规范》GB 55031、《建筑节能与可再生能源利用通用规范》GB 55015《建筑与市政工程防水通用规范》GB 55030、《屋面工程技术规范》GB 50345、《坡屋面工程技术规范》GB 50693、行业标准《倒置式屋面工程技术规程》JGJ 230、《种植屋面工程技术规程》JGJ 155、《采光顶与金属屋面技术规程》JGJ 255 等的规定，应遵守国家有关环境保护、建筑节能、防水和防火安全等有关规定，做到保证质量、经济合理、安全适用、环保节能。

建筑屋面包含建筑物最顶层的表面以及接触室外的地下室顶板。

7.1.2 屋面类型与坡度

1. 屋面类型

（1）以形态划分，屋面可分为平屋面和坡屋面；

（2）以屋面防水做法划分，屋面可分为卷材或涂膜屋面、刚性防水层屋面、瓦屋面、金属屋面等；

（3）以屋面使用特征划分，屋面可分为保温屋面、隔热屋面、停车屋面等，隔热屋面有架空、蓄水、种植屋面等；

（4）以支撑结构材料划分，屋面可分为混凝土屋面、木屋面、钢屋面、膜结构屋面等。

2. 屋面适用坡度

各常用屋面的特点及适用坡度见表 7.1.2-1。

各常用屋面的特点及适用坡度 表 7.1.2-1

类型	特点	适用坡度
卷材、涂膜防水平屋面	屋面防水层为卷材、涂膜或卷材＋涂膜的复合防水层的平屋面，适用于全国大部分地区	2%～5%
架空屋面	适用于屋面有隔热要求的地区，架空隔热层的高度宜为 180～300mm	2%～5%，架空层表面可以为 0%
种植屋面	适用于屋面有隔热要求或环境绿化要求的地区	2%～50%
蓄水屋面	适用于屋面有隔热要求的地区，不宜在寒冷地区、地震设防地区和振动较大的建筑物上采用	0.50%
停车屋面	可停放一般标准的微型及小型车的屋面	2%～3%

续表

类型	特点	适用坡度
瓦屋面	利用各种瓦材，如平瓦、波形瓦、小青瓦等作为防水和装饰功能的屋面	≥20%； 块瓦屋面≥30%
金属屋面	自重轻、板材种类丰富、施工快速	≥5%
木屋面	原生态、外观优美、造型丰富，适用于仿古建筑	≥20%
膜结构屋面	造型自由、轻巧柔美，安装快捷、易于施工、使用安全，常用于场馆看台、建筑入口、景观小品、公路收费站等	—

7.1.3 屋面排水组织及设计要点

屋面排水是通过设置一定方向的屋面坡度，使雨水通过重力方式或虹吸方式排出屋面的方式，分为无组织排水和有组织排水。

1. 无组织排水主要适用于少雨地区或一般低层建筑：檐口高小于10m的屋面，或相邻屋面高差小于4m时的高区屋面；不宜用于临街建筑和较高的建筑；无组织排水的挑檐出挑尺寸不宜小于600mm。其散水宽度宜宽出挑檐300mm左右，且不宜做暗散水。无组织排水能否设置应符合各地方标准要求，如北京市地方标准《屋面防水技术标准》DB11/T 1945—2021第5.1.6条规定：屋面应设计有组织排水构造，并宜采用雨水收集系统。

2. 有组织排水是指雨水经由天沟、雨水管等排水装置被引导至地面或地下管沟的一种排水方式，在建筑工程中应用广泛。有组织排水有内排水、外排水或内外排水相结合的方式。

3. 严寒地区应采用有组织内排水，寒冷地区宜采用有组织内排水。寒冷地区，雨水斗和天沟宜采用融冰措施，雨水立管宜布置在室内。多层建筑宜采用有组织外排水。当采用外排水时，宜将水落管布置在紧贴阳台外侧或空调机搁板的阴角处，以利维修。多跨及汇水面积较大的屋面宜采用天沟排水，天沟找坡较长时，宜采用中间和两端排水。

4. 屋面排水坡度应根据屋顶结构形式、屋面基层类别、防水构造形式、材料性能及当地气候等条件确定，并应符合下列规定：

（1）屋面采用结构找坡时不应小于3%，采用建筑找坡时不应小于2%；

（2）瓦屋面坡度大于45°以及大风和抗震设防烈度大于7度的地区，应采取固定和防止瓦材滑落的措施，块瓦和波形瓦可用金属件锁固，每片瓦应使用带螺纹的钉固定在挂瓦条上，瓦片下部应使用不锈钢扣件固定在挂瓦条上，沥青瓦应采取满粘和增加固定钉的措施；

（3）卷材防水屋面檐沟、天沟纵向坡度不应小于1%，金属屋面集水沟可无坡度；

（4）当种植屋面的坡度大于20%时，应采取固定和防止滑落的措施：满覆盖种植时可采取挡墙或挡板等防滑措施，非满覆盖种植时可采用阶梯式或台地式种植，详见《种植屋面工程技术规程》JGJ 155—2013第5.3节；屋面坡度大于50%时，不宜做种植屋面。

5. 雨水口和雨水立管的位置，应根据建筑物的造型要求和屋面汇水情况等因素确定；采用重力式排水时，屋面每个汇水面积内，雨水口不宜少于2处。

6. 当屋面雨水管道按满管压力流排水设计时，同一系统的雨水斗宜在同一水平面上。

7. 屋面的汇水面积应按屋面水平投影面积计算。高出裙房屋面的毗邻侧墙，应附加其最大受雨面正投影的 1/2 计算。窗井、贴近高层建筑外墙的地下汽车库出入口坡道应附加其高出部分侧墙面积的 1/2。

8. 檐沟、天沟的过水断面，应根据屋面汇水面积的雨水流量经计算确定。钢筋混凝土檐沟、天沟净宽不应小于 300mm，分水线处最小深度不应小于 100mm；沟内纵向坡度不应小于 1%，沟底水落差不得超过 200mm；檐沟、天沟排水不得流经变形缝和防火墙。

9. 下列场所不应布置屋面雨水管道：

（1）生产工艺或卫生有特殊要求的生产厂房、车间；

（2）储存食品、贵重商品库房；

（3）通风小室、电气机房和电梯机房；

（4）住宅套内（设置在开敞阳台的雨水立管除外）。

10. 采用檐沟排水时，檐沟外侧墙顶如高于屋面结构板时，应在沟两端设置溢水口。

11. 暴雨强度较大地区的大型屋面，宜采用虹吸式屋面雨水排水系统，同时应设溢流设施。

12. 根据《屋面工程质量验收规范》GB 50207—2012 第 8.8.5 条，屋面出入口的泛水高度不应小于 250mm。

此处泛水高度应按照屋面完成面高点为 0 计算，才能保证屋面防水完整性。如迎水面处为找坡低点，当排水不畅，找坡超过 250mm 时，屋面防水完整性无法保障。

7.2 屋面构造层及设计要点

7.2.1 饰面层

保护层是对防水层或保温层等起防护作用的构造层次；屋面面层相对于结构层而言，是指屋面结构板面以上的部分为屋面面层，构造层次包括砂浆找平层、找坡层、保温层、防水层、饰面保护层和饰面层。这里所说保护层（面层）主要指饰面层。

1. 上人屋面的饰面层可采用块体材料、细石混凝土等材料，不上人屋面的饰面层可采用浅色涂料、铝箔、矿物粒料、水泥砂浆等材料。不上人屋面有美观要求时，也可以采用块体材料、细石混凝土等。各种饰面层材料的适用范围和材料选取建议应符合表 7.2.1-1 的规定。

各种饰面层材料的适用范围　　表 7.2.1-1

饰面保护层材料	适用范围	材料选取建议
浅色涂料	不上人屋面	丙烯酸系反射涂料
铝箔	不上人屋面	0.05mm 厚铝箔反射膜
矿物粒料	不上人屋面	不透明的矿物粒料
水泥砂浆	不上人屋面	20mm 厚 1：2.5 或 M15 水泥砂浆
块体材料	上人屋面	地砖或 30mm 厚 C20 细石混凝土预制块
细石混凝土	上人屋面	40mm 厚 C20 细石混凝土或 50mm 厚 C20 细石混凝土内配 $\phi4$@100 双向钢筋网片

2. 采用块体材料做饰面层时，宜设分格缝，其纵横间距不宜大于 10m，分格缝宽度宜为 20mm，并应用密封材料嵌填。

3. 采用水泥砂浆做饰面层时，表面应抹平压光，并应设表面分格缝，分格面积宜为 $1m^2$。

4. 采用细石混凝土做饰面层时，表面应抹平压光，并应设表面分格缝，其纵横间距不应大于 6m，分隔缝宽度宜为 10～20mm，并应用密封材料嵌填。

5. 采用浅色涂料做饰面层时，应与防水层粘结牢固，厚度应均匀，不得漏涂。

6. 块体材料、水泥砂浆、细石混凝土饰面层与女儿墙或山墙之间，应预留宽度为 30mm 的缝隙，缝内宜填塞聚苯乙烯泡沫塑料，并应用密封材料嵌填。

7. 金属屋面详见第 7.3.1 节。

8. 瓦屋面详见第 7.3.2 节。

7.2.2　隔离层

隔离层是消除材料之间粘结力、机械咬合力等相互作用的构造层次。块体材料、水泥砂浆或细石混凝土保护层与卷材、涂膜防水层之间，应设置隔离层。

隔离层材料的适用范围和技术要求宜符合表 7.2.2-1 的规定。

隔离层材料的适用范围和技术要求　表 7.2.2-1

隔离层材料	适用范围	技术要求
塑料膜	块状材料、水泥砂浆保护层	≥ 0.4mm 厚聚乙烯膜或 3mm 厚发泡聚乙烯膜
土工布		≥ $200g/m^2$ 聚酯无纺布，抗拉强度 ≥ $10kN/m^2$
卷材		石油沥青卷材一层
低强度等级砂浆	细石混凝土保护层	10mm 黏土砂浆，石灰膏：砂：黏土 = 1：2.4：3.6
		10mm 厚石灰砂浆，石灰膏：砂 = 1：4
		5mm 厚掺有纤维的石灰砂浆

注：表中数据取自 2024 年及以前施工措施经验总结。

7.2.3　找坡层

1. 找坡层应采用轻质材料单独铺设，其位置可以在保温层的上部或下部。找坡层亦可与保温层合并设置，找坡材料应分层铺设和适当压实，表面应平整。

2. 找坡层常用材料有如下几种：细石混凝土、水泥砂浆、膨胀珍珠岩等。当采用材料找坡时，最薄处的厚度不得小于 30mm。①当坡长小于 4m 时，宜采用水泥砂浆找坡；②当坡长为 4～9m 时，可采用加气混凝土、轻质陶粒混凝土、水泥膨胀珍珠岩和水泥蛭石等材料找坡，也可以采用结构找坡；③为了确保在所有天气条件下都能有效排水，对于居住建筑的屋顶，最小坡长可能被要求为 1：20；④结构找坡主要针对那些自重较大的屋顶结构，如钢筋混凝土屋面板、瓦屋面等。

7.2.4　防水层

防水层是防止雨（雪）水渗透、渗漏的构造层次。

1. 防水卷材的选择和厚度确定

（1）防水卷材可选用合成高分子防水卷材或高聚物改性沥青防水卷材，其外观质量和品种、规格应符合国家现行有关材料标准的规定；

（2）应根据当地历年最高气温、最低气温、屋面坡度和使用条件等因素，应选择耐热度、低温柔性相适应的卷材；

（3）根据地基变形程度、结构形式、当地年温差、日温差和振动等因素，选择拉伸性能相适应的卷材；

（4）应根据防水卷材的暴露程度，选择耐紫外线、耐根穿刺、耐老化、耐霉烂相适应的卷材；

（5）种植屋面的防水层应选择耐根穿刺防水卷材。

2. 防水涂料的选择和厚度确定

（1）防水涂料可按合成高分子防水涂料、聚合物水泥防水涂料和高聚物改性沥青防水涂料选用，其外观质量和品种、型号应符合国家现行有关材料标准的规定；

（2）应根据当地历年最高气温、最低气温、屋面坡度和使用条件等因素，选择耐热性和低温柔性相适应的涂料；

（3）应根据地基变形程度、结构形式、当地年温差、日温差和振动等因素，选择拉伸性能相适应的涂料；

（4）应根据屋面涂膜的暴露程度，选择耐紫外线、耐老化相适应的涂料；

（5）屋面排水坡度大于25%时，应选择成膜时间较短的涂料；

（6）涂膜防水层的基层应坚实、平整、干净，应无孔隙、起砂和裂缝。基层的干燥程度应根据所选用的防水涂料特性确定；当采用溶剂型、热熔型和反应固化型防水涂料时，基层应干燥；

（7）防水涂料应多遍均匀涂布，涂膜总厚度应符合设计要求。

3. 复合防水层的设计和厚度确定

复合防水层是指由两种或两种以上具有一定兼容性的不同材质的防水材料组合而成的结构层，这些材料通过粘结在一起，发挥各自的优势，共同作用形成一个有效的复合防水层。

复合防水层的应用场景非常广泛，包括但不限于建筑设施的可移动部分、新老部位搭接处、轻钢车间和房屋的彩钢板粘接密封、金属屋顶和粮库、天窗周围、直角面、死角、穿墙管道、烟筒、通气孔、轻钢结构粘接密封、地下室、卫生间、浴室等的渗漏密封等。

（1）选用的防水卷材和防水涂料应相容；

（2）防水涂膜宜设置在卷材防水层的下面；

（3）挥发固化型防水涂料不得作为防水卷材粘结材料使用；

（4）水乳型或合成高分子类防水涂膜上面，不得采用热熔型防水卷材；

（5）水乳型或水泥基类防水涂料，应待涂膜实干后再采用冷粘铺贴卷材。

复合防水层最小厚度确定如表7.2.4-1所示。

复合防水层最小厚度　　**表7.2.4-1**

防水卷材类型		卷材防水层最小厚度（mm）
聚合物改性沥青类防水卷材	热熔法施工聚合物改性防水卷材	3.0
	热沥青粘结和胶粘法施工聚合物改性防水卷材	3.0
	预铺反粘防水卷材（聚酯胎类）	4.0

续表

<table>
<tr><th colspan="3">防水卷材类型</th><th>卷材防水层最小厚度（mm）</th></tr>
<tr><td rowspan="2">聚合物改性沥青类防水卷材</td><td rowspan="2">自粘聚合物改性防水卷材（含湿铺）</td><td>聚酯胎类</td><td>3.0</td></tr>
<tr><td>无胎类及高分子膜基</td><td>1.5</td></tr>
<tr><td rowspan="5">合成高分子类防水卷材</td><td colspan="2">均质型、带纤维背衬型、织物内增强型</td><td>1.2</td></tr>
<tr><td colspan="2">双面复合型</td><td>主体片材芯材 0.5</td></tr>
<tr><td rowspan="2">预铺反粘防水卷材</td><td>塑料类</td><td>1.2</td></tr>
<tr><td>橡胶类</td><td>1.5</td></tr>
<tr><td colspan="2">塑料防水板</td><td>1.2</td></tr>
</table>

注：1. 当在屋面金属板基层上采用聚氯乙烯防水卷材（PVC）、热塑性聚烯烃防水卷材（TPO）、三元乙丙橡胶防水卷材（EPDM）等外露型防水卷材单层使用时，防水卷材的厚度，一级防水不应小于 1.8mm，二级防水不应小于 1.5mm，三级防水不应小于 1.2mm。

2. 反应型高分子类防水涂料、聚合物乳液类防水涂料和水性聚合物沥青类防水涂料等涂料防水层最小厚度不应小于 1.5mm，热熔施工橡胶沥青类防水涂料防水层最小厚度不应小于 2.0mm。

3. 当热熔施工橡胶沥青类防水涂料与防水卷材配套使用作为一道防水层时，其厚度不应小于 1.5mm。

4. 坡屋面防水材料的选择

（1）沥青类防水垫层（自粘聚合物沥青防水垫层、聚合物改性沥青防水垫层、波形沥青通风防水垫层等）。

（2）高分子类防水垫层（铝箔复合隔热防水垫层、塑料防水垫层、透气防水垫层和聚乙烯丙纶防水垫层等）。

（3）防水卷材和防水涂料的复合防水垫层。

防水卷材可以选用聚氯乙烯（PVC）防水卷材、三元乙丙橡胶（EPDM）防水卷材、热塑性聚烯烃（TPO）防水卷材、弹性体（SBS）改性沥青防水卷材、塑性体（APP）改性沥青防水卷材。

5. 防水卷材坡屋面

（1）构造层次（由上至下）：防水卷材—保温隔热层—隔汽层—屋顶结构层。

（2）当防水等级为Ⅰ级时，设防要求为两道防水设防，可采用卷材防水层和卷材防水层、卷材防水层和涂膜防水层、复合防水层的防水做法；当防水等级为Ⅱ级时，设防要求为一道防水设防，可采用卷材防水层、涂膜防水层、复合防水层的防水做法。

（3）防水卷材屋面的坡度通常不应小于 3%，这是为了确保雨水能够顺利流淌，避免在屋面上形成积水，从而减少渗漏的风险。

（4）屋面板可采用压型钢板和现浇钢筋混凝土板等。

（5）防水卷材屋面采用的防水卷材主要包括：聚氯乙烯（PVC）防水卷材、三元乙丙橡胶（EPDM）防水卷材、热塑性聚烯烃（TPO）防水卷材、弹性体（SBS）改性沥青防水卷材、塑性体（APP）改性沥青防水卷材。

（6）保温隔热材料可采用硬质岩棉板、硬质矿渣棉板、硬质玻璃棉板、硬质泡沫聚氨酯塑料保温板及硬质聚苯乙烯保温板等板材。

（7）保温隔热层应设置在屋面板上。

（8）单层防水卷材和保温隔热材料构成的屋面系统，可采用机械固定法、满粘法或空铺压顶法铺设。

7.2.5 保温层

1. 保温层设计应符合下列规定：

（1）倒置式保温屋面的坡度宜为 3%；

（2）保温层的厚度应根据所在地区现行节能设计标准，经计算确定；

（3）保温层应根据屋面所需的传热系数或热阻选择轻质、高效的保温材料；

（4）保温层应选吸水率低、导热系数小，并有一定强度的保温材料；

（5）屋面为停车场等高荷载情况时，应根据计算确定保温材料的强度；

（6）纤维材料做保温层时，应采取防止压缩的措施；

（7）屋面坡度较大时，保温层应采取防滑措施；

（8）封闭式保温层或保温层干燥有困难的卷材屋面，宜采取排汽构造措施。

2. 保温层的位置

（1）倒置式做法：保温层设置在防水层上部的做法。此时保温层的上面应做保护层。

（2）正置式做法：保温层设置在防水层下部的做法。此时保温层的上面应做找平层。

3. 保温材料

《屋面工程技术规范》GB 50345—2012 中规定的保温层及保温材料如表 7.2.5-1、表 7.2.5-2 所示。

常见保温层及保温材料　　表 7.2.5-1

保温层	保温材料
块状材料保温层	聚苯乙烯泡沫塑料（XPS 板、EPS 板）、硬质聚氨酯泡沫塑料、膨胀珍珠岩制品、泡沫玻璃制品、加气混凝土砌块、泡沫混凝土砌块
纤维材料保温层	玻璃棉制品、岩棉制品、矿渣棉制品
整体材料保温层	喷涂硬泡聚氨酯、现浇泡沫混凝土

常用屋面保温材料性能　　表 7.2.5-2

	材料类别	燃烧性能等级	导热系数 [W/(m·K)]	密度（kg/m^3）	使用位置
聚苯乙烯泡沫塑料	有机类	B_1	0.026～0.035	10～35	上人屋面
聚氨酯泡沫塑料	有机类	B_1	0.018～0.024	35～40	上人屋面
酚醛类制品	有机类	B_1	0.023～0.032	30～80	上人屋面
膨胀珍珠岩制品	无机类	A	0.0245～0.048	≤ 120	上人屋面
泡沫玻璃制品	无机类	A	0.058	160～220	上人屋面
泡沫混凝土	无机类	A	0.08～0.28	300～1600	上人屋面
玻璃棉制品	无机类	A	0.042	10～120	非上人屋面
岩棉制品	无机类	A	0.030～0.047	50～200	非上人屋面
矿渣棉制品	无机类	A	0.041～0.07	50～500	非上人屋面

4. 坡屋面保温隔热材料选择

（1）坡屋面保温隔热材料可采用硬质聚苯乙烯泡沫塑料保温板、硬质聚氨酯泡沫塑料保温板、喷涂硬泡聚氨酯、岩棉、矿渣棉或玻璃棉等，不宜采用散状保温隔热材料。

（2）保温隔热材料的表观密度不应大于 250kg/m³。装配式轻型坡屋面宜采用轻质保温隔热材料，表观密度不应大于 70kg/m³。

（3）沥青瓦屋面的保温隔热层设置在屋面板上时，应采用不小于压缩强度 150kPa 的硬质保温隔热板材。

（4）块瓦屋面保温隔热层上铺设细石混凝土保护层作为持钉层时，防水垫层应铺设在持钉层上；构造层（由上至下）依次为：块瓦—挂瓦条—顺水条—防水垫层—持钉层—保温隔热层—屋面板。

5. 保温材料的构造要求

（1）屋面与天沟、檐沟、女儿墙、变形缝、伸出屋面的管道等热桥部位，当内表面温度低于室内空气露点温度时，均应做保温处理。

（2）外墙保温材料应在女儿墙压顶处断开，压顶上部抹面及保温材料应为 A 级材料；无女儿墙但有挑檐板的屋面，外墙保温材料应在挑檐板下部断开。

6. 倒置式保温层

综合《屋面工程技术规范》GB 50345—2012 和《倒置式屋面工程技术规程》JGJ 230—2010 中的相关规定，倒置式保温屋面是保温层在上、防水层在下的屋面。

正置式与倒置式两种屋面设计各有优势，选择时应根据实际需求和当地气候条件来决定。例如，在寒冷地区，更倾向于使用正置屋面以利于保温；而在雨水较多或气候较为湿润的地区更适用于选用倒置屋面，因为它能更好地防止水分侵入。

倒置式屋面保温层的设计厚度应按计算厚度增加25%取值，且最小厚度不得小于25mm。

（1）倒置式屋面的保温层使用年限不宜低于防水层的使用年限。保温层应采用吸水率低，且长期浸水不变质的保温材料；

（2）板状保温材料的下部纵向边缘应设排水凹槽；

（3）保温层与防水层所用材料应相容匹配；

（4）保温层上面宜采用块体材料或细石混凝土做保护层；

（5）檐沟、水落口部位应采用现浇混凝土堵头或砖砌堵头，并应做好保温层的排水处理。

当选用三道以上防水层时，可以将防水层分设在保温层下或者保温层上。

在一级屋面防水工程中，三道防水层的设置遵循一定的原则，其中包括保温层与防水层的设置位置。虽然传统的做法是保温层设在防水层下面，但也可以将保温层设置在防水层上面，这种做法被称为“倒置式保温屋面”。这种结构层次自上而下分别为保温层、防水层、结构层。对于保温层的材料有特殊要求，应使用具有吸湿性低、耐候性强的憎水材料，并在保温层上加设较重的覆盖层，如钢筋混凝土、卵石、砖等，以确保保温效果和结构安全。

7. 倒置式保温屋面的各层材料建议（表 7.2.5-3）

倒置式保温屋面的各层材料建议　　表 7.2.5-3

构造层次	材料建议
找坡层	①宜采用结构找坡； ②当采用材料找坡时，找坡层最薄处的厚度不得小于 30mm

续表

构造层次	材料建议
找平层	①防水层的下部应设置找平层； ②找平层可采用水泥砂浆或细石混凝土，厚度应为15～40mm； ③找平层应设分格缝，缝宽宜为10～20mm，纵横缝的间距不宜大于6m；缝中应用密封材料嵌填
防水层	应选用耐腐蚀、耐霉烂，适应基层变形能力的防水材料
保温层	可以选用挤塑聚苯板、硬泡聚氨酯板、硬泡聚氨酯防水保温复合板、喷涂硬泡聚氨酯及泡沫玻璃保温板等

7.2.6 找平层

（1）卷材屋面、涂膜屋面的基层宜设找平层。根据最新的标准图，结构板上直接做卷材或者涂膜，不设找平层；在防水层和保温层之间、防水层和找坡层之间设找平层。找平层厚度和技术要求应符合表7.2.6-1规定。

找平层适用不同基层建议　　表7.2.6-1

找平层分类	适用的基层	厚度（mm）	技术要求
水泥砂浆	整体现浇混凝土板	15～20	1：2.5水泥砂浆
	整体材料保温层	20～25	
细石混凝土	装配式混凝土板	30～35	C20混凝土，宜加钢筋网片
	板状材料保温层		C20混凝土

注：北京地区及涉及绿色建筑的项目已取消预拌砂浆的使用，均要求使用DS干拌砂浆。

（2）保温层上的找平层应留设分格缝，缝宽宜为5～20mm，纵横缝的间距不宜大于6m。

7.2.7 结构基层

屋面结构板关系到屋面的稳定性、承载能力、防水隔热等功能。平屋顶的承重结构可以为以钢筋混凝土板为主，亦可以采用钢结构作为基层。其承重荷载需由结构专业根据屋顶荷载（包括自重、雪载、活载、风载等）计算确定，同时具有足够的刚度和稳定性，防止过度挠曲和失稳，屋面结构板应与主体结构牢固连接，设置合适的支撑系统，包括横向支撑、竖向支撑和纵向支撑，确保整体稳定性。

7.2.8 隔汽层与排汽层

1. 隔汽层

当严寒和寒冷地区屋面结构冷凝界面内侧实际具有的蒸汽渗透阻小于所需值，或其他地区室内湿气有可能透过屋面结构层时，应设置隔汽层。

隔汽膜铺设于基础层之上，可加强建筑物水密性的同时，防止室内潮湿气向保温层渗透，保护保温层不受侵蚀。隔汽膜与保温层之上的防水透气膜配套使用，可令墙体或屋面获得较好的水汽隔绝效果，并使围护内水汽通过防水透气膜顺畅排出，保护围护结构热工性能，从而达到节能之目的。隔汽层的设置有如下注意事项：

（1）正置式屋面的隔汽层应设置在结构层上，保温层下；倒置式屋面不设隔汽层。

（2）隔汽层应选用气密性、水密性好的材料。

（3）隔汽层应沿周边墙面向上连续铺设，高出保温层上表面不得小于 150mm。

（4）隔汽层采用卷材时宜空铺，卷材搭接缝应满粘，其搭接宽度不应小于 80mm；隔汽层采用涂料时，应涂刷均匀。

■ **说明**

《屋面工程技术规范》GB 50345—2012 规定隔汽层的设置原则如下：

（1）在纬度 40°以北地区且室内空气湿度大于 75%，或其他地区室内空气湿度常年大于 80%时，保温屋面应设置隔汽层。

（2）隔汽层应在保温层下部设置并沿墙面向上铺设，与屋面的防水层相连接，形成全封闭的整体。

（3）隔汽层可采用气密性、水密性好的单层卷材或防水涂料。保温层是减少防护结构热交换作用的构造层次。设置保温隔热层的屋面应进行热工验算，应采取防结露、防蒸汽渗透等技术措施，且应符合现行国家标准《建筑设计防火规范》GB 50016。

2. 排汽层

排汽层设置在保温层上方。其设置通常是为了防止建筑内部的水蒸气在保温层中凝结，以及为了排出建筑内部的空气和水分，保持保温层的干燥和保温效果。屋面排汽层主要是用沥青和无纺布做成。以下几种情况出现时应设置排汽层：

（1）在高湿度环境中，如靠近海边或湿度较大的地区，以及室内湿度经常高于 70%的地方，应考虑设置排汽层；

（2）当保温层的厚度较大时，内部温度梯度可能会导致水蒸气在保温层中凝结，此时应设置排汽层以促进水分的排出；

（3）当热流方向是从室内向室外时，室内温暖的水蒸气可能会在保温层内冷凝，因此需要设置排汽层；

（4）某些特定用途的建筑，如温室、冷库等，由于内部温度和湿度的变化较大，可能需要设置排汽层。

7.2.9　其他屋面特性

1. 屋面防火

屋面防火需要考虑屋面板、保温材料、防水材料的防火要求。

（1）一级耐火等级工业与民用建筑的上人平屋顶，屋面板的耐火极限不应低于 1.50h；二级耐火等级工业与民用建筑的上人平屋顶，屋面板的耐火极限不应低于 1.00h。

（2）屋顶基层采用耐火极限不小于 1.00h 的不燃烧体的建筑，其屋顶的保温材料不应低于 B_2 级（其中北京地区，屋顶保温材料要求均不低于 B_1 级）；其他情况，保温材料的燃烧性能不应低于 B_1 级。当建筑的屋面和外墙外保温系统均采用 B_1、B_2 级保温材料时，屋面与外墙之间应采用宽度不小于 500mm 的不燃材料设置防火隔离带进行分隔。屋顶防水层或可燃保温层应采用不燃材料进行覆盖。

（3）外露使用防水材料的燃烧性能等级不应低于 B_2 级。

2. 屋面防水

（1）下列材料不得计为屋面的一道防水设防：

① 混凝土结构层；

② Ⅰ型喷涂硬泡聚氨酯保温层；

③ 装饰瓦以及不搭接瓦；

④ 隔汽层；

⑤ 细石混凝土层。

（2）防水附加层设计应符合下列规定：

① 檐沟、天沟与屋面交接处，屋面平面与立面交接处，以及水落口、伸出屋面管道根部等部位，应设置卷材或涂膜防水附加层；

② 屋面找平层分格缝等部位，宜设置卷材空铺附加层，其空铺宽度不宜小于100mm；

③ 附加层最小厚度应符合表7.2.9-1的规定。

附加层最小厚度 **表7.2.9-1**

防水附加层材料	最小厚度（mm）
合成高分子防水卷材	1.2
高聚物改性沥青防水卷材（聚酯胎）	3.0
合成高分子防水涂料、聚合物水泥防水涂料	1.5
高聚物改性沥青防水涂料	2.0

注：涂膜附加层应加铺胎体增强材料。

（3）屋面工程防水类别（表7.2.9-2）

屋面工程防水类别 **表7.2.9-2**

工程类型	工程防水类别		
	甲类	乙类	丙类
屋面工程	民用建筑和对渗漏敏感的工业建筑屋面	除甲类和丙类以外的建筑屋面	对渗漏不敏感的工业建筑屋面
地下工程	有人员活动的民用建筑地下室，对渗漏敏感的建筑地下工程	除甲类和丙类以外的建筑地下工程	对渗漏不敏感的物品、设备使用或贮存场所，不影响正常使用的建筑地下工程

（4）屋面防水等级和设防要求（表7.2.9-3）

屋面工程防水设计工作年限不应低于20年，工程防水等级应依据工程类别和工程防水使用环境类别分为一级、二级、三级。暗挖法地下工程防水等级应根据工程类别、工程地质条件和施工条件等因素确定，其他工程防水等级不应低于下列规定。

① 一级防水：Ⅰ类、Ⅱ类防水使用环境下的甲类工程；Ⅰ类防水使用环境下的乙类工程。

② 二级防水：Ⅲ类防水使用环境下的甲类工程；Ⅱ类防水使用环境下的乙类工程；Ⅰ类防水使用环境下的丙类工程。

③ 三级防水：Ⅲ类防水使用环境下的乙类工程；Ⅱ类、Ⅲ类防水使用环境下的丙类工程。

■ **说明**

屋面及外墙，除西部地区（降水量 < 400mm）外，其他地区所有民用建筑均为一级防水。

屋面防水等级和设防要求　　表 7.2.9-3

项目	屋面防水等级		
	一级	二级	三级
防水做法	不应少于 3 道	不应少于 2 道	不应少于 1 道
防水层选用要求	卷材防水层不应少于 1 道	卷材防水层不应少于 1 道	任选
防水层合理使用年限	不应低于 20 年		
防水层常用材料	第一道可选用： ①水性聚合物沥青类防水涂料； ②反应型高分子类防水涂料； 第二道可选用： ①自粘聚合物改性沥青防水卷材； ②热熔施工橡胶防水卷材； ③高分子类防水涂料； 第三道可选用： ①高分子防水卷材； ②聚合物改性沥青防水卷材	第一道可选用： ①热熔水性聚合物沥青类防水涂料； ②施工橡胶防水卷材； 第二道可选用： ①自粘聚合物改性沥青防水卷材； ②合成高分子防水卷材	①改性沥青防水卷材； ②合成高分子防水卷材； ③反应型高分子类防水涂料； ④聚合物沥青类防水涂料； ⑤聚合物乳液类防水涂料

注：1. 当瓦屋面工程的防水做法防水等级为三级时，可设置一道防水层（设置在保温层上方）；
2. 倒置式屋面工程的防水等级应为一级，种植屋面和地下建（构）筑物种植顶板工程防水等级应为一级。

（5）瓦屋面工程的防水等级和设防要求（表 7.2.9-4）

瓦屋面防水等级和设防要求　　表 7.2.9-4

防水等级	防水做法	防水层		
		屋面瓦	防水卷材	防水涂料
一级	不应少于 3 道	为 1 道，应选	卷材防水层不应少于 1 道	
二级	不应少于 2 道	为 1 道，应选	不应少于 1 道，任选	
三级	不应少于 1 道	为 1 道，应选	—	

（6）常用防水材料造价及适用范围（表 7.2.9-5）

常用防水材料造价及适用范围　　表 7.2.9-5

防水材料	地下室顶板	上人屋面	不上人屋面	大跨屋面	种植屋面	造价档次
高分子自粘防水卷材	√					较高
TPO 防水卷材				√		高

续表

防水材料	地下室顶板	上人屋面	不上人屋面	大跨屋面	种植屋面	造价档次
PVC 防水卷材				√		中
聚酯胎改性沥青防水卷材	√	√	√			中
玻纤聚酯胎改性沥青防水卷材	√	√	√			中
水性聚合物沥青类防水涂料		√	√			低
Ⅰ型聚氨酯防水涂料	√	√	√			低
TPO 耐根穿刺防水卷材	√				√	高
聚氯乙烯防水卷材（根阻型）	√				√	较高
改性沥青防水卷材（根阻型）	√				√	较高

（7）防水卷材接缝

防水卷材接缝应采用搭接缝，卷材搭接宽度应符合表 7.2.9-6 的规定。

防水卷材接缝剥离强度　　表 7.2.9-6

防水卷材类型	搭接工艺	接缝剥离强度（N/mm）		
		无处理时	热老化	浸水
聚合物改性沥青类防水卷材	热熔	＞1.5	＞1.2	＞1.2
	自粘、胶粘	＞1.0	＞0.8	＞0.8
合成高分子类防水卷材及塑料防水板	焊接	＞3.0 或卷材破坏		
	自粘、胶粘	＞1.0	＞0.8	＞0.8
	胶带	＞0.6	＞0.5	＞0.5

注：搭接宽度多取自 2024 年及以前施工措施经验和地产管理规定总结。

① 接缝密封防水设计

屋面接缝应按密封材料的使用方式，分为位移接缝和非位移接缝。

接缝密封防水设计应保证密封部位不渗水，并应做到接缝密封防水与主体防水层相匹配。

② 位移接缝密封防水设计应符合下列规定：

a. 接缝宽度应按屋面接缝位移量计算确定；

b. 密封材料的嵌缝深度宜为接缝宽度的 50%～70%；

c. 接缝处的密封材料底部应设置背衬材料，背衬材料应大于接缝宽度 20%，嵌入深度应为密封材料的设计厚度；

d. 背衬材料应选择与密封材料不粘结或粘结力弱的材料，并应能适应基层的伸缩变形；

同时，应具有施工时不变形、复原率高和耐久性好等性能。

3. 屋面防腐

屋面防腐是保护屋面材料免受腐蚀的重要措施，在屋面材料的选择时应根据屋面材料类型、使用环境以及预算等因素进行考虑。

（1）外露使用的防水层，应选用耐紫外线、耐老化、耐候性好的防水材料；

（2）上人屋面应选用耐霉变、拉伸强度高的防水材料；

（3）长期处于潮湿环境的屋面，各构造层材料应选用耐腐蚀、耐霉变、耐穿刺、耐长期水浸等性能的材料。

4. 屋面排汽

封闭式保温层或保温层干燥有困难的卷材屋面，宜采取排汽构造措施；屋面排汽构造设计应符合下列规定：

（1）找平层设置的分格缝可兼作排汽道，排汽道的宽度宜为 40mm；

（2）排汽道应纵横贯通，并应与大气连通的排汽孔相通，排汽孔可设在檐口下或纵横排汽道的交叉处；

（3）排汽道纵横间距宜为 6m，屋面面积每 36m^2 宜设置一个排汽孔，排汽孔应做防水处理；

（4）在保温层下也可铺设带支点的塑料板。

5. 屋面防护

上人屋面等临空处应设置女儿墙或防护栏杆，女儿墙及栏杆应以坚固、耐久的材料制作，并应符合下列规定：

（1）当屋面坡度较大时，应采取固定加强和防止屋面系统各个构造层及材料滑落的措施；坡度大于 45°瓦屋面，以及强风多发或抗震设防烈度为 7 度及以上地区的瓦屋面，应采取防止瓦材滑落、风揭的措施；强风地区的金属屋面和异形金属屋面，应在边区、角区、檐口、屋脊及屋面形态变化处采取构造加强措施。

（2）严寒及寒冷地区的坡屋面，檐口部位应采取防止冰雪融化下坠和冰坝形成等措施。

6. 屋面隔声

（1）屋面的隔声构造应根据屋面类别确定；

（2）非上人屋面应重点考虑隔绝空气声，可通过增加屋面构造厚度或选择单位面积质量大的屋面材料；

（3）当屋面为上人屋面时，隔声重点为隔绝固体声，可采用架空屋面、设置弹性面层等方式改善屋面隔绝撞击声的性能。

7. 屋面突出物处理

（1）烟道、通风道

烟道、通风道凸出屋面的高度应不小于 600mm，并应做好泛水，防水卷材的高度不应小于 250mm。

（2）出人孔

平屋顶的出人孔是为了检修而设置。开洞尺寸应不小于 700mm × 700mm。为了防止漏水，应将板边上翻，上盖木板，以遮风挡雨。泛水的高度不应小于 250mm，并且泛水防水层的收头应压在出人孔的混凝土压顶圈之下。

屋面应设上人检修口；当屋面无楼梯通达且低于 10m 时，可设外墙爬梯，并应有安全防护和防止儿童攀爬的措施；大型屋面及异形屋面的上屋面检修口宜多于 2 个。外墙爬梯多为铁质材料，宽度一般为 600mm，底部距室外地面宜为 2～3m。当屋面有大于 2m 的高差时，高低屋面之间亦应设置外墙爬梯，爬梯底部距低屋面应为 600mm，爬梯距墙面为 200mm。

（3）室外消防梯

《建筑设计防火规范》GB 50016—2014（2018 年版）中规定：建筑高度大于 10m 的三级耐火等级建筑应设置通至屋顶的室外消防梯。室外消防梯不应面对老虎窗，宽度不应小于 0.6m，且宜从离地面 3m 高度处设置。

7.3 特殊屋面

7.3.1 金属屋面

1. 功能用途

金属屋面是由金属面板与支承体系组成，不分担主体结构所受作用的建筑围护系统，常用于大跨度钢结构建筑。金属面板主要包括压型金属板和夹芯板两类；压型金属板材料有钢、铝合金、不锈钢、钛合金、铜、铅等，目前常用压型钢板和压型铝合金板。金属屋面具有自重轻、板材种类丰富、施工快速等特点。金属屋面应符合现行行业标准《建筑金属围护系统工程技术标准》JGJ/T 473、《采光顶与金属屋面技术规程》JGJ 255 的规定。

2. 适用范围（表 7.3.1-1）

金属屋面类型及适用范围　　表 7.3.1-1

金属屋面类型	适用范围
压型钢板、夹芯板屋面	（1）适用于非保温型及保温型的工业与民用建筑，屋面均为不上人屋面； （2）压型钢板屋面构造所选用的板型连接方式为紧固件连接及咬边连接两种，夹芯板屋面构造所选用的板型连接方式为紧固件连接； （3）适用于抗震设防烈度 ≤ 8 度的地区。当建筑物内有振动设备时，应依照国家相关标准及规程规定增设相应减振措施； （4）配合使用的屋面坡度宜 > 5%；在积雪厚度较大及腐蚀环境中屋面坡度宜 > 8%。压型钢板波高 < 50mm 时，其屋面坡度应适当加大。当屋面坡度 < 5%时，其坡度取值应根据《压型金属板设计施工规程》YBJ 216—88 进行排水验算； （5）在强台风地区应谨慎使用；如需使用，设计者必须采取适当的防风措施，如减少搭接点，增加固定点，在屋脊、檐口、山墙转角、门窗、勒脚处围护系统外侧增设通长固定压条等。对风荷载较大地区的敞开及半敞开建筑，其屋面受有较大负风压时，亦应采取加强连接的构造措施
钢框轻型屋面板	（1）室内正常环境（环境类别一），无侵蚀性介质和年平均相对湿度 ≤ 75%的工业与民用建筑； （2）抗震设防烈度 ≤ 8 度的地区； （3）构件表面工作温度 ≤ 100°C； （4）钢框轻型屋面板坡度不宜小于 2%，宜采用卷材防水，卷材可直接铺设在屋面板上（不需另做找平层）； （5）钢框轻型屋面板的安全等级为二级

3. 设计要点

（1）金属屋面应按附属于主体结构的外围护结构设计，设计使用年限不应少于 25 年。

（2）金属屋面设计应根据气候条件、建筑等级、使用功能、建筑造型、节能环保、施工技术等要求，进行系统选择与构造层设计。

（3）金属屋面设计宜包括构造层次设计、支承结构设计、抗风揭设计、防水及排水设计、保温隔热设计、防火设计、防雷设计、隔声和吸声设计、维护设施设计、附加功能层设计、细部构造设计等。

（4）金属屋面应进行详图设计，详图设计在满足建筑设计功能要求的前提下应包括如下内容：压型金属板排板布置图、节点构造、泛水板和包角板尺寸、衬檩形式及其固定、配件材料规格等。

（5）当设置穿出金属屋面的设施时，交界处应满足防渗漏、防热桥、防结露、防火等性能要求。

（6）严寒、强冰雪地区及沿海、强风地区，宜通过专项技术论证并采取相应的防冰雪或防风措施。沿海等特殊环境地区还应提出耐盐雾等特殊性能要求。

（7）重要工程应根据风洞试验结果确定风荷载要求和抗风揭性能要求，并应通过抗风揭测试。

（8）当室内环境有较高声学要求时应进行声学计算，并完成必要的声学性能测试。

（9）应设置清洁维护系统，包括升降机、蜘蛛车、检修马道等，应设置防坠落系统。

（10）系统构造中的多层结构，可以增加声能衰减，是隔绝雨噪声的有效措施之一。当建筑室内空间对降雨噪声有一定要求时，可以通过设置高密度重质板材，如石膏板、高强加压水泥板等提高隔声性能。在构造方式上还需注意对板材缝隙进行必要填塞处理或采用双层错缝方式。

7.3.2　瓦屋面

1. 功能用途

屋面瓦种类很多，根据材料来分类，有块瓦（烧结瓦、混凝土瓦等）、玻纤增强水泥（GRC）波瓦、沥青瓦、波形瓦、光伏瓦等。光伏瓦主要指太阳能光伏电池与瓦材的复合体。

民用建筑的瓦屋面常采用块瓦、沥青瓦、波形瓦，也可选用装配式轻型坡屋面。

2. 设计要点

（1）瓦屋面类型根据建筑物高度、风力、环境等因素确定，瓦屋面适用坡度不应小于 20%，块瓦屋面坡度不应小于 30%。

（2）屋面瓦材可视为一道屋面防水层，瓦屋面应设防水垫层，防水做法可参考《建筑与市政工程防水通用规范》GB 55030—2022 表 4.4.1-2。

（3）沥青瓦屋面应按设计要求提供抗风揭试验检测报告。

（4）当建筑的屋面坡度大于 45°，并位于强风多发和抗震设防烈度为 7 度以上的地区时，应采取加强措施固定瓦块。块瓦和波形瓦可用金属件锁固，沥青瓦应采取满粘和增加固定钉的措施。

（5）瓦屋面檐沟宜为现浇钢筋混凝土、聚氯乙烯成品或金属成品。

（6）当瓦屋面的找平层位于保温层之上时，则应与保温层下的钢筋混凝土基层有可靠的构造连接措施，如在混凝土板上伸出预留钢筋与找平层（卧瓦层）内的钢筋网连接等。

（7）沥青瓦的找平层宜为细石混凝土，其厚度应不小于30mm。

7.3.3 光伏屋面

1. 功能用途

光伏屋面通过将太阳能转化为电能，可以为建筑提供清洁、可再生的能源，减少对传统能源的依赖，降低能源消耗与碳排放，是一种环保、经济、可持续的能源利用方式。

光伏屋面应满足《建筑节能与可再生能源利用通用规范》GB 55015—2021 第5.2条的相关规定。

2. 设计要点

（1）对于新建钢筋混凝土结构体系的屋面，太阳能的基础宜独立设置，可在屋面设置独立条形基础（图7.3.3-1）；当屋顶设备规模庞大且管线繁杂时，可以采取结构柱升到屋面另起结构体系的形式，可采用钢筋混凝土框架或者钢结构（图7.3.3-2）。

（2）设备基础应考虑防水措施，在基础阴角与阳角处250mm范围内增设附加防水层，防水层可收头至设备基础檐口处或者整体包裹住设备基础；对于供暖地区，需考虑“冷热桥”的因素，设备基础需增设保温层；当条形设备基础阻挡屋面排水时，应设置过水孔，过水孔的位置与标高应考虑排水方向与找坡坡度计算得出。

（3）对于厂房等采用金属屋面的建筑，可在金属屋面锁边位置设置抗风夹类型的连接装置固定光伏板檩条（图7.3.3-3、图7.3.3-4），或者选用屋面光伏一体设计（图7.3.3-5），将光伏板用金属结构胶粘接在金属屋面板上。当建筑有采光天窗时，可以采用双夹胶中空光伏玻璃一体化的采光顶。

（4）荷载参考：光伏板本身质量和支架系统质量约为15kg/m²。混凝土屋面有水泥配重块质量为10～30kg/m²，具体需要根据当地风压进行计算。

图7.3.3-1 设备独立基础

图7.3.3-2 升屋面结构框架设备平台

图7.3.3-3 压型钢板光伏板

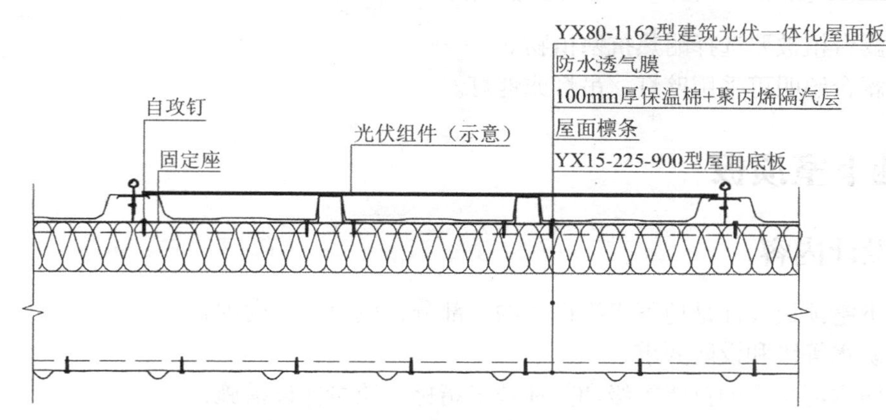

图 7.3.3-4　压型钢板光伏构造示意图

图 7.3.3-5　光伏屋面一体化示意图

7.3.4　露台

1. 功能用途

露台常设于建筑裙房或高层屋顶。露台可以是开放式的，也可以有遮挡物，如伞、棚或屋顶。

露台设计应从功能规划、风格搭配、材料选择、构造设计、照明设计、安全防护等几方面综合考虑。

2. 设计要点

（1）露台设计的屋面荷载应结合使用功能，如上人屋面、种植屋面、停车屋面等，协同结构专业共同确定。

（2）露台地面铺装宜选择防腐木、防护地砖、石材或复合材料，考虑耐候性和防滑性。开放性露台家具选择防水耐晒材质。

（3）露台为上人屋面设置落地玻璃栏板时宜设置溢流口。

（4）露台地面标高可与室内地面齐平或略低，为保证屋面防水上翻高度，可做 500～600mm 结构降板后采用排水架空层。

（5）露台植被要选择耐热抗寒植物。

（6）露台照明可采用壁灯、吊灯或地灯。

7.4 地下室顶板

7.4.1 设计内容

1. 地下室顶板设计是地下工程设计的一部分，应包括下列内容：

（1）防水等级和设防要求；

（2）防水混凝土的抗渗等级和其他技术指标、质量保证措施；

（3）其他防水层选用的材料及其技术指标、质量保证措施；

（4）工程细部构造的防水措施，选用的材料及其技术指标、质量保证措施；

（5）工程的防排水系统、地面挡水、截水系统及工程各种洞口的防倒灌措施；

（6）地下室顶板保温设计（严寒及寒冷地区）。

地下工程使用环境类别、防水功能重要程度、工作年限、防水等级和设防要求根据现行国家标准《建筑与市政工程防水通用规范》GB 55030设计。

2. 地下室顶板

地下室顶板作为建筑物的重要组成部分，其设置要求和技术要求对于保证结构安全、使用功能和耐久性至关重要。地下室顶板多以钢筋混凝土板为主。其承重荷载除了要考虑上部覆土荷载之外还要结合地面道路荷载要求。防水混凝土应采取减少开裂的技术措施，防水混凝土除应满足抗压、抗渗和抗裂要求外，尚应满足工程所处环境和工作条件的耐久性要求。

地下室顶板应设置排水坡度，以便于积水顺利排出，通常排水坡度不小于0.5%。地下室顶板防水混凝土设置标准应与地下室工程一致，做到防止地下水渗透。防水混凝土的施工配合比应通过实验确定，其强度等级不应低于C25，重要或特殊工程不低于C35，试配混凝土的抗渗等级应比设计要求提高0.2MPa。

普通车行道和消防车专用车道荷载不同，需提示结构专业荷载的区别设置，如果地下室顶板与路基相邻，应考虑路基的荷载对顶板的影响，以及顶板结构对路基稳定性的影响，地下室顶板不得兼做地面道路路基使用。

依据《混凝土质量控制标准》GB 50164—2011，混凝土抗渗等级分为六个等级：P4、P6、P8、P10、P12、大于P12，抗渗等级在P6及以上的才能称作“抗渗混凝土”，也称作“防水混凝土”（表7.4.1-1、表7.4.1-2）。

明挖法地下工程防水混凝土最低抗渗等级　　表7.4.1-1

防水等级	建筑工程现浇混凝土结构	装配式衬砌
一级	P8	P10
二级	P8	P10
三级	P6	P8

防水混凝土设计抗渗等级 表 7.4.1-2

工程埋置深度 H（m）	设计抗渗等级
$H < 10$	P6
$10 \leqslant H < 20$	P8
$20 \leqslant H < 30$	P10
$H \geqslant 30$	P12

7.4.2 防水材料

防水材料的耐久性应与工程防水设计工作年限相适应，地下工程一般采用以下几种防水材料。

1. 防水混凝土

（1）防水混凝土除应满足抗压、抗渗和抗裂要求外，尚应满足工程所处环境和工作条件的耐久性要求。

（2）防水混凝土施工配合比应通过试验确定，其强度等级不应低于 C25，试配混凝土的抗渗等级应比设计要求提高 0.2MPa。

（3）结构厚度不应小于 250mm。

（4）裂缝宽度不得大于 0.2mm，并不得贯通。

（5）钢筋保护层厚度应根据结构的耐久性和工程环境选用，迎水面钢筋保护层厚度不应小于 50mm。

（6）明挖法地下工程防水混凝土的最低抗渗等级应符合表 7.4.1-1 的规定。

2. 防水卷材

（1）卷材防水层宜用于经常处在地下水环境，且受侵蚀性介质作用或受振动作用的地下工程。

（2）卷材防水层应铺设在混凝土结构的迎水面。

（3）卷材防水层用于建筑物地下室时，应铺设在结构底板垫层至墙体防水设防高度的结构基面上；用于单建式的地下工程时，应从结构底板垫层铺设至顶板基面，并应在外围形成封闭的防水层。

（4）卷材防水层的卷材品种可按表 7.4.2-1 选用，并应符合下列规定：

① 卷材外观质量、品种规格应符合国家现行有关标准的规定；

② 卷材及其胶粘剂应具有良好的耐水性、耐久性、耐刺穿性、耐腐蚀性和耐菌性。

卷材防水层的常用品种 表 7.4.2-1

类别	品种名称
高聚物改性沥青类防水卷材	弹性体改性沥青防水卷材
	改性沥青聚乙烯胎防水卷材
	自粘聚合物改性沥青防水卷材

续表

类别	品种名称
合成高分子类防水卷材	三元乙丙橡胶防水卷材
	聚氯乙烯防水卷材
	聚乙烯丙纶复合防水卷材
	高分子自粘胶膜防水卷材

3. 防水涂料

（1）包括无机防水涂料和有机防水涂料。无机防水涂料可选用掺外加剂、掺合料的水泥基防水涂料、水泥基渗透结晶型防水涂料。有机防水涂料可选用反应型、水乳型、聚合物水泥等涂料。

（2）无机防水涂料宜用于结构主体的背水面，有机防水涂料宜用于地下工程主体结构的迎水面，用于背水面的有机防水涂料应具有较高的抗渗性，且与基层有较好的粘结性。

（3）潮湿基层宜选用与潮湿基面粘结力大的无机防水涂料或有机防水涂料，也可采用先涂无机防水涂料而后再涂有机防水涂料构成复合防水涂层。

（4）冬期施工宜选用反应型涂料。

（5）埋置深度较深的重要工程、有振动或有较大变形的工程，宜选用高弹性防水涂料。

（6）有腐蚀性的地下环境宜选用耐腐蚀性较好的有机防水涂料，并应做刚性保护层。

（7）聚合物水泥防水涂料应选用Ⅱ型产品。

（8）掺外加剂、掺合料的水泥基防水涂料厚度不得小于 3.0mm；水泥基渗透结晶型防水涂料的用量不应小于 1.5kg/m^2，且厚度不应小于 1.0mm；有机防水涂料的厚度不得小于 1.2mm。

4. 防水膨润土

（1）膨润土防水材料包括膨润土防水毯和膨润土防水板及其配套材料，采用机械固定法铺设。

（2）膨润土防水材料防水层应用于 pH 值为 4～10 的地下环境，含盐量较高的地下环境应采用经过改性处理的膨润土，并应经检测合格后使用。

（3）膨润土防水材料防水层应用于地下工程主体结构的迎水面，防水层两侧应具有一定的夹持力。

（4）铺设膨润土防水材料防水层的基层混凝土强度等级不得小于 C15，水泥砂浆强度等级不得低于 M7.5。

5. 地下工程种植顶板防水

（1）地下工程种植顶板的防水等级应为一级。

（2）种植土与周边自然土体不相连，且高于周边地坪时，应按种植屋面要求设计。

（3）种植顶板应为现浇防水混凝土，结构找坡，坡度宜为 1%～2%。

（4）种植顶板厚度不应小于 250mm，最大裂缝宽度不应大于 0.2mm，并不得贯通。

（5）种植顶板的结构荷载设计应按现行行业标准《种植屋面工程技术规程》JGJ 155 的

有关规定执行。

（6）地下室顶板面积较大时，应设计蓄水装置；寒冷地区的设计，冬秋季时宜将种植土中的积水排出。

（7）地下室顶板为车道或硬铺地面时，应根据工程所在地区现行建筑节能标准进行绝热（保温）层的设计。

（8）少雨地区的地下工程顶板种植土宜与大于 1/2 周边的自然土体相连，若低于周边土体时，宜设置蓄排水层。

（9）种植土中的积水宜通过盲沟排至周边土体或建筑排水系统。

（10）地下工程种植顶板的防排水构造应符合下列要求：

① 耐根穿刺防水层应铺设在普通防水层上面。

② 排（蓄）水层应根据渗水性、储水量、稳定性、抗生物性和碳酸盐含量等因素进行设计；排（蓄）水层应设置在保护层上面，并应结合排水沟分区设置。

③ 排（蓄）水层上应设置过滤层，过滤层材料的搭接宽度不应小于 200mm。

④ 种植土层与植被层应符合现行行业标准《种植屋面工程技术规程》JGJ 155 的有关规定。

7.4.3　保温层

（1）居住建筑地下室顶板的保温性能，需要满足《建筑节能与可再生能源利用通用规范》GB 55015—2021 中对严寒及寒冷地区地下室外墙（与土壤接触的外墙）传热系数的要求。

（2）甲类公共建筑地下室顶板的保温性能，需要满足《建筑节能与可再生能源利用通用规范》GB 55015—2021 中对严寒及寒冷地区供暖、空调地下室外墙（与土壤接触的墙）传热系数的要求。

（3）地下室顶板热阻的计算只计入结构层、保温层和面层。

（4）地方标准严于国家标准时，地下室顶板的保温设计尚应满足地方标准的热工性能要求。

7.4.4　保护层

1. 卷材防水层的保护层

顶板卷材防水层上的细石混凝土保护层，应符合下列规定：

（1）采用机械碾压回填土时，保护层厚度不宜小于 70mm；

（2）采用人工回填土时，保护层厚度不宜小于 50mm；

（3）防水层与保护层之间宜设置隔离层。

2. 有机防水涂料的保护层

顶板应采用 20mm 厚 1：2.5 水泥砂浆层和 40～50mm 厚的细石混凝土保护层，防水层与保护层之间宜设置隔离层。

7.4.5　结构接缝

明挖法地下工程结构接缝的防水设防措施应符合表 7.4.5-1 的规定。

明挖法地下工程结构接缝的防水设防措施 表 7.4.5-1

施工缝					变形缝					后浇带					诱导缝			
混凝土界面处理剂或外涂型水泥基渗透结晶型防水材料	预埋注浆管	遇水膨胀止水条或止水胶	中埋式止水带	外贴式止水带	中埋式中孔型橡胶止水带	外贴式中孔型止水带	可卸式止水带	密封嵌缝材料	外贴防水卷材或外涂防水涂料	补偿收缩混凝土	预埋注浆管	中埋式止水带	遇水膨胀止水条或止水胶	外贴式止水带	中埋式中孔型橡胶止水带	密封嵌缝材料	外贴式止水带	外贴防水卷材或外涂防水涂料
不应少于 2 种					应选	不应少于 2 种				应选	不应少于 1 种				应选	不应少于 1 种		

7.5 案例分析

国家会展中心（天津）工程作为集各种超大规模幕墙系统于一体的特大型甲等展馆类建筑，设有大面积海鸥造型金属屋面系统，项目屋面系统具有体量巨大、风压超大等工程特点，外形、隔热、安全等均进行了特殊要求及设计。

屋面结构为大跨度钢结构，屋面系统采用直立锁边屋面系统，在设计中，兼顾了室内与室外造型。屋面系统按建筑功能分区，分为 16 个展厅屋面系统、中央大厅屋面系统、东入口大厅屋面系统、交通连廊屋面系统和廊桥屋面系统，水平投影面积约 35 万 m^2，本工程屋面系统使用高度较高，体量巨大；屋面风荷载情况较复杂，在构造设计上，要充分考虑屋面板的伸缩设计及抗风揭设计。屋面系统平面单元见图 7.5.1-1。

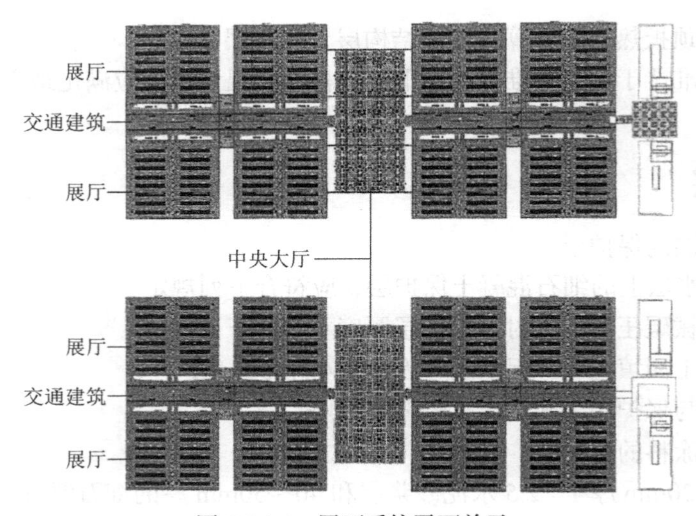

图 7.5.1-1 屋面系统平面单元

1. 系统构造

屋面结构为单层大跨度钢结构，金属屋面采用有檩体系，檩条布置方向垂直于顺水方向，跨度 6m，间距 0.6m，计算模型为连续梁。屋面防水等级为一级，据《屋面工程技术规范》GB 50345—2012 规定：采用压型金属板 + 防水垫层的构造，压型金属板采用 270° 咬口锁边连接方式，排水坡度按 5%设计，本工程屋面系统构造从上至下分别为：1.0mm 厚铝镁锰金属屋面板，规格 65/400，采用直立锁边扣式结构防水构造、1.5mm 厚阻燃型 TPO 防水卷材、保温层 70 + 70mm 保温岩棉，密度 180kg/m³。自带铝箔，隔汽层采用 0.6mm 厚自粘型改性沥青隔汽卷材，底板采用 0.6mm 厚镀铝锌压型钢板，瓦楞高度 $h = 120$mm，兼顾室内造型需要。其标准构造系统做法见图 7.5.1-2。

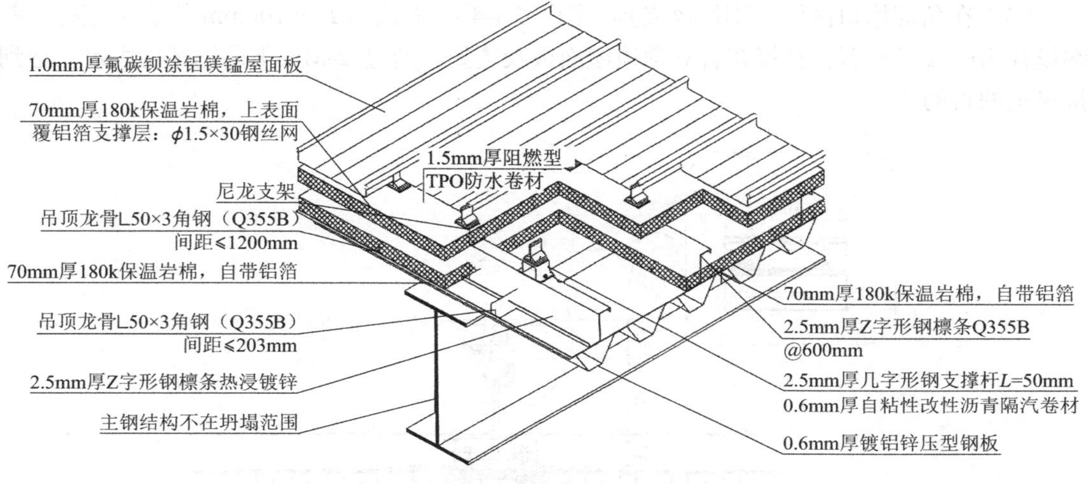

图 7.5.1-2 屋面标准构造三维节点

2. 屋面板伸缩变形构造设计

直立锁边金属板按顺水方向布置，“T”码连接间距为 0.6m，金属屋面板在温度作用下，存在热胀冷缩现象，金属板与“T”码在 270°咬合位置变形时，一直摩擦损耗。直立锁边金属板常规做法采用铝合金“T”码，由于铝合金硬度较大，而金属板厚度只有 1.0mm 厚，在长期摩擦作用下，屋面金属板存在“磨穿”的隐患。本工程金属屋面体量巨大，防水非常关键，所以在设计中，使用了新型材料，采用高强度尼龙“T”码，可以有效避免屋面金属板“磨穿”漏水，提高屋面金属板的使用年限。同时尼龙“T”码也可以有效提高屋面整体热工性能。构造做法见图 7.5.1-3。

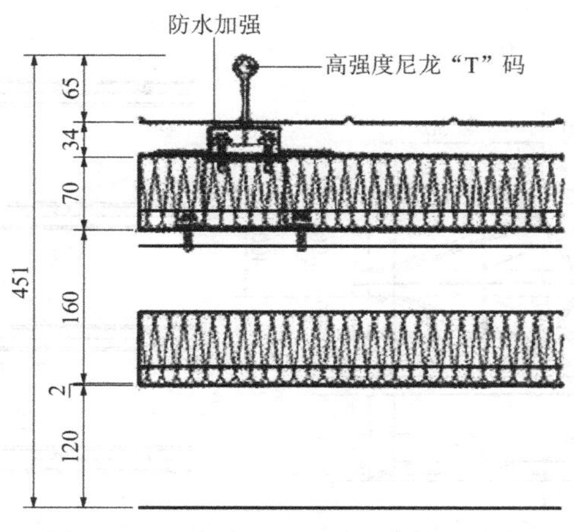

图 7.5.1-3 尼龙“T”码连接构造节点

3. 屋面板抗风揭设计

本工程抗风揭构造设计主要通过以下 3 个方面来实现。

（1）采用 270°咬合锁边设计，非 180°。相关试验证明用 270°咬合锁边的抗风揭、防水能力明显优于 180°咬合锁边的板型。

（2）固定支座通过几字形钢件进行转接。风荷载为瞬时作用，在负风荷载作用下，几字形转接件通过变形，可吸收一定的风吸作用，增强抗风性能。

（3）在角部檐口区域采用抗风夹具（图 7.5.1-4），做法为 $L = 100\text{mm}$ 铝合金型材，前端设计为圆弧形造型，扣接在直立锁边屋面板咬边处，通过 2-M8 不锈钢螺栓固定，达到抗风揭的目的。

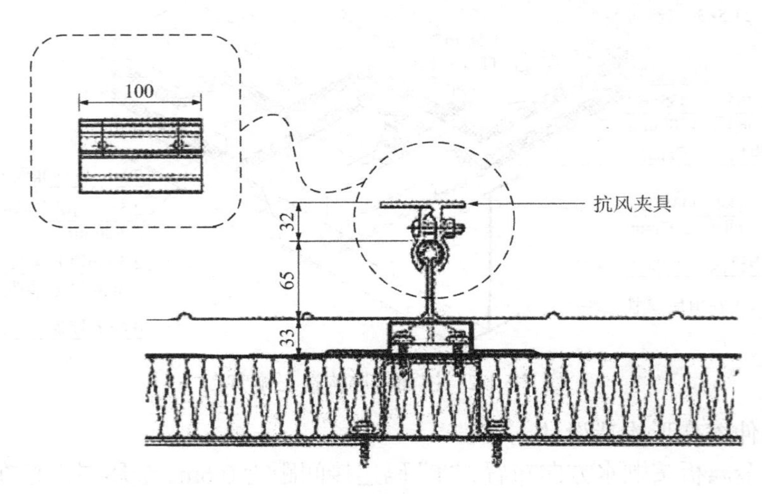

图 7.5.1-4 抗风夹具构造节点

4. 屋面檩条稳定性设计

本工程屋面排水坡度 5%，屋面檩条布置方式为垂直于顺水方向，屋面檩条在弱轴方向存在受力，将会产生变形。为了避免在弱轴方向变形，按照中国工程建设标准化协会规定，在檩条跨中设置拉条，在屋脊及檐口区域设置斜拉条和撑杆，与檩条一起形成几何不变体系，并和屋面板可靠连接，避免檩条上下翼缘失稳（图 7.5.1-5）。

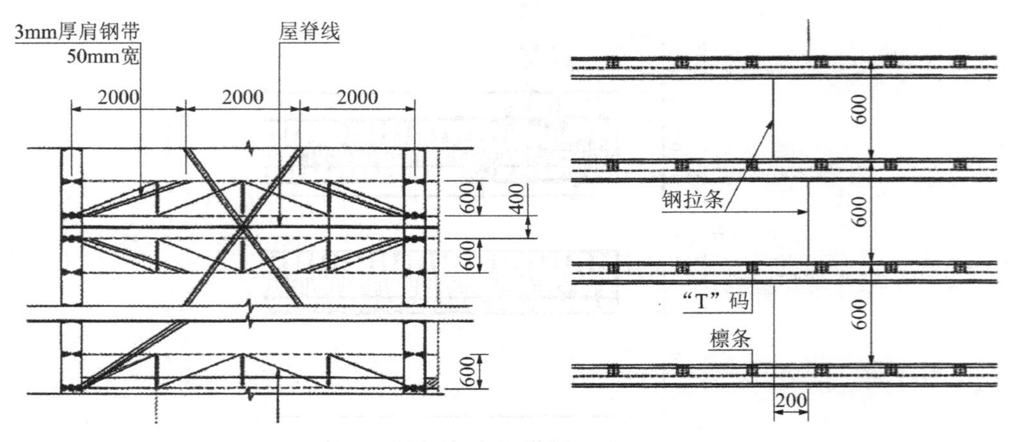

图 7.5.1-5 拉条布置图

7.6　常见问题分析

7.6.1　面层皲裂、起鼓

1. 皲裂、起鼓的主要原因分析：

（1）屋面基层清扫不干净，有粘结不实的部位；

（2）构造基层表面干燥不充分，或在湿度较大的气候条件下进行施工，当其受到太阳照射或人工热源影响后，体积膨胀，造成鼓泡；

（3）顶层有较大水汽的室内环境，屋面未设置隔汽层；

（4）构造层未设置分格缝，或分格缝处未增设空铺附加层；

（5）工艺不当或养护不充分；

（6）未按结构或建筑要求设置变形缝。

2. 可以采取下列措施进行防治：

（1）在保温层上做找平层时，应选用细石混凝土，强度等级应大于 C20，厚度一般为 30～35mm，必要时可以在混凝土内配置双向的钢丝网片；

（2）应在找平层上设置分格缝，缝宽为 15mm，分格缝的纵横间距不应大于 6m，分格缝位置应留设在钢筋混凝土结构板的支撑处，与板缝对齐。分格缝内嵌填柔性密封材料，缝上空铺一层无纺聚酯纤维布，宽度为 200mm；

（3）装配式钢筋混凝土屋面板的板缝内应浇筑 C20 细石混凝土；

（4）涂膜应根据防水涂料的品种分层分遍涂布，不可一次涂成；应在先涂的涂层干燥成膜后涂后一遍涂料；

（5）气温在 30℃以上时，尽量避免在炎热的中午施工，最好安排在气温较低的早晚进行施工；

（6）涂膜施工前应将基层表面清理干净；涂料应搅拌均匀，若有沉淀物应用 32 目铁丝网过滤；

（7）屋面基层应干燥，并选择晴天施工，避免在雨天、雾天等潮湿环境中操作，以防涂膜鼓泡；

（8）做好材料进场抽样复检，不合格产品不可在施工中使用。

7.6.2　绿建相关问题

《绿色建筑评价标准》GB/T 50378—2019（2024 年版）中涉及屋面的内容如下：

（1）采取措施提高阳台、外窗、窗台、防护栏杆等安全防护水平；

（2）上人屋面室外活动场所采用防滑地面，防滑等级达到现行行业标准《建筑地面工程防滑技术规程》JGJ/T 331 规定的A_d、A_w级；

（3）上人屋面通往室外的建筑坡道、楼梯踏步防滑等级达到现行行业标准《建筑地面工程防滑技术规程》JGJ/T 331 规定的A_d、A_w级或按水平地面等级提高一级，并采用防滑条等防滑构造技术措施；

（4）围护结构热工性能比现行国家相关建筑节能设计标准规定的提高幅度达到 5%

以上；

（5）屋顶的绿化面积、太阳能板水平投影面积以及太阳辐射反射系数不小于 0.4 的屋面面积合计达到 75%。

7.6.3　室外出挑部分排水

楼面应设置排水沟（或地漏），构造层设置两道防水卷材，完成面找坡 1%～2%坡向排水沟（或地漏），构造做法同屋面做法；也可采用架空楼面，雨水先汇入架空空间后再汇入排水地漏。

为避免雨水倒灌，室内地面完成面较露台、不封闭阳台等地面完成面须高出不小于 15mm；露台、不封闭阳台等应设排水措施。如图 7.6.3-1、图 7.6.3-2 所示。

供暖建筑，不封闭阳台、露台等与建筑主体之间的连接处，保温需加强处理，避免“冷桥”。

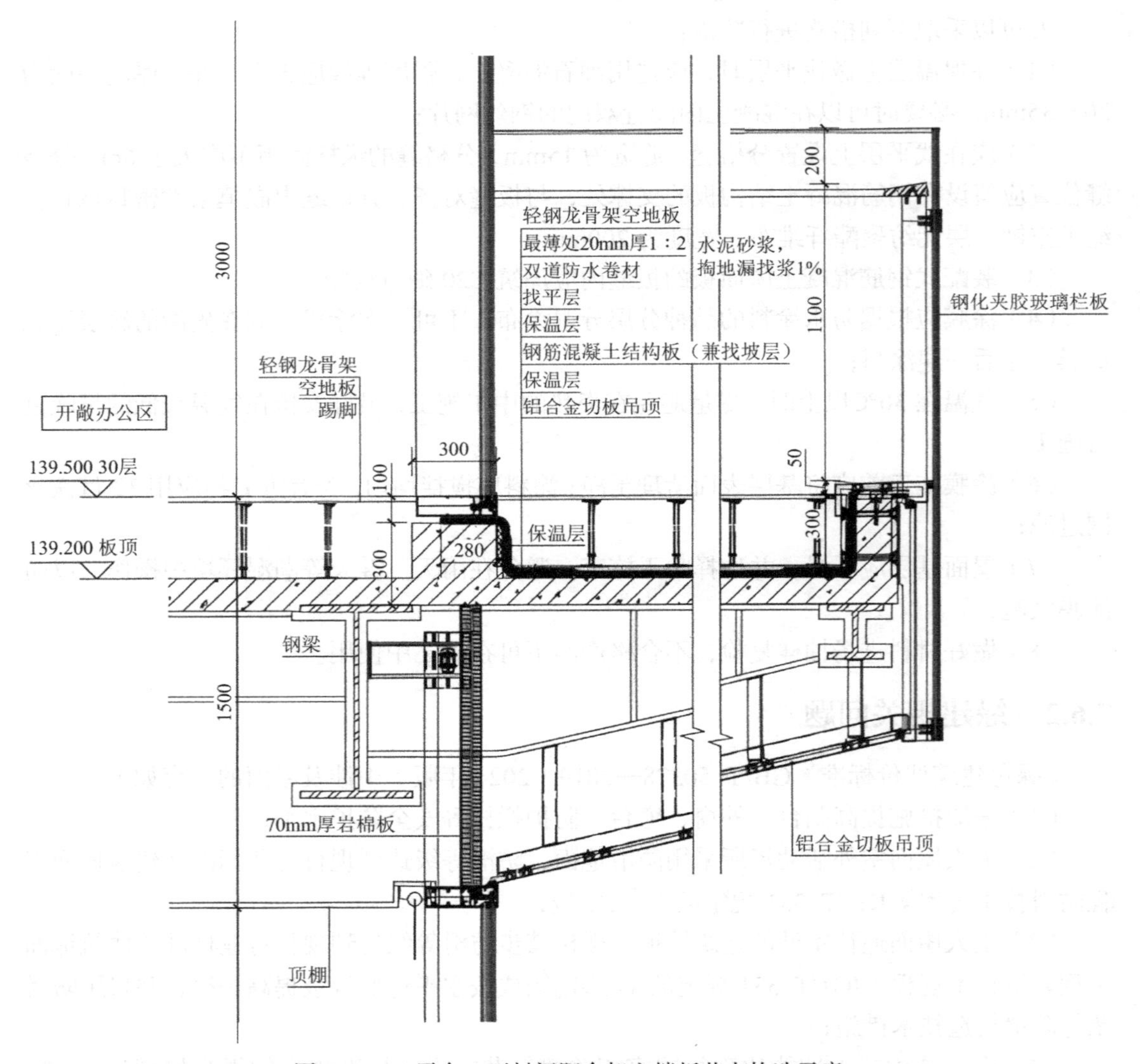

图 7.6.3-1　露台、不封闭阳台架空楼板节点构造示意

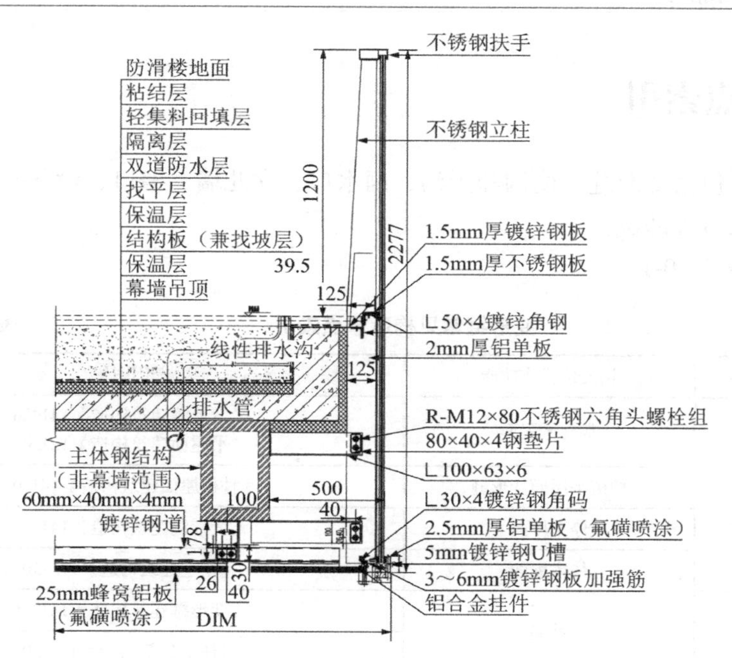

图 7.6.3-2　露台排水沟节点构造示意图

7.6.4　抗风揭、雪荷载、防雨雪水冻融

1. 屋面抗风揭性能的影响因素

（1）屋面类型：不同材质和形状的屋面其抗风揭性能也不同，尤以金属屋面的抗风揭最为必要；

（2）建筑高度：建筑高度越高，所受风力也会更大，因此相应地要求其抗风揭性能也越高；

（3）地理位置：不同地区所受气流情况也不同，会对屋面的抗风揭性能产生不同的影响；

（4）气候条件：气象因素是影响屋面抗风揭性能的关键因素之一，如风速、振荡频率等；

（5）安装结构：屋面安装结构的牢固程度和连接方式都会影响抗风揭性能。

严寒及沿海地区，风力较大，应考虑建筑物的抗风设计。对于建筑物的高度、外形、结构等方面，应进行合理的规划和设计，以减少建筑物受到风力的影响。

具体措施包括：

（1）采用流线型的建筑外形，以减少建筑物受到风力的干扰；

（2）采取防风措施，如安装防风带、挡风板等，以增强建筑物的防风能力。

严寒地区降雪较多，对于建筑物的屋顶、墙体等部位，应该采取防雪措施。

2. 建筑物受到雪荷载的影响因素

具体措施包括：

（1）采用斜坡式的屋顶，以方便积雪的滑落；

（2）采取加固措施，如增加构件的截面积、增加支撑等，以提高建筑物的抗雪能力；

（3）坡顶底部设置破碎积雪的构造措施，避免大面积积雪坠落砸伤人或物。

7.7 常见节点索引

屋面常见节点包括变形缝、檐沟和天沟、雨水口、女儿墙、檐口、设备基础、伸出屋面管道、屋面出入口等部位。

1. 变形缝（表 7.7.0-1）

变形缝常见构造节点索引 表 7.7.0-1

<table>
<tr><th>类型</th><th>相关位置或功能</th><th>选用图集</th></tr>
<tr><td rowspan="4">平缝</td><td>常规平屋面</td><td>《变形缝建筑构造》14J936
《平屋面建筑构造》12J201</td></tr>
<tr><td>种植平屋面变形缝</td><td>《种植屋面建筑构造》14J206</td></tr>
<tr><td>停车屋面</td><td>《变形缝建筑构造》14J936</td></tr>
<tr><td>住宅屋面</td><td>《住宅建筑构造》11J930</td></tr>
<tr><td rowspan="3">角缝</td><td rowspan="2">外墙</td><td>《变形缝建筑构造》14J936</td></tr>
<tr><td>《住宅建筑构造》11J930</td></tr>
<tr><td>屋面出入口</td><td>《平屋面建筑构造》12J201</td></tr>
<tr><td colspan="2">坡屋面变形缝</td><td>《坡屋面建筑构造》09J202</td></tr>
</table>

2. 排水沟、雨水口（表 7.7.0-2）

排水沟、雨水口常见构造节点索引 表 7.7.0-2

<table>
<tr><th>类型</th><th>相关位置或功能</th><th>选用图集</th></tr>
<tr><td rowspan="3">排水沟</td><td>天沟</td><td>《平屋面建筑构造》12J201</td></tr>
<tr><td>露台成品渗透排沟</td><td>《窗井、设备吊装口、排水沟、集水坑》24J306</td></tr>
<tr><td>檐沟</td><td>《平屋面建筑构造》12J201</td></tr>
<tr><td rowspan="6">雨水口</td><td>一般屋面雨水口</td><td>《平屋面建筑构造》12J201
《住宅建筑构造》11J930</td></tr>
<tr><td>倒置式屋面雨水口</td><td>《平屋面建筑构造》12J201</td></tr>
<tr><td rowspan="2">穿女儿墙雨水口</td><td>《平屋面建筑构造》12J201</td></tr>
<tr><td>《住宅建筑构造》11J930</td></tr>
<tr><td>种植平屋面女儿墙外排雨水口</td><td>《种植屋面建筑构造》14J206</td></tr>
<tr><td>种植平屋面女儿墙内排雨水口</td><td>《种植屋面建筑构造》14J206</td></tr>
</table>

3. 女儿墙、檐口（表 7.7.0-3）

女儿墙、檐口常见构造节点索引 表 7.7.0-3

<table>
<tr><th>类型</th><th>相关位置</th><th>选用图集</th></tr>
<tr><td rowspan="2">女儿墙</td><td rowspan="2">砌块墙防水收头</td><td>《平屋面建筑构造》12J201</td></tr>
<tr><td>《住宅建筑构造》11J930</td></tr>
</table>

续表

类型	相关位置	选用图集
女儿墙	钢筋混凝土墙防水收头	《平屋面建筑构造》12J201
		《住宅建筑构造》11J930
	种植土收头	《种植屋面建筑构造》14J206
檐口	挑檐卷材防水收头	《平屋面建筑构造》12J201
		《住宅建筑构造》11J930

4. 设备基础（表 7.7.0-4）

设备基础常见构造节点索引　　表 7.7.0-4

类型	节点部位	选用图集
设备基础	保温节点做法	《平屋面建筑构造》12J201
	防水节点做法	

5. 屋面洞口（表 7.7.0-5）

屋面洞口常见构造节点索引　　表 7.7.0-5

类型	相关位置或功能	选用图集
排汽道	屋面	《平屋面建筑构造》12J201
屋面人孔	屋面	《平屋面建筑构造》12J201
		《住宅建筑构造》11J930
管道穿屋面	一般屋面	《平屋面建筑构造》12J201
	种植屋面	《种植屋面建筑构造》14J206
风道口	屋面	《平屋面建筑构造》12J201

6. 屋面架空构造（表 7.7.0-6）

屋面架空构造节点索引　　表 7.7.0-6

类型	相关位置或功能	选用图集
屋面架空构造	屋面	《平屋面建筑构造》12J201

第 8 章　建筑门窗、透明玻璃幕墙、采光顶

8.1　基本原则

8.1.1　设计原则

1. 功能性原则

建筑门窗、透明玻璃幕墙、采光顶的设计要满足建筑的功能需求，包括采光、通风、水密性能、气密性能、抗风压性能、保温性能、遮阳性能和可见光反射比等指标，确保满足建筑的使用功能。

2. 美观性原则

建筑门窗、透明玻璃幕墙、采光顶的设计应与整体建筑风格相协调，通过不同的材质、色彩和造型，提升建筑的整体美感。

3. 安全性原则

门窗要在设计、材料、安装等方面注意安全性，确保在使用过程中不会对人身安全构成威胁，同时考虑到防盗、防坠落等安全措施，保障用户的安全。透明玻璃幕墙、采光顶的设计应适应主体结构的变形和温度作用的影响，确保安全可靠，便于维护和清洗。

4. 经济性原则

在满足功能需求和美观需求、安全需求的前提下，应考虑门窗、透明玻璃幕墙、采光顶的建造成本和维护成本，选择性价比高的材料和构造方式，以降低建筑的整体造价。

5. 绿色环保节能

设计时应考虑门窗、透明玻璃幕墙、采光顶的能效，如使用高效能的玻璃和密封材料，以减少能量损失，提高居住的舒适度和节能效果。

8.1.2　设计要点

1.【规格】门窗尺寸应优先选用基本规格，尽量减少规格数量。

2.【疏散】弹簧门、推拉门、旋转门、电动平开门、卷帘门、吊门、折叠门不应作为疏散门。火灾时当洁净手术室设置的自动感应门停电后能手动开启时，可作为疏散门。自动平开平移门（火灾时切换为平开门）可作为疏散门使用。

3.【防撞门】货运通道、库房通道、手术室通道等有推车（床）通过的门应采取防护措施，宜安装厚度≥1.2mm 的 850mm 高不锈钢保护板。

4.【变形缝】疏散门开启不应跨越变形缝，当防火门设置在建筑变形缝附近时，应设置在楼层较多的一侧，并应保证防火门开启时门扇不跨越变形缝。应在结构变形缝处设置幕墙变形缝，同一幕墙单元不应跨越结构变形缝。

5.【防火门】防火门应为向疏散方向开启的平开门，除管井检修门和住宅的户门外，防火门应具有自行关闭功能，并在关闭后应能从任何一侧手动开启，防火门关闭后应具有防烟性能。单扇门应安装闭门器，双扇或多扇门应安装闭门器、顺序器，双扇门之间应有盖板缝。

6.【防火产品选用】防火门窗产品需选用应急管理部消防产品合格评定中心认证的产品。

7.【防火卷帘】防火卷帘应具有防烟性能，与楼板、梁和墙、柱之间的空隙应采用防火封堵材料封堵。

8.【纱窗】有卫生要求或经常有人员居住、活动房间的外门窗宜设置纱门、纱窗。

9.【疏散门】教学用房疏散通道上的门不得使用弹簧门、旋转门、推拉门、大玻璃门等不利于疏散通畅、安全的门，各教学用房的门均应向疏散方向开启。二层及二层以上的临空外窗的开启扇不得外开。

10.【玻璃幕墙】因其自爆或脱落而造成损物、伤人事件、危害人民生命财产安全，新建住宅、党政机关办公楼、医院门诊急诊楼和病房楼、中小学校、托儿所、幼儿园、老年人建筑，不得在二层及以上采用玻璃幕墙。①

11.【玻璃采光顶排水】玻璃采光顶应采取合理的排水措施，排水坡度宜不小于 3%，玻璃面板在自重及承载力引起挠度变形时，玻璃表面不应积水，大型玻璃采光顶应设置有组织排水及防止发生过量积水的措施。

12.【玻璃采光顶除雪措施】玻璃采光顶用于严寒地区时，宜采取除雪措施。

13.【玻璃采光顶防火及排烟】玻璃采光顶的防火及排烟要求应符合《建筑设计防火规范》GB 50016—2014（2018 年版）和《建筑防烟排烟系统技术标准》GB 51251—2017 的相关规定。

14.【玻璃采光顶遮阳】玻璃采光顶安装遮阳产品时，遮阳产品应符合《建筑遮阳通用技术要求》JG/T 274—2018 的规定。

15.【玻璃采光顶防结露】玻璃采光顶的防结露设计，应符合现行国家标准《民用建筑热工设计规范》GB 50176 的有关规定；对玻璃采光顶内侧的冷凝水，应采取控制、收集和排出的措施。

16.【防撞措施】全玻璃门开启扇的左右两侧为玻璃隔断时，门应与玻璃隔断在视觉上显著区分开，玻璃隔断应采取醒目的防撞提示措施，防撞提示应横跨玻璃门或隔断，距地面高度 0.85～1.50m。

17.【电梯门耐火极限】按照《建筑防火通用规范》GB 55037—2022 第 6.3.1 条的规定，电梯门的耐火完整性不应低于 2.0h。

8.2 门窗、幕墙与采光顶的分类及应用

8.2.1 常见门窗分类及适用范围

按门窗在建筑中的位置分为内门（窗）、外门（窗）。

---

①《住房城乡建设部 国家安全监管总局关于进一步加强玻璃幕墙安全防护工作的通知》（建标〔2015〕38 号），2015 年 10 月 1 日开始实施。

1. 常见门窗按材料分类（表 8.2.1-1）

门窗按材质分类及选用 **表 8.2.1-1**

门窗材质	特点	适用范围	备注
木门窗	密封性好、美观自然、具有良好的隔声和保温性能	潮湿、高温、防火要求高的房间不宜使用	执行《木门窗》16J601
铝合金门窗	质轻、不易变形、造价低、密封性较差，不得与水泥砂浆直接接触；主要型材截面最小壁厚：外门≥2.2mm，内门≥2.0mm，外窗≥1.8mm，内窗≥1.4mm	1. 强腐蚀环境不宜使用； 2. 室内环境要求高的不宜使用	执行《铝合金门窗》22J603-1
塑钢门窗（塑料门窗含钢衬或铝衬）	聚氯乙烯（PVC）树脂为主要原料的门窗，美观、密封性强、保温性能好、耐腐蚀	1. 性能优越，经济适用，广泛适用于沿海、潮湿、寒冷及严寒地区； 2. 使用寿命较短、易变形、老化、不耐高温，隔声效果较差	执行《塑料门窗》16J604
铝木复合门窗	采用铝合金型材与木型材连接制作的门窗，内部采用断桥隔热结构，玻璃绝大多数采用多层中空钢化玻璃。铝材的金属性具有防水、防潮、不易变形的特点，铝木复合门窗室内一侧多为实木，表面喷涂进口木窗专用漆，达到防潮、隔声、环保、美观的效果	是一种高档的节能环保型门窗，适用于别墅、酒店、高档会所等场合	执行《建筑用节能门窗 第1部分：铝木复合门窗》GB/T 29734.1—2013
钢门窗	强度大、刚度大，耐久性、耐火性好，外形美观，适合工厂大规模生产	1. 潮湿房间不应采用空腹钢门窗； 2. 实腹钢门窗用于潮湿房间应刷防锈漆；近年已很少采用	执行《实腹钢门窗（32 系列）》04J602-1
不锈钢门窗	高度防盗性，防火性好、耐腐蚀，维护成本低	主要用于防腐蚀要求高的部位或装饰要求高的场所。例如：阳台门、入户门、厨房门、通道门、防火门等	执行《不锈钢门窗》13J602-3
玻璃钢门窗	质轻、高强度、防腐、保温、绝缘、隔声	生产工艺还不完善，生产效率低、使用不普及	执行《建筑节能门窗》16J607
断桥铝合金门窗	采用隔热断桥铝型材和中空玻璃，具有节能、隔声、防噪、防尘、防水等功能。传热系数为 1.8～3.5W/(m²·K)，比普通门窗热量散失减少一半，水密性、气密性良好	绿色环保产品，广泛应用于各类建筑，具有良好的经济效益和社会效益	

2. 特殊门窗按用途分类（表 8.2.1-2）

常见门窗按用途分类及选用 **表 8.2.1-2**

门窗用途	特点	适用范围	备注
防火门窗	防火门分为隔热防火门（A类）、部分隔热防火门（B类）、非隔热防火门（C类）； 防火窗分为隔热防火窗（A类）、非隔热防火窗（C类）； 材质可分为木质防火门窗、钢质防火门窗、钢木质防火门窗等	常用的防火门窗为隔热防火门窗（A类），分别为A0.50（丙级）、A1.00（乙级）、A1.50（甲级）	执行《防火门窗》12J609、《防火门》GB 12955—2008、《防火窗》GB 16809—2008

续表

门窗用途	特点	适用范围	备注
隔声门窗	1. 高效隔声； 2. 安全性能：具有较好的耐压和抗冲击性能	适用于安静环境场所（如演播室、会议室等）及高噪声环境（如空调机房、发电机房、风机房、冷冻机房）等	执行《特种门窗（一）》17J610-1
隔声通风门窗	1. 隔声优良； 2. 隔声门窗上安装自然通风或机械通风的装置，使室内外空气流通	适用于受噪声污染的楼宇和住宅	执行《特种门窗（一）》17J610-1
防雨百叶门窗	1. 采用具有良好防水、防潮、防火且不易生锈变形的材料，如铝合金，以确保其长期使用中的稳定性和耐用性； 2. 雨天能有效地阻挡雨水进入的同时保持通风	主要用于需要通风防雨、隔热保温调节气流的场所，如机房或其他公众场合	执行《百叶窗（一）》05J624-1
防射线门窗	1. 防射线门窗设计应符合我国现行放射卫生法律法规和相关职业卫生法规的要求； 2. 防护材料为铅板，厚度经过计算后确定	适用于科研、实验、医疗、检验和生产等有辐射源的场所	执行《特种门窗（二）》17J610-2
电磁屏蔽门窗	能防止电磁波通过门窗缝泄漏的金属门窗；面板采用不锈钢板、镀锌钢板等	用于有电磁屏蔽功能要求的场所	执行《特种门窗（二）》17J610-2
防盗门窗	1. 安全性强； 2. 防火性能好； 3. 保温隔声效果好； 防盗门的防盗等级分为甲、乙、丙、丁四个等级； 防盗窗的防盗等级分为 A、B、C 三个等级	广泛应用于住宅及有防盗要求的空间	—
气密门窗	集气密、隔声、保温、抗压、防尘、防火、防辐射于一体的套装门	一般用于医院、实验室、食品厂、工业厂房等对隔声、隔热、气密性要求较高的地方	执行《特种门窗（二）》17J610-2
冷库门	采用高强度铝合金型材门框，强度高，无变形，外形美观，经久耐用	安装在冷库设备、冷冻库房等冷冻环境	执行《特种门窗（一）》17J610-1
保温门	1. 保温隔热性能优异； 2. 防火性能高； 3. 耐久性强	适用于各种建筑物，特别是工业、商业和冷链物流等场所	执行《特种门窗（一）》17J610-1
传递窗	1. 两侧门设有机械互锁或电子互锁装置，密封性好； 2. 台面采用不锈钢板，平整光洁耐磨	用于医院、生物实验室、制药厂、食品加工业、LCD、电子厂等	执行《医疗建筑——门、窗、隔断、防 X 射线构造》06J902-1
应急排烟窗	用来防止烟气在楼梯间内积聚，保证消防救援人员的安全，应急排烟窗应具有手动和联动开启功能	设置机械加压送风系统并靠外墙或可直通屋面的封闭楼梯间、防烟楼梯间，在楼梯间的顶部或最上一层外墙上应设置常闭式应急排烟窗	执行《铝合金门窗》22J603-1
观察窗	用于观察内部情况的窗户	疏散通道、教学用房、诊室、病房、供轮椅通行的门应设置观察玻璃窗	执行《医疗建筑——门、窗、隔断、防 X 射线构造》06J902-1；《生物安全实验室建筑技术规范》GB 50346—2011

续表

门窗用途	特点	适用范围	备注
防火卷帘	1. 防火性能好； 2. 维护相对简单； 3. 具有较好的隔热性、抗冲击性和耐用性	广泛应用于各类建筑物中，如商场、酒店、医院、办公楼、工厂等	执行《防火门窗》12J609、《防火卷帘》GB 14102—2005、《门和卷帘的耐火试验方法》GB/T 7633—2008

3. 常见门按开启方式分类（表 8.2.1-3）

常见门按开启方式分类及选用 表 8.2.1-3

门开启方式	特点	适用范围
平开门	简单实用、易于安装和维护；密封性好，材质多样，包括木材、金属、塑料和玻璃	大量用于人行及一般车辆通行，洞口尺寸不宜过大，五金简单，制作简便，开关灵活
弹簧门	分单向和双向开启方式，其中双向弹簧门允许门扇双向自由开关，门扇尺寸及重量必须与弹簧型号相适应，加工制作简便	适用于公共建筑的出入口外门；双面弹簧门应在可视高度部分装透明安全玻璃；无障碍门不应采用弹簧门
地弹簧门	通常使用地埋式门轴弹簧或内置立式地弹簧，门扇可以内外自由开启，美观性和安全性较高，成本较贵	具有自动关闭功能，最常见于公共场所安全出口
平移门（电动）	分下承重与上承重两种。大部分都是电动平移门，平移门可以加小门（又称便门）和视窗	常见于商业和公共场所，如商店入口、大型商业建筑、办公楼和公共场所的出入口，提供方便的进出通道；火灾时当洁净手术室设置的自动平移门停电后能手动开启时，可作为疏散门
推拉门	能够最大限度地节省空间，开关时所占空间小，门扇制作简便，五金较复杂，安装要求高	不仅适用于住宅厨房门、室内分隔、卧室门、衣柜门等，也常见于商业和公共场所；气密性等级低于 7 级的建筑外门热量损耗大，居住建筑节能效果降低，居住建筑的敞开式阳台门限制使用①
折叠门	可以灵活折叠的门，节省空间、耐腐蚀、耐酸碱，方便清洗；五金较复杂，安装要求高	适用各种大小洞口，特别是宽度很大的洞口
折叠平移门	灵活划分空间的解决方案，可以轻松分隔或合并空间，以满足不同场合的需求，实用又不影响室内美观	常用于会议室或报告厅空间的灵活划分，提高了空间利用效率
旋转门	有效节能、美观大方、安全性高、人流控制、制造成本高、不得用于疏散门；加工制作复杂，造价高	在商业建筑、酒店、购物广场、办公楼、机场等场所广泛应用
上翻门	五金及安装要求高	适用于不经常开关的车型门，可利用上部空间，不占使用面积
卷帘门	空间利用率高、开启速度快、方便操控、加工制作复杂，造价高	适用于各种大小洞口，特别是高度大、不经常开关的洞口；如车库、库房、药房等
升降门	须设置传动装置及导轨	适用于空间较大的工业建筑，一般不经常开关

①《河北省推广、限制和禁止使用建设工程材料设备产品目录（2022 年版）》2011 年 1 月 1 日开始实施。

4. 常见窗按开启方式分类（表 8.2.1-4）

常见窗按开启方式分类及选用　　表 8.2.1-4

窗开启方式	特点	适用范围
平开窗	分内开、外开，构造简单、应用最为普通，使用普通五金，便于安装纱窗	地方性标准规定：京津冀地区外平开窗存在高空掉落风险，7 层及以上建筑不应采用外平开窗[①]；超高层建筑严禁使用外平开窗
悬窗	分上悬、下悬、中悬三种，均应采取防雨措施；下悬窗应采取排水构造措施；中悬窗不宜采用纱窗；上下悬窗应采用活动纱窗	公共建筑多选用上悬外开窗；如为消防排烟窗时，不宜采用下悬内开窗或上悬外开窗，应采用下悬外开形式，开启角度均不小于 70°，以确保烟雾能够迅速排出
推拉窗	分垂直推拉和水平推拉两种，不占室内空间，通风面积受限，气密性较差，五金及安装较复杂	普通推拉窗达不到建筑节能要求，气密性等级低于 7 级的建筑外窗热量损耗大，居住建筑节能效果降低，外窗限制使用
立转窗	中间设转轴，通风好，能调节风向，便于清洁维护，防雨及气密性差，不能设纱窗	适合需要频繁调节通风和便于维护的场所，如家庭住宅、商业空间等
固定窗	在窗框上直接镶玻璃或将窗扇固定在窗框上不能开启的窗，采光以及消防排烟作用，气密性好	通常用于走道、楼梯间的采光窗和一般窗的某些部位
折叠窗	分上下折叠窗和左右折叠窗，全开启时通风效果好，视野开阔，抗风性能较差，需要特殊五金	造型独特，风格性强，一般用在咖啡店、文创店的临街一侧，也在室内装修中用作餐厨区域的装饰
平推窗	也被称为滑动窗，是一种通过平推铰链将窗扇沿所在立面法线方向平行开启或关闭的窗户类型。节省空间，通风性能良好，清洁维护方便，美观现代，立面整洁。但制造成本较高，构造相对较复杂	开启方便，密封性好，适合高端住宅和办公楼

8.2.2　玻璃幕墙分类及适用范围

1. 玻璃幕墙按制作和安装工艺分类（表 8.2.2-1）

幕墙按结构形式分类及选用　　表 8.2.2-1

制作和安装工艺	特点	适用范围
构件式	构件式幕墙是在工厂加工幕墙构件，运送至施工现场后按顺序安装	适用于一般多层和高度不超过 100m 的高层建筑
单元式	单元式幕墙是在工厂组装成标准单元，一般为整层高，运送至施工现场并安装在主体结构上。现场工序少、安全风险小，安装精度与施工效率高，造价比同样造型要求的构件式幕墙高	多用于高层及超高层建筑

2. 玻璃幕墙按固定玻璃的方式分类（表 8.2.2-2）

幕墙按固定玻璃的方式分类及选用　　表 8.2.2-2

固定玻璃的方式	特点	适用范围
明框玻璃幕墙	明框玻璃幕墙的玻璃镶嵌在铝框内，形成四边有铝框的幕墙构件，幕墙构件镶嵌在横梁与立柱上，形成横梁立柱外露，铝框分格明显的立面	明框玻璃幕墙是最传统的形式，应用最广泛，工作性能可靠；造价较低

---

①《民用建筑节能门窗工程技术标准》DB13（J）/T 8434—2021，2022 年 1 月 1 日开始实施。

续表

固定玻璃的方式	特点	适用范围
半隐框玻璃幕墙	介于明框和隐框之间的幕墙形式，分横隐竖不隐或竖隐横不隐两种，外观较为美观；它的优势在于既能保证建筑的通透感，又能提供良好的保温、隔声效果	广泛应用于现代建筑，特别是高层办公楼、商业中心等场所
全隐框玻璃幕墙	外立面看不见的框体，框材料位于玻璃内部，通过结构胶与玻璃结合，安全性完全依赖于结构胶的强度和质量	因其自爆或脱落而造成损物、伤人事件，危害人民生命财产安全，人员密集、流动性大的商业中心、交通枢纽、公共文化体育设施等场所，临近道路、广场及下部为出入口、人员通道的建筑不得采用；[①]北京地区不应使用全隐框玻璃幕墙
全玻璃幕墙	以玻璃肋板作为支撑结构或仅靠玻璃面板自支撑的幕墙系统，通透性好	多用于高大空间；当玻璃高度大于 6m 时应采用吊挂全玻璃幕墙，可有效降低玻璃自重，节省造价
点支撑式幕墙	以点连接方式直接承托和固定玻璃面板，由玻璃面板、支撑装置和支撑结构组成，玻璃间采用硅胶嵌缝，通透性高	能够实现大跨度、大面积的玻璃面板安装，在大型公共建筑和高层建筑中较为常见
双层幕墙（呼吸幕墙、通道幕墙、通风幕墙、节能幕墙）	1. 由外层幕墙、空气间层和内层幕墙组成，在空气间层内可形成空气流动，有利于提高保温隔热、隔声降噪功能，初期投资较高，分为内通风和外通风两种； 2. 空气间层宽度一般为 0.5～0.6m，便于清洁维护	具有环境舒适、通风换气的功能，保温隔热和隔声效果非常明显，主要适用于温带和寒带地区

3. 点支撑玻璃幕墙按支撑结构分类（表 8.2.2-3）

点支撑玻璃幕墙按支撑结构方式分类及选用　　表 8.2.2-3

支撑结构	特点	适用范围
钢结构点支撑玻璃幕墙	由曲面钢管网壳体系与曲面索网体系组成的复合结构系统，网壳体系抵抗外部荷载作用，平面内稳定由索网体系承担，钢管之间采用相贯焊接节点	刚性体系与玻璃的结合完美体现了工业现代艺术
索杆结构点支撑玻璃幕墙	由张力索和受压钢杆共同构成，张力索的上下两端均锚固于主体结构之上。幕墙支撑跨度较大时，常采用多段折线索桁架，多段折线索可形成弧线型或反复交叉型；跨度较小时，可采用三段折线或四段折线索桁架，三段折线索桁架常见的形式有鱼腹式和鱼尾式两种	索桁架可在立面幕墙中竖向放置或水平放置使用，也可在斜幕墙或采光顶中使用
自平衡索桁架点支撑玻璃幕墙	索桁架设计成梭形，在中部沿纵向设置刚性压杆，拉索两端锚固于刚性压杆，其本身形成张力自平衡体系	建筑效果简洁、明快，体现了钢的挺拔与索杆的轻柔之美
玻璃肋点支撑玻璃幕墙	通过玻璃肋作为支撑结构，采用金属紧固件和连接件将玻璃面板和玻璃肋相连接，形成玻璃幕墙	最大限度地消除了建筑物室内外的感觉，是一种全透明、全视野的玻璃幕墙
单层索网支撑点支撑玻璃幕墙	由大型悬索与单层正交索网体系构成的内凹式柔性索网点支撑体系，可形成不同形状的内凹折面幕墙，具有优越的抗振性	建筑效果壮观、磅礴、宏伟，极具震撼的视觉冲击

①《住房城乡建设部 国家安全监管总局关于进一步加强玻璃幕墙安全防护工作的通知》（建标〔2015〕38 号），2015 年 10 月 1 日开始实施。

8.2.3　采光顶分类及适用范围

1. 采光顶按构造方式分类（表 8.2.3-1）

采光顶按构造方式分类及选用　　表 8.2.3-1

构造方式	特点	适用范围
非开合式	采用全封闭的固定方式，传统采光顶通风透气性很差，造价相对较低	对采光顶没有通风、排烟要求时选用
可开合式	采光顶采用可开启的方式，打开的时候可解决通风透气的问题，下雨天时关上即可保护中庭不受风雨的侵袭	选用较为广泛，可满足通风、排烟的需求

2. 采光顶按材料分类（表 8.2.3-2）

采光顶按材料分类及选用　　表 8.2.3-2

材料	特点	适用范围
玻璃采光顶	采用夹胶玻璃，保证安全性能，通透效果好。采用铝合金型材作为支承龙骨，易于加工，方便安装	广泛应用于商场、会展中心、文化场馆等这类建筑的中庭屋面，可以改善中庭通风采光环境，美观度较好
聚碳酸酯板采光顶	也称阳光板、PC 板；耐候性不小于 15 年；透光率双层板不小于 80%、三层板不小于 72%；耐温限度：−40～+120℃	经济实用，广泛应用于民用建筑的采光顶棚，具有良好的抗冲击性、隔声、采光、防紫外线、阻燃等优点

3. 采光顶按支撑结构分类（表 8.2.3-3）

采光顶按支撑结构分类及选用　　表 8.2.3-3

支撑结构	特点	适用范围
单梁结构	结构形式简单、易于加工和施工、技术成熟，采光顶的通透性高；但截面较大，不易制作、安装和运输，不够经济	适用于跨度比较小的结构
网架结构	分为平板网架和网壳结构，结构重量轻、刚度大、抗振性能好、便于成批生产，易于保证加工质量	广泛应用，但矢高较大，适用于高大建筑空间
桁架结构	桁架的特点是受力明确、承载力强，可以做到 20～30m 的大跨度；结构简洁、外形多样，效果美观	在点支玻璃采光顶中应用最为广泛，适用于大跨度结构
索杆结构	采用拉索作为主要承重构件，由截面较小、强度较高的拉索（杆）和刚性较大的撑杆组成，分为鱼腹式索桁架支承、轮辐式索结构支承、马鞍形索结构支承、张弦梁拱结构、空间索网、单层索网结构等	应用在点支玻璃采光顶中，索杆柔性张拉结构充分利用了材料超高的强度，截面可以很小，但要采用价格较贵的不锈钢材料
张弦梁结构	结构由刚度较大的抗弯构件（梁、桁架、拱等）和高强度的弦（柔性构件，通常是拉索）以及连接两者的撑杆组成，具有承载力高、刚度大、质量轻的优点	新型大跨度空间结构形式
玻璃肋（梁）结构	采用玻璃肋（梁）作为主要承重构件，主要考虑安全度，玻璃肋采用三层玻璃通过夹胶形成支撑梁来保证其安全性，玻璃梁的跨度不宜大于 2m	全玻璃采光顶，通透性较高

8.3 性能要求

8.3.1 门窗、幕墙和采光顶的性能分类及选用（表 8.3.1-1）

门窗、幕墙和采光顶的性能分类及选用　　表 8.3.1-1

分类	性能及代号	门		窗		幕墙			采光顶
		外门	内门	外窗	内窗	透光	不透光		
							密闭式	开缝式	
安全性	抗风压性能	◎	—	◎	—	◎	◎	◎	◎
	平面内变形性能	◎	◎	—	—	◎	◎	◎	○
	耐撞击性能	◎	◎	○	—	◎	◎	◎	○
	抗风携碎物冲击性能	○	—	○	—	○	○	○	○
	抗爆炸冲击波性能	○	—	○	—	○	○	○	○
	耐火完整性	○	○	○	○	—	—	—	—
节能性	气密性能	◎	○	◎	○	◎	◎	—	◎
	保温性能	◎	○	◎	○	◎	◎	—	◎
	遮阳性能	○	—	◎	—	◎	—	—	◎
适用性	启闭力	◎	◎	◎	◎	○	—	—	○
	水密性能	◎	—	◎	—	◎	◎	○	◎
	空气声隔声性能	◎	○	◎	○	◎	○	—	◎
	采光性能	○	○	◎	○	◎	—	—	◎
	防沙尘性能	○	—	○	—	○	—	—	○
	耐垂直荷载性能	○	○	○	○	—	—	—	—
	抗静扭曲性能	○	○	—	—	—	—	—	—
	抗扭曲变形性能	○	○	—	—	—	—	—	—
	抗对角线变形性能	○	○	—	—	—	—	—	—
	抗大力关闭性能	○	○	—	—	—	—	—	—
	开启限位	—	—	○	—	○	—	—	○
	撑挡实验	—	—	○	—	○	—	—	○
耐久性	反复启闭性能	◎	◎	◎	◎	◎	—	—	—
	热循环性能	—	—	—	—	○	○	—	○

注：1.“◎”为必须性能，“○”为选择性能，“—”为不需要。

2. 平面内变形性能适用于抗震设防设计烈度 6 度及以上地区。

3. 启闭力性能不适用自动门。

4. 本表摘自《建筑幕墙、门窗通用技术条件》GB/T 31433—2015。

8.3.2　抗风压性能

门窗、幕墙和采光顶抗风压性能应依据现行国家标准《建筑结构荷载规范》GB 50009 的规定计算确定，其指标值不应低于风荷载标准值 W_k，幕墙的指标值不应小于 1.0kPa，采光顶的指标值不应小于 1.50kPa。

门窗、幕墙和采光顶抗风压性能以定级检测压力 p_3 为分级指标，见表 8.3.2-1。表 8.3.2-1 摘自《建筑幕墙、门窗通用技术条件》GB/T 31433—2015。

抗风压性能分级　　　　表 8.3.2-1

分级	1	2	3	4	5	6	7	8	9
分级指标值 p_3（kPa）	$1.0 \leqslant p_3 < 1.5$	$1.5 \leqslant p_3 < 2.0$	$2.0 \leqslant p_3 < 2.5$	$2.5 \leqslant p_3 < 3.0$	$3.0 \leqslant p_3 < 3.5$	$3.5 \leqslant p_3 < 4.0$	$4.0 \leqslant p_3 < 4.5$	$4.5 \leqslant p_3 < 5.0$	$p_3 \geqslant 5.0$

注：第 9 级应在分级后同时注明具体分级指标值。

8.3.3　气密性能

1. 门窗的气密性能

门窗气密性能以单位缝长空气渗透量 q_1 或单位面积空气渗透量 q_2 为分级指标，门窗气密性能分级应符合表 8.3.3-1 的规定，表 8.3.3-1 摘自《建筑幕墙、门窗通用技术条件》GB/T 31433—2015。

门窗气密性能分级　　　　表 8.3.3-1

分级	1	2	3	4	5	6	7	8
分级指标值 q_1 / [$m^3/(m \cdot h)$]	$4.0 \geqslant q_1 > 3.5$	$3.5 \geqslant q_1 > 3.0$	$3.0 \geqslant q_1 > 2.5$	$2.5 \geqslant q_1 > 2.0$	$2.0 \geqslant q_1 > 1.5$	$1.5 \geqslant q_1 > 1.0$	$1.0 \geqslant q_1 > 0.5$	$q_1 \leqslant 0.5$
分级指标值 q_2 / [$m^3/(m^2 \cdot h)$]	$12 \geqslant q_2 > 10.5$	$10.5 \geqslant q_2 > 9.0$	$9.0 \geqslant q_2 > 7.5$	$7.5 \geqslant q_2 > 6.0$	$6.0 \geqslant q_2 > 4.5$	$4.5 \geqslant q_2 > 3.0$	$3.0 \geqslant q_2 > 1.5$	$q_2 \leqslant 1.5$

注：第 8 级应在分级后同时注明具体分级指标值。

设计要点：

（1）居住建筑的外窗及开敞阳台门气密性不应低于表 8.3.3-1 中的 6 级（《建筑节能与可再生能源利用通用规范》GB 55015—2021）。

（2）公共建筑的外门、外窗的气密性应满足下列要求（《公共建筑节能设计标准》GB 50189—2015）：

① 10 层及以上建筑外窗的气密性不应低于 7 级；

② 10 层以下建筑外窗的气密性不应低于 6 级；

③ 严寒和寒冷地区外门的气密性不应低于 4 级。

（3）不同地区对建筑的气密性要求不同，例如北京地区，居住建筑的外窗、开敞式的阳台门气密性不应低于表 8.3.3-1 中的 7 级，楼栋和单外外门不应低于表 8.3.3-1 中的 4 级（北京市地方标准《居住建筑节能设计标准》DB11/891—2020）。

2. 幕墙、采光顶的气密性能

幕墙和采光顶的气密性能以可开启部分单位缝长空气渗透量 q_L 和幕墙整体单位面积空气渗透量 q_A 为分级指标，幕墙气密性能分级应符合表 8.3.3-2 规定，表 8.3.3-2 摘自《建筑幕墙、门窗通用技术条件》GB/T 31433—2015。

幕墙、采光顶气密性能分级 表 8.3.3-2

分级代号		1	2	3	4
分级指标值 q_L / [m/(m · h)]	可开启部分	$4.0 \geqslant q_L > 2.5$	$2.5 \geqslant q_L > 1.5$	$1.5 \geqslant q_L > 0.5$	$q_L \leqslant 0.5$
分级指标值 q_A / [$m^3/(m^2 \cdot h)$]	幕墙整体	$4.0 \geqslant q_A > 2.0$	$2.0 \geqslant q_A > 1.2$	$1.2 \geqslant q_A > 0.5$	$q_A \leqslant 0.5$

注：第 4 级应在分级后同时注明具体分级指标值。

设计要点：现行国家标准《公共建筑节能设计标准》GB 50189 规定幕墙气密性不应低于 3 级。

8.3.4 水密性能

1. 门窗的水密性能

门窗的水密性能以严重渗漏压力差值的前一级压力差值 Δp 为分级指标，分级应符合表 8.3.4-1 规定，表 8.3.4-1 摘自《建筑幕墙、门窗通用技术条件》GB/T 31433—2015。

门窗水密性能分级 表 8.3.4-1

分级	1	2	3	4	5	6
分级指标值 Δp（Pa）	$100 \leqslant \Delta p < 150$	$150 \leqslant \Delta p < 250$	$250 \leqslant \Delta p < 350$	$350 \leqslant \Delta p < 500$	$500 \leqslant \Delta p < 700$	$\Delta p \geqslant 700$

设计要点：（1）设计时根据当地的规定选定等级；（2）位于大风且多雨的地区时，窗的水密性不应低于 3 级。

2. 幕墙的水密性能

幕墙的水密性能由幕墙专业计算得出幕墙分级指标压力差值 Δp，表 8.3.4-2 摘自《建筑幕墙、门窗通用技术条件》GB/T 31433—2015。

幕墙水密性能分级 表 8.3.4-2

分级代号		1	2	3	4	5
分级指标值 Δp（Pa）	固定部分	$500 \leqslant \Delta p < 700$	$700 \leqslant \Delta p < 1000$	$1000 \leqslant \Delta p < 1500$	$1500 \leqslant \Delta p < 2000$	$\Delta p \geqslant 2000$
	可开启部分	$250 \leqslant \Delta p < 350$	$350 \leqslant \Delta p < 500$	$500 \leqslant \Delta p < 700$	$700 \leqslant \Delta p < 1000$	$\Delta p \geqslant 1000$

设计要点：玻璃幕墙的水密性要满足建筑防水的要求，《建筑气候区划标准》GB 50178—1993 中ⅢA 和ⅣA 地区，即热带风暴和台风多发地区要求不低于 3 级，其他地区不低于 2 级。

3. 采光顶的水密性能

采光顶所受风压取正值时，水密性分级指标 Δp 应符合表 8.3.4-3 的规定，表 8.3.4-3 摘自《建筑玻璃采光顶技术要求》JG/T 231—2018。

采光顶水密性能分级　　表 8.3.4-3

分级代号		3	4	5
分级指标值 Δp（Pa）	固定部分	$1000 \leqslant \Delta p < 1500$	$1500 \leqslant \Delta p < 2000$	$\Delta p \geqslant 2000$
	可开启部分	$500 \leqslant \Delta p < 700$	$700 \leqslant \Delta p < 1000$	$\Delta p \geqslant 1000$

注：1. Δp 为水密性能试验中，严重渗漏压力差的前一级压力差。
2. 5 级时需同时标注 Δp 的实测值。

设计要点：采光顶的开启部分水密性与固定部分采用相同等级。

8.3.5　保温性能和遮阳性能

应根据现行国家及地方节能设计标准确定外幕墙、采光顶和门窗的传热系数、遮阳系数（SC）、太阳的热系数（SHGC）和透明材料的可见光透射比，合理选择玻璃配置和型材，玻璃宜采用中空玻璃、Low-E 中空玻璃、充惰性气体的 Low-E 中空玻璃、两层或多层的中空玻璃等。

8.3.6　空气声隔声性能

1. 门窗的隔声性能

外门窗空气声隔声性能以“计权隔声量和交通噪声频谱修正量之和（$R_w + C_{tr}$）”为分级指标，内门窗空气声隔声性能以“计权隔声量和粉红噪声频谱修正量之和（$R_w + C$）”为分级指标，分级应符合表 8.3.6-1 规定，表 8.3.6-1 摘自《建筑幕墙、门窗通用技术条件》GB/T 31433—2015。

门窗空气声隔声性能分级（dB）　　表 8.3.6-1

分级	外门、外窗的分级指标值	内门、内窗的分级指标值
1	$20 \leqslant R_w + C_{tr} < 25$	$20 \leqslant R_w + C < 25$
2	$25 \leqslant R_w + C_{tr} < 30$	$25 \leqslant R_w + C < 30$
3	$30 \leqslant R_w + C_{tr} < 35$	$30 \leqslant R_w + C < 35$
4	$35 \leqslant R_w + C_{tr} < 40$	$35 \leqslant R_w + C < 40$
5	$40 \leqslant R_w + C_{tr} < 45$	$40 \leqslant R_w + C < 45$
6	$R_w + C_{tr} \geqslant 45$	$R_w + C \geqslant 45$

注：用于对建筑内机器、设备噪声源隔声的建筑内门窗，对中低频噪声宜用外门窗的指标值进行分级；对中高频噪声仍可采用内门窗的指标值进行分级。

设计要点：（1）空气声隔声性能以计权隔声量作为分级指标，应满足室内声环境的需求，符合《民用建筑隔声设计规范》GB 50118—2010 的规定。（2）临交通干线的医院、学校、机关、科研单位、住宅等建筑物隔声外窗的交通噪声隔声指数不应低于表 8.3.6-1 中的 3 级（《交通噪声污染缓解工程技术规范　第 1 部分：隔声窗措施》DB11/T 1034.1—2013）。

2. 幕墙的隔声性能

幕墙空气声隔声性能分级指标 R_w 应符合表 8.3.6-2 的要求，表 8.3.6-2 摘自《建筑幕墙、门窗通用技术条件》GB/T 31433—2015。

幕墙空气声隔声性能分级　　表 8.3.6-2

分级代号	1	2	3	4	5
分级指标值 R_w（dB）	$25 \leqslant R_w < 30$	$30 \leqslant R_w < 35$	$35 \leqslant R_w < 40$	$40 \leqslant R_w < 45$	$R_w \geqslant 45$

注：5 级时需同时标注 R_w 测试值。

设计要点：空气声隔声性能以计权隔声量作为分级指标，应满足室内声环境的需求，符合《民用建筑隔声设计规范》GB 50118—2010 的规定。

3. 采光顶的隔声性能

采光顶空气计权隔声量 R_w 应符合表 8.3.6-3 的要求，表 8.3.6-3 摘自《建筑玻璃采光顶技术要求》JG/T 231—2018。

采光顶空气声隔声性能分级　　表 8.3.6-3

分级代号	2	3	4
分级指标值 R_w（dB）	$30 \leqslant R_w < 35$	$35 \leqslant R_w < 40$	$R_w \geqslant 40$

8.3.7　光学性能（采光性能）

幕墙、门窗和采光顶的采光性能以透光折减系数 T_r 为分级指标，分级应符合表 8.3.7-1 的规定，表 8.3.7-1 摘自《建筑幕墙、门窗通用技术条件》GB/T 31433—2015。

门窗、幕墙、采光顶采光性能分级　　表 8.3.7-1

分级	1	2	3	4	5
分级指标值 T_r	$0.20 \leqslant T_r < 0.30$	$0.30 \leqslant T_r < 0.40$	$0.40 \leqslant T_r < 0.50$	$0.50 \leqslant T_r < 0.60$	$T_r \geqslant 0.60$

设计要点：有采光功能要求的幕墙和采光窗的透光折减系数不应低于 0.45。

8.4　构造要求

8.4.1　门窗构造要求

1. 安装位置的选择

根据建筑内部用途或外部遮阳的需求，门窗内外安装深度各有不同。常规安装位置有三种：居墙体中、深外露、外墙齐平。门窗安装位置的选择，对于内外部空间、节能构造、整体效果等均会产生较大的影响，不同位置的门窗，选择其对应的安装位置十分重要。

2. 安装方式的差异

墙体与连接件、连接件与门窗框连接方式如下（图 8.4.1-1）:

（1）连接件焊接连接——适用于钢结构；

（2）预埋件连接——适用于钢筋混凝土结构；

（3）燕尾铁脚螺钉连接——适用于砖墙结构；

（4）金属胀锚螺栓连接——适用于钢筋混凝土结构、砖墙结构；

（5）射钉连接——适用于钢筋混凝土结构、钢结构。

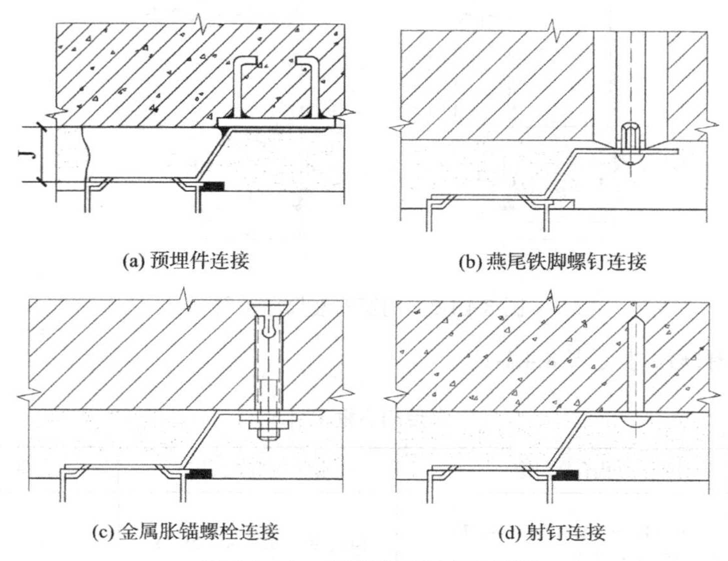

(a) 预埋件连接 (b) 燕尾铁脚螺钉连接

(c) 金属胀锚螺栓连接 (d) 射钉连接

图 8.4.1-1 门窗安装方式示意图

3. 安装尺寸的预留

1）基本概念

门窗洞口（宽、高）标志尺寸——符合门窗洞口宽、高模数数列的规定，用以标注门窗洞口水平、垂直方向定位线之间的垂直距离，是门窗宽、高构造尺寸与洞口宽、高构造尺寸的协调尺寸，简称门窗洞口标志宽度（B）、标志高度（A）尺寸，单位为 mm。

门窗洞口（宽、高）构造尺寸——门窗洞口宽度、高度的设计尺寸，即洞口的净宽（B_1）、净高（A_1）尺寸。

门窗（宽、高）构造尺寸——门窗宽度、高度的设计尺寸，是指门窗外形的宽度（B_2）、高度（A_2）尺寸。

门窗安装构造缝隙尺寸——门窗宽、高构造尺寸和门窗洞口宽、高构造尺寸分别与洞口宽、高定位线之间装配空间尺寸的总称，符号为 J。

洞口与门窗框缝隙（J）的规定——饰面材料为金属材料时 $J \leqslant 5$mm，清水墙面时（或涂料时）$J \leqslant 15$mm，面砖时 $J \leqslant 25$mm，石材时 $J \leqslant 50$mm。

2）尺寸预留（图 8.4.1-2）

在设计过程中，设计人员常常对于装配空间尺寸考虑不全面，洞口尺寸预留不够，造成后续项目验收时，疏散门、救援窗的净尺寸不满足规范要求。在设计过程中，对于各层疏散人数、疏散宽度计算等均应考虑周全，并适当预留容错的余量，以免疏散净宽度、净高度不足。比如，按照《建筑防火通用规范》GB 55037—2022 第 7.1.4 条要求，疏散出口门、室外疏散楼梯的净宽度不应小于 0.80m；第 7.1.5 条要求，疏散通道、疏散出口的净高度均不应小于 2.1m，在设计疏散门时，建议参考“常用门预留构造尺寸”部分，预留相应的构造尺寸。

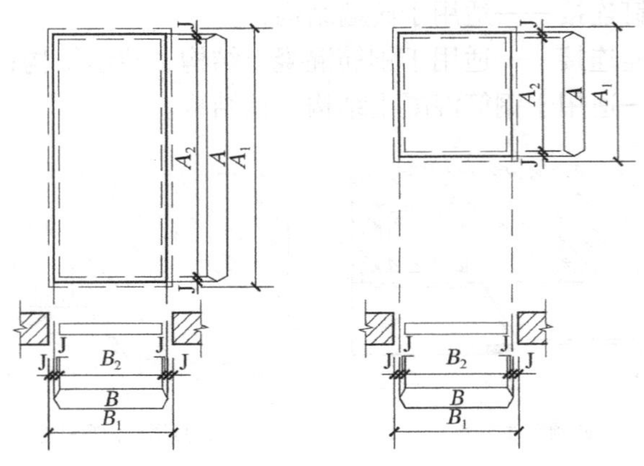

图 8.4.1-2 门窗安装尺寸预留

3）常用门窗框尺寸（表 8.4.1-1）

常用门窗框尺寸 表 8.4.1-1

各类门窗	铝合金门窗	铝合金节能门窗	木门窗	实腹钢门窗
门窗边框宽度（mm）	50、54、59、65、66、68、73、74、83、85、99、115	141、95、92、90、88、84.9	55	25
备注	不同系列厂家产品有所不同			

注：根据门窗框厚度构造尺寸，可将铝合金门窗划分为 50 系列、55 系列、60 系列、70 系列、80 系列、90 系列等。

4）常用门预留构造尺寸（表 8.4.1-2）

常用门预留构造尺寸 表 8.4.1-2

各类门	普通铝合金平开门	铝合金地弹门	常规夹板木门	防火门
疏散宽度（mm）	单开： 洞口尺寸：195	单开： 洞口尺寸：280	单开： 洞口尺寸：110	单开： 洞口尺寸：190
	双开： 洞口尺寸：250	双开： 洞口尺寸：430	双开： 洞口尺寸：110	双开： 洞口尺寸：240

注：当外侧为铝板或者石材幕墙时疏散宽度在此基础上再减少 30mm。门的把手等附件，当凸出门表面不大于 80mm 时，可以不考虑其对疏散的影响。

4. 门窗安装细部的处理（图 8.4.1-3）

（1）门窗框与墙体间的缝隙宜采用聚合物水泥防水砂浆或发泡聚氨酯填充。

（2）外墙防水层应延伸至门窗框，防水层与门窗框间应预留凹槽，并应嵌填密封材料。

（3）门窗上楣的外口应做滴水线。

（4）外窗台应设置不小于 5%的外排水坡度。

（5）在设计墙身细部时，注意塑料滴水条、耐碱玻纤网格布、外窗台排水坡度等内容，保证外墙防水系统在门窗部位的可靠性。

（6）有卫生要求或经常有人员居住、活动房间的外门窗宜设置纱门、纱窗。纱门窗扇安装后应启闭灵活，安装可靠，不应影响原有门窗的功能和性能。纱窗的安装方式及结构应易于拆装、清洗和更换。

（7）在设计时应考虑选用带纱型的外窗，这样不但可以通过框料设计和五金选用尽量避免出现空气渗透，同时也可避免因住户自行安装而导致纱窗形式、大小、颜色难以统一的问题。

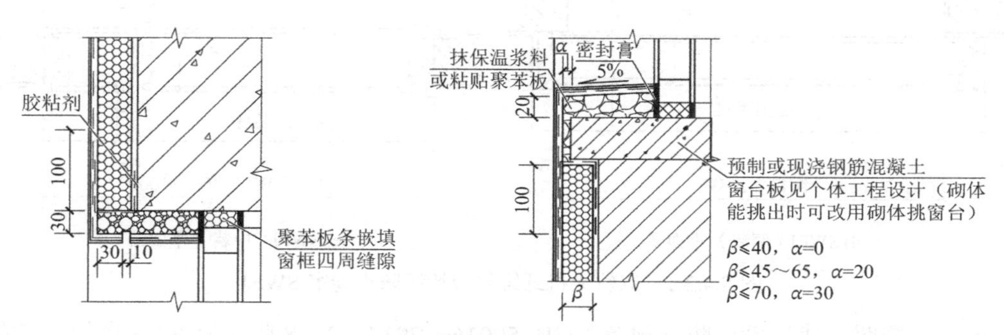

图 8.4.1-3　门窗安装细部的处理

8.4.2　特殊门窗构造要求

1. 防火卷帘门

防火卷帘门分为钢防火卷帘门（代号 GFJ）、水雾式钢特级防火卷帘门（代号 TFJ）、水雾式无机纤维复合特级防火卷帘门（代号 WFJ）、双轨无机纤维复合特级防火卷帘（代号 SWFJ）、带平开小门钢防火卷帘（代号 KGFJ）、侧向钢防火卷帘（代号 CGFJ）、水平钢防火卷帘（代号 PGFJ）。

根据工程常用样式，以双轨无机纤维复合特级防火卷帘 SWFJ 为例进行构造要求分析。

（1）不同的安装位置，构造有差别，卷帘门侧装和中装需要在设计时注明，比如，侧装时门洞两侧要预留足够的墙垛（图 8.4.2-1，最小 200mm，最大 500mm）；中装时门洞则要放大处理，以保证卷帘门的设计宽度。

（2）在剖面设计中，要充分预留出卷帘盒的高度以及厚度，避免结构次梁影响卷帘门的安装，提示机电专业的管线路由避让卷帘盒等。

（3）该类门体厚度需要设计人员足够重视，尤其在人防密闭通道尺寸控制较为精准时，要将卷帘门的厚度和人防门的开启角度等因素进行综合考虑。

（4）根据《防火卷帘　第 1 部分：通用技术条件》GB 14102.1—2024 的要求，疏散通道上的防火卷帘门，应采用疏散通道型控制器（两步关闭运行性能），对电气专业提出要求，具体详见本规范第 5.5.4 条的规定。

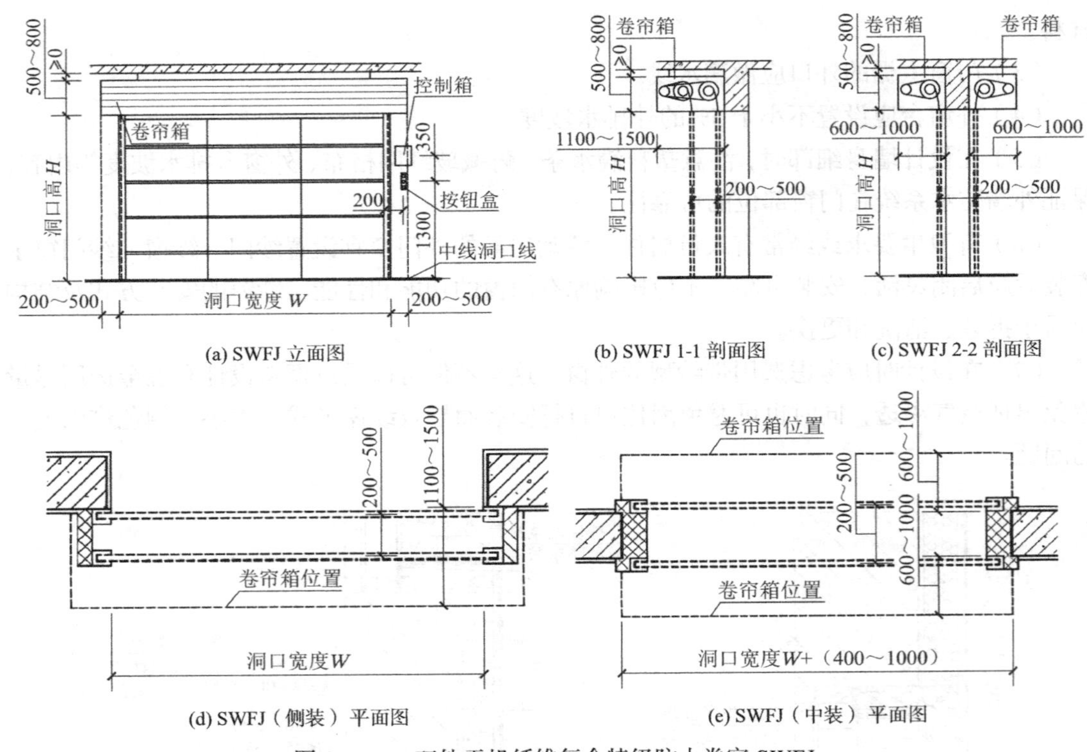

图 8.4.2-1 双轨无机纤维复合特级防火卷帘 SWFJ

提示：按照《建筑设计防火规范》GB 50016—2014（2018 版）第 6.5.3 条第 2 款的规定：防火卷帘应具有火灾时靠自重自动关闭功能。结合《关于加强超大城市综合体消防安全工作的指导意见》（公消〔2016〕113 号）文件的相关规定：超大城市综合体严禁使用侧向或水平封闭式及折叠提升式防火卷帘，防火卷帘应当具备火灾时依靠自重下降自动封闭开口的功能。

2. 百叶窗

百叶窗一般用于室内室外遮阳、通风。按照功能可分为：普通通风百叶窗、防雨通风百叶窗、消声通风百叶窗、防沙通风百叶窗四类。百叶窗的通风面积百分比是反映百叶窗片疏密程度的物理指标。实际工程中百叶窗的周围环境需要综合考虑，挑檐、突出造型、障碍物，或相邻的墙壁都会影响气流，从而对百叶窗的使用和通风性能造成影响和干扰。在百叶窗的设计使用过程中，需要特别注意其有效通风面积，暖通专业在提资时，通常提的百叶窗面积是有效通风面积，我们在选择百叶窗时，按照《百叶窗（一）》05J624-1 图集中普通叶片、防飘雨叶片加以区分选择。百叶窗尺寸直接会影响建筑外观效果，故需要在方案设计阶段充分考虑。假如采用 1.2m 宽、1.2m 高洞口的百叶窗，普通百叶的有效通风面积为 0.64m^2，防雨百叶则为 0.52m^2。此外，设置百叶窗的房间一般考虑设置地漏和防水、排水措施。

3. 防火门窗

1）性能分类

防火门按材质可分为：木质防火门、钢质防火门、钢木质防火门以及其他材质防火门。按开启方式可分为：常开式防火门和常闭式防火门。在设计使用过程中，常开防火门要增设自动关闭及信号反馈等装置。按耐火性能可分为：隔热防火门（A 类）、部分隔热防火门（B 类）和非隔热防火门（C 类）。其中，隔热防火门常用的耐火等级有三种：甲级（耐火极限 ≥ 1.5h）、乙级（耐火极限 ≥ 1.0h）和丙级（耐火极限 ≥ 0.5h）（表 8.4.2-1）。一般情况下，用隔热防火门，设置部位可参考图集《防火门窗》12J609 附录三的相关内容，具体以国家规范为准。

防火门窗　　**表 8.4.2-1**

	钢质防火门		木质防火门		耐火极限（h）
	门框厚度（cm）	门扇厚度（cm）	门框厚度（cm）	门扇厚度（cm）	
甲级防火门	12	5	10	4.5～5.5	≥ 1.5
乙级防火门	11	4.5	10	4～5	≥ 1.0
丙级防火门	10	4.2	10	4	≥ 0.5

防火窗有钢防火窗、不锈钢防火窗，以及钢木防火窗。建筑中常用固定式防火窗，无开启扇。按耐火性能可分为：隔热防火窗（A 类）和非隔热防火窗（C 类）。其中，隔热防火窗常用的耐火等级有三种：甲级（耐火极限 ≥ 1.5h）、乙级（耐火极限 ≥ 1.0h）和丙级（耐火极限 ≥ 0.5h）。

2）构造要求

（1）防火门、防火窗应具有自动关闭的功能，在关闭后应具有烟密闭的性能。

（2）除特殊情况外，防火门应向疏散方向开启，防火门在关闭后应从任何一侧手动开启。

（3）根据使用功能的不同，要求装设能使防火门自行关闭的装置（如闭门器），双扇或多扇防火门还应安装顺序器。

（4）设置在建筑变形缝附近的防火门，应设置在楼层较多的一侧，开启方向应依据疏散方向确定，并应保证防火门开启时门扇不跨越变形缝。

（5）防火门在安装过程中，应充分考虑门扇与门框的配合活动间隙及搭接量，以使门扇开启灵活，并防止漏烟透火。

（6）防火门开启角度的问题，疏散楼梯间不应采用 180°开启的疏散门，楼梯平台的有效宽度应以楼梯间疏散门开启角度为 90°时进行计算。

（7）根据《建筑防烟排烟系统技术标准》GB 51251—2017 中第 4.3.6 条的规定，自然排烟窗（口）应设置手动开启装置，设置在高位不便于直接开启的自然排烟窗（口），应设置距地面高度 1.3～1.5m 的手动开启装置，净高大于 9.0m 的中庭、建筑面积大于 2000m^2 的营业厅、展览厅、多功能厅等场所，应设置集中手动开启装置和自动开启设施，详见国家标准图集《建筑防烟排烟系统技术规范》图示 15K606。

4. 隔声门

根据隔声等级可将隔声门分为计权隔声量R_w：25dB、30dB、35dB、40dB、45dB 五个级别，以满足不同环境下的隔声需求。根据门扇骨架以及面板材料可分为：①a 型为型钢骨架、冷轧钢板面板（无门框）；②b 型为型钢骨架、冷轧钢板面板（有门框）；③c 型为轻钢龙骨骨架、彩色钢板面板；④d 型为轻钢龙骨骨架、冷轧钢板面板；⑤e 型为轻钢龙骨骨架、电镀锌钢板面板；⑥f 型为木质骨架、皮革软包面板。

隔声门采用多层复合结构，如外框、门扇、填充材料、密封条等部分协同作用，确保声波难以穿透。门扇内部填充高效隔声材料如蜂窝纸、岩棉、聚氨酯等，门缝处配备优质密封胶条或磁性密封条，增强整门的气密性。门扇四周安装双重特殊弹性止口（密封垫）和压紧装置，杜绝“孔洞”和“隙”产生的漏声。门扇外侧面板边缘沿边长设有密封槽，槽内固定有磁性密封条。门扇内侧面板边缘突出成角形刃口，与门框上的橡胶条压紧密封。

隔声门是用来隔离噪声影响的装置。一方面，广播电台、演播室、办公室、会议室、医院工作室等需要保持一个相对安静的声环境；另一方面，空调机房、发电机房、风机房、锅炉房、冷冻机房等往往有较高噪声，为了防止这些噪声对外界的影响，也需要采用隔离噪声的隔声门。

5. 低能耗门窗（图 8.4.2-2）

寒冷地区的居住建筑，被动式低能耗外门窗的传热系数 $K \leqslant 1.0\text{W/(m}^2\cdot\text{K)}$，严寒地区居住建筑的传热系数 $K \leqslant 0.8\text{W/(m}^2\cdot\text{K)}$。外门窗型材的传热系数 $K \leqslant 1.3\text{W/(m}^2\cdot\text{K)}$，采用三玻两腔中空玻璃或真空玻璃，玻璃间隔条采用暖边间隔条。低能耗窗的窗框应由三道耐久性良好的密封材料密封。在构造设计中应满足水蒸气“难进易出”的原则，严禁出现内部结露现象。在外墙外保温系统铺设时，门窗洞口处的第二层保温板应尽量覆盖门窗框。

该类门窗应采用整门、整窗的安装方式，且紧贴结构墙体外侧安装，外门窗框与结构墙体之间的接缝应采用耐久性良好的密封系统密封。防水隔汽膜（细实线）用于室内一侧，防水透汽膜（粗实线）用于室外一侧。两种膜均应一侧有效地粘贴在门窗框，另一侧与结构墙体粘贴，并应松弛地覆盖在结构墙体和门窗框上，搭接宽度均不应小于100mm。

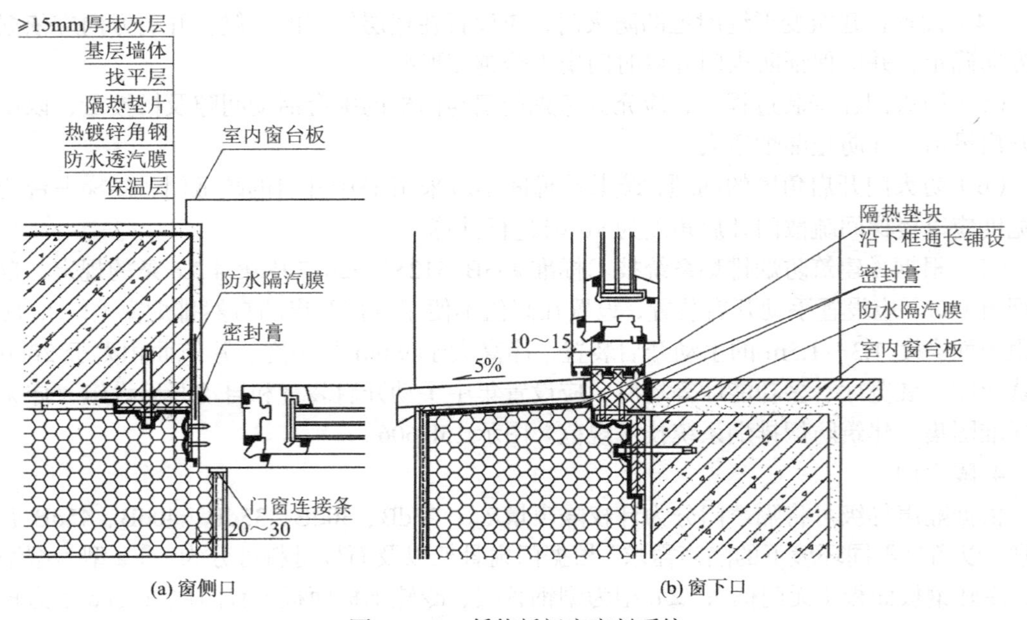

图 8.4.2-2 低能耗门窗密封系统

防水隔汽膜用于室内一侧，防水透气膜用于室外一侧。两种膜均应一侧有效地粘贴在门窗框，另一侧与结构墙体粘贴，并应松弛地覆盖在结构墙体和门窗框上，两种材料的搭接宽度不应小于 100mm。垫片、隔热垫块以硬泡聚氨酯为主要原料，主要应用于门窗框下方的垫块。外窗台上应安装金属窗台板，窗台板固定在窗框下框上或固定在通长铺设于窗框下部的隔热垫块上。窗台板与窗框之间应有结构性连接；窗台板上设有滴水线；嵌入进窗框下口 10～15mm；窗台板下侧与外墙保温层的接缝处，应采用预压膨胀密封带密封；窗台板两侧端头应上翻，并嵌入外保温 20～30mm。

外门窗及其遮阳设施热桥处理应符合下列规定：

（1）外门窗安装方式应根据墙体的构造形式进行优化设计。当墙体采用外保温系统时，外门窗可采用整体外挂式安装，门窗框内表面宜与基层墙体外表面齐平，门窗位于外墙外保温层内。装配式夹芯保温外墙，外门窗宜采用内嵌式安装方式。外门窗与基层墙体的连接件应采用阻断热桥的处理措施。

（2）外门窗外表面与基层墙体的连接处宜采用防水透汽材料粘贴，门窗内表面与基层墙体的连接处应采用气密性材料密封。

（3）窗户外遮阳设计应与主体建筑结构可靠连接，连接件与基层墙体之间应采取阻断热桥的处理措施（图 8.4.2-3、图 8.4.2-4）。

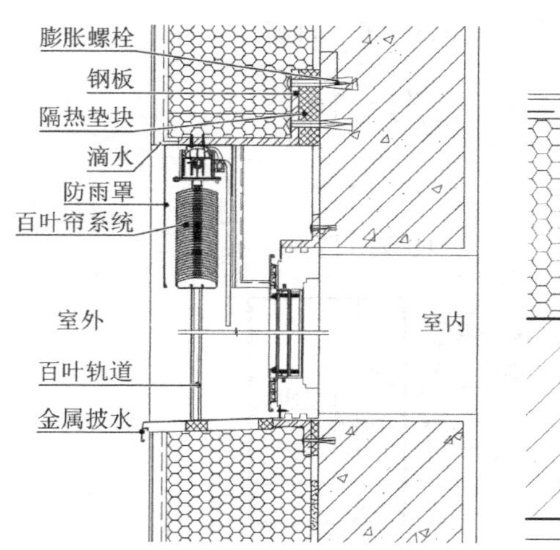

图 8.4.2-3　活动外遮阳及外窗剖面示意图

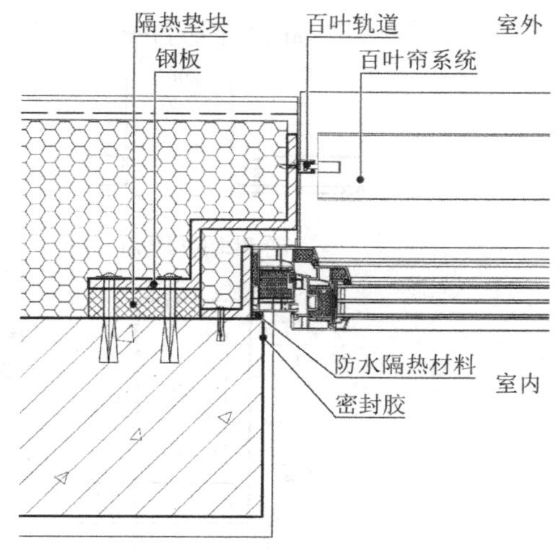

图 8.4.2-4　活动外遮阳外窗平面示意图

外门窗安装时，外门窗与结构墙之间的缝隙应采用耐久性良好的密封材料密封，室外一侧使用防水透汽材料。防水透汽材料应符合下列要求：

（1）防水透汽材料与门窗框粘贴宽度不应小于 15mm，粘贴应紧密，无起鼓、漏气现象；

（2）防水透汽材料与基层墙体粘贴宽度不应小于 50mm，粘贴密实，无起鼓、漏气现象。

6. 无障碍门（图 8.4.2-5）

（1）满足无障碍要求的门应可以被清晰辨认，并应保证方便开关和安全通过。

（2）不应设挡块和门槛，门口有高差时，高度不应大于 15mm，并应以斜面过渡，斜面的纵向坡度不应大于 1∶10。

（3）在无障碍通道上不应使用旋转门。

（4）新建和扩建建筑的门开启后的通行净宽不应小于 900mm，既有建筑改造或改建的门开启后的通行净宽不应小于 800mm。无障碍通行流线上的双扇门，单一门扇开启后的通行净宽度尺寸应不小于 900mm，满足《公共建筑无障碍设计标准》DB11/1950—2021 第 3.6.4 条第 2 款的要求。

（5）平开门的门扇外侧和里侧均应设置扶手，扶手应保证单手握拳操作，操作部分距地面高度应为 0.85～1.00m。

（6）除防火门外，门开启所需的力度不应大于 25N。其他要求详见《建筑与市政工程无障碍通用规范》GB 55019—2021 以及图集《无障碍设计》12J926。

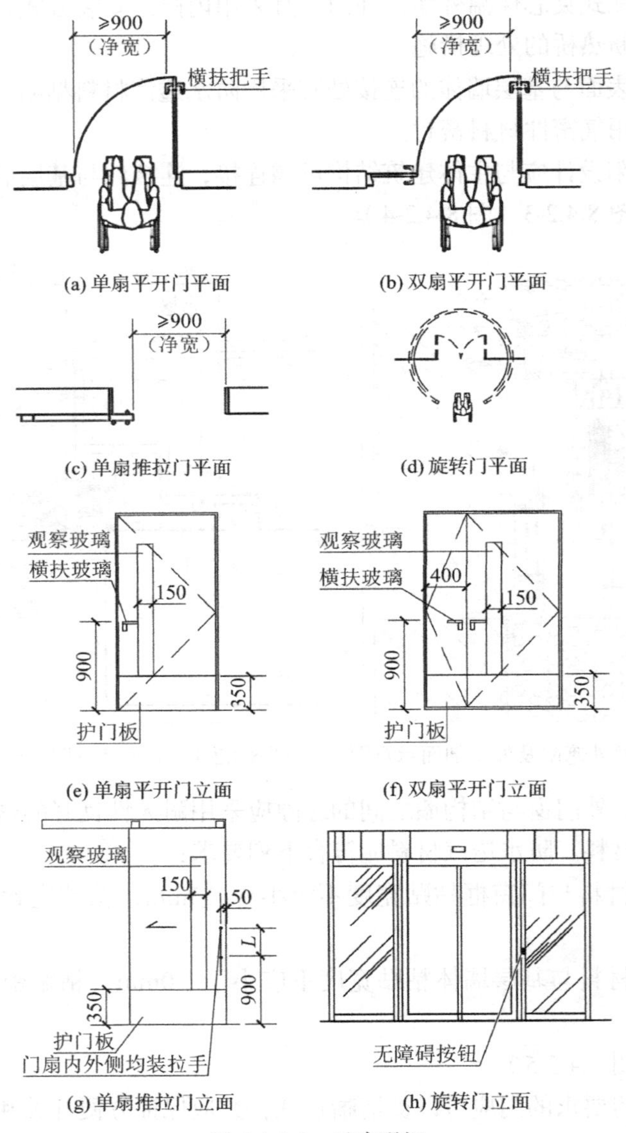

图 8.4.2-5 无障碍门

8.4.3　玻璃幕墙构造要求

1. 安装构造要求

（1）建筑幕墙的构造设计应满足安全、实用与美观的原则，并应便于制作安装、面板更换和维修保养。

（2）幕墙与主体结构连接应采用预埋件为主，预埋件的规格、型号及位置应符合设计要求。

（3）建筑出入口上方设有玻璃幕墙时，应设置有效的防护措施。

（4）外倾斜玻璃幕墙不得采用隐框形式。

（5）泛光照明设备应可靠地安装在幕墙构件上，其安装和布置应考虑维修和更换措施。

（6）密封胶应采用硅酮建筑密封胶，玻璃及铝板幕墙用硅酮建筑密封胶的厚度不应小于 3.5mm，胶缝宽度不宜小于 10mm。

（7）幕墙玻璃表面周边与建筑内、外装饰物之间的缝隙不宜小于 5mm，可采用柔性材料嵌缝。

（8）玻璃幕墙的单元板块不应跨越主体建筑的变形缝，其与主体建筑变形缝相对应的构造缝的设计，应能够适应主体建筑变形的要求。

（9）幕墙的立柱与横梁采用螺栓连接时，连接处可设置柔性垫片或预留 1～2mm 的间隙注胶填充。

（10）明框幕墙玻璃下边缘与下边框槽底之间应采用硬橡胶垫块衬托，垫块数量应为 2 个，厚度不应小于 5mm，每块长度不应小于 100mm。

2. 防火构造要求

玻璃幕墙应按照建筑防火分区和层间分隔要求采取防火措施，幕墙与楼板或隔墙外沿间的缝隙应进行防火封堵（图 8.4.3-1）。当玻璃幕墙无窗间墙、窗槛墙时，应在每层楼板外沿设置耐火极限不低于 1.0h、高度不低于 0.8m 的不燃烧实体墙或者防火玻璃墙，且应环绕建筑形成闭环。

当采用岩棉或矿棉封堵缝隙时，其厚度不应小于 200mm，并应填充密实；用于楼层间水平防火带的岩棉或矿棉宜采用不小于 1.5mm 的镀锌钢板承托。

承托板与主体结构、幕墙结构及承托板之间的缝隙填充防火密封胶。

同一块玻璃不宜跨越建筑的两个防火分区。

开放式幕墙设置防水背板时，防水背板与建筑实体墙之间的空腔应采取水平防火封堵。

3. 节能构造要求

（1）玻璃幕墙的节能措施主要为被动式技术，主要包括使用夹层玻璃、低辐射镀膜玻璃、中空玻璃，改进气密性能、采用隔热断桥结构、在非透明部分填充保温隔热材料、完善遮阳系统、运用双层幕墙技术等。

（2）玻璃幕墙可根据所处环境、幕墙类型及节能要求，优先采取外遮阳措施。

（3）透明玻璃幕墙应进行抗结露计算。该计算应按照实际工程的冬季计算条件下幕墙型材和玻璃内表面温度是否低于露点温度为判定依据。

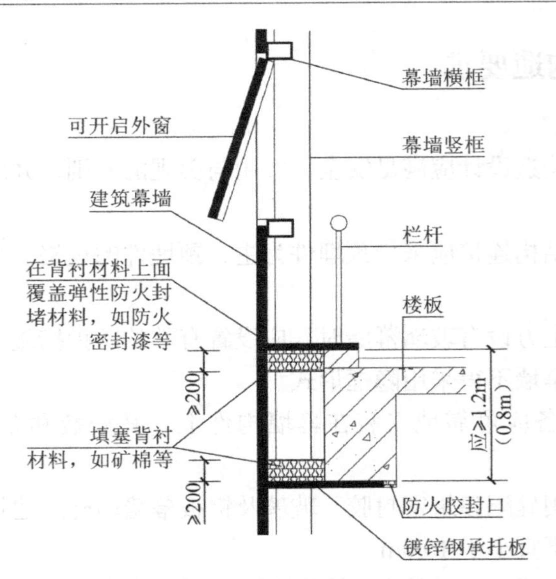

图 8.4.3-1 玻璃幕墙防火构造

4. 防水构造要求

（1）玻璃幕墙防水主要应做好接缝处处理，如：玻璃与框料的接缝处、开启扇与固定扇的接缝处、幕墙底部和顶部与主体结构墙体的接缝处等（图 8.4.3-2）。

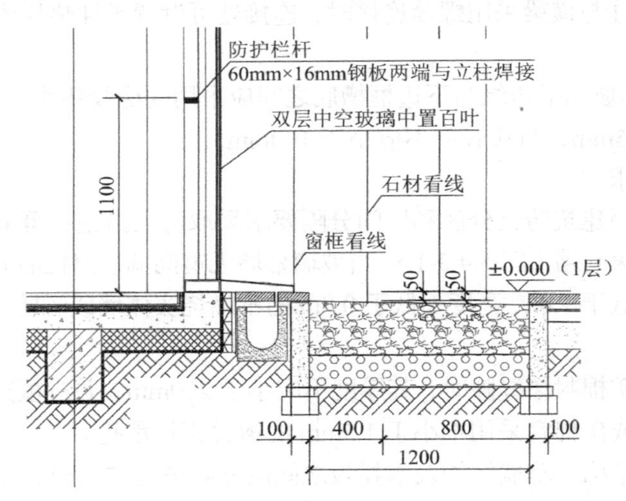

图 8.4.3-2 玻璃幕墙防水构造

在前期设计阶段，应根据水文地质条件和建筑使用功能，合理确定室内外高差，且同时应采取防止室外雨水侵入室内的措施。首层室内外高差较小时，应在靠近玻璃幕墙的室外一侧设置排水沟（或增加勒脚），或者首层内凹（或二层外挑）的造型方式，以减小雨水对建筑幕墙的影响。

（2）对可能渗入雨水和形成冷凝水的部位，应采取导排构造措施。

（3）有雨篷、压顶及其他突出玻璃幕墙墙面的建筑构造时，应完善其结合部位的防、排水构造设计，排水坡度不应小于 3%。

（4）缝隙内外气压差是雨水渗漏的主要动力，因此要求窗框下槛内外高差不小于

50mm，并设置泄水孔。

8.4.4　采光顶构造要求

1. 安装构造要求

（1）采光顶的支承结构与主体结构之间的连接应能承受并可靠传递其受到的荷载和作用，并应适应主体结构变形。

（2）连接支座可根据其受力状况选用刚性支座、铰接支座等。

（3）采光顶屋面支承框架与主体结构可采用螺栓连接或焊接。当采用螺栓连接时，每个受力部位的螺栓不少于 2 个，螺栓的直径不小于 12mm，并应采取可靠的防松动、防滑移、防脱离措施。

（4）连接件与所接触材料应采取有效措施防止可能产生的双金属接触腐蚀及因结构变形、风力、温度变化所产生的噪声。

（5）当采用焊接时，焊缝位置、尺寸、质量等级应满足设计要求，并及时做好防腐处理。

（6）采光顶玻璃面板应采用由半钢化玻璃、超白钢化玻璃或者均质钢化玻璃合成的安全夹层玻璃。

（7）采光顶朝地面侧玻璃面板应采用夹层玻璃，夹层玻璃的胶片厚度和单片玻璃的厚度要求可查阅《建筑玻璃采光顶技术要求》JG/T 231—2018 等相关技术要求和标准。

（8）采光顶有热工要求时应采用夹层中空玻璃。

（9）玻璃采光顶应设置防坠落构造措施。

（10）所有采光顶的玻璃应进行磨边倒角处理。

2. 防火构造要求（图 8.4.4-1）

（1）采光顶屋面与外墙交界处、屋顶开口部位四周的保温层，应采用宽度不小于 500mm 的燃烧性能为 A 级的保温材料设置水平防火隔离带。

（2）采光顶与防火分隔构件间的缝隙，应进行防火封堵。

（3）采光顶设置排烟窗时，其排烟有效面积应满足建筑设计要求。

（4）天窗采光顶耐火完整性低于 1.0h，地上建筑外门窗为普通门窗时，水平间距不宜小于 6.0m；若采光顶耐火完整性满足不小于 1.0h 时，该间距无要求。

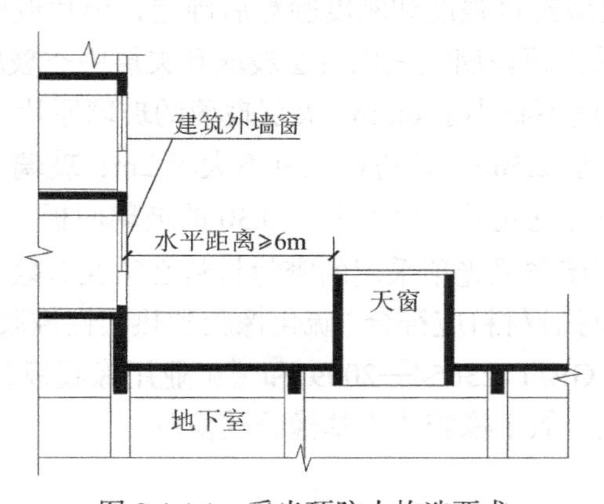

图 8.4.4-1　采光顶防火构造要求

3. 节能构造要求

采光顶采用夹层中空玻璃，其中空层的厚度不应小于 12mm；中空玻璃宜采用双道密封结构。隐框或半隐框中空玻璃的二道密封应采用硅酮结构密封胶；中空玻璃的夹层面应在中空玻璃的下表面。

4. 防水构造要求

（1）采光顶屋面宜设置排水沟和落水管。

（2）排水沟宜采用不锈钢板制作，厚度不应小于 2.0mm，沟底板的排水坡度不宜小于 1%。

（3）当采光顶屋面采取无组织排水时，应在檐口设置滴水构造。

（4）采光顶应根据工程实际情况确定排水方向及坡度，排水坡度不应小于 5%。

（5）采光顶面板宜高出屋面，与屋面连接部位应进行可靠密封。

（6）开启窗应进行外排水设计，其顶面应高出采光顶，且宜设置排水构造。

8.5 玻璃、五金、框料

8.5.1 常用玻璃分类、性能参数及选用

1. 常用玻璃的分类及一般要求

（1）常用的建筑玻璃

建筑玻璃按种类有钢化玻璃、平板玻璃、中空玻璃、真空玻璃、夹层玻璃、镀膜玻璃、夹丝玻璃、着色玻璃、超白玻璃等常用玻璃，光伏发电玻璃、LED 光电玻璃等新型玻璃产品。

（2）建筑幕墙、采光顶等围护结构玻璃选用应符合国家和行业相关标准及有关节能和环保的要求。

① 构造方面要求：幕墙和采光顶的玻璃宜采用安全玻璃，钢化玻璃宜经过二次均质处理。玻璃应进行机械磨边和倒角处理，倒棱宽度不宜小于 1mm；中空玻璃产地与使用地或与运输途经地的海拔高度相差超过 1000m 时，宜加装毛细管或呼吸管平衡内外气压差。

幕墙玻璃的公称厚度应经过强度和刚度验算后确定，单片玻璃、中空玻璃的任一片玻璃厚度不宜小于 6mm。采光顶玻璃宜采用夹层玻璃和夹层中空玻璃，玻璃原片可根据设计要求选用，且单片玻璃厚度不宜小于 6mm，夹层玻璃的玻璃原片不宜小于 5mm。玻璃采光顶用玻璃面板面积应不大于 2.5m²，长边边长宜不大于 2m；玻璃采光顶可见光透射比应符合采光设计要求，宜选用可见光反射比不大于 0.30 的玻璃面板。

② 密封工艺要求：幕墙和采光顶采用的密封材料必须在有效期内使用，幕墙用钢化玻璃宜经过热浸处理。采用橡胶材料应符合《硫化橡胶和热塑性橡胶 建筑用预成型密封条的分类、要求和试验方法》GB/T 23654—2009 和《工业用橡胶板》GB/T 5574—2008 的规定，宜采用三元乙丙橡胶、氯丁橡胶或丁基橡胶硅橡胶。

（3）安全玻璃

安全玻璃是指符合现行国家标准的钢化玻璃、夹层玻璃及由钢化玻璃或夹层玻璃组

合加工而成的其他玻璃制品，如钢化玻璃、夹层玻璃、防火玻璃等。单片半钢化玻璃（热增强玻璃）、单片夹丝玻璃不属于安全玻璃。以下门窗工程中，安全玻璃的选用见表 8.5.1-1。

安全玻璃选用　　**表 8.5.1-1**

<table>
<tr><th>安全玻璃种类</th><th>公称厚度（mm）</th><th>最大需用面积（m^2）</th><th>必须选用安全玻璃的工程情况</th></tr>
<tr><td rowspan="6">钢化玻璃</td><td>4</td><td>2.0</td><td rowspan="10">①面积大于 $1.5m^2$ 的窗玻璃或玻璃底边离最终装修面小于 500mm（注：此数据《塑料门窗工程技术规程》JGJ 103—2008 中定为“距离可踏面高度 900mm 以下的窗玻璃”）的落地窗。
②7 层及 7 层以上建筑物外开窗。
③幕墙（全玻璃幕墙除外）。
④倾斜装配窗、各类顶棚（含天窗、采光顶）、吊顶。
⑤观光电梯及其外围护。
⑥室内隔断、浴室围护和屏风。
⑦楼梯、阳台、平台走廊的栏板和中庭内栏板；用于人行走的地面板。
⑧水族馆和游泳池的观察窗、观察孔。
⑨公共建筑物的出入口、门厅等部位。
⑩易遭受撞击、冲击而造成人体伤害的其他部位</td></tr>
<tr><td>5</td><td>2.0</td></tr>
<tr><td>6</td><td>3.0</td></tr>
<tr><td>8</td><td>4.0</td></tr>
<tr><td>10</td><td>5.0</td></tr>
<tr><td>12</td><td>6.0</td></tr>
<tr><td rowspan="4">夹层玻璃</td><td>6.38、6.76、7.52</td><td>3.0</td></tr>
<tr><td>8.38、8.76、9.52</td><td>5.0</td></tr>
<tr><td>10.38、10.76、11.52</td><td>7.0</td></tr>
<tr><td>12.38、12.76、13.52</td><td>8.0</td></tr>
</table>

注：1. 根据《建筑玻璃应用技术规程》JGJ 113—2015、《建筑安全玻璃管理规定》（发改运行〔2003〕2116 号）、各建筑工程（含新建、扩建、改建以及装饰、维修工程）设计人员需注意以上部位必须选用安全玻璃。
2. 采用 10mm 厚度以上超白浮法玻璃优等品生产的钢化玻璃，其面积可适当加大，具体尺寸可由供需双方商定。

（4）超白玻璃

超白玻璃是一种超透明低铁玻璃，也称低铁玻璃、高透明玻璃，其透光率可达 91.5% 以上，其根据工艺的不同，可分为超白压延玻璃和超白浮法玻璃。

① 超白透明平板玻璃属于超白压延玻璃，有比普通透明平板玻璃更高的可见光透射率和透明度，其作为光伏构件面板玻璃时，透光率不宜小于 90%。①

② 超白浮法玻璃成分中的 Fe_2O_3 含量不大于 0.015%，具有高可见光透射比，其公称厚度分为：2mm、3mm、4mm、6mm、8mm、10mm、12mm、15mm、19mm、22mm 和 25mm。

2. 常用玻璃的性能参数及选用标准

常用玻璃一般分为基片玻璃和复合玻璃。基片玻璃主要为平板玻璃、超白玻璃、钢化玻璃；复合玻璃分为夹层玻璃、中空玻璃、镀膜玻璃、夹丝玻璃等，其具体的性能参数需要根据玻璃配置具体计算，一般由玻璃厂家提供报告。

（1）基片玻璃（表 8.5.1-2）

（2）常用复合玻璃（表 8.5.1-3）

（3）常用玻璃的类型（表 8.5.1-4）

---

①行业标准《超白浮法玻璃》JC/T 2128—2012。

基片玻璃性能参数及选用 表 8.5.1-2

常用玻璃的类型	常用规格（玻璃厚度 mm）	特点	性能参数							选用空间部位
			可见光		太阳辐射		遮阳系数	光热比	传热系数值	
			透射比	反射比	直接透射比	总透射比				
平板玻璃（普通白玻）	5	具备优良的光学性能、强度和装饰性	86	8	82	0.85	0.98	1.05	5.39	建筑内窗（固定窗、推拉窗、旋转窗等）、外窗、玻璃幕墙等的基片玻璃； 建筑内部的装饰，如墙面镶嵌、艺术品装饰、家具玻璃等
	6		85	8	80	0.84	0.96	1.05	5.36	
	8		83	8	77	0.81	0.94	1.09	5.30	
	10		81	8	74	0.79	0.91	1.10	5.25	
	12		79	8	71	0.77	0.89	1.12	5.20	
	15		76	8	67	0.75	0.86	1.12	5.12	
	19		72	8	62	0.71	0.82	1.17	5.03	
超白玻璃	5	高透光率、高透明度、低铁含量、防紫外线等	91	8	90	0.91	1.04	1.00	5.39	对玻璃外观有较高要求的建筑、太阳能光电幕墙等
	6		91	8	90	0.91	1.04	1.00	5.36	
	8		91	8	90	0.90	1.04	1.01	5.31	
	10		91	8	89	0.90	1.04	1.01	5.25	
	12		91	8	89	0.90	1.03	1.01	5.20	
	15		90	8	88	0.89	1.03	1.01	5.12	
	19		90	8	87	0.89	1.02	1.01	5.03	
钢化玻璃	5	属于安全玻璃，经特殊的热处理制成，具有较高的抗冲击性、抗弯曲强度、耐温急变性，有良好的安全性，强度是普通玻璃的 3～5 倍，自爆率约 0.3%，平整度较差	89	8	82	0.85	0.98	1.05	5.39	适用于有安全要求的门窗、幕墙及室内、外装修工程等可用于消防救援窗； 玻璃采光顶
	6		88	8	80	0.84	0.96	1.05	5.36	
	8		88	8	77	0.81	0.94	1.09	5.30	
	10		87	8	74	0.79	0.91	1.10	5.25	

续表

常用玻璃的类型	常用规格（玻璃厚度 mm）	特点	性能参数							选用空间部位
			可见光		太阳辐射		遮阳系数	光热比	传热系数值	
			透射比	反射比	直接透射比	总透射比				
钢化玻璃	12	属于安全玻璃，经特殊的热处理制成，具有较高的抗冲击性、抗弯曲强度、耐温急变性，有良好的安全性，强度是普通玻璃的 3～5 倍，自爆率约 0.3%，平整度较差	86	8	71	0.77	0.89	1.12	5.20	适用于有安全要求的门窗、幕墙及室内、外装修工程等可用于消防救援窗；玻璃采光顶
	15		84	8	67	0.75	0.86	1.12	5.12	
	19		83	8	62	0.71	0.82	1.17	5.03	

复合玻璃性能参数及选用　　表 8.5.1-3

常用玻璃的类型	常用规格（玻璃厚度 mm）	特点	性能参数							选用空间部位
			可见光		太阳辐射		遮阳系数	光热比	传热系数值	
			透射比	反射比	直接透射比	总透射比				
夹层玻璃	夹层玻璃 6C/1.52PVB/6C	属于安全玻璃，安全性、隔声性能良好	85	8	66	0.74	0.85	1.15	5.02	适用于有安全要求的门窗、幕墙、天窗、玻璃地面、隔断等；玻璃采光顶且采光顶的玻璃最高点距离地面或楼面的距离大于 3m
	夹层玻璃 6C/1.14PVB/6C		85	8	67	0.75	0.86	1.13	5.07	
	夹层玻璃 6C/0.76PVB/6C		85	8	67	0.75	0.86	1.13	5.11	
	夹层玻璃 6C/0.38PVB/6C		86	8	69	0.76	0.87	1.13	5.16	
中空玻璃	6 + 6A + 6	具有良好的热工、隔声性能	79	15	66	0.73	0.84	1.08	3.05	适用于有节能要求的建筑
	6 + 9A + 6		79	15	66	0.73	0.84	1.08	2.79	
	6 + 12A + 6		79	15	66	0.73	0.84	1.08	2.66	
	6 + 6Ar + 6		79	15	66	0.73	0.84	1.08	2.84	
	6 + 9Ar + 6		79	15	66	0.73	0.84	1.08	2.62	

续表

常用玻璃的类型	常用规格（玻璃厚度 mm）	特点	性能参数							选用空间部位
			可见光		太阳辐射		遮阳系数	光热比	传热系数值	
			透射比	反射比	直接透射比	总透射比				
中空玻璃	6 + 12Ar + 6	具有良好的热工、隔声性能	79	15	66	0.73	0.84	1.08	2.52	适用于有节能要求的建筑
Low-E 中空玻璃	6 单银 Low-E + 12A + 6	由 Low-E 玻璃(低辐射镀膜玻璃）和普通白玻组成，具有更好的节能、隔声效果，以及耐高温、耐腐蚀性能	53	19	35	0.41	0.48	1.29	1.82	适用于有节能要求的建筑，如写字楼、医院、图书馆等
	6 单银 Low-E + 12A + 6 + 12A + 6		48	21	29	0.37	0.43	1.30	1.34	
	6 双银 Low-E + 12A + 6		52	18	26	0.31	0.36	1.68	1.69	
	6 双银 Low-E + 12A + 6 + 12A + 6		47	21	23	0.28	0.32	1.68	1.27	
	6 双银 Low-E + 12Ar + 6 + 12Ar + 6		47	21	23	0.28	0.32	1.68	1.08	
	6 双银 Low-E + 12Ar + 6 保温膜		50	19	25	0.30	0.34	1.67	1.25	
	6 三银 Low-E + 12A + 6		46	16	20	0.25	0.29	1.84	1.63	
	6 三银 Low-E + 12A + 6 + 12A + 6		42	18	18	0.22	0.26	1.91	1.23	
	6 三银 Low-E + 12Ar + 6 + 12Ar + 6		42	18	18	0.22	0.25	1.91	1.04	
	6 三银 Low-E + 12Ar + 6 保温膜		45	17	20	0.23	0.27	1.96	1.20	
镀膜玻璃	膜层有热反射膜、低辐射膜、导电膜和高级镜面膜四类。厚度 3 ~ 19mm、最大规格 2.54m × 3.66m	通过膜层的选择来控制透射比、反射比和辐射性能，良好的透光性、隔声性、防火性、节能	44	22	34	0.48	0.55	0.92	5.36	适用于节能建筑、绿色建筑，如博物馆、展览馆等，镀膜玻璃可以用来控制光线的入射角度和强度，保护展品并提升展示效果； 高端建筑、豪宅等； 有防火要求的工业建筑门窗中
			48	19	40	0.52	0.60	0.92	5.36	

常用玻璃的类型　　表 8.5.1-4

常用玻璃的类型	规格	特点	选用空间部位
真空玻璃	最大规格 1.8m × 2.8m	两片或两片以上玻璃以支撑物隔开，周边密封，在玻璃间形成真空空腔。 具有良好的热工、隔声性能，支撑物对外观有影响	适用于节能窗及超低能耗建筑幕墙、天窗
防火玻璃	按结构分为复合防火玻璃和单片防火玻璃；按耐火性能分为 A（耐火、隔热）、B（耐火、耐热辐射）、C（耐火）三类，每类按耐火等级分为 > 90min、> 45min、60min、> 30min 四级；按材料分普通防火玻璃和高硼硅防火玻璃等	有良好的防火、隔热性能	复合防火玻璃适用于防火门、玻璃门窗、隔断、隔墙等；防火夹丝玻璃、防火中空玻璃适用于玻璃门窗隔断、隔墙等；单片防火玻璃适用于外幕墙、门窗、隔断等
夹丝玻璃	有菱形、方格网、夹线三种网型的压花夹丝玻璃，厚度 6mm、7mm、10mm，最大尺寸 2m × 1.2m	有一定的抗冲击强度，当受外力作用超过本身强度而引起破裂时，其碎片仍连在一起不致伤人，具有安全和防火作用，经国家防火建筑材料质量监督检验测试中心检验，耐火极限定为 75min； 夹丝玻璃的双层结构具有良好的保温隔热性能；有一定的装饰性	适用于有安全、防火要求的防火门窗、天窗等； 高层建筑需要设计抗冲击的部位； 有一定美观要求的室内装饰和隔断
光伏发电玻璃	由导电玻璃与碲化镉发电膜组合形成，三玻夹层、外夹层芯片中空、内夹芯片中空结构	结合了玻璃和太阳能发电功能的材料，自爆率低、可见光透射率高、通透性好	绿色建筑的屋顶和幕墙
LED 光电玻璃	夹层结构，CdTe 芯片位于中空玻璃的内侧，外片 Low-E 玻璃可透过发电的光波，同时阻止红外热辐射加热 CdTe 芯片	能够保持节能指标、通透、安全	小体量商业建筑外立面（显示动态图像和灯光效果需求的建筑外立面）； 室内分隔墙、装饰墙面； 展览建筑（吊顶、地面等）

注：本表格参数摘自现行规范：《平板玻璃》GB 11614、《超白浮法玻璃》JC/T 2128、《建筑用安全玻璃 第 2 部分：钢化玻璃》GB 15763.2、《中空玻璃》GB/T 11944、《真空玻璃》GB/T 38586、《建筑用安全玻璃 第 1 部分：防火玻璃》GB 15763.1、《夹丝玻璃》JC 433 等。

8.5.2 五金的分类及选用

本节对建筑门窗各种类型的五金的产品名称、材质、功能尺寸、技术要求等方面进行注明，并提供建筑门窗五金件选用配置表，为建筑提供所需的满足不同等级要求的安全、管理和控制功能的整体五金配置。

1. 五金件的产品名称、材质、技术要求

1）概述

门用主要五金附件包括但不限于：合页（铰链）、执手、门轴、门锁、逃生装置、闭门器、门吸、自动开门机、传动锁闭器、地弹簧、小五金（门止、暗插销、顺位器、推拉手板等）、门槛/门密封件；窗用主要五金附件包括但不限于：执手、合页（铰链）、滑撑、撑挡、传动锁闭器、滑轮等；其他五金附件主要有：窗式通风器、墙式通风器、开窗器、玻璃门夹及门条、玻璃隔断合页等。①

工程项目中，选择符合业主及设计方要求的五金，待确认后再进行拆分工艺：根据各类门五金的安装要求，预留衬板补强、五金开孔及螺丝开孔均须在工厂预制完成；合页（铰链）在门扇、门框两侧均须开孔做平；锁扣片须采用通体不锈钢形式。

门窗五金应遵循以下设计原则：①消防原则；②逃生原则；③美、欧、国标配置原则；④功能合理化原则；⑤机电一体化原则；⑥美观原则。各种类型的五金件的设计、等级、功能、尺寸和其他明确的质量要求均在本章及五金配置表中注明。

2）五金件的产品名称、材质、适用范围（表 8.5.2-1）

五金件的产品名称、材质、适用范围表 表 8.5.2-1

常用产品名称	常见分类	推荐材质、饰面颜色（按要求选用）	常见适用范围	附图
美式门锁	美标机电一体锁	SUS304 不锈钢	民用建筑场所的木质、金属材质等平开门	
	美标逃生推杆锁（主动扇）			
	美标电控逃生推杆锁			
欧式门锁	欧标教室功能锁	SUS304 不锈钢	民用建筑场所的木质、金属材质等平开门	

①标准图集《门、窗、幕墙窗用五金附件》04J631。

续表

常用产品名称	常见分类	推荐材质、饰面颜色（按要求选用）	常见适用范围	附图
欧式门锁	欧标固舌锁	SUS304 不锈钢	民用建筑场所的木质、金属材质等平开门	
执手	定制拉手	SUS304 不锈钢	木、铝合金、塑料等材质门窗	
合页	美标轴承合页	SUS304 不锈钢	实木、铝合金、塑料等材质的门窗	
	欧标轴承合页			
	过线合页			
	石材门合页			
	三维可调暗藏合页			
滑撑		SUS304 不锈钢	铝合金、塑料等材质的平开窗、上悬窗	
撑挡		不低于现行国家标准《铝合金建筑型材》GB/T 5237 中 6063 T5 铝合金的材料	平开窗、上悬窗，与合页（铰链）搭配使用	
滑轮		SUS304 不锈钢、铝合金	铝合金、塑料等材质推拉门窗	

续表

常用产品名称	常见分类	推荐材质、饰面颜色（按要求选用）	常见适用范围	附图
闭门器	欧标明装滑尺闭门器	铸铝	单向开启的平开门扇上部，木、金属等材质的疏散门、防火门和有较高使用要求场所用门	
	欧标明装闭门器	铸铝		
地弹簧		SUS304 不锈钢	单向及双向开启的平开门扇下，也可视情况安装于门扇上边框	
开窗器		有色金属材料	有通风、排烟、排热需求的建筑中，适用于各种材质的窗框和窗型，并能满足不同的安装部位要求	
防尘筒		SUS304 不锈钢	双开门下插销的位置	
横式顺位器		SUS304 不锈钢	防火门	
门挡		SUS304 不锈钢	工业建筑等楼层入口、通道口等位置的门	
门吸		SUS304 不锈钢	家用门等厚度小于4cm、重量在20kg以下	

2. 建筑门窗中五金件的选用

1）概述

（1）通道、走廊、出入口、楼梯间、前室、多人用房等频繁使用的易损位置、门禁位置、逃生疏散位置的门五金主件（合页、机械及电控锁具、闭门器、顺位器）对其耐腐蚀、耐磨等物理性能有所要求。对于超高超宽门，供应商根据其通过消防认证门型的高宽厚重选择适配的合页、插销、顺位器、闭门器，耐用次数不低于同类防火等级及功能类型常规门选用的五金。

（2）位于逃生路线上的逃生疏散门应使用平推式逃生装置，门五金中闭门器、门锁等须与逃生门的开启方向协调，单开门和双开门主动扇采用平推插芯锁体式逃生装置，双开门从动扇采用平推明装竖直插销式逃生装置。

（3）根据房间功能的差异，应配置不同性能特征的锁具，比如：储藏室锁、通道锁、办公室锁、固舌锁、教室锁等功能锁具。

（4）常开式防火门应安装与消防报警系统相连的电磁门吸配合机械闭门器使用。

（5）残疾人通道门和残疾人卫生间上应配有无障碍五金件。不得使用球形把手，门体内外两侧应配有不锈钢踢脚板和门框不锈钢保护条。

2）五金件选用要点

根据《门、窗、幕墙窗用五金附件》04J631、《防火门》GB 12955—2008、《推闩式逃生门锁通用技术要求》GB 30051—2013，门窗五金件的选用有以下要点。

（1）防火门五金件选用：

① 选用满足防火门闭门要求的门锁、逃生装置及插销等扣件；安装满足防火门相关要求的合页（铰链）、防火密封条、闭门器；

② 常闭型防火门：必须使用无停门功能的闭门器、防火锁、防火合页等；

③ 常开型防火门：必须使用无停门功能的闭门器、防火锁、防火合页、防火门释放开关（电磁门吸）等；

④ 单扇防火门：必须使用无停门功能的闭门器、防火锁、防火合页等；

⑤ 双扇防火门：必须使用无停门功能的闭门器、防火锁、防火合页、顺序器、插销、防尘筒等。

（2）平开门五金件的选用：

① 单扇平开门五金可选用合页、执手、门锁、锁点、地弹簧、门夹、逃生装置（推杠或压杆）等；

② 双扇平开门还需配备闭门器、顺序器。

（3）逃生门五金件的选用：

① 安装在防火门上使用的推闩式逃生门锁不应影响防火门的耐火性能；

② 门锁部件中采用定型产品的，其质量应符合相关国家标准或行业标准的规定。门锁表面应光洁，涂层应均匀，外露部位不应有明显裂痕、斑点、起泡、剥落、划痕等缺陷。

（4）折叠门五金件的选用：

需注意的是，除了执手、框合页、扇合页等基本五金附件，还需上滑轮、下滑轮等传动装置附件。

（5）推拉窗五金件的选用：

① 推拉窗五金件基本选用有执手、传动锁闭器、滑轮等。

② 需根据扇下方的腔体尺寸、搭接量、下滑导轨的结构与尺寸、扇的重量等要素选配滑轮；根据框与扇的尺寸及结构确定是否能配钩锁，并选择适配的锁钩及锁扣。

（6）内平开窗五金件的选用：

合页需安装在开启侧，即内平开窗合页安装在室内侧；合页设计搭接量需要与门窗设计搭接量匹配，确保门窗扇执手侧正常关闭与密封。

（7）平开门窗和尺寸大的推拉门窗关闭时应采用多锁点，最好使用多锁点执手或传动器。

8.5.3　框料的分类、性能及选用

本节包括建筑门窗、幕墙的框料分类、性能及技术指标，并对框料的选用提出选材的

具体要求、截面的宽度高度要求、表面处理要求等。

1. 框料的分类与物理性能

框料常用使用材料有钢、铝、塑（木塑、玻纤增强塑料、钢塑复合）、石墨聚苯等，具有抗拉、防腐、耐盐酸性、耐碱性等物理性能。主要分类有：钢框、铝合金框、木塑框、玻纤增强塑料框、钢塑复合框、木框、石墨聚苯框。

2. 框料的截面尺寸要求

对于框料的型材制作要求、型材截面尺寸，在实际工程中，厂家可按照实际需求定制，不局限于某个特定尺寸。设计人可参见《建筑门窗附框技术要求》GB/T 39866—2021、《铝合金门窗》GB/T 8478—2020、《民用建筑外门窗工程技术标准》DB34/T 1589—2020、《民用建筑节能门窗工程技术标准》DB13(J)/T 8434—2021 等相关规范给出的取值范围。

3. 框料的安装构造要求

（1）主、附框安装：安装钢副框进出位以土建灰饼或内墙面为准，实际安装主框会出现偏差，要求现场施工技术人员结合现场实际情况决定是以副框为准还是以内墙面为准。

（2）钢附框安装时需对焊缝位置进行防腐处理，焊接工艺及焊缝外观质量要求应符合《钢结构焊接规范》GB 50661—2011 的规定。

（3）铝合金附框安装时截面壁厚不应小于 2.0mm（门窗要求不同），且应符合《铝合金门窗》GB/T 8478—2020 中主型材的规定。

（4）木塑框附框型材截面高度方向壁厚不应小于 5mm；型材截面宽度方向壁厚不应小于 4mm；加强肋厚度不应小于 12mm。

（5）玻纤增强塑料框型材应符合《玻纤增强聚氨酯节能门窗》JG/T 571—2019 的要求；壁厚不应小于 2.0mm，加强肋厚度不应小于 12mm。

（6）钢塑复合框中增强型钢用钢带应符合《连续热镀锌和锌合金镀层钢板及钢带》GB/T 2518—2019 的规定；闭口形式时，应使用符合《碳素结构钢冷轧钢板及钢带》GB/T 11253—2019 规定的 Q235 钢带材料轧制；增强型钢壁厚不应小于 1.5mm，塑料壁厚不应小于 2.5mm。

（7）木框型材截面尺寸应根据安装构造要求来确定，且截面宽度不应小于 60mm，截面高度不应小于 20mm。

（8）石墨聚苯框用型材截面尺寸应根据安装构造要求来确定，且截面宽度不应小于 70mm；当安装于洞口结构外侧时，截面高度不应小于 85mm。

4. 框料的表面处理方式要求

（1）钢框：对于非外露的钢框，常采用热浸镀锌、静电粉末喷涂，热镀锌外表面镀层局部厚度不应小于 45μm，平均厚度不应小于 55μm。对于室外钢框，常用氟碳喷涂的处理方法，提高其耐候性。

（2）铝合金框：常用阳极氧化镀膜的方法，提高铝合金的耐腐蚀性、耐磨性、硬度以及美观性等方面。

（3）木塑框：处理方法包括喷涂、刮涂、热转印、覆膜等，还需要特别注意提高其防水、防潮性能。

（4）玻纤增强塑料框：常用含过氧化物基团的偶联剂与其他助剂联用处理，提高界面结合力。

（5）钢塑复合框：提高耐腐蚀性，需要采取防腐措施，包括热镀锌、电镀、喷涂防腐涂料等。

（6）木框：防水处理方面，在木框表面施加防水剂，形成一层保护膜，阻止水分渗透，从而防止木材因受潮而腐烂。防腐涂料方面，使用具有防腐功能的涂料涂刷，有效抑制微生物的生长，保护木材不受侵蚀。

（7）石墨聚苯框：基层表面应平整，无空鼓、裂缝、孔洞等缺陷。如有必要，应进行修补和找平处理，表面涂刷防腐涂料，考虑添加防火剂或采用具有防火功能的涂料。

5. 框料选用节能要求

实际工程中，厂家会根据不同的节能等级计算不同的框料参数要求，如截面形式以及材料壁厚等。

对于一些断热框料，其节能要求主要涵盖热传导系数、气密性能、保温性能等方面，可以有效减少室内与室外之间的热量交换，降低冷热空气的流失，进而节省空调和供暖的能源开支。断热框料，特别是断桥铝框料，在两段普通的铝合金型材中间插入隔热条，搭建冷热桥，能够显著降低铝合金的导热性，从而降低门窗的热传导系数。断桥铝框料常搭配双层或三层中空玻璃，中间充填有高效隔热材料，提供良好的保温性能。这种设计可以有效阻挡室内外热量的传递，降低能量损失，提高室内空间的舒适度。

关于附框框料的节能要求有以下要点：

（1）根据《建筑门窗附框技术要求》GB/T 39866—2021，附框选择应根据气候环境、地理特性和门窗安装构造要求来确定。安装构造有节能要求时，宜选用节能型附框（石墨聚苯框等）。一般来说，温和地区、夏热冬暖地区可选用普通型框料，夏热冬冷地区、寒冷地区、严寒地区宜选用节能型框料。

（2）根据《居住建筑节能设计标准（节能 75%）》DB13(J)185—2020（2021 年版），建筑外窗（门）框宜设置附框，附框的保温性能不得低于外窗（门）框的保温性能。外窗（门）框（或附框）与墙体之间的缝隙，应采用高效保温材料填堵密实，不得采用普通水泥砂浆补缝。

（3）根据《建筑外门窗气密、水密、抗风压性能检测方法》GB/T 7106—2019、《建筑幕墙、门窗通用技术条件》GB/T 31433—2015，对试件进行检测时，有附框的试件，外门窗与附框的连接与密封方式应符合设计或工程实际要求。

8.6　安全防护

8.6.1　人员防护措施

本节主要涉及窗台与防护高度的关系，以及相关防护措施的技术要求。护窗栏杆的设计要点详见第 9 章的内容。

1. 普通临空窗的窗台高度与防护高度的技术要求

（1）民用建筑临空窗的窗台距楼地面的净高低于 0.80m 时应设置防护设施，防护高度由楼地面（或可踏面）起计算不应小于 0.80m（居住建筑、托儿所、幼儿园、中小学及供少年儿童独自活动的场所不应低于 0.9m）。

（2）当楼地面有宽度大于或等于 0.22m，且高度不大于 0.45m 的窗台或可踏部位时，防护设施高度应按其顶面至扶手顶面的垂直高度计算。

2. 凸窗、临空窗的窗台高度与防护高度的技术要求（表 8.6.1-1）

凸窗、临空窗的窗台高度与防护高度的技术要求 表 8.6.1-1

凸窗的窗台距楼地面高度	防护高度	防护措施	规范来源
凸窗窗台高度 ≤ 450mm	≥ 窗台面 900mm	防护栏杆或采用带水平窗框加夹层玻璃的做法	《民用建筑设计统一标准》GB 50352—2019 第 6.11.7 条
凸窗窗台高度 > 450mm	≥ 窗台面 600mm		
住宅凸窗的可开启扇窗洞口距窗台面 < 900mm	≥ 窗台面 900mm		《建筑防护栏杆技术标准》JGJ/T 470—2019 第 4.2.1 条

3. 防护措施的技术要求

（1）窗的防护栏杆宜贴窗布置，且不应影响可开启窗扇的正常使用。

（2）开向公共走道的窗扇开启不应影响人员通行，其底面距走道地面的高度不应小于 2.00m。

（3）对于有特殊装置的门窗，如自动门、旋转门等尚应有可靠的安全防夹制动措施。

本条技术要点来自《民用建筑通用规范》GB 55031—2022 第 6.5 节。

（4）玻璃幕墙如未设置防护栏杆，在应设置护栏高度位置的幕墙横梁、对应位置的面板玻璃应满足项目所在城市的建筑幕墙工程技术标准的相关规定。

（5）人员能够靠近、有坠落风险的窗百叶处应以坚固耐久的材料制作，连接构件能达到防护栏杆规定的水平和竖向荷载的不需要防护措施，否则应设置相应防护措施防止人员坠落。

8.6.2 构件安全措施

门窗防坠、防脱落的技术要求：

（1）外开窗扇应采取防脱落措施。

（2）采光天窗应采用防破碎坠落的透光材料，如具有一定防穿透能力并不易破碎的高分子材料聚碳酸酯阳光板等；当采用玻璃时，应使用夹层玻璃或夹层中空玻璃。当应采用夹层玻璃时，其胶片最小厚度不小于 0.76mm。在人流比较密集的采光顶下侧采取安全构造措施：诸如增加金属格栅或不锈钢丝网等，以防止玻璃破裂后整体脱落。

（3）幕墙建筑周边宜设置隔离地带，主要出入口上方的幕墙，应设置水平防护设施。

（4）建筑立面不宜将玻璃等脆性材料用作外挑的遮阳部件或装饰部件。

（5）手动开启的大门扇应有制动装置，推拉门应采取防脱轨的措施。

（6）推拉门窗和外开启窗，由于使用不当或维护缺失时，有开启扇脱落下坠的问题，需要采用配置防坠落的装置。

8.6.3　防雷与其他防护措施

1. 幕墙防雷设计技术要点

应符合现行国家标准《建筑物防雷设计规范》GB 50057 和《民用建筑电气设计标准》GB 51348 的有关规定；自身的防雷体系应与主体结构的防雷体系有可靠连接。

2. 警示标识和安全可视措施

（1）人员流动密度大、青少年或幼儿活动的公共场所以及使用中容易受到撞击的部位，其玻璃幕墙应采用安全玻璃；对使用中容易受到撞击的部位，尚应设置明显的警示标志。

（2）全玻璃的门和落地窗应选用安全玻璃，并应设防撞提示标识。

（3）非透明双向弹簧门应在可视高度部位安装透明玻璃。

（4）消防救援口应设置可在室内和室外识别的永久明显标志。

8.7　清洁与维护

（1）一般民用建筑的外窗均应考虑擦窗问题。如采用大固定小开启的窗，其固定玻璃部分的面积不宜过大，应考虑有从室内擦净玻璃的可能。当为外开窗时，靠窗口两侧的外开扇或单扇的外平窗，宜选用滑撑五金件，以利擦窗。参见国标图集《门、窗、幕墙窗用五金附件》04J631 第 BH1～BH9 页。

（2）设有较大面积的外窗或玻璃幕墙应便于维护和清洁。高度超过 40m 的幕墙工程应设置清洗设备或设置固定清洗设备的装置，并能实现对幕墙的日常维护。

（3）玻璃幕墙、百叶、格栅、采光顶、外窗外置纱扇等构件均宜采用便于各板块独立安装和拆卸更换的支承固定系统。

（4）采光顶的内表面宜设置清洗和维护设施。

8.8　案例及问题解析

8.8.1　案例易错点分析

（1）楼梯间首层幕墙窗跨越地上、地下空间，构造该如何处理？

一般首层外幕墙标高均是从正负零开始，地下部分和地上部分共用楼梯间时，当通往地下部分的楼梯靠近外幕墙时，由于幕墙上下通高，一般情况下，在首层通向地下部分的楼梯，面向外玻璃幕墙一侧，应采用实体墙进行封堵处理，以保证满足《建筑防火通用规范》GB 55037—2022 第 7.1.8 条、《建筑设计防火规范》GB 50016—2014（2018 年版）第 6.2.5 和 6.2.6 条的相关规定。

（2）楼梯间外墙上的窗口与两侧门、窗、洞口最近边缘的水平距离该如何控制？

楼梯间外墙上的窗口与两侧门、窗、洞口最近边缘的水平距离，按照《建筑设计防火规范》第 6.4.11 条的规定，不应小于 1.0m。在平面楼梯间外门两侧应分别标注墙垛宽度（图 8.8.1-1）。

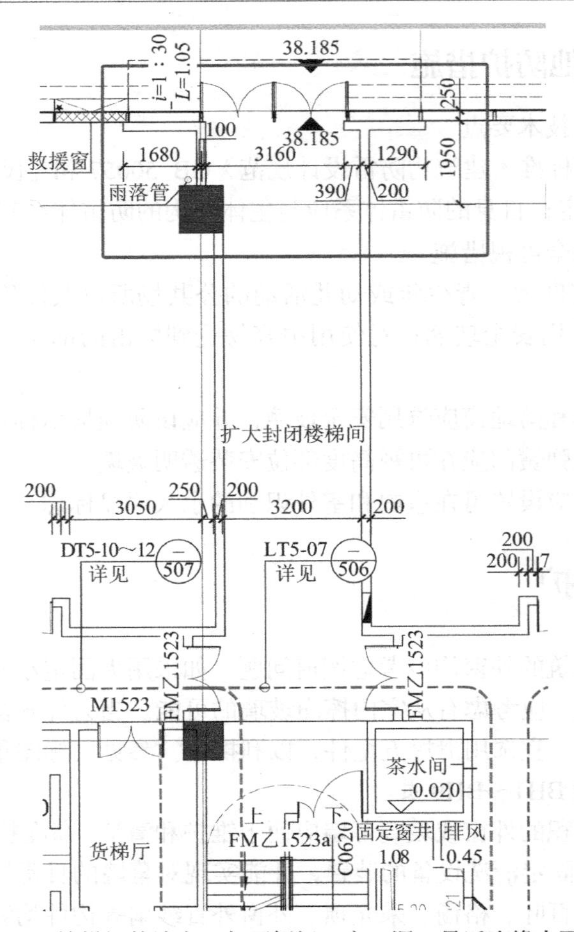

图 8.8.1-1　楼梯间外墙窗口与两侧门、窗、洞口最近边缘水平距离

8.8.2　消防设计相关问题

（1）疏散走道两侧隔墙上的门窗耐火极限问题如何确定?

① 房间靠外廊（包括敞开外廊）的疏散走道墙体可以设置普通窗。

② 一、二级耐火等级建筑的疏散内走道两侧的墙应为耐火极限不低于 1.00h 的墙，除规范另有规定外，墙上的门可为普通门。墙体上窗扇玻璃超过墙体面积比例应遵循各地方性规范，例如广西壮族自治区、江苏省、山东省、云南省、湖北省、安徽省等地是 50%时，该分隔体变性为“玻璃墙”，该“玻璃墙”应满足所在部位疏散走道或分隔墙的耐火极限要求。玻璃窗应采用乙级防火窗或设置耐火隔热性及完整性均不低于 1.0h 的防火玻璃墙体，验收时应复核实际产品与产品检验报告（型式试验）的一致性。当玻璃材料超过墙体面积 50%且耐火极限不满足要求时，该房间内最不利点至安全出口的距离应满足国家标准《建筑设计防火规范》GB 50016—2014（2018 年版）第 5.5.17 条第 3 款的要求。如该种方式分隔的房间与走道构成的功能空间满足大空间要求，则疏散方式可按国家标准《建筑设计防火规范》GB 50016—2014（2018 年版）第 5.5.17 条第 4 款的要求设置。但医疗建筑的病房楼、托儿所、幼儿园、老年人照料设施的疏散直线距离应按照《建筑设计防火规范》GB 50016—2014（2018 年版）表 5.5.17 的规定执行。

③ 250m 以下的高层建筑疏散走道的墙体，除规范另有规定外，超出房间合理开门面积（应按规范确定疏散门所需的最小宽度及数量进行计算）的普通玻璃门及走廊上的普通窗总的门、窗洞口面积不超过走廊天花吊顶以下墙身面积的 25%的部分可为普通门和普通窗（图 8.8.2-1），当超过墙身面积的 25%时，应采用乙级防火窗或设置耐火隔热性和耐火完整性均不低于 1.00h 的防火玻璃墙。参见《广东省建设工程消防设计审查疑难问题解析（2023 年版）》第 3.9 条。

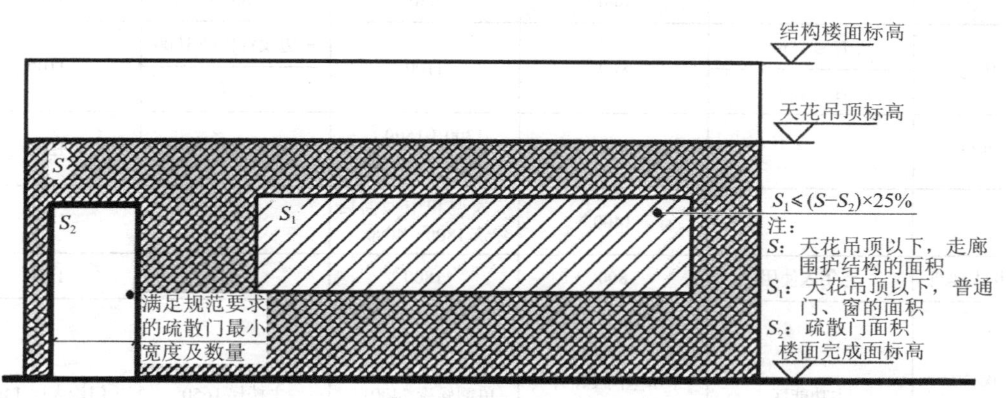

图 8.8.2-1　门、窗洞口面积不超过走廊天花吊顶以下除合理开洞的墙身面积的 25%

④ 教学建筑的采光通风要求较高，疏散走道隔墙上开窗较多，而开窗面积比例过大时，会降低隔墙的整体防火性能，难以保证疏散走道的安全，当靠近外廊的墙体（包括敞开外廊），室内的烟雾和毒气可及时排出，门窗面积的设置比例可不受限制。参见《云南省建设工程消防技术导则-建筑篇（试行）（2021 年版）》第 3.4.3 条。具体要求以当地消防验收为准。

（2）多层商业建筑敞开式外廊作疏散通道，商铺与外廊间的玻璃外墙是否需要按疏散走道的耐火极限要求设计？

《建筑设计防火规范》GB 50016—2014（2018 年版）第 5.1.2 条关于疏散走道隔墙的燃烧性能和耐火极限，是针对建筑内部疏散走道两侧隔墙或一侧隔墙的要求，商业建筑的敞开式外廊一般同时具备通行、疏散功能，尺寸较宽且开敞面较多，可不按疏散走道隔墙的耐火极限进行设计。详见《上海市建筑设计质量问题案例分析手册（三）——消防设计案例分册 V2.0（2023 年版）》第 5.10 条解析。

（3）子母式的防火门，其使用场所有何规定？

子母式防火门，是一种特殊的双门扇对开门，由一个宽度较小的门扇（子门）与一个宽度较大的门扇（母门）构成。有的子门通过插销固定，不会安装闭门器，有的即使安装闭门器也因子门门扇过小而开启困难，即上述子门不具备自动关闭或方便打开的功能。根据《建筑设计防火规范》GB 50016—2014（2018 年版）第 6.5.1 条第 3 款规定："除管井检修门和住宅的户门外，防火门应具有自行关闭功能"。因此，除管井检修门和住宅的户门外，其他场所均不宜采用子母式防火门。如确因特殊情况需要在疏散通道上使用子母式防火门，当子门采用闭门器、无插销固定、子门门扇开启宽度不小于 400mm 时，方可将子门净宽度计入疏散宽度，并应满足双扇防火门按顺序自行关闭的功能。详见《广东省建设工程消防设计审查疑难问题解析（2023 年版）》。

（4）疏散门、疏散走道、安全出口设计尺寸（表 8.8.2-1）

疏散门、疏散走道、安全出口的净高度均不应小于 2.1m。疏散走道在防火分区分隔处应设置疏散门，疏散门开启方向应与疏散方向保持一致。

疏散门、疏散走道、安全出口设计尺寸 **表 8.8.2-1**

建筑性质	场所性质或子类	疏散门宽度（mm）	疏散走道宽度（mm）	室内疏散楼梯净宽（mm）	首层疏散外门净宽（mm）
住宅	$H \leqslant 18m$	800	1100	一边设置栏杆 1000	1100
	$H > 18m$			1100	
办公		800	1300（1500） 1500（1800）	1200	1200
商店		1400	大型和中型商店建筑 1800～4000	1400	1400
老年人建筑	老年人使用	800	1800	1200	1100
医疗建筑	主功能区	800； 病房门 1100； 手术室门 1400； 扫描室门、放射设备机房门 1200； 控制室门 900	推床走道 2400； 单侧候诊 2400； 双侧候诊 3000	主楼梯 1650	门诊大厅 1400
电影院	影厅及影院	1400	1300	1400	1400
中小学校	非人员密集区（后勤、办公）	900	1300	1200	1400
	人员密集区（教室、活动室、阅览室）	教室 900 合班 1400	双走道 2400 单走道 1800	1200	

（5）消防救援口的设计要点（表 8.8.2-2）

消防救援口设计要点 **表 8.8.2-2**

审核要点	要点描述	备注
基本要求	消防救援口的净高度和净宽度均不应小于 1.0m，当利用门救援时，净宽度不应小于 0.8m	
距地高度	下沿距室内地面不宜大于 1.2m	
玻璃要求	消防救援口应易于从室内和室外打开或破拆，采用玻璃窗时，应选用钢化安全玻璃，不得使用夹胶玻璃	
位置要求	与消防登高操作场地相对应，间距不大于 20m，每个防火分区设置数量为 2 个。无外窗的建筑应每层设置消防救援口，有外窗的建筑应自第三层起每层设置消防救援口	有特殊要求的建筑和甲类厂房可不设置消防救援口
验收要求	消防救援口应设置可在室内和室外识别的永久性明显标志	

（6）自然排烟窗的设计要点

① 自然排烟窗的开启角度和有效开启面积计算应符合《建筑防烟排烟系统技术标准》

GB 51251—2017 第 4.3.5 的规定：平开窗、推拉窗按实际打开后的开启面积计算；上悬窗、中悬窗、下悬窗按其开启投影面积计算。当窗的开启角度大于 70°时，可认为已经基本开直，根据工程实际经验，有效排烟面积可扣除窗框面积或按系数折减。

② 开启扇作为排烟窗时，高度不应低于储烟仓下沿或净高 3m 时室内净高的 1/2，并应沿火灾气流方向开启。上悬外开窗和下悬内开窗不宜作为排烟使用，应采用下悬外开形式。

③ 排烟窗宜分散布置，且每组的长度不宜大于 3.0m。

④ 自然排烟窗（口）应设置手动开启装置，设置在高位不便于直接开启的自然排烟窗（口），应设置距地面高度 1.3～1.5m 的手动开启装置。

第9章　建筑其他部位及部件

9.1　建筑顶棚

建筑的室内外顶棚一般分为板底饰面式顶棚（简称板底式顶棚）和悬吊式顶棚（简称吊顶）两类。

9.1.1　基本原则

（1）顶棚的形式和材料应根据建筑性质、高度、所在地区气候环境、使用部位等进行合理选择，并满足安全防护、防火、防腐、耐久、防水防潮、保温隔热、隔声吸声等性能要求，综合做到安全适用、技术先进、经济合理。

（2）室外吊顶应满足幕墙抗风压变形、平面内变形、水密、气密、保温隔热、隔声、安全性能等物理性能的要求。

（3）吊顶设计应满足吊顶内设备的调节、检修、维护保养及更换等工作所需空间的要求。当吊顶内空间高度有限，人员不能进入检修时，应设置便于拆卸的装配式吊顶或在管线密集和接口集中的位置设置检修孔。

（4）有洁净要求的房间，顶棚构造应完整、严密，表面装饰材料应平整、光滑、可擦洗。

9.1.2　常用材料及特点

（1）板底式顶棚包括免装饰、喷涂类和粘贴式等类型，其常用材质和性能特点见表9.1.2-1。

板底式顶棚类型及特点　　表9.1.2-1

类型	常用饰面材料（燃烧性能）	特点
免装饰	清水混凝土（A级）	省工省料、省空间、耐久性好、易维护、绿色环保
	钢筋桁架楼板底金属模板（A级）	
	玻璃天窗或楼板（A级）	
喷涂类	刮腻子（A级）、涂料（B_1级～A级）	省工省料、省空间 无机纤维喷涂具有A级防火、保温隔热、吸声等功能，施工便捷，常用于形状复杂或受管线影响操作空间狭小的部位，如设备机房、车库等
	无机纤维喷涂（A级）	
粘贴式	水泥压力板（A级）	饰面层较平整，水泥压力板和硅酸钙板防潮性能较好，矿棉板有较好的吸声性能
	矿棉板（A级）	

续表

类型	常用饰面材料（燃烧性能）	特点
粘贴式	硅酸钙板（A 级）	饰面层较平整，水泥压力板和硅酸钙板防潮性能较好，矿棉板有较好的吸声性能
	壁纸（B_1 级）	

注：1. 清水混凝土通过施工细节把控和使用高强度混凝土可提高板底的平整度。
2. 钢筋桁架楼板底的金属模板板底平整度高，镀锌钢板有耐腐蚀性，通过减少施工中的划伤、磨损降低锈斑的产生，对于已产生的锈斑可采用除锈剂清除并涂抹防锈漆保护。

（2）吊顶包括整体面层类、板块类和格栅类等，室外吊顶常结合幕墙装饰统一设计，应满足外幕墙的物理性能和安全防护要求。室内吊顶常用材质和性能特点见表 9.1.2-2。

室内吊顶类型及特点　　表 9.1.2-2

类型	常用饰面材料（燃烧性能）		类型特点	材料特点
整体面层吊顶	非金属	石膏板（A 级）	造型能力强，不便于拆卸更换，需预留检修口	玻璃纤维板、软膜可选透光材料，有一定吸声性能，质轻； 各类金属板防潮、防霉变，不燃，耐久性好，环保，多次拆卸易变形； 蜂窝复合铝板和泡沫铝板质量轻； 泡沫铝板美观、兼有良好的隔声、吸声性能； 矿棉板吸声性能好，但造型能力差，易变形变色； 硅酸钙板、水泥压力板防潮、防霉变
		软膜类（B_1 级～A 级）		
		LED 天幕（A 级）		
	金属	铝单板（A 级）		
		铝蜂窝复合板（A 级）		
		泡沫铝板（A 级）		
板块吊顶	非金属	石膏板（A 级）	便于拆卸更换，安装检修方便	
		矿棉板（A 级）		
		玻璃纤维板（A 级）		
		硅酸钙板（A 级）		
		水泥压力板（A 级）		
		玻璃类（A 级）		
	金属	铝扣板（A 级） 方板、条板		
		铝蜂窝复合板（A 级）		
格栅吊顶	非金属	穿孔石膏板（A 级）	造型能力强，孔洞图案多样，便于拆卸更换，检修方便，大多具有吸声功能	
		穿孔难燃胶合板（B_1 级）		
		穿孔难燃硬质纤维板（B_1 级）		
	金属	金属编织网（A 级）		
		金属格栅、挂片（A 级）		
		金属穿孔板（A 级）		

（3）顶棚装修材料的燃烧性能要求详见第 9.1.4 节，涂料、壁纸、石膏板、矿棉板等顶棚的燃烧性能判定依据详见表 9.1.4-2。

（4）整体面层吊顶应重视检修口的设计，应根据吊顶内机电设施检修要求合理确定检修口位置、数量、尺寸和开启方式，并与吊顶整体设计相协调，宜选用便于拆卸的装配式吊顶。

（5）采用铝板吊顶时，单板尺寸大于 2.5m² 宜选用蜂窝复合板或泡沫铝板等相对轻质的板材，以减轻荷载、降低变形风险。

9.1.3 顶棚安全防护

1. 板底式顶棚

（1）因抹灰做法易造成龟裂和剥落，现浇钢筋混凝土板为基层的板底式顶棚，不宜在板底做抹灰层，宜采用合理技术和较平整模板，达到准清水免抹灰效果，或采用刮腻子、喷涂或其他便于施工且粘接牢固的做法；人防工程板底式顶棚不应抹灰，应在板底刮腻子抹平后喷涂涂料。

（2）厚度 80mm 及以上的硬质无机纤维喷涂应外罩热镀锌钢丝防坠网或玻璃纤维布防护罩。

■ **说明**

无机纤维喷涂主材多为岩棉或玻璃棉，低密度、低强度，在使用过程中易产生飘絮和脱落，硬质无机纤维喷涂通过加入粉状固化剂提高了强度。

2. 吊顶

（1）室外工程吊顶应考虑抗风揭、耐候性的要求，其吊件、龙骨、固定方式、板材的强度必须经过结构计算后确定。

■ **说明**

①加强吊顶龙骨的耐候性可以提升幕墙二次结构的耐久性，常用措施有采用热镀锌、氟碳喷涂等涂层保护。

②抗风揭设计包括计算和试验验证等方式，以满足吊顶设计工作年限的要求。在吊顶边区、角区及吊顶形态变化处承担风力较大，故应采取相应构造加强措施。

常用抗风揭措施有：吊顶边角设置为弧形，在吊顶周围设置挡风板或挡风网，以减小风力直接冲击；设置支撑钢杆取代原有吊杆；使用专业连接件连接角件和对接角件的设置，利于加强连接和保证整体受力；设置转换钢架，为面板支撑提供更强的抗风阻力；通过三维软件单元块、点控化施工等，保证支撑体系的整体安装精度等。

（2）室外吊顶采用石材、金属板材时宜选用蜂窝复合板轻质材料。

（3）面板为脆性材料的吊顶，应采取防坠落措施。玻璃吊顶应采用夹层安全玻璃，玻璃公称厚度不应小于 6.76mm，PVB 胶片厚度不应小于 0.76mm。亦可在吊顶下部增设防护网，进一步防止高空意外坠物。

（4）玻璃在受到振动或冷却升温等外力作用时，易与金属发生化学反应，导致玻璃破裂或损坏，因此玻璃吊顶的轻钢龙骨与吊顶玻璃不应直接接触，之间设置橡胶垫。

（5）吊顶系统各连接点必须牢固、无松动、安全可靠。

（6）质量不大于 1kg 的筒灯、石英射灯、烟感器、扬声器等设施可直接安装在吊顶面板上；重量小于 3kg 的灯具等设施安装在次龙骨上，应有可靠固定措施。

（7）重量不小于 3kg 的灯具、吊扇、空调等重型设备和有振动荷载的设备、永久性检修马道，应直接吊挂在建筑承重结构上，严禁安装在吊顶工程的龙骨上，设计人应经结构荷载计算后确定设备的安装方式及固定措施，震颤设备下皮距吊顶主龙骨上皮不应小于 50mm。

（8）上人吊顶应在结构板内设置预埋件并与吊杆可靠连接，并经结构荷载计算后确定安装方式及固定措施；不上人吊顶可采用射钉、膨胀螺栓等后置连接件，后置连接件应安全可靠。

（9）吊杆距主龙骨端部距离不应大于 300mm。吊杆长度大于 1.5m 时，应设置反支撑，反支撑间距不宜大于 3.6m，距墙不应大于 1.8m，反支撑应相邻对向设置。吊杆长度大于 2.5m 时，应设置钢结构转换层，需要由结构进行专项设计。

（10）吊顶施工时，大面积吊顶需每隔 12m 在主龙骨上焊接横卧主龙骨一道，以加强主龙骨侧向稳定性和吊顶整体性。当纸面石膏板吊顶面积大于 $100m^2$ 时，纵、横方向每 12～18m 距离处宜设置伸缩缝。

3. 其他要点

（1）各类顶棚的构件及与楼板的连接件，应能承受顶棚、悬挂重物和有关机电设施的自重和地震附加作用；其锚固的承载力应大于连接件的承载力。吊杆、反支撑及钢结构转换层等与主体钢结构的连接方式必须经主体钢结构设计单位审核批准后方可实施。

（2）乙类设防的影剧院、避难场所不宜采用悬挂式吊顶。当采用时，应有可靠的加强措施，9 度时尚应进行抗震验算。

9.1.4　顶棚防火

1. 顶棚装修材料燃烧性能应符合下列要求：

（1）室外顶棚装饰层应采用不燃性材料；建筑高度不大于 50m 时可采用难燃性材料。

（2）室内顶棚应采用不燃性和难燃性的材料，应避免采用燃烧时产生浓烟或有毒气体的材料。其材料的燃烧性能应符合《建筑内部装修设计防火规范》GB 50222—2017 的要求。

（3）一、二级耐火等级民用建筑的吊顶的耐火极限不应低于 0.25h。一级耐火等级的建筑，吊顶构件应采用 A 级不燃材料。

（4）下列场所室内顶棚装修材料的燃烧性能等级应为 A 级：

① 高层和地下民用建筑；

② 除本节第（8）条以外的单层、多层民用建筑；

③ 无窗房间，经常使用明火器具的餐厅、科研实验室、厨房，各类动力设备用房、消防控制室；

④ 疏散走道和安全出口的门厅、疏散楼梯间和前室、建筑内上下层连通的部位。

（5）住宅卫生间顶棚宜采用 A 级装修材料。

（6）内部安装电加热供暖系统、水暖（或蒸汽）供暖系统的室内顶棚应采用 A 级装修材料；展览性场所内与高温照明灯具贴邻的顶棚应采用 A 级装修材料。

（7）顶棚变形缝内的填充材料和变形缝构造基层应采用 A 级不燃材料。

（8）单、多层建筑中的住宅，不采用集中空调的办公场所、旅馆客房和公共活动用房，营业面积不大于 $100m^2$ 的餐饮场所，以及《建筑内部装修设计防火规范》GB 50222—2017

表 5.1.1 中的其他公共场所可采用 B_1 级难燃材料。

（9）部分场所室内顶棚装修材料燃烧性能等级可在《建筑内部装修设计防火规范》GB 50222—2017 表 5.1.1、表 5.2.1、表 5.3.1 规定的基础上降低一级，详见表 9.1.4-1。

室内顶棚装修材料燃烧性能等级可降低一级的场所 **表 9.1.4-1**

类型	室内顶棚装修材料燃烧性能等级可降低一级的场所
单、多层民用建筑	采用耐火极限不低于 2.0h 的防火隔墙和甲级防火门窗与其他部位分隔，面积小于 100m² 的房间
	同时装有火灾自动报警装置和自动灭火系统的场所
高层民用建筑	裙房内采用耐火极限不低于 2.0h 的防火隔墙和甲级防火门窗与其他部位分隔，面积小于 500m²，设有自动灭火系统的房间
单独建造的地下民用建筑	地上部分的门厅、休息室、办公室

注：以下场所室内顶棚装修材料的燃烧性能不可降低：

1.《建筑内部装修设计防火规范》GB 50222—2017 第 4 章规定的场所；

2. 存放文物、纪念展览物品、重要图书、档案、资料的场所；

3. 歌舞娱乐游艺场所；

4. A、B 级电子信息系统机房及装有重要机器、仪器的房间；

5. 高层民用建筑内大于 400m² 的观众厅、会议厅；

6. 100m 以上的高层民用建筑。

2. 疏散走道和安全出口的顶棚不应采用影响人员安全疏散的镜面反光材料。

3. 软膜吊顶中光源与透光软膜材料之间的间距不宜小于 200mm。

4. 顶棚照明灯具及电气设备、线路的高温部位，与窗帘、帷幕、幕布、软包等装修材料的距离不应小于 500mm，灯饰应采用不低于 B_1 级的材料。

5. 吊顶内防火填充材料应铺装在吊顶板上，龙骨处需填充密实。

6. 采用多层装修的顶棚，各层装修材料的燃烧性能等级均应符合规范的要求，复合型装修材料的燃烧性能等级应进行整体检测确定，单一材料的燃烧性能等级不能直接作为复合材料燃烧性能的判定依据。

7. 常用顶棚装修材料的整体燃烧性能判定见表 9.1.4-2。

顶棚装修材料整体燃烧性能判定表 **表 9.1.4-2**

序号	装修材料	整体燃烧性能
1	B_1 级的纸面石膏板、矿棉吸声板安装在金属龙骨上	A 级
2	单位面积质量小于 300g/m² 的纸质、布质壁纸，直接粘贴在 A 级基材上	B_1 级
3	无机涂料施涂于 A 级基材上	A 级
4	湿涂覆比小于 1.5kg/m²，涂层干膜厚度不大于 1.0mm 的有机涂料施涂于 A 级基材上	B_1 级

8. 封闭吊顶和不封闭吊顶（不同通透率）对喷淋、火灾探测器、排烟口等消防设施布置和挡烟分隔措施有影响，需依据机电专业规范要求进行设计。

9.1.5 顶棚防水防潮

（1）有水和潮湿房间的顶棚，应根据需要采用耐水、防潮和防霉材料，宜使用硅酸钙板、纤维增强水泥板、耐水石膏板等耐水型吊顶面板，并应采取防结露、防滴水的措施。

（2）绿色建筑的卫生间、浴室等有水房间的顶棚应设置防潮层，其设计及材料性能应符合《住宅室内防水工程技术规范》JGJ 298—2013 的规定。

（3）游泳馆、温泉馆、洗浴中心等长期潮湿、内表面存在冷凝水的室内空间，或厨房产生大量蒸汽的室内空间，其顶棚宜设置一定坡度，并做好凝结水的引泄。

（4）当无机纤维喷涂保温顶棚表面需要增设防潮层时，应采用硬质无机纤维喷涂，防潮层可选用有机硅防水剂、聚合物水泥防水砂浆、防水涂料或防水透气膜。

（5）吊顶工程金属材质的预埋件、吊杆、吊件、面板等应进行防腐蚀、防锈处理。碳素结构钢和低合金结构钢应采用热镀锌、电镀铬、聚酯粉末喷涂或氟碳喷涂等有效防腐、防锈处理；金属板正背两面均应进行涂层处理，背面涂层可选用聚酯漆防腐，正面涂层采用氟碳喷涂或聚酯粉末喷涂；铝合金型材常采用阳极氧化、聚酯粉末喷涂或氟碳喷涂等防腐处理。

（6）吊顶内排风管道应直接与排风竖井相连，避免潮湿空气经过吊顶内部空间。

（7）室外吊顶和保温层之间应设置铝板、镀锌钢板等防水保护措施。

（8）室外顶棚应设置滴水线，常见滴水线构造做法见图 9.1.5-1。

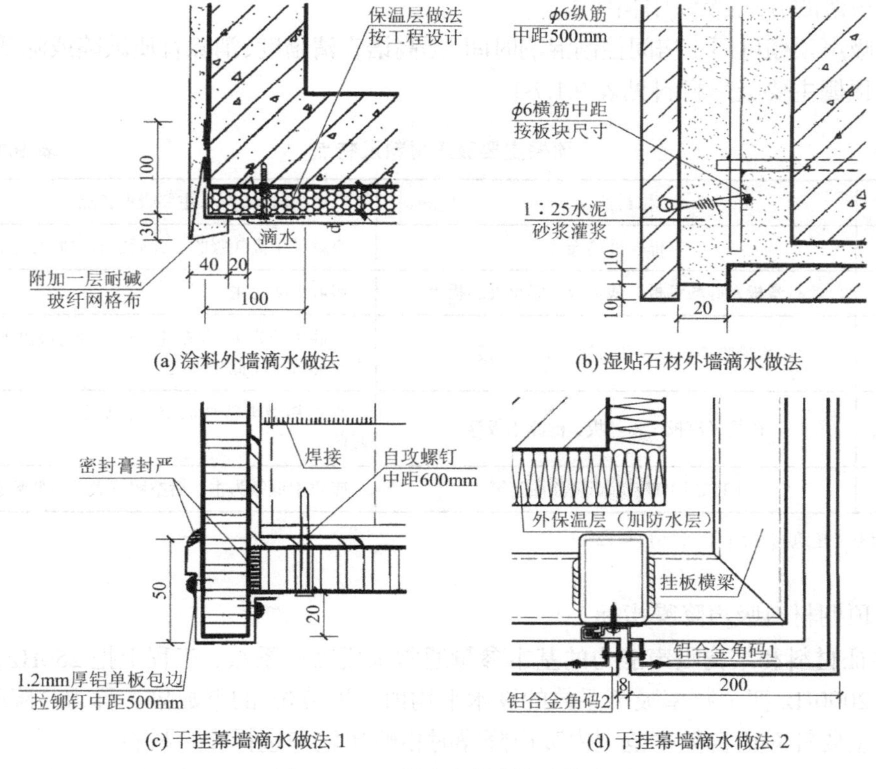

(a) 涂料外墙滴水做法　(b) 湿贴石材外墙滴水做法

(c) 干挂幕墙滴水做法 1　(d) 干挂幕墙滴水做法 2

图 9.1.5-1　常见滴水线构造做法

9.1.6　顶棚保温隔热

（1）顶棚保温隔热设计应符合国家和地方现行建筑节能标准的相关规定，常用部位包括居住和公共建筑的不供暖地下室、底面接触室外空气的架空或外挑楼板和不封闭阳台等。

（2）室外和室内顶棚交界处应有保温或隔热措施。

（3）常用保温材料及特性见表 9.1.6-1。

顶棚保温材料及特点　　表 9.1.6-1

类型	保温材料特点
喷涂无机纤维、玻璃纤维保温顶棚	高强度、表面可装饰、可形成连续无空腔、无热桥、无接缝的 A 级防火保温层
粘贴、钉锚岩棉板、玻璃纤维板顶棚	高效保温材料、A 级防火
龙骨填充岩棉毡、玻璃棉毡顶棚	高效保温材料、松散材料、A 级防火

9.1.7 顶棚隔声吸声

（1）隔声顶棚可用于房间上部楼板隔声量不足时的补充。

（2）采用双层石膏板吊顶或双层石膏板背衬岩棉构造可提高空气声隔声量。

（3）采用弹性吊顶构造可提高撞击声隔声量，弹性吊顶通过在吊顶连接构件中增加弹性吊钩、吊架的方式隔绝固体传声。

（4）吸声顶棚可用于房间控制混响时间、提高语言清晰度、消除音质缺陷或降低噪声等。

（5）顶棚主要吸声材料见表 9.1.7-1。

顶棚主要吸声材料及特点　　表 9.1.7-1

吸声类型	材料种类	主要吸声特点
多孔材料	岩棉、玻璃棉等	良好的中高频吸收，背后留有空腔可提高低频吸收
板状材料	石膏板、硅酸钙板、薄铝板、彩钢夹芯板等	吸收低频为主
穿孔板	木槽吸声板、穿孔金属、非金属板等	吸收中频为主，与多孔材料结合可吸收中高频，背后大空腔可提高低频吸收
成型吸声板	矿棉吸声板、木丝板、泡沫铝板等	视材料吸声特性而定，背后留有空腔可提高低频吸收
膜状材料	ETFE、PTFE、聚氯乙烯膜等	吸收中低频为主，后空腔越大，对低频吸收越有利

注：参考《建筑物理》（第四版）表 12-1。

（6）顶棚材料吸声降噪指标：

① 表征材料和结构吸声能力的基本参量通常采用吸声系数，工程上把 250Hz、500Hz、1000Hz、2000Hz 四个频率吸声系数的算术平均值（取 0.05 的整数倍）称为“降噪系数”（NRC），主要针对语言频率范围内吸声降噪时粗略比较和选择吸声材料。

② 医院门诊楼、病房楼的内走廊、旅馆两侧布置客房的内走廊，其吊顶所用吸声材料的降噪系数不应小于 0.40。

③ 学校建筑教学楼的封闭走廊、门厅及楼梯间，办公建筑的会议室、较大办公室及走廊，其顶棚宜设置降噪系数不小于 0.40 的吸声材料。

④ 容积大于 400m^3 且流动人员人均占地面积小于 20m^2 的室内空间应安装吸声顶棚，吸声顶棚面积不应小于顶棚总面积的 75%；顶棚吸声材料或构造的降噪系数应符合表 9.1.7-2。

顶棚吸声材料或构造的降噪系数　表 9.1.7-2

房间名称	降噪系数	
	高要求标准	低限标准
商场、商店、购物中心、会展中心、走廊	≥ 0.60	≥ 0.40
餐厅、健身中心、娱乐场所	≥ 0.80	≥ 0.40

注：源自《民用建筑隔声设计规范》GB 50118—2010 表 9.2.1。

（7）吸声吊顶专用吊挂件与楼板宜采用减振吊钩连接。

（8）吸声顶棚可与屋盖结构的保温、隔热、遮光等措施结合考虑。例如，有采光天窗的项目，可结合天窗的室内遮阳设施做顶棚吸声处理。

9.1.8　集成吊顶

（1）集成吊顶是与机电部件一体化设计的吊顶模式，可实现机电设施的高度集成化，符合绿色建造相关标准对装配式建筑内装设计及评分的要求。

（2）集成的部件设施包括风口、喷淋、烟感、广播、灯具等。

（3）集成方式包括机电单元、机电设备带等，常用机电单元尺寸为 600mm × 600mm、600mm × 1200mm 等，常用设备带宽度为 0.3～0.6m。

（4）一体化照明吊顶是将灯具光源与吊顶装饰集成的吊顶，其中隐藏光源的做法包括反光灯槽、光带、发光槽、发光吊顶等。其利用光的折射、漫反射和控制光源的出光方向等手段，达到吊顶见光不见灯的艺术照明效果。

（5）一体化照明吊顶一般要求

① 光源或照明器具安装部位应有防火阻燃处理，灯具相邻材料的燃烧性能等级应为 A 级。

② 发光吊顶内部箱体高度与光源排布间距宜为 1 ∶ 1，以实现顶棚整体照明的均匀性。当外部光效需要达到连续或成片效果时，内部光源排布应紧密连接，不得出现暗点及断痕。

③ 漫反射类一体化照明，反射面材的反射系数不宜过低，材质表面应光滑，以浅色为佳，避免降低光的折返率。

④ 一体化照明应注意预留足够的检修空间，便于内部光源检修及更换。

（6）软膜发光吊顶

① 软膜吊顶由软膜、扣边条、龙骨三部分组成。软膜、扣边条主要材料是聚氯乙烯，燃烧性能等级为 B_1 级，选用厚度 0.18～0.2mm；安装在铝合金龙骨上的玻璃纤维、氟树脂燃烧性能为 A 级。

② 软膜吊顶应保证表面平整，发光均匀无暗区，散热良好；密封 IP 等级达到 54 以上，避免灰尘、蚊虫进入；方便更换易拆卸。

③ 单块软膜面积不宜大于 $40m^2$，避免下垂；软膜宽度达到 1.6m 时应设拼接焊缝。

9.1.9　其他节点构造

吊顶变形缝构造做法详见国标图集《变形缝建筑构造》14J936，吊顶伸缩缝、检修口等构造做法详见国标图集《内装修——室内吊顶》12J502-2。

9.2 栏杆扶手

9.2.1 基本原则

（1）防护栏杆、栏板应根据不同使用场所的特点，按照相应的规范标准要求，合理选择适宜的形式、材质和构造，尤其应注意牢固度、扶手高度、栏杆间距及防止儿童攀滑等安全防护设计要点，确保使用的安全可靠。

（2）以下部位应设置防护栏杆、栏板：

① 阳台、外廊、室内回廊、中庭、内天井、上人屋面、楼梯等处的临空部位及幕墙围栏、落地窗应设置防护栏杆、栏板。

② 公共楼梯应至少于单侧设置扶手，梯段净宽达三股人流的宽度时应在两侧设扶手，达四股人流时宜加设中间扶手（中小学校的楼梯宽度达到四股人流应加设中间扶手）。

③ 台阶、坡道临空面采取防护措施。

④ 窗井、风井、下沉庭院的顶部周边应设置安全防护设施。

⑤ 自动扶梯与楼层地板开口部位之间应设防护栏杆或栏板。

⑥ 水体旁应设置防护措施。

（3）防护栏杆、栏板的材质包括木质、钢（钢索）、铝合金、玻璃、橡胶制品、树脂等。其固定方式主要分为正装式和侧装式，见图 9.2.1-1。

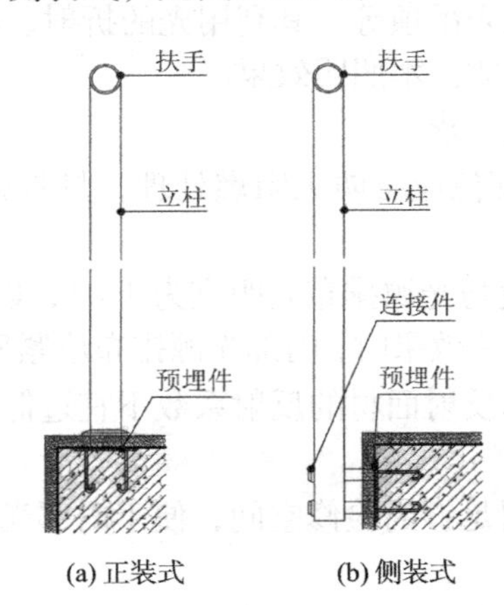

图 9.2.1-1 栏杆固定方式示意图

9.2.2 设计要点

1. 高度控制

（1）一般原则

① 阳台、外廊、室内回廊、中庭、内天井及楼梯等临空处栏杆或栏板的防护高度不应小于 1.1m，封闭阳台的栏板或栏杆应满足阳台栏板或栏杆的防护要求。

② 上人屋面和交通、商业、旅馆、医院、学校、学校宿舍阳台等建筑临开敞中庭的栏杆高度不应小于 1.2m；商业中庭等人流量大的临空位置建议进一步增加防护栏杆的高度（以防止成年人抱幼童在中庭处倚靠扶手或滑倒导致幼童脱手造成事故），见图 9.2.2-1。

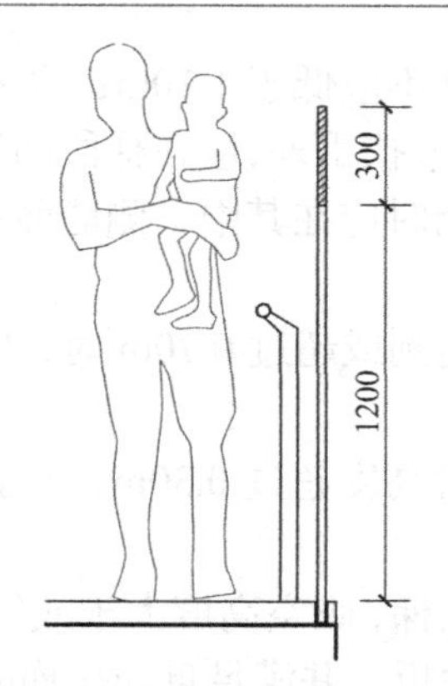

图 9.2.2-1　中庭防护栏杆示意图

③ 托儿所、幼儿园防护栏杆高度不应低于 1.3m。

④ 栏杆、栏板底面有宽度不小于 0.22m，且高度不大于 0.45m 的可踏部位，应按可踏部位顶面至扶手顶面的垂直高度计算，具体设置见图 9.2.2-2。

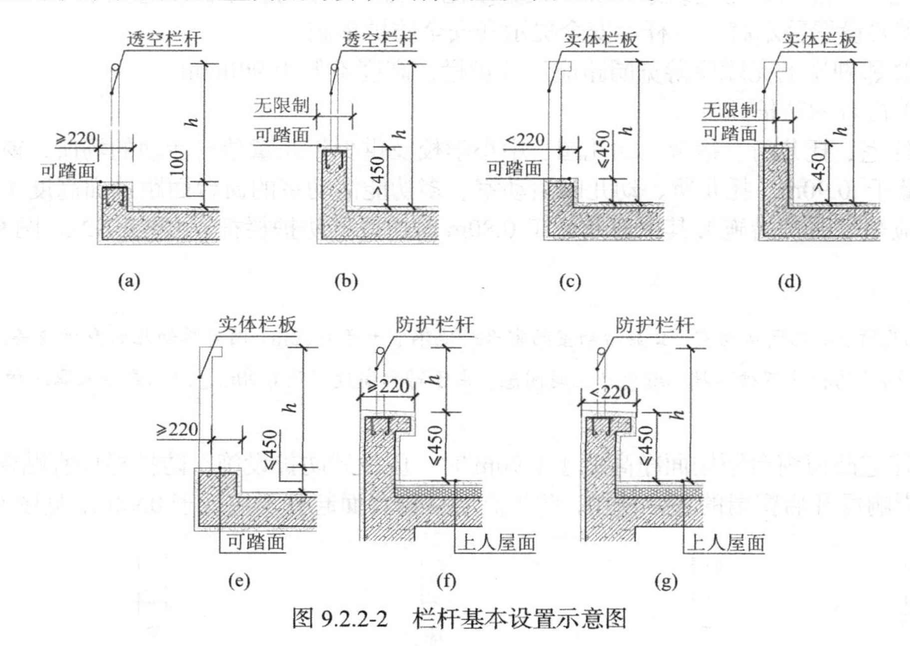

图 9.2.2-2　栏杆基本设置示意图

■ **说明**

①图 9.2.2-2（a）～（e）中，h 为阳台、外廊、室内回廊、中庭、内天井及楼梯等临空处安全高度 1.1m（托儿所、幼儿园为 1.3m）；

②图 9.2.2-2（f）～（g）中，h 为上人屋面和交通、商业、旅馆、医院、学校等建筑临开敞中庭的栏杆高度 1.2m。

（2）楼梯栏杆扶手

① 室内楼梯栏杆扶手高度自踏步前缘线量起不宜小于 0.9m。楼梯水平栏杆或栏板长度大于 0.5m 时，其高度不应小于 1.1m。

② 中小学校室外楼梯扶手高度不应低于 1.10m；水平扶手高度不应低于 1.10m。

③ 幼儿园、托儿所楼梯除设成人扶手外，应在梯段两侧设幼儿扶手，其高度宜为 0.60m。

④ 住宅套内楼梯，当两侧有墙时应在其中一侧墙面设置扶手。

（3）台阶、坡道临空面

① 当台阶、人行坡道总高度达到或超过 0.70m 时，应在临空面采取防护措施，防护设施净高不应低于 1.10m。

② 托儿所、幼儿园出入口台阶高度超过 0.30m，并侧面临空时，应设置防护设施，防护设施净高不应低于 1.1m。

（4）设置在公共场所的自动扶梯，临空高度大于或等于 9.0m 时，宜在其临空一侧加装高度不低于 1.20m 的防护栏杆或栏板，并满足自动扶梯的荷载要求。

（5）水体旁

① 人工水体岸边近 2.0m 范围内的水深大于 0.50m 时，应采取安全防护措施（安全防护措施包括设置安全护栏等）。

② 老年人照料设施建筑总平面中设置水池等观赏水景的，水深不宜大于 0.50m，且水池周边需要设置警示牌、栏杆等安全提示和安全防护措施。

③ 紧邻湖岸的无障碍游览园路应设置护栏，高度不低于 900mm。

（6）窗台的防护高度

① 住宅、托儿所、宿舍、幼儿园、中小学校及供少年儿童独自活动的场所，窗台的防护高度低于 0.90m（托儿所、幼儿园活动室、多功能活动室的窗台面距地面高度不宜大于 0.60m，应采取防护措施），其余建筑低于 0.80m 时应设置防护栏杆，见图 9.2.2-3、图 9.2.2-4。

■ **说明**

托儿所、幼儿园活动室、公共活动室的窗台距地不宜大于 0.60m。因为婴幼儿的身材较矮，为了保证婴幼儿的视线不被遮挡，避免产生封闭感，由于窗台高度不足 0.90m，因此需要采取防护措施。

② 住宅凸窗窗台距楼面净高低于 0.90m 时，应设置防护设施，防护栏杆宜贴窗布置，且不应影响可开启窗扇的正常使用，防护高度从窗台面起算不应低于 0.90m，见图 9.2.2-5。

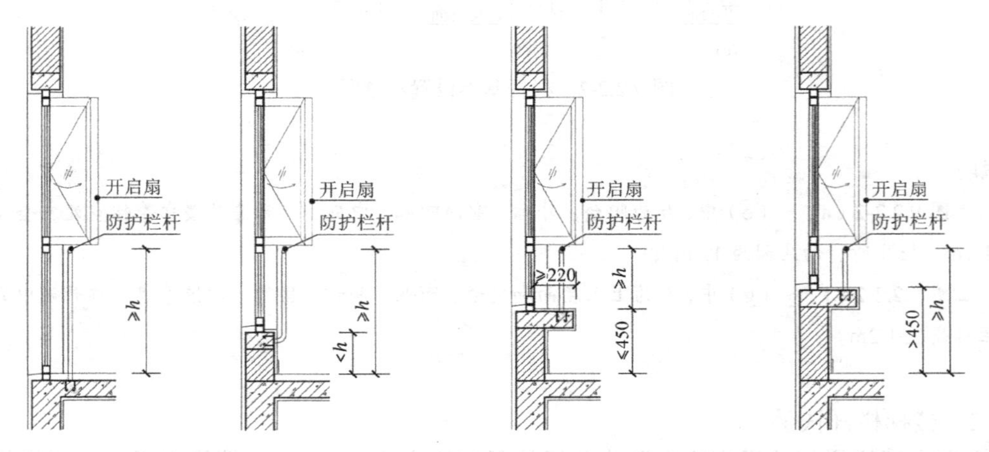

(a) 在楼面上设置栏杆 (b) 在窗台下侧设置栏杆 (c) 在窗台内侧设置栏杆（一） (d) 在窗台内侧设置栏杆（二）

图 9.2.2-3 窗台防护设施示意图 1

■ **说明**

①图 9.2.2-3 中 h 为窗台安全高度 0.8m（住宅、宿舍、托儿所、幼儿园、中小学校为 0.9m）。

②防护栏杆设置不得影响开启扇正常开启。

③条件允许的情况下，护窗栏杆不宜设置在楼面上，参考图 9.2.2-3（b），便于栏杆下方清洁的需要。

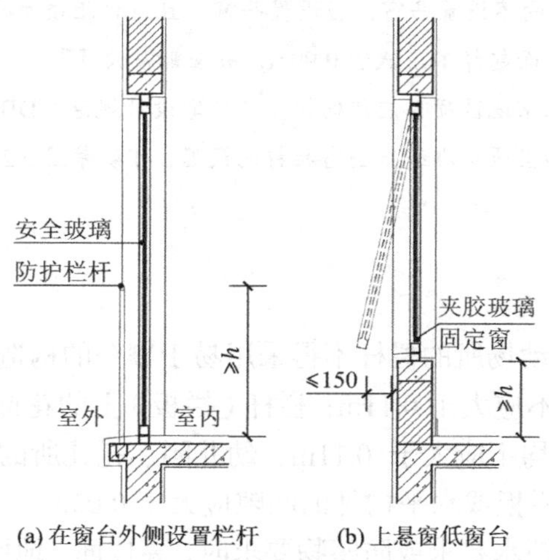

图 9.2.2-4　窗台防护设施示意图 2

■ **说明**

图 9.2.2-4 中，h 为窗台安全高度 0.8m（住宅、宿舍、托儿所、幼儿园、中小学校为 0.9m）。

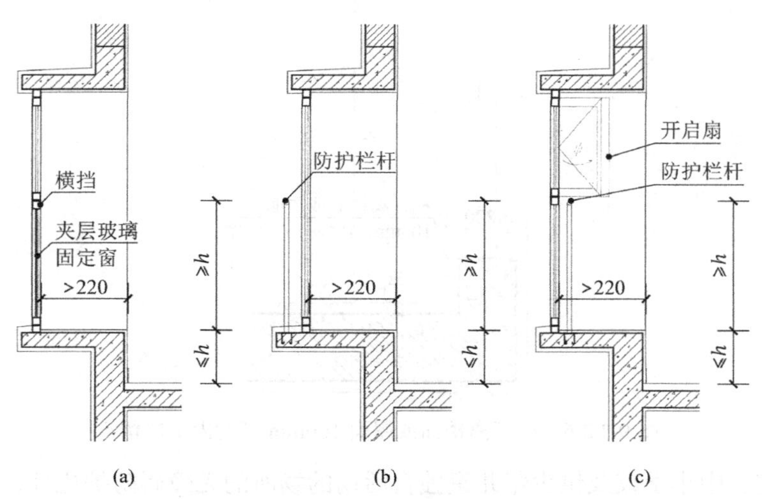

图 9.2.2-5　凸窗及宽窗台防护设施示意图

■ **说明**

①图 9.2.2-5 中，h 为窗台安全高度 0.9m。

②防护栏杆的设置不应影响凸窗开启扇的正常开启。

③图 9.2.2-5（c）对窗高及开启扇高度影响较大，故不推荐此做法。

④《住宅建筑规范》GB 50368—2005 要求“窗台高度低于或等于 0.45m 时，防护高度从窗台面起算不应低于 0.90m”；《民用建筑设计统一标准》GB 50352—2019 第 6.11.7 条要求“当凸窗窗台高度低于或等于 0.45m 时，其防护高度从窗台面起算不应低于 0.9m；当凸窗窗台高度高于 0.45m 时，其防护高度从窗台面起算不应低于 0.6m”；北京市地方标准《住宅设计规范》DB11/1740—2020 第 7.1.3 条要求：“东、西、南向不设置凸窗，当设置凸窗，且窗台距楼面净高低于 0.90m 时，应设置防护设施，防护高度从窗台面起算不应低于 0.90m，并应贴窗设置”。

结合以上规范描述，北京地区项目应严格执行《住宅设计规范》DB11/1740—2020 的要求，非北京地区项目可依据国家和当地标准进行凸窗栏杆的设置，可参考图 9.2.2-5（b）的方式设置凸窗防护栏杆。

2. 其他防护设计

（1）少年儿童专用活动场所的栏杆不得采用易于攀登的构造和花饰，当采用垂直杆件做栏杆时，其杆件净间距不应大于 0.11m；栏杆（栏板）上的花饰或栏板之间的缝隙，无论是水平还是垂直，其净距均不应大于 0.11m；幼儿园、托儿所的防护栏杆杆件净距离不应大于 0.09m；防护栏杆、栏板或水平构件的间隙应大于 0.03m。

（2）有无障碍要求、挡水要求或防坠物要求时，离楼面、地面或屋面 100mm 高度处不应留空，见图 9.2.2-6；老年人照料设施建筑开敞式阳台、上人平台的栏杆、栏板应采取防坠落措施，且距地面 0.35m 高度范围内不宜留空。

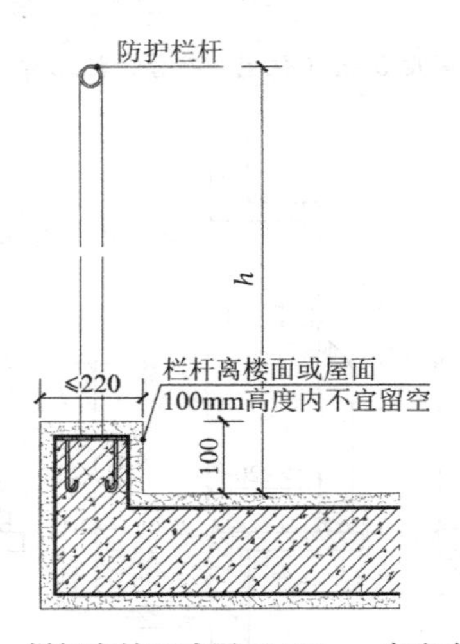

图 9.2.2-6 栏杆离楼面或屋面 100mm 高度内不应留空

（3）住宅、中小学校及供少年儿童独自活动的场所的无障碍防护栏杆，当采用双层扶手时，下层扶手的高度不应低于 700mm，且扶手到可踏面之间不应设置少年儿童可登援的水平构件。

（4）幼儿使用的楼梯，当楼梯井净宽度大于 0.11m 时，必须采取防止幼儿攀滑措施；中小学校的楼梯扶手上应加装防止学生溜滑的设施；少年儿童专用活动场所的栏杆应采取防止攀滑措施，见图 9.2.2-7。

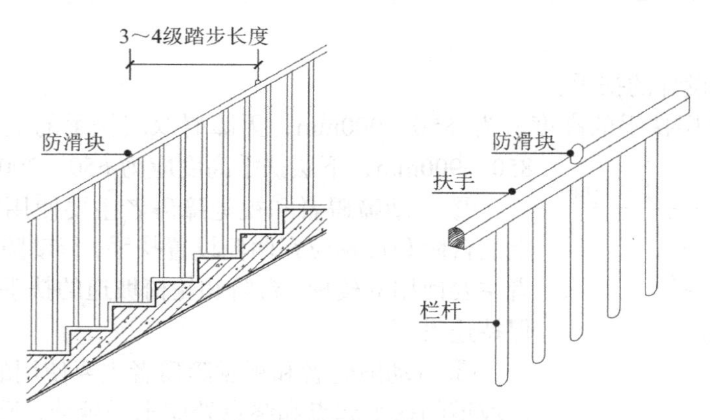

图 9.2.2-7　栏杆防滑块示意图

（5）当少年儿童专用活动场所的公共楼梯井净宽大于 0.20m（少儿胸背厚度）时，应采取防止少年儿童坠落的措施。

（6）楼梯、阳台、平台、走道和中庭等临空部位的玻璃栏板应采用夹层玻璃。

① 栏板玻璃固定在结构上且直接承受人体荷载的护栏系统，其栏板玻璃应符合：当栏板玻璃最低点离一侧楼地面高度不大于 5m 时，应选用公称厚度不小于 16.76mm 钢化夹层玻璃。当栏板玻璃最低点离一侧楼地面高度大于 5m 时，不得采用此类护栏系统。

② 设有立柱和扶手，栏板玻璃作为镶嵌面板安装在护栏系统中，栏板玻璃应使用符合《建筑玻璃应用技术规程》JGJ 113—2015 相应规定的产品。

（7）住宅、宿舍、办公楼、旅馆、医院、托儿所、幼儿园，栏杆顶部的水平荷载应取 1.0kN/m；学校（除中小学校外）、食堂、剧场、电影院、车站、礼堂、展览馆或体育场，栏杆顶部的水平荷载应取 1.0kN/m，竖向荷载应取 1.2kN/m，水平荷载与竖向荷载应分别考虑；宿舍楼梯最薄弱处承受的最小水平推力应不小于 1.5kN/m；中小学校的上人屋面、外廊、楼梯、平台、阳台等临空部位必须设防护栏杆，栏杆顶部的水平荷载应取 1.5kN/m，竖向荷载应取 1.2kN/m，水平荷载与竖向荷载应分别考虑（表 9.2.2-1）。

栏杆荷载取值及适用的建筑　　　　表 9.2.2-1

类别	一类栏杆	二类栏杆	三类栏杆	其他栏杆
栏杆顶部的水平荷载	1.0kN/m	1.0kN/m	1.5kN/m	—
栏杆竖向荷载	—	1.2kN/m	1.2kN/m	
栏杆最薄弱处承受的最小水平推力	—	—	—	≥ 1.5kN/m
适宜建筑	住宅、宿舍（不包含楼梯）、办公楼、旅馆、医院、托儿所、幼儿园	学校（中小学校除外）、食堂、剧场、电影院、车站、礼堂、展览馆或体育场	中小学校的上人屋面、外廊、楼梯、平台、阳台等临空部位	宿舍楼梯

注：本表中栏杆分类参考图集《楼梯、平台栏杆及扶手》16BJ7-1。

（8）楼梯防护栏杆应设有扶手。

（9）靠墙扶手边缘距墙面完成面净距不应小于 40mm（图 9.2.2-8）。

3. 无障碍

（1）无障碍设计的扶手：

① 无障碍单层扶手的高度应为 850～900mm，无障碍双层扶手的上层扶手高度应为850～900mm，下层扶手高度应为650～700mm。

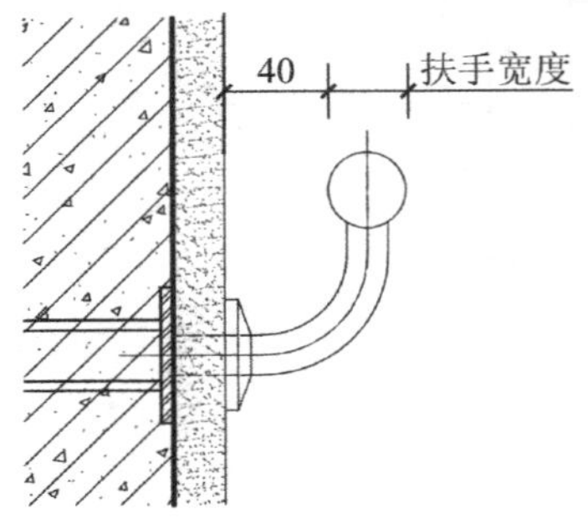

图 9.2.2-8 靠墙扶手示意图

② 行动障碍者和视觉障碍者主要使用的三级及三级以上的台阶和楼梯应在两侧设置扶手，行动障碍者和视觉障碍者主要使用的楼梯、台阶和轮椅坡道的扶手应在全长范围内保持连贯。

③ 行动障碍者和视觉障碍者主要使用的楼梯和台阶、轮椅坡道的扶手起点和终点处应水平延伸，延伸长度不应小于300mm；扶手末端应向墙面或向下延伸，延伸长度不应小于100mm。

④ 扶手应安装坚固，形状易于抓握，应能承受 100kg 以上的重量。材质宜选用防滑、热惰性指标好的材料。扶手应与背景有明显的颜色或亮度对比。

■ **说明**

扶手适用尺寸详见《无障碍设计规范》GB 50763—2012 第 3.8 节和《居住建筑适老化改造选材标准》T/CECS 1404—2023 第 7.4.1 条。

（2）无障碍楼梯宜在两侧均做扶手；老年人公寓楼梯梯段两侧均应设置连续扶手，老年人住宅楼梯梯段两侧宜设置连续扶手。如采用栏杆式楼梯，在栏杆下方宜设置安全阻挡措施；三级及以上的无障碍台阶应在两侧设置扶手。

（3）幼儿园、托儿所楼梯除设成人扶手外，应在梯段两侧设幼儿扶手，其高度宜为 0.60m。

（4）无障碍电梯轿厢的三面壁上应设高 850～900mm 扶手。

（5）医院病房走道两侧墙面应设置靠墙扶手及防撞设施。

（6）无障碍住房及宿舍通往卧室、起居室（厅）、厨房、卫生间、储藏室及阳台的通道应为无障碍通道，应在一侧或两侧设置扶手。

（7）影剧院、会堂等观众厅轮椅席位的地面应平整、防滑，在边缘处宜安装栏杆或栏板。

（8）人行天桥及地道在坡道的两侧应设扶手，扶手宜设上、下两层；在栏杆下方宜设置安全阻挡措施；扶手起点水平段宜安装盲文铭牌。

（9）轮椅坡道的高度超过 300mm 且坡度大于 1∶20 时，应在两侧设置扶手，坡道与休息平台的扶手应保持连贯。设置扶手的轮椅坡道的临空侧应采取安全阻挡措施。

（10）老年人居住建筑、福利及特殊服务建筑的无障碍设施主要出入口设置台阶时，台阶两侧应设置扶手；公共区域的室内通道应为无障碍通道，走道两侧墙面应设置扶手。

（11）幼儿出入的门距离地面 0.60m 处宜加设幼儿专用拉手。满足无障碍要求的手动平开门的门扇外侧和里侧均应设置扶手，扶手应保证单手握拳操作，操作部分距地面高度应为 0.85～1.00m；

（12）老年人居住建筑过道的必要位置宜设置连续单层扶手，扶手的安装高度宜为0.85m。入户过渡空间内应设更衣、换鞋和存放助老辅具的空间，并应留有设置座凳和助力扶手的空间。

（13）老年人照料设施建筑交通空间的主要位置两侧应设连续扶手。

（14）无障碍服务设施的安全抓杆设计可参考图集《无障碍设计》12J926。适老化环境中的安全抓杆设计应对老年人身体情况、实际行为习惯、需求等进行充分研究，设计应实用、方便。

9.2.3　节点构造要求

（1）建筑防护栏杆用玻璃应采用夹层玻璃，且应进行磨边和倒棱，磨边宜细磨，倒棱宽度不宜小于 1mm。

（2）建筑防护栏杆的金属构件应根据腐蚀环境选用金属材料（除不锈钢外），防护栏杆的其他金属材料和金属零部件的表面应进行耐腐蚀、耐老化处理。

（3）建筑防护栏杆用碳素结构钢和低合金结构钢表面应采取有效防腐、防锈处理措施。在湿度大于 70%的潮湿环境或沿海地区，室外建筑防护栏杆构件应采用两道表面处理层或更高的防腐技术要求。

9.2.4　问题解析

【问题 1】防护栏杆、栏板如何采取措施能实现水平推力的要求？

【解析】防护栏杆、栏板水平推力测算由专业深化单位设计、计算完成，由结构专业审核。

如暂无深化单位配合，应提醒结构专业复核设计方案；或根据不同建筑类型所使用的不同部位，分别选出对应的一类、二类、三类栏杆，再根据各类栏杆的不同高度及水平荷载要求选用图集做法，如按上述方法在《楼梯、平台栏杆及扶手》16BJ7-1 图集第 30～83 页选择满足水平推力要求的栏杆和扶手。

【问题 2】不上人屋面是否需要设置防护栏杆？

【解析】不上人屋面通常为设备屋面，为保障检修人员安全，建议在临空处设置防护栏杆，如影响外立面效果无法设置防护栏杆时，可预留稳定、可靠的固定杆、缠绕柱等设施，方便检修人员使用安全绳防护措施；设备屋面如有人员疏散要求，疏散通路两侧应设置防护栏杆。

9.3　雨篷

9.3.1　分类及应用

雨篷是建筑出入口上方，为遮挡雨水而设置的部件，常结合遮阳、防火挑檐、防坠物、造型等建筑需求进行建筑设计。常见的雨篷材质有钢筋混凝土、玻璃、幕墙金属板等，结构形式有悬挑、拉杆、立柱式等。

9.3.2　设计要点

（1）建筑物的雨篷、挑檐不应突出道路红线或用地红线建造。

（2）有柱雨篷，以柱围合或部分围护结构与柱共同围合、不封闭的建筑空间，应按其外围护结构外表面所围空间的水平投影面积计算建筑面积；有柱雨篷，无围护结构、单排柱或独立柱、不封闭的建筑空间，应按其顶盖水平投影面积的 1/2 计算建筑面积；无柱雨篷不计算建筑面积。

（3）下列出入口上方应采取防止物体坠落伤人的安全措施，如雨篷、防护挑檐等：

① 住宅位于阳台、外廊及开敞楼梯平台下部的公共出入口；

② 教学用建筑物的出入口；

③ 高层建筑直通室外的安全出口。

（4）建筑物无障碍出入口的上方应设置雨篷。

（5）当雨篷二次钢结构在发生火灾时有破坏风险且破坏后影响安全疏散时，应涂刷不小于 1.5h 耐火极限的防火涂料。

（6）建筑雨篷采用玻璃时，应采用夹层玻璃或夹层中空玻璃。

（7）雨篷应设置外排水，坡度不应小于 1%，且外口下沿应做滴水线。雨篷与外墙交接处的防水层应连续，且防水层应沿外口下翻至滴水线，如图 9.3.3-1 所示。

（8）大型雨篷应做有组织排水，应设置 2 个或以上排水口，严寒和寒冷地区大型雨篷的雨水沟内宜设置融雪设施，小型雨篷应设置 2 个或以上的泄水管，泄水管伸出雨篷边缘不应小于 50mm。

（9）兼作防火挑檐的雨篷，其耐火性能不应低于所在建筑外墙的耐火性能要求。

9.3.3 节点构造

节点构造如图 9.3.3-1 所示。

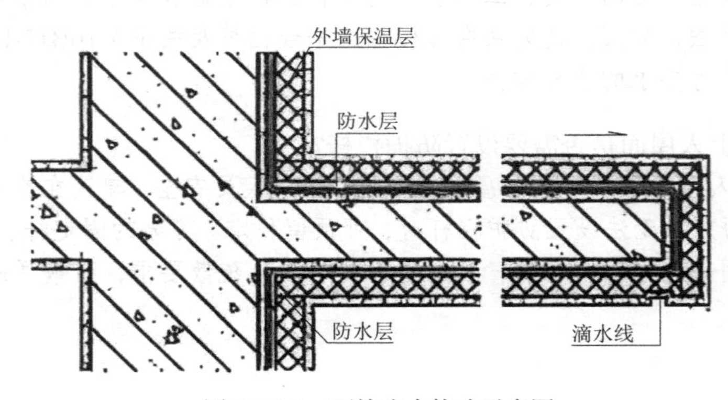

图 9.3.3-1 雨篷防水构造示意图

9.4 排水设施

9.4.1 地漏

1. 分类及应用

建筑中常用的地漏主要有：

（1）直通式地漏：仅用于地面及洗衣机排水（箅子有普通型和带洗衣机插口型两种）。

（2）带水封地漏：适用于卫生间、盥洗室、淋浴间、开水间等场所宜采用水封地漏；水封高度 ≥ 50mm，水封部件与地漏本体应有固定措施，排出口方向分垂直向下和横向排水。

（3）直埋式地漏：适用于排水管及地漏预埋在垫层内，带 50mm 水封，总高度 < 250mm。

（4）带网框地漏：食堂、厨房和公共浴室等含有大量杂质的排水场所。网框可拆洗，滤网孔径或孔宽 4～6mm。过水孔隙总面积 ≥ 2.5 倍排出口断面。

（5）侧墙式地漏：用于排水管不允许穿越下层。地漏进水面低于周围地面 5～10mm。

（6）密闭型地漏：适用于医院手术室、洁净厂房，或放射区、实验区类用房，主要功能是防止气体或异味从排水管道系统反流回室内，同时保证排水通畅。

2. 设计要点及构造

（1）地漏与地面混凝土间应留置凹槽，用合成高分子密封胶进行密封防水处理。地漏周围应设置加强防水层，加强层宽度不应小于 150mm。防水层在地漏收头处，应用合成高分子密封胶进行密封防水处理。

（2）地漏周围宜按 3%～5%坡度向地漏找坡，构造详见图 9.4.1-1。

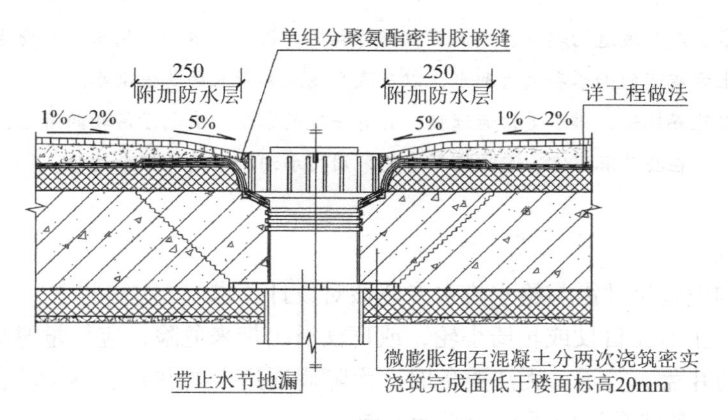

图 9.4.1-1 地漏节点示意图

（3）地漏应选用耐腐蚀的不锈钢、铜等材料，以及水封性能可靠的地漏。

（4）无水封地漏与生活污水管道、其他可能产生有害气体的排水管道连接时必须在排水口以下设置存水弯。

（5）理发室、公共浴室等含有较多毛发和纤维的排水场所的地漏宜采用具有毛发聚集装置的地漏，便于截留毛发，防止管道和水处理设备堵塞。

9.4.2 排水沟

1. 分类及设计要点

（1）排水沟分为室内排水沟和室外排水沟。

（2）根据其形式的不同，分为明沟和暗沟；同时又分为有箅子和无箅子。

有清洁度要求的房间不设置明沟，如厨房、备餐间等；对排水效率有要求的房间采用明沟，如公共浴室、游泳池等，并根据是否有人员活动设置箅子。

（3）根据其功能的不同，分为截水沟和排水沟；如汽车坡道入口、建筑出入口等常设置截水沟，广场、公共浴室、有水设备房间等常设置排水沟，详见图 9.4.2-1。

图 9.4.2-1　广场及坡道排水沟考虑实用及美观

■ **说明**

①汽车库常在汽车坡道的起点、中间开口部位和底部设置排水沟，用来拦截场地周边流向坡道的雨水、开口上方流下的雨水和坡道积水，以及汽车飞溅和带入的其他雨水。

②排水沟与地漏比较，排水更快速通畅，具有一定的容量，有利于污物的清通，方便排水系统维护管理。因此，在公共淋浴室、游泳池等房间采用排水沟排水是比较合适的。

2. 设计要点

（1）排水沟设置尺寸需与给水排水专业核对设计要求。

（2）为了防止卡住盲杖或轮椅小轮，或盲杖滑出带来危险，应尽量避免在无障碍通道上设置有孔洞的井盖、箅子。无法避免时，无障碍通道上的井盖、箅子的孔洞宽度或直径不应大于 13mm，条状孔洞应垂直于通行方向。

（3）排水沟内宜设 0.5%的纵向找坡，沟内最浅处不宜小于 150mm。

（4）室外排水沟可结合场地景观的美观要求以及项目造价条件，选用成品排水沟，详见图 9.4.2-2、图 9.4.2-3。

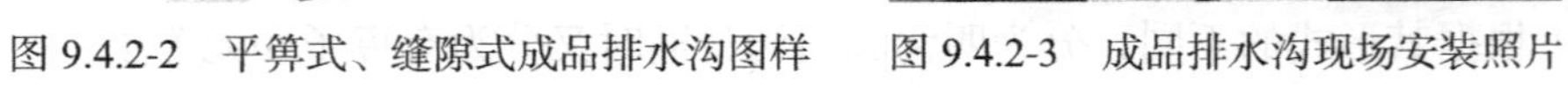

图 9.4.2-2　平箅式、缝隙式成品排水沟图样　　图 9.4.2-3　成品排水沟现场安装照片

3. 节点构造

（1）排水沟常用做法详见国标图集《窗井、设备吊装口、排水沟、集水坑》24J306，其中室内房间排水沟的防水做法常与房间楼地面防水做法保持一致，形成完整的防水系统。室内楼地面防水材料的选用详见第 6 章表 6.3.4-2。

（2）排水沟防水采用的柔性防水层分为涂料类和卷材类两种。常用的涂料类防水材料有聚合物水泥防水涂料、聚氨酯防水涂料等；常用的卷材类防水材料有聚合物改性沥青防水卷材、高分子防水卷材等。

（3）排水沟防水常用的刚性防水材料包括水泥基渗透结晶型防水涂料、聚合物水泥防水砂浆等。

9.4.3　集水坑

1. 分类及应用

常见集水坑按类型可以分为以下几类：

（1）消防电梯集水坑

① 消防电梯的井底应设置排水设施，排水井的容量不应小于 $2m^3$，排水泵的排水量不应小于 10L/s。

② 电梯井坑底直接设置集水坑，排水管以及阀门会影响电梯日常使用；客梯与消防电梯并排设置，客梯不下到地下室时，可以在客梯井周围做消防电梯集水坑，并兼顾客梯排水；电梯井坑底与排水坑分开布置，需要通过排水管排水，埋深较大，横管未埋在底板内时，地下水可能渗入集水坑；电梯井坑底与集水坑紧靠布置时，中间开 300mm × 300mm 孔洞连通，集水坑设爬梯，方便检修。

（2）机动车坡道雨水集水坑

汽车坡道出入口需要设置不小于出入口或坡道宽度的排水沟，常设置在出入口反坡的外侧，防止雨水倒灌和地下室被淹。坡道底端设置截水沟同时在相邻且隐蔽的位置设置集水坑。

（3）生活污水集水坑

地下室设有卫生间、厨房或洗衣房时，厨房、洁具排水无法通过重力流排向室外时需要设置集水坑。由于污、废水直接排入集水坑内会对地下室空气造成严重污染，目前一般采用一体化污水提升装置或一体化隔油提升装置。卫生间集水池与普通集水坑不同，需要设于独立的污水间内，并要求设置通风、排汽。

（4）设备用房集水坑

有用水设备的设备用房，如：空调机房、锅炉房、水喷雾灭火的发电机房、水泵房（生活给水泵房、中水泵房、消防泵房等）、报警阀间、换热站、热表间等，需设置集水坑排出废水。因卫生防疫要求，生活给水泵房集水坑不应设在泵房内，不应与生活污水、污水处理站等共用集水坑。

（5）地下车库地面冲洗集水坑

主要用于地面冲洗排水与消防排水。机动车库应在各楼层设置地漏或排水沟等排水设施，地漏或集水坑的中距不宜大于 40m。非机动车库也需设置集水坑。当有两层及以上地下室时，应设置排水地漏将上层排水引至最底层集水坑，上层地漏与下层集水坑对齐，减少横管对车库层高影响。集水坑位置根据地下室防火分区，结合排水沟的找坡、设备用房的位置、消火栓间距、湿式报警阀的位置等进行布置。

（6）集水坑设置场所见表 9.4.3-1，具体选用由给水排水专业明确。垃圾房可根据垃圾的类型选用带沉砂隔油功能的集水坑，洗车房需设置带沉砂功能的集水坑，下沉广场集水坑的有效容积需通过排水泵短时排水量和广场墙面、地面等的排水量计算综合确定，部分无用水点房间、电气机房等考虑事故排水的情况，无法设置排水沟和地漏时也会设置集水坑。

集水坑设置场所　　表 9.4.3-1

序号	设置场所	序号	设置场所
1	消防电梯、室外自动扶梯	5	水景处理机房
2	车库（用于地面冲洗）、洗车房	6	柴油发电机房（位于底层时）、报警阀间
3	垃圾房、隔油机房、卫生间污水提升机房	7	下沉广场、汽车坡道 结合自动扶梯、室外楼梯、坡道等共同设置
4	生活泵房、消防水泵房、制冷机房、锅炉房、雨水回用机房、换热站	8	高低压配电房（位于底层时）

2. 设计要点

（1）消防电梯集水坑应避开重点装修区域，如电梯厅、主要人行通道等空间，不影响空间美观；集水坑的设置应避免对下层空间高度、使用等方面的影响，在人防顶板特别是在人防门开启轨迹内的上一层设置集水坑时，需关注是否影响人防门的安装和开启。

（2）坡道雨水集水坑设置在坡道周边隐蔽部位，避免设置在行车道上，以免集水坑盖板对行车体验造成影响，盖板易损坏。

（3）设备机房集水坑邻近主楼筏板基础或柱子基础，应仔细核对结构图纸，避免与基础冲突。

（4）地下车库集水坑设置在地库边缘时，注意避开施工放坡范围。

（5）停车区域集水坑设置应尽量设置在边角位置以及车位尾部，数量合理，减少对停车和设备检修的影响，避免同时占据多个车位；若无法满足，可设置在两柱中间位置，只预留 600mm 检修口；避免集水坑立管与阀门影响停车。

（6）设置集水坑位置要考虑后期检修空间。

（7）有排水需求的地面要结合本层防火分区考虑设置集水坑或地漏的位置，排水沟不要穿越防火墙或防火卷帘。

（8）集水坑不应设置在生活给水泵房内，且不应与生活污水、污水处理站等共用集水坑。

（9）常见的集水坑盖板主要有铸铁盖板、钢格栅盖板、混凝土盖板等。根据承载力、防火性能、耐磨、耐腐蚀、美观实用、排水等需求选用不同种类的盖板。如车道或有防火要求的盖板常采用铸铁类的盖板；有排水要求的盖板常采用格栅类的盖板；广场或人行道等位置常采用混凝土盖板等。

3. 构造措施

（1）集水坑做法详见国标图集《窗井、设备吊装口、排水沟、集水坑》24J306，内部防水层常采用聚合物水泥防水涂料或聚氨酯防水涂料。

（2）集水坑底部宜有不小于 5%的坡度坡向泵位。

9.4.4 卫浴洁具

1. 分类及应用

卫浴洁具包括卫生陶瓷（大便器、小便器、洗手盆、浴缸等）、水嘴、淋浴器等，具有排解、盥洗、化妆、洗浴、健康护理和无障碍等功能。

1）蹲便器

蹲便器常用尺寸见图 9.4.4-1（本图为自带存水弯的蹲便器）。

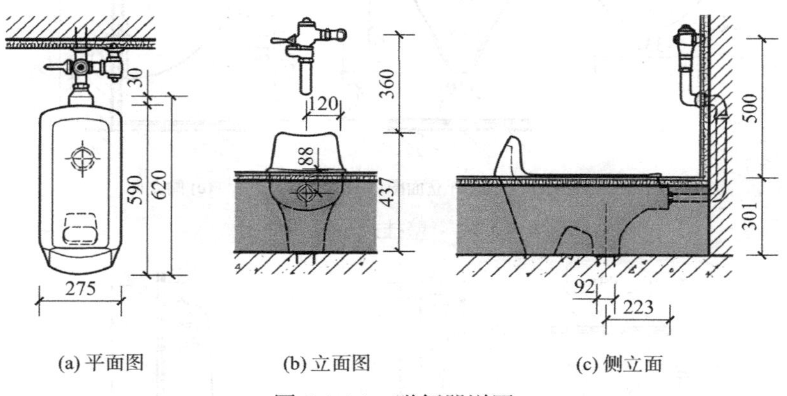

图 9.4.4-1　蹲便器详图

2）坐便器

（1）坐便器包括落地式、壁挂式、水箱一体式、水箱分离式、智能式等类型。

（2）下排污坐便器的安装距离，指坐便器的排污管中心距离墙体饰面完成面的尺寸，因墙面贴瓷砖或石材等装修厚度不同，在预留排污洞口和坐便器型号选择时，应考虑装修完成面厚度。

（3）连体式坐便器匹配智能马桶盖可以代替净身器使用，在旅馆、家庭中使用广泛。

（4）坐便器配升降式坐便辅助器可供行动不便者使用。

（5）坐便器常用尺寸见图 9.4.4-2，坑距$L = 255$mm、290mm、305mm、380mm、400mm。

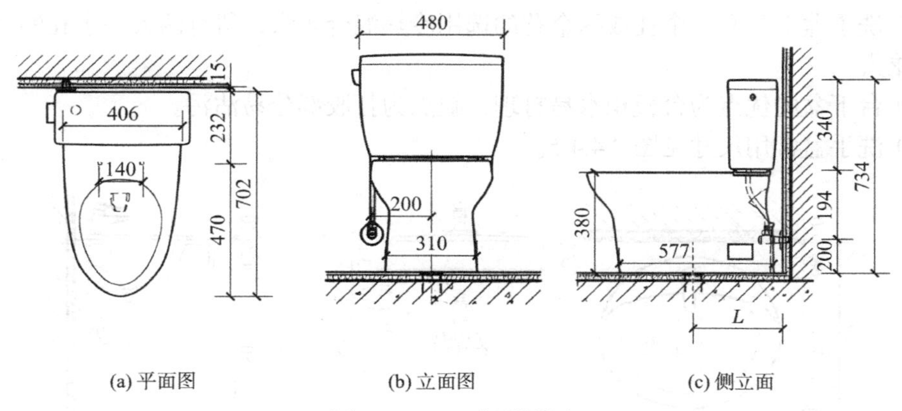

图 9.4.4-2　坐便器详图

3）小便器

（1）壁挂式小便器的安装应安全牢固。

（2）壁挂式小便器经常在地面设置地漏或条形地漏（排水沟）。

（3）壁挂式小便器两个小便器之间宜设置小便器隔板。

（4）壁挂式小便器和落地式小便器常用尺寸见图 9.4.4-3、图 9.4.4-4。

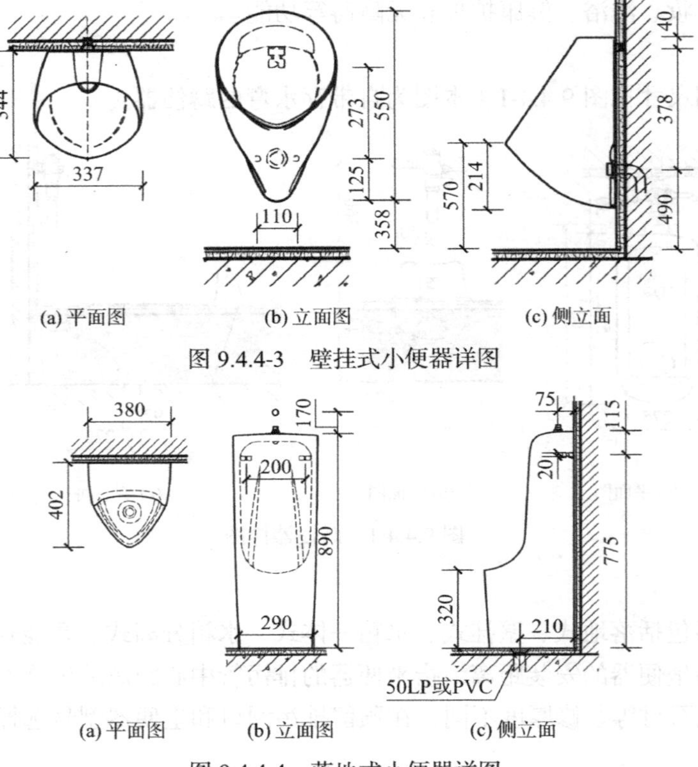

图 9.4.4-3 壁挂式小便器详图

图 9.4.4-4 落地式小便器详图

4）洗手盆

（1）洗手盆包括台式、立柱式、壁挂式、柜式等类型。

（2）有台面的洗手盆，台上盆安装容易，但台板易积水。

（3）洗手盆上只有一个孔或两个孔的选用冷热混合龙头，留有两大一小孔的可安装冷热分装龙头。

（4）台下盆的优点为台板积水易打理，缺点为打胶部分易沾污。

（5）洗手盆常用尺寸见图 9.4.4-5。

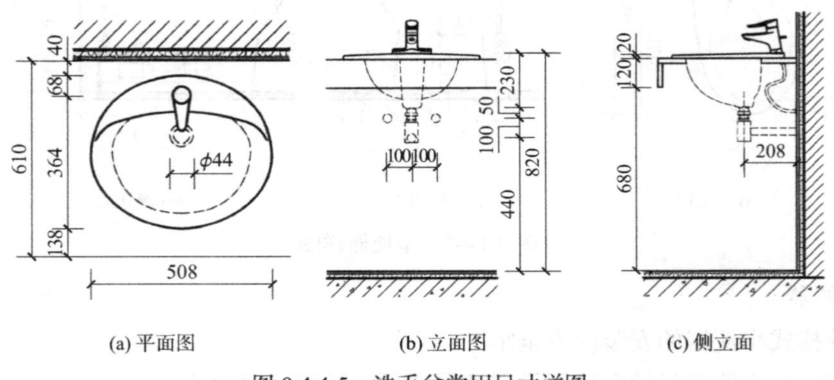

图 9.4.4-5 洗手盆常用尺寸详图

5）浴缸

选择带裙板浴缸需要区分左右不同型号，面向排水孔，裙板在右侧的是右型，在左侧的是左型，无裙板浴缸常采用砌筑封堵，外贴瓷砖或石材。浴缸常用尺寸见图 9.4.4-6。

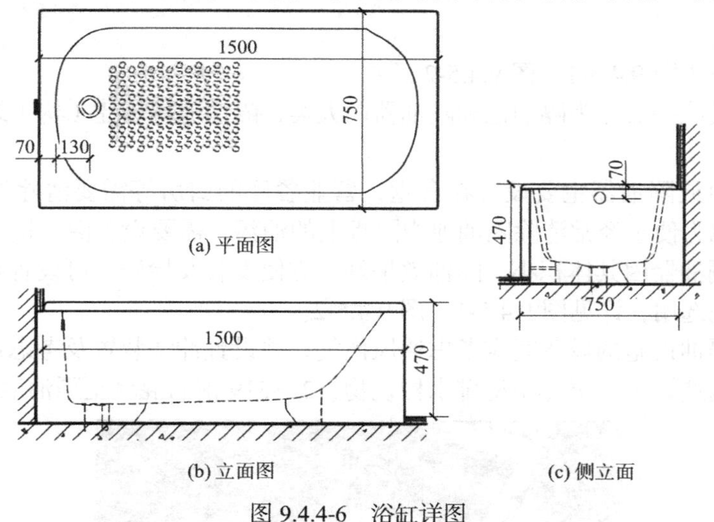

图 9.4.4-6　浴缸详图

2. 设计要点

（1）卫浴洁具选型与给水排水专业管线设置方式相关，需要对应考虑管线敷设的土建空间，并与精装修设计相结合。

（2）商业、餐饮、办公、交通等建筑和酒店的公共娱乐区域，其公共卫生间宜采用自动感应式或脚踏式蹲便器、自动感应式小便器、自动感应式水嘴洗手盆等。

（3）适老建筑宜选用内壁为白色的坐便器，坐便器冲水功能宜采用遥控式，不宜采用感应自动冲水式，方便老年人观察排泄物健康状况。

（4）同层排水

① 同层排水分为全降板、局部衬墙式降板和全衬墙式等方式。

a. 全降板方式：降板高度为 350～450mm，所有卫生间横管、支管埋地后与立管连接；

b. 局部衬墙式降板方式：高度通常在 150～200mm，小口径横管埋地，大口径横支管走衬墙；

c. 全衬墙方式：所有卫生间横支管通过衬墙与立管连接。

② 同层排水有利于卫浴洁具的灵活布置，同时具有对下层的噪声和渗漏水影响小等优点，但需要预留足够的结构降板和管线铺设空间。

（5）卫浴洁具的无障碍设计要点如下，还可参考本书第 4.3.5 节和第 9.2.2 节的相关内容。

① 无障碍坐便器水箱控制装置应位于易于触及的位置，应可自动操作或单手操作。

② 无障碍小便器下口距离地面高度不应大于 400mm。

③ 无障碍洗手盆台面距地面高度不应大于 800mm，水嘴中心距侧墙不应小于 550mm，其下部应预留不小于 450mm、其他部分进深不小于 250mm 的容膝容脚空间。出水龙头应采用杠杆式水龙头或感应式自动出水方式。

④ 浴盆距地面高度不应大于 450mm，在浴盆一端设置方便进入和使用的平台。

（6）宜选用 2 级或 1 级用水效率等级的节水型卫浴洁具。

9.4.5 其他

1. 隔油设施（图 9.4.5-1、图 9.4.5-2）

（1）隔油设施一般分为隔油池和隔油器两大类，隔油池属于建（构）筑物，隔油器属于成品装置。

（2）隔油池或隔油器主要设置在食堂，营业餐厅的厨房等需要清除油污的排水管道上，室外隔油池为便于经常清除隔油池内隔板上的油污，需要设置活动钢盖板。

（3）成品隔油器因其体积小、隔油效果好、方便安装及检修，可设置在室内等优点，在设置时宜优先选用，详见图 9.4.5-1、图 9.4.5-2。

（4）设置隔油设施的设备间应考虑通风换气，并设置冲洗装置及考虑地面排水。

（5）节点构造详见图集《小型排水构筑物》23S519 钢筋混凝土隔油池章节。

图 9.4.5-1 无动力隔油器

图 9.4.5-2 全自动隔油提升设备

2. 化粪池

（1）应设置在人们不经常停留、活动之处，并应靠近道路以方便抽粪车抽吸；

（2）池壁距建筑物外墙不宜小于 5m，并不得影响建筑物基础；

（3）四壁和池底应做防水处理，池盖必须坚固（考虑行车的位置）；

（4）检查井、吸粪口不应设在低洼处。

（5）化粪池和贮粪池距离地下取水构筑物不得小于 30m，距离埋地式生活饮用水贮水池不得小于 10m。

（6）化粪池通气孔位置要考虑安全、环保的要求。

（7）节点构造详见图集《室外排水设施设计与施工——钢筋混凝土化粪池》22S702。

9.5 蓄水设施

9.5.1 混凝土蓄水类工程防水

防水等级为一级的非侵蚀性介质环境的混凝土结构蓄水类工程，防水设计应满足下列规定：

（1）防水混凝土的强度等级不应低于 C25，防水混凝土的设计抗渗等级不小于 P8，当蓄水类工程为地下结构时，其顶板厚度不应小于 250mm，其底板及侧墙最小厚度不应小于 300mm。冰蓄冷水池的防水混凝土池壁的设计抗渗等级宜为 P10，还应考虑抗冻等级。

（2）应至少在内壁设置一道防水层，内壁防水层设计工作年限不应低于 10 年，防水材料多采用水泥基防水材料。

（3）对于蓄水水质有卫生要求的混凝土结构蓄水类工程，如清水池、游泳池等，应至少在池外壁增设一道防水层，以避免水渗漏入池内而影响蓄水水质，防水材料可选用防水卷材、防水涂料或水泥基防水材料等。

（4）对于其他类型混凝土结构蓄水水池，防水的目的是阻止池内水向外渗漏，应在内壁设置防水层。

（5）对于超高水压的特殊水池，应结合具体工程情况对防水材料的耐水压性能提出要求。

（6）对于消防水池、蓄冷水池等密闭空间的内防水材料应选用无毒、无污染、无刺激性气味、对人体无害的环保材料，并考虑施工的便捷性，保证施工作业人员的健康安全。

9.5.2 消防水箱和消防水池

消防水箱和消防水池是人工建造的供固定或移动消防水泵吸水的储水设施，高位消防水箱是设置在高处直接向水灭火设施重力供水的储水设施。

1. 设计要点

（1）受到消防车吸水高度的影响，供消防车取水的天然水源和消防水池应设置消防车道。消防车道的边缘距离取水点不宜大于 2m。

（2）消防水池可室外埋地、露天或在建筑内设置，应靠近消防泵房或和消防水泵房设置在同一房间，且池底标高应高于或等于消防水泵房的地面标高，水泵房不应设置在地下 3 层及以下，或室内地面与室外出入口地坪高差大于 10.0m 的地下楼层。

（3）严寒、寒冷地区的消防水池和高位消防水箱应采取防冻措施。防冻措施通常根据消防水池和水箱的具体情况，采取保温、供暖或深埋在冰冻线以下等措施。

（4）消防水池的总蓄水有效容积大于 500m^3 时，宜设两格能独立使用的消防水池；当大于 1000m^3 时，应设置能独立使用的两座消防水池。每格（或座）消防水池应设置独立的出水管，并应设置满足最低有效水位的连通管，且其管径应能满足消防给水设计流量的要求。

（5）高位消防水箱设置在建筑物内时，应采用耐火极限不低于 2.00h 的隔墙和 1.50h 的楼板与其他部位隔开，并应设甲级防火门，且消防水箱及其支承框架与建筑构件应连接牢固。

（6）建筑内的消防水池可不计入防火分区的建筑面积。

（7）成品水箱布置最小间距，如表 9.5.2-1 所示。

成品水箱布置最小间距 表 9.5.2-1

	有管侧外壁至墙面	无管侧外壁至墙面	水箱之间	人孔距顶板	箱顶距结构最低点
最小净距（m）	1.0	0.7	0.7	0.8	0.4

2. 节点构造

（1）高位消防水箱应沿短边方向设置条形基础，基础与主体之间应有有效连接，满足抗震设防目标要求。基础上预留与高位消防水箱底部槽钢连接的预埋件。

（2）消防水池、非生活饮用水水池的池体宜根据结构要求与建筑本体结构脱开，采用独立的结构形式，生活饮用水水池池体应采用独立结构形式。钢筋混凝土水池、池壁、底板及顶板应做防水处理且内表面应光滑、易于清洗。消防水池布置图详见图 9.5.2-1、图 9.5.2-2。

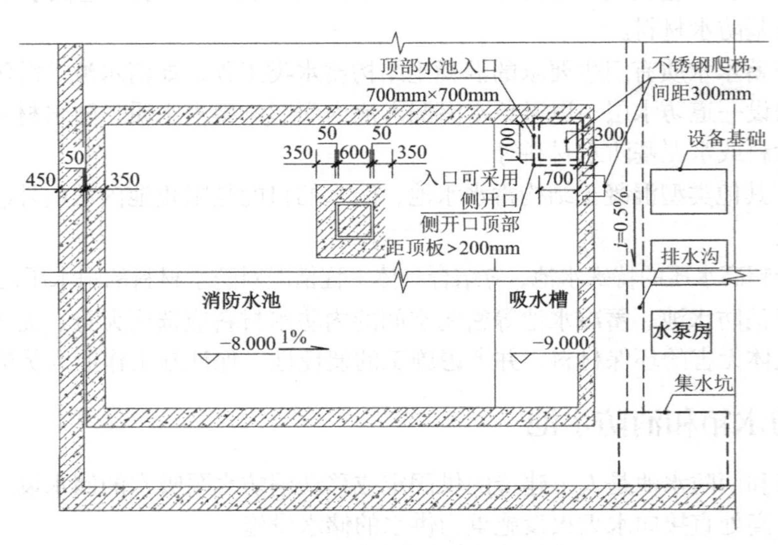

图 9.5.2-1 消防水池平面布置图

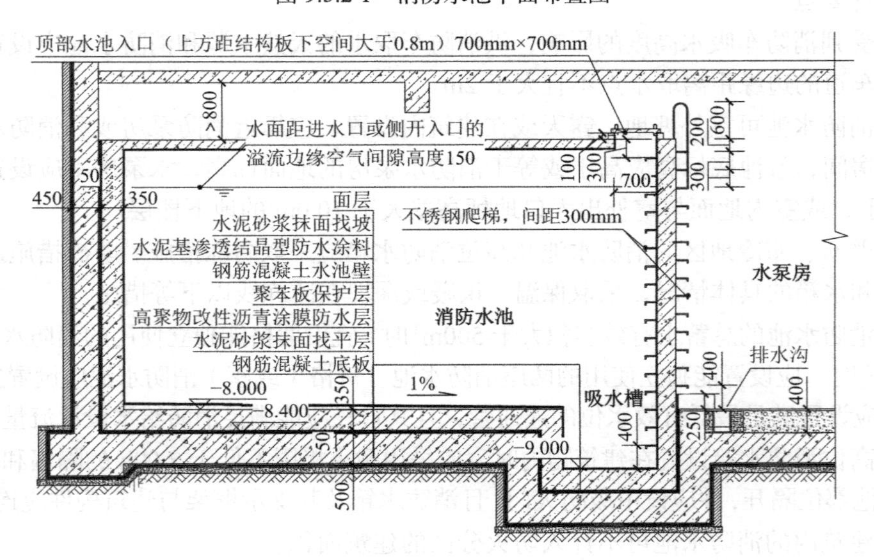

图 9.5.2-2 消防水池剖面布置图

9.5.3　蓄冷水池

蓄冷水池是一种用于储存低温水的设备，其主要作用是削峰填谷、平衡电力，减少空调系统的能耗，提高供暖效率。为了减少蓄冷池的冷损失及防止冷损失引起的蓄冷池表面结露。需要对蓄冷池进行保温和内防水处理。蓄冷水池整体保温效果须达到 24h 内热损失不超过 3%。保温要求应能满足在工作温度下，蓄冷水槽外表面不结露。

1. 设计要点

防水混凝土蓄冷水池，多采用内保温防水的构造方式。常用的保温材料为聚氨酯发泡保温、玻璃泡沫板保温、挤塑聚苯板保温等。其中聚氨酯发泡保温材料的性能较后两种优越，不容易受热胀冷缩而变形、开裂，对于室外或保温要求不高的蓄冷水池可以选用后两种保温材料。水池内壁多采用聚合物水泥防水材料，水池外壁可采用防水卷材或防水涂料。

2. 水蓄冷水池和冰蓄冷水池对比差异（表 9.5.3-1）

水蓄冷水池和冰蓄冷水池对比差异　表 9.5.3-1

	水蓄冷水池	冰蓄冷水池
成本造价	同等蓄冷量的水蓄冷系统造价约为冰蓄冷的一半或更低	冰蓄冷需要的制冷机组价格高，装机容量大，增加了配电装置的费用，且冰槽的价格高，管路系统和控制系统均较复杂，因此总造价高
占用空间	蓄冷槽占用空间相对较大	蓄冷槽占用空间相对较小
蓄冷槽设置位置	可置于绿化带下、停车场下或空地上以及利用消防水池改造而成	一般安装在室内，会占用正常机房面积
蓄冷装置兼容性	蓄冷水池冬季可兼作蓄热水池，对于热泵运行的系统特别有用，但此时不能作为消防水池。若单独作蓄冷水槽时可作为消防水池使用	蓄冰槽没有此功能
适用性	适合老用户空调系统蓄冷改造，也适合新装空调蓄冷系统建设	只适合新装用户，改造老用户需改造主机为双工况机组等因素，一般难实现
维护	易于维护，维护费用低	难维护，维护费用高，通常同等蓄冷量的冰蓄冷系统的维护费用是水蓄冷系统的 2～3 倍
用电量	属节能型空调，由于夜间蓄冷效率较白天高，系统满负荷运行时间大幅增加，扣除蓄冷损失等不利因素，较一般常规空调节电约 10%	属耗能型空调，制冰时效率下降达 30%，综合其夜间制冷、满负荷运行时间大幅增加等因素后，其较一般常规空调多耗电 20%左右

9.5.4　游泳池

游泳池可分为比赛、训练泳池和娱乐、健身泳池，比赛、训练泳池设置在体育建筑中；娱乐、健身泳池设置在酒店、健身房、嬉水乐园等场所中。比赛、训练泳池也常考虑赛后利用，供群众娱乐健身使用。

1. 设计要点

（1）比赛池长度分为 50m 和 25m 两种（表 9.5.4-1）。泳道宽度 2.5m，最外一条分道线距池边至少 50cm。

游泳池尺寸（m） 表 9.5.4-1

等级	比赛池规格（长×宽×深）		池岸宽		
	游泳池	跳水池	池侧	池端	两池间
特级、甲级	50×25×2	21×25×5.25	8	5	≥10
乙级	50×21×2	16×21×5.25	5	5	≥8
丙级	50×21×1.3	—	2	3	—

注：1. 甲级以上的比赛设施，游泳池和比赛池应分开设置。
2. 当游泳池和跳水池有多种用途时，应同时符合各项目的技术要求。

（2）训练池应包括根据竞赛规则及国际泳联的规定的热身池与供初学和训练用的练习池，并应符合下列要求：

① 比赛用热身池，平时可做训练池用。

② 成人初学池水深宜为 0.90～1.35m，儿童初学池水深宜为 0.60m、1.10m。当利用标准比赛池时，可利用升降池底或其他措施来满足以上要求。

③ 训练设施使用人数可按每人 4m² 水面面积计算。

④ 建筑内游泳池可不计入防火分区的建筑面积。

⑤ 除建筑内的游泳池、浴池、溜冰场可不设置自动灭火系统。

2. 节点构造

（1）游泳池构造（图 9.5.4-1）

① 主体结构层：采用抗渗混凝土结构、金属结构、玻璃结构等。

② 防水层：混凝土结构泳池采用池底和池壁内防水。

③ 附加层：池底管线垫层，池底及池壁的防水保护层、饰面粘结层和饰面层，其他灯带、溢水沟构造需要的附加层等。

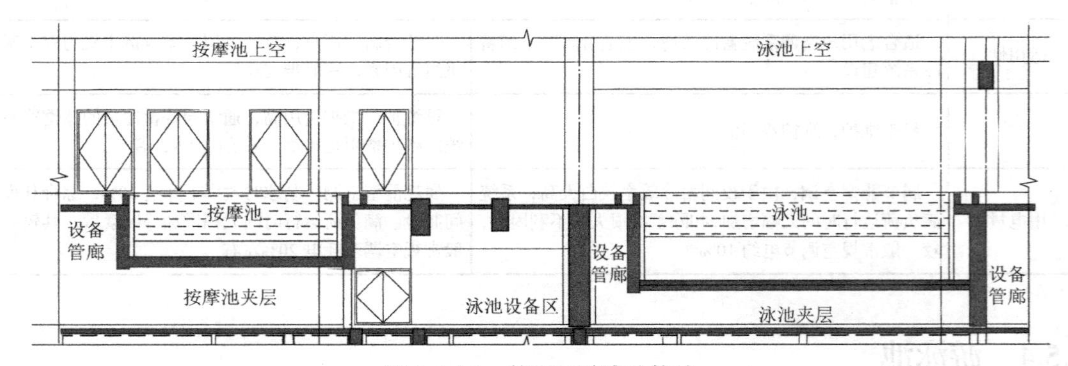

图 9.5.4-1 某项目游泳池构造

（2）防水做法（表 9.5.4-2）

① 游泳池池底内防水常规做法：柔性防水层—保护层（找平层）—刚性防水层—主体结构。

② 游泳池池壁内防水常规做法：柔性防水层—找平层—刚性防水层—主体结构。

③ 贯穿构造做法的所有管线均应做好防水密封处理。

④ 防水层在墙、柱交接转角、阴角、阳角处应加强防水处理。

游泳池常见防水材料表　　　　**表 9.5.4-2**

防水材料分类		防水层材料	最小厚度（mm）
柔性防水层	涂料类	聚合物水泥防水涂料	2.0
		聚氨酯防水涂料	1.5
柔性防水层	涂料类	丁苯胶乳防水涂料	0.7～1.0
	复合卷材类	聚乙烯丙纶防水卷材 + 粘结料	单层：6～8 双层：2 × (0.7 + 1.3)
刚性防水层		水泥基渗透结晶型防水涂料	1.0～1.2
		聚合物水泥防水砂浆	单层：6～8 双层：10～12

注：1. 以上防水材料均应具有较好的高低温稳定性。
2. 聚合物水泥防水涂料耐水性应 > 80%。
3. 丁苯胶乳防水涂料宜与丁苯胶乳改性砂浆配合使用组成多层防水系统，使防水效果更好。

（3）面层做法

① 游泳池饰面层分为：泳池专用砖、整体饰面材料。

② 泳池专用砖包括：泳池专用瓷砖、瓷质釉面砖、玻璃马赛克、陶瓷马赛克等。

③ 整体饰面材料包括：装饰、防水一体化饰面，整体彩色饰面。其中，装饰、防水一体化饰面材料包括：聚脲弹性装饰防水涂料、聚氧乙烯装饰防水膜片（PVC）。整体彩色饰面多应用于室内外休闲健身戏水泳池。

④ 游泳池饰面材料，应满足耐水压、耐浸泡、耐腐蚀、耐磨、防滑等物理特性，且易清洗、易修复。

⑤ 饰面层表面对抗污、抗化学及抗霉菌有较高要求时，可选用环氧填缝剂。

⑥ 游泳池和水上游乐池的进水口、池底回水口和泄水口应配设格栅盖板，格栅间隙宽度不应大于 8mm。泄水口的数量应满足不会产生造成对人体伤害的负压。通过格栅的水流速度不应大于 0.2m/s。

9.5.5　雨水调蓄系统

雨水调蓄系统是雨水滞蓄、储存和调节系统的统称。雨水调蓄设施包括：雨水调蓄池、具有调蓄空间的景观水体、降雨前能及时排空的雨水收集池、洼地及入渗设施等。

1. 雨水调蓄池

（1）设计要点

① 当场地需要控制面源污染、削减排水管道峰值流量以防治地面积水、提高雨水利用程度时，宜设置雨水调蓄池。

② 雨水调蓄池应通过项目场地中硬化道路、透水铺装、下凹绿地等指标计算进行选用，并在总图中注明相应的面积或容积。

③ 北京市项目，根据《海绵城市雨水控制与利用工程设计规范》DB11/685—2021 的要求，硬化面积大于 10000m^2 的项目，每千平方米硬化面积应配建调蓄容积不小于 50m^3 的雨水调蓄设施。

■ **说明**

硬化面积指标计算：居住区项目，硬化面积指屋顶硬化面积，按屋顶（不包括实现绿化的屋顶）

的投影面积计；非居住区项目，硬化面积包括建设用地范围内的屋顶、道路、广场、庭院等部分的硬化面积；具体计算办法为：硬化面积＝建设用地面积－绿地面积（包括实现绿化的屋顶）－透水铺装用地面积。

④ 雨水调蓄池的设置应尽量利用现有设施，充分利用现有河道、池塘、人工湖、景观水池等设施建设雨水调蓄池，可降低建设费用，取得良好的社会效益。

⑤ 设于室外场地的雨水调蓄池，应避开消防车道、消防车登高操作场地，或满足消防车的荷载要求，并根据场地竖向关系设置在雨水汇流的区域。

⑥ 雨水调蓄池应设有超调蓄能力的溢流措施，应设置清洗、排汽和除臭等附属设施和检修通道。

（2）节点构造

成品雨水调蓄池布置节点详见图集《海绵型建筑与小区雨水控制及利用》17S705、混凝土雨水调蓄池布置图详见图集《雨水调蓄设施——钢筋混凝土雨水调蓄池》20S805-1。

2. 景观水池

（1）设计要点

① 城市湿地公园、城市绿地及社区绿地中的景观水体等宜具有雨水调蓄功能，并通过调蓄设施的溢流排放系统与城市雨水管渠系统和超标雨水径流排放系统相衔接。

② 人工水体岸边近 2m 的范围内的水深大于 0.5m 时，应采取安全防护设施。

③ 景观水池设置在屋顶或地下室顶板上时，应避免下方有电气房间。

④ 景观水池应避免设置在人防顶板上方。

⑤ 景观水池兼作雨水收集贮存水池，应满足《城市污水再生利用 景观环境用水水质》GB/T 18921—2019 规定的中水补水，并设置循环系统。

（2）节点构造（图 9.5.5-1）

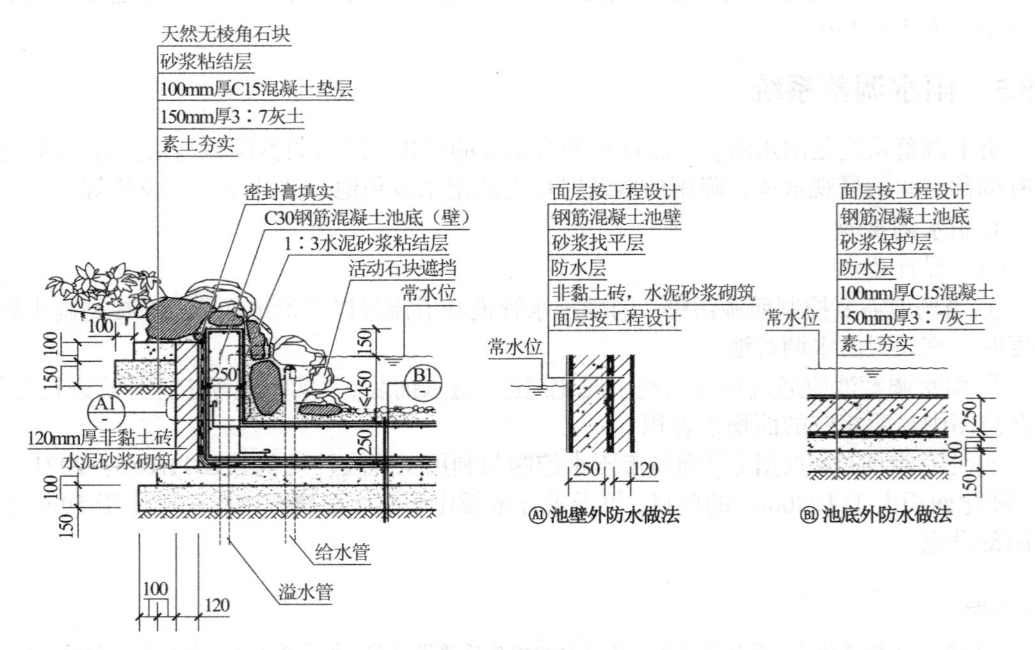

图 9.5.5-1　室外景观水池详图

9.5.6　问题解析

【问题 1】消防水池必须与主体结构脱开吗?

【解析】消防水池作为非生活饮用水水池，在《民用建筑设计统一标准》GB 50352—2019 中要求尽量采用独立结构形式设置。

池体直接利用建筑结构体系，可以降低建造成本和缩小消防水箱占用的空间，但在实际工程中存在受结构变形影响而开裂、渗水的隐患，且长期浸水对主体结构的耐久性也会造成一定影响，因此必须采取有效的抗渗抗开裂措施以及防水防护措施，以减小对主体结构产生的影响。但此条不作为强制要求，主要根据建筑结构安全等级综合考虑。

【问题 2】游泳池的疏散人数如何计算?

【解析】规范未明确统一。《全民健身活动中心管理服务要求》GB/T 34280—2017 第 5.4.3.3 条：人工泳池 2.5m²/人，天然泳池 4m²/人；滑冰、轮滑 5m²/人；室内滑雪、滑板 20m²/人；其他室内运动项目按照 4m²/人。而根据《建筑设计资料集（第三版）》（第 6 册），游泳池的人员密度按 4m²/人水面计算。

【问题 3】游泳池是否需要设置第二安全出口?

【解析】游泳池除更衣室出口外，应有分散布置的第二安全出口。

【问题 4】游泳池的疏散距离可否按照大空间考虑? 是否考虑泳池的阻挡?

【解析】游泳池可以按《建筑设计防火规范》GB 50016—2014 第 5.5.17 条第 4 项的大空间疏散距离执行。不考虑泳池阻挡。

9.6　防火、防排烟设施

9.6.1　挡烟垂壁

挡烟垂壁是为了阻止烟气沿水平方向流动，采用不燃材料制成，垂直安装在建筑顶棚、横梁或吊顶下，能在火灾时形成一定的蓄烟空间的挡烟分隔设施。

1. 挡烟垂壁作用

设置挡烟垂壁是划分防烟分区的主要措施，由挡烟垂壁、结构梁或隔墙等在建筑空间顶部形成蓄积火灾烟气的储烟仓（储烟仓高度即设计烟层厚度），火灾时通过排烟系统将防烟分区内储烟仓烟气排出。

2. 挡烟垂壁设置部位

（1）防烟分区之间未采用防火隔墙、防火玻璃隔墙等措施分隔时应设置挡烟垂壁。

（2）当中庭与周围场所未采用防火隔墙、防火玻璃隔墙、防火卷帘时，中庭与周围场所之间应设置挡烟垂壁。

（3）设置排烟设施的建筑内，敞开楼梯和自动扶梯穿越楼板的开口部应设置挡烟垂壁等设施。

（4）公共建筑电梯宜设置电梯厅，并在电梯厅的入口处设置防火隔墙和甲级或乙级防火门，如不设置门，则应设置挡烟垂壁。

3. 挡烟垂壁分类和代号

（1）挡烟垂壁按安装方式，可分为固定式（代号 D）和活动式（代号 H）（图 9.6.1-1）。

固定式即固定安装一个能满足设定挡烟高度的挡烟垂壁；活动式主要有翻板式、重力式和卷帘式，可以从初始位置自动运行至挡烟工作位置，并满足设定挡烟高度。

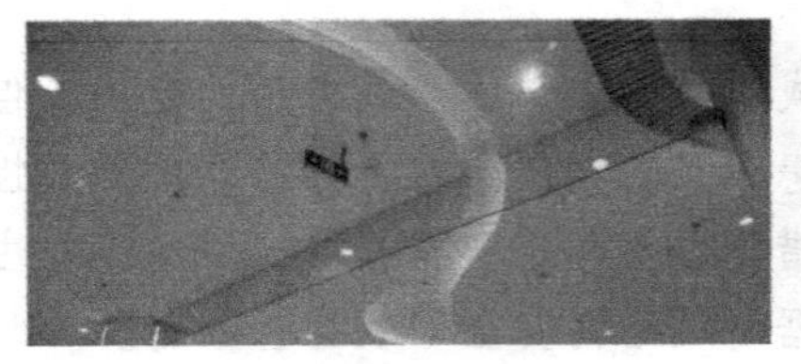

(a) 固定式挡烟垂壁

(b) 活动式挡烟垂壁

图 9.6.1-1 挡烟垂壁类型

（2）挡烟垂壁按挡烟部件材料的刚性性能可分为柔性（代号 R）和刚性（代号 G）。

4. 挡烟垂壁的材料要求

（1）挡烟垂壁应采用不燃材料制作。

（2）挡烟垂壁的金属板材的厚度不应小于 0.8mm，其熔点不应低于 750℃。

（3）挡烟垂壁的不燃无机复合板的厚度不应小于 10.0mm。

（4）挡烟垂壁的玻璃材料应为防火玻璃。

5. 挡烟垂壁尺寸要求

（1）挡烟垂壁的挡烟高度应符合设计要求，由暖通专业根据规范计算确定，其最小值不应低于 500mm。

（2）采用不燃无机复合板、金属板材、防火玻璃等材料制作刚性挡烟垂壁的单节宽度不应大于 2000mm。采用金属板材、无机纤维织物等制作柔性挡烟垂壁的单节宽度不应大于 4000mm。

（3）刚性挡烟垂壁之间、刚性挡烟垂壁与墙面之间的间隙应小于 20mm，并用防火密封胶做填缝处理。

（4）卷帘式挡烟垂壁挡烟部件（单节）由两块或两块以上织物缝制时，搭接宽度不得小于 20mm，由两块或两块以上的挡烟垂帘组成的连续性挡烟垂壁，各块之间不应有缝隙，搭接宽度不应小于 100mm；翻板式挡烟垂壁的搭接宽度不得小于 20mm。

（5）活动式挡烟垂壁与建筑结构（柱或墙）面的缝隙不应大于 60mm。

6. 挡烟垂壁耐高温性能

挡烟垂壁在（620 ± 20）℃的高温作用下，保持完整性的时间不小于 30min。

7. 挡烟垂壁高度设计原则

（1）防烟分区划分及挡烟垂壁设置位置及设置高度由暖通专业根据规范计算确定。

（2）空间净高小于 3m 的区域，宜采用活动挡烟垂壁。

（3）挡烟垂壁设置需要满足人员活动和生产工艺对空间净高的最低要求：固定式挡烟垂壁下净高应满足所在建筑空间净高要求；活动挡烟垂壁下缘为疏散通道时，下缘距地面净高不小于 2.10m。

（4）挡烟垂壁高度与建筑空间的关系：储烟仓厚度与排烟口的设置数量成反比，即储烟仓厚度越高，防烟分区内设置的排烟口的数量就越少；人员活动和生产工艺允许且不直接影响建筑美观时，应尽量增加挡烟垂壁高度，有利于增加自然排烟窗口计算面积，或有利于减少机械排烟风口数量，有利于后期装修配合。

8. 挡烟垂壁选型参考表

在选择挡烟垂壁材料及安装方式时，可根据具体建筑空间与建筑功能，参考表 9.6.1-1 进行设计。

挡烟垂壁选型参考表　　　　表 9.6.1-1

<table>
<tr><th rowspan="2">类型</th><th rowspan="2" colspan="2">材质</th><th colspan="3">规格（mm）</th><th rowspan="2">特点</th><th rowspan="2">适用场所</th></tr>
<tr><th>厚度</th><th>单节宽度</th><th>高度</th></tr>
<tr><td rowspan="4">固定式挡烟垂壁</td><td rowspan="3">刚性</td><td>防火玻璃</td><td>≥ 6.0</td><td>≤ 2000</td><td rowspan="2">500
550
600
…</td><td>美观度好，适用于人流、物流量不大，但对装饰要求高的场所；单层防火玻璃存在一定自爆率、受到一定强度外力冲击易垮塌，单层防火防爆玻璃、双层夹胶防火玻璃安全性好但单价较高</td><td>商业、酒店、会议中心、办公楼等场所</td></tr>
<tr><td>不燃无机复合板</td><td>≥ 10.0</td><td>≤ 2000</td><td>加工方便，安装后平整度好、美观大方、绿色环保。表面可根据需要增加图案、广告语等处理，受到外力冲击时无破碎击伤风险；美观度一般</td><td>商业、酒店、会议中心、办公楼、地库、厂房等场所</td></tr>
<tr><td>金属钢板</td><td>≥ 0.8</td><td>≤ 2000</td><td rowspan="5">500
550
600
…</td><td>采用优质热镀锌钢板、烤漆钢板或不锈钢板一体成型，具有表面无接点、焊接、外观整洁、美观度较好、强度佳的特点</td><td>镀锌钢板适用于地库、厂房等非装修区域；烤漆钢板或不锈钢板适用于商业、办公等装修区域</td></tr>
<tr><td>柔性</td><td>无机纤维织物</td><td>—</td><td>≤ 4000</td><td>施工方便、便于开洞、性价比高；美观度差</td><td>地库、厂房、超市及不吊顶的大型卖场等对美观度要求低的场所</td></tr>
<tr><td rowspan="3">活动式挡烟垂壁</td><td rowspan="2">刚性：翻板式重力式</td><td>不燃无机复合板</td><td>≥ 10.0</td><td>≤ 2000</td><td>（同上）</td><td>（同上）</td></tr>
<tr><td>金属钢板</td><td>≥ 0.8</td><td>≤ 2000</td><td>（同上）</td><td>（同上）</td></tr>
<tr><td>柔性：卷帘式</td><td>无机纤维织物</td><td>—</td><td>≤ 4000</td><td>结合吊顶安装，平时与吊顶齐平，具有较好隐蔽性和装饰性，火灾时自动下垂满足储烟仓高度要求；应注意防潮、避免雨淋，周围无强烈电磁场干扰源，无易爆物质，无腐蚀金属的介质影响</td><td>有吊顶的场所或净高空间受限的场所</td></tr>
</table>

9. 问题解析

【问题】封闭吊顶挡烟垂壁上方空间是否需要封堵？

【解析】封闭吊顶挡烟垂壁上方空间是否需要封堵，规范没有明确，常用防火玻璃固定挡烟垂壁的做法详见图 9.6.1-2。如果防烟分区有一侧吊顶无法明确是否设置或者是否封闭时，挡烟垂壁上方空间应采取封堵措施。

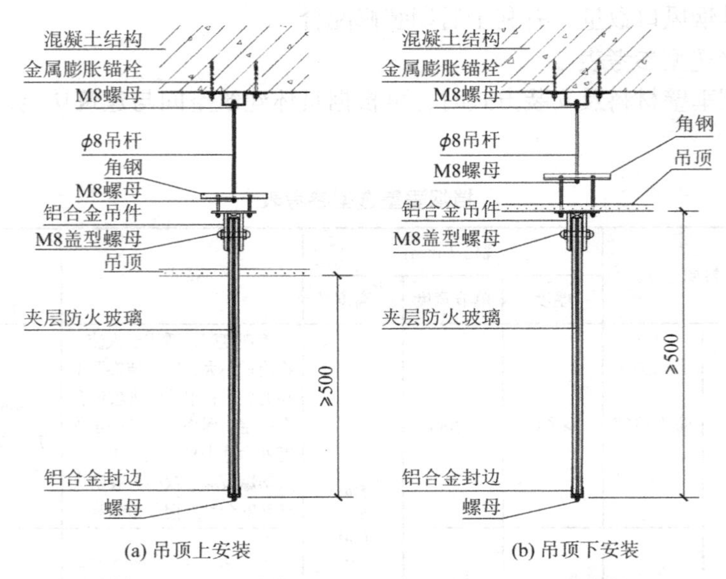

(a) 吊顶上安装　　(b) 吊顶下安装

图 9.6.1-2　封闭吊顶防火玻璃固定式挡烟垂壁安装构造

9.6.2　防火封堵

建筑防火封堵系统采用具有一定防火、防烟、隔热性能的材料对建筑缝隙、贯穿孔口等进行密封或填塞，能在设计的耐火时间内与相应建筑结构或构件协同工作，以阻止热量、火焰和烟气穿过的一种防火构造措施，是建筑被动防火系统中用于阻止火势和烟气蔓延的子系统之一，主要通过防火封堵材料、制品或组件对建筑建造或改造过程中在防火分隔墙体、楼板等结构或构件中形成的贯穿孔口、建筑缝隙等，以及建筑构件之间的连接缝隙进行密封、填塞来实现其阻烟隔火的目标。

1. 防火封堵部位（图 9.6.2-1）

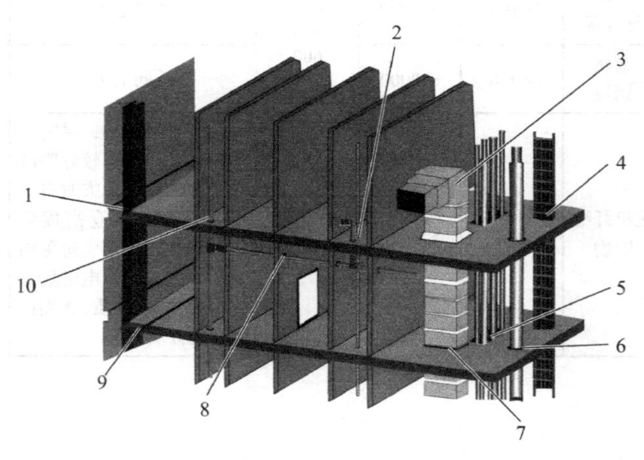

1—幕墙接缝；2—塑料管穿越楼板；3—管道（通风/排油烟）防火包裹；4—电缆桥架（通信/电力）；
5—多管道穿越楼板；6—绝缘管道穿越楼板；7—风管穿越楼板；
8—金属管穿越墙体；9—变形缝；10—墙头缝

(a) 防火封堵常见部位

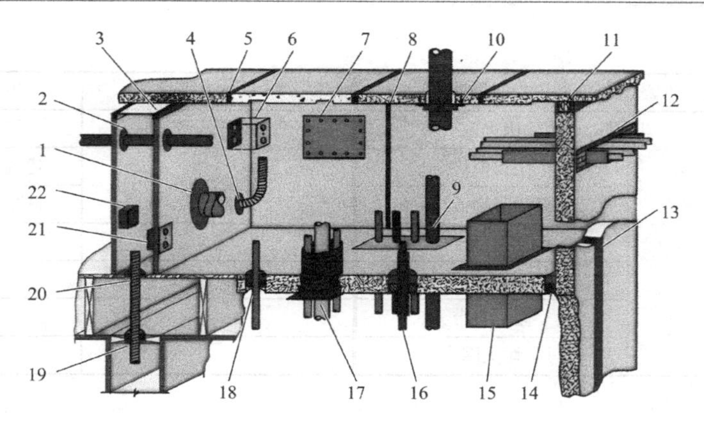

1—圆管；2—穿过墙体的管道；3—顶棚；4—柔性管道；5—楼板建筑缝隙；6—电源箱；7—空开口；8—竖向施工缝；9—多种管道；10—PVC、CPVC、ABS、FRPP 阻火圈；11—墙顶；12—电缆托架；13—墙体间隙；14—楼板与墙体的间隙；15—通风管；16—穿过楼板的保温管；17—现浇的椭圆形孔；18—穿过楼板的管道；19—木质楼板；20—外覆 PVC 的柔性金属管；21—电源插座；22—电源盒

(b) 标准要求防火封堵部位

图 9.6.2-1　防火封堵部位示意图

（1）防火墙：除可燃气体和甲、乙、丙类液体的管道外，其他管道确需要穿过防火墙时，应采用防火封堵材料或制品将墙与管道之间的空隙紧密填实，穿过防火墙处的管道保温材料，应采用不燃材料；当管道为难燃及可燃材料时，应在防火墙两侧的管道上采取防火措施。

（2）建筑幕墙：建筑幕墙与每层楼板、隔墙处的缝隙应采用防火封堵材料或制品封堵。

（3）竖井：建筑内的电缆井、管道井应在每层楼板处采用不低于楼板耐火极限的不燃材料或防火封堵材料封堵。建筑内的电缆井、管道井与房间、走道等相连通的孔隙应采用防火封堵材料或制品封堵。

（4）变形缝：变形缝内的填充材料和变形缝的构造基层应采用不燃材料。电线、电缆、可燃气体的管道和甲、乙、丙类液体的管道确需穿过建筑内的变形缝时，应在穿过处加设不燃材料制作的套管或采取其他防变形措施，并应采用防火封堵材料或制品封堵。

（5）供暖、通风、防排烟和空气调节系统的管道：防排烟、供暖、通风和空气调节系统中的管道，在穿越防火隔墙、楼板和防火墙处的孔隙应采用防火封堵材料或制品封堵。

（6）建筑内受高温或火焰作用易变形的管道，在贯穿楼板部位和穿越防火隔墙的两侧宜采取阻火措施。管道、电气线路敷设在墙体内或穿过楼板、墙体时，应采取防火保护措施，与墙体、楼板之间的缝隙应采用防火封堵材料或制品填塞密实。

（7）防火分隔部位设置防火卷帘时，防火卷帘应具有防烟性能，与楼板、梁、墙、柱之间的空隙应采用防火封堵材料或制品封堵。

（8）建筑外墙外保温系统与基层墙体、装饰层之间的空腔，应在每层楼板处采用防火封堵材料或制品封堵。

2. 防火封堵材料分类（表 9.6.2-1）

防火封堵材料分类　　　　表 9.6.2-1

分类方式	防火封堵材料名称	分类方式	防火封堵材料名称
按类型分类	柔性有机堵料	按材质分类	无机防火封堵材料
	无机堵料		有机防火封堵材料

续表

分类方式	防火封堵材料名称	分类方式	防火封堵材料名称
按类型分类	阻火包	按材质分类	复合防火封堵材料
	阻火模块	按用途分类	建筑缝隙防火封堵材料
	防火封堵板材		贯穿孔口防火封堵材料
	泡沫封堵材料		
	防火密封胶		
	阻火包带		
	阻火圈		

3. 防火封堵材料选择（表 9.6.2-2）

建筑防火封堵材料应根据封堵部位的类型、缝隙或开口大小以及耐火性能要求等确定。

防火封堵材料选择　表 9.6.2-2

封堵部位	间隙尺寸（宽度）	防火封堵材料名称
建筑缝隙	＜5mm（通常）	柔性有机堵料、防火密封胶、防火密封漆等及其组合
环形间隙较小	15～50mm	柔性有机堵料、防火密封胶、泡沫封堵材料、阻火包带、阻火圈等及其组合
环形间隙较大	＞50mm	无机堵料、阻火包、阻火模块、防火封堵板材、阻火包带、阻火圈等及其组合

4. 典型防火封堵构造

（1）建筑幕墙层间封堵的构造应具有自承重和适应缝隙变形的性能，参见图 9.6.2-2。在矿物棉等背衬材料的上面应覆盖具有弹性的防火封堵材料，承托板与幕墙、建筑外墙之间及承托板之间的缝隙，应采用具有弹性的防火封堵材料封堵。外墙外保温空腔层间封堵也应注意在矿物棉等背衬材料的上面覆盖弹性防火封堵材料。

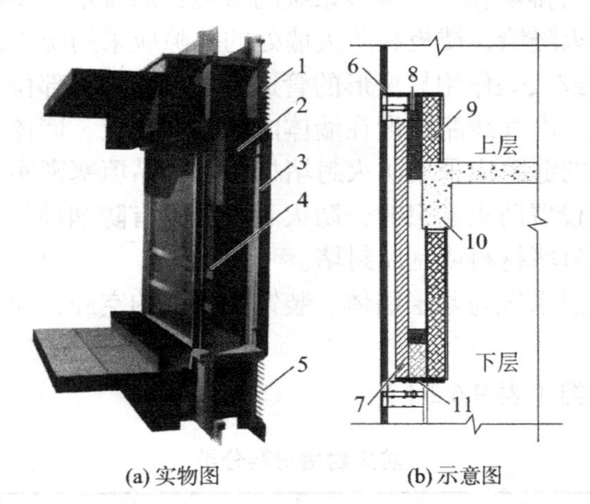

(a) 实物图　(b) 示意图

1—出风装置；2—遮阳装置；3—外层幕墙；4—内层幕墙；5—进风装置；6—建筑幕墙；7—幕墙挡板；8—防火封堵组件；9—实体墙；10—梁；11—防火封堵组件

图 9.6.2-2　建筑幕墙层间封堵

（2）高熔点管道贯穿孔口防火封堵：熔点不低于 1000℃且无绝热层的金属管道，环形间隙应采用无机或有机防火封堵材料封堵；或采用矿物棉等背衬材料填塞并覆盖有机防火封堵材料；或采用防火封堵板材封堵，并在管道与防火封堵板材之间的缝隙填塞有机防火封堵材料，参见图 9.6.2-3（a）。

（3）高熔点管道带可燃隔热层贯穿孔口防火封堵：熔点不低于 1000℃且有绝热层的金属管道，当可燃隔热层在贯穿孔口处不允许去掉时，则要采用具有膨胀性的防火封堵材料或制品封堵。如阻火圈、阻火包带、具有膨胀性的柔性有机堵料或防火密封胶等，参见图 9.6.2-3（b）。

（4）低熔点管道贯穿孔口防火封堵：熔点低于 1000℃的金属管道贯穿具有耐火性能要求的建筑结构或构件时，环形间隙应采用矿物棉等背衬材料填塞并覆盖膨胀性的防火封堵材料。对于公称直径大于 50mm 的管道，在竖向贯穿孔口的下侧或水平贯穿孔口两侧的管道上还应设置阻火圈或阻火包带，参见图 9.6.2-4。

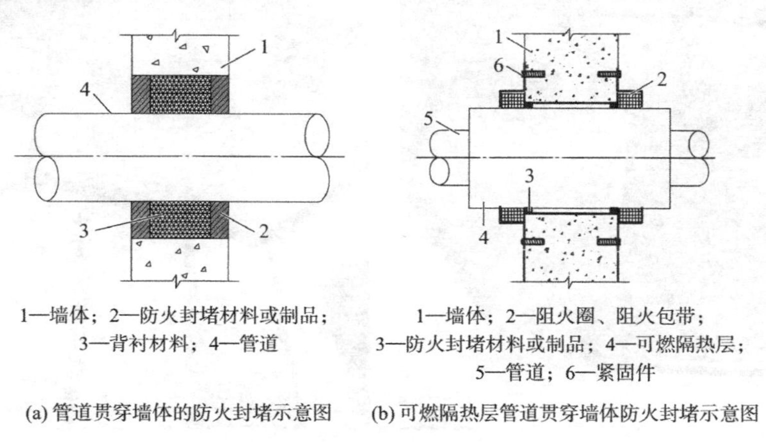

1—墙体；2—防火封堵材料或制品；3—背衬材料；4—管道

(a) 管道贯穿墙体的防火封堵示意图

1—墙体；2—阻火圈、阻火包带；3—防火封堵材料或制品；4—可燃隔热层；5—管道；6—紧固件

(b) 可燃隔热层管道贯穿墙体防火封堵示意图

图 9.6.2-3　高熔点管道贯穿建筑结构构件防火封堵示意图

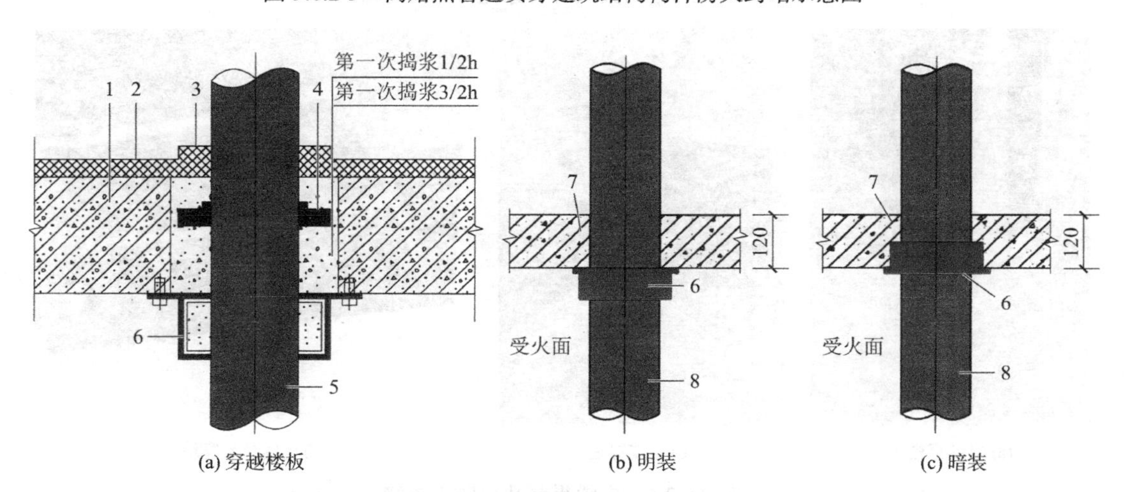

(a) 穿越楼板　(b) 明装　(c) 暗装

1—楼板；2—楼板面层；3—水泥浆阻火圈；4—止水环（与 HTPP 管粘结）；5—HTPP 管；6—阻火圈；7—楼板；8—UPVC 管

图 9.6.2-4　阻火圈设置示意图

（5）耐火风管贯穿孔口防火封堵：耐火风管贯穿孔口的环形间隙宜采用具有弹性的防火封堵材料封堵；或采用矿物棉等背衬材料填塞并覆盖具有弹性的防火封堵材料；或采用防火封堵板材封堵，并在风管与防火封堵板材之间的缝隙填塞具有弹性的防火封堵材料，参见图 9.6.2-5。

（6）电气线路贯穿孔口防火封堵：对于金属导管，封堵方式同高熔点管道贯穿孔口防火封堵；对于塑料导管，封堵方式同低熔点管道贯穿孔口防火封堵。当贯穿孔口的环形间隙较小（间隙宽度在 15～50mm）时，应采用膨胀性的有机防火封堵材料封堵。当贯穿孔口的环形间隙较大（间隙宽度大于 50mm）时，应采用无机防火封堵材料封堵；或采用矿物棉等背衬材料填塞并覆盖膨胀性的有机防火封堵材料；或采用防火封堵板材、阻火模块封堵，并在电缆与防火封堵板材或阻火模块之间的缝隙填塞膨胀性的防火封堵材料。电缆之间的缝隙应采用膨胀性的防火封堵材料封堵。对于高压电缆，应采用具有弹性的防火封堵材料，参见图 9.6.2-6。

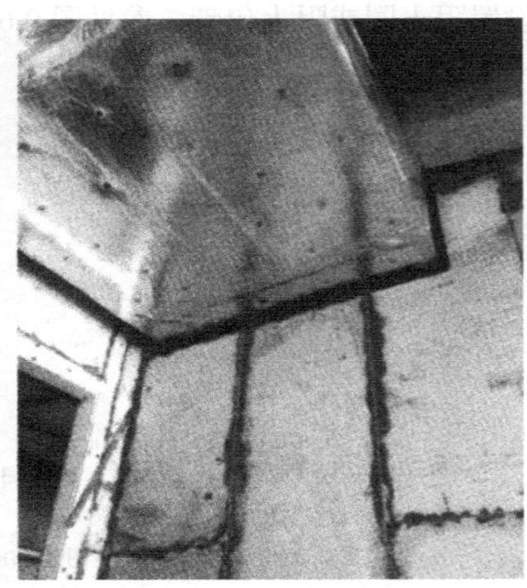

图 9.6.2-5 耐火风管贯穿孔口防火封堵

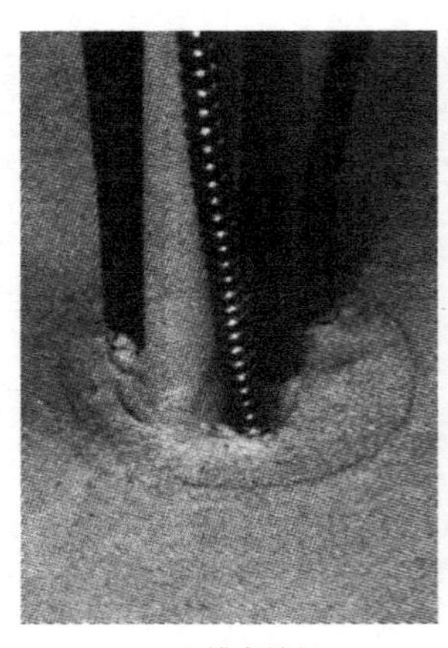

(a) 电缆穿楼板

(b) 电缆穿墙

(c) 电缆桥架穿墙

图 9.6.2-6 电缆贯穿孔口防火封堵

（7）防火门、防火窗以及防火卷帘防火封堵：防火门、防火窗以及防火卷帘的导轨、箱体等与建筑结构或构件之间的缝隙，应采用具有弹性的防火封堵材料封堵；或采用矿物棉等背衬材料填塞并覆盖具有弹性的防火封堵材料；或采用防火封堵板材、阻火模块封堵，缝隙应采用具有弹性的防火封堵材料封堵，封堵方式参见图 9.6.2-7。

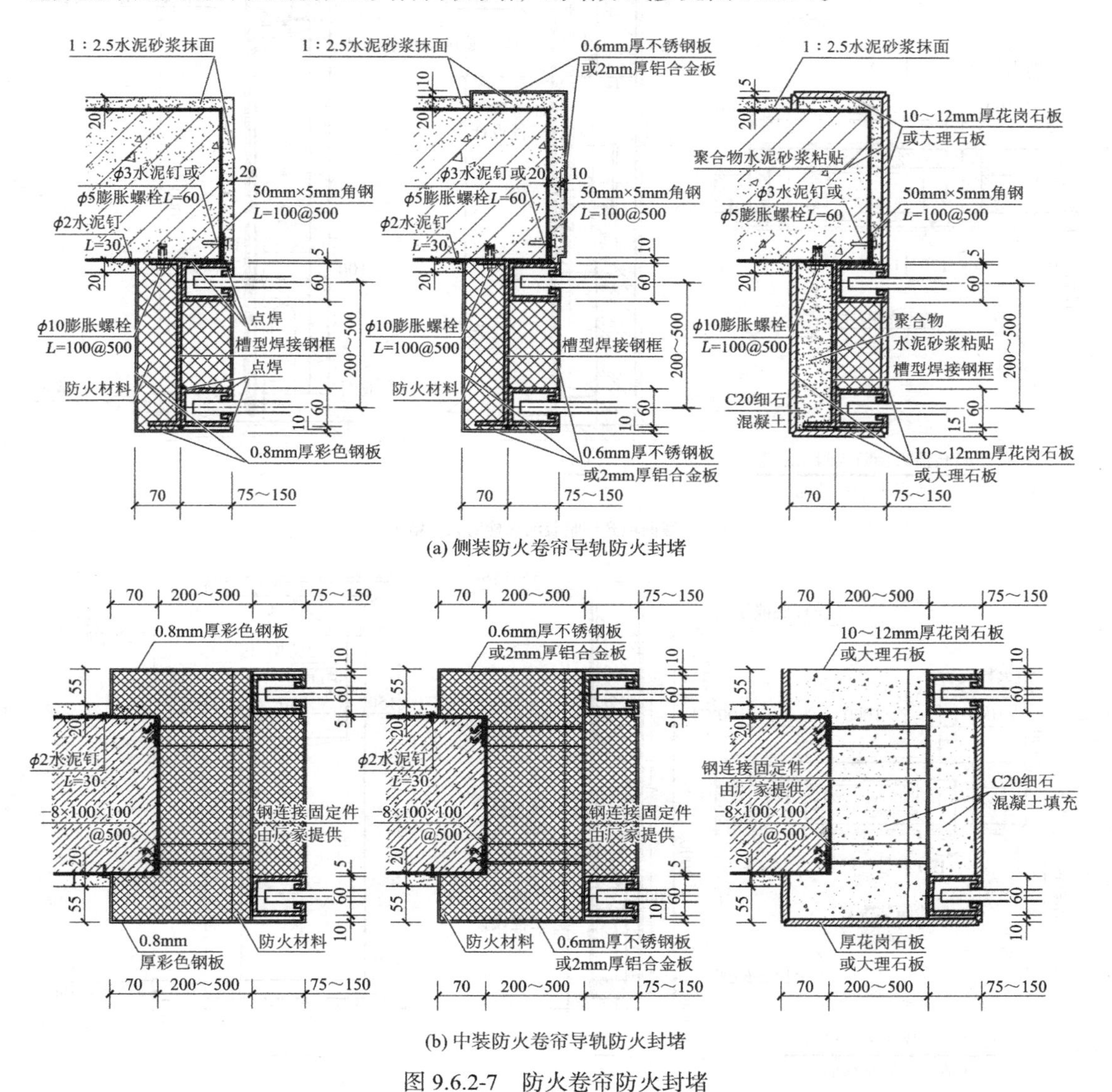

(a) 侧装防火卷帘导轨防火封堵

(b) 中装防火卷帘导轨防火封堵

图 9.6.2-7　防火卷帘防火封堵

（8）暗装消火栓防火封堵：暗装的消火栓箱不应破坏隔墙的耐火性能，典型墙体耐火时间（120mm 钢筋混凝土实体墙：2.5h；180mm 钢筋混凝土实体墙：3.5h；100mm 厚加气混凝土墙：6h），工程中填充墙体一般采用加气混凝土，当消火栓暗装时，背后留 100mm 厚墙体即可，消火栓封堵方式参见图 9.6.2-8（a）；当消火栓暗装时背后不留墙体时，注明消火栓箱背后加防火板，并要求达到隔墙的耐火极限。在超高层建筑中，当消火栓暗装在核心筒钢筋混凝土墙体时，背后墙体厚度 120～180mm 一般可满足耐火时间要求，混凝土墙体留“L”形洞口，消火栓暗装方式参见图 9.6.2-8（b）。

【补充说明】暗装消火栓应充分考虑精装修面层的影响，尽量避免选择墙角位置，避免消火栓门打开角度不足 120°的情况。

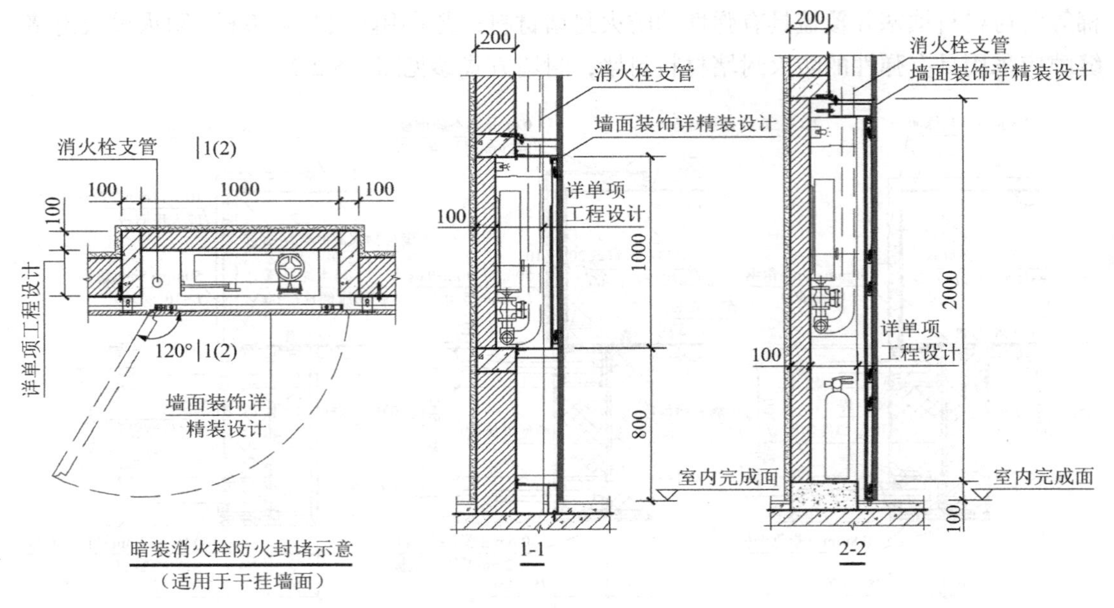

(a) 干挂墙面填充墙暗装消火栓防火封堵示意

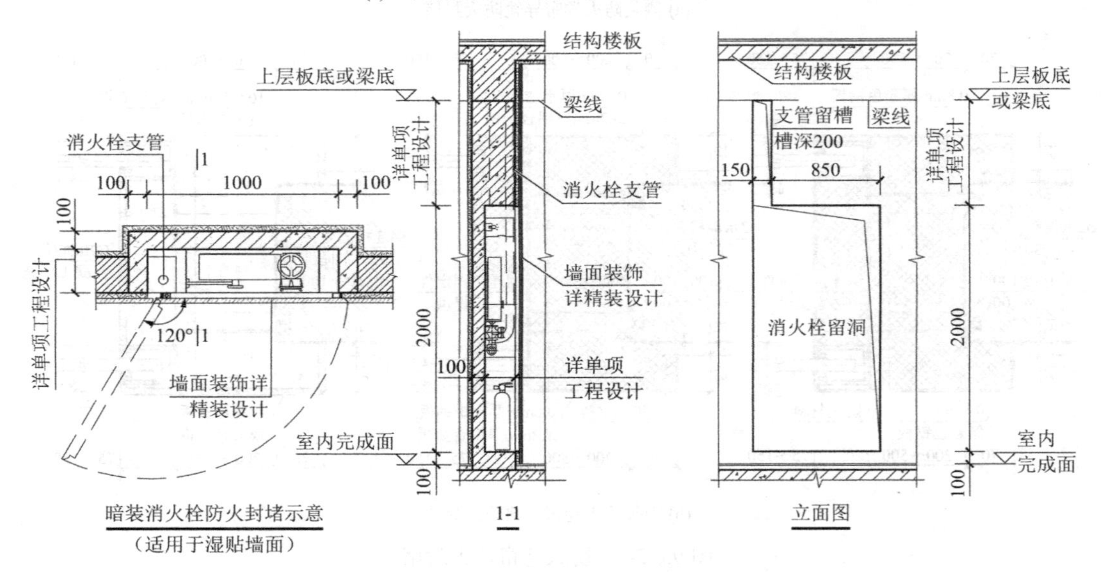

(b) 湿贴墙面混凝土墙暗装消火栓防火封堵示意

图 9.6.2-8 防火卷帘防火封堵

9.6.3 屋顶救援直升机停机坪

建筑高度大于 250m 的工业与民用建筑，应在屋顶设置直升机停机坪。建筑高度大于 100m 且标准层建筑面积大于 2000m² 的公共建筑，宜在屋顶设置直升机停机坪或设置能保证直升机安全悬停与救援的设施。

停机坪的场地大小应根据当地空中救援力量或规划的直升机机型确定，场地周围应设置保障直升机安全起降、灭火与降烟等的防护设施。停机坪依据现行行业标准《民用直升机场飞行场地技术标准》MH 5013、现行国家标准《建筑防火通用规范》GB 55037 和《建筑设计防火规范》GB 50016 等进行设计。

1. 关键名词代号

最终进近和起飞区——FATO；接地和离地区——TLOF；直升机全尺寸——*D*。

2. 直升机荷载设计

（1）国内运用较多的医疗救护直升机为 AW139，最大起飞质量 6.8t。

（2）常规设计如无特殊机型要求，按照最大起飞质量 ≥ 8t，直升机全尺寸直径 ≥ 22m（包含该尺寸的其他形状），此数据可满足一般设计要求。

（3）如有特殊机型要求，按照具体机型进行设计。

3. 停机坪外形分类

屋顶直升机坪按照外形分为圆形、矩形、多边形（八角形居多）等（图 9.6.3-1）。

4. 设计要点

（1）直升机停机坪尺寸需满足至少 1.5*D*。

（2）直升机机位任何方向的平均坡度宜不超过 2%。

（3）接地和离地区：应能包含一个直径至少为 1.0*D* 的圆。

（4）安全区尺寸：在 FATO 周围应设置安全区（图 9.6.3-2），应当根据本节设计，直升机全尺寸大于 12m 时，安全区应从 FATO 的四周至少向外延伸 0.25*D*；因 FATO 边长或直径至少应为 1.5 *D*，当 FATO 为矩形时，安全的每一外侧边长应至少为 2.0*D*；当 FATO 为圆形时，安全区的外径应至少为 2.0*D*。

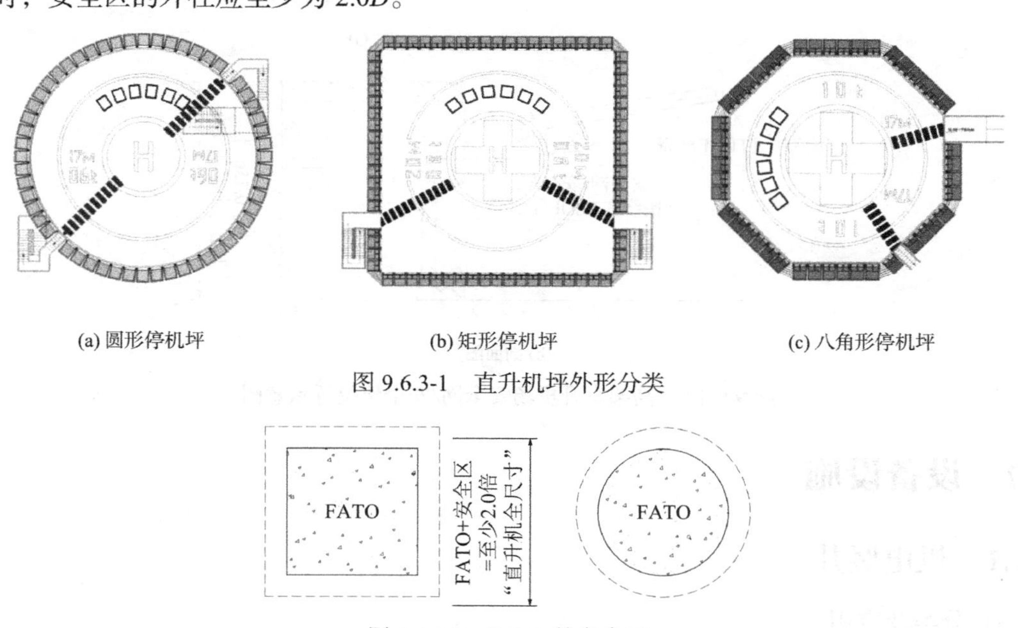

(a) 圆形停机坪　　(b) 矩形停机坪　　(c) 八角形停机坪

图 9.6.3-1　直升机坪外形分类

图 9.6.3-2　FATO 的安全区

（5）安全区内障碍物：因功能要求必须设置于安全区内的物体，不应超过以 FATO 边界上方 25cm 高度为底边、向外升坡为 5%的斜面（图 9.6.3-3）。

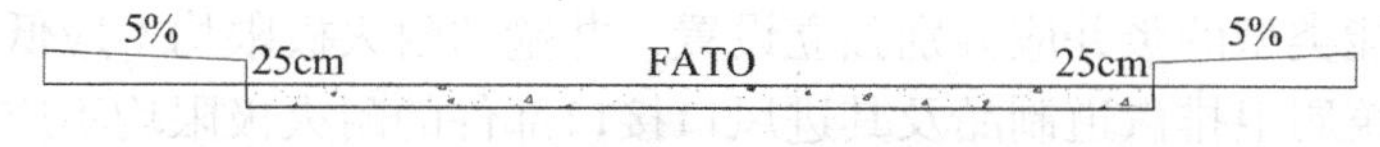

图 9.6.3-3　因功能要求设置于安全区内物体的限高示意图

5. 安全网/安全架

（1）当高架直升机场表面较周围环境高出 0.75m 以上且人员行动存在安全风险时，应安装安全网或安全架。

（2）安全网或安全架的宽度应不小于 1.5m。

（3）除自身及附加设施的荷载外，安全网或安全架的任何部位宜具有额外承受 125kg 荷载的承载能力。

（4）安全网或安全架不应高出 TLOF 表面并应满足障碍物限制要求，同时安全网或安全架的设置应确保落入的人或物不致被弹出安全网或安全架区域。安全网/安全架的设置及安装如图 9.6.3-4 所示。

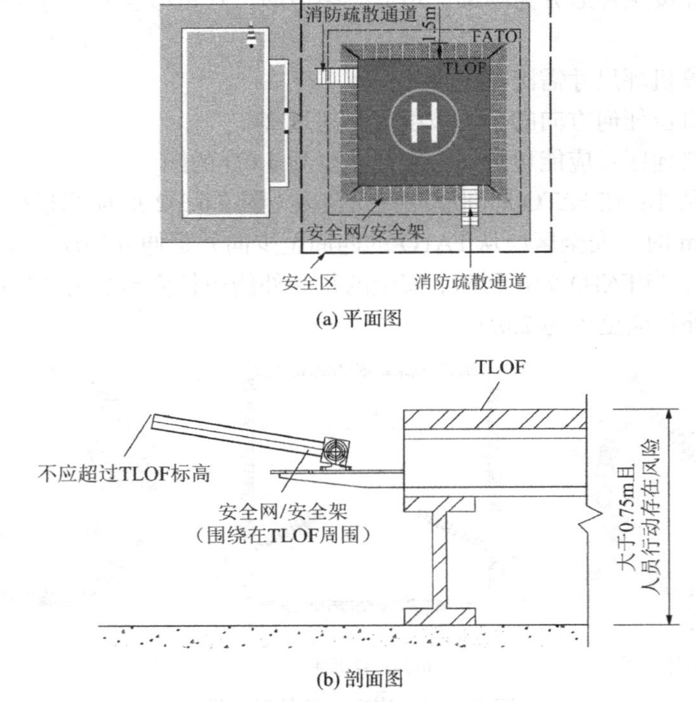

图 9.6.3-4 高架直升机场安全网/安全架位置示意图

9.7 设备设施

9.7.1 机电竖井

1. 分类及应用

机电竖井包括水暖管井、强弱电井、燃气管井等管道井，以及空调送回风井、补风井、排烟井、正压送风井、厨房排油烟井等风井。

2. 防火设计要点

（1）不同功能类型的竖井应分别独立设置，井壁的耐火极限均不应低于 1.00h。

（2）居住建筑厨卫排汽道制品及其进风口接口部件的耐火极限均不应低于 1.0h。

（3）管道井应在每层楼板处采取防火分隔措施，且防火分隔组件的耐火性能不应低于楼板的耐火性能。

（4）电气线路和各类管道穿过防火墙、防火隔墙、竖井井壁、建筑变形缝处和楼板处的孔隙应采取防火封堵措施。防火封堵组件的耐火性能不应低于防火分隔部位的耐火性能要求。

（5）避难层设备管道区的管道井应采用耐火极限不低于 2.00h 的防火隔墙与避难区及其他公共区分隔。管道井与避难区或疏散走道连通时，应设置防火隔间，防火隔间的门应为甲级防火门。

（6）管井门的防火要求：

① 埋深大于 10m 的地下建筑或地下工程、建筑高度大于 100m 的建筑中的管井，应采用甲级防火门；

② 设在住宅建筑合用前室的管井，门的耐火性能不应低于乙级防火门的要求；

③ 其他建筑和部位的管井，门的耐火性能不应低于丙级防火门的要求。

3. 防水设计要点

（1）电气管线使用的管道井不宜与厕所、卫生间、盥洗室和浴室等经常积水的潮湿场所贴邻设置。

（2）强弱电竖井应设门槛，防止外部积水漫入井道。

（3）水暖管井应设门槛，防止井内管道漏水漫出井道影响周边空间。

（4）有漏水、溢水可能性的管井应在井道内壁和楼地面加设防水层。

4. 室外进排风口设计要点

（1）机械送风系统的进风口应设在室外空气较清洁的地点；应避免进风、排风短路；进风口的下缘距室外地坪不宜小于 2m，当设在绿化地带时，不宜小于 1m。

（2）住宅排汽道伸出屋面风帽的出气口高度应有利于废气扩散，屋顶风帽的安装高度不应低于相邻建筑砌筑体。排汽道的出口设置在上人屋面、住户平台上时，应高出屋面或平台地面 2m；当周围 4m 之内有门窗时，应高出门窗上皮 0.6m。

（3）事故排风的室外排风口应符合下列规定：

① 不应布置在人员经常停留或经常通行的地点以及邻近窗户、天窗、室门等设施的位置；

② 排风口与机械送风系统的进风口的水平距离不应小于 20m；当水平距离不足 20m 时，排风口应高出进风口，并不宜小于 6m；

③ 当排汽中含有可燃气体时，事故通风系统排风口应远离火源 30m 以上，距可能火花溅落地点应大于 20m；

④ 排风口不应朝向室外空气动力阴影区，不宜朝向空气正压区。

（4）自然排放的烟道和排风道宜伸出屋面，同时应避开门窗和进风口。伸出高度应有利于烟气扩散，并应根据屋面形式、排出口周围遮挡物的高度、距离和积雪深度确定，伸出平屋面的高度不得小于 0.6m。伸出坡屋面的高度应符合下列规定：

① 当烟道或排风道中心线距屋脊的水平面投影距离小于 1.5m 时，应高出屋脊 0.6m；

② 当烟道或排风道中心线距屋脊的水平面投影距离为 1.5～3.0m 时，应高于屋脊，且伸出屋面高度不得小于 0.6m；

③ 当烟道或排风道中心线距屋脊的水平面投影距离大于 3.0m 时，可适当低于屋脊，

但其顶部与屋脊的连线同水平线之间的夹角不应大于 10°，且伸出屋面高度不得小于 0.6m。

（5）地下车库、地下室有污染性的排风口不应朝向邻近建筑的可开启外窗或取风口；当排风口与人员活动场所的距离小于 10m 时，朝向人员活动场所的排风口底部距人员活动地坪的高度不应小于 2.5m。

（6）当柴油发电机房设在地下时，宜贴邻建筑外围护墙体或顶板布置，机房的送、排风管（井）道和排烟管（井）道应直通室外。室外排烟管（井）的口部下缘距地面高度不宜小于 2.0m。

（7）经油烟净化后的油烟排放口与周边环境敏感目标距离不应小于 20m；经油烟净化和除异味处理后的油烟排放口与周边环境敏感目标距离不应小于 10m。

（8）当住宅有退台或上人屋面时，排汽道和通风道应高出屋面 2m，并避开同层所开启的门窗，以免烟气回窜。

5. 进排风井贴邻供暖房间设置时，靠近风口的井道内空间应按室外考虑，井道墙体应按节能规范要求考虑保温隔热构造。

6. 风井进出风口可结合建筑效果设置装饰百叶、穿孔板等装饰构件，并应结合卫生、防疫、安全等要求设置相应的防尘、防虫、防鼠或防鸟网。设有上述设施时，应考虑其对风口的遮挡影响，确保通风效率折减后仍有足够的通风面积。

7. 出屋面井道侧面开设风口或引出水平风管时，开口下沿应与屋面完成面之间留出足够的高差，并设置外墙防水层，避免雨水漫入井道。

8. 燃气立管宜明设，当设在便于安装和检修的管道竖井内时，应符合下列要求：

（1）燃气立管可与空气、惰性气体、上下水、热力管道等设在一个公用竖井内，但不得与电线、电气设备或氧气管、进风管、回风管、排汽管、排烟管、垃圾道等共用一个竖井；

（2）竖井内的燃气管道应符合《城镇燃气设计规范》GB 50028—2006（2020 年版）第 10.2.23 条的要求，并尽量不设或少设阀门等附件，竖井内的燃气管道的最高压力不得大于 0.2MPa，燃气管道应涂黄色防腐识别漆；

（3）竖井应每隔 2～3 层做相当于楼板耐火极限的不燃烧体进行防火分隔，且应设法保证平时竖井内自然通风和火灾时防止产生“烟囱”作用的措施；

（4）每隔 4～5 层设一个燃气浓度检测报警器，上、下两个报警器的高度差不应大于 20m；

（5）管道竖井的墙体应为耐火极限不低于 1.0h 的不燃烧体，井壁上的检查门应采用丙级防火门。

9. 风井建筑面积计算规则

（1）建筑内部的风井按自然楼层计算建筑面积；

（2）附着于建筑主体外墙外的风井，结构层高在 2.20m 及以上的按其外围护结构外表面所谓空间的水平投影计算建筑面积，结构层高不足 2.20m 的不计算建筑面积。

10. 强弱电竖井的隔热要求：不应贴邻热烟道、热力管道及其他散热量大的场所；烟囱与其他人员活动的场所空间相邻时，也应做好隔热措施。

11. 节点构造

有关管道井层间防火封堵的构造要求，详见第 9.6.2 节。

9.7.2　吊装口

1. 吊装口的应用

当建筑中的大型设备无法经由走道、坡道等路径运进安装时，就近预留吊装口，设备运进后封闭，并保留未来更换大型设备时运输通过的可能性。

2. 设计要点

（1）位置选择

① 贴近使用大型设备的设备用房，缩短建筑中的设备运输路径；

② 由于建筑运行使用中为检修更换设备而打开吊装口的可能性存在，故吊装口位置应尽量不影响消防疏散和救援；否则，一旦使用，需要采取更多补足消防安全的措施；

③ 吊装口可以设在设备用房正上方，也可设在与设备用房相邻的走道上方，当不同功能的设备用房同时有大型设备需要使用吊装口，可考虑共用吊装口。

（2）有泄爆需求的锅炉房等设备用房，吊装口与泄爆口兼用，开口尺寸应同时满足泄爆和吊装的需求。

（3）吊装口设计应考虑吊装施工的可行性。若使用吊车，应有吊车操作场地；若开口上方有建筑悬挑部位妨碍吊车运行，应在悬挑建筑底部预留可满足吊装荷载的吊环等设施。

3. 节点构造

参见国标图集《窗井、设备吊装口、排水沟、集水坑》24J306。

9.7.3　空调室外机位

本节内容主要针对居住建筑分体空调室外机位。

1. 为确保空调设备良好的通风换热效果，装饰百叶应有足够的通风率，此外，结合空调设备管道的安装要求，室外机位在空调设备周边应留有足够的空间：

（1）室外机正面与装饰百叶或栏杆之间净距不小于 100mm，以利于通风换热；

（2）室外机两侧与装饰百叶、栏杆或相邻外墙面之间净距不小于 150mm 以利于连接的管线回转；

（3）室外机背面与外墙完成面之间净距不小于 300mm，以利于通风换热，同时可供贴墙设置的冷凝水立管或雨水立管通过。

2. 新建居住建筑应在空调室外机位附近预留内外机连接管线的墙洞套管，技术要求如下：

（1）一般分体空调预留墙洞直径 90mm，有特殊要求者按工程设计；

（2）当空调冷凝水（重力流）管与冷媒管合并安装时，墙洞标高应低于室内机位，壁挂机对应墙洞建议距室内地面 2.1～2.3m（结合层高、梁高定位），柜机对应墙洞建议距地面 0.3m（结合防水考虑）；

（3）墙洞套管宜室内高室外低，设置 10%找坡或室内外高差 20mm；

（4）墙洞的水平位置应尽量避开窗洞旁边的剪力墙暗柱及砌体墙构造柱，若无法避开，结构设计应有相应的设计措施。

3. 空调室外机位的设计应考虑设备安装和检修的可行性、便利性，同时兼顾相关围护结构的保温性能。

（1）当室外机位设置在封闭阳台一侧时，可利用面向机位的外窗开启扇作为检修门；

（2）当相邻两户共用各自阳台之间的空间作为机位，两户空调上下叠置时，二者之间应设隔板，分隔两户，起到防盗作用；

（3）当室外机位不贴邻阳台时，应贴邻本户的外窗，并将外窗开启扇尽量贴近室外机位，并避免外开的开启扇妨碍空调安装。

4. 空调室外机位应有对空调冷凝水和雨水的排放措施：

（1）当室外机位无装饰百叶等遮雨构件时，宜采用地漏收集平台雨水和空调冷凝水，再汇入各楼层共用的冷凝水立管，此冷凝水立管不应与屋面排水立管共用，否则易反水；

（2）当有装饰百叶起到防雨作用时，少量溅入的雨水可自然风干，室外机位可以仅考虑冷凝水排放；

（3）冷凝水专用的排水立管不必设置地漏，可对应空调室外机设置口部开放的支管（开口标高应低于冷媒管穿墙洞口），安装空调时将冷凝水管末端插入支管开口；

（4）空调冷凝水立管和雨水管的常用材料为 UPVC，但当其不在外墙外的隐蔽位置时，须考虑立管与建筑外墙面观感协调，管材的可选色彩种类有限，UPVC 材料喷漆后在室外环境中漆面易剥落，因此宜选用金属管材。

5. 其他

（1）空调室外机位置不应对相邻住户造成声音及振动方面的干扰；

（2）空调室外机安装位置不应对室外人员形成热污染。

9.7.4 问题解析

【问题】泄爆井应如何设计？

【解析】可参考《锅炉房设计标准》GB 50041—2020 第 15.1.2 条进行设计。

锅炉房的外墙、楼地面或屋面，应有相应的防爆措施，并应有相当于锅炉间占地面积10%的泄压面积。泄压面积可将玻璃窗、天窗、质量小于等于 120kg/m² 的轻质屋顶和薄弱墙等面积包括在内。

泄压方向不得朝向人员聚集的场所、房间和人行通道，泄压处也不得与这些地方相邻。应关注规范对泄压口所在设备房间（如锅炉房）的设置位置的要求和防火墙的设置要求，也会影响泄爆口的位置。

地下锅炉房采用竖井泄爆方式时，竖井的净横断面积，应满足泄压面积的要求。当泄压面积不能满足上述要求时，可采用在锅炉房的内墙和顶部（顶棚）敷设金属爆炸减压板作补充。

9.8 其他设施

9.8.1 室外阳台

室外阳台指附设于建筑物外墙，可供人活动的室外空间，设有安全防护措施，常设置于住宅、公寓、酒店等类型建筑中。

1. 设计要点

（1）面积计算

阳台建筑面积计算应按围护设施外表面所围空间水平投影面积的 1/2 计算；当阳台封

闭时，应按其外围护结构外表面所围空间的水平投影面积计算。

■ **说明**

设计中需根据通用规范和地方规划要求，关注封闭阳台、半封闭阳台等各种形式阳台的面积计算规则。

（2）每套住宅宜设阳台或平台。

（3）阳台栏杆设计必须采用防止儿童攀登的构造，栏杆的垂直杆件间净距不应大于 0.11m，放置花盆处必须采取防坠落措施。

（4）阳台栏板或栏杆设计要点详见第 9.2 节。

（5）顶层阳台应设雨罩，各套住宅之间毗连的阳台应设分户隔板。

（6）阳台、雨罩均应采取有组织排水措施，雨罩及开敞阳台应采取防水措施。

（7）当阳台设有洗衣设备时应设置专用给、排水管线及专用地漏，阳台楼、地面均应做防水；严寒和寒冷地区应封闭阳台，并应采取保温措施；未供暖阳台应关注给水管的防冻问题。

（8）底层外窗和阳台门、下沿低于 2.00m 且紧邻走廊或共用上人屋面上的窗和门，应采取防护措施。

（9）住宅与附建公共用房的出入口应分开布置。住宅的公共出入口位于阳台、外廊及开敞楼梯平台的下部时，应采取防止物体坠落伤人的安全措施。

（10）住宅需要设置消防救援口，可结合每户阳台设置。作为消防救援口的外窗开启后净宽和净高不应小于 1.0m，玻璃应为安全玻璃。

（11）开敞式的外走廊或阳台面积等可不计入防火分区的建筑面积。

（12）当采用自然通风的房间外设置阳台时，阳台的自然通风开口面积不应小于采用自然通风的房间和阳台地板面积总和的 1/20；当厨房外设置阳台时，阳台的自然通风开口面积不应小于厨房和阳台地板面积总和的 1/10，并不得小于 0.60m^2。

（13）户内燃气立管应设置在有自然通风的厨房或与厨房相连的阳台内，且宜明装设置，不得设置在通风排汽竖井内；户内燃气灶应安装在通风良好的厨房、阳台内；热水器设在室内或生活阳台时，烟管应排至室外。

（14）敞开式阳台，与房间相邻的阳台内侧建筑外墙和阳台门（窗）的设置及保温要求、窗墙面积比的计算，不计算阳台部分。封闭式阳台，且与其直接连通的房间之间设置隔墙和门窗，阳台内侧的隔墙和门窗，或封闭阳台与室外空气接触的围护结构，只要有一处满足热工性能要求即可；如阳台和与其直接连通的房间之间不设门窗，为同一空间，阳台外侧与室外空气接触的围护结构应按热工性能计算要求设置保温，内侧墙体不要求保温。

（15）开敞阳台采用建筑找坡，坡度 1%，坡向地漏，地漏靠阳台外侧设置。开间 ≥ 5m 时，应在左右两侧分别设置地漏。开敞阳台排水不得采用侧排式。洗衣机给水点及地漏应设置在洗衣机位侧后方。

（16）当生活阳台设有生活排水设备及地漏时，雨水可排入生活排水地漏中，不必另设阳台雨水排水立管。

2. 构造措施

与室外阳台相邻的砌体墙根部设混凝土导墙，高出相邻室内结构面 200mm，宽同墙厚（图 9.8.1-1）。

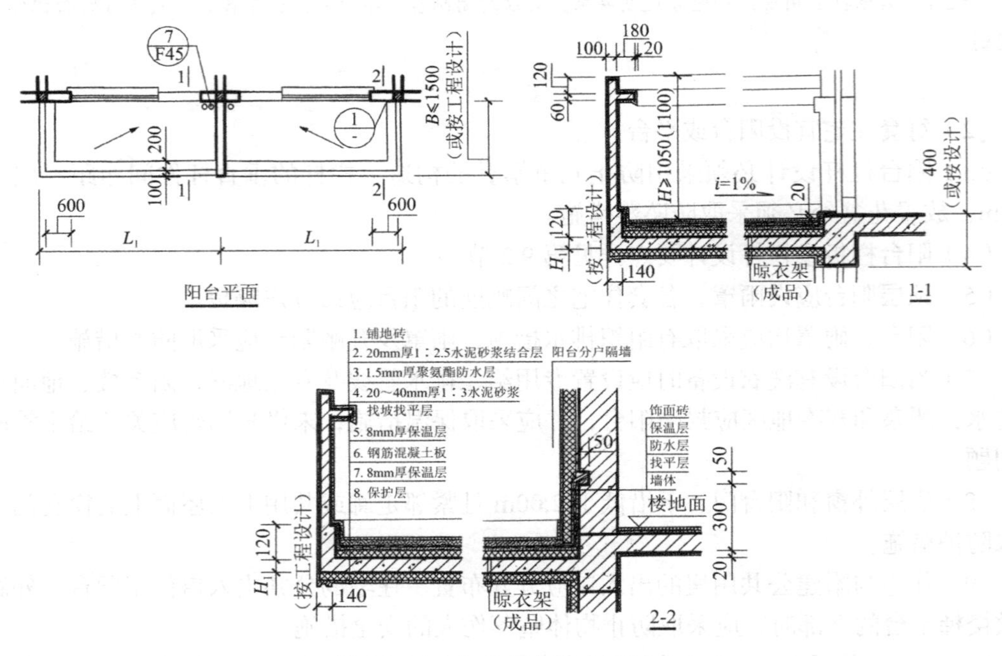

图 9.8.1-1 室外阳台构造示意图

■ 说明

其余做法详图见《住宅建筑构造》11J930 中 F35～F47。

9.8.2 遮阳设施

建筑遮阳设计应根据地区的气候特点、房间的使用要求以及窗口所在朝向。遮阳设施遮挡太阳辐射热量的效果除取决于遮阳形式外，还与遮阳设施的构造、安装位置、材料与颜色等因素有关。

遮阳装置可以设置成永久性或临时性。永久性遮阳装置包括在窗口设置各种形式的遮阳板等；临时性的遮阳装置包括在窗口设置轻便的窗帘、各种金属或塑料百叶等。永久性遮阳设施可分为固定式和活动式两种。活动式的遮阳设施可根据一年中季节的变化，一天中时间的变化和天空的阴暗情况，调节遮阳板的角度。遮阳措施也可以采用各种热反射玻璃和镀膜玻璃、阳光控制膜、低发射率膜玻璃等。

1. 设计要点

（1）夏热冬暖、夏热冬冷地区，甲类公共建筑南、东、西向外窗和透光幕墙应采取遮阳措施；夏热冬暖地区，居住建筑的东、西向外窗的建筑遮阳系数不应大于 0.8。

（2）寒冷地区的建筑宜采取遮阳措施。建筑外遮阳装置应兼顾通风及冬季日照。

（3）除严寒地区外，居住空间朝西外窗应采取外遮阳措施，居住空间朝东外窗宜采取外遮阳措施。当采用天窗、斜屋顶窗采光时，应采取活动遮阳措施。

（4）甲、乙类建筑东西向和屋面的透光部位应设置遮阳设施，宜采用活动外遮阳。

（5）建筑遮阳应与建筑立面、门窗洞口构造一体化设计。

（6）加装外遮阳时，应对原结构的安全性进行复核、验算。当结构安全不能满足要求时，应对其进行结构加固或采取其他遮阳措施。

（7）当设置电动遮阳装置时，照度控制宜与其联动。

（8）当设置外遮阳构件时，外窗（包括透光幕墙）的太阳得热系数应为外窗（包括透光幕墙）本身的太阳得热系数与外遮阳构件的遮阳系数的乘积。外窗（包括透光幕墙）本身的太阳热系数和外遮阳构件的遮阳系数应按现行国家标准《民用建筑热工设计规范》GB 50176 的有关规定计算。

（9）外遮阳系统应具有防火性能。当发生紧急情况时，外遮阳系统不应影响人员疏散和消防救援。

（10）外遮阳系统应避免与外窗的开启方式发生冲突。

2. 构造措施

（1）建筑遮阳工程应根据遮阳装置的形式、所在地域气候条件、建筑部件等具体情况进行结构设计，并应符合现行国家标准《建筑抗震设计标准》GB/T 50011 的相关规定。

（2）活动外遮阳装置及后置式固定外遮阳装置应分别按系统自重、风荷载、正常使用荷载、施工阶段及检修中的荷载等验算其静态承载能力。

（3）各类遮阳形式及构造要求详《建筑外遮阳》17BJ2-10。

9.8.3　采光设施

1. 窗井

（1）窗井，亦称采光井，是指地下室外及半地下室两侧外墙采光口外设的井式结构物。其主要作用是解决建筑内个别房间采光不好的问题。此外，窗井还可以用于通风、泄爆等作用。

（2）窗井的顶部周边应设置安全防护设施。

（3）设置窗井应有可靠的防水措施，当窗井内部有进水可能时，应有排水措施（如设置地漏）。窗井内的底板，应低于窗下缘 300mm。窗井墙高出地面不得小于 500mm。窗井外地面应做散水，散水与墙面间应嵌填密封材料。

（4）窗井作为泄爆设施的一部分，其净横断面积应满足泄压面积的要求。窗井顶盖需要为轻质材料。应避开人员密集场所和主要交通道路。

（5）人防窗井应满足战时的抗力、密闭等防护要求（甲类防空地下室还需满足防早期核辐射要求）。其临战时的封堵方式，设置窗井的可采用全填土式或半填土式。

（6）窗井不宜同时用于排风和补风，要确保窗井的尺寸和位置能够满足通风的需求，避免出现通风不畅或气流短路的情况。

2. 导光管

（1）采光设计时，导光管系统采光可应用于以下场所：大跨度或大进深的建筑；地下空间，地下车库、无外窗及有条件的场所；侧面采光时，需要改善进深较大区域采光的场所。

（2）导光管采光系统的采光设计应与人工照明设计相结合，充分考虑各方面综合因素，阴雨天及采光效果不良地区，应采用人工照明补充，其设计和安装应与建筑工程同步。

（3）导光管采光系统的部分零部件应具备可更换的功能。

（4）导光管采光系统只能用于一般照明的补充，不可用于应急照明。

（5）导光管采光系统应具有防盗、防水、防撞击、抗老化和隔热、隔绝紫外线的功能。

（6）导光管采光系统的基本构造应包括集光器、导光管和漫射器等部件（图 9.8.3-1）。

（7）导光管采光系统不宜穿越不同的防火分区。当必须要穿越不同的防火分区或楼板时应采取相应措施，并应符合现行国家标准《建筑设计防火规范》GB 50016 的有关规定。

（8）在采光管与预留孔洞之间的安装间隙，应采用防火封堵材料填充密实，达到防火要求。

（9）应根据不同建筑屋面，灵活选用防雨板和防雨套圈。防雨板的设置应确保尺寸与导光管实际管径相一致。

（10）导光管采光系统中的管道穿楼板时必须按设计或验收规范要求设置套管或止水环。

（11）当导光管穿过屋面时，其防水设计应符合现行国家标准《屋面工程技术规范》GB 50345 规定。

（12）集光器安装于钢筋混凝土屋面时，预留洞口直径宜为导光管的外管径加 50～70mm，并应满足保温及防水的要求。

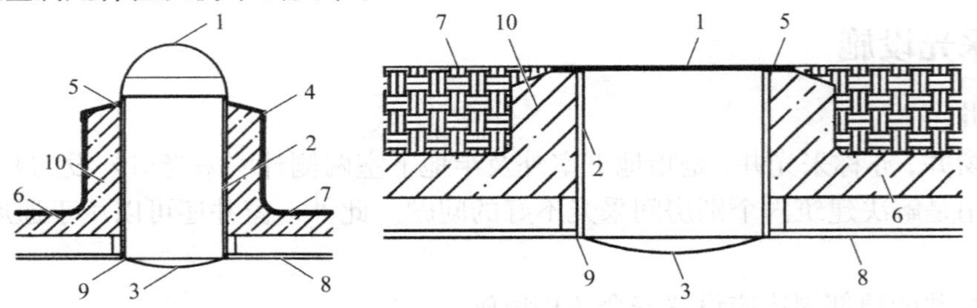

1—集光器；2—导光管；3—漫射器；4—防雨装置；5—防水措施；6—结构层；
7—屋（地）面完成面；8—天花板；9—防火措施；10—安装基座

图 9.8.3-1　导光管构造示意图

9.8.4 广告位及橱窗

1. 广告位（图 9.8.4-1）

广告位的种类有独立广告位、建筑外墙广告位、建筑内部广告位。

（1）新建、改扩建建（构）筑物进行规划设计时，应在整体规划设计中预设广告位，并符合户外广告设置规划及技术规定。

（2）广告设施结构应受力合理、传力明确，安全可靠。

（3）户外广告牌、外装饰不应采用易燃、可燃材料制作，不应妨碍人员逃生、排烟和灭火救援，不应改变或破坏建筑立面防火构造。

（4）当使用 LED 电子屏广告时，应满足当地报审报批要求，避免对周边居民造成光污染和电子辐射污染。

（5）室外广告位应考虑机电条件预留。

（6）处在高位的广告位（建筑外墙）应考虑广告更换或检修路径。

（7）广告位从室内进入检修时，内部空间净宽应满足检修需求，并在广告位后墙体留检修门，检修门应设置在公共区域，采用甲级防火门。

（8）户外广告设施的喷绘材料应采用可循环利用的聚乙烯（PE）高强纤维布，喷绘颜料应采用环保颜料。人员聚集密度较高的重要公共建筑（包括大型商厦、剧场、车站、机场等）喷绘材料的燃烧性能等级不低于B_1级。

（9）户外广告设施的设置不得影响被依附载体的使用功能，不得影响交通信号、交通标志等道路交通管理设施的有效视认。

（10）LED 电子屏广告的安装与机电预留条件涉及建筑、结构、给水排水、暖通、电气各专业。

2. 橱窗

橱窗一般设在商业建筑中，分为室内橱窗和室外橱窗两种，均用于商品展示。

（1）室外橱窗的平台高度宜至少比室内和室外地面高 0.20m。

（2）室外橱窗应满足防晒、防眩光、防盗抢等要求。

（3）供暖地区的室外封闭橱窗可不供暖，其内壁应采取保温构造，外表面应采取防雾构造。

（4）商店营业区的疏散通道和楼梯间内的装修、橱窗和广告牌等均不得影响疏散宽度。

（5）给水排水管道不宜穿过橱窗、壁柜等设施。

（6）橱窗照明的照度宜为营业厅照度的 2～4 倍，商品展示区域的一般垂直照度不宜低于 150lx。

（7）橱窗应充分考虑内部设备检修和展品更换路径。

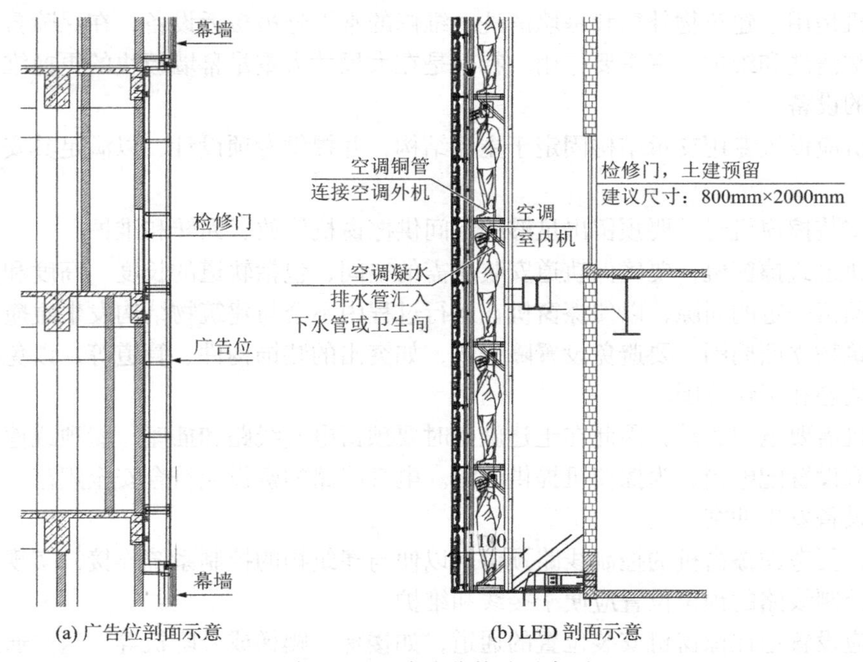

(a) 广告位剖面示意　　(b) LED 剖面示意

图 9.8.4-1　广告位构造示意图

9.8.5 室外设施

1. 散水

散水分为明散水和暗散水（种植散水），做法如图 9.8.5-1 所示。

（1）散水的宽度应根据土壤性质、气候条件、建筑物的高度和屋面排水形式确定，一般为 600～1000mm。当采用无组织排水时，散水的宽度应大于挑出的屋檐长度 200～300mm。

（2）散水坡的坡度不宜小于 3%，其下宜填入非冻胀性材料。

（3）外门斗、室外台阶和散水坡等部位宜与主体结构断开，散水坡分段不宜超过 1.5m。

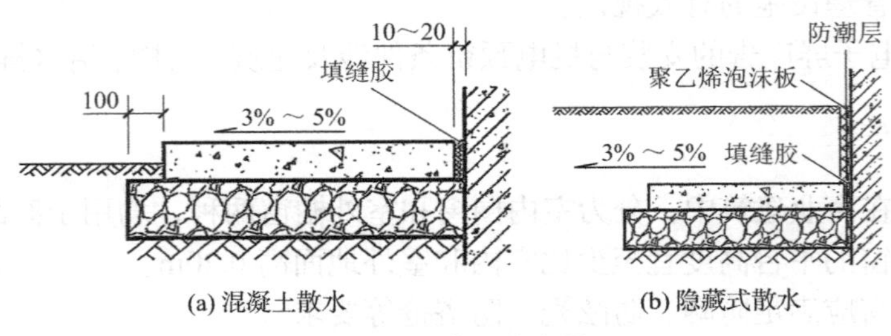

图 9.8.5-1 建筑散水做法

2. 清洁设施

设有较大面积的外窗或玻璃幕墙时，应设置清洁设施。例如，在屋面上或檐下设置轨道式的移动擦窗机或其他专用的擦窗设施。

常用的清洁设施包括擦窗机、蜘蛛人/吊钩、蜘蛛车和升降车等。

（1）擦窗机

擦窗机是用于建筑物外窗和幕墙清洗、维修的常设悬吊接近设备，在保障幕墙外立面安全、正常清洗和维护中有重要作用。特别是在大尺寸大重量幕墙板块的更换维修中，是不可缺少的设备。

擦窗机应设置专用支承结构固定于主体结构，并提供专项设计，以满足其安全性和耐久性要求。

屋顶安装擦窗机时，要预留出足够的空间供擦窗机停放、回转和维护。

对于轨道式擦窗机，要确保轨道安装所需的空间，包括轨道的长度、高度和宽度。轨道两侧应预留一定的间隙，以便擦窗机在运行过程中不会与建筑物结构发生碰撞。

在建筑物立面周围，要避免设置障碍物，如突出的装饰构件、管道等，以免影响擦窗机的运行轨迹和工作范围。

擦窗机需要电力驱动，因此在土建施工时要预留电气线路和插座。屋顶或擦窗机安装位置附近应设置配电箱，为擦窗机提供电源。电气线路的敷设应符合安全规范，避免与其他管道或设备发生冲突。

同时，要考虑擦窗机的控制线路预留，以便与建筑物的控制系统连接，实现远程控制和监控。控制线路的预留位置应便于接线和维护。

屋顶应设置通往擦窗机安装位置的通道，如楼梯、爬梯或升降机等。这些通道的尺寸和承载能力应满足设备运输和人员通行的要求。对于高层建筑，还可以考虑设置专门的擦窗机设备间，通过设备间与建筑物外部的通道相连，方便擦窗机的存放和维护。

（2）蜘蛛人/吊钩

蜘蛛人是指工人运用吊绳下滑到指定位置进行清洗操作，具有方便、灵活的特征，但操作安全风险较高。在屋面层，女儿墙内侧设置吊钩，预留蜘蛛人使用。吊钩设置应固定在结构构件上，并满足受力要求。

（3）蜘蛛车和升降车

蜘蛛车和升降车是指工人乘坐蜘蛛车吊篮或升降车到指定位置进行清洗操作，适用于高度在 30m 以下的建筑幕墙清洗，多用于建筑底部幕墙及室内高大空间的清洁。

应明确蜘蛛车的大小、荷载和通行路线，存放位置，以便结构预留荷载，建筑预留通道。

3. 分散充电设施相关

（1）分散充电设施的布置不应妨碍车辆和行人的正常通行。

（2）分散充电设施选址应满足周围环境对噪声的要求。

（3）充电设备应结合停车位合理布局，便于车辆充电。

（4）充电设备安装在室外时，应安装防雨、雪的顶棚；安装在室内时，为防止温度过高，宜安装通风设施。

（5）充电设备宜安装在距地面一定高度的地方，满足防雨、防积水要求。

（6）充电设备的布置宜靠近供电电源，以缩短供电线路的路径。

（7）充电设备与充电车位、建（构）筑物之间的距离应满足安全、操作及检修的要求；充电设备外廓距充电车位边缘的净距不宜小于 0.4m。

（8）当充电设备采用落地式安装方式时：室内充电设备基础应高出地坪 50mm，室外充电设备基础应高出地坪 200mm；设备基础宜大于充电设备长宽外廓尺寸不低于 50mm；单独安装的充电连接器，正常状态下水浸时，应满足正常使用且系统绝缘电阻不应降低、人身安全不受影响，其安装基础可与地面平齐。

（9）当充电设备采用壁挂式安装方式时：应竖直安装于与地平面垂直的墙面，墙面应符合承重要求，充电设施应固定可靠；设备安装高度应便于操作，设备人机界面操作区域水平中心线距地面宜为 1.5m。

（10）分散充电设施宜处于现有视频监控设施的监控范围内。

4. 非机动车车棚

（1）自行车停车场所应位置合理、方便出入。

（2）独立设置的地上电动自行车充电库（棚）与建筑物之间的防火间距应依据现行国家标准规范进行设置。

（3）自行车棚的结构基础设计应满足承载力与稳定要求，附建式自行车库应避免改变原有主体结构构件，不应影响主体结构安全。

（4）自行车棚的电气设计应符合相关技术规范，包括供配电、电气防火、充电设施等。